Django 4 实例精解

[美] 安东尼奥·米勒 著

李 伟 译

清華大學出版社
北 京

内 容 简 介

本书详细阐述了与 Django 4 相关的基本解决方案，主要包括构建一个博客应用程序、利用高级特性增强博客应用程序、扩展博客应用程序、构建社交网站、实现社交身份验证、共享网站上的内容、跟踪用户动作、构建在线商店、管理支付和订单、扩展商店、向商店中添加国际化功能、构建在线学习平台、创建内容管理系统、渲染和缓存内容、构建 API、构建聊天服务器、生产环境等内容。此外，本书还提供了相应的示例、代码，以帮助读者进一步理解相关方案的实现过程。

本书适合作为高等院校计算机及相关专业的教材和教学参考书，也可作为相关开发人员的自学用书和参考手册。

北京市版权局著作权合同登记号 图字：01-2022-5577

图书在版编目（CIP）数据

Django4 实例精解 /（美）安东尼奥 • 米勒著；李伟译. —北京：清华大学出版社，2023.10
书名原文：Django 4 By Example, Fourth Edition
ISBN 978-7-302-64790-4

Ⅰ. ①D… Ⅱ. ①安… ②李… Ⅲ. ①软件工具—程序设计 Ⅳ. ①TP311.561

中国国家版本馆 CIP 数据核字（2023）第 203668 号

责任编辑： 贾小红
封面设计： 刘 超
版式设计： 文森时代
责任校对： 马军令
责任印制： 刘海龙

出版发行： 清华大学出版社
网 址：https://www.tup.com.cn，https://www.wqxuetang.com
地 址：北京清华大学学研大厦 A 座 邮 编：100084
社 总 机：010-83470000 邮 购：010-62786544
投稿与读者服务： 010-62776969，c-service@tup.tsinghua.edu.cn
质量反馈： 010-62772015，zhiliang@tup.tsinghua.edu.cn
印 装 者：三河市春园印刷有限公司
经 销：全国新华书店
开 本：185mm×230mm 印 张：44.25 字 数：887 千字
版 次：2023 年 11 月第 1 版 印 次：2023 年 11 月第 1 次印刷
定 价：169.00 元

产品编号：099052-01

译　者　序

Web 开发是 Python 语言应用领域的重要部分。Python 作为当前最火爆、最热门，也是最主要的 Web 开发语言之一，在其发展过程中出现了数十种 Web 框架。其中，Django 是一个功能强大的 Python Web 框架，支持快速开发过程以及简洁、实用的设计方案。

由于 Django 在近年来的迅速发展，其应用越来越广泛，同时也被认为是该领域的佼佼者。本书在 Django 4.0 的基础上引领读者构建真实的 Web 应用程序，其中涉及博客应用程序、利用高级特性增强博客应用程序、扩展博客应用程序、构建社交网站、实现社交身份验证、共享网站上的内容、跟踪用户动作、构建在线商店、管理支付和订单、扩展商店、向商店中添加国际化功能、构建在线学习平台、创建内容管理系统、渲染和缓存内容、构建 API、构建聊天服务器、生产环境等内容，而这一切均通过颇具研究价值的项目实例的方式予以展现。

在本书的翻译过程中，除李伟外，张华臻、张博、刘晓雪、刘璋、刘祎等人也参与了部分翻译工作，在此一并表示感谢。

由于译者水平有限，难免有疏漏和不妥之处，恳请广大读者批评指正。

译　者

前　　言

Django 是一个开源的 Python Web 框架，旨在实现快速开发和简洁、实用的设计。Django 简化了开发过程，并为初学者提供了相对友好的学习曲线。Django 遵循 Python 的"内置电池"哲学，提供了一组丰富而通用的模块，可以解决较为常见的 Web 开发问题。Django 的简单性连同其功能强大的特性对于初学者和专家级程序员来说均颇具吸引力。Django 的设计注重简单性、灵活性、可读性和可扩展性。

当今，Django 被无数初创公司和大型组织使用，如 Instagram、Spotify、Pinterest、Udemy、Robinhood 和 Coursera。在过去的几年里，在 Stack Overflow 的年度开发者调查中，Django 一直被全世界的开发者选为最受欢迎的 Web 框架之一，这并非巧合。

本书将引领读者了解利用 Django 开发专业 Web 应用程序的整体过程，通过多个项目解释 Django Web 框架的工作方式，其中涉及与框架自身相关的内容，同时还阐述 Django 的各种应用方式。

本书内容不仅涵盖 Django，还包含其他一些常见技术，如 PostgreSQL、Redis、Celery、RabbitMQ 和 Memcached。读者通过本书可学会将这些技术集成至 Django 项目中，进而创建高级功能并构建复杂的 Web 应用程序。

本书将引领读者使用易于遵循的循序渐进的方法，创建真实的应用程序、处理常见的问题并获取最佳实现方案。

在阅读完本书后，读者将能够较好地理解 Django 的工作方式以及如何构建高级的 Python Web 应用程序。

适用读者

本书可作为刚刚接触 Django 的程序员的入门书籍，并可供拥有 Python 知识且希望以实用的方式学习 Django 的开发人员使用。对于 Django 新手，本书将从零开始构建实际项目以使读者掌握 Django 框架的重要内容。阅读本书时，读者需要熟悉一些编程概念，除了基本的 Python 知识，读者还应具备 HTML 和 JavaScript 方面的知识。

本书内容

本书涵盖了 Django Web 应用程序开发方面的诸多主题，进而构建 4 个不同的全功能的 Web 应用程序，全部内容分为 17 章。

- 博客（blog）应用程序（第 1～3 章）。
- 图像收藏网站（第 4～7 章）。
- 在线商店（第 8～11 章）。
- 在线学习平台（第 12～17 章）。

其中，每章包含多个 Django 特性。

第 1 章将通过一个博客应用程序介绍 Django 框架。其间，我们将创建基本的博客模型、视图、模板和 URL 以显示博客帖子。我们将学习如何利用对象关系映射器（ORM）构建 QuerySet，并配置 Django 管理网站。

第 2 章将讨论如何向博客添加分页机制，以及如何实现基于类的 Django 视图。同时，我们还将学习如何利用 Django 发送电子邮件，以及处理表单和模型表单。除此之外，我们还将实现博客帖子的评论系统。

第 3 章将考查如何集成第三方应用程序。本章将创建一个标签系统，并学习如何构建复杂的 QuerySet 以推荐类似的帖子。另外，我们还将学习如何创建自定义模板标签和过滤器。不仅如此，本章还将考查如何使用网站地图框架创建帖子的 RSS 订阅。最后，我们将通过 PostgreSQL 的全文本搜索功能构建一个搜索引擎。

第 4 章将阐述如何构建一个社交网站，我们将学习如何使用 Django 身份验证框架，并通过自定义概要模型扩展用户模型。此外，本章还将介绍如何使用消息框架，并构建一个自定义身份验证后端。

第 5 章将介绍使用基于 Python Social Auth 的 OAuth 2 与 Google、Facebook 和 Twitter 实现社交身份验证。这里，我们将学习如何使用 Django Extensions 并通过 HTTPS 运行开发服务器，进而自定义社交身份验证管线，以自动化用户信息的创建。

第 6 章将讨论如何将社交应用程序转换为图像收藏网站。其间，我们将定义模型的多对多关系，并创建一个与项目集成的 JavaScript 书签小工具。此外，本章还将展示如何生成图像缩略图。同时，我们还将学习如何利用 JavaScript 和 Django 实现匿名 HTTP 请求和无限滚动分页机制。

第 7 章将考查如何构建一个关注系统。通过创建一个用户活动流应用程序，我们将完成图像收藏网站。另外，我们还将讨论如何创建模型间的通用关系，并优化 QuerySet。我们将处理信号并实现反规范化。我们将采用 Django Debug Toolbar 获取相应的调试信息。最后，我们还将把 Redis 集成至项目中，并对图像视图进行计数，并利用 Redis 创建图像查看排名。

第 8 章将探讨如何创建一个在线商店。其中，我们将构建商品目录模型，并通过 Django 会话创建一个商品购物车。随后，我们将为商品购物车构建一个上下文预处理器，并学习如何管理顾客订单。此外，我们将学习如何利用 Celery 和 RabbitMQ 发送异步通知。最后，我们还将学习如何通过 Flower 监测 Celery。

第 9 章将解释如何将一个支付网关与在线商店进行集成。在应用程序中，我们将集成 Stripe Checkout 并接收异步支付通知。除此之外，我们还将在管理网站中实现自定义视图，并定制管理网站以将订单导出为 CSV 文件。最后，我们还将学习如何动态生成 PDF 发票。

第 10 章将考查如何创建优惠券系统，并对购物车中的商品进行打折。相应地，我们将更新 Stripe Checkout 集成，以实现优惠券打折功能，并将优惠券应用于订单上。其间我们将使用 Redis 存储经常一起购买的商品，并使用这些信息构建一个商品推荐引擎。

第 11 章将展示如何向项目中添加国际化功能。并学习如何生成、管理翻译文件，同时翻译 Python 代码中的字符串和 Django 模板。这里，我们将采用 Rosetta 来管理翻译并实现每种语言的 URL。另外，我们还将学习如何通过 django-parler 来翻译模型字段，以及如何使用基于 ORM 的翻译功能。最后，我们将利用 django-localflavor 创建一个本地化的表单字段。

第 12 章将创建一个在线学习平台，以进一步丰富项目的特性，并创建内容管理系统的初始模型。此处，我们将采用模型继承机制来创建多态内容的数据模型，同时还将学习如何通过构建一个字段来排序对象，进而创建自定义模型字段。最后，本章将实现 CMS 的身份验证视图。

第 13 章将讨论如何通过基于类的视图和混入来创建一个 CMS。其中，我们将使用 Django 分组和授权系统来限制对视图的访问并实现表单集，以编辑课程内容。另外，我们还将创建一种下拉功能，以利用 JavaScript 和 Django 重新排序课程模块及其内容。

第 14 章将介绍如何实现课程目录的公共视图。其间，我们将创建一个学生注册系统，并管理学生的课程注册。我们还将创建一个功能以渲染课程模块的不同类型的内容。除此之外，我们还将学习如何利用 Django 缓存框架来缓存内容，以及配置项目的 Memcached 和 Redis 缓存后端。最后，我们将学习如何利用管理网站来监测 Redis。

第 15 章考查如何利用 Django REST 框架构建项目的 RESTful API。在本章中，我们将学习创建模型的序列化器和自定义 API 视图。接下来，我们将处理 API 身份验证并实现

API 视图的授权。另外，我们还将学习如何构建 API 视图集合和路由器。最后，本章将讨论如何利用 Requests 库自定义 API。

第 16 章将阐述如何利用 Django Channels 来创建学生的实时聊天服务器。这里，我们将实现基于 WebSocket 的异步通信功能。相应地，我们将创建一个基于 Python 的 WebSocket 使用者，并实现基于 JavaScript 的 WebSocket 客户端。随后，我们将利用 Redis 设置一个通道层，并使 WebSocket 使用者完全异步。

第 17 章将展示创建多环境设置，以及通过 PostgreSQL、Redis、uWSGI、NGINX、Daphne、Docker Compose 设置生产环境。另外，我们还将学习如何通过 HTTPS 安全地处理项目，并使用 Django 系统检查框架。最后，本章还将讨论如何构建自定义中间件及自定义管理命令。

背景知识

- 读者应具有 Python 方面的背景知识。
- 读者应熟悉 HTML 和 JavaScript。
- 建议读者阅读 Django 官方文档中第 1～3 部分中的内容，对应网址为 https://docs.djangoproject.com/en/4.1/intro/tutorial01/。

下载示例代码文件

本书代码托管于 GitHub 上，对应网址为 https://github.com/PacktPublishing/Django-4-by-example。除此之外，读者还可访问 https://github.com/PacktPublishing/，其中包含了其他代码包和视频等丰富的内容。

下载彩色图像

我们提供了本书中彩色的截图/图表的图像，读者可访问 https://static.packt-cdn.com/downloads/9781801813051_ColorImages.pdf 进行下载。

本书约定

本书采用了一些文本方面的约定表达方法。

代码块如下所示。

```
from django.contrib import admin
from .models import Post

admin.site.register(Post)
```

代码块中希望引起读者足够重视的部分采用粗体表示，如下所示。

```
INSTALLED_APPS = [
    'django.contrib.admin',
    'django.contrib.auth',
    'django.contrib.contenttypes',
    'django.contrib.sessions',
    'django.contrib.messages',
    'django.contrib.staticfiles',
    'blog.apps.BlogConfig',
]
```

命令行输入或输出如下所示。

```
python manage.py runserver
```

表示警告或重要的注意事项。

表示提示信息或操作技巧。

读者反馈和客户支持

欢迎读者对本书提出建议或意见反馈，对此，读者可向 feedback@packtpub.com 发送邮件，并以书名作为邮件标题。

勘误表

尽管我们希望做到尽善尽美，但书中难免有疏漏和不妥之处。如果读者发现谬误之处，无论是文字错误抑或是代码错误，还望不吝赐教。对此，读者可访问 http://www.packtpub.com/submit-errata，选取对应书籍，输入并提交相关问题的详细内容。

版权须知

一直以来，互联网上的版权问题从未间断，Packt 出版社对此类问题异常重视。若读者在互联网上发现本书任意形式的副本，请告知我们网络地址或网站名称，我们将对此予以处理。关于盗版问题，读者可发送邮件至 copyright@packtpub.com。

若读者针对某项技术具有专家级的见解，抑或计划撰写或完善某部著作，则可访问 http://authors.packtpub.com。

问题解答

读者对本书有任何疑问，均可发送邮件至 questions@packtpub.com，我们将竭诚为您服务。

目　　录

第 1 章　构建一个博客应用程序

在本书中，我们将学习如何构建一个专业的 Django 项目。本章将引领读者利用 Django 框架的主要组件构建一个 Django 应用程序。如果尚未安装 Django，则要首先学习如何安装 Django。

在开始第一个 Django 项目之前，我们首先提供 Django 框架的一个概览。另外，本章将讨论不同的主要组件，以构建一个完整功能的 Web 应用程序，包括模型、模板、视图和 URL。随后，我们将深入理解 Django 的工作方式，以及不同框架组件之间的交互方式。

在本章中，我们将学习 Django 项目和应用程序之间的差别，以及较为重要的 Django 设置项。其间，我们将构建一个简单的博客应用程序，并允许用户浏览所有发布的帖子以及读取每个帖子。在第 2 章和第 3 章中，我们将利用更加高级的功能来扩展博客应用程序。

本章将引领读者构建一个完整的 Django 应用程序，并展示 Django 框架的工作方式。如果读者尚不了解该框架的各个组件，请不要担心，本书将对此进行详细的讨论。

本章主要涉及下列主题。

- 安装 Python。
- 创建 Python 虚拟环境。
- 安装 Django。
- 创建和配置 Django 项目。
- 构建 Django 应用程序。
- 设计数据模型。
- 创建和应用模型迁移。
- 创建模型的管理网站。
- 与 QuerySet 和模型管理器协同工作。
- 构建视图、模板和 URL。
- 理解 Django 请求/响应循环。

1.1　安装 Python

Django 4.1 支持 Python 3.8、3.9 和 3.10。在本书示例中，我们将使用 Python 3.10.6。如果用户正在使用 Linux 或 macOS，那么很可能已经安装了 Python。对于 Windows 用户，读者可从 https://www.python.org/downloads/windows/下载 Python 安装程序。

打开机器的命令行 shell 提示符。如果我们正在使用 macOS，可打开 Finder 中的/Applications/Utilities 目录，随后双击 Terminal。对于 Windows 用户，打开 Start 菜单，并在搜索框中输入 cmd。随后单击 Command Prompt 应用程序以打开它。

在 shell 提示符中输入下列命令将验证是否在机器上安装了 Python。

```
python
```

如果出现了下列内容，则表明计算机上已经安装了 Python。

```
Python 3.10.6 (v3.10.6:9c7b4bd164, Aug 1 2022, 17:13:48) [Clang 13.0.0
(clang-1300.0.29.30)] on darwin
Type "help", "copyright", "credits" or "license" for more information.
```

如果所安装的 Python 版本低于 3.10，或者 Python 未在计算机上安装，那么读者可从 https://www.python.org/downloads/下载 Python 3.10.6，并遵循相关指令以安装 Python。在下载网站中，我们可以看到支持 Windows、macOS 和 Linux 的 Python 安装程序。

在本书中，当在 shell 提示符中引用 Python 时，我们将使用 python，虽然某些系统中可能需要使用 python3。如果用户正在使用 Linux 或 macOS，那么系统的 Python 将是 Python 2，那么我们需要通过 python3 使用安装的 Python 3 版本。

在 Windows 环境下，python 表示为默认 Python 安装的 Python 可执行文件，而 py 则表示 Python 启动程序。Windows 的 Python 启动程序在 Python 3.3 中被引入，它检测机器上安装的 Python 版本，并自动委托为最新版本。如果用户正在使用 Windows，建议利用 py 命令替换 python。关于 Windows Python 启动程序的更多信息，读者可访问 https://docs.python.org/3/using/windows.html#launcher。

1.2　创建 Python 虚拟环境

当编写 Python 应用程序时，通常还会使用标准 Python 库之外的包和模块。某些 Python 应用程序可能会使用同一模块的不同版本。然而，系统中仅可安装某个模块的特定版本。如果更新了应用程序的模块版本，那么将破坏使用该模块早期版本的其他应用程序。

为了解决这一问题，我们可使用 Python 虚拟环境。在虚拟环境中，我们可在一个隔离的位置安装 Python 模块，而不是以全局方式安装 Python 模块。每个虚拟环境均包含自己的 Python 二进制文件，并且可以在其网站目录中持有独立的安装 Python 包集。

自 Python 3.3 版本以来，Python 包含了 venv 库，该库支持创建轻量级的虚拟环境。通过使用 Python venv 模块创建隔离的 Python 环境，即可针对不同的项目使用不同的包版本。venv 的另一个优点是，安装 Python 包不需要任何管理权限。

对于 Linux 或 macOS 用户，可通过下列命令创建一个隔离的环境。

```
python -m venv my_env
```

如果系统附带了 Python 2，但我们安装了 Python 3，记住应使用 python3 而非 python。

对于 Windows 用户，可使用下列命令。

```
py -m venv my_env
```

这将在 Windows 中使用 Python 启动程序。

上述命令在新目录 my_env/中创建了一个 Python 环境。当虚拟环境处于活动状态时，任何安装的 Python 库都将位于 my_env/lib/python3.10/site-packages 目录中。

对于 Linux 或 macOS 用户，运行下列命令将激活虚拟环境。

```
source my_env/bin/activate
```

对于 Windows 用户，则可使用下列命令。

```
.\my_env\Scripts\activate
```

shell 提示符将包含括号中的处于活动状态下的虚拟环境，如下所示。

```
(my_env) zenx@pc:~ zenx$
```

利用 deactivate 命令，可随时禁用环境，关于 venv 的更多信息，读者可访问 https://docs.python.org/3/library/venv.html。

1.3　安装 Django

如果读者已经安装了 Django 4.1，则可略过本节内容。

Django 作为一个 Python 模块可安装于 Python 环境中。如果尚未安装 Django，下列内容将引领读者快速地在机器上安装 Django。

1.3.1 利用 pip 安装 Django

pip 包管理系统可视为安装 Django 的推荐方法。Python 3.10 中预安装了 pip，读者可访问 https://pip.pypa.io/en/stable/installing/查看 pip 的安装指令。

在 shell 提示符中运行下列命令即可通过 pip 安装 Django。

```
pip install Django~=4.1.0
```

这将在虚拟环境的 Python site-packages/目录中安装 Django 4.1。

在 shell 提示符中运行下列命令可检查是否成功地安装了 Django。

```
python -m django --version
```

如果输出结果为 4.1.X，则表明 Django 已在机器上成功安装。如果输出结果为 No module named Django，则说明 Django 未在机器上安装。如果在安装 Django 时遇到问题，则可在 https://docs.djangoproject.com/en/4.1/intro/install/上查看不同的安装选项。

注意：

Django 可通过不同的方式进行安装，读者可在 https://docs.djangoproject.com/en/4.1/topics/install/上查看不同的安装选项。

本章中使用的所有 Python 包均包含在本章源代码的 requirements.txt 文件中。在后续内容中，我们可遵循相关指令以安装每个 Python 包，或者利用命令 pip install -r requirements.txt 一次性地安装全部内容。

1.3.2 Django 4 中的新特性

Django 4 引入了新的特征集，包括一些后向兼容方面的变化，同时弃用了其他特性并消除了旧功能。作为与时效相关的版本，Django 4 没有太大的变化，并且很容易将 Django 3 的应用程序迁移到 4.1 版本中。虽然 Django 3 首次纳入了异步服务器网关接口（ASGI），但 Django 4 加入了一些新特性，如 Django 模型的唯一约束、Redis 数据缓存的内建支持、基于标准 Python 包 zoneinfo 的新的默认时区实现、新的 scrypt 密码哈希程序、基于模板的表单渲染，以及其他一些新的细微特征。Django 4 支持 Python 3.6 和 3.7，同时也支持 PostgreSQL 9.6、Oracle 12.2 和 Oracle 18c。Django 4.1 引入了基于类的视图的异步处理程序、异步 ORM 接口、新的模型约束验证，以及新的表单渲染模板。另外，

Django 4.1 放弃了对 PostgreSQL 10 和 MariaDB 10.2 的支持。

1.4　Django 概述

Django 是由一组组件构成的框架，用以解决常见的 Web 开发问题。这里，Django 组件是松耦合的，这意味着，这些组件可通过独立方式予以管理。这有助于分离不同框架层的职责。例如，数据库层对于数据的显示方式一无所知，模板系统也不了解 Web 请求，等等。

通过 DRY（不要重复你自己）原则，Django 提供了最大限度的代码可复用性。除此之外，Django 还提升了开发速度，并利用 Python 的动态功能（如内省）允许我们使用更少的代码。

关于 Django 的设计哲学，读者可访问 https://docs.djangoproject.com/en/4.1/misc/design-philosophies/查看更多信息。

1.5　主框架组件

Django 遵循 MTV（模型-模板-视图）模式，这与著名的 MVC（模型-视图-控制器）模式有些类似，其中，模板充当视图，而框架自身则充当控制器。

Django MTV 模式中的职责划分如下所示。

- 模型：定义逻辑数据结构，并表示为数据库和视图之间的数据处理程序。
- 模板：定义为显示层。Django 使用纯文本模板系统来保存浏览器渲染的所有内容。
- 视图：通过模型与数据库进行通信，并将数据传输至模板以供查看。

Django 框架自身充当控制器，并根据 Django URL 配置将请求发送至相应的视图。

当开发 Django 视图时，我们通常与模型、视图、模板和 URL 协同工作。本章将考查如何整合这些内容。

1.6　Django 架构

图 1.1 显示了 Django 处理请求的方式，以及如何通过不同的主 Django 组件（包括 URL、视图、模型和模板）管理请求/响应循环。

这便是 Django 如何处理 HTTP 请求并生成响应结果。

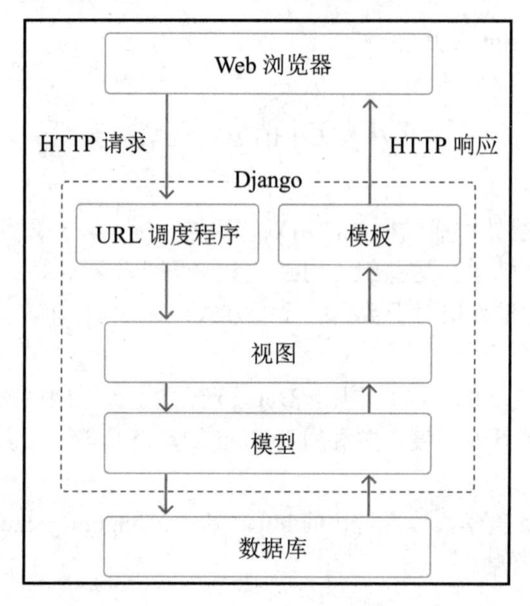

图 1.1　Django 架构

（1）Web 浏览器通过一个页面的 URL 请求该页面，Web 服务器将该 HTTP 请求传递至 Django。

（2）Django 遍历其配置的 URL 模式，并在第一个与请求 URL 匹配的 URL 处停止。

（3）Django 运行与匹配的 URL 模式对应的视图。

（4）视图使用数据模型检索数据库中的信息。

（5）数据模型提供数据定义和行为，它们用于查询数据库。

（6）视图渲染模板（通常是 HTML）、显示数据并返回包含 HTTP 响应的结果。

在本章结尾处，我们将再次考查 Django 请求/响应循环。

Django 还在请求/响应处理过程中包含称作中间件的钩子（hook）。简单起见，图 1.1 中并未包含中间件。本书将在不同的示例中使用中间件，第 17 章还将讨论如何创建自定义中间件。

1.7　创建第一个项目

这里，第一个项目由博客应用程序构成。我们首先将创建博客的 Django 项目和 Django 应用程序。随后创建数据模型，并将该模型与数据库同步。

Django 提供了一条命令，可用来创建初始项目文件结构。对此，可在 shell 提示符中输入下列命令。

```
django-admin startproject mysite
```

这将创建名为 mysite 的 Django 项目。

提示：

避免在内建 Python 或 Django 模块之后命名项目，这会导致冲突。

接下来考查下列生成的项目结构。

```
mysite/
    manage.py
    mysite/
        __init__.py
        asgi.py
        settings.py
        urls.py
        wsgi.py
```

其中，外部的 mysite/表示项目的容器，并包含了下列文件。

- manage.py 表示与项目交互所使用的命令行实用程序。我们无须编辑该文件。
- mysite/是项目的 Python 包，并包含了下列文件。
    - __init__.py 是一个空文件，它通知 Python 将 mysite 目录视为一个 Python 模块。
    - asgi.py 是一个配置文件，作为异步服务器网关接口（ASGI）并通过 ASGI 兼容的服务器和应用程序运行项目。ASGI 是异步 Web 服务器和应用程序的 Python 标准。
    - settings.py 表示项目的设置和配置，并包含了初始默认的设置项。
    - urls.py 包含了 URL 模式，此处定义的每个 URL 将映射至一个视图。
    - wsgi.py 是一个配置文件，作为 Web 服务器网关接口（WSGI）并利用 WSGI 兼容的服务器和应用程序运行项目。

1.7.1　应用初始数据库迁移

Django 需要使用数据库存储数据。settings.py 文件在 DATABASES 设置项中包含了项目的数据库配置。其中，默认配置为 SQLite3 数据库。这里，SQLite3 内建于 Python 3 并可用于任何 Python 应用程序中。SQLite 是一个轻量级的数据库，可与 Django 一起用于开发。如果打算将应用程序部署于生产环境中，那么应采用全特性的数据库，如

PostgreSQL、MySQL 或 Oracle。关于数据库与 Django 的应用方式，读者可访问 https://docs.djangoproject.com/en/4.1/topics/install/#database-installation 查看更多信息。

除此之外，settings.py 文件还包含了一个名为 INSTALLED_APPS 的列表，该列表涵盖了默认状态下添加至项目中的 Django 应用程序，稍后将考查这些应用程序。

Django 应用程序包含了映射至数据库表的数据模型。稍后，我们也可以创建自己的模型。为了完成项目的设置过程，我们需要创建与 INSTALLED_APPS 设置项中默认 Django 应用程序的模型关联的表。Django 内置了一个系统可帮助我们管理数据库迁移。

打开 shell 提示符并运行下列命令。

```
cd mysite
python manage.py migrate
```

对应的输出结果如下所示。

```
Applying contenttypes.0001_initial... OK
Applying auth.0001_initial... OK
Applying admin.0001_initial... OK
Applying admin.0002_logentry_remove_auto_add... OK
Applying admin.0003_logentry_add_action_flag_choices... OK
Applying contenttypes.0002_remove_content_type_name... OK
Applying auth.0002_alter_permission_name_max_length... OK
Applying auth.0003_alter_user_email_max_length... OK
Applying auth.0004_alter_user_username_opts... OK
Applying auth.0005_alter_user_last_login_null... OK
Applying auth.0006_require_contenttypes_0002... OK
Applying auth.0007_alter_validators_add_error_messages... OK
Applying auth.0008_alter_user_username_max_length... OK
Applying auth.0009_alter_user_last_name_max_length... OK
Applying auth.0010_alter_group_name_max_length... OK
Applying auth.0011_update_proxy_permissions... OK
Applying auth.0012_alter_user_first_name_max_length... OK
Applying sessions.0001_initial... OK
```

上述代码行表示 Django 所采用的数据库迁移。通过应用初始迁移，INSTALLED_APPS 设置项中列出的应用程序的表将在数据库中被创建。

稍后还将详细讨论与 migrate 管理命令相关的更多内容。

1.7.2　运行开发服务器

Django 内置了轻量级的 Web 服务器以快速地运行代码，且无须花费时间配置产品服务器。当运行 Django 开发服务器时，服务器会一直检查代码中的更改内容，并自动重载以避免代码更改后以手动方式重新加载代码。但在某些情况下，如向项目中添加新的文件，需要以手动方式重新启动服务器。

在 shell 提示符中输入下列命令来启动开发服务器。

```
python manage.py runserver
```

对应的输出结果如下所示。

```
Watching for file changes with StatReloader
Performing system checks...

System check identified no issues (0 silenced).
January 01, 2022 - 10:00:00
Django version 4.0, using settings 'mysite.settings'
Starting development server at http://127.0.0.1:8000/
Quit the server with CONTROL-C.
```

下面在浏览器中打开 http://127.0.0.1:8000/，随后将会看到一个页面表示项目成功运行，如图 1.2 所示。

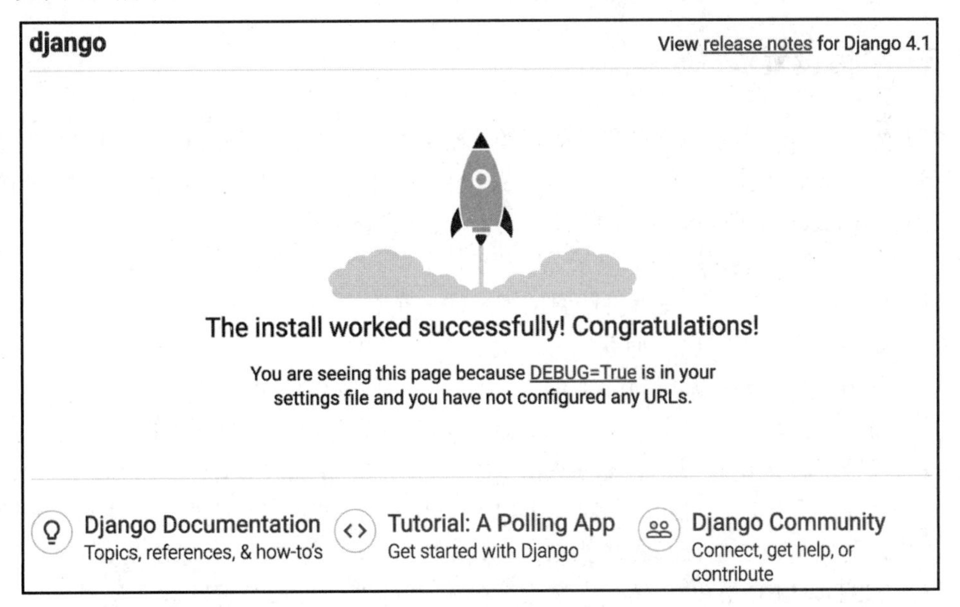

图 1.2　Django 开发服务器的默认页面

图 1.2 表明 Django 正处于运行状态。当查看控制台时，可以看到浏览器执行了 GET 请求。

```
[01/Jan/2022 17:20:30] "GET / HTTP/1.1" 200 16351
```

每个 HTTP 请求均通过开发服务器记录于控制台中。相应地，运行开发服务器时出现的任何错误也将呈现于控制台中。

我们可在自定义主机和端口上运行 Django 开发服务器，或者通知 Django 加载一个特定的设置文件，如下所示。

```
python manage.py runserver 127.0.0.1:8001 --settings=mysite.settings
```

提示：

当处理需要不同配置的多个环境时，可针对每种环境创建一个不同的设置文件。

开发服务器仅用于开发阶段，且不适用于生产阶段。当在生产环境中部署 Django 时，我们应使用一个 Web 服务器（如 Apache、Gunicorn 或 uWSGI）并作为一个 WSGI 应用程序对其加以运行，或者使用一个服务器（如 Daphne 或 Uvicorn）并作为 ASGI 应用程序运行。关于如何利用不同的 Web 服务器部署 Django，读者可访问 https://docs.djangoproject.com/en/4.1/howto/deployment/wsgi/了解更多内容。

第 17 章将讨论如何设置 Django 项目的生产环境。

1.7.3　项目设置项

打开 settings.py 文件并查看项目的配置。该文件中包含了多个设置项，但它们仅是全部有效的 Django 设置项的部分内容。关于所有的设置项及其默认值，读者可访问 https://docs.djangoproject.com/en/4.1/ref/settings/查看完整内容。

一些主要的项目设置项如下所示。

- DEBUG 是开启和关闭项目调试模式的一个布尔值。如果 DEBUG 设置为 True，则当应用程序抛出未捕获的异常时，Django 将显示详细的错误页面。对于生产环境，则需要将其设置为 False。记住，永远不要在 DEBUG 处于开启的状态下将站点部署至生产环境中，因为这会公开与项目相关的敏感数据。
- 在开启调试模式或运行测试时，通常不会使用到 ALLOWED_HOSTS。一旦将站点移至生产环境中，同时将 DEBUG 设置为 False，则需要将域/主机添加至该设置项中，以使该设置项为 Django 站点服务。
- INSTALLED_APPS 是一个需要为所有项目进行编辑的设置项。该设置项通知 Django 哪一个应用程序针对站点处于活动状态。默认状态下，Django 包含下列应用程序。
    - django.contrib.admin：一个管理网站。

  - django.contrib.auth：一个身份验证框架。
  - django.contrib.contenttypes：一个处理内容类型的框架。
  - django.contrib.sessions：一个会话框架。
  - django.contrib.messages：一个消息框架。
  - django.contrib.staticfiles：一个管理静态文件的框架。
- MIDDLEWARE 是一个列表，其中包含要执行的中间件。
- ROOT_URLCONF 表示定义应用程序根 URL 模式的 Python 模块。
- DATABASES 定义为一个字典，其中包含项目中所用的全部数据库的设置项。通常存在一个默认的数据库。默认配置使用了 SQLite3 数据库。
- LANGUAGE_CODE 定义了 Django 站点的默认语言代码。
- USE_TZ 通知 Django 去激活/禁用时区支持。Django 内置了对时区日期时间的支持。当利用 startproject 管理命令创建新项目时，该设置项设置为 True。

如果读者对此感到迷惑，请不必担心。后续章节将对不同的 Django 设置项加以讨论。

1.7.4 项目和应用程序

在本书中，我们会频繁地遇到项目和应用程序这两个术语。在 Django 中，项目被视为包含一些设置项的 Django 安装；应用程序则是一组模型、视图、模板和 URL。应用程序与框架交互以提供特定的功能，并且可以在各种项目中重用。我们可以将项目视为网站，其中包含了多个应用程序（如博客、wiki 或论坛），这些应用程序还可供其他 Django 项目使用。

图 1.3 显示了 Django 项目的结构。

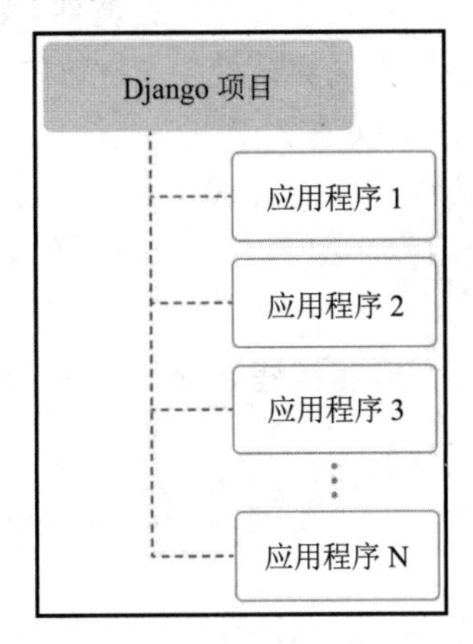

图 1.3　Django 项目/应用程序结构

1.7.5 创建一个应用程序

下面创建第一个 Django 应用程序。这里，我们将从头开始构造一个博客应用程序。在项目的根目录中，在 shell 提示符下运行下列命令。

```
python manage.py startapp blog
```

这将生成下列基本的应用程序结构。

```
blog/
    __init__.py
    admin.py
    apps.py
    migrations/
        __init__.py
    models.py
    tests.py
    views.py
```

具体解释如下所示。

- __init__.py：这是一个空文件，通知 Django 将 blog 目录视为一个 Python 模块。
- admin.py：此处将注册模块，并将其包含在 Django 管理网站中。这里的当前站点为可选项。
- apps.py：包含 blog 应用程序的主要配置。
- migrations：该目录包含应用程序的数据库迁移。迁移允许 Django 跟踪模型变化，并相应地同步数据库。该目录包含一个空文件__init__.py。
- models.py：包含了应用程序的数据模型。所有的 Django 应用程序需要包含一个 models.py 文件，该文件可以是空文件。
- tests.py：此处可添加应用程序的测试。
- views.py：此处添加应用程序的逻辑。每个视图接收一个 HTTP 请求，处理该请求并返回响应结果。

待应用程序结构就绪后，节课开始构建 blog 的数据模型。

1.8 创建博客数据模型

记住，Python 对象是一个数据和方法的集合，而类则表示构建数据和功能的蓝图。

创建一个新类将生成一个新的对象类型，并允许我们创建该类型的实例。

Django 模型是数据的信息和行为的来源，并由一个 Python 类组成，该类是 django.db.models.Model 的子类。每个模型映射至一个数据库表，在表中，每个类属性表示为一个数据库字段。当创建一个模型时，Django 将会提供一个实用的 API 以方便地查询数据库中的对象。

我们将定义 blog 应用程序的数据库模型，随后生成该模型的数据库迁移，以构建对应的数据库表。当应用迁移时，Django 将为应用程序的 models.py 文件中定义的每个模型创建一个表。

1.8.1　创建 Post 模型

首先定义一个 Post 模型，用于将博客帖子存储于数据库中。

对此，将下列代码行添加至 blog 应用程序的 models.py 文件中。

```
from django.db import models

class Post(models.Model):
    title = models.CharField(max_length=250)
    slug = models.SlugField(max_length=250)
    body = models.TextField()

    def __str__(self):
        return self.title
```

这是博客帖子的数据模型。其中，帖子包含标题（title）、简短的标记（slug）以及体（body）。下面考查该模型的各个字段。

- title：这是帖子标题字段。它是一个 CharField 字段，转换为 SQL 数据库中的 VARCHAR 列。
- slug：这是一个 SlugField 字段，转换为 SQL 数据库中的 VARCHAR 列。这里，slug 表示为一个简短的标记，包含字母、数组、下画线和连字符。一个包含标题“Django Reinhardt: A legend of Jazz”的帖子可能包含一个诸如 django-reinhardt-legend-jazz 的 slug。在第 2 章中，我们将使用 slug 字段构建精美、SEO 友好的博客帖子。
- body：这是存储帖子体的字段。另外，这也是一个 TextField 字段并转换为 SQL 数据库中的 TEXT 列。

除此之外，我们还向模型类中加入了一个__str__()方法。这是一个默认的 Python 方法，它返回一个字符串，其中包含了对象的人类可读的表达形式。Django 将使用该方法在多处显示对象的名称，如 Django 管理网站。

注意：

如果用户正在使用 Python 2.x，则需要注意，在 Python 3 中，所有的字符串在本地均被视为 Unicode，因此我们仅使用__str__()方法。Python 2.x 中的__unicode__()方法已过时。

接下来考查模型及其字段如何转换为数据库表和列。在将模型与数据库同步时，图 1.4 显示了 Post 模型如何转换为 Django 创建的对应的数据库表。

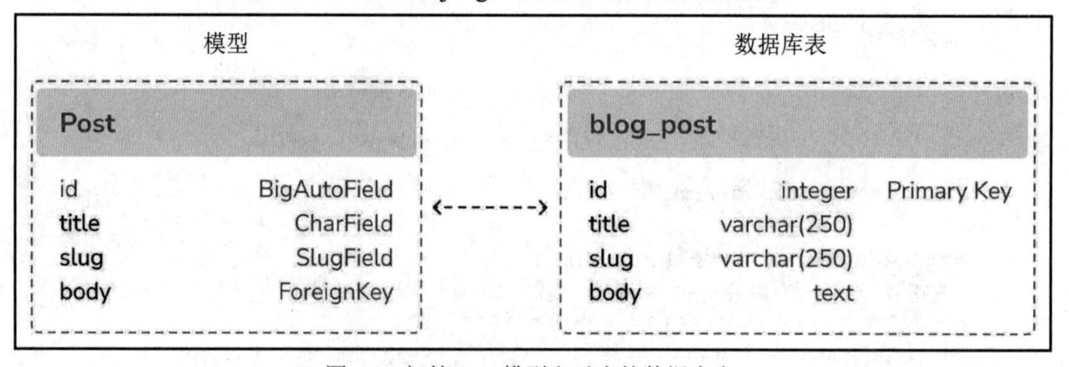

图 1.4　初始 Post 模型和对应的数据库表

Django 将针对每个模型字段（如 title、slug 和 body）创建一个数据库列。我们将查看每个字段类型与数据库数据类型之间的对应方式。

默认状态下，Django 将向每个模型添加一个自动增长的主键字段。该字段的字段类型在每个应用程序配置中指定，或者以全局方式在 DEFAULT_AUTO_FIELD 中指定。当采用 startapp 命令创建一个应用程序时，DEFAULT_AUTO_FIELD 的默认值为 BigAutoField。这是一个 64 位的整数，并根据有效 ID 自动增加。如果未指定模型的主键，Django 将自动添加该字段。另外，通过设置 primary_key=True，还可将模型字段之一定义为主键。

我们将利用额外的字段和行为来扩展 Post 模型，并通过创建一个数据库迁移将其与数据库同步。

1.8.2　添加日期时间字段

接下来继续向 Post 模型添加日期时间字段。相应地，每个帖子将在特定的日期和时间被发布。因此，我们需要一个字段来存储发布日期和时间。此外，当创建 Post 对象以及最近一次修改该对象时，我们也需要存储日期和时间。

编辑 blog 应用程序的 models.py 文件，如下所示。

```
from django.db import models
from django.utils import timezone

class Post(models.Model):
    title = models.CharField(max_length=250)
    slug = models.SlugField(max_length=250)
    body = models.TextField()
    publish = models.DateTimeField(default=timezone.now)
    created = models.DateTimeField(auto_now_add=True)
    updated = models.DateTimeField(auto_now=True)

    def __str__(self):
        return self.title
```

这里，我们向 Post 模型中加入了下列字段。

- publish：这是一个 DateTimeField 字段，被转换为 SQL 中的 DATETIME 列。当发布帖子时，将使用 publish 存储日期和时间。相应地，我们使用 Django 的 timezone.now 方法作为该字段的默认值。注意，我们需要引入 timezone 模块以便使用 timezone.now 方法。timezone.now 以时区格式返回当前的日期时间。我们可将 timezone.now 视为标准 Python datetime.now 方法的一个时区版本。
- created：这是一个 DateTimeField 字段，在创建帖子时用来存储日期和时间。通过使用 auto_now_add，日期将在创建对象时自动保存。
- updated：这是一个 DateTimeField 字段，并在更新帖子时用来存储最近一次的日期和时间。通过使用 auto_now，日期将在保存对象时自动更新。

1.8.3　定义默认排序顺序

博客帖子通常按时间倒序（从新到旧）进行显示。这里，我们将定义模型的默认排序方式。如果查询中未指定顺序，当在数据库中获取对象时，将应用默认的顺序。

编辑 blog 应用程序的 models.py 文件，如下所示。

```
from django.db import models
from django.utils import timezone
```

```
class Post(models.Model):
    title = models.CharField(max_length=250)
    slug = models.SlugField(max_length=250)
    body = models.TextField()
    publish = models.DateTimeField(default=timezone.now)
    created = models.DateTimeField(auto_now_add=True)
    updated = models.DateTimeField(auto_now=True)

    class Meta:
        ordering = ['-publish']

    def __str__(self):
        return self.title
```

在模型中，我们添加了一个 Meta 类，该类定义了模型的元数据。其中，我们使用 ordering 属性通知 Django，应按照 publish 字段来排序结果。当查询中未提供指定顺序时，默认状态下将使用该顺序。我们通过在字段名前使用连字符（即-publish）表示降序。默认情况下，帖子将按时间倒序返回。

1.8.4 添加一个数据库索引

下面定义 publish 字段的数据库索引，这将改进查询过滤或排序结果的性能。由于默认状态下我们使用 publish 字段来排序结果，因此我们希望多个查询利用该索引。

编辑 blog 应用程序的 models.py 文件，如下所示。

```
from django.db import models
from django.utils import timezone

class Post(models.Model):
    title = models.CharField(max_length=250)
    slug = models.SlugField(max_length=250)
    body = models.TextField()
    publish = models.DateTimeField(default=timezone.now)
    created = models.DateTimeField(auto_now_add=True)
    updated = models.DateTimeField(auto_now=True)

    class Meta:
        ordering = ['-publish']
        indexes = [
            models.Index(fields=['-publish']),
        ]
```

```
    def __str__(self):
        return self.title
```

这里，我们向模型的 Meta 类中添加了 indexes 选项，该选项允许我们定义模型的数据库索引，它可由一个或多个字段（按升序或降序排列），或者函数表达式和数据库函数构成。此处，我们添加了 publish 字段的一个索引，在字段名之前使用连字符并以降序定义索引。索引的创建将包含在稍后为博客模型生成的数据库迁移中。

注意：

MySQL 不支持索引排序。如果使用 MySQL 作为数据库，降序索引将作为普通索引而被创建。

关于如何定义模型的索引，读者可访问 https://docs.djangoproject.com/en/4.1/ref/ models/indexes/了解更多信息。

1.8.5　激活应用程序

我们需要激活项目中的 blog 应用程序，以跟踪应用程序，并且能够创建其模型的数据库表，编辑 settings.py 文件，并向 INSTALLED_APPS 设置项中添加 blog.apps.BlogConfig，如下所示。

```
INSTALLED_APPS = [
    'django.contrib.admin',
    'django.contrib.auth',
    'django.contrib.contenttypes',
    'django.contrib.sessions',
    'django.contrib.messages',
    'django.contrib.staticfiles',
    'blog.apps.BlogConfig',
]
```

BlogConfig 类定义为应用程序配置。当前，Django 知道应用程序针对项目处于活动状态，并能够加载应用程序模型。

1.8.6　添加一个 status 字段

博客中常见的功能是将帖子保存为草稿，直至发布。这里，我们将添加一个模型字段，进入可管理博客帖子的状态。具体来说，帖子包含 Draft（草稿）和 Published（已发布）两种状态。

编辑 blog 应用程序的 models.py 文件，如下所示。

```
from django.db import models
from django.utils import timezone

class Post(models.Model):

    class Status(models.TextChoices):
        DRAFT = 'DF', 'Draft'
        PUBLISHED = 'PB', 'Published'

    title = models.CharField(max_length=250)
    slug = models.SlugField(max_length=250)
    body = models.TextField()
    publish = models.DateTimeField(default=timezone.now)
    created = models.DateTimeField(auto_now_add=True)
    updated = models.DateTimeField(auto_now=True)
    status = models.CharField(max_length=2,
                              choices=Status.choices,
                              default=Status.DRAFT)


    class Meta:
        ordering = ['-publish']
        indexes = [
            models.Index(fields=['-publish']),
        ]

    def __str__(self):
        return self.title
```

其中，我们通过子类化 models.TextChoices 定义了枚举类 Status。帖子状态的有效选择是 DRAFT 和 PUBLISHED，其对应值为 DF 和 PB，其标记或可读名称为 Draft 和 Published。

Django 提供了可子类化的枚举类型，进而简单地定义选择方案，这些都是基于 Python 标准库的 enum 对象的。关于 enum 的更多信息，读者可访问 https://docs.python.org/3/library/enum.html。

Django 枚举类型对 enum 进行了一些修改。关于二者间的差异，读者可访问 https://docs.djangoproject.com/en/4.1/ref/models/fields/#enumeration-types。

我们可以访问 Post.Status.choices 以获取有效的选择结果，访问 Post.Status.labels 以获

取人类可读的名称，访问 Post.Status.values 以获取选择结果的实际值。

除此之外，我们还向模型中添加了新的 statue 字段（CharField 实例），该字段包含一个 choices 参数，并将字段值限制在 Status.choices 的选择结果中。另外，我们还通过 default 参数设置了该字段的默认值。相应地，我们采用 DRAFT 作为该字段的默认选择结果。

注意：

较好的做法是在模型类中定义选择结果，从而轻松地从代码的任何地方引用选择标记、值或名称。我们可导入 Post 模型，并在代码中的任意位置使用 Post.Status.DRAFT 作为 Draft 状态的引用。

接下来查看如何与状态选择进行交互。

在 shell 提示符中运行下列命令以打开 Python shell。

```
python manage.py shell
```

随后输入下列代码行。

```
>>> from blog.models import Post
>>> Post.Status.choices
```

我们将获得包含值-标记对的枚举选择结果。

```
[('DF', 'Draft'), ('PB', 'Published')]
```

输入下列代码行。

```
>>> Post.Status.labels
```

我们将得到人类可读的枚举成员的名称，如下所示。

```
['Draft', 'Published']
```

输入下列代码行。

```
>>> Post.Status.values
```

我们将得到枚举成员的值，如下所示。这些值可针对 status 字段存储于数据库中。

```
['DF', 'PB']
```

输入下列代码行。

```
>>> Post.Status.names
```

我们将获得选择结果的名称，如下所示。

```
['DRAFT', 'PUBLISHED']
```

我们可利用 Post.Status.PUBLISHED 访问一个特定的查找枚举成员，此外还可访问其.name 和.value 属性。

1.8.7　添加多对一关系

帖子通常由某位作者编写。对此，我们将在用户和帖子之间添加某种关系，以表明哪个用户编写了哪个帖子。Django 内置的一个身份验证框架可处理用户账户。这一Django 身份验证框架内置了一个 django.contrib.auth 包并包含了一个 User 模型。我们将使用 Django 身份验证框架中的 User 模型创建用户和帖子之间的关系。

编辑 blog 应用程序中的 models.py 文件，如下所示。

```
from django.db import models
from django.utils import timezone
from django.contrib.auth.models import User

class Post(models.Model):

    class Status(models.TextChoices):
        DRAFT = 'DF', 'Draft'
        PUBLISHED = 'PB', 'Published

    title = models.CharField(max_length=250)
    slug = models.SlugField(max_length=250)
    author = models.ForeignKey(User,
                               on_delete=models.CASCADE,
                               related_name='blog_posts')
    body = models.TextField()
    publish = models.DateTimeField(default=timezone.now)
    created = models.DateTimeField(auto_now_add=True)
    updated = models.DateTimeField(auto_now=True)
    status = models.CharField(max_length=2,
                              choices=Status.choices,
                              default=Status.DRAFT)
    class Meta:
        ordering = ['-publish']
        indexes = [
            models.Index(fields=['-publish']),
```

```
    ]

    def __str__(self):
        return self.title
```

这里，我们从 django.contrib.auth.models 模块中导入了 User 模型，并向 Post 模型中添加了一个 author 字段。该字段定义了多对一关系，这意味着，每个帖子由一名用户编写，而一名用户可编写任意数量的帖子。针对该字段，Django 将通过关联模型的主键在数据库中创建一个外键。

on_delete 参数指定了删除引用对象时所采取的行为。这不是 Django 特有的，而是一个 SQL 标准。通过 CASCADE，我们指定了删除引用用户时数据库也将删除所有关联的博客帖子。读者可访问 https://docs.djangoproject.com/en/4.1/ref/models/fields/#django.db.models.ForeignKey.on_delete 查看全部可能的选项。

我们使用 related_name 指定反向关系（从 User 到 Post）的名称。这可使我们方便地通过 user.blog_posts 标记从用户对象中访问关联对象，稍后将对此加以讨论。

Django 内置了不同的字段类型，以供定义模型。读者可访问 https://docs.djangoproject.com/en/4.1/ref/models/fields/查看所有的字段类型。

当前，Post 模型处于完备状态，我们可将该模型与数据库同步。在此之前，我们需要在 Django 项目中激活 blog 应用程序。

1.8.8　创建并应用迁移

截至目前，我们持有一个博客帖子的数据模型，接下来需要创建对应的数据库表。Django 内置了一个迁移系统，可跟踪模型产生的变化，并使其传播至数据库中。

migrate 命令应用 INSTALLED_APPS 中列出的所有应用程序的迁移，并通过当前模型和现有的迁移来同步数据库。

首先，我们需要为 Post 模型创建一个初始迁移。

在项目的根目录中，在 shell 提示符中运行下列命令。

```
python manage.py makemigrations blog
```

对应输出结果如下所示。

```
Migrations for 'blog':
    blog/migrations/0001_initial.py
        - Create model Post
        - Create index blog_post_publish_bb7600_idx on field(s)
          -publish of model post
```

Django 在 blog 应用程序的 migrations 目录中创建了 0001_initial.py 文件。该迁移包含了 SQL 语句，以创建 Post 模型的数据库表和针对 publish 字段的数据库索引定义。

我们可查看文件内容以了解迁移的定义方式。迁移指定了对其他迁移的依赖关系，以及在数据库中执行的操作，以使数据库与模型变化同步。

下面考查 Django 在数据库中执行的 SQL 代码，以创建模型表。sqlmigrate 命令接收迁移名称并返回其 SQL，但不执行该 SQL 语句。

在 shell 提示符中运行下列命令，并查看第一次迁移的 SQL 输出结果。

```
python manage.py sqlmigrate blog 0001
```

对应的输出结果如下所示。

```
BEGIN;
--
-- Create model Post
--

CREATE TABLE "blog_post" (
  "id" integer NOT NULL PRIMARY KEY AUTOINCREMENT,
  "title" varchar(250) NOT NULL,
  "slug" varchar(250) NOT NULL,
  "body" text NOT NULL,
  "publish" datetime NOT NULL,
  "created" datetime NOT NULL,
  "updated" datetime NOT NULL,
  "status" varchar(10) NOT NULL,
  "author_id" integer NOT NULL REFERENCES "auth_user" ("id") DEFERRABLE
INITIALLY DEFERRED);
--
-- Create blog_post_publish_bb7600_idx on field(s) -publish of model post
--
CREATE INDEX "blog_post_publish_bb7600_idx" ON "blog_post" ("publish" DESC);
CREATE INDEX "blog_post_slug_b95473f2" ON "blog_post" ("slug");
CREATE INDEX "blog_post_author_id_dd7a8485" ON "blog_post" ("author_id");
COMMIT;
```

实际的输出结果取决于所使用的数据库。上述输出结果是在 SQLite 环境下生成的。在输出结果中可以看到，Django 通过整合应用程序名称和小写的模型名称（blog_post）最终生成了表名称，但是我们也可以通过 db_table 属性在模型的 Meta 类中指定模型的自定义数据库名称。

Django 生成了一个自动递增的 id 列作为每个模型的主键，但也可在某个模型字段上指定 primary_key=True 来设置主键。默认的 id 列由一个自动增长的整数构成。该列对应于自动添加至模型中的 id 字段。

随后将创建下列 3 个索引。

（1）在 publish 列上按降序排列的索引，这是利用模型的 Meta 类的 indexes 选项显式定义的索引。

（2）在 slug 列上的索引，因为 SlugField 字段在默认状态下表示一个索引。

（3）author_id 列上的索引，因为 ForeignKey 字段在默认状态下表示一个索引。

图 1.5 比较了 Post 模型及其对应的数据库 blog_post 表。

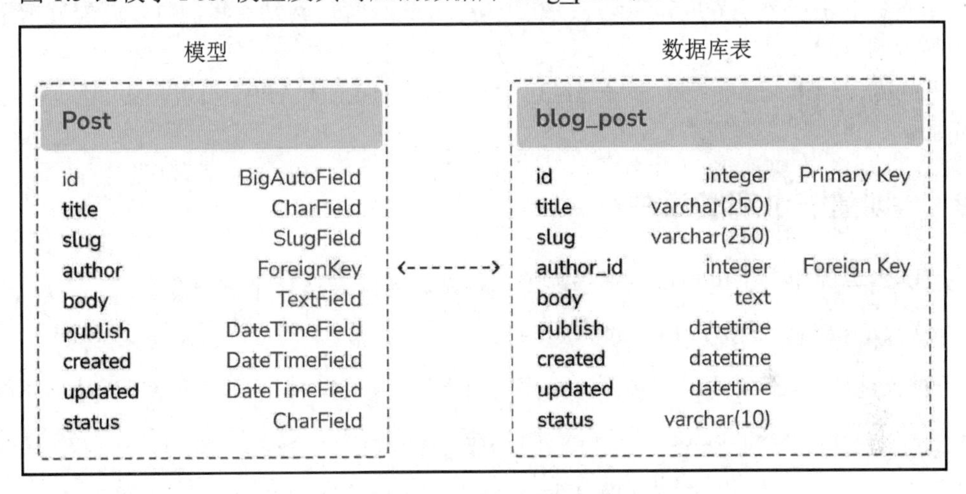

图 1.5　完整的 Post 模型及其对应的数据库表

图 1.5 显示了模型字段与数据库表列之间的对应方式。

接下来利用新模型同步数据库。

在 shell 提示符中运行下列命令以应用现有的迁移。

```
python manage.py migrate
```

对应的输出结果如下所示。

```
Applying blog.0001_initial... OK
```

我们刚刚针对 INSTALLED_APPS 中列出的应用程序应用了迁移，其中也包括 blog 应用程序。在应用迁移后，数据库反映了模型的当前状态。

当编辑 models.py 文件以添加、移除或修改现有模型的字段时，或者在添加新的模型后，都需要使用 makemigrations 命令创建新的迁移。每次迁移都允许 Django 跟踪模型的变化。随后需要通过 migrate 命令应用迁移，以使数据库与模型保持同步。

1.9 创建模型的管理网站

在 Post 模型与数据库同步后，我们可以创建一个简单的管理网站，并对博客帖子进行管理。

Django 内置了管理界面，这对于编辑内容十分有用。通过读取模型元数据并提供用于编辑内容的生产环境界面，以动态方式构建 Django 管理网站。我们可以此配置模型在其中显示的方式。

django.contrib.admin 应用程序已经包含于 INSTALLED_APPS 设置项中，因而不必重复添加。

1.9.1 创建一个超级用户

首先需要创建一个用户以管理当前管理网站。对此，运行下列命令。

```
python manage.py createsuperuser
```

我们可以看到下列输出结果。此处输入相应的用户名、电子邮件和密码，如下所示。

```
Username (leave blank to use 'admin'): admin
Email address: admin@admin.com
Password: ********
Password (again): ********
```

随后显示下列成功消息。

```
Superuser created successfully.
```

我们刚刚利用最高权限创建了一个管理用户。

1.9.2 Django 管理网站

利用下列命令启动开发服务器。

```
python manage.py runserver
```

在浏览器中打开 http://127.0.0.1:8000/admin/，图 1.6 显示了管理网站登录页面。

利用之前创建的用户证书进行登录。图 1.7 显示了管理网站的索引页面。

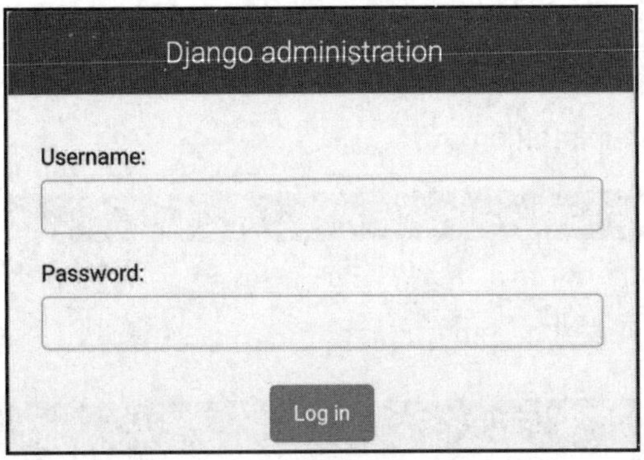

Django administration

Username:

Password:

Log in

图 1.6　Django 管理网站登录页面

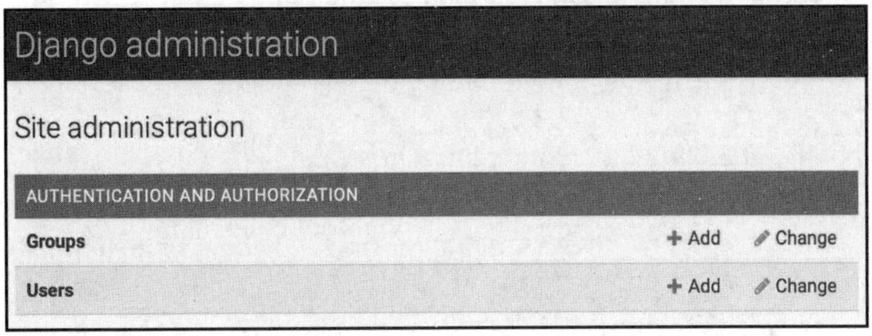

Django administration

Site administration

AUTHENTICATION AND AUTHORIZATION

Groups　+ Add　Change

Users　+ Add　Change

图 1.7　Django 管理网站的索引页面

图 1.7 中的 Groups 和 Users 模型是 Django 管理框架（位于 django.contrib.auth）中的部分内容。单击 Users 将会看到之前创建的用户。

1.9.3　向管理网站中添加模型

下面向管理网站中添加 blog 模型。对此，编辑 admin.py 文件，如下所示。

```
from django.contrib import admin
from .models import Post

admin.site.register(Post)
```

在浏览器中重新载入管理网站，随后将会看到网站中的 Posts 模型，如图 1.8 所示。

整个过程较为简单。当在 Django 管理网站中注册一个模型时，通过内省（introspect）模型，我们可以获得一个用户友好的界面，进而以简单的方式列出、编辑、创建和删除对象。

单击 Posts 一侧的 Add 链接可添加一个新帖子。随后将会看到 Django 针对模型动态生成的表单，如图 1.9 所示。

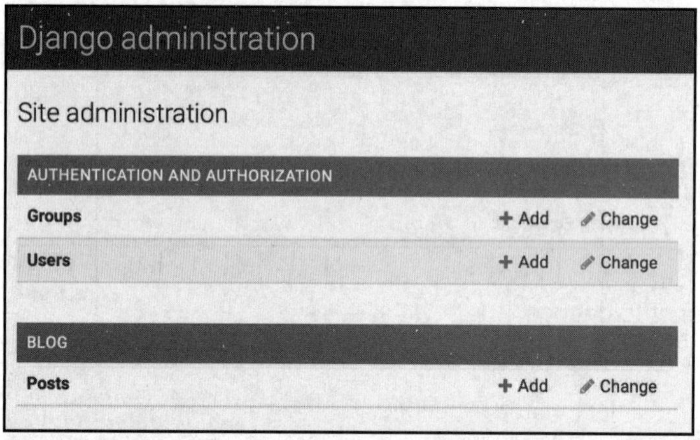

图 1.8　包含于 Django 管理网站索引页面中的 blog 应用程序的 Post 模型

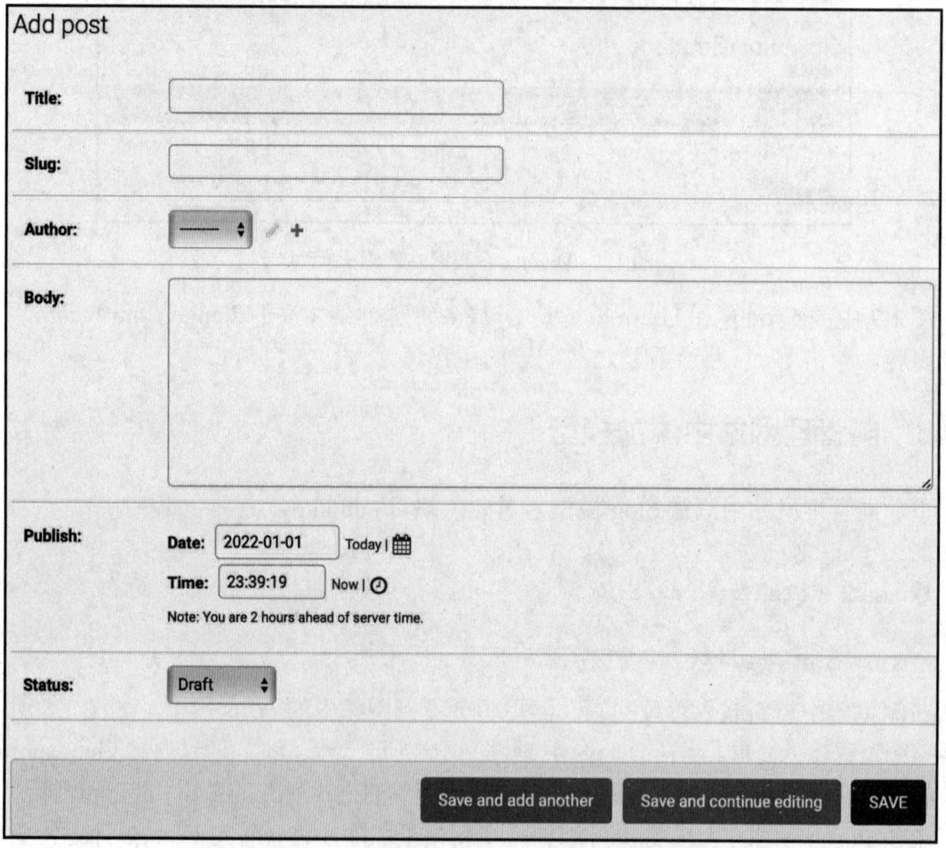

图 1.9　Post 模型的 Django 管理网站编辑表单

Django 针对每种字段类型使用不同的表单微件（widget）。甚至复杂的字段（如 DateTimeField）也可通过简单的界面（如 JavaScript 日期拾取器）予以显示。

填写表单并单击 SAVE 按钮。随后将重定向至帖子列表页面，其中包含一条成功消息和刚刚创建的帖子，如图 1.10 所示。

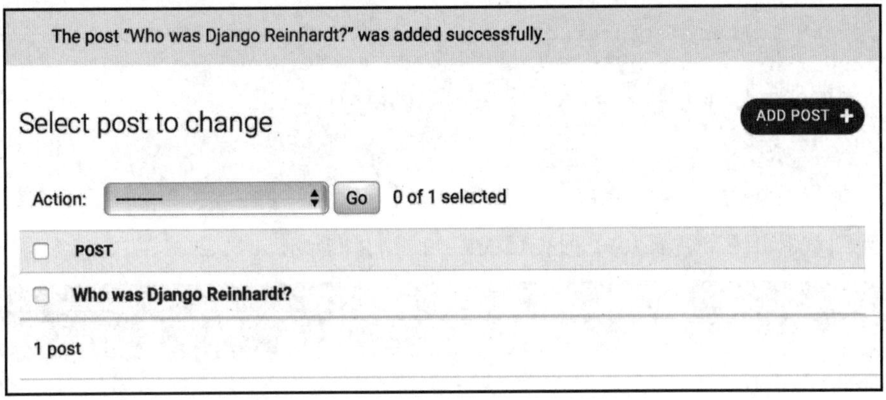

图 1.10　带有添加成功消息的 Post 模型的 Django 管理网站列表视图

1.9.4　定制模型的显示方式

接下来我们考查如何定制管理网站。

编辑 blog 应用程序的 admin.py 文件，如下所示。

```
from django.contrib import admin
from .models import Post

@admin.register(Post)
class PostAdmin(admin.ModelAdmin):
    list_display = ['title', 'slug', 'author', 'publish', 'status']
```

我们通知 Django 管理网站，模型利用继承自 ModelAdmin 的自定义类在网站中注册，在该类中，我们可包含与模型在网站中的渲染方式和交互方式相关的信息。

list_display 属性允许我们设置打算在管理对象列表页面上显示的模型字段。@admin.register()装饰器执行与所替换的 admin.site.register()函数有相同的功能，即注册它所装饰的 ModelAdmin 类。

接下来通过某些选项来定制 admin 模型。

编辑 blog 应用程序的 admin.py 文件，如下所示。

```
from django.contrib import admin
from .models import Post

@admin.register(Post)
class PostAdmin(admin.ModelAdmin):
    list_display = ['title', 'slug', 'author', 'publish', 'status']
    list_filter = ['status', 'created', 'publish', 'author']
    search_fields = ['title', 'body']
    prepopulated_fields = {'slug': ('title',)}
    raw_id_fields = ['author']
    date_hierarchy = 'publish'
    ordering = ['status', 'publish']
```

返回浏览器并重新加载帖子列表页面，如图 1.11 所示。

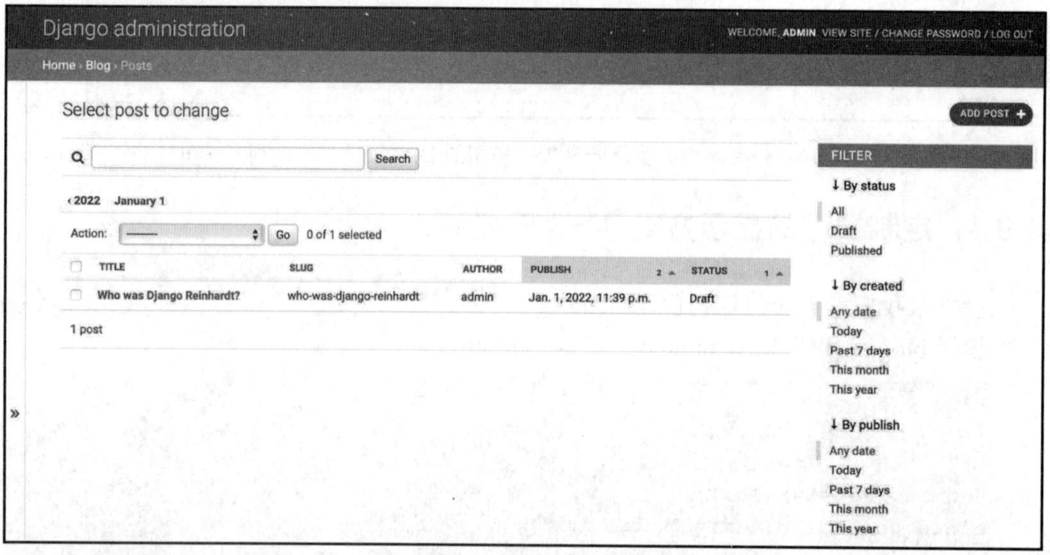

图 1.11　Post 模型的 Django 管理网站自定义列表视图

可以看到，帖子列表页面上显示的字段也是 list_display 属性中指定的字段。当前，列表页面包含一个右侧栏，并可根据包含在 list_filter 属性中的字段过滤结果。

另外，搜索栏也出现于页面中，这是因为我们利用 search_fields 定义了一个可搜索字段列表。在搜索栏下方，存在相应的导航链接，可用于访问日期层次结构，这是通过 date_hierarchy 属性定义的。此外还可以看到，在默认状态下，帖子按照 STATUS 和 PUBLISH 列排序。相应地，我们通过 ordering 属性指定了默认的排序模式。

接下来单击 ADD POST 链接。当输入一个新帖子的标题时，slug 字段将自动被填写。

通过 prepopulated_fields 属性，我们已经通知了 Django 利用 title 字段的输入内容填充 slug 字段，如图 1.12 所示。

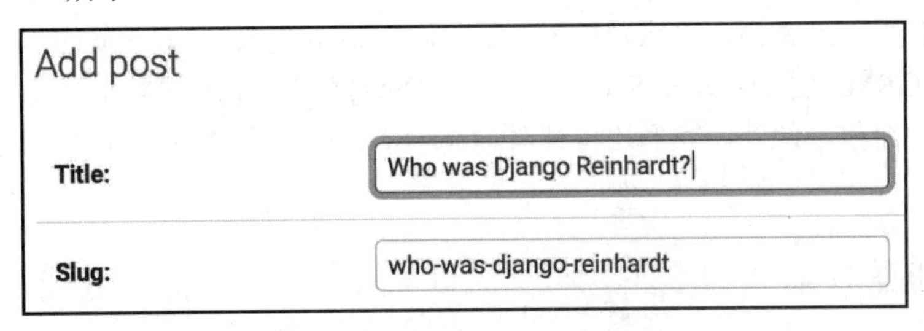

图 1.12　当输入标题时，slug 模型自动被填写

另外，author 字段连同一个查找微件被显示，当拥有数千名用户时，这将优于下拉式选取输入方式。这可通过 raw_id_fields 属性予以实现，如图 1.13 所示。

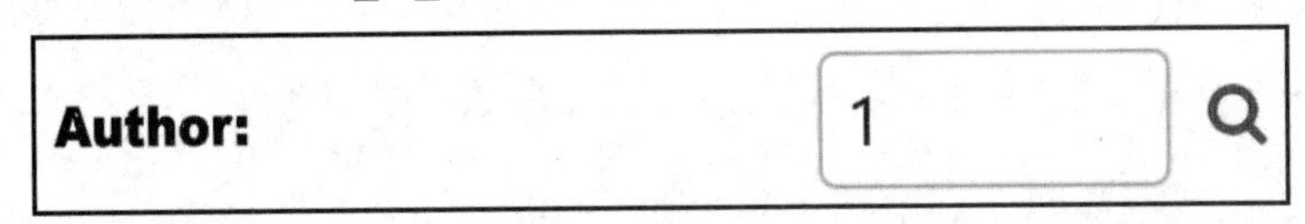

图 1.13　对于 Post 模型的 author 字段，选择关联对象的微件

通过几行代码，我们定制了模型在管理网站上的显示方式。相应地，存在多种方式可定制和扩展 Django 管理网站，稍后将对此加以讨论。

关于 Django 管理网站的更多信息，读者可访问 https://docs.djangoproject.com/en/4.1/ref/contrib/admin/。

1.10　与 QuerySet 和管理器协同工作

借助全功能管理网站，我们可尝试以编程方式在数据库中读取和写入内容。

Django 的对象关系映射器（ORM）是一个功能强大的数据库抽象 API，可轻松地创建、检索、更新和删除对象。ORM 可通过 Python 的面向对象范型生成 SQL 查询。我们可以将此看作是一种以 Python 方式与数据库交互的方法，而不是编写原始的 SQL 查询。

ORM 将模型映射至数据库表，并提供了简单的接口与数据库交互。ORM 生成 SQL 查询并将结果映射至模型对象上。另外，Django ORM 兼容于 MySQL、PostgreSQL、SQLite、Oracle 和 MariaDB。

记住，我们可在项目的 settings.py 文件中的 DATABASES 设置项中定义项目的数据库。Django 一次可与多个数据库协同工作，我们可对数据库路由器进行编程，以创建自定义的数据路由模式。

一旦数据模型创建完毕，Django 即可提供一个 API 与模型进行交互。关于数据模型，读者可参考官方文档，对应网址为 https://docs.djangoproject.com/en/4.1/ref/models/。

Django ORM 是基于 QuerySet 的。这里，QuerySet 是一个数据库查询集合，进而从数据库中检索对象。此外，我们还可针对 QuerySet 使用过滤器，以根据给定参数细化查询结果。

1.10.1　创建对象

在 shell 提示符中运行下列命令以打开 Python shell。

```
python manage.py shell
```

随后输入下列代码行。

```
>>> from django.contrib.auth.models import User
>>> from blog.models import Post
>>> user = User.objects.get(username='admin')
>>> post = Post(title='Another post',
...             slug='another-post',
...             body='Post body.',
...             author=user)
>>> post.save()
```

接下来分析代码的作用。

首先利用用户名 admin 检索 user 对象。

```
user = User.objects.get(username='admin')
```

get()方法可从数据库中检索单一对象。注意，该方法期望一个与查询匹配的结果，如果数据库未返回相应结果，该方法将抛出一个 DoesNotExist 异常。如果数据库返回多个结果，该方法将抛出一个 MultipleObjectsReturned 异常。这两个异常都是正在执行查询的模型类的属性。

接下来利用自定义 title、slug 和 body 创建一个 Post 实例，并将刚刚检索到的用户设置为该帖子的作者。

```
post = Post(title='Another post', slug='another-post', body='Post body.',
author=user)
```

该对象位于内存中，且并未持久化至数据库中。我们创建了一个可在运行期使用的 Python 对象，但该对象并未保存于数据库中。

最后，我们通过 save()方法将 Post 对象保存至数据库中。

```
post save()
```

上述动作在幕后执行了一条 INSERT SQL 语句。

我们首先在内存中创建了一个对象，随后将其持久化至数据库中。此外，还可通过 create()方法使用单次操作来创建对象并将其持久化至数据库中，如下所示。

```
Post.objects.create(title='One more post',
                    slug='one-more-post',
                    body='Post body.',
                    author=user)
```

1.10.2　更新对象

接下来修改帖子的标题，并再次保存对象。

```
>>> post.title = 'New title'
>>> post.save()
```

这里，save()方法执行 UPDATE SQL 语句。

注意：

在调用 save()方法之前，模型对象的修改并未持久化至数据库中。

1.10.3　检索对象

前述内容讨论了如何利用 get()方法从数据库中检索单一对象，并通过 Post.objects.get()访问了该方法。每个 Django 模型至少包含一个管理器，默认的管理器称作 objects。我们可通过模型管理器获得一个 QuerySet 对象。

当从表中的检索全部对象时，我们可在默认的对象管理器上调用 all()方法，如下所示。

```
>>> all_posts = Post.objects.all()
```

这就是我们如何创建一个返回数据库中所有对象的 QuerySet。注意，QuerySet 此时尚未执行。Django 的 QuerySet 具有延迟特性，这意味着，仅在强制执行时才对其进行取值。这种行为也使得 QuerySet 十分高效。如果未将 QuerySet 分配给一个变量，而是将其直接写入 Python shell 中，QuerySet 的 SQL 语句将被执行，因为这里强制 QuerySet 生成输出结果。

```
>>> Post.objects.all()
```

```
<QuerySet [<Post: Who was Django Reinhardt?>, <Post: New title>]>
```

1. 使用 filter()方法

当过滤 QuerySet 时，我们可使用管理器的 filter()方法。例如，可利用下列 QuerySet 检索 2022 年发布的全部帖子。

```
>>> Post.objects.filter(publish__year=2022)
```

此外，还可通过多个字段进行过滤。例如，可通过包含用户名 admin 的作者检索 2022 年发布的所有帖子。

```
>>> Post.objects.filter(publish__year=2022, author__username='admin')
```

这相当于链接多个过滤器并构建相同的 QuerySet。

```
>>> Post.objects.filter(publish__year=2022) \
>>>                 .filter(author__username='admin')
```

注意：

带有字段查找方法的查询通过两个下画线构建，如 publish__year，但同样的符号也用于访问关联模型的字段，如 author__username。

2. 使用 exclude()方法

我们可利用管理器的 exclude()方法从 QuerySet 中排除特定的结果。例如，可检索发布于 2022 年且标题不以 Why 开始的帖子。

```
>>> Post.objects.filter(publish__year=2022) \
>>>                 .exclude(title__startswith='Why')
```

3. 使用 order_by()方法

我们可利用管理器的 order_by()方法按照不同的字段来排序结果。例如，可以检索所有按照 title 排序的对象。

```
>>> Post.objects.order_by('title')
```

这里隐含着升序排序。此外，也可采用-号前缀降序排序，如下所示。

```
>>> Post.objects.order_by('-title')
```

1.10.4 删除对象

如果打算删除某个对象，可利用 delete()方法从对象实例中实现此操作。

```
>>> post = Post.objects.get(id=1)
>>> post.delete()
```

注意，删除对象也将删除 ForeignKey 对象（on_delete 设置为 CASCADE）的任何依赖关系。

1.10.5　QuerySet 何时取值

在 QuerySet 被取值之前，创建 QuerySet 并不会涉及任何数据库操作。QuerySet 通常返回另一个未被取值的 QuerySet。相应地，我们可将多个过滤器连接到 QuerySet，且不会触发数据库，直至 QuerySet 被取值。当取值 QuerySet 时，它将转换为对数据库的 SQL 查询。

QuerySet 仅在下列情形取值。

- 首次遍历 QuerySet 时。
- 执行切片操作时，如 Post.objects.all()[:3]。
- 序列化或缓存 QuerySet 时。
- 在 QuerySet 上调用 repr()或 len()时。
- 在 QuerySet 上显式地调用 list()时。
- 当在语句中测试 QuerySet 时，如 bool()、or 或 if。

1.10.6　创建模型管理器

objects 管理器是每个模型的默认管理器，该管理器检索数据库中所有的对象。然而，我们还可自定义模型管理器。

下面创建自定义管理器，并检索包含 PUBLISHED 状态的全部帖子。

相应地，存在两种模型管理器的添加或自定义方式：我们可向现有的管理器添加额外的管理器方法，或者通过调整管理器返回的初始 QuerySet 创建一个新的管理器。第一个方法提供了诸如 Post.objects.my_manager()的 QuerySet 表示法，后者则提供了诸如 Post.my_manager.all()的 QuerySet 表示法。

这里，我们将选择第二种方法实现一个管理器，进而通过 Post.published.all()表示法检索帖子。

编辑 blog 应用程序的 models.py 文件并添加自定义管理器，如下所示。

```
class PublishedManager(models.Manager):
    def get_queryset(self):
```

```
        return super().get_queryset()\
                    .filter(status=Post.Status.PUBLISHED)

class Post(models.Model):

    # model fields
    # ...

    objects = models.Manager() # The default manager.
    published = PublishedManager() # Our custom manager.

    class Meta:
        ordering = ['-publish']

    def __str__(self):
        return self.title
```

模型中声明的第一个管理器成为默认的管理器。我们可使用 Meta 属性 default_manager_name 指定不同的默认管理器。如果模型中未定义管理器，Djang 将自动生成 objects 默认管理器。如果声明了模型管理器，但仍打算保留 objects 管理器，则需要显式地向模型中添加该管理器，在上述代码中，我们向 Post 模型中加入了默认的 objects 管理器和 published 自定义管理器。

管理器的 get_queryset()方法返回将要执行的 QuerySet。这里，我们覆写了该方法以构建自定义 QuerySet，并按照帖子的状态过滤帖子，同时返回仅包含具有 PUBLISHED 状态的帖子的连续 QuerySet。

在定义了 Post 模型的自定义管理器后，下面将对管理器进行测试。

在 shell 提示符中，利用下列命令再次启动开发服务器。

```
python manage.py shell
```

随后导入 Post 模型并执行下列 QuerySet 来检索标题以 Who 开始的所有已发布的帖子。

```
>>> from blog.models import Post
>>> Post.published.filter(title__startswith='Who')
```

当获取该 QuerySet 的结果时，应确保在 Post 对象（其 title 以字符串 Who 开始）中将 status 字段设置为 PUBLISHED。

1.11　构建列表和详细视图

前面介绍了 ORM 的应用方式，接下来将创建 blog 应用程序的视图。Django 视图仅是一个 Python 函数，该函数接收一个 Web 请求，并返回一个 Web 响应结果。返回期望的响应结果的全部逻辑均位于视图内。

首先创建应用程序视图，随后为每个视图定义一个 URL 模式，最后生成 HTML 模板以渲染视图生成的数据。每个视图将渲染一个模板，向模板中传递变量，并返回包含渲染输出的一个 HTTP 响应结果。

1.11.1　创建列表和详细视图

接下来创建一个视图并显示帖子列表。

编辑 blog 应用程序的 views.py 文件，如下所示。

```
from django.shortcuts import render
from .models import Post

def post_list(request):
    posts = Post.published.all()
    return render(request,
                  'blog/post/list.html',
                  {'posts': posts})
```

这是我们的第一个 Django 视图。post_list 视图接收 request 对象作为唯一的参数。所有视图都需要使用这个参数。

在该视图中，我们利用之前创建的 published 管理器来检索包含 PUBLISHED 状态的全部帖子。

最后，我们采用 Django 提供的 render()快捷方式，利用给定的模板渲染帖子列表。该函数接收 request 对象、模板路径和上下文变量以渲染给定的模板，并返回包含渲染文本（通常为 HTML 代码）的 HttpResponse 对象。

render()快捷方式考虑到了请求上下文，因此，任何模板上下文预处理器设置的变量都会被给定的模板访问。模板上下文预处理器仅是可调用的指令，用于将变量设置于上下文中，第 4 章将对此加以详细讨论。

下面创建第二个视图并显示单一帖子。对此，向 views.py 文件中添加下列函数。

```
from django.http import Http404

def post_detail(request, id):
    try:
        post = Post.published.get(id=id)
    except Post.DoesNotExist:
        raise Http404("No Post found.")

    return render(request,
                  'blog/post/detail.html',
                  {'post': post})
```

该视图接收帖子的 id 参数。在该视图中，我们尝试调用默认 objects 管理器上的 get()方法并利用给定的 id 检索 Post 对象。如果由于未找到结果而抛出 DoesNotExist 模型异常，我们将抛出一个 Http404 异常并返回一个 HTTP 404 错误。

最后，我们使用 render()快捷方式并通过模板渲染检索到的帖子。

1.11.2 使用 get_object_or_404 快捷方式

Django 提供了一种快捷方式来调用给定模型管理器上的 get()方法，并在未找到对象时抛出一个 Http404 异常，而非 DoesNotExist 异常。

编辑 views.py 文件，导入 get_object_or_404 快捷方式，并修改 post_detail 视图，如下所示。

```
from django.shortcuts import render, get_object_or_404

# ...

def post_detail(request, id):
    post = get_object_or_404(Post,
                             id=id,
                             status=Post.Status.PUBLISHED)
    return render(request,
                  'blog/post/detail.html',
                  {'post': post})
```

在详细视图中，我们采用了 get_object_or_404()快捷方式检索期望的帖子。该函数检索匹配给定参数的对象，或者在未找到对象时抛出 HTTP 404 异常。

1.11.3　添加视图的 URL 模式

URL 模式允许我们将 URL 映射为视图。具体来说，URL 模式由一个字符串模式、一个视图和在项目范围内命名 URL 的一个名称（可选）构成。Django 遍历每个 URL 模式，并在与请求的 URL 匹配的第一个 URL 处停止。随后，Django 导入匹配的 URL 模式的视图并予以执行，同时传递 HttpRequest 类的实例以及关键字或位置参数。

在 blog 应用程序的目录中创建 urls.py 文件，并向其中添加下列代码行。

```
from django.urls import path
from . import views

app_name = 'blog'

urlpatterns = [
    # post views
    path('', views.post_list, name='post_list'),
    path('<int:id>/', views.post_detail, name='post_detail'),
]
```

在上述代码中，我们利用 app_name 变量定义了一个应用程序命名空间，进而可通过应用程序组织 URL，并在引用 URL 时使用对应的名称。这里，我们利用 path()函数定义了两个不同的模式。第一种 URL 模式不接收任何参数，并映射为 post_list 视图。第二种模式则映射为 post_detail，并仅接收一个参数 id，该参数与路径转换器 int 设置的整数相匹配。

我们使用尖括号捕捉 URL 中的值。URL 模式中指定为<parameter>的任何值都将被捕获为字符串。我们使用路径转换器（如<int:year>）专门匹配并返回一个整数。例如，<slug:post>专门匹配一个 slug（仅包含字母、数字、下画线和连字符的字符串）。读者可访问 https://docs.djangoproject.com/en/4.1/topics/http/urls/#path-converters 查看 Django 提供的全部路径转换器。

如果 path()和转换器还有所欠缺，可考虑使用 re_path()并通过 Python 正则表达式定义复杂的 URL 模式。关于如何使用正则表达式定义 URL 模式，读者可访问 https://docs.djangoproject.com/en/4.1/ref/urls/#django.urls.re_path 了解更多内容。如果读者之前尚未接触过正则表达式，则可先访问 https://docs.python.org/3/howto/regex.html，阅读 *Regular Expression HOWTO*。

提示：

针对每个应用程序创建一个 urls.py 文件可视为复用应用程序的最简单的方式。

接下来需要将 blog 应用程序的 URL 模式包含在项目的主 URL 模式中。

编辑项目的 mysite 目录下的 urls.py 文件，如下所示。

```
from django.contrib import admin
from django.urls import path, include

urlpatterns = [
    path('admin/', admin.site.urls),
    path('blog/', include('blog.urls', namespace='blog')),
]
```

利用 include 定义的新的 URL 模式引用了定义于 blog 应用程序中的 URL 模式，以便它们包含在 blog/路径下。我们将这些模式包含在命名空间 blog 下，且命名空间需要在整个项目中保持唯一。稍后，我们可通过命名空间、冒号和 URL 名称方便地引用博客 URL，如 blog:post_list 和 blog:post_detail。关于 URL 命名空间的更多内容，读者可访问 https://docs.djangoproject.com/en/4.1/topics/http/urls/#url-namespaces。

1.12 创建视图的模板

前述内容创建了 blog 应用程序的视图和 URL 模式。其中，URL 模式将 URL 映射为视图，视图决定哪些数据返回至用户。模板则定义了数据的显示方式，通常采用 HTML 与 Django 模板语言相结合的方式进行编写。关于 Django 模板语言的更多信息，读者可访问 https://docs.djangoproject.com/en/4.1/ref/templates/language/。

下面向应用程序中添加模板，并以用户友好的方式显示帖子。

在 blog 应用程序目录中创建下列目录和文件。

```
templates/
    blog/
        base.html
        post/
            list.html
            detail.html
```

上述结构即是模板的文件结构。其中，base.html 文件包含网站的 HTML 主结构，并将内容划分为主内容区域和侧栏。list.html 和 detail.html 文件继承自 base.html 文件，分别渲染博客帖子列表和详细视图。

Django 定义了功能强大的模板语言，从而允许我们指定数据的渲染方式。模板语言主要是基于模板标签、模板变量和模板过滤器的。

（1）模板标签控制模板的渲染，形如{% tag %}。

（2）当渲染模板时，模板变量将被替换为值，形如{{variable }}。

（3）模板过滤器允许我们修改显示变量，形如{{ variable|filter }}。

读者可访问 https://docs.djangoproject.com/en/4.1/ref/templates/builtins/并查看所有的内建模板标签和过滤器。

1.12.1　创建基础模板

编辑 base.html 文件并添加下列代码。

```
{% load static %}
<!DOCTYPE html>
<html>
<head>
    <title>{% block title %}{% endblock %}</title>
    <link href="{% static "css/blog.css" %}" rel="stylesheet">
</head>
<body>
    <div id="content">
        {% block content %}
        {% endblock %}
    </div>
    <div id="sidebar">
        <h2>My blog</h2>
        <p>This is my blog.</p>
    </div>
</body>
</html>
```

{% load static %}通知 Django 加载 django.contrib.staticfiles 应用程序提供的 static 模板标签，该应用程序包含在 INSTALLED_APPS 设置项中。在加载完毕后，我们可在整个模板中使用{% static %}模板标签。当采用这一模板标签时，我们可包含静态文件，如 blog.css 文件，该文件位于 blog 应用程序的 static/目录下的示例代码中。将本章附带代码中的 static/目录复制到与项目相同的位置，从而将 CCS 样式应用至模板中。

关于 static/目录中的内容，读者可访问 https://github.com/PacktPublishing/Django-4-

by-Example/tree/master/Chapter01/mysite/blog/static 予以查看。

可以看到，上述代码中存在两个{% block %}标签。这些标签通知 Django 需要在该区域内定义一个块。继承该模板的模板可利用相关内容填写块。这里，我们定义了名为 title 的块和名为 content 的块。

1.12.2 创建帖子列表模板

编辑 post/list.html 文件，如下所示。

```
{% extends "blog/base.html" %}

{% block title %}My Blog{% endblock %}

{% block content %}
  <h1>My Blog</h1>
  {% for post in posts %}
    <h2>
      <a href="{% url 'blog:post_detail' post.id %}">
        {{ post.title }}
      </a>
    </h2>
    <p class="date">
       Published {{ post.publish }} by {{ post.author }}
    </p>
    {{ post.body|truncatewords:30|linebreaks }}
  {% endfor %}
{% endblock %}
```

当采用{% extends %}模板标签时，我们通知 Django 从 blog/base.html 模板继承。随后利用相关内容填写 title 和 content 块。我们遍历帖子并显示其标题、日期、作者和体，同时包含标题中指向帖子详细 URL 的链接。我们利用 Django 提供的{% url %}模板标签构建 URL。

该模板标签允许我们按照姓名以动态方式构建 URL。我们使用 blog:post_detail 来引用 blog 命名空间中的 post_detail URL。另外，我们还传递所需的 post.id 参数以构建每个帖子的 URL。

注意：

通常使用{% url %}模板标签在模板中构建 URL，而不是对 URL 进行硬编码，这将使 URL 更具可维护性。

在帖子体中，我们应用了两个模板过滤器：truncatewords 负责将值截取为指定的单词数量；linebreaks 将输出转换为 HTML 换行符。我们可以根据需要连接任意多的模板过滤器，每一个过滤器都将应用于前一个生成的输出结果中。

1.12.3　访问应用程序

打开 shell 并运行下列命令以启动开发服务器。

```
python manage.py runserver
```

在浏览器中打开 http://127.0.0.1:8000/blog/，可以看到全部内容均处于运行状态。注意，我们需要一些包含 PUBLISHED 状态的帖子方可在这里显示它们，如图 1.14 所示。

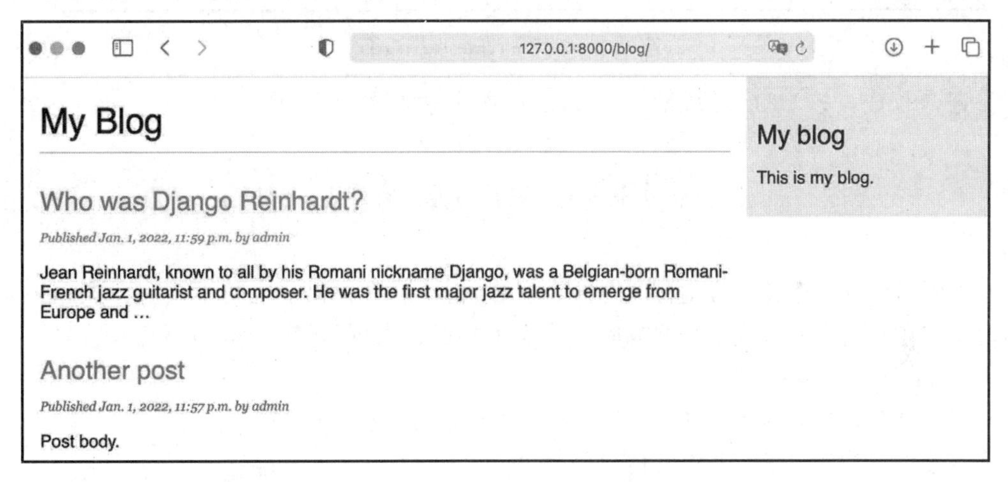

图 1.14　帖子列表视图页面

1.12.4　创建帖子详细模板

编辑 post/detail.html 文件，如下所示。

```
{% extends "blog/base.html" %}

{% block title %}{{ post.title }}{% endblock %}

{% block content %}
  <h1>{{ post.title }}</h1>
  <p class="date">
    Published {{ post.publish }} by {{ post.author }}
```

```
  </p>
  {{ post.body|linebreaks }}
{% endblock %}
```

返回至浏览器，单击帖子标题以查看该帖子的详细视图，如图 1.15 所示。

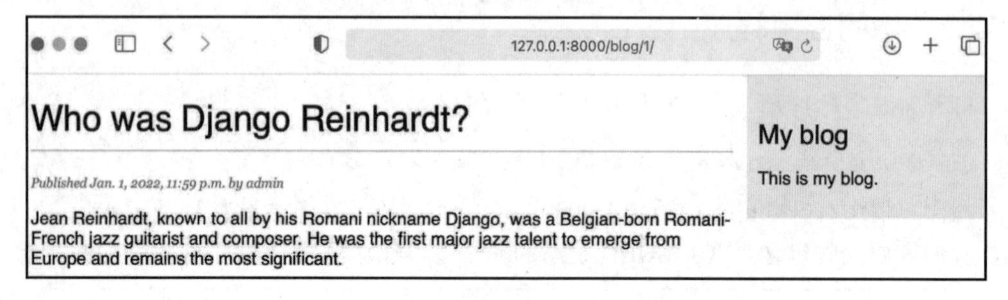

图 1.15　帖子的详细视图页面

查看 URL，该 URL 应包含诸如/blog/1/的自动生成的帖子 ID。

1.13　请求/响应循环

下面通过刚刚创建的应用程序回顾一下 Django 中的请求/响应循环。关于 Django 如何处理 HTTP 请求并生成 HTTP 响应，图 1.16 中的模式展示了一个简化的示例。

Django 请求/响应处理如下所示。

（1）Web 浏览器通过 URL（如 https://domain.com/blog/33/）请求某个页面。Web 服务器接收 HTTP 请求，并将其传递至 Django。

（2）Django 遍历定义于 URL 模式配置中的每一个 URL 模式。框架根据给定的 URL 路径按出现顺序检查每个模式，并在第一个与请求 URL 匹配的模式处停止。在当前示例中，模式/blog/<id>/匹配路径/blog/33/。

（3）Django 导入匹配的 URL 模式的视图并运行该视图，传递一个 HttpRequest 类实例以及关键字或位置参数。该视图使用当前模型从数据库中检索信息。通过 Django ORM，QuerySet 被转换为 SQL 并在数据库中被执行。

（4）视图使用 render()函数渲染一个 HTML 模板（传递 Post 对象作为一个上下文变量）。

（5）渲染后的内容作为一个 HttpResponse 对象被视图（默认状态下为 text/html 内容类型）返回。

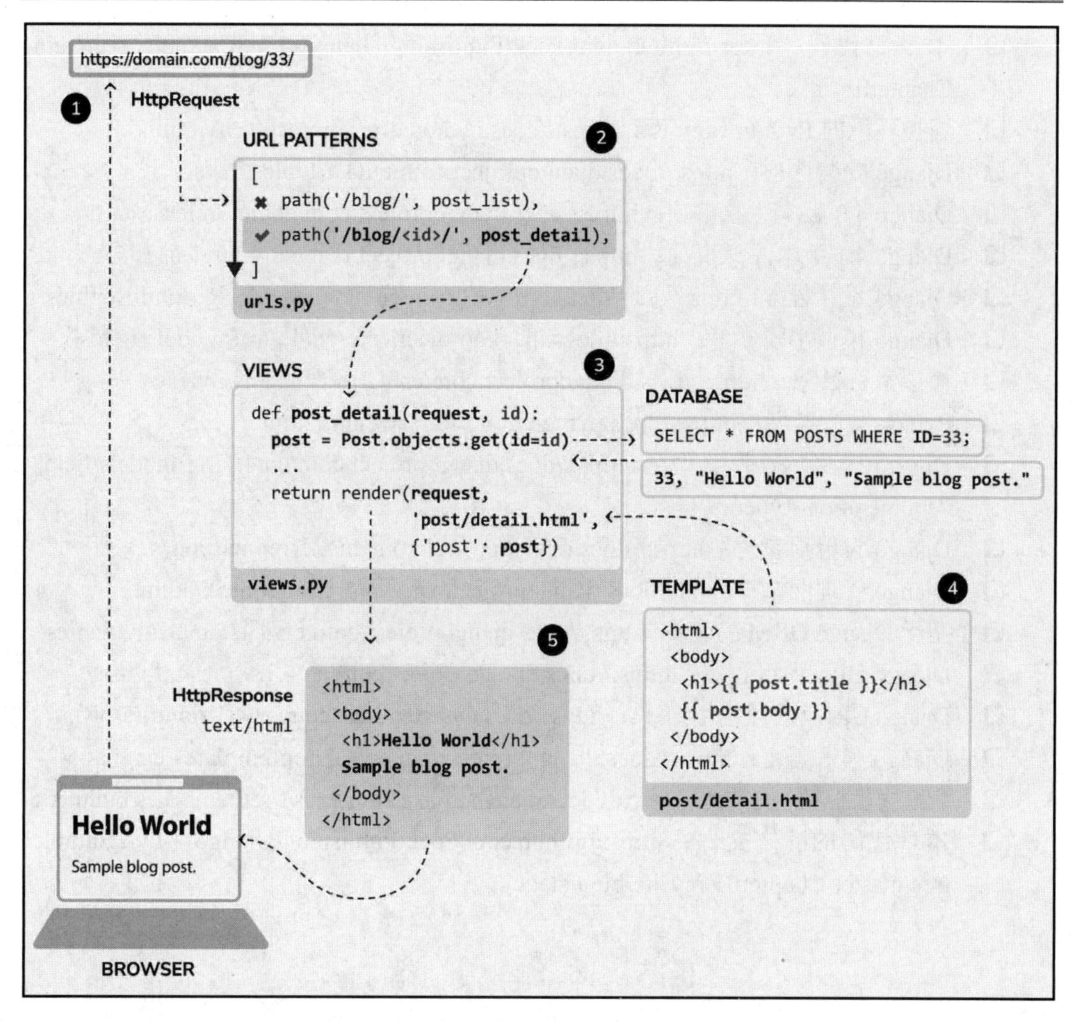

图 1.16　Django 请求/响应循环

关于 Django 如何处理请求，我们通常可使用该模式作为基本参考。为了简单起见，该模式并不包含 Django 中间件。我们将在不同的示例中使用中间件，第 17 章将考查如何创建自定义中间件。

1.14　附 加 资 源

下列资源提供了与本章主题相关的附加信息。

- ❑ 本章源代码：https://github.com/PacktPublishing/Django-4-by-example/tree/main/Chapter01。
- ❑ 虚拟环境的 Python venv 库：https://docs.python.org/3/library/venv.html。
- ❑ Django 安装选项：https://docs.djangoproject.com/en/4.1/topics/install/。
- ❑ Django 4.0 版本注意事项：https://docs.djangoproject.com/en/dev/releases/4.0/。
- ❑ Django 4.1 版本注意事项：https://docs.djangoproject.com/en/4.1/releases/4.1/。
- ❑ Django 设计哲学：https://docs.djangoproject.com/en/dev/misc/design-philosophies/。
- ❑ Django 模型字段参考：https://docs.djangoproject.com/en/4.1/ref/models/fields/。
- ❑ 模型索引参考：https://docs.djangoproject.com/en/4.1/ref/models/indexes/。
- ❑ Python 枚举类型：https://docs.python.org/3/library/enum.html。
- ❑ Django 模型枚举类型：https://docs.djangoproject.com/en/4.1/ref/models/fields/#enumeration- types。
- ❑ Django 设置项参考：https://docs.djangoproject.com/en/4.1/ref/settings/。
- ❑ Django 管理网站：https://docs.djangoproject.com/en/4.1/ref/contrib/admin/。
- ❑ 基于 Django ORM 的查询：https://docs.djangoproject.com/en/4.1/topics/db/queries/。
- ❑ Django URL 调度程序：https://docs.djangoproject.com/en/4.1/topics/http/urls/。
- ❑ Django URL 解析器实用工具：https://docs.djangoproject.com/en/4.1/ref/urlresolvers/。
- ❑ Django 模板语言：https://docs.djangoproject.com/en/4.1/ref/templates/language/。
- ❑ 内建模板标签和过滤器：https://docs.djangoproject.com/en/4.1/ref/templates/builtins/。
- ❑ 本章代码的静态文件：https://github.com/PacktPublishing/Django-4-by-Example/tree/master/Chapter01/mysite/blog/static。

1.15　本章小结

本章通过创建一个简单的博客应用程序讨论了 Django Web 框架的基础知识。其间，我们设计了数据模型，并针对数据库应用了迁移。此外，我们还创建了博客的视图、模板和 URL。

第 2 章将学习如何创建模型的 URL、如何构建博客帖子的 SEO 友好的 URL、如何实现对象分页、如何构建基于类的视图。除此之外，我们还将实现 Django 表单，并让用户通过电子邮件推荐文章和评论文章。

第 2 章　利用高级特性增强博客应用程序

在第 1 章中，我们通过开发一个简单的博客应用程序学习了 Django 的主要概念。其间，我们通过视图、模板和 URL 创建了一个简单的博客应用程序。在本章中，我们将通过当今许多博客平台的特性扩展博客应用程序的功能。本章主要涉及下列主题。

- 使用模型的标准 URL。
- 创建帖子的 SEO 友好的 URL。
- 向帖子列表视图中添加分页。
- 构建基于类的视图。
- 通过 Django 发送电子邮件。
- 使用 Django 表单并通过电子邮件共享表单。
- 利用模型中的表单向帖子添加评论。

本章源代码位于 https://github.com/PacktPublishing/Django-4-by-example/tree/main/Chapter02。

本章所使用的全部 Python 包包含于本章源代码的 requirements.txt 文件中。在后续内容中，我们可遵循相关指令安装每个 Python 包，或者利用 pip install -r requirements.txt 命令一次性地安装全部所需内容。

2.1　使用模型的标准 URL

网站可能会有不同的页面来显示相同的内容。在当前应用程序中，每个帖子内容的初始部分显示于帖子列表页面和帖子详细页面中。标准 URL 是资源的首选 URL，可将其视为特定内容的最具代表性页面的 URL。站点中可能存在不同的页面来显示帖子。但有一个 URL 可用作帖子的主 URL。标准 URL 允许我们为页面的副本指定 URL。Django 可在模型中实现 get_absolute_url()方法以返回对象的标准 URL。

我们将使用定义于应用程序的 URL 模式中的 post_detail URL 构建 Post 对象的标准 URL。Django 提供了不同的 URL 解析函数，并通过名称和任何所需参数以动态方式构建 URL。相应地，我们将使用 django.urls 模块的 reverse()工具函数。

编辑 blog 应用程序的 models.py 文件以导入 reverse()函数，并向 Post 模型中添加

get_absolute_url()方法，如下所示。

```
from django.db import models
from django.utils import timezone
from django.contrib.auth.models import User
from django.urls import reverse

class PublishedManager(models.Manager):
    def get_queryset(self):
        return super().get_queryset()\
                    .filter(status=Post.Status.PUBLISHED)

class Post(models.Model):

    class Status(models.TextChoices):
        DRAFT = 'DF', 'Draft'
        PUBLISHED = 'PB', 'Published'

    title = models.CharField(max_length=250)
    slug = models.SlugField(max_length=250)
    author = models.ForeignKey(User,
                               on_delete=models.CASCADE,
                               related_name='blog_posts')
    body = models.TextField()
    publish = models.DateTimeField(default=timezone.now)
    created = models.DateTimeField(auto_now_add=True)
    updated = models.DateTimeField(auto_now=True)
    status = models.CharField(max_length=2,
                              choices=Status.choices,
                              default=Status.DRAFT)

    class Meta:
        ordering = ['-publish']
        indexes = [
            models.Index(fields=['-publish']),
        ]

    def __str__(self):
        return self.title

    def get_absolute_url(self):
        return reverse('blog:post_detail',
                       args=[self.id])
```

reverse()函数利用定义于 URL 模式中的 URL 名称以动态方式构建 URL。之前，我们使用了 blog 命名空间后跟一个冒号和 URL 名称 post_detail。记住，当包含 blog.urls 中的 URL 模式时，blog 命名空间定义于项目的主 urls.py 文件中。post_detail URL 定义于 blog 应用程序的 urls.py 文件中。最终的字符串 blog:post_detail 可以全局方式应用于项目中，进而引用帖子的详细 URL。该 URL 包含了一个所需的参数，即要检索的博客帖子的 id。我们使用 args=[self.id]并作为位置参数包含 Post 对象的 id。

关于 URL 的工具函数，读者可访问 https://docs.djangoproject.com/en/4.1/ref/urlresolvers/以了解更多内容。

下面利用新的 get_absolute_url()方法替换模板中默认的详细 URL。

编辑 blog/post/list.html 文件，并用

```
<a href="{{ post.get_absolute_url }}">
```

替换

```
<a href="{% url 'blog:post_detail' post.id %}">
```

当前，blog/post/list.html 文件如下所示。

```
{% extends "blog/base.html" %}

{% block title %}My Blog{% endblock %}

{% block content %}
  <h1>My Blog</h1>
  {% for post in posts %}
    <h2>
      <a href="{{ post.get_absolute_url }}">
        {{ post.title }}
      </a>
    </h2>
    <p class="date">
        Published {{ post.publish }} by {{ post.author }}
    </p>
    {{ post.body|truncatewords:30|linebreaks }}
  {% endfor %}
{% endblock %}
```

打开 shell 提示符并执行下列命令以启动开发服务器。

```
python manage.py runserver
```

在浏览器中打开 http://127.0.0.1:8000/blog/。各个博客帖子的链接应仍能够工作。当前，Django 使用 Post 模型的 get_absolute_url()方法构建这些链接。

2.2　创建帖子的 SEO 友好的 URL

当前，博客帖子详细视图的标准 URL 看起来形如/blog/1/。我们将修改这一 URL 模式，并创建 SEO 友好的 URL。我们将采用 publish 日期和 slug 值构建单一帖子的 URL。通过整合日期，我们将生成形如/blog/2022/1/1/who-was-django-reinhardt/的详细 URL。同时整合帖子的标题和日期，并向搜索引擎提供友好的 URL 以供索引。

当利用发布日期和 slug 的整合结果检索单一帖子时，需要确保数据库中不能存储与数据库中已有帖子具有相同 slug 和 publish 日期的帖子。针对帖子的发布日期，通过定义 slug 的唯一性，我们将防止 Post 模型存储重复的帖子。

编辑 models.py 文件，向 Post 模型的 slug 字段添加下列 unique_for_date 参数。

```
class Post(models.Model):
    # ...
    slug = models.SlugField(max_length=250,
                            unique_for_date='publish')
    # ...
```

通过使用 unique_for_date，当前要求 slug 字段对于存储在 publish 字段中的日期是唯一的。注意，publish 字段是 DateTimeField 的实例，但仅根据日期（而非时间）执行唯一值的检查。对于给定的发布日期，Django 将不会保存与现有帖子具有相同 slug 的新帖子。目前，对于发布日期，我们确保了 slug 的唯一性，因而能通过 publish 和 slug 字段检索单一帖子。

至此，我们已经修改了模型，因此需要执行迁移操作。注意，unique_for_date 不是在数据库级别强制执行的，因此不需要数据库迁移。但是，Django 通过迁移来跟踪模型的更改。因此，我们将创建一个迁移，以便迁移与模型的当前状态保持一致。

在 shell 提示符中运行下列命令。

```
python manage.py makemigrations blog
```

对应的输出结果如下所示。

```
Migrations for 'blog':
    blog/migrations/0002_alter_post_slug.py
    - Alter field slug on post
```

Django 仅在 blog 应用程序的 migrations 目录中创建了 0002_alter_post_slug.py 文件。

在 shell 提示符中执行下列命令以应用已有的迁移。

```
python manage.py migrate
```

对应的输出结果如下所示。

```
Applying blog.0002_alter_post_slug... OK
```

Django 会认为所有的迁移均已被应用，且模型处于同步状态。因为没有在数据库级别强制执行 unique_for_date，所以数据库中不会执行任何操作。

2.3　调整 URL 模式

下面调整 URL 模式，并针对帖子详细 URL 使用发布日期和 slug。

编辑 blog 应用程序的 urls.py 文件，并用

```
path('<int:year>/<int:month>/<int:day>/<slug:post>/',
     views.post_detail,
     name='post_detail'),
```

替换

```
path('<int:id>/', views.post_detail, name='post_detail'),
```

当前，urls.py 文件如下所示。

```
from django.urls import path
from . import views

app_name = 'blog'

urlpatterns = [
    # Post views
    path('', views.post_list, name='post_list'),
    path('<int:year>/<int:month>/<int:day>/<slug:post>/',
         views.post_detail,
         name='post_detail'),
]
```

post_detail 视图的 URL 模式接收下列参数。

- year：整数。

- month：整数。
- day：整数。
- post：slug（仅包含字母、数字、下画线和连字符的字符串）。

其中，int 路径转换器用于 year、month 和 day 参数，而 slug 路径转换器则用于 post 参数。第 1 章曾介绍了路径转换器。关于 Django 提供的全部路径转换器，读者可访问 https://docs.djangoproject.com/en/4.1/topics/http/urls/#path-converters。

2.4 调整视图

当前，我们需要修改 post_detail 视图的参数，以匹配新的 URL 参数，并以此检索对应的 Post 对象。

编辑 views.py 文件和 post_detail 视图，如下所示。

```
def post_detail(request, year, month, day, post):
    post = get_object_or_404(Post,
                             status=Post.Status.PUBLISHED,
                             slug=post,
                             publish__year=year,
                             publish__month=month,
                             publish__day=day)
    return render(request,
                  'blog/post/detail.html',
                  {'post': post})
```

我们调整了 post_detail 视图以接收 year、month、day 和 post 参数，并利用给定的 slug 和发布日期检索一个发布的帖子。通过之前向 Post 模型的 slug 字段添加 unique_for_date='publish'，我们确保在给定的日期内，仅存在一个基于 slug 的帖子。因此，我们可使用日期和 slug 检索单一帖子。

2.5 调整帖子的标准 URL

此外，我们还需要调整博客帖子的标准 URL 参数，以匹配新的 URL 参数。

编辑 blog 应用程序的 models.py 文件和 get_absolute_url()方法，如下所示。

```
class Post(models.Model):
    # ...
    def get_absolute_url(self):
```

```
        return reverse('blog:post_detail',
                       args=[self.publish.year,
                             self.publish.month,
                             self.publish.day,
                             self.slug])
```

在 shell 提示符中输入下列命令以启动开发服务器。

```
python manage.py runserver
```

随后返回至浏览器并单击帖子标题以查看帖子的详细视图，如图 2.1 所示。

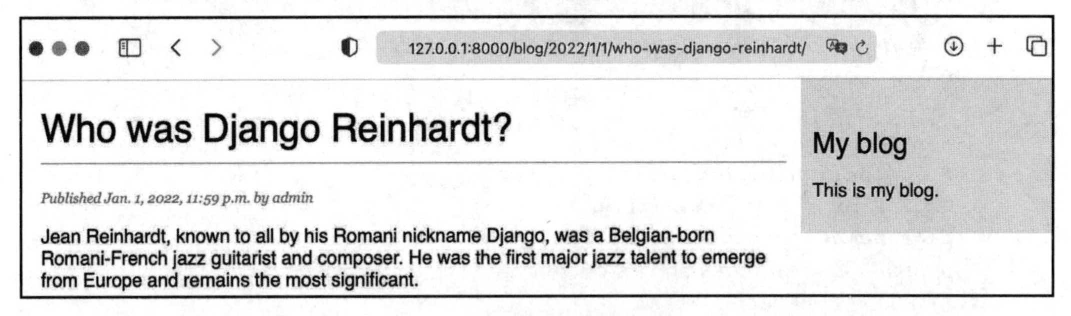

图 2.1　帖子的详细视图页面

此时，URL 应为/blog/2022/1/1/who-was-django-reinhardt/。针对博客帖子，我们设计出了 SEO 友好的 URL。

2.6　添加分页

当开始向博客中添加内容时，我们可轻松地在数据库中存储数十个或数百个帖子。这里并不打算在单一页面上显示全部帖子，我们可以在多个页面间划分帖子列表，并包含指向不同页面的导航链接。这一功能称作分页，大多数 Web 应用程序中均可看到这一功能，该功能用来显示长长的条目列表。

例如，Google 使用分页在多个网页间划分搜索结果。图 2.2 显示了搜索结果页面的 Google 分页链接。

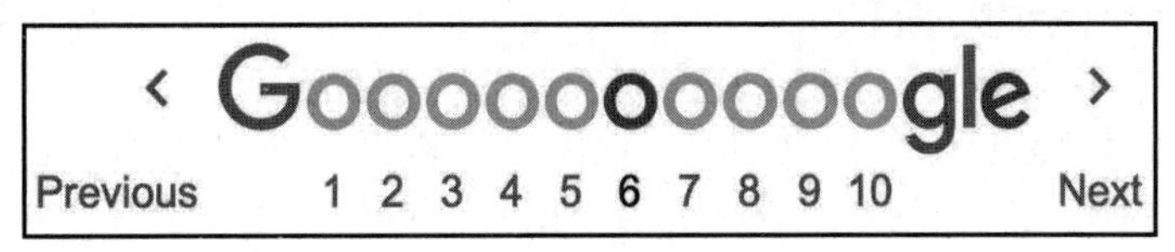

图 2.2　每个搜索结果页面的 Google 分页链接

Django 包含一个内建分页类，进而可轻松地管理分页数据。我们可以定义每页返回的对象数量，并检索对应于用户请求页面的帖子。

2.6.1　向帖子列表视图中添加分页

编辑 blog 应用程序的 views.py 文件，导入 Django 的 Paginator 类并调整 post_list 视图，如下所示。

```
from django.shortcuts import render, get_object_or_404
from .models import Post
from django.core.paginator import Paginator

def post_list(request):
    post_list = Post.published.all()
    # Pagination with 3 posts per page
    paginator = Paginator(post_list, 3)
    page_number = request.GET.get('page', 1)
    posts = paginator.page(page_number)

    return render(request,
                  'blog/post/list.html',
                  {'posts': posts})
```

上述代码解释如下。

（1）我们利用每个页面返回的对象数量实例化 Paginator 类。这里每页将显示 3 个帖子。

（2）检索 page GET HTTP 参数并将其存储于 page_number 变量中，该参数包含了请求的页面号。如果 page 参数不在请求的 GET 参数中，我们将使用默认值 1 加载第一个结果页面。

（3）通过调用 Paginator 的 page()方法，可获得期望页面的对象。该方法返回一个 Page 对象，并将其存储于 posts 变量中。

（4）向模板中传递页面号和 posts 对象。

2.6.2　创建一个分页模板

我们需要为用户创建一个分页导航，以浏览不同的页面，对此，我们将创建一个模板并显示导航链接。该过程应具备一定的通用性，以便针对网站上的对象分页可复用模板。

在 templates/目录中创建一个新文件，并将其命名为 pagination.html，随后向该文件中添加下列 HTML 代码。

```
<div class="pagination">
  <span class="step-links">
    {% if page.has_previous %}
       <a href="?page={{ page.previous_page_number }}">Previous</a>
    {% endif %}
    <span class="current">
       Page {{ page.number }} of {{ page.paginator.num_pages }}.
    </span>
    {% if page.has_next %}
       <a href="?page={{ page.next_page_number }}">Next</a>
    {% endif %}
  </span>
</div>
```

这可视为一个通用的分页模板。该模板期望在上下文中持有一个 Page 对象，以渲染上一个和下一个链接，同时显示当前页面和全部页面数。

下面返回 blog/post/list.html 模板，并在{% content %}块下方包含 pagination.html 模板。

```
{% extends "blog/base.html" %}

{% block title %}My Blog{% endblock %}

{% block content %}
  <h1>My Blog</h1>
  {% for post in posts %}
    <h2>
      <a href="{{ post.get_absolute_url }}">
        {{ post.title }}
      </a>
    </h2>
    <p class="date">
      Published {{ post.publish }} by {{ post.author }}
    </p>
    {{ post.body|truncatewords:30|linebreaks }}
  {% endfor %}
  {% include "pagination.html" with page=posts %}
{% endblock %}
```

{% include %}模板标签加载给定的模板，并通过当前模板上下文对其进行渲染。其中，我们使用 with 向模板传递附加的上下文变量。分页模板使用 page 变量进行渲染，而从视图传递到模板的 Page 对象称为 posts。我们使用 with page=posts 来传递分页模板所期望的变量。相应地，我们可遵循该方法并针对任何对象类型使用分页模板。

在 shell 提示符中输入下列命令启动开发服务器。

```
python manage.py runserver
```

在浏览器中打开 http://127.0.0.1:8000/admin/blog/post/，并使用管理网站创建 4 个不同的帖子。确保将全部帖子的状态设置为 Published。

下面在浏览器中打开 http://127.0.0.1:8000/blog/。随后应可看到前 3 个帖子是按照时间顺序排列的，帖子列表底部的导航链接如图 2.3 所示。

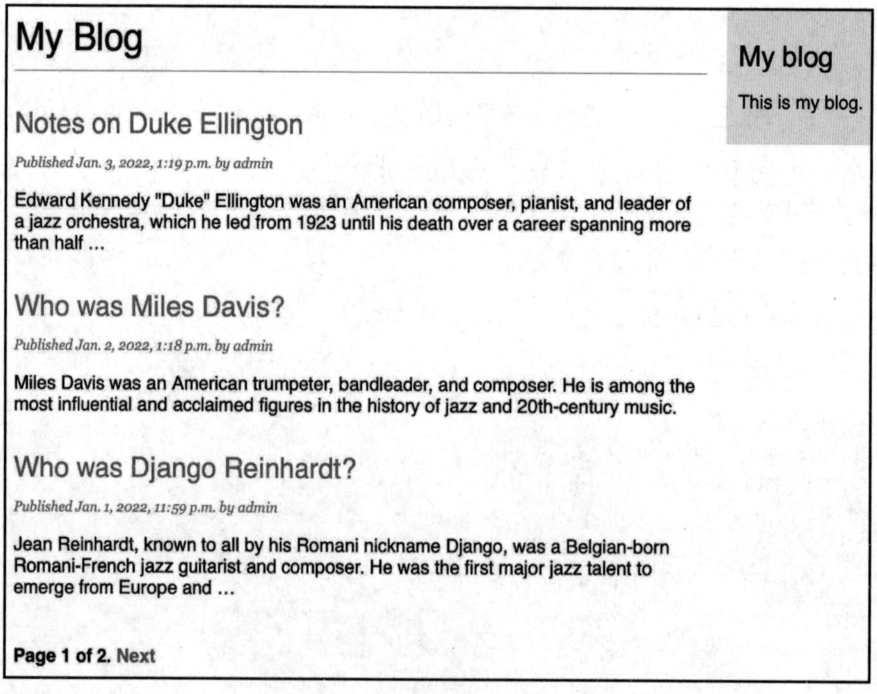

图 2.3　包含分页的帖子列表页面

若单击 Next 按钮，则可看到最后一个帖子，如图 2.4 所示。第二个页面的 URL 包含了?page=2 GET 参数，该参数被视图使用，并通过分页器加载结果请求页面。

当前，分页链接将按照期望方式工作。

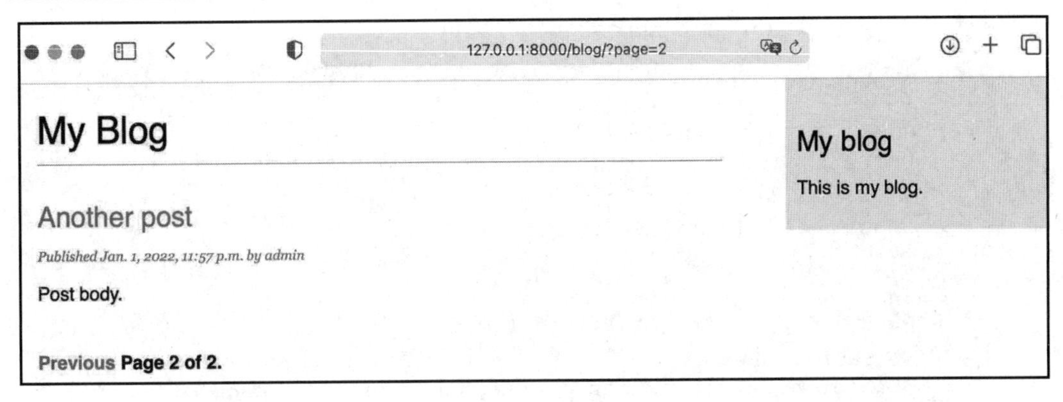

图 2.4　第二个结果页面

2.6.3　处理分页错误

当前，分页处于正常工作状态，我们可在视图中加入分页错误的异常处理。渲染给定页面的视图所用的 page 参数可与错误值（如不存在的页面号，或者无法用作页面号的字符串值）结合使用。针对这些情况，我们将实现相应的错误处理机制。

在浏览器中打开 http://127.0.0.1:8000/blog/?page=3，随后将会看到如图 2.5 所示的错误页面。

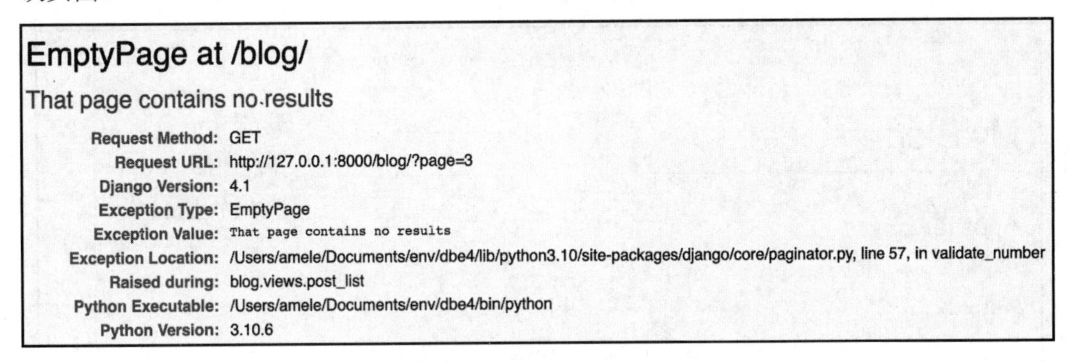

图 2.5　EmptyPage 错误页面

当检索页面 3 时，Paginator 对象将会抛出 EmptyPage 异常，因为页面号超出了范围。此时并未显示任何结果。下面将在视图中处理这一错误。

编辑 blog 应用程序的 views.py 文件，添加所需的导入内容并调整 post_list 视图，如下所示。

```
from django.shortcuts import render, get_object_or_404
```

```
from .models import Post
from django.core.paginator import Paginator, EmptyPage

def post_list(request):
    post_list = Post.published.all()
    # Pagination with 3 posts per page
    paginator = Paginator(post_list, 3)
    page_number = request.GET.get('page', 1)
    try:
        posts = paginator.page(page_number)
    except EmptyPage:
        # If page_number is out of range deliver last page of results
        posts = paginator.page(paginator.num_pages)
    return render(request,
                  'blog/post/list.html',
                  {'posts': posts})
```

当检索一个页面时，我们添加了一个 try-except 块管理 EmptyPage 异常。如果请求的页面超出了范围，我们将返回最后一个结果页面。利用 paginator.num_pages，可获得全部页面数量。相应地，全部页面数量等于最后一个页面号。

再次在浏览器中打开 http://127.0.0.1:8000/blog/?page=3。当前，异常由视图加以管理，且最后一个结果页面的返回方式如图 2.6 所示。

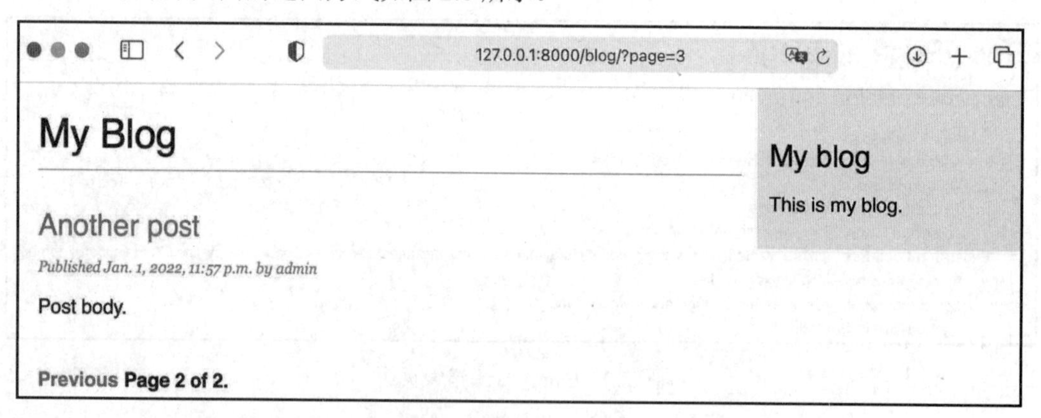

图 2.6　最后一个结果页面

当非整数传递至 page 参数中时，视图应对此进行处理。

在浏览器中打开 http://127.0.0.1:8000/blog/?page=asdf，此时错误页面如图 2.7 所示。

当检索页面 asdf 时，Paginator 对象抛出 PageNotAnInteger 异常，因为页面号只能是整数。下面在视图中处理这一错误行为。

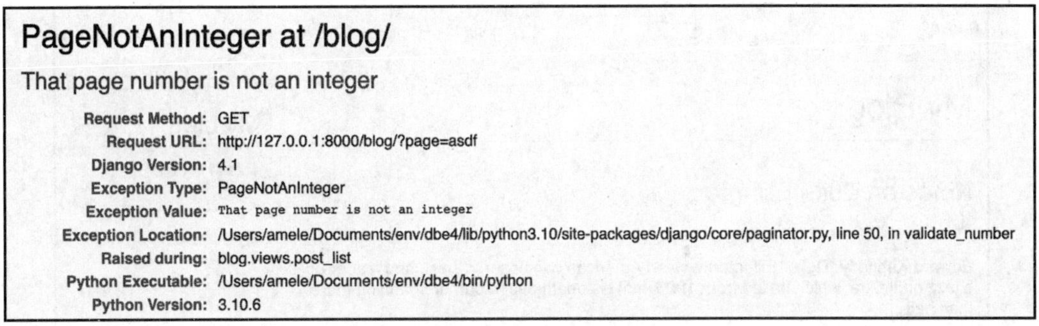

PageNotAnInteger at /blog/

That page number is not an integer

Request Method:	GET
Request URL:	http://127.0.0.1:8000/blog/?page=asdf
Django Version:	4.1
Exception Type:	PageNotAnInteger
Exception Value:	That page number is not an integer
Exception Location:	/Users/amele/Documents/env/dbe4/lib/python3.10/site-packages/django/core/paginator.py, line 50, in validate_number
Raised during:	blog.views.post_list
Python Executable:	/Users/amele/Documents/env/dbe4/bin/python
Python Version:	3.10.6

图 2.7　PageNotAnInteger 错误页面

编辑 blog 应用程序的 views.py 文件，添加所需的导入内容并调整 post_list 视图，如下所示。

```
from django.shortcuts import render, get_object_or_404
from .models import Post
from django.core.paginator import Paginator, EmptyPage,\
                                  PageNotAnInteger

def post_list(request):
    post_list = Post.published.all()
    # Pagination with 3 posts per page
    paginator = Paginator(post_list, 3)
    page_number = request.GET.get('page')
    try:
        posts = paginator.page(page_number)
    except PageNotAnInteger:
        # If page_number is not an integer deliver the first page
        posts = paginator.page(1)
    except EmptyPage:
        # If page_number is out of range deliver last page of results
        posts = paginator.page(paginator.num_pages)
    return render(request,
                  'blog/post/list.html',
                  {'posts': posts})
```

此处添加了新的 except 块，以在检索页面时管理 PageNotAnInteger 异常。如果请求的页面不是一个整数，我们将返回第一个结果页面。

在浏览器中打开 http://127.0.0.1:8000/blog/?page=asdf，可以看到异常被视图所管理，同时返回第一个结果页面，如图 2.8 所示。

图 2.8　第一个结果页面

至此，我们实现了博客帖子的分页机制。

关于 Paginator 类的更多信息，读者可访问 https://docs.djangoproject.com/en/4.1/ref/paginator/。

2.7　构建基于类的视图

前述内容通过基于函数的视图构建了博客应用程序。基于函数的视图较为简单且功能强大，但 Django 还允许我们利用类来构建视图。

相比于基于函数的视图，基于类的视图是一种替代方案，它将视图实现为 Python 对象。由于视图是一个函数，它接收一个 Web 请求，且返回一个 Web 响应，因此还可将视图定义为类方法。Django 提供了视图基类，以供实现自己的视图。这一类视图均继承自 View 类，进而处理 HTTP 方法的分发和其他常见功能。

2.7.1　为何采用基于类的视图

与基于函数的视图相比，基于类的视图包含一些优势，这些优势对于特定的用例非常有用，具体如下。

- 在单独的方法中组织与 HTTP 方法（如 GET、POST 或 PUT）相关的代码，而非采用条件分支。
- 使用多重继承来创建可复用的视图类（也称作混入）。

2.7.2　使用基于类的视图列出帖子

为了进一步理解如何编写基于类的视图，接下来将创建一个新的基于类的视图，该类等价于 post_list 视图。具体来说，我们将创建一个继承自 Django 提供的泛型 ListView 视图的类，ListView 允许我们列出任意类型的对象。

编辑 blog 应用程序的 views.py 文件，并向其中添加下列内容。

```
from django.views.generic import ListView

class PostListView(ListView):
    """
    Alternative post list view
    """
    queryset = Post.published.all()
    context_object_name = 'posts'
    paginate_by = 3
    template_name = 'blog/post/list.html'
```

PostListView 视图类似于之前创建的 post_list 视图。这里，我们实现了一个基于类的视图，该视图继承自 ListView 类，并包含下列属性。

- 通过 queryset 使用自定义 QuerySet，而不是检索全部对象。另外，我们指定了 model = Post，而非定义一个 queryset 属性，Django 将为我们构建通用的 Post.objects.all() QuerySet。
- 针对查询结果，我们使用了上下文变量 posts。如果未指定 context_object_name，那么默认变量为 object_list。
- 利用 paginate_by 定义结果的分页机制，且每个页面返回 3 个对象。
- 使用自定义模板并利用 template_name 来渲染页面。如果未设置默认模板，那么默认状态下 ListView 将使用 blog/post_list.html。

编辑 blog 应用程序的 urls.py 文件，注释掉之前的 post_list URL 模式，并通过 PostListView 类添加新的 URL 模式。

```
urlpatterns = [
    # Post views
    # path('', views.post_list, name='post_list'),
    path('', views.PostListView.as_view(), name='post_list'),
    path('<int:year>/<int:month>/<int:day>/<slug:post>/',
        views.post_detail,
        name='post_detail'),
]
```

为了使分页机制保持正常工作状态，需要使用传递至模板的正确的页面对象。Django 的 ListView 通用视图将请求页面传递至名为 page_obj 的变量中。相应地，我们需要编辑 post/list.html 模板并通过正确的变量包含分页器，如下所示。

```
{% extends "blog/base.html" %}

{% block title %}My Blog{% endblock %}

{% block content %}
    <h1>My Blog</h1>
    {% for post in posts %}
      <h2>
        <a href="{{ post.get_absolute_url }}">
          {{ post.title }}
        </a>
      </h2>
      <p class="date">
        Published {{ post.publish }} by {{ post.author }}
      </p>
      {{ post.body|truncatewords:30|linebreaks }}
    {% endfor %}
    {% include "pagination.html" with page=page_obj %}
{% endblock %}
```

在浏览器中打开 http://127.0.0.1:8000/blog/，并验证分页链接是否工作正常。这里，分页链接的行为应与之前的 post_list 视图保持一致。

当前示例中的异常处理则稍有不同。如果尝试加载一个超出范围的页面，或者向 page 参数传递一个非整数值，视图将返回一个包含状态码 404（页面未找到）的 HTTP 响应，如图 2.9 所示。

返回 HTTP 404 状态码的异常处理由 ListView 视图提供。

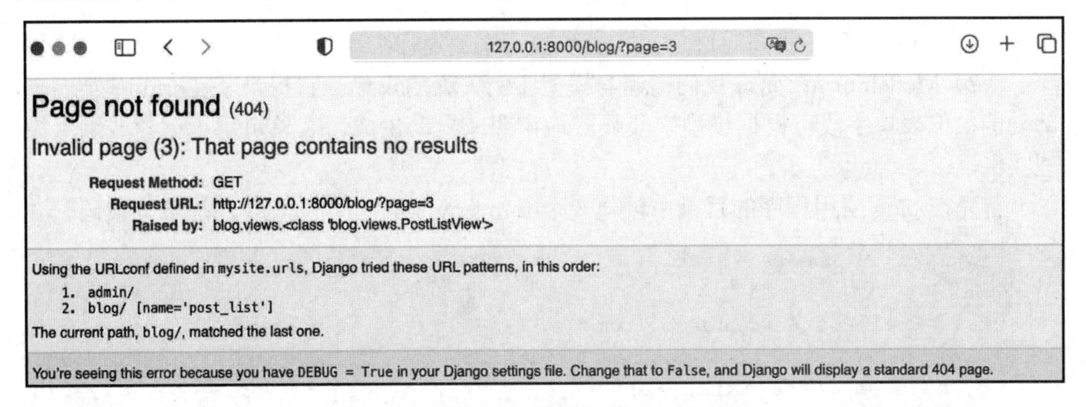

图 2.9　未找到响应结果的 HTTP 404 页面

这是一个编写基于类的视图的简单示例，第 13 章将对此加以详细讨论。

关于基于类的视图的简介，读者可访问 https://docs.djangoproject.com/en/4.1/topics/class-based-views/intro/。

2.8　基于电子邮件的推荐帖子

接下来我们将学习如何创建表单，以及如何利用 Django 发送电子邮件。我们将通过电子邮件发送帖子推荐，进而在用户间共享博客帖子。

读者可通过第 1 章中的内容思考如何使用视图、URL 和模板实现这一功能。

为了使用户通过电子邮件共享帖子，我们需要实现下列操作。

- 创建用户表单并填写用户名称、电子邮件地址，收件人的电子邮件地址和可选备注。
- 在 views.py 文件中创建一个视图以处理发送数据和发送电子邮件。
- 在 blog 应用程序中的 urls.py 文件中添加新视图的 URL 模式。
- 创建模板以显示表单。

2.8.1　利用 Django 创建表单

下面首先构建表单以共享帖子。Django 包含一个内建表单框架，可使我们轻松地创建表单。该表单框架简化了表单字段的定义，指定了字段的显示方式，并指出如何验证输入数据。Django 表单框架提供了一种灵活的方式在 HTML 中渲染表单和处理数据。

Django 定义了下列两个基类以构建表单。

（1）Form：允许我们通过定义字段和验证来构建标准表单。

（2）ModelForm：允许我们构建与模型实例关联的表单。它提供了 Form 基类的全部功能，但表单字段可根据模型字段显式地声明或自动生成。表单可用于创建或编辑模型实例。

首先在 blog 应用程序的目录中创建一个 forms.py 文件，并向其中添加下列代码。

```
from django import forms

class EmailPostForm(forms.Form):
    name = forms.CharField(max_length=25)
    email = forms.EmailField()
    to = forms.EmailField()
    comments = forms.CharField(required=False,
                               widget=forms.Textarea)
```

至此，我们定义了第一个 Django 表单。EmailPostForm 表单继承自 Form 基类。相应地，我们使用不同的字段类型来验证数据。

注意：

表单可位于 Django 项目中的任何位置。惯例则是将其放置在每个应用程序的 forms.py 文件中。

表单包含下列字段。

- name：CharField 的实例，最大长度为 25 个字符，用于发帖人的姓名。
- email：EmailField 的实例，表示发帖人的电子邮件。
- to：EmailField 的实例，表示收件人的电子邮件。收件人将收到推荐方的电子邮件。
- comments：CharField 的实例，表示包含在电子邮件中的备注内容。通过将 required 设置为 False，将该字段定义为可选项。另外，我们可指定一个自定义微件以渲染该字段。

每个字段类型包含一个默认微件，用于确定如何在 HTML 中渲染字段。其中，name 字段是 CharField 实例，该字段类型渲染为<input type="text"> HTML 元素。默认的微件可利用 widget 属性被覆写。在 comments 字段中，我们采用 Textarea 微件将其渲染为<textarea> HTML 元素，而不是默认的<input>元素。

字段验证也取决于字段类型。例如，email 和 to 字段表示为 EmailField 字段，这两个字段需要一个有效的电子邮件地址。否则，字段验证将产生一个 forms.ValidationError 异常，且对应表单未被验证。此外，还需考虑表单字段验证的其他参数，如最大字符长度为 25 的 name 字段，以及可选的 comments 字段。

此处仅展示了 Django 针对表单提供的部分字段类型。读者可访问 https://docs.djangoproject.com/en/4.1/ref/forms/fields/查看完整的字段类型列表。

2.8.2　处理视图中的表单

前述内容定义了表单，进而通过电子邮件推荐帖子。接下来需要一个视图以创建表单实例并处理表单提交。

编辑 blog 应用程序中的 views.py 文件，并向其中添加下列代码。

```
from .forms import EmailPostForm

def post_share(request, post_id):
    # Retrieve post by id
    post = get_object_or_404(Post,id=post_id,status=Post.Status.PUBLISHED)
    if request.method == 'POST':
        # Form was submitted
        form = EmailPostForm(request.POST)
        if form.is_valid():
            # Form fields passed validation
            cd = form.cleaned_data
            # ... send email
    else:
        form = EmailPostForm()
    return render(request, 'blog/post/share.html', {'post': post,
                                                    'form': form})
```

在前述内容中，我们已经定义了 post_share 视图，该视图接收 request 对象和 post_id 变量作为参数。此外，我们使用 get_object_or_404()快捷方式根据 id 检索发布的帖子。

针对显示初始表单和处理提交数据，我们采用了相同的视图。request 方法允许我们区分表单是否被提交。GET 方法则表明，空表单需要显示给用户，并且 POST 请求表明表单是否被提交。我们采用 request.method == 'POST'区分这两种情形。

下列处理过程将显示表单并处理表单提交。

（1）当页面首次加载时，视图接收一个 GET 请求。在当前示例中，新的 EmailPostForm 实例将被创建，并存储于 form 变量中。该表单示例用于显示模板中的空表单。

```
form = EmailPostForm()
```

（2）当用户填写表单并通过 POST 提交表单时，将通过包含于 request.POST 中的提交数据创建一个表单实例。

```
if request.method == 'POST':
    # Form was submitted
    form = EmailPostForm(request.POST)
```

（3）提交后的数据通过表单的 is_valid()方法被验证。该方法验证表单中引入的数据，如果全部字段均包含有效数据，则该方法返回 True。如果任何字段包含无效数据，那么 is_valid()返回 False。验证错误列表可通过 form.errors 得到。

（4）如果表单无效，该表单将再次在模板中渲染，包括提交后的数据。验证错误将显示于模板中。

（5）如果表单有效，那么验证数据将利用 form.cleaned_data 被检索。该属性是表单字段及其值的字典。

注意：

如果表单数据没有验证，cleaned_data 将只包含有效字段。

至此，我们已经实现了视图以显示表单和处理表单提交。接下来，我们将学习如何利用 Django 发送电子邮件，并向 post_share 视图添加该功能。

2.8.3　利用 Django 发送电子邮件

利用 Django 发送电子邮件较为直接。对此，我们需要使用一个本地简单邮件传输协议（SMTP），或者访问诸如电子邮件服务供应商这一类外部 SMTP 服务器。

下列设置项允许我们定义 SMTP 配置，进而利用 Django 发送电子邮件。

- EMAIL_HOST：SMTP 服务器主机，默认主机为 localhost。
- EMAIL_PORT：SMTP 端口，默认端口为 25。
- EMAIL_HOST_USER：SMTP 服务器的用户名。
- EMAIL_HOST_PASSWORD：SMTP 服务器的密码。
- EMAIL_USE_TLS：是否使用传输层安全（TLS）连接。
- EMAIL_USE_SSL：是否使用隐式的 TLS 安全连接。

在当前示例中，我们将采用包含标准 Gmail 账户的 Google SMTP 服务器。

如果持有 Gmail 账户，编辑项目的 settings.py 文件，并向其中添加下列代码。

```
# Email server configuration
EMAIL_HOST = 'smtp.gmail.com'
EMAIL_HOST_USER = 'your_account@gmail.com'
EMAIL_HOST_PASSWORD = ''
EMAIL_PORT = 587
EMAIL_USE_TLS = True
```

注意，须利用实际的 Gmail 账户替换 your_account@gmail.com。如果未持有 Gmail 账户，则可使用电子邮件服务供应商的 SMTP 服务器配置。

除了 Gmail，还可使用专业、可扩展的电子邮件服务，如 SendGrid（https://sendgrid.com/）或 Amazon Simple Email Service（https://aws.amazon.com/ses/），并使用自己的域通过 SMTP 发送电子邮件。这两个服务需要验证域名、验证发送者的电子邮件账户并提供 SMTP 证书以发送邮件。Django 应用程序 django-sengrid 和 django-ses 简化了 SendGrid 或 Amazon SES 的添加任务。读者可访问 https://github.com/sklarsa/django-sendgrid-v5 查看 django-sengrid 的安装指令，或者访问 https://github.com/django-ses/django-ses 查看 django-ses 的安装指令。

如果无法使用 SMTP 服务器，则可通过在 settings.py 文件中添加下列设置项来通知 Django 向控制台写电子邮件。

```
EMAIL_BACKEND = 'django.core.mail.backends.console.EmailBackend'
```

通过上述设置项，Django 将把所有的电子邮件输出至控制台，而不再发送电子邮件。这在缺少 STMP 的情况下测试应用程序时十分有用。

为了完成 Gmail 配置，需要输入 SMTP 服务器密码。由于 Google 采用了两步验证处理和额外的安全措施，因此我们无法直接使用 Google 账户密码。相反，Google 允许我们创建特定于应用程序的账户密码。应用程序密码是一个 16 位的密码，允许不太安全的应用程序或设备访问 Google 账户。

在浏览器中打开 https://myaccount.google.com/。在左侧菜单中，单击 Security 选项，对应结果如图 2.10 所示。

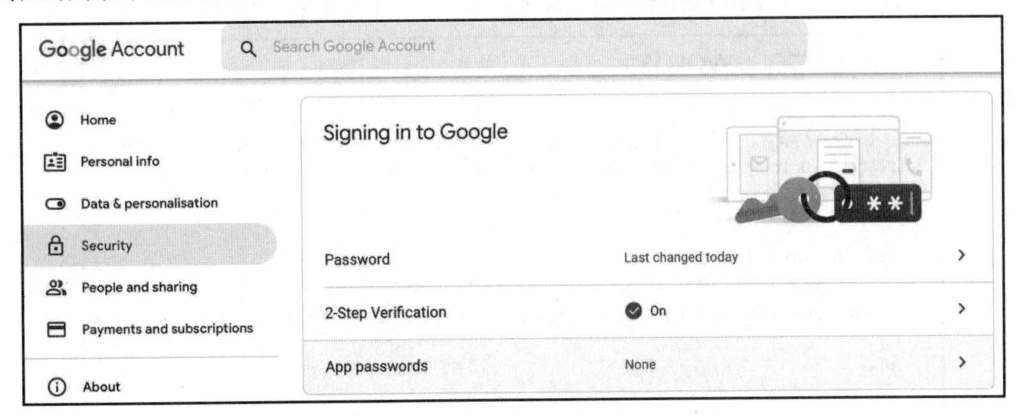

图 2.10　Google 账户的注册页面

在 Signing in to Google 块下，单击 App passwords 选项，如果无法看到 App passwords，那么可能账户未设置两步验证，或者账户是机构账户而非标准的 Gmail 账户，或者启用了 Google 的高级保护。这里，应确保使用一个标准的 Gmail 账户，并激活 Google 账户的两步验证。对此，读者可访问 https://support.google.com/accounts/answer/185833 以了解更多信息。

当单击 App passwords 选项时，对应结果如图 2.11 所示。

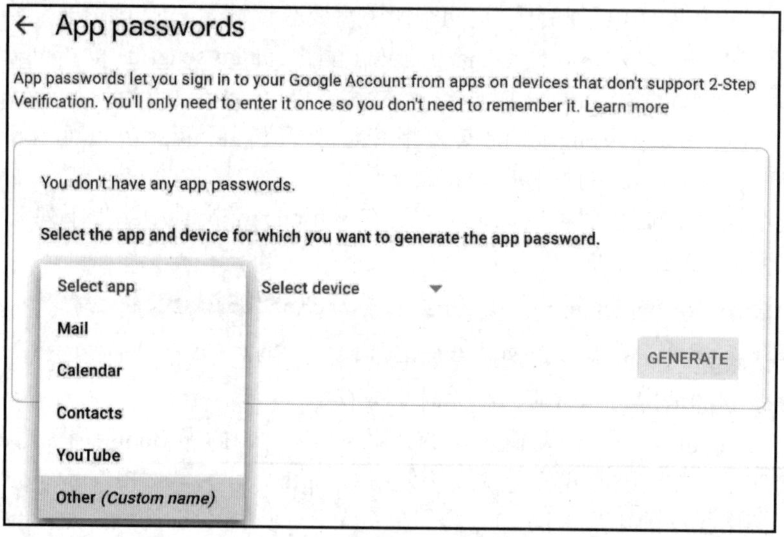

← App passwords

App passwords let you sign in to your Google Account from apps on devices that don't support 2-Step Verification. You'll only need to enter it once so you don't need to remember it. Learn more

You don't have any app passwords.

Select the app and device for which you want to generate the app password.

Select app
Mail
Calendar
Contacts
YouTube
Other (Custom name)

Select device

GENERATE

图 2.11　生成新的 Google 应用程序密码的表单

在 Select app 下拉菜单中，单击 Other 选项。

随后输入 Blog 并单击 GENERATE 按钮，如图 2.12 所示。

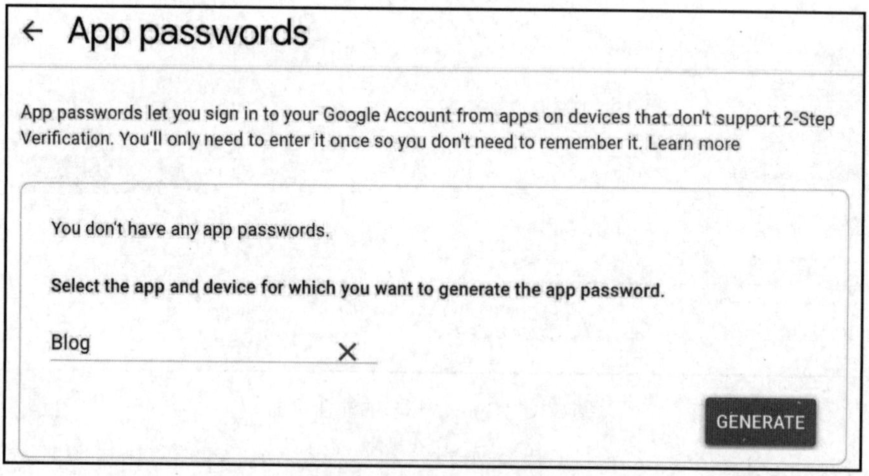

← App passwords

App passwords let you sign in to your Google Account from apps on devices that don't support 2-Step Verification. You'll only need to enter it once so you don't need to remember it. Learn more

You don't have any app passwords.

Select the app and device for which you want to generate the app password.

Blog ×

GENERATE

图 2.12　生成新的 Goole 应用程序密码的表单

随后将生成新的密码，如图 2.13 所示。

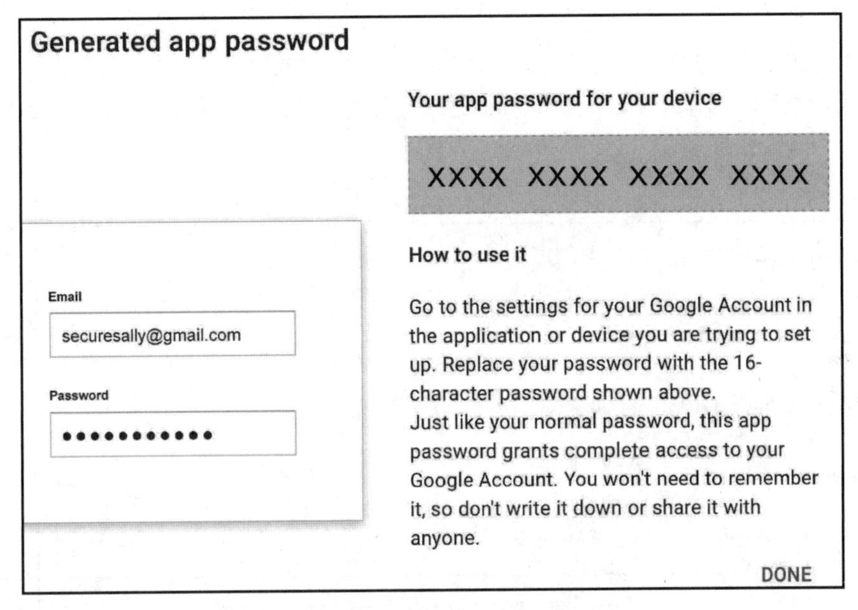

图 2.13　生成 Google 应用程序密码

复制生成的应用程序密码。

编辑项目的 settings.py 文件，并将应用程序密码添加至 EMAIL_HOST_PASSWORD 设置项中，如下所示。

```
# Email server configuration
EMAIL_HOST = 'smtp.gmail.com'
EMAIL_HOST_USER = 'your_account@gmail.com'
EMAIL_HOST_PASSWORD = 'xxxxxxxxxxxxxxxx'
EMAIL_PORT = 587
EMAIL_USE_TLS = True
```

通过在系统 shell 提示符中运行下列命令打开 Python shell。

```
python manage.py shell
```

在 Python shell 中运行下列代码。

```
>>> from django.core.mail import send_mail
>>> send_mail('Django mail',
...           'This e-mail was sent with Django.',
...           'your_account@gmail.com',
```

```
...             ['your_account@gmail.com'],
...             fail_silently=False)
```

send_mail()函数接收主题、消息、发送者和收件人列表作为参数。通过设置可选参数fail_silently=False，在电子邮件无法发送时通知该函数抛出一个异常。如果输出结果为1，则表示电子邮件已被成功发送。

检查邮箱，此时应收到一封电子邮件，如图2.14所示。

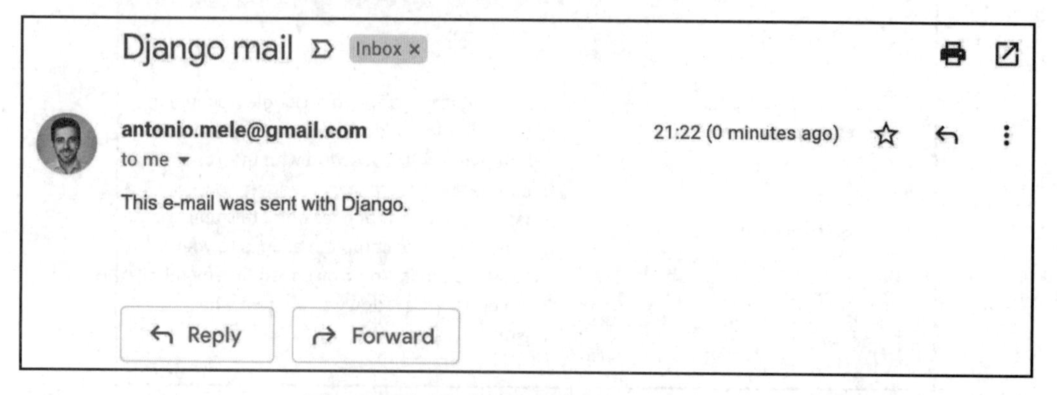

图2.14　测试邮件已发送并显示在Gmail中

至此，我们利用Django发送了第一封电子邮件。关于Django发送邮件的更多信息，读者可访问https://docs.djangoproject.com/en/4.1/topics/email/。

下面将电子邮件的发送功能添加至post_share视图中。

2.8.4　在视图中发送电子邮件

编辑blog应用程序中的views.py文件的post_share视图，如下所示。

```
from django.core.mail import send_mail

def post_share(request, post_id):
    # Retrieve post by id
    post = get_object_or_404(Post,id=post_id,status=Post.Status.PUBLISHED)
    sent = False

    if request.method == 'POST':
        # Form was submitted
        form = EmailPostForm(request.POST)
        if form.is_valid():
            # Form fields passed validation
```

```
            cd = form.cleaned_data
            post_url = request.build_absolute_uri(
                post.get_absolute_url())
            subject = f"{cd['name']} recommends you read " \
                      f"{post.title}"
            message = f"Read {post.title} at {post_url}\n\n" \
                      f"{cd['name']}\'s comments: {cd['comments']}"
            send_mail(subject, message, 'your_account@gmail.com',
                     [cd['to']])
            sent = True
    else:
        form = EmailPostForm()
    return render(request, 'blog/post/share.html', {'post': post,
                                                    'form': form,
                                                    'sent': sent})
```

如果正在使用 SMTP 服务器而非 console.EmailBackend，则需要利用真实的电子邮件账户替换 your_account@gmail.com。

在上述代码中，我们声明了一个包含初始值 True 的 sent 变量。在电子邮件发送后，我们将该变量设置为 True。稍后，在模板中将使用 sent 变量，并在表单成功提交后显示一条成功消息。

因为必须在电子邮件中包含帖子的链接，所以采用帖子的 get_absolute_url()方法检索其绝对路径。我们使用该路径作为 request.build_absolute_uri()的输入，进而构建完整的 URL，包括 HTTP 模式和主机名。

使用验证后的表单数据，我们可创建电子邮件的主题和消息体。最后，我们向包含在表单 to 字段的电子邮件地址发送一封电子邮件。

至此，表单已经完备，接下来需要为其添加一个新的 URL 模式。

打开 blog 应用程序的 urls.py 文件，并添加 post_share URL 模式，如下所示。

```
from django.urls import path
from . import views

app_name = 'blog'

urlpatterns = [
    # Post views
    # path('', views.post_list, name='post_list'),
    path('', views.PostListView.as_view(), name='post_list'),
    path('<int:year>/<int:month>/<int:day>/<slug:post>/',
         views.post_detail,
```

```
        name='post_detail'),
    path('<int:post_id>/share/',
        views.post_share, name='post_share'),
]
```

2.8.5 在模板中渲染表单

在创建了表单后，我们对视图进行了编程，并添加了 URL 模式。目前只缺视图的模板。

在 blog/templates/blog/post/目录中创建一个新文件，并将其命名为 share.html。

向新的 share.html 模板中添加下列代码。

```
{% extends "blog/base.html" %}

{% block title %}Share a post{% endblock %}

{% block content %}
  {% if sent %}
    <h1>E-mail successfully sent</h1>
    <p>
      "{{ post.title }}" was successfully sent to {{ form.cleaned_data.to }}.
    </p>
  {% else %}
    <h1>Share "{{ post.title }}" by e-mail</h1>
    <form method="post">
      {{ form.as_p }}
      {% csrf_token %}
      <input type="submit" value="Send e-mail">
    </form>
  {% endif %}
{% endblock %}
```

该模板用于显示表单并通过电子邮件共享一个帖子，此外在电子邮件发送后显示一条成功消息。我们通过{% if sent %}区分这两种情况。

当显示表单时，我们定义了一个 HTML 表单元素，表明该元素需要通过 POST 方法被提交。

```
<form method="post">
```

我们用{{ form.as_p }}包含了表单实例。另外通过 as_p 方法以及 HTML 段落<p>元素通知 Django 去渲染表单字段。不仅如此，我们还可利用 as_ul 将表单作为无序列表或利用 as_table 将表单作为 HTML 表进行渲染。另一个选项是通过遍历表单字段渲染每个字段，如下所示。

```
{% for field in form %}
    <div>
        {{ field.errors }}
        {{ field.label_tag }} {{ field }}
    </div>
{% endfor %}
```

这里，我们添加了一个{% csrf_token %}模板标签。该标签利用自动生成的令牌引入了一个隐藏字段，并避免了跨站请求伪造（CSRF）攻击。这些攻击由恶意站点或难以预料的编程行为构成。关于 CSRF 的更多信息，读者可访问 https://owasp.org/www-community/attacks/csrf。

{% csrf_token %}模板标签生成一个隐藏的字段，并按照下列方式渲染。

```
<input type='hidden' name='csrfmiddlewaretoken'
value='26JjKo2lcEtYkGoV9z4XmJIEHLXN5LDR' />
```

注意：

默认状态下，Django 在所有的请求中检查 CSRF 令牌。记住，在所有通过 POST 提交的表单中都要包含 csrf_token 令牌。

编辑 blog/post/detail.html 模板，如下所示。

```
{% extends "blog/base.html" %}

{% block title %}{{ post.title }}{% endblock %}

{% block content %}
  <h1>{{ post.title }}</h1>
  <p class="date">
    Published {{ post.publish }} by {{ post.author }}
  </p>
  {{ post.body|linebreaks }}
  <p>
    <a href="{% url "blog:post_share" post.id %}">
        Share this post
    </a>
  </p>
{% endblock %}
```

我们添加了一个指向 post_share URL 的链接。该 URL 利用 Django 提供的{% url %}

模板标签以动态方式被构建。这里，我们使用了名为 blog 的命名空间以及名为 post_share 的 URL，并将帖子 id 作为参数传递至 URL。

在浏览器中打开 http://127.0.0.1:8000/blog/，单击任意帖子的标题以查看该帖子的详细页面。

在帖子体下面，应可看到刚刚添加的链接，如图 2.15 所示。

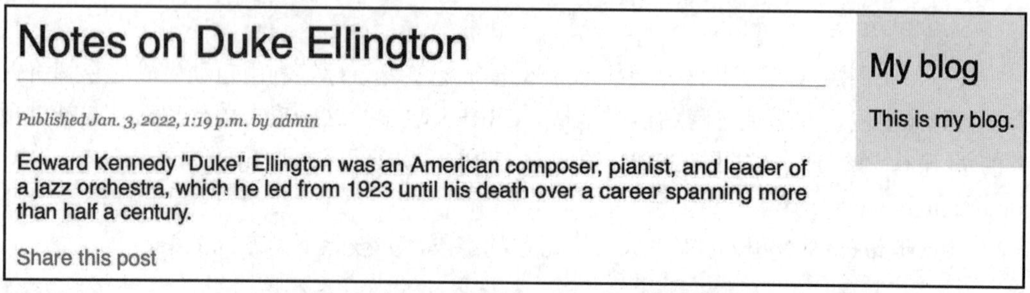

图 2.15　帖子的详细页面，包括共享帖子的链接

单击 Share this post 链接，随后应可看到如图 2.16 所示的页面，其中还包含了通过电子邮件共享该帖子的表单。

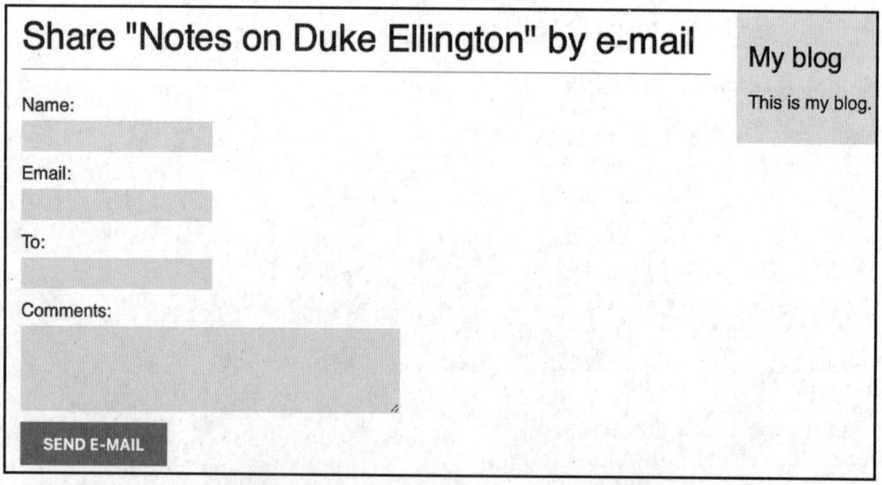

图 2.16　通过电子邮件共享帖子的页面

表单的 CSS 样式包含在 static/css/blog.css 文件的示例代码中。当单击 SEND E-MAIL 按钮时，表单被提交并被验证。如果全部字段包含有效数据，将会获得一条成功消息，如图 2.17 所示。

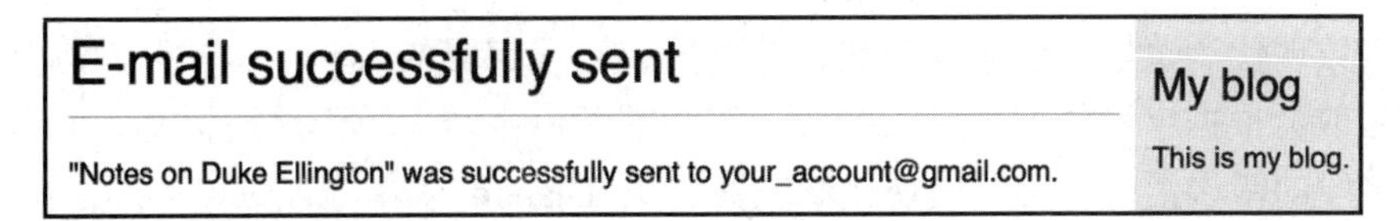

图 2.17　通过电子邮件共享的帖子的成功消息

向自己的电子邮件地址发送一个帖子，并查看自己的邮箱。所接收的电子邮件如图 2.18 所示。

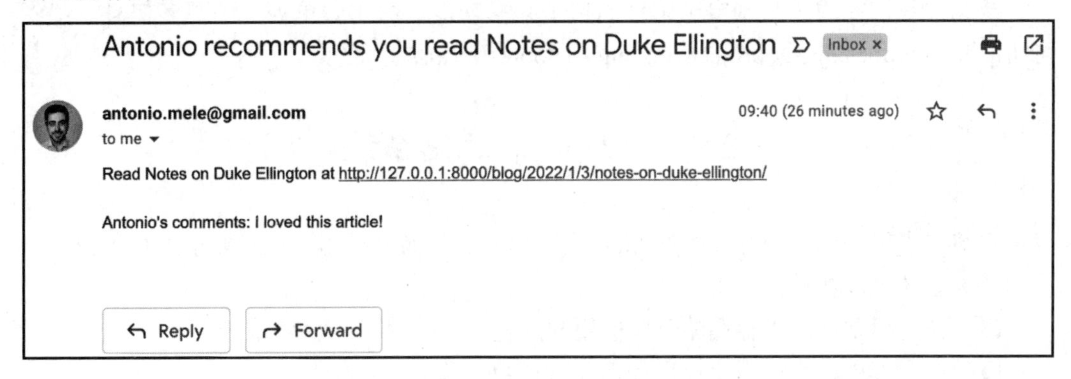

图 2.18　测试显示于 Gmail 中的发送邮件

如果利用无效数据提交表单，表单将再次显示，并包含全部验证错误，如图 2.19 所示。

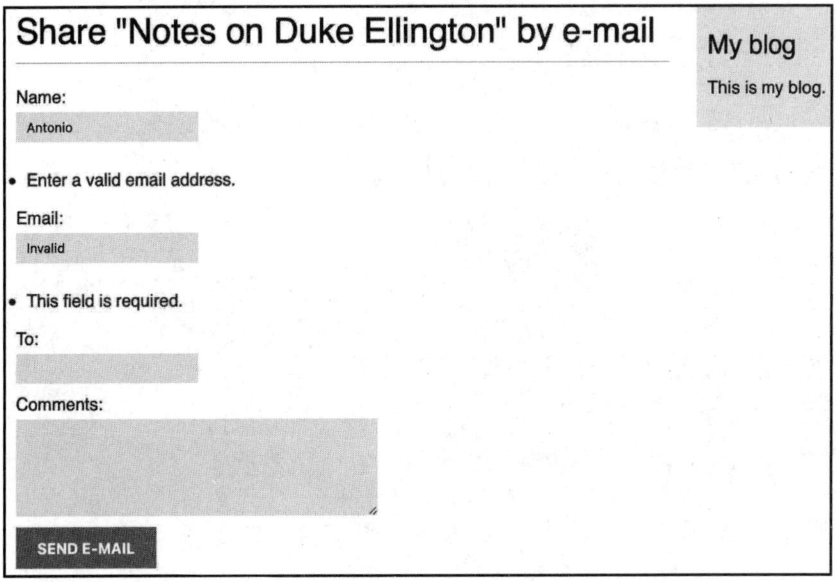

Share "Notes on Duke Ellington" by e-mail

Name:

Antonio

- Enter a valid email address.

Email:

Invalid

- This field is required.

To:

Comments:

SEND E-MAIL

My blog

This is my blog.

图 2.19　显示无效数据错误的共享帖子表单

大多数现代浏览器会阻止提交包含空字段或错误字段的表单，这是因为浏览器在提交表单之前会根据字段的属性验证字段。在当前示例中，表单无法被提交，浏览器将显示错误字段的错误消息。当利用现代浏览器测试 Django 表单验证时，可通过向 HTML <form>元素中添加 novalidate 属性，如<form method="post" novalidate>，从而省略浏览器表单验证。我们可添加这一属性以防止浏览器验证字段，并测试自己的表单验证。在执行完测试后，可移除 novalidate 属性以保留浏览器表单验证。

至此，我们完成了基于电子邮件的帖子共享功能。关于表单处理的更多信息，读者可访问 https://docs.djangoproject.com/en/4.1/topics/forms/。

2.9 创建一个评论系统

本节将利用评论系统继续扩展 blog 应用程序，从而允许用户针对帖子进行评论。当构建评论系统时，我们需要下列内容。

- ❑ 评论模型，用于存储帖子中的用户评论。
- ❑ 一个表单，允许用户提交评论并管理数据验证。
- ❑ 一个视图，用于处理表单并将新的评论保存至数据库中。
- ❑ 一个评论列表和一个表单，用于添加新评论，该评论可包含在帖子详细模板中。

2.9.1 创建一个评论模型

下面首先创建一个模型，用于存储帖子的用户评论。

打开 blog 应用程序的 models.py 并添加下列代码。

```
class Comment(models.Model):
    post = models.ForeignKey(Post,
                             on_delete=models.CASCADE,
                             related_name='comments')
    name = models.CharField(max_length=80)
    email = models.EmailField()
    body = models.TextField()
    created = models.DateTimeField(auto_now_add=True)
    updated = models.DateTimeField(auto_now=True)
    active = models.BooleanField(default=True)

    class Meta:
```

```
        ordering = ['created']
        indexes = [
            models.Index(fields=['created']),
        ]

    def __str__(self):
        return f'Comment by {self.name} on {self.post}'
```

这是 Comment 模型。我们添加了一个 ForeignKey 字段将每条评论与单个帖子关联起来。该多对一关系定义于 Comment 模型中，因为每条评论将在一个帖子上生成，且每个帖子包含多条评论。

针对关联对象与此对象之间的关系，related_name 属性允许我们命名所用的属性。我们可利用 comment.post 检索评论对象的帖子，也可以利用 post.comments.all()检索与帖子对象关联的全部评论。如果未定义 related_name 属性，Django 将使用小写的模型名，后跟_set（即 comment_set），以命名关联对象与模型对象之间的关系（该关系已被定义）。

关于多对一关系的更多内容，读者可访问 https://docs.djangoproject.com/en/4.1/topics/db/examples/many_to_one/。

我们已经定义了 active Boolean 字段以控制评论的状态。该字段允许我们通过管理网站以手动方式禁用不恰当的评论。在默认状态下，我们采用 default=True 表明所有的评论均处于活动状态。

此外，我们还定义了 created 字段以存储创建评论时的日期和时间。通过 auto_now_add，在创建一个对象时，日期将自动被保存。在模型的 Meta 类中，我们加入了 ordering = ['created']，并在默认条件下按照时间顺序排序评论。另外，我们还以升序添加了 created 字段的索引。这将改进数据库查找或利用 created 字段排序结果的性能。

我们构建的 Comment 模型并未与数据库同步，因而需要生成一个新的数据库迁移以创建对应的数据库表。

在 shell 提示符中运行下列命令。

```
python manage.py makemigrations blog
```

对应输出结果如下所示。

```
Migrations for 'blog':
  blog/migrations/0003_comment.py
    - Create model Comment
```

Django 在 blog 应用程序的 migrations/目录中生成了 0003_comment.py 文件。我们需

要创建关联的数据库模式，并将变化应用于数据库上。

运行下列命令并应用现有的迁移。

```
python manage.py migrate
```

对应的输出结果如下所示。

```
Applying blog.0003_comment... OK
```

这表明，迁移已被应用，并且 blog_comment 表已在数据库中被创建。

2.9.2 向管理网站中添加评论

下面将向管理网站中添加新的模型，并通过一个简单的接口管理评论。

打开 blog 应用程序的 admin.py 文件，导入 Comment 模型并添加下列 ModelAdmin 类。

```
from .models import Post, Comment

@admin.register(Comment)
class CommentAdmin(admin.ModelAdmin):
    list_display = ['name', 'email', 'post', 'created', 'active']
    list_filter = ['active', 'created', 'updated']
    search_fields = ['name', 'email', 'body']
```

打开 shell 提示符，执行下列命令以启动开发服务器。

```
python manage.py runserver
```

在浏览器中打开 http://127.0.0.1:8000/admin/，可以看到，新模型包含了 BLOG 部分，如图 2.20 所示。

BLOG		
Comments	+ Add	Change
Posts	+ Add	Change

图 2.20　Django 管理索引页面上的 blog 应用程序模型（1）

当前，模型已在管理网站上注册。

在 Comments 行中，单击 Add 选项，可以看到表单中添加了新的评论，如图 2.21 所示。

当前，我们可通过管理网站来管理 Comment 实例。

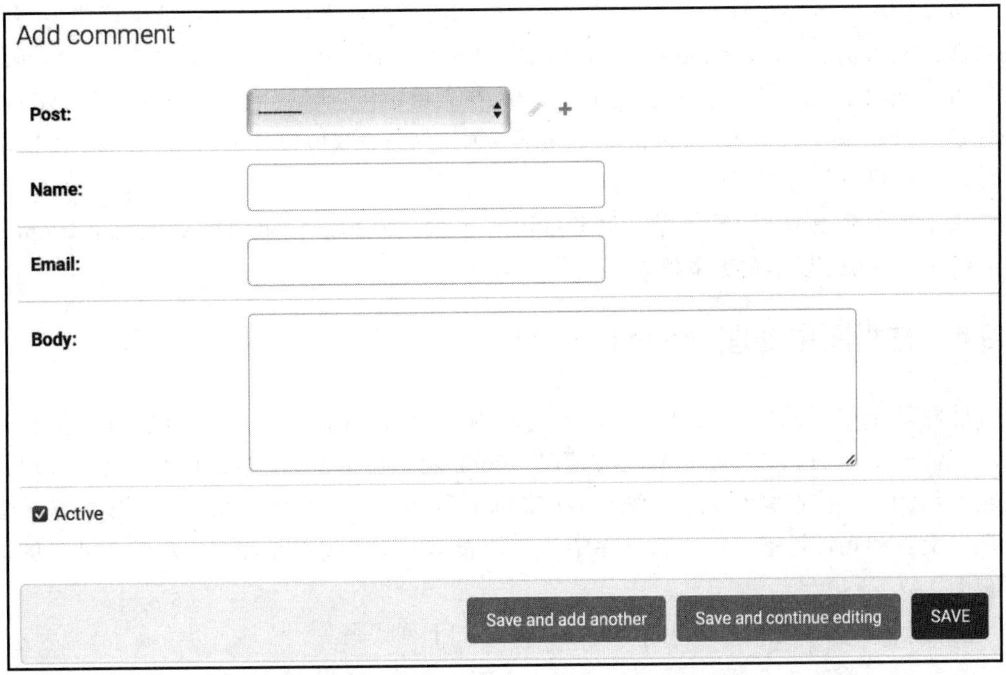

图 2.21　Django 管理索引页面上的 blog 应用程序模型（2）

2.9.3　从模型中创建表单

我们需要构建一个表单，让用户对博客帖子发表评论。记住，Django 有两个基类可用于创建表单，它们是 Form 和 ModelForm。我们曾使用 Form 类让用户通过电子邮件共享帖子。现在，我们将使用 ModelForm 并利用现有的 Comment 模型以动态方式构建一个表单。

编辑 blog 应用程序的 forms.py 文件，并添加下列代码行。

```
from .models import Comment

class CommentForm(forms.ModelForm):
    class Meta:
        model = Comment
        fields = ['name', 'email', 'body']
```

当从模型中创建一个表单时，我们仅需在表单的 Meta 类中指出要为哪个模型构建表单。Django 将内省对应模型，并以动态方式构建相应的表单。

每个模型字段类型有一个对应的默认表单字段类型。表单验证时需要考虑模型字段的属性。默认状态下，Django 针对包含在模型中的每个字段创建一个表单字段。然而，我们可以使用 fields 属性显式地通知 Django 在表单中包含哪些字段，或者使用 exclude 属性定义排除哪些字段。在 CommentForm 表单中，我们显式地包含了 name、email 和 body 字段。这些仅是包含在表单中的字段。

关于如何从模型中创建表单，读者可访问 https://docs.djangoproject.com/en/4.1/topics/forms/modelforms/以了解更多信息。

2.9.4　在视图中处理 ModelForms

针对基于电子邮件的共享帖子，我们使用了相同的视图显示表单并管理其提交行为。我们采用了 HTTP 方法区分两种情况：GET 用于显示表单，POST 用于提交表单。在当前示例中，我们将向帖子详细页面中添加评论表单，并构建一个独立的视图来处理表单提交。一旦评论被存储于数据库中，处理表单的新视图将允许用户返回至帖子的详细视图。

编辑 blog 应用程序的 views.py 文件，并添加下列代码。

```
from django.shortcuts import render, get_object_or_404, redirect
from .models import Post, Comment
from django.core.paginator import Paginator, EmptyPage,\
                                  PageNotAnInteger
from django.views.generic import ListView
from .forms import EmailPostForm, CommentForm
from django.core.mail import send_mail
from django.views.decorators.http import require_POST

# ...

@require_POST
def post_comment(request, post_id):
    post = get_object_or_404(Post,id=post_id,status=Post.Status.PUBLISHED)
    comment = None
    # A comment was posted
    form = CommentForm(data=request.POST)
    if form.is_valid():
        # Create a Comment object without saving it to the database
        comment = form.save(commit=False)
        # Assign the post to the comment
```

```
        comment.post = post
        # Save the comment to the database
        comment.save()
    return render(request, 'blog/post/comment.html',
                  {'post': post,
                   'form': form,
                   'comment': comment})
```

我们定义了 post_comment 视图，它接收 request 对象和 post_id 变量作为参数。我们将使用该视图管理帖子的提交。另外，我们期望视图通过 HTTP POST 方法被提交。我们使用 Django 提供的 require_POST 装饰器且仅支持该视图的 POST 请求。Django 可限制视图所允许的 HTTP 方法。如果尝试利用其他 HTTP 方法访问视图，Django 将抛出一个 HTTP 405（未经允许的方法）错误。

在该视图中，我们实现了下列动作。

（1）利用 get_object_or_404()快捷方式和 id 来检索发布的帖子。

（2）定义一个包含初始值 None 的 comment 变量。该变量用于在创建评论对象时存储该对象。

（3）利用提交的 POST 数据实例化表单，并通过 is_valid()方法对表单进行验证。如果表单无效，模板将使用验证错误进行渲染。

（4）如果表单有效，将调用表单的 save()方法创建新的 Comment 对象，并将其分配给 new_comment 变量，如下所示。

```
comment = form.save(commit=False)
```

（5）save()方法创建了一个表单所链接的模型实例，并将其保存至数据库中。如果使用 commit=False 调用 save()方法，模型实例将被创建但不会被存储至数据库中，这允许我们在最终执行保存操作之前调整对象。

注意：

save()方法适用于 ModelForm，但对 Form 实例无效，因为后者未链接至任何模型。

（6）将帖子分配与创建的评论。

```
comment.post = post
```

（7）调用 save()方法将新评论保存至数据库中。

```
comment.save()
```

（8）渲染模板 blog/post/comment.html，在模板上下文中传递 post、form 和 comment

对象。该模板目前尚不存在，稍后将创建这一模板。

接下来创建该视图的 URL 模式。

编辑 blog 应用程序的 urls.py 文件，并向其中添加下列 URL 模式。

```
from django.urls import path
from . import views

app_name = 'blog'

urlpatterns = [
    # Post views
    # path('', views.post_list, name='post_list'),
    path('', views.PostListView.as_view(), name='post_list'),
    path('<int:year>/<int:month>/<int:day>/<slug:post>/',
         views.post_detail,
         name='post_detail'),
    path('<int:post_id>/share/',
         views.post_share, name='post_share'),
    path('<int:post_id>/comment/',
         views.post_comment, name='post_comment'),
]
```

至此，我们实现了视图以管理评论的提交以及视图对应的 URL。接下来创建所需的模板。

2.9.5　创建评论表单的模板

这里，我们将创建评论表单的模板，并用于两个地方。

（1）在与 post_detail 视图关联的帖子的详细模板中，以使用户发布评论。

（2）在与 post_comment 视图关联的帖子的评论模板中，如果存在任何表单错误，将再次显示表单。

我们将创建表单模板，并使用{% include %}模板标签将其包含在其他两个模板中。

在 templates/blog/post/目录中，创建一个新的 includes/目录。在该目录中添加一个新文件，并将其命名为 comment_form.html。

文件结构如下所示。

```
templates/
  blog/
    post/
```

```
      includes/
        comment_form.html
      detail.html
      list.html
      share.html
```

编辑新模板 blog/post/includes/comment_form.html，并添加下列代码。

```
<h2>Add a new comment</h2>
<form action="{% url "blog:post_comment" post.id %}" method="post">
    {{ form.as_p }}
    {% csrf_token %}
    <p><input type="submit" value="Add comment"></p>
</form>
```

在该模板中，我们通过{% url %}模板标签以动态方式构建 HTML <form>元素的 action URL。我们构建处理表单的 post_comment 视图的 URL，并显示在段落中渲染的表单。最后，我们为了 CSRF 保护而包含{% csrf_token %}，因为该表单将通过 POST 方法提交。

在 blog 应用程序的 templates/blog/post/目录中创建一个新文件，并将其命名为 comment.html。

文件结构如下所示。

```
templates/
  blog/
    post/
      includes/
        comment_form.html
      comment.html
      detail.html
      list.html
      share.html
```

编辑 blog/post/comment.html 模板并添加下列代码。

```
{% extends "blog/base.html" %}

{% block title %}Add a comment{% endblock %}

{% block content %}
  {% if comment %}
    <h2>Your comment has been added.</h2>
```

```
    <p><a href="{{ post.get_absolute_url }}">Back to the post</a></p>
  {% else %}
    {% include "blog/post/includes/comment_form.html" %}
  {% endif %}
{% endblock %}
```

这便是帖子评论视图的模板。在该视图中，我们期望表单通过 POST 方法提交。模板则涉及下列两种不同的情形。

（1）如果提交的表单数据有效，comment 变量将包含创建的 comment 对象，同时显示一条成功消息。

（2）如果提交的数据无效，comment 对象将为 None。此时将显示评论表单。我们使用{% include %}模板标签包含之前创建的 comment_form.html。

2.9.6　向帖子详细视图中添加评论

编辑 blog 应用程序的 views.py 文件，并编辑 post_detail 视图，如下所示。

```
def post_detail(request, year, month, day, post):
    post = get_object_or_404(Post,
                             status=Post.Status.PUBLISHED,
                             slug=post,
                             publish__year=year,
                             publish__month=month,
                            publish__day=day)
    # List of active comments for this post
    comments = post.comments.filter(active=True)
    # Form for users to comment
    form = CommentForm()
    return render(request,
                  'blog/post/detail.html',
                  {'post': post,
                   'comments': comments,
                   'form': form})
```

添加至 post_detail 视图中的代码解释如下。

- ❑ 添加了一个 QuerySet 以检索帖子的所有处于活动状态下的评论，如下所示。

```
comments = post.comments.filter(active=True)
```

- ❑ QuerySet 通过 post 对象被构建。此处利用 post 对象检索相关的 Comment 对象，而非直接构建 Comment 模型的 QuerySet。针对之前在 Comment 模型中定义的相关 Comment 对象，我们通过 Post 模型的 ForeignKey 字段的 related_name 属性使用了 comments 管理器。

- 利用 form = CommentForm()创建了评论表单的实例。

2.9.7　向帖子详细模板中添加评论

我们需要编辑 blog/post/detail.html 模板以实现下列内容。

- 显示帖子的评论总数。
- 显示评论列表。
- 显示表单以供用户添加新的评论。

下面首先添加帖子的评论总数。

编辑 blog/post/detail.html 模板并对其进行修改，如下所示。

```
{% extends "blog/base.html" %}

{% block title %}{{ post.title }}{% endblock %}

{% block content %}
  <h1>{{ post.title }}</h1>
  <p class="date">
    Published {{ post.publish }} by {{ post.author }}
  </p>
  {{ post.body|linebreaks }}
  <p>
    <a href="{% url "blog:post_share" post.id %}">
      Share this post
    </a>
  </p>
  {% with comments.count as total_comments %}
    <h2>
      {{ total_comments }} comment{{ total_comments|pluralize }}
    </h2>
  {% endwith %}
{% endblock %}
```

我们在模板中使用 Django ORM，并执行 comments.count() QuerySet。注意，Django 模板语言不使用括号来调用方法。{% with %}标签允许我们为模板中可用的新变量赋值，直至遇到{% endwith %}标签。

注意：

{% with %}标签对于避免访问数据库或多次访问代价高昂的方法十分有用。

取决于 total_comments 值，我们使用 pluralize 模板过滤器显示单词 comment 的复数后缀。模板过滤器接收变量值作为输入，并返回计算值。第 3 章将深入讨论模板过滤器。

如果输入值不等于 1，pluralize 模板过滤器返回一个包含字母 s 的字符串。取决于帖子有效评论数，前述文本将被渲染为 0 comments、1 comment 或 N comments。

接下来向帖子的详细模板中添加有效评论列表。

编辑 blog/post/detail.html 模板并进行下列修改。

```
{% extends "blog/base.html" %}

{% block title %}{{ post.title }}{% endblock %}

{% block content %}
  <h1>{{ post.title }}</h1>
  <p class="date">
    Published {{ post.publish }} by {{ post.author }}
  </p>
  {{ post.body|linebreaks }}
  <p>
    <a href="{% url "blog:post_share" post.id %}">
      Share this post
    </a>
  </p>
  {% with comments.count as total_comments %}
    <h2>
      {{ total_comments }} comment{{ total_comments|pluralize }}
    </h2>
  {% endwith %}
  {% for comment in comments %}
    <div class="comment">
      <p class="info">
        Comment {{ forloop.counter }} by {{ comment.name }}
        {{ comment.created }}
      </p>
      {{ comment.body|linebreaks }}
    </div>
  {% empty %}
```

```
    <p>There are no comments.</p>
  {% endfor %}
{% endblock %}
```

这里，我们添加了一个{% for %}模板标签以遍历帖子评论。如果 comments 列表为空，则显示一条消息，通知用户帖子没有评论。我们利用{{ forloop.counter }}变量来枚举评论，该变量包含每次迭代中的循环计数器。

最后向模板中添加评论表单。

编辑 blog/post/detail.html，并包含评论表单模板，如下所示。

```
{% extends "blog/base.html" %}

{% block title %}{{ post.title }}{% endblock %}

{% block content %}
  <h1>{{ post.title }}</h1>
  <p class="date">
    Published {{ post.publish }} by {{ post.author }}
  </p>
  {{ post.body|linebreaks }}
  <p>
    <a href="{% url "blog:post_share" post.id %}">
      Share this post
    </a>
  </p>
  {% with comments.count as total_comments %}
    <h2>
      {{ total_comments }} comment{{ total_comments|pluralize }}
    </h2>
  {% endwith %}
  {% for comment in comments %}
    <div class="comment">
      <p class="info">
        Comment {{ forloop.counter }} by {{ comment.name }}
        {{ comment.created }}
      </p>
      {{ comment.body|linebreaks }}
    </div>
  {% empty %}
    <p>There are no comments.</p>
  {% endfor %}
```

```
  {% include "blog/post/includes/comment_form.html" %}
{% endblock %}
```

在浏览器中打开 http://127.0.0.1:8000/blog/，单击帖子标题并查看帖子的详细页面，如图 2.22 所示。

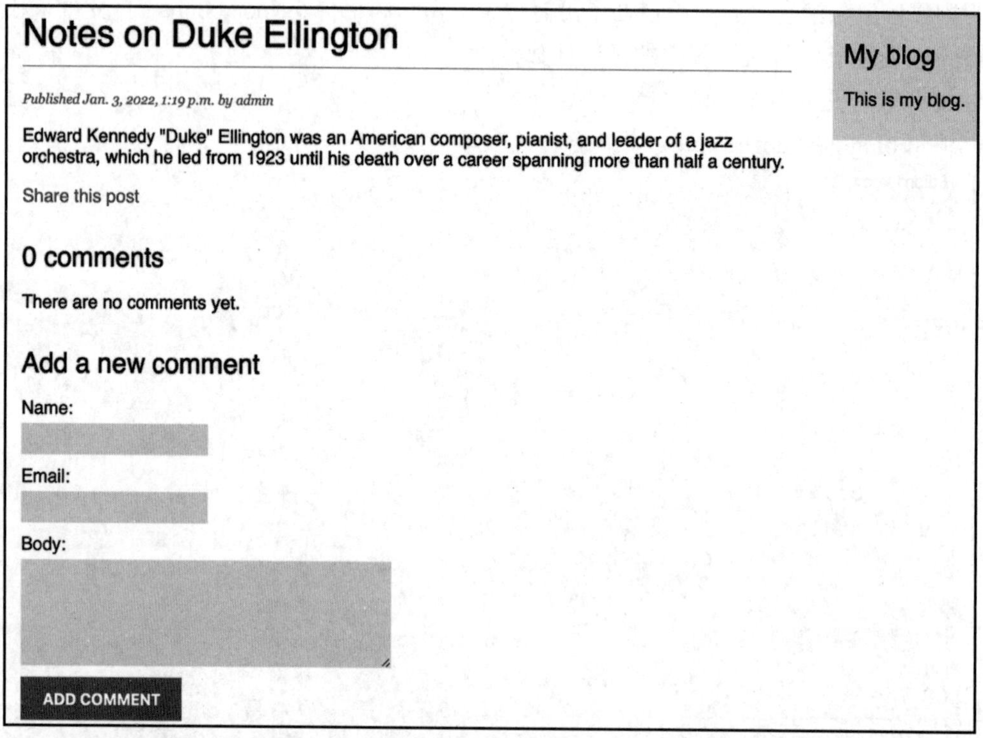

Notes on Duke Ellington

Published Jan. 3, 2022, 1:19 p.m. by admin

Edward Kennedy "Duke" Ellington was an American composer, pianist, and leader of a jazz orchestra, which he led from 1923 until his death over a career spanning more than half a century.

Share this post

0 comments

There are no comments yet.

Add a new comment

Name:

Email:

Body:

ADD COMMENT

My blog

This is my blog.

图 2.22　包含添加评论表单的帖子详细页面

利用有效数据填写评论表单并单击 ADD COMMENT 按钮。随后将会看到如图 2.23 所示的结果。

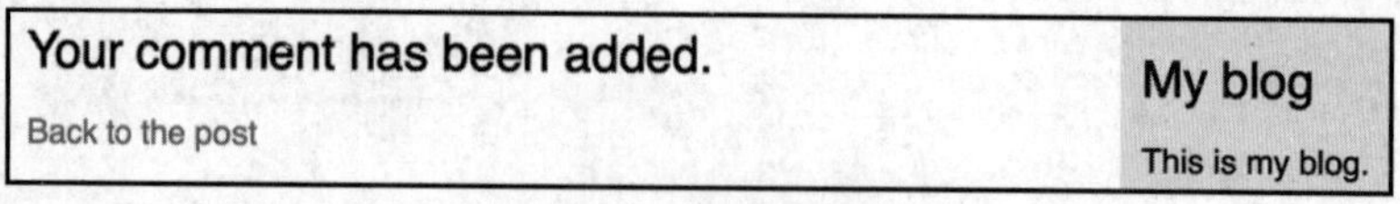

Your comment has been added.

Back to the post

My blog

This is my blog.

图 2.23　评论添加成功页面

单击 Back to the post 链接，用户将会重定向至帖子详细页面，即可看到刚刚添加的评论，如图 2.24 所示。

接下来向帖子中再添加一条评论。评论应以时间顺序显示，如图 2.25 所示。

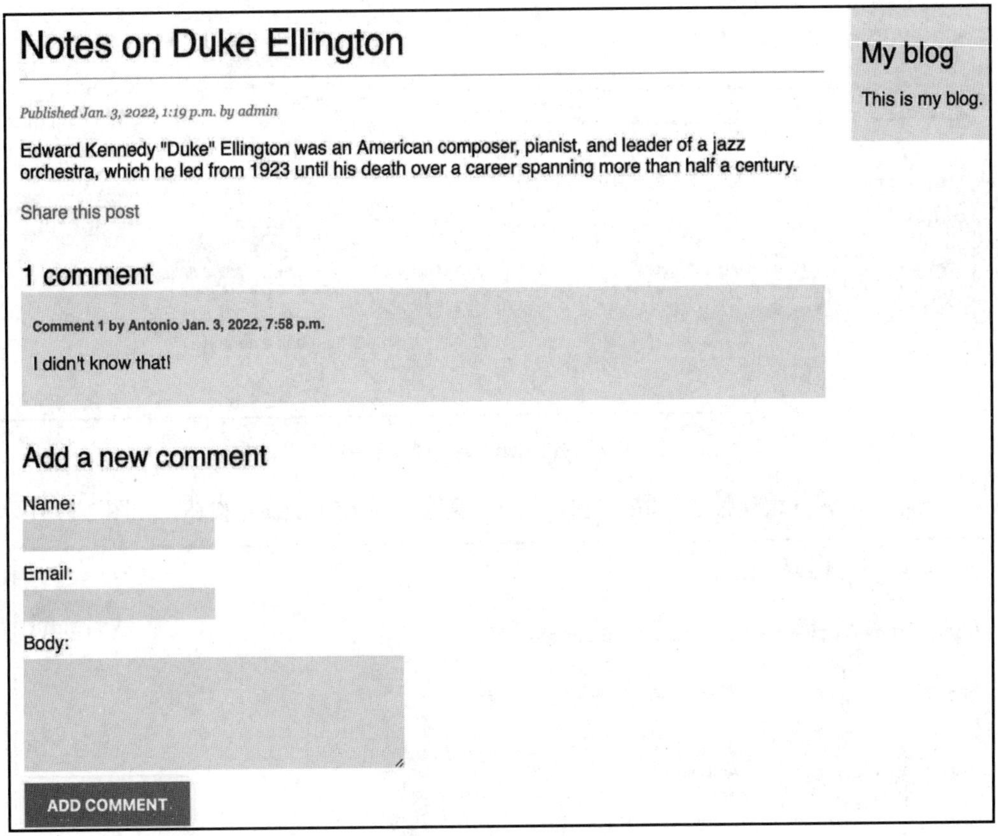

图 2.24　包含一条评论的帖子详细页面

图 2.25　帖子详细页面上的评论列表

在浏览器中打开 http://127.0.0.1:8000/admin/blog/comment/，将会看到包含评论列表的管理页面，如图 2.26 所示。

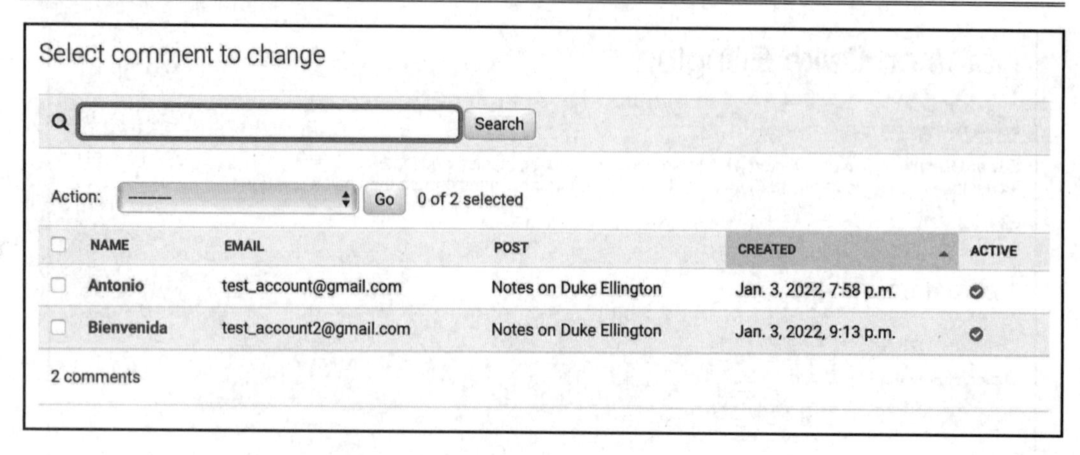

图 2.26　管理网站上的评论列表

单击帖子名称并编辑帖子。取消选择 Active 复选框并单击 SAVE 按钮，如图 2.27 所示。

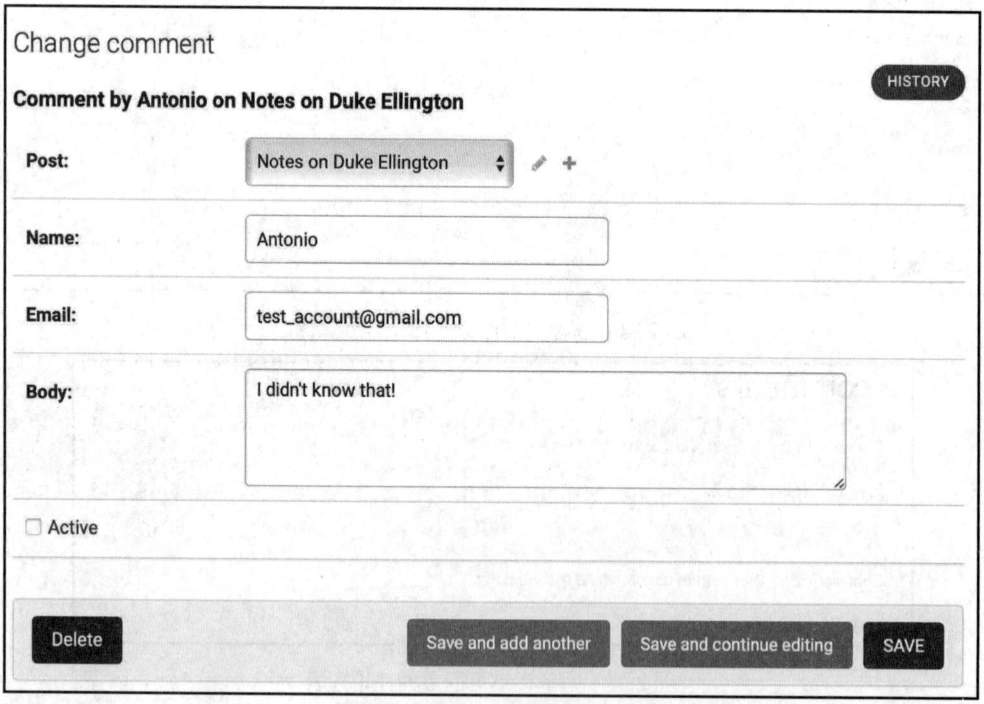

Change comment
HISTORY
Comment by Antonio on Notes on Duke Ellington
Post: Notes on Duke Ellington
Name: Antonio
Email: test_account@gmail.com
Body: I didn't know that!
Active
Delete
Save and add another
Save and continue editing
SAVE

图 2.27　编辑管理网站上的评论

用户将被重定向至评论列表处。ACTIVE 列将显示一个评论的非活动图标，如图 2.28 所示。

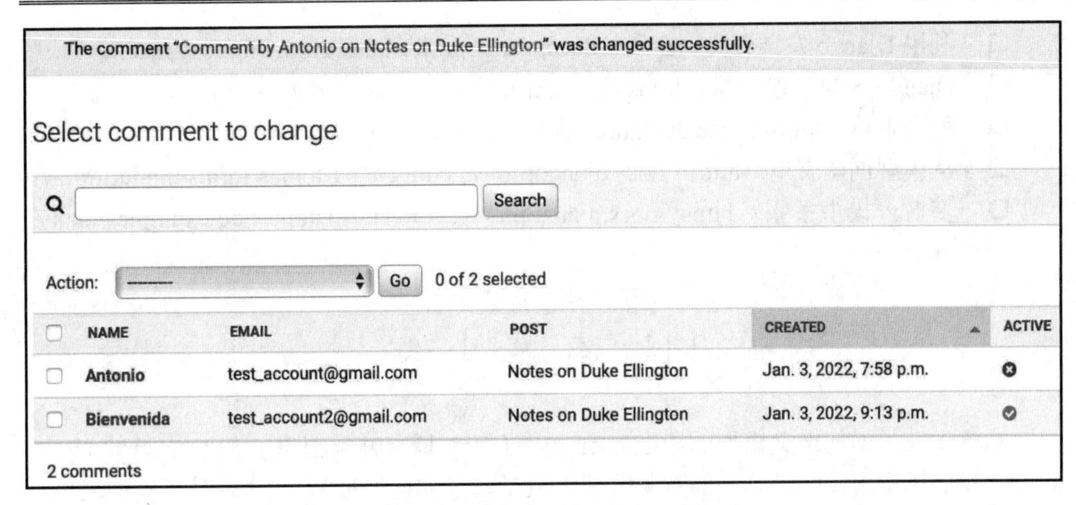

图 2.28　管理网站上的活动/非活动评论

当返回至帖子的详细页面时，将会看到非活动评论不再显示，同时也不会被计算到该帖子的活动评论总数中，如图 2.29 所示。

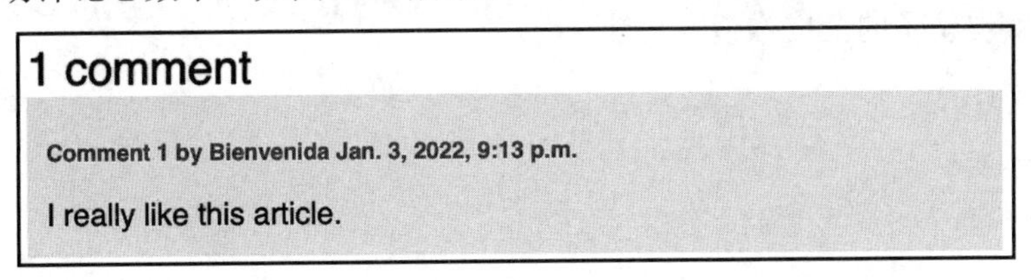

图 2.29　显示于帖子详细页面上的一条活动评论

2.10　附加资源

下列资源提供了本章主题的附加信息。

- 本章源代码：https://github.com/PacktPublishing/Django-4-by-example/tree/main/Chapter02。
- URL 工具函数：https://docs.djangoproject.com/en/4.1/ref/urlresolvers/。
- URL 路径转换器：https://docs.djangoproject.com/en/4.1/topics/http/urls/#path- converters。
- Django 分页器类：https://docs.djangoproject.com/en/4.1/ref/paginator/。
- 基于类的视图简介：https://docs.djangoproject.com/en/4.1/topics/classbased-views/intro/。

- 利用 Django 发送邮件：https://docs.djangoproject.com/en/4.1/topics/email/。
- Django 表单字段类型：https://docs.djangoproject.com/en/4.1/ref/forms/fields/。
- 处理表单：https://docs.djangoproject.com/en/4.1/topics/forms/。
- 从模型创建表单：https://docs.djangoproject.com/en/4.1/topics/forms/modelforms/。
- 多对一模型关系：https://docs.djangoproject.com/en/4.1/topics/db/examples/many_to_one/。

2.11　本章小结

本章学习了如何定义模型的标准 URL。我们针对博客帖子创建了 SEO 友好的 URL。此外，我们还实现了帖子列表的对象分页，并学习了如何处理 Django 表单和模型表单。最后，我们创建了一个系统并通过电子邮件推荐帖子，并为博客创建了一个评论系统。

第 3 章将创建博客的标签系统。我们将学习如何构建复杂的 QuerySet 以按相似性检索对象、如何创建自定义模板和过滤器。此外，我们还将构建一个博客帖子的自定义网站地图，并实现帖子的全文本搜索功能。

第 3 章　扩展博客应用程序

第 2 章介绍了表单的基础知识以及如何创建评论系统。此外我们还学习了如何利用 Django 发送电子邮件。本章将利用博客平台上的其他常见特性扩展博客应用程序，如标签、推荐相似性的帖子、向阅读者提供 RSS 订阅以及搜索帖子。通过实现这些功能，我们将考查 Django 中的一些新的概念和功能。

本章主要涉及下列主题。

- 集成第三方应用程序。
- 使用 django-taggit 实现标签系统。
- 构建复杂的 QuerySet 并推荐相似的帖子。
- 创建自定义模板标签和过滤器，并在侧栏中显示最近帖子列表和评论最多的帖子。
- 利用网站地图框架创建一个网站地图。
- 利用联合框架构建 RSS 订阅。
- 安装 PostgreSQL。
- 利用 Django 和 PostgreSQL 实现全文本搜索引擎。

读者可访问 https://github.com/PacktPublishing/Django-4-by-example/tree/main/Chapter03 查看本章源代码。

本章所使用的全部 Python 包位于本章源代码的 requirements.txt 文件中。在后续内容中，可遵循相关指令安装每个 Python 包，或者通过 install -r requirements.txt 命令一次性地安装所有的 Python 包。

3.1　添加标签功能

博客中一个非常常见的功能是使用标签对帖子进行分类。标签可通过简单的关键字以非层次结构方式对内容进行分类。这里，标签是一个标记或关键字，并可赋予帖子中。通过将第三方 Django 标签应用程序集成于项目中，我们将创建一个标签系统。

django-taggit 是一个可复用的应用程序，主要提供一个 Tag 模型和一个管理器，进而可轻松地向任何模型添加标签。读者可访问 https://github.com/jazzband/django-taggit 查看其源代码。

首先需要运行下列命令并通过 pip 安装 django-taggit。

```
pip install django-taggit==3.0.0
```

打开 mysite 项目的 settings.py 文件，将 taggit 添加至 INSTALLED_APPS 设置项中，如下所示。

```
INSTALLED_APPS = [
    'django.contrib.admin',
    'django.contrib.auth',
    'django.contrib.contenttypes',
    'django.contrib.sessions',
    'django.contrib.messages',
    'django.contrib.staticfiles',
    'blog.apps.BlogConfig',
    'taggit',
]
```

打开 blog 应用程序的 models.py 文件，通过下列代码将 django-taggit 提供的 TaggableManager 管理器添加至 Post 模型中。

```
from taggit.managers import TaggableManager

class Post(models.Model):
    # ...
    tags = TaggableManager()
```

tags 管理器允许从 Post 对象中添加、检索和移除标签。

图 3.1 显示了 django-taggit 定义的数据，进而创建标签并存储相关的标签对象。

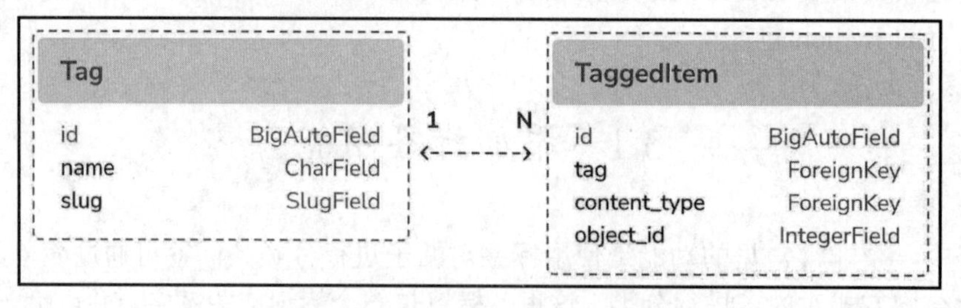

图 3.1　django-taggit 的 Tag 模型

Tag 模型用于存储标签，该模型包含 name 和 slug 字段。

TaggedItem 模型用于存储关联的标签对象，并包含一个关联 Tag 对象的 ForeignKey 字段。具体来说，它包含一个指向 ContentType 对象的 ForeignKey，以及存储标签对象的关联 id 的一个 IntegerField。content_type 和 object_id 与项目中的任意模型构成了通用关系，从而可在 Tag 实例和应用程序的任何其他实例之间创建关系。第 7 章将讨论通用关系。

在 shell 提示符中运行下列命令，并创建针对模型变化的迁移。

```
python manage.py makemigrations blog
```

对应的输出结果如下所示。

```
Migrations for 'blog':
   blog/migrations/0004_post_tags.py
      - Add field tags to post
```

运行下列命令，针对 django-taggit 创建所需的数据库表，并同步模型变化。

```
python manage.py migrate
```

对应的输出结果如下所示，表明迁移已被应用。

```
Applying taggit.0001_initial... OK
Applying taggit.0002_auto_20150616_2121... OK
Applying taggit.0003_taggeditem_add_unique_index... OK
Applying
taggit.0004_alter_taggeditem_content_type_alter_taggeditem_tag... OK
Applying taggit.0005_auto_20220424_2025... OK
Applying blog.0004_post_tags... OK
```

当前，数据库与 taggit 同步，我们即可使用 django-taggit 的各项功能。

下面考查如何使用 tags 管理器。

在 shell 提示符中运行下列命令，并打开 Django shell。

```
python manage.py shell
```

运行下列命令检索帖子（ID 为 1）。

```
>>> from blog.models import Post
>>> post = Post.objects.get(id=1)
```

向帖子中添加某些标签并检索标签，进而检查标签是否被成功加入。

```
>>> post.tags.add('music', 'jazz', 'django')
>>> post.tags.all()
<QuerySet [<Tag: jazz>, <Tag: music>, <Tag: django>]>
```

移除标签，并再次检查标签列表。

```
>>> post.tags.remove('django')
>>> post.tags.all()
<QuerySet [<Tag: jazz>, <Tag: music>]>
```

可以看到，利用定义的管理器可轻松地从模型中添加、检索或移除标签。

利用下列命令在 shell 提示符中启动开发服务器。

```
python manage.py runserver
```

在浏览器中打开 http://127.0.0.1:8000/admin/taggit/tag/。

此时将会看到如图 3.2 所示的管理页面，其中包含了 taggit 应用程序的 Tag 对象列表。

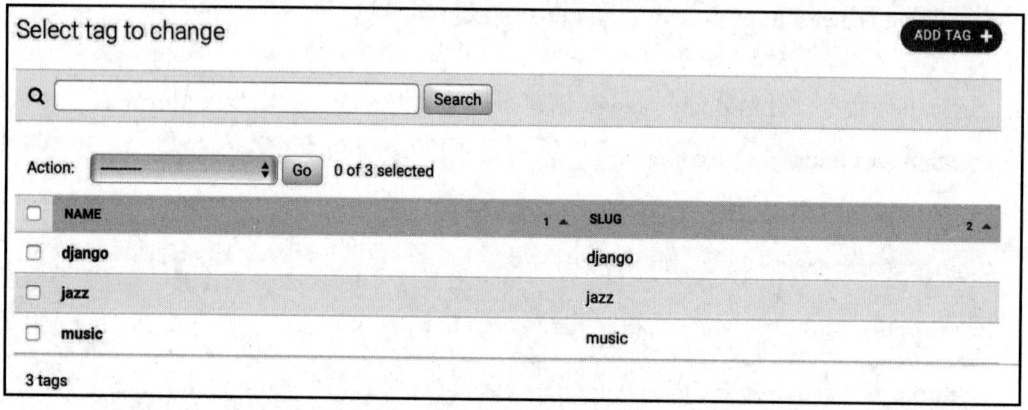

Select tag to change

ADD TAG +

Search

Action: --------- Go 0 of 3 selected

NAME 1 ▲	SLUG 2 ▲
django	django
jazz	jazz
music	music

3 tags

图 3.2　Django 管理网站上的标签更改列表视图

单击 jazz 标签，对应结果如图 3.3 所示。

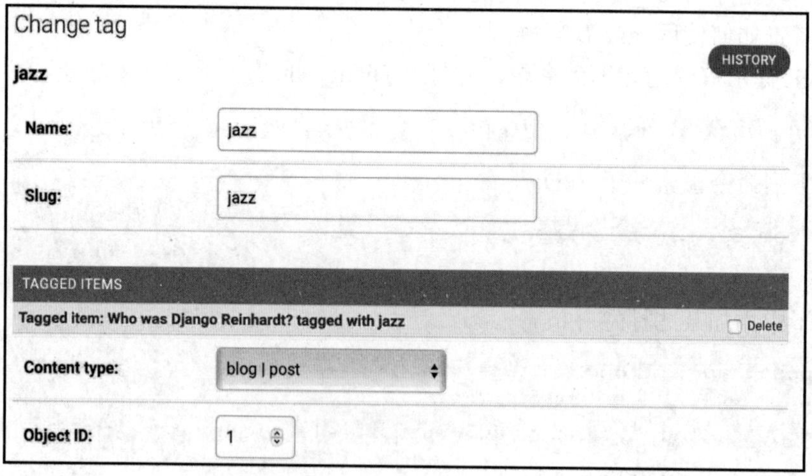

Change tag

HISTORY

jazz

Name: jazz

Slug: jazz

TAGGED ITEMS

Tagged item: Who was Django Reinhardt? tagged with jazz　Delete

Content type: blog | post

Object ID: 1

图 3.3　Post 对象的关联标签字段（1）

访问 http://127.0.0.1:8000/admin/blog/post/1/change/并编辑 ID 为 1 的帖子。可以看到，帖子当前包含新的 Tag 字段，如图 3.4 所示，并可于其中轻松地编辑标签。

Tags: jazz, music

A comma-separated list of tags.

图 3.4　Post 对象的关联标签字段（2）

当前需要编辑博客帖子并显示标签。

打开 blog/post/list.html 模板，并添加下列代码。

```
{% extends "blog/base.html" %}

{% block title %}My Blog{% endblock %}

{% block content %}
  <h1>My Blog</h1>
  {% for post in posts %}
    <h2>
      <a href="{{ post.get_absolute_url }}">
        {{ post.title }}
      </a>
    </h2>
    <p class="tags">Tags: {{ post.tags.all|join:", " }}</p>
    <p class="date">
      Published {{ post.publish }} by {{ post.author }}
    </p>
    {{ post.body|truncatewords:30|linebreaks }}
  {% endfor %}
  {% include "pagination.html" with page=page_obj %}
{% endblock %}
```

join 模板过滤器的工作原理与 Python 字符串 join()方法相同，并将元素与给定的字符串连接起来。

在浏览器中打开 http://127.0.0.1:8000/blog/，应可看到每个帖子标题下方的标签列表，如图 3.5 所示。

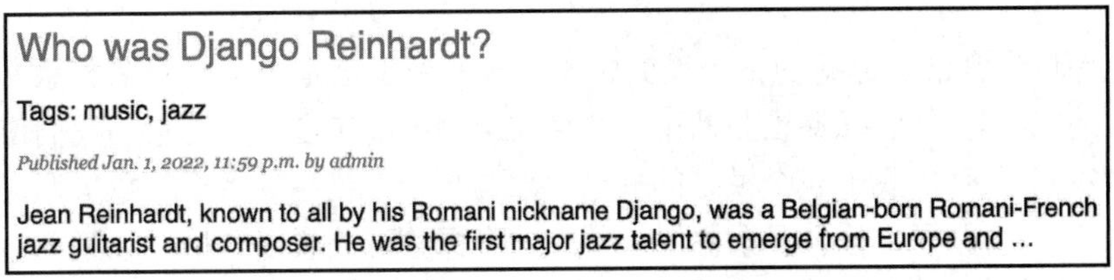

Who was Django Reinhardt?

Tags: music, jazz

Published Jan. 1, 2022, 11:59 p.m. by admin

Jean Reinhardt, known to all by his Romani nickname Django, was a Belgian-born Romani-French jazz guitarist and composer. He was the first major jazz talent to emerge from Europe and ...

图 3.5　Post 列表条目，包含关联标签

接下来将编辑 post_list 视图，并让用户列出带有特定标签的所有帖子。

打开 blog 应用程序的 views.py 文件、从 django-taggit 中导入 Tag 模型、修改 post_list 视图并按照标签过滤帖子（可选），如下所示。

```
from taggit.models import Tag

def post_list(request, tag_slug=None):
    post_list = Post.published.all()
    tag = None
    if tag_slug:
        tag = get_object_or_404(Tag, slug=tag_slug)
        post_list = post_list.filter(tags__in=[tag])
    # Pagination with 3 posts per page
    paginator = Paginator(post_list, 3)
    page_number = request.GET.get('page', 1)
    try:
        posts = paginator.page(page_number)
    except PageNotAnInteger:
        # If page_number is not an integer deliver the first page
        posts = paginator.page(1)
    except EmptyPage:
        # If page_number is out of range deliver last page of results
        posts = paginator.page(paginator.num_pages)
    return render(request,
                  'blog/post/list.html',
                  {'posts': posts,
                   'tag': tag})
```

post_list 视图的工作方式如下所示。

（1）post_list 接收可选的 tag_slug 参数，该参数的默认值为 None，并且传递至 URL 中。

（2）在该视图中，我们构建初始的 QuerySet、检索所有发布的帖子，并且如果存在一个给定的标签 slug，我们将利用 get_object_or_404()快捷方式获取包含给定 slug 的 Tag 对象。

（3）通过包含给定标签的帖子过滤帖子列表。由于这是一个多对多关系，我们需要通过包含在给定列表中的标签过滤帖子，在当前示例中仅包含一个元素。我们使用__in 字段查找。多对多关系出现于一个模型的多个对象与另一个模型的多个对象关联时。在当前应用程序中，一个帖子可包含多个标签，并且一个标签可关联多个帖子。第 6 章将介绍如何创建多对多关系。关于多对多关系的更多内容，读者还可访问 https://docs.djangoproject.

com/en/4.1/topics/db/examples/many_to_many/。

（4）render()函数将新的 tag 变量传递至模板中。

记住，QuerySet 具有延迟特性。仅在渲染模板并遍历帖子列表时，才会评估用于检索帖子的 QuerySet。

打开 blog 应用程序的 urls.py 文件，注释掉基于类的 PostListView URL 模式，并取消 post_list 视图的注释，如下所示。

```
path('', views.post_list, name='post_list'),
# path('', views.PostListView.as_view(), name='post_list'),
```

根据标签将下列附加 URL 模式添加至列表帖子中。

```
path('tag/<slug:tag_slug>/',
     views.post_list, name='post_list_by_tag'),
```

可以看到，两种模式指向同一视图，但包含不同的名称。其中，第一种模式将调用 post_list 视图且不包含任何可选参数；而第二种模式将通过 tag_slug 参数调用视图。我们采用一个 slug 路径转换器将参数匹配为基于 ASCII 字母或数字的小写字符串，并加上连字符和下画线字符。

编辑 blog 应用程序的 urls.py 文件，如下所示。

```
from django.urls import path
from . import views

app_name = 'blog'

urlpatterns = [
    # Post views
    path('', views.post_list, name='post_list'),
    # path('', views.PostListView.as_view(), name='post_list'),
    path('tag/<slug:tag_slug>/',
         views.post_list, name='post_list_by_tag'),
    path('<int:year>/<int:month>/<int:day>/<slug:post>/',
         views.post_detail,
         name='post_detail'),
    path('<int:post_id>/share/',
         views.post_share, name='post_share'),
    path('<int:post_id>/comment/',
         views.post_comment, name='post_comment'),
]
```

由于正在使用 post_list view，因而需要编辑 blog/post/list.html 模板并调整分页以使用帖子对象。

```
{% include "pagination.html" with page=posts %}
```

向 blog/post/list.html 模板中添加下列代码。

```
{% extends "blog/base.html" %}

{% block title %}My Blog{% endblock %}

{% block content %}
  <h1>My Blog</h1>
  {% if tag %}
    <h2>Posts tagged with "{{ tag.name }}"</h2>
  {% endif %}
  {% for post in posts %}
    <h2>
      <a href="{{ post.get_absolute_url }}">
        {{ post.title }}
      </a>
    </h2>
    <p class="tags">Tags: {{ post.tags.all|join:", " }}</p>
    <p class="date">
      Published {{ post.publish }} by {{ post.author }}
    </p>
    {{ post.body|truncatewords:30|linebreaks }}
  {% endfor %}
  {% include "pagination.html" with page=posts %}
{% endblock %}
```

如果用户正在访问博客，他们将看到所有帖子的列表。如果按照包含特定标签的帖子进行过滤，他们将会看到所过滤的标签。

编辑 blog/post/list.html 模板并修改标签的显示方式，如下所示。

```
{% extends "blog/base.html" %}

{% block title %}My Blog{% endblock %}

{% block content %}
  <h1>My Blog</h1>
  {% if tag %}
    <h2>Posts tagged with "{{ tag.name }}"</h2>
  {% endif %}
  {% for post in posts %}
```

```
    <h2>
      <a href="{{ post.get_absolute_url }}">
        {{ post.title }}
      </a>
    </h2>
    <p class="tags">
      Tags:
      {% for tag in post.tags.all %}
        <a href="{% url "blog:post_list_by_tag" tag.slug %}">
          {{ tag.name }}
        </a>
        {% if not forloop.last %}, {% endif %}
      {% endfor %}
    </p>
    <p class="date">
      Published {{ post.publish }} by {{ post.author }}
    </p>
    {{ post.body|truncatewords:30|linebreaks }}
  {% endfor %}
  {% include "pagination.html" with page=posts %}
{% endblock %}
```

在上述代码中，我们遍历一个帖子的所有标签（显示一个指向 URL 的自定义链接），并通过标签过滤帖子。我们使用{% URL "blog:post_list_by_tag" tag.slug %}构建 URL，同时使用 URL 的名称和 slug 标签作为其参数，并用逗号分隔标签。

在浏览器中打开 http://127.0.0.1:8000/blog/tag/jazz/，随后可看到如图 3.6 所示的根据标签过滤的帖子列表。

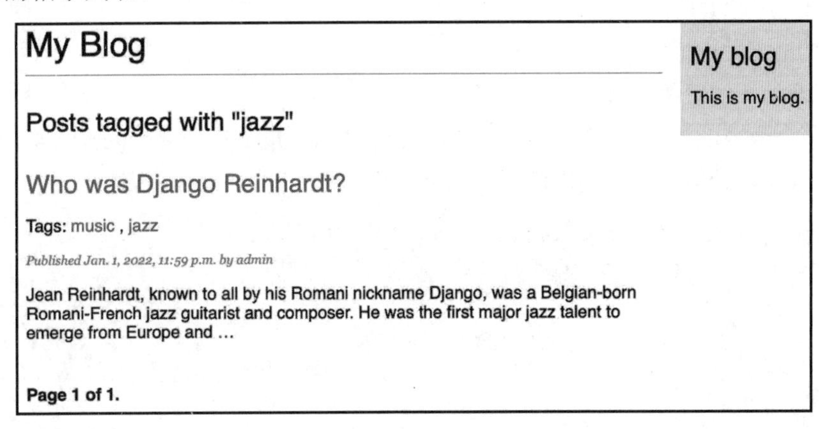

图 3.6　根据标签“jazz”过滤的帖子

3.2 根据相似性检索帖子

前述内容实现了博客帖子的标签机制，利用标签我们可实现许多有趣的操作。标签支持以非层次结构的方式分类帖子。具有相似主题的帖子将包含多个公共标签。对此，我们将实现一项功能，并根据共享的标签数量显示相似的帖子。

为了针对某个特定的帖子检索相似的帖子。我们需要执行下列步骤。

（1）针对当前帖子检索所有的标签。

（2）获取所有带有这些标签的帖子。

（3）从列表中排除当前帖子，以避免推荐相同的帖子。

（4）根据与当前帖子共享的标签数量排序结果。

（5）对于两个或多个具有相同数量标签的帖子，推荐最近的帖子。

（6）将查询限定为所推荐的帖子的数量。

这些步骤将转换为一个复杂的 QuerySet，该 QuerySet 需要包含在 post_detail 视图中。

打开 blog 应用程序的 views.py 文件，并在上方添加下列导入语句。

```
from django.db.models import Count
```

这是 Django ORM 的一个 Count 聚合函数，该函数运行我们执行标签的聚合计数。django.db.models 包含下列聚合函数。

- AVG：平均值。
- Max：最大值。
- Min：最小值。
- Count：对象的全部数量。

关于聚合函数的更多内容，读者可访问 https://docs.djangoproject.com/en/4.1/topics/db/aggregation/，打开 blog 应用程序的 views.py 文件，并向 post_detail 视图中添加下列代码。

```
def post_detail(request, year, month, day, post):
    post = get_object_or_404(Post,
                             status=Post.Status.PUBLISHED,
                             slug=post,
                             publish__year=year,
                             publish__month=month,
                             publish__day=day)
```

```
    # List of active comments for this post
    comments = post.comments.filter(active=True)

    # Form for users to comment
    form = CommentForm()

    # List of similar posts
    post_tags_ids = post.tags.values_list('id', flat=True)
    similar_posts = Post.published.filter(tags__in=post_tags_ids)\
                                  .exclude(id=post.id)
    similar_posts = similar_posts.annotate(same_tags=Count('tags'))\
                .order_by('-same_tags','-publish')[:4]

    return render(request,
                  'blog/post/detail.html',
                  {'post': post,
                   'comments': comments,
                   'form': form,
                   'similar_posts': similar_posts})
```

上述代码解释如下。

（1）针对当前帖子的标签，检索 Python 的 ID 列表。values_list() QuerySet 返回包含给定字段值的元组，并将 flat=True 传递至其中以获取形如[1, 2, 3, ...]的单一值，而非多个单一元组（如[(1,), (2,), (3,) ...]）。

（2）获取包含这些标签的全部帖子，但不包含当前帖子自身。

（3）使用 Count 聚合函数生成计算后的字段（same_tags），该字段包含所有查询帖子的共享的标签数量。

（4）根据共享帖子的数量（降序）和 publish 排序结果，并针对包含相同共享标签数量的帖子，首先显示最近的帖子。对结果切片（slice）后仅显示前 4 个帖子。

（5）针对 render()函数，将 similar_posts 对象传递至上下文字典中。

编辑 blog/post/detail.html 模板，并添加下列代码。

```
{% extends "blog/base.html" %}

{% block title %}{{ post.title }}{% endblock %}

{% block content %}
  <h1>{{ post.title }}</h1>
```

```
  <p class="date">
    Published {{ post.publish }} by {{ post.author }}
  </p>
  {{ post.body|linebreaks }}
  <p>
    <a href="{% url "blog:post_share" post.id %}">
      Share this post
    </a>
  </p>

  <h2>Similar posts</h2>
  {% for post in similar_posts %}
    <p>
      <a href="{{ post.get_absolute_url }}">{{ post.title }}</a>
    </p>
  {% empty %}
    There are no similar posts yet.
  {% endfor %}

  {% with comments.count as total_comments %}
    <h2>
      {{ total_comments }} comment{{ total_comments|pluralize }}
    </h2>
  {% endwith %}
  {% for comment in comments %}
    <div class="comment">
      <p class="info">
        Comment {{ forloop.counter }} by {{ comment.name }}
        {{ comment.created }}
      </p>
      {{ comment.body|linebreaks }}
    </div>
  {% empty %}
    <p>There are no comments yet.</p>
  {% endfor %}
  {% include "blog/post/includes/comment_form.html" %}
{% endblock %}
```

帖子的详细页面如图 3.7 所示。

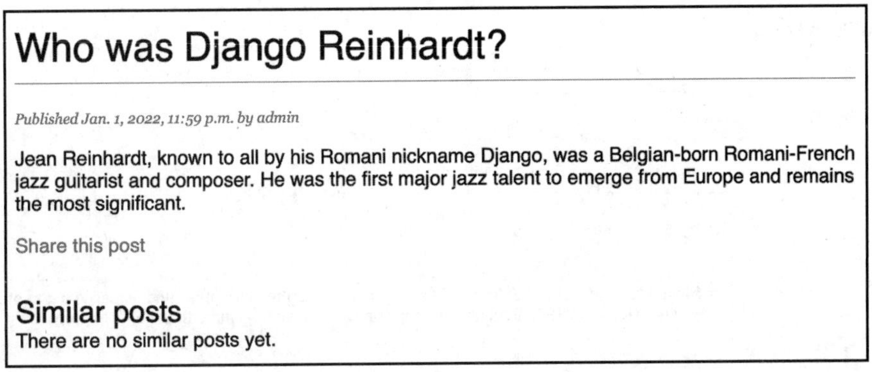

Who was Django Reinhardt?

Published Jan. 1, 2022, 11:59 p.m. by admin

Jean Reinhardt, known to all by his Romani nickname Django, was a Belgian-born Romani-French jazz guitarist and composer. He was the first major jazz talent to emerge from Europe and remains the most significant.

Share this post

Similar posts
There are no similar posts yet.

图 3.7　帖子的详细页面，包括相似帖子列表

在浏览器中打开 http://127.0.0.1:8000/admin/blog/post/，编辑无标签的帖子，并添加 music 和 jazz 标签，如图 3.8 所示。

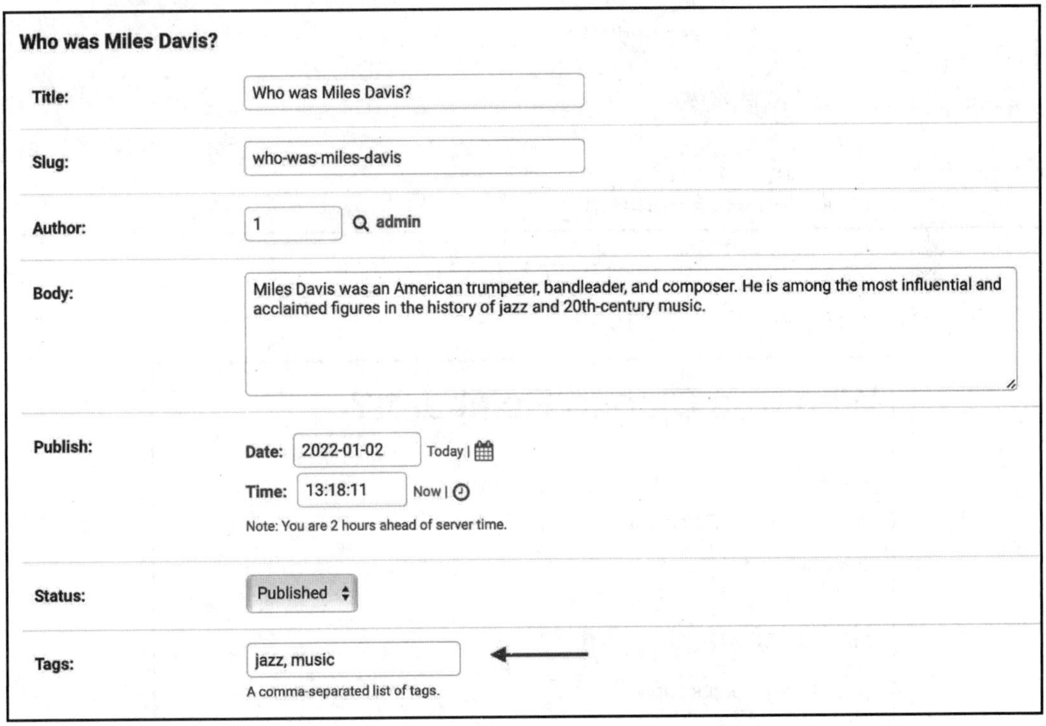

Who was Miles Davis?

Title: Who was Miles Davis?

Slug: who-was-miles-davis

Author: 1 admin

Body: Miles Davis was an American trumpeter, bandleader, and composer. He is among the most influential and acclaimed figures in the history of jazz and 20th-century music.

Publish: Date: 2022-01-02 Today |
Time: 13:18:11 Now |
Note: You are 2 hours ahead of server time.

Status: Published

Tags: jazz, music
A comma-separated list of tags.

图 3.8　向帖子中添加“jazz”和“music”标签

编辑另一个帖子并添加 jazz 标签，如图 3.9 所示。

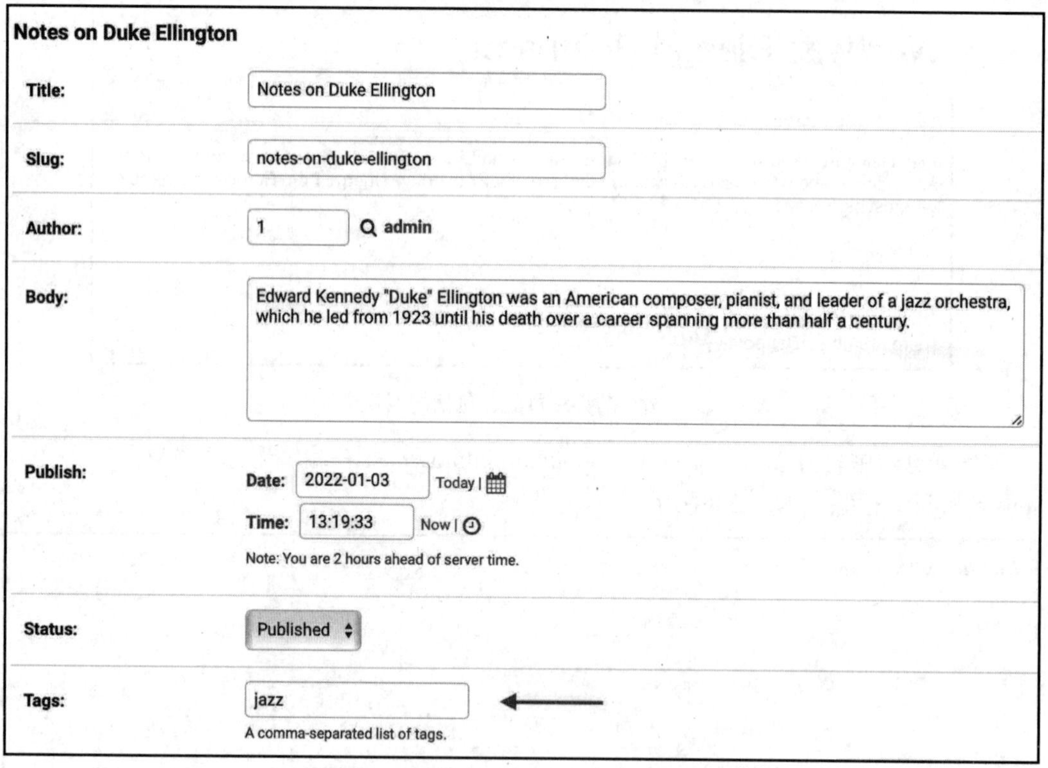

Notes on Duke Ellington

Title: Notes on Duke Ellington

Slug: notes-on-duke-ellington

Author: 1 admin

Body: Edward Kennedy "Duke" Ellington was an American composer, pianist, and leader of a jazz orchestra, which he led from 1923 until his death over a career spanning more than half a century.

Publish: Date: 2022-01-03 Today |
Time: 13:19:33 Now |
Note: You are 2 hours ahead of server time.

Status: Published

Tags: jazz
A comma-separated list of tags.

图 3.9　向另一个帖子加“jazz”标签

第一个帖子的详细页面如图 3.10 所示。

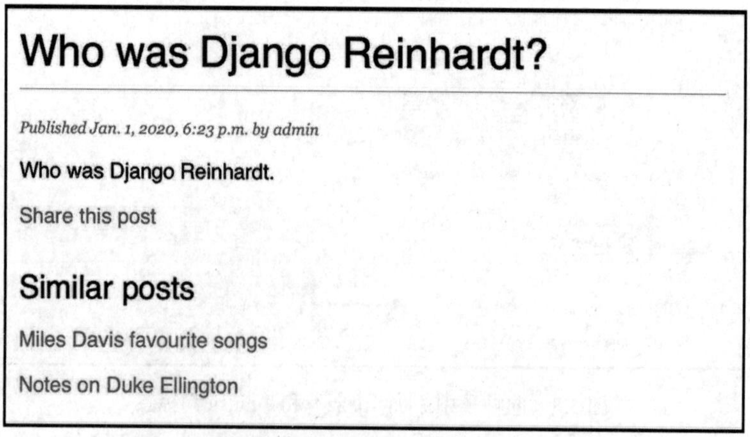

Who was Django Reinhardt?

Published Jan. 1, 2020, 6:23 p.m. by admin

Who was Django Reinhardt.

Share this post

Similar posts

Miles Davis favourite songs

Notes on Duke Ellington

图 3.10　帖子的详细页面，包含相似帖子列表

页面 Similar posts 部分推荐的帖子以降序排列（基于与原始帖子共享标签的数量）。

至此，我们能够向读者成功地推荐相似的帖子。django-taggit 包含了一个 similar_objects()管理器，并以此根据共享标签检索对象。读者可访问 https://django-taggit.readthedocs.io/en/latest/api.html 查看 django-taggit 管理器。

此外，还可采用与 blog/post/list.html 模板相同的方式向帖子详细模板中添加标签列表。

3.3　创建自定义模板标签和过滤器

Django 提供了不同的内建模板标签，如{% if %}或{% block %}。在第 1 章和第 2 章中，我们使用了不同的模板标签。读者可访问 https://docs.djangoproject.com/en/4.1/ref/templates/builtins/查看完整的内建模板标签和过滤器。

另外，Django 还允许我们创建自己的模板标签，并执行自定义动作。当需要向模板中添加一个功能，而该功能并非是 Django 模板标签核心集中所涵盖的内容时，自定义模板标签将十分有用。这可以是执行 QuerySet 的标记，也可以是跨模板复用的任何服务器端处理机制。

例如，我们可构建一个模板标签，显示在博客上最近发布的帖子。我们可能在侧栏中包含该列表，以便一直可见，而无须考虑处理请求的视图。

3.3.1　实现自定义模板标签

Django 提供了下列帮助函数，允许我们轻松地创建模板标签。

- simple_tag：处理给定的数据并返回一个字符串。
- inclusion_tag：处理给定的数据并返回一个渲染后的模板。

模板标签必须位于 Django 应用程序中。

在 blog 应用程序目录中，创建一个新目录 templatetags，并向其中添加一个空的 __init__.py 文件。在同一个文件夹中创建另一个文件 blog_tags.py。此时，blog 应用程序的文件结构如下所示。

```
blog/
    __init__.py
    models.py
    ...
    templatetags/
```

```
    __init__.py
    blog_tags.py
```

注意，命名文件的方式十分重要。我们将使用该模块的名称加载模板中的标签。

3.3.2　创建一个简单的模板标签

下面首先创建一个简单的标签，以搜索在博客上发布的全部帖子。

编辑刚刚创建的 templatetags/blog_tags.py 文件，并添加下列代码。

```
from django import template
from ..models import Post

register = template.Library()

@register.simple_tag
def total_posts():
    return Post.published.count()
```

我们创建了一个简单的模板标签，并返回在博客上发布的帖子数量。

包含模板标签的每个模块需要定义一个 register 变量，以形成有效的标签库。该变量表示为 template.Library 的实例，并用于注册模板标签和应用程序的过滤器。

在上述代码中，我们利用一个简单的 Python 函数定义了一个 total_posts 标签，向该函数中添加了@register.simple_tag 装饰器，并将其注册为一个简单的标签。Django 将采用该函数的名称作为标签名。如果打算使用不同的名称对标签注册，则可指定 name 属性，如@register.simple_tag(name='my_tag')。

注意：

在添加了新的模板标签模块后，需要重新启动 Django 开发服务器，以在模板中使用新的标签和过滤器。

在使用自定义模板标签之前，需要通过{%load %}标签使其对模板有效。如前所述，我们需要使用包含模板标签和过滤器的 Python 模块的名称。

编辑 blog/templates/base.html 模板，并在开始处添加{% load blog_tags %}加载模板标签模块。随后使用创建的标签显示全部帖子，如下所示。

```
{% load blog_tags %}
{% load static %}
<!DOCTYPE html>
<html>
```

```
<head>
  <title>{% block title %}{% endblock %}</title>
  <link href="{% static "css/blog.css" %}" rel="stylesheet">
</head>
<body>
  <div id="content">
    {% block content %}
    {% endblock %}
  </div>
  <div id="sidebar">
    <h2>My blog</h2>
    <p>
      This is my blog.
      I've written {% total_posts %} posts so far.
    </p>
  </div>
</body>
</html>
```

我们需要重新启动服务器以跟踪添加至项目中的新文件。当前，按下 Ctrl+C 组合键终止开发服务器，并通过下列命令再次运行开发服务器。

```
python manage.py runserver
```

在浏览器中打开 http://127.0.0.1:8000/blog/，应可在站点侧栏中看到帖子的总数，如图 3.11 所示。

My blog

This is my blog. I've written 4 posts so far.

图 3.11　侧栏中包含的全部帖子

如果看到如图 3.12 所示的错误页面，很可能是因为未重启开发服务器。

TemplateSyntaxError at /blog/2022/1/1/who-was-django-reinhardt/

'blog_tags' is not a registered tag library. Must be one of:
admin_list
admin_modify
admin_urls
cache
i18n
l10n
log
static
tz

图 3.12　模板标签库未注册时的错误页面

模板标签允许我们处理任何数据，并将其添加至任何模板中，且无须考虑运行的视图。我们可执行 QuerySet 或处理任何数据以在模板中显示数据。

3.3.3 创建一个包含模板标签

我们将创建另一个标签，并在博客的侧栏显示最近的帖子。这一次将实现一个 inclusion_tag。当采用 inclusion_tag 时，可利用模板标签返回的上下文变量渲染一个模板。

编辑 templatetags/blog_tags.py 文件，并添加下列代码。

```
@register.inclusion_tag('blog/post/latest_posts.html')
def show_latest_posts(count=5):
    latest_posts = Post.published.order_by('-publish')[:count]
    return {'latest_posts': latest_posts}
```

在上述代码中，我们利用@register.inclusion_tag 装饰器注册模板标签。我们通过 blog/post/latest_posts.html 指定了将使用返回值渲染的模板。模板标签接收一个可选的 count 参数（默认值为 5）。该参数指定了显示的帖子数量。我们使用这一变量限定查询结果 Post.published.order_by('-publish')[:count]。

注意，函数返回一个变量字典，而不是一个简单的值。inclusion_tag 须返回一个值字典，用作当前上下文以渲染特定的模板。刚刚创建的模板标签允许我们将可选的帖子显示数量指定为{%show_latest_posts 3 %}。

在 blog/post/下创建一个新的模板文件，并将其命名为 latest_posts.html。

编辑 blog/post/latest_posts.html 模板，并向其中添加下列代码。

```
<ul>
  {% for post in latest_posts %}
    <li>
      <a href="{{ post.get_absolute_url }}">{{ post.title }}</a>
    </li>
  {% endfor %}
</ul>
```

在上述代码中，我们利用模板标签返回的 latest_posts 变量显示未排序的帖子列表。接下来编辑 blog/base.html 并添加新的模板标签以显示最近的 3 个帖子，如下所示。

```
{% load blog_tags %}
{% load static %}
<!DOCTYPE html>
```

```
<html>
<head>
  <title>{% block title %}{% endblock %}</title>
  <link href="{% static "css/blog.css" %}" rel="stylesheet">
</head>
<body>
  <div id="content">
    {% block content %}
    {% endblock %}
  </div>
  <div id="sidebar">
    <h2>My blog</h2>
    <p>
      This is my blog.
      I've written {% total_posts %} posts so far.
    </p>
    <h3>Latest posts</h3>
    {% show_latest_posts 3 %}
  </div>
</body>
</html>
```

调用模板标签，传递显示的帖子数量，随后在给定的上下文中渲染模板。

接下来返回浏览器并刷新页面。此时，侧栏应如图 3.13 所示。

图 3.13　博客侧栏，包含最近发布的帖子

3.3.4　创建返回 QuerySet 的模板标签

最后，我们将创建一个返回值的简单的模板标签。我们将结果存储于可复用的变量中，而非直接输出结果。另外，这里将创建一个标签以显示最近评论的帖子。

编辑 templatetags/blog_tags.py 文件，并向其中添加下列导入内容和模板标签。

```
from django.db.models import Count

@register.simple_tag
def get_most_commented_posts(count=5):
    return Post.published.annotate(
                total_comments=Count('comments')
          ).order_by('-total_comments')[:count]
```

在上述代码中，我们利用 annotate()函数构建了一个 QuerySet，并汇总每个帖子的全部评论数量。其间使用了 Count 聚合函数将评论数量存储于每个 Post 对象的 total_comments 字段中，同时按计算后的字段降序排列 QuerySet。此外，我们还提供了一个可选的 count 变量限制返回的对象的全部数量。

除了 Count，Django 还提供了 AVG、Max、Min 和 Sum。关于聚合函数，读者可访问 https://docs.djangoproject.com/en/4.1/topics/db/aggregation/以了解更多内容。

接下来编辑 blog/base.html 模板并添加下列代码。

```
{% load blog_tags %}
{% load static %}
<!DOCTYPE html>
<html>
<head>
  <title>{% block title %}{% endblock %}</title>
  <link href="{% static "css/blog.css" %}" rel="stylesheet">
</head>
<body>
  <div id="content">
    {% block content %}
    {% endblock %}
  </div>
  <div id="sidebar">
    <h2>My blog</h2>
    <p>
      This is my blog.
      I've written {% total_posts %} posts so far.
    </p>
    <h3>Latest posts</h3>
    {% show_latest_posts 3 %}
    <h3>Most commented posts</h3>
    {% get_most_commented_posts as most_commented_posts %}
    <ul>
      {% for post in most_commented_posts %}
```

```
      <li>
        <a href="{{ post.get_absolute_url }}">{{ post.title }}</a>
      </li>
    {% endfor %}
  </ul>
 </div>
</body>
</html>
```

在上述代码中，我们通过变量名称后的 as 参数将结果存储于一个自定义变量中。对于模板标签，我们使用{% get_most_commented_posts as most_commented_posts %}将模板标签的结果存储于 most_commented_posts 新变量中。随后利用 HTML 无序列表元素显示返回的帖子。

打开浏览器，刷新页面并查看最终的结果，如图 3.14 所示。

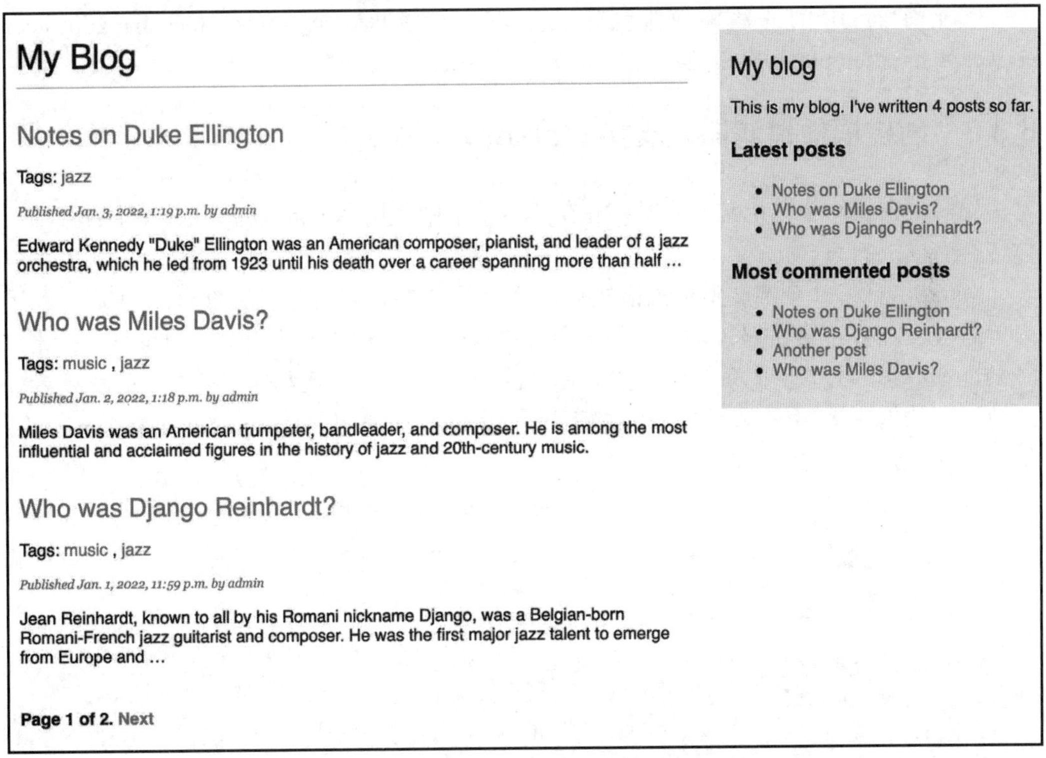

My Blog

Notes on Duke Ellington

Tags: jazz

Published Jan. 3, 2022, 1:19 p.m. by admin

Edward Kennedy "Duke" Ellington was an American composer, pianist, and leader of a jazz orchestra, which he led from 1923 until his death over a career spanning more than half ...

Who was Miles Davis?

Tags: music , jazz

Published Jan. 2, 2022, 1:18 p.m. by admin

Miles Davis was an American trumpeter, bandleader, and composer. He is among the most influential and acclaimed figures in the history of jazz and 20th-century music.

Who was Django Reinhardt?

Tags: music , jazz

Published Jan. 1, 2022, 11:59 p.m. by admin

Jean Reinhardt, known to all by his Romani nickname Django, was a Belgian-born Romani-French jazz guitarist and composer. He was the first major jazz talent to emerge from Europe and ...

Page 1 of 2. Next

My blog

This is my blog. I've written 4 posts so far.

Latest posts

- Notes on Duke Ellington
- Who was Miles Davis?
- Who was Django Reinhardt?

Most commented posts

- Notes on Duke Ellington
- Who was Django Reinhardt?
- Another post
- Who was Miles Davis?

图 3.14　帖子列表视图，包含最近和最多评论帖子的完整侧栏

关于如何构建自定义模板标签，相信读者已经有了一个清晰的认识。关于自定义模板标

签的更多内容，读者可访问 https://docs.djangoproject.com/en/4.1/howto/custom-template-tags/。

3.3.5 实现自定义模板过滤器

Django 包含不同的内建模板过滤器，进而可在模板中修改变量。这些 Python 函数接收一个或两个参数、过滤器应用的变量值，以及一个可选的参数，并返回一个可由另一个过滤器显示或处理的值。

过滤器形如{{ variable|my_filter }}；包含一个参数的过滤器则写作{{ variable|my_filter:"foo" }}。例如，可使用 capfirst 过滤器将值的首字符大写，如{{ value|capfirst }}。如果值为 django，那么输出结果为 Django。另外，我们可向一个变量使用多个过滤器，如{{ variable|filter1|filter2 }}，且每个过滤器都将作用于上一个过滤器生成的结果。

关于 Django 的内建模板过滤器的列表，读者可访问 https://docs.djangoproject.com/en/4.1/ref/templates/builtins/#built-in-filter-reference。

3.3.6 创建模板过滤器以支持 Markdown 语法

我们将创建一个自定义过滤器，并在博客帖子中使用 Markdown 语法，随后将帖子体转换为模板的 HTML。

Markdown 是一个纯文本格式语法且易于使用，其目的是转换成 HTML。我们可利用简单的 Markdown 语法编写帖子，并将内容自动转换为 HTML 代码。与 HTML 相比，Markdown 的学习过程更为简单。通过 Markdown，我们可以让其他不懂技术的贡献者轻松地为你的博客撰写文章。读者可访问 https://daringfireball.net/projects/markdown/basics 学习 Markdown 格式的基础知识。

首先在 shell 提示符中使用下列命令并通过 pip 安装 Python markdown 模块。

```
pip install markdown==3.4.1
```

随后编辑 templatetags/blog_tags.py 文件并包含下列代码。

```
from django.utils.safestring import mark_safe
import markdown

@register.filter(name='markdown')
def markdown_format(text):
    return mark_safe(markdown.markdown(text))
```

我们采用了与模板标签相同的方式注册了模板过滤器。为了防止函数名和 markdown 模块之间的名称冲突，此处将函数命名为 markdown_format，并将模板中使用的过滤器命名为 markdown，如{{ variable|markdown }}。

Django 会转义过滤器生成的 HTML 代码；HTML 实体字符被替换为 HTML 编码字符。例如，<p>被转换为 <p>（小于号、p 字符和大于号）。

相应地，我们使用 Django 提供的 mark_safe 函数将结果标记为安全的 HTML，并在模板中渲染。默认状态下，Django 不信任任何 HTML 代码，并在置入输出结果之前将其转义。唯一例外是那些转义中被标记为安全的变量。这种行为可以防止 Django 输出潜在的危险 HTML，并允许我们生成返回安全 HTML 的异常。

编辑 blog/post/detail.html，并添加下列代码。

```
{% extends "blog/base.html" %}
{% load blog_tags %}

{% block title %}{{ post.title }}{% endblock %}

{% block content %}
  <h1>{{ post.title }}</h1>
  <p class="date">
    Published {{ post.publish }} by {{ post.author }}
  </p>
  {{ post.body|markdown }}
  <p>
    <a href="{% url "blog:post_share" post.id %}">
      Share this post
    </a>
  </p>

  <h2>Similar posts</h2>
  {% for post in similar_posts %}
    <p>
      <a href="{{ post.get_absolute_url }}">{{ post.title }}</a>
    </p>
  {% empty %}
    There are no similar posts yet.
  {% endfor %}

  {% with comments.count as total_comments %}
```

```
    <h2>
      {{ total_comments }} comment{{ total_comments|pluralize }}
    </h2>
  {% endwith %}
  {% for comment in comments %}
    <div class="comment">
      <p class="info">
        Comment {{ forloop.counter }} by {{ comment.name }}
        {{ comment.created }}
      </p>
      {{ comment.body|linebreaks }}
    </div>
  {% empty %}
    <p>There are no comments yet.</p>
  {% endfor %}

  {% include "blog/post/includes/comment_form.html" %}
{% endblock %}
```

这里，我们将{{ post.body }}模板变量的 linebreaks 过滤器替换为 markdown 过滤器。该过滤器不会将换行符转换为<p>标签，同时还将 Markdown 格式转换为 HTML。

编辑 blog/post/list.html 文件，并添加下列新代码。

```
{% extends "blog/base.html" %}
{% load blog_tags %}

{% block title %}My Blog{% endblock %}

{% block content %}
  <h1>My Blog</h1>
  {% if tag %}
    <h2>Posts tagged with "{{ tag.name }}"</h2>
  {% endif %}
  {% for post in posts %}
    <h2>
      <a href="{{ post.get_absolute_url }}">
        {{ post.title }}
      </a>
    </h2>
```

```
    <p class="tags">
      Tags:
      {% for tag in post.tags.all %}
        <a href="{% url "blog:post_list_by_tag" tag.slug %}">
          {{ tag.name }}
        </a>
        {% if not forloop.last %}, {% endif %}
      {% endfor %}
    </p>
    <p class="date">
      Published {{ post.publish }} by {{ post.author }}
    </p>
    {{ post.body|markdown|truncatewords_html:30 }}
  {% endfor %}
  {% include "pagination.html" with page=posts %}
{% endblock %}
```

我们向{{ post.body }}模板变量添加了新的 markdown 过滤器。该过滤器将把 Markdown 内容转换为 HTML。因此，我们利用 truncatewords_html 过滤器替换了之前的 truncatewords 过滤器。该过滤器在一定数量的单词之后截取字符串，以避免出现未闭合的 HTML 标签。

在浏览器中打开 open http://127.0.0.1:8000/admin/blog/post/add/，并利用下列内容创建新的帖子。

```
This is a post formatted with markdown
--------------------------------------

*This is emphasized* and **this is more emphasized**.

Here is a list:

* One
* Two
* Three

And a [link to the Django website](https://www.djangoproject.com/).
```

此时表单如图 3.15 所示。

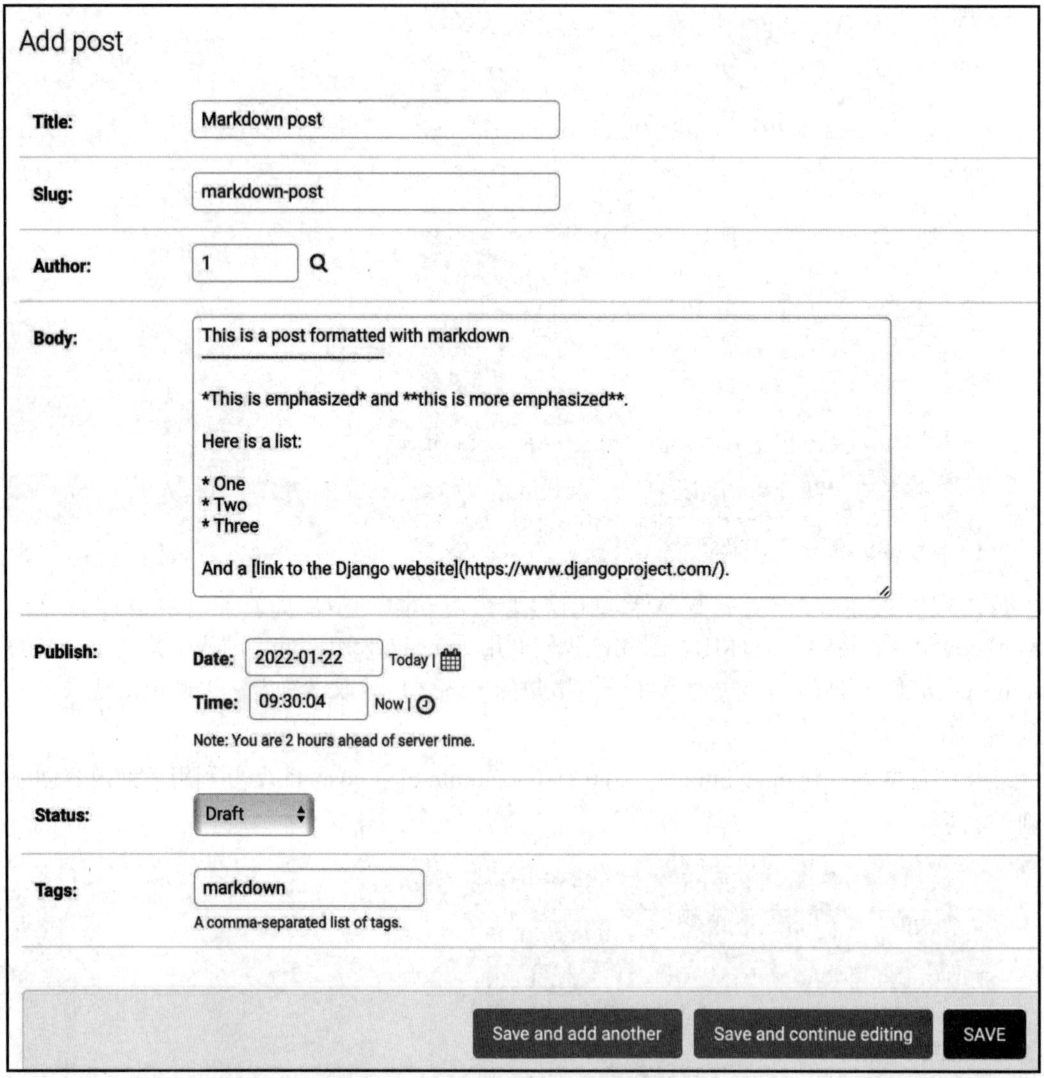

图 3.15　渲染为 HTML 且包含 Markdown 内容的帖子（1）

在浏览器中打开 http://127.0.0.1:8000/blog/，并查看新帖子的渲染方式，如图 3.16 所示。

在图 3.16 中可以看到，对于定制格式来说，自定义模板过滤器十分有用。关于自定义过滤器的更多内容，读者可访问 https://docs.djangoproject.com/en/4.1/howto/custom-template-tags/#writing-custom-template-filters。

My Blog

Markdown post

Tags: markdown

Published Jan. 22, 2022, 9:30 a.m. by admin

This is a post formatted with markdown

This is emphasized and **this is more emphasized**.

Here is a list:

- One
- Two
- Three

And a link to the Django website ...

图 3.16　渲染为 HTML 且包含 Markdown 内容的帖子（2）

3.4　向网站中添加网站地图

Django 内置了网站地图框架，可以动态方式生成网站的网站地图。这里，网站地图是一个 XML 文件，并通知搜索引擎网站的页面、相关性和更新的频率。使用网站地图可使网站在搜索引擎排名中更具可见性，因为网站地图可帮助爬虫程序索引网站内容。

Django 网站地图框架依赖于 django.contrib.sites，该框架可将对象关联至与项目协同运行的特定网站。当利用单一 Django 项目运行多个站点时，这将十分方便。当安装网站地图框架时，需要在应用程序中激活 sites 和 sitemap 应用程序。

编辑项目的 settings.py 文件，并将 django.contrib.sites 和 django.contrib.sitemaps 添加至 INSTALLED_APPS 设置项中。此外还需要定义新的网站 ID 的设置项，如下所示。

```
# ...

SITE_ID = 1

# Application definition

INSTALLED_APPS = [
    'django.contrib.admin',
```

```
    'django.contrib.auth',
    'django.contrib.contenttypes',
    'django.contrib.sessions',
    'django.contrib.messages',
    'django.contrib.staticfiles',
    'blog.apps.BlogConfig',
    'taggit',
    'django.contrib.sites',
    'django.contrib.sitemaps',
]
```

在 shell 中提示符中运行下列命令，并在数据库中创建 Django 网站应用程序表。

```
python manage.py migrate
```

对应输出结果如下所示。

```
Applying sites.0001_initial... OK
Applying sites.0002_alter_domain_unique... OK
```

当前，sites 与数据库处于同步状态。

在 blog 应用程序目录中创建一个新文件，将其命名为 sitemaps.py。打开该文件并添加下列代码。

```
from django.contrib.sitemaps import Sitemap
from .models import Post

class PostSitemap(Sitemap):
    changefreq = 'weekly'
    priority = 0.9

    def items(self):
        return Post.published.all()

    def lastmod(self, obj):
        return obj.updated
```

通过继承 sitemaps 模块的 Sitemap 类，我们自定义了一个网站地图。changefreq 和 priority 表明帖子页面的变化频率及其在网站中的相关性（最大值为 1）。

items()方法返回在网站地图中包含的对象的 QuerySet。默认条件下，Django 在每个对象上调用 get_absolute_url()方法以检索其 URL。记住，我们在第 2 章中实现了该方法，并定义了帖子的标准 URL。如果打算为每个对象指定 URL，则可向网站地图类中添加一个 location 方法。

lastmod 方法接收 items()返回的每个对象，并返回对象被修改的最近时间。

changefreq 和 priority 可以是方法或属性。读者可查看 Django 文档中完整的网站地图参考内容，对应网址为 https://docs.djangoproject.com/en/4.1/ref/contrib/sitemaps/。

至此，我们创建了网站地图，接下来为其创建一个 URL。

编辑 mysite 项目中的 urls.py 文件并添加网站地图，如下所示。

```
from django.urls import path, include
from django.contrib import admin
from django.contrib.sitemaps.views import sitemap
from blog.sitemaps import PostSitemap

sitemaps = {
    'posts': PostSitemap,
}

urlpatterns = [
    path('admin/', admin.site.urls),
    path('blog/', include('blog.urls', namespace='blog')),
    path('sitemap.xml', sitemap, {'sitemaps': sitemaps},
        name='django.contrib.sitemaps.views.sitemap')
]
```

在上述代码中，我们包含了所需的导入语句，并定义了一个 sitemaps 字典。针对当前站点，我们可定义多个网站地图。另外，我们还定义了一个与 sitemap.xml 模式匹配的 URL 模式，并使用了 Django 提供的 sitemap 视图。sitemaps 字典将被传递至 sitemap 视图中。

在 shell 中利用下列命令启动开发服务器。

```
python manage.py runserver
```

在浏览器中打开 http://127.0.0.1:8000/sitemap.xml，可以看到包含所有发布帖子的一个 XML 输出结果，如下所示。

```
<urlset xmlns="http://www.sitemaps.org/schemas/sitemap/0.9"
xmlns:xhtml="http://www.w3.org/1999/xhtml">
  <url>
    <loc>http://example.com/blog/2022/1/22/markdown-post/</loc>
    <lastmod>2022-01-22</lastmod>
    <changefreq>weekly</changefreq>
    <priority>0.9</priority>
  </url>
```

```
  <url>
    <loc>http://example.com/blog/2022/1/3/notes-on-duke-ellington/</loc>
    <lastmod>2022-01-03</lastmod>
    <changefreq>weekly</changefreqa>
    <priority>0.9</priority>
  </url>
  <url>
    <loc>http://example.com/blog/2022/1/2/who-was-miles-davis/</loc>
    <lastmod>2022-01-03</lastmod>
    <changefreq>weekly</changefreq>
    <priority>0.9</priority>
  </url>
  <url>
    <loc>http://example.com/blog/2022/1/1/who-was-django-reinhardt/</loc>
    <lastmod>2022-01-03</lastmod>
    <changefreq>weekly</changefreq>
    <priority>0.9</priority>
  </url>
  <url>
    <loc>http://example.com/blog/2022/1/1/another-post/</loc>
    <lastmod>2022-01-03</lastmod>
    <changefreq>weekly</changefreq>
    <priority>0.9</priority>
  </url>
</urlset>
```

每个 Post 对象的 URL 均通过调用其 get_absolute_url()方法而被构建。

lastmod 属性对应于在网站地图中指定的帖子的 updated 日期字段，changefreq 和 priority 则源自 PostSitemap 类。

example.com 表示为用于构建 URL 的域。该域源自存储于数据库中的 Site 对象。当网站的框架与数据库同步时，即会创建该默认对象。关于 sites 的更多内容，读者可访问 https://docs.djangoproject.com/en/4.1/ref/contrib/sites/。

在浏览器中打开 http://127.0.0.1:8000/admin/sites/site/，对应结果如图 3.17 所示。

图 3.17 包含了网站框架的列表显示管理视图。其中，我们可以设置域或主机，以供网站框架和依赖于它的应用程序使用。当生成本地环境中的 URL 时，可将域名修改为 localhost:8000，如图 3.18 所示。

再次在浏览器中打开 http://127.0.0.1:8000/sitemap.xml，显示于提要（feed）中的 URL 将使用新的主机名，形如 http://localhost:8000/blog/2022/1/22/markdownpost/。链接在本地环境中也处于可访问状态。在生产环境下，我们须使用网站的域名并生成绝对路径。

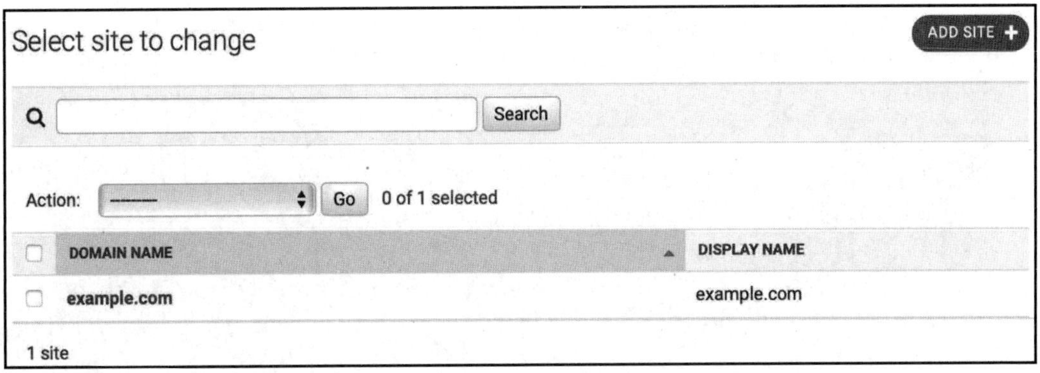

图 3.17　针对网站框架的 Site 模型，Django 管理列表视图

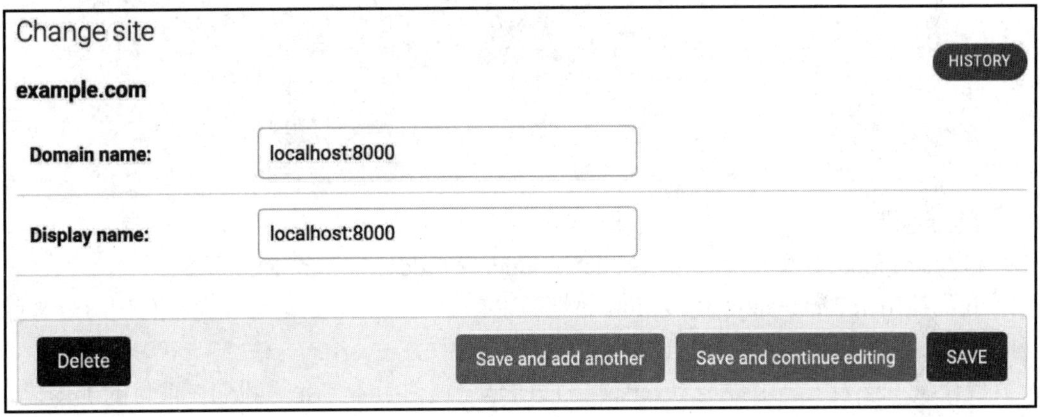

图 3.18　针对网站框架的 Site 模型，Django 管理编辑视图

3.5　创建博客帖子的订阅源

Django 包含一个内建的聚合订阅源框架，并可以此动态生成 RSS 或 Atom 订阅源，其方式与使用站点框架创建网站地图类似。Web 订阅源是一种数据格式（通常是 XML），可向用户提供最近更新的内容。用户可通过订阅源聚合器订阅摘要。这里，订阅源聚合器是一款软件，可用于读取摘要并获得新的内容通知。

在 blog 应用程序中创建一个新文件，将其命名为 feeds.py 并添加下列代码。

```
import markdown
from django.contrib.syndication.views import Feed
from django.template.defaultfilters import truncatewords_html
```

```
from django.urls import reverse_lazy
from .models import Post

class LatestPostsFeed(Feed):
    title = 'My blog'
    link = reverse_lazy('blog:post_list')
    description = 'New posts of my blog.'

    def items(self):
        return Post.published.all()[:5]

    def item_title(self, item):
        return item.title

    def item_description(self, item):
        return truncatewords_html(markdown.markdown(item.body), 30)

    def item_pubdate(self, item):
        return item.publish
```

在上述代码中，我们通过子类化聚合框架的 Feed 类定义了一个订阅源。其中，title、link 和 description 属性分别对应于<title>、<link>和<description> RSS 元素。

我们使用 reverse_lazy()生成 link 属性的 URL。reverse_lazy()方法允许我们通过名称构建 URL 并传递可选的参数。此处采用了第 2 章中的 reverse()方法。

reverse_lazy()工具函数是 reverse()方法的延迟评估版本，允许我们在项目的 URL 配置加载之前使用 URL 逆置。

items()方法检索包含在订阅源中的对象。此处将检索最后 5 个发布的帖子，并将其包含于订阅源中。

item_title()、item_description()和 item_pubdate()接收 items()返回的每个对象，并返回每个条目的标题、描述和发布日期。

在 item_description()方法中，我们采用 markdown()函数将 Markdown 内容转换为 HTML，并使用 truncatewords_html()模板过滤器函数截取 30 个单词后的帖子描述，以避免出现未闭合的 HTML 标签。

编辑 blog/urls.py 文件、导入 LatestPostsFeed 类并实例化新 URL 模式中的订阅源，如下所示。

```
from django.urls import path
from . import views
from .feeds import LatestPostsFeed
```

```
app_name = 'blog'

urlpatterns = [
    # Post views
    path('', views.post_list, name='post_list'),
    # path('', views.PostListView.as_view(), name='post_list'),
    path('tag/<slug:tag_slug>/',
         views.post_list, name='post_list_by_tag'),
    path('<int:year>/<int:month>/<int:day>/<slug:post>/',
         views.post_detail,
         name='post_detail'),
    path('<int:post_id>/share/',
         views.post_share, name='post_share'),
    path('<int:post_id>/comment/',
         views.post_comment, name='post_comment'),
    path('feed/', LatestPostsFeed(), name='post_feed'),
]
```

在浏览器中访问 http://127.0.0.1:8000/blog/feed/，对应的 RSS 订阅源如下所示，其中包含了最近 5 个博客帖子。

```
<?xml version="1.0" encoding="utf-8"?>
<rss xmlns:atom="http://www.w3.org/2005/Atom" version="2.0">
  <channel>
    <title>My blog</title>
    <link>http://localhost:8000/blog/</link>
    <description>New posts of my blog.</description>
    <atom:link href="http://localhost:8000/blog/feed/" rel="self"/>
    <language>en-us</language>
    <lastBuildDate>Fri, 2 Jan 2020 09:56:40 +0000</lastBuildDate>
    <item>
      <title>Who was Django Reinhardt?</title>
      <link>http://localhost:8000/blog/2020/1/2/who-was-django-reinhardt/
      </link>
      <description>Who was Django Reinhardt.</description>
      <guid>http://localhost:8000/blog/2020/1/2/who-was-django-reinhardt/
      </guid>
    </item>
    ...
  </channel>
</rss>
```

如果使用 Chrome 浏览器，我们将会看到 XML 代码。若使用 Safari 浏览器，则会向用户询问是否安装 RSS 订阅源阅读器。

下面安装RSS桌面客户端并通过用户友好的界面查看RSS订阅源。这里将使用Fluent Reader，这是一个多平台的 RSS 阅读器。

访问 https://github.com/yang991178/fluent-reader/releases 并下载 Linux、macOS 或 Windows 环境下的 Fluent Reader。

安装 Fluent Reader 并打开该阅读器，对应界面如图 3.19 所示。

图 3.19　不包含 RSS 订阅源的 Fluent Reader

单击窗口右上角的设置图标，随后显示如图 3.20 所示的 RSS 订阅源的添加页面。

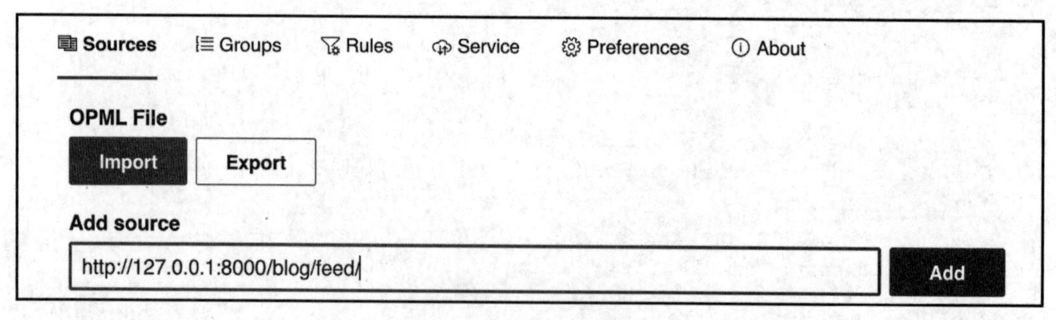

图 3.20　在 Fluent Reader 中添加一个 RSS

在 Add source 框中输入 http://127.0.0.1:8000/blog/feed/并单击 Add 按钮。在表单下方的表中，我们将会看到包含博客 RSS 订阅源的新项目，如图 3.21 所示。

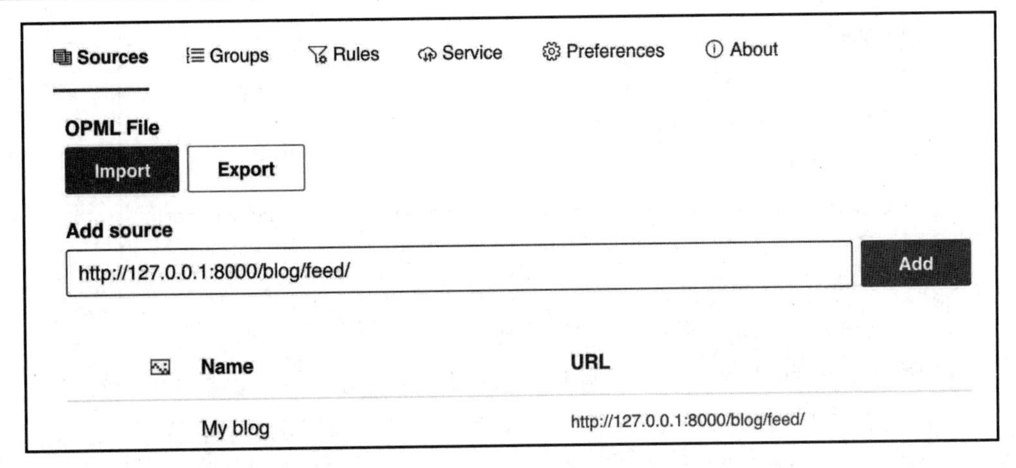

图 3.21　Fluent Reader 中的 RSS 订阅源

返回至 Fluent Reader 的主页面，此时应可看到包含于博客 RSS 订阅源中的帖子，如图 3.22 所示。

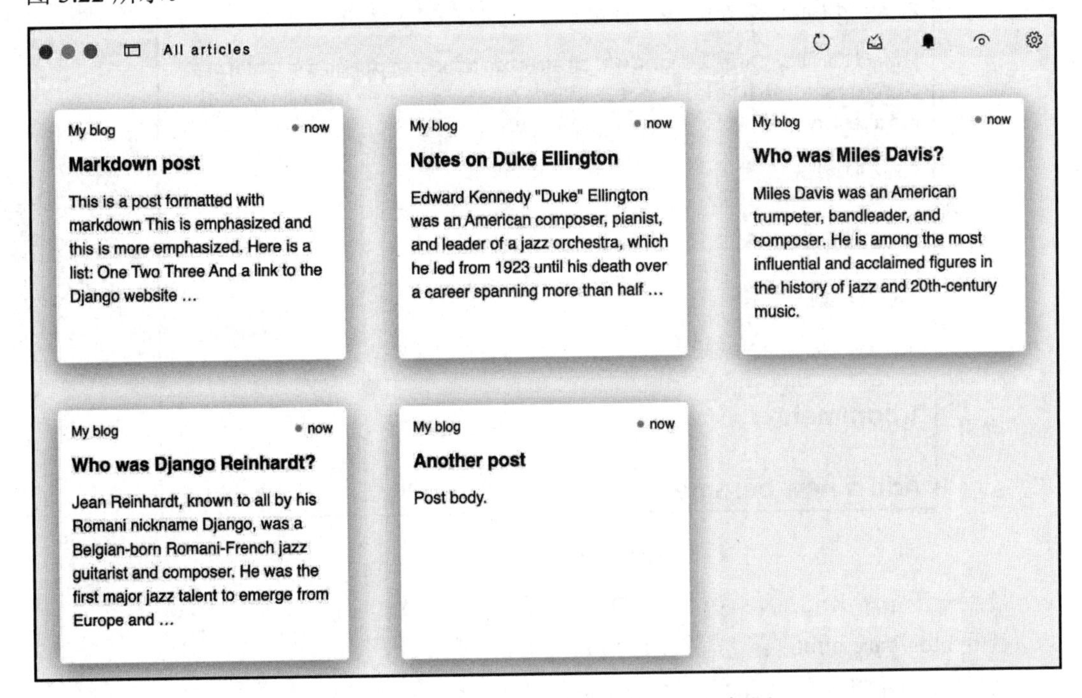

图 3.22　Fluent Reader 中博客的 RSS 订阅源

单击一个帖子并查看其描述，如图 3.23 所示。

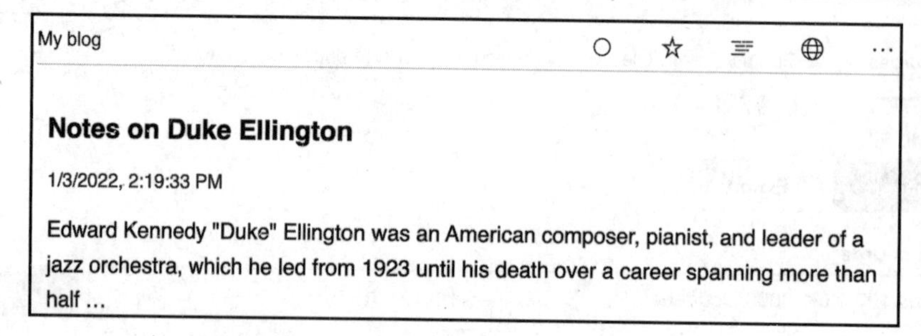

图 3.23　Fluent Reader 中的帖子描述

单击窗口右上方的第 3 个图标，并加载帖子页面的全部内容，如图 3.24 所示。

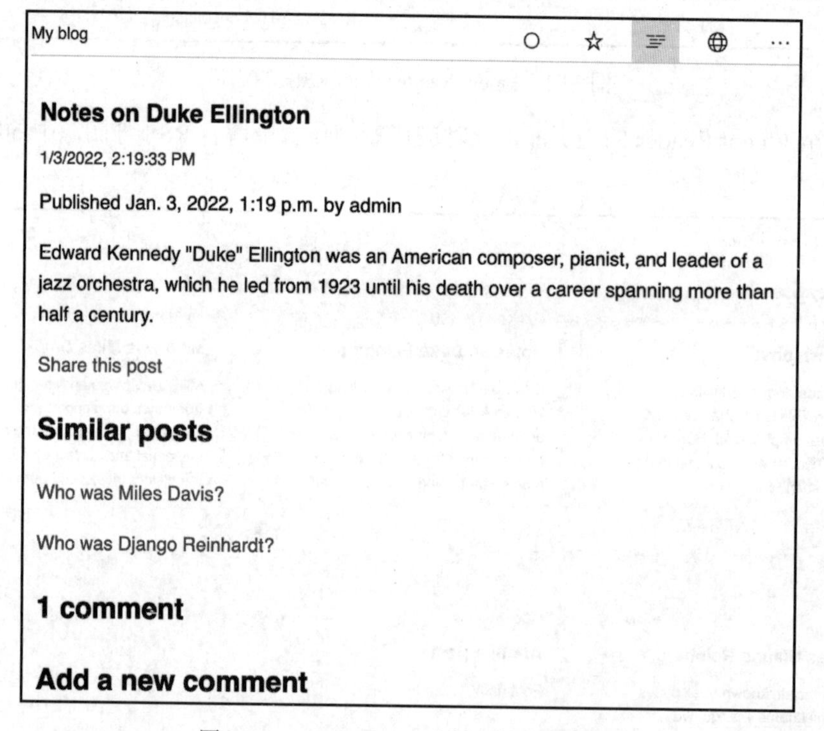

图 3.24　Fluent Reader 中帖子的全部内容

最后一步是将 RSS 订阅源描述链接添加至博客的侧栏中。

打开 blog/base.html 模板，并添加下列代码。

```
{% load blog_tags %}
{% load static %}
<!DOCTYPE html>
```

```
<html>
<head>
  <title>{% block title %}{% endblock %}</title>
  <link href="{% static "css/blog.css" %}" rel="stylesheet">
</head>
<body>
  <div id="content">
    {% block content %}
    {% endblock %}
  </div>
  <div id="sidebar">
    <h2>My blog</h2>
    <p>
      This is my blog.
      I've written {% total_posts %} posts so far.
    </p>
    <p>
      <a href="{% url "blog:post_feed" %}">
        Subscribe to my RSS feed
      </a>
    </p>
    <h3>Latest posts</h3>
    {% show_latest_posts 3 %}
    <h3>Most commented posts</h3>
    {% get_most_commented_posts as most_commented_posts %}
    <ul>
      {% for post in most_commented_posts %}
        <li>
          <a href="{{ post.get_absolute_url }}">{{ post.title }}</a>
        </li>
      {% endfor %}
    </ul>
  </div>
</body>
</html>
```

在浏览器中打开 http://127.0.0.1:8000/blog/并查看侧栏。新链接将把用户重定向至博客的订阅源，如图 3.25 所示。

关于 Django 聚合订阅源框架的更多信息，读者可访问 https://docs.djangoproject.com/en/4.1/ref/contrib/syndication/。

My blog

This is my blog. I've written 5 posts so far.

Subscribe to my RSS feed

Latest posts

- Markdown post
- Notes on Duke Ellington
- Who was Miles Davis?

Most commented posts

- Notes on Duke Ellington
- Who was Django Reinhardt?
- Another post
- Who was Miles Davis?
- Markdown post

图 3.25　添加至侧栏中的 RSS 订阅源订阅链接

3.6　向博客中添加全文本搜索

接下来我们将向博客中添加搜索功能。利用用户输入在数据库中搜索数据是 Web 应用程序的一项常见任务。Django ORM 允许我们通过 contains 过滤器（或者其大小写敏感版本的 icontains）执行简单的匹配操作。例如，我们可使用下列查询查找包含单词 framework 的帖子。

```
from blog.models import Post
Post.objects.filter(body__contains='framework')
```

然而，如果打算执行复杂的搜索查询，如根据相似性检索结果、基于在文本中出现频率的权重，或者不同的字段的重要性（如标题与正文中内容的相关性），我们需要使用一个全文本搜索引擎。当考查较大的文本块时，构建基于字符串的查询有时难以满足需求。全文搜索在试图匹配搜索条件时，会根据存储的内容检查实际的单词。

Django 提供了一个构建于 PostgreSQL 全文本搜索特性之上的强有力的搜索功能。django.contrib.postgres 模块提供了 PostgreSQL 所涵盖的功能，而这些功能是 Django 支持的其他数据库所不具备的。

关于 PostgreSQL 的全文本搜索支持，读者可访问 https://www.postgresql.org/docs/14/

textsearch.html。

注意：

虽然 Django 是一个与数据库无关的 Web 框架，但它提供了一个模块，该模块支持 PostgreSQL 提供的部分丰富特性，这是 Django 支持的其他数据库所不具备的。

3.6.1　安装 PostgreSQL

当前，mysite 项目使用 SQLite 数据库。SQLite 对全文本搜索的支持度十分有限，且 Django 并不支持 SQLite。然而，PostgreSQL 更适用于全文本搜索。具体来说，可通过 django.contrib.postgres 模块使用 PostgreSQL 的全文本搜索功能。对此，我们将把数据从 SQLite 迁移至 PostgreSQL，从而受益于其全文本搜索特性。

注意：

针对开发需求而言，SQLite 已然足够。然而，对于生产环境，我们将采用更加强大的数据库，如 PostgreSQL、MariaDB、MySQL 或 Oracle。

读者可访问 https://www.postgresql.org/download/下载 macOS 或 Windows 安装环境的 PostgreSQL 安装程序。在同一页面内，我们还可查看 PostgreSQL 在不同 Linux 发行版本上的安装指令。遵循站点上的相关指令安装并运行 PostgreSQL。

对于 macOS 用户，当通过 Postgres.app 安装 PostgreSQL 时，需要配置$PATH 变量以使用命令行工具，具体解释可访问 https://postgresapp.com/documentation/cli-tools.html。

除此之外，还需要安装 Python 的 psycopg2 PostgreSQL 适配器。在 shell 提示符中运行下列命令安装 psycopg2 PostgreSQL 适配器。

```
pip install psycopg2-binary==2.9.3
```

3.6.2　创建 PostgreSQL 数据库

下面创建一个 PostgreSQL 数据库的用户。我们将使用 psql，这是 PostgreSQL 的一个基于终端的前端。在 shell 提示符中，运行下列命令进入 PostgreSQL 终端。

```
psql
```

对应输出结果如下所示。

```
psql (14.2)
```

```
Type "help" for help.
```

输入下列命令，创建可生成数据库的用户。

```
CREATE USER blog WITH PASSWORD 'xxxxxx';
```

利用真实的密码替换 xxxxxx 并运行该命令，对应输出结果如下所示。

```
CREATE ROLE
```

至此，用户创建完毕。接下来创建 blog 数据库，并将所有权赋予刚刚创建的博客用户。执行下列命令。

```
CREATE DATABASE blog OWNER blog ENCODING 'UTF8';
```

根据该命令，我们通知 PostgreSQL 创建名为 blog 的数据库，并将数据库的所有权赋予之前创建的 blog 用户。此外新数据库采用 UTF8 编码。对应的输出结果如下所示。

```
CREATE DATABASE
```

至此，我们成功地创建了 PostgreSQL 用户和数据库。

3.6.3 转储现有的数据

在讨论 Django 项目的数据库之前，需要从 SQLite 数据库中转储现有的数据。也就是说，我们将导出数据，将项目的数据切换至 PostgreSQL，并将数据导入至新数据库中。

Django 提供了一种简单的方法将数据从数据库中加载和转储至 fixture 文件中。Django 支持 JSON、XML 或 YAML 格式的 fixture 文件。我们将利用包含在数据库中的数据创建一个 fixture 文件。

dumpdata 命令将数据从数据库转储至标准输出中，默认状态下以 JSON 格式实现序列化。最终的数据结构包含与 Django 模型及其字段相关的信息，并能够将其加载至数据库中。

通过向命令提供应用程序名称，或者通过 app.Model 格式指定输出数据的单一模型，可将输出结果限制为应用程序的模型。除此之外，还可通过--format 标志指定格式。默认状态下，dumpdata 将序列化数据输出至标准输出。然而，我们可通过--output 标志指明输出文件。--indent 标志允许指定缩进格式。关于 dumpdata 参数的更多信息，读者可运行 python manage.py dumpdata --help 进行查看。

在 shell 提示符中执行下列命令。

```
python manage.py dumpdata --indent=2 --output=mysite_data.json
```

对应输出结果如下所示。

```
[..................................................]
```

至此，所有现有数据以 JSON 格式导出至新文件 mysite_data.json 中。我们可通过文件内容查看 JSON 的结构，其中包含了不同应用程序模型的全部数据对象。如果在运行命令时出现编码错误，则可添加-Xutf8 标志以激活 Python UTF-8 模式，如下所示。

```
python -Xutf8 manage.py dumpdata --indent=2 --output=mysite_data.json
```

接下来将切换 Django 项目中的数据库，并将输入导入至新数据库中。

3.6.4　切换项目中的数据库

编辑项目的 settings.py 文件并调整 DATABASES 设置项，如下所示。

```
DATABASES = {
    'default': {
        'ENGINE': 'django.db.backends.postgresql',
        'NAME': 'blog',
        'USER': 'blog',
        'PASSWORD': 'xxxxxx',
    }
}
```

当创建 PostgreSQL 用户时，利用真实的密码替换 xxxxxx。此时，新数据库是空的。运行下列命令，并将全部数据库迁移应用至新的 PostgreSQL 数据库上。

```
python manage.py migrate
```

对应输出结果如下所示，其中包含了全部迁移。

```
Operations to perform:
  Apply all migrations: admin, auth, blog, contenttypes, sessions,
sites, taggit
Running migrations:
  Applying contenttypes.0001_initial... OK
  Applying auth.0001_initial... OK
  Applying admin.0001_initial... OK
  Applying admin.0002_logentry_remove_auto_add... OK
  Applying admin.0003_logentry_add_action_flag_choices... OK
  Applying contenttypes.0002_remove_content_type_name... OK
  Applying auth.0002_alter_permission_name_max_length... OK
```

```
  Applying auth.0003_alter_user_email_max_length... OK
  Applying auth.0004_alter_user_username_opts... OK
  Applying auth.0005_alter_user_last_login_null... OK
  Applying auth.0006_require_contenttypes_0002... OK
  Applying auth.0007_alter_validators_add_error_messages... OK
  Applying auth.0008_alter_user_username_max_length... OK
  Applying auth.0009_alter_user_last_name_max_length... OK
  Applying auth.0010_alter_group_name_max_length... OK
  Applying auth.0011_update_proxy_permissions... OK
  Applying auth.0012_alter_user_first_name_max_length... OK
  Applying taggit.0001_initial... OK
  Applying taggit.0002_auto_20150616_2121... OK
  Applying taggit.0003_taggeditem_add_unique_index... OK
  Applying blog.0001_initial... OK
  Applying blog.0002_alter_post_slug... OK
  Applying blog.0003_comment... OK
  Applying blog.0004_post_tags... OK
  Applying sessions.0001_initial... OK
  Applying sites.0001_initial... OK
  Applying sites.0002_alter_domain_unique... OK
  Applying taggit.0004_alter_taggeditem_content_type_alter_taggeditem_
tag... OK
  Applying taggit.0005_auto_20220424_2025... OK
```

3.6.5　将数据加载至新数据库中

运行下列命令，将数据加载至 PostgreSQL 数据库中。

```
python manage.py loaddata mysite_data.json
```

对应输出结果如下所示。

```
Installed 104 object(s) from 1 fixture(s)
```

取决于用户、帖子、注释和在数据库中创建的其他对象，对象的数量可能有所不同。

在 shell 提示符中运行下列命令启动开发服务器。

```
python manage.py runserver
```

在浏览器中打开 http://127.0.0.1:8000/admin/blog/post/，并验证所有帖子是否已被载入至新数据库中。此时将会看到所有的帖子，如图 3.26 所示。

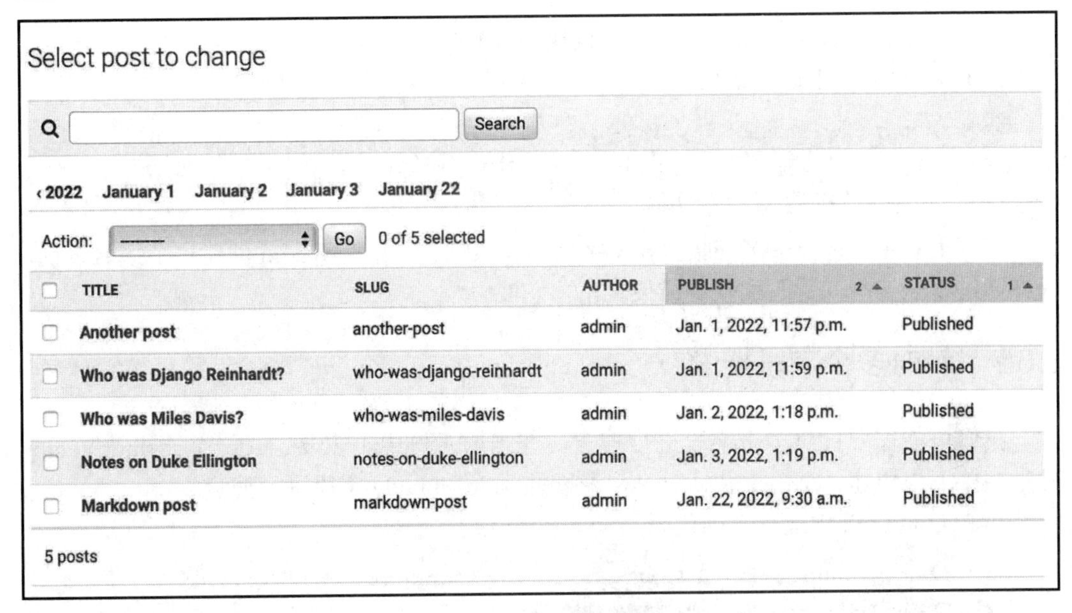

图 3.26　管理网站上的帖子列表

3.6.6　简单的搜索查询

编辑项目的 settings.py 文件，并将 django.contrib.postgres 添加至 INSTALLED_APPS 设置项中，如下所示。

```
INSTALLED_APPS = [
    'django.contrib.admin',
    'django.contrib.auth',
    'django.contrib.contenttypes',
    'django.contrib.sessions',
    'django.contrib.messages',
    'django.contrib.staticfiles',
    'blog.apps.BlogConfig',
    'taggit',
    'django.contrib.sites',
    'django.contrib.sitemaps',
    'django.contrib.postgres',
]
```

在系统 shell 提示符中运行下列命令打开 Django shell。

```
python manage.py shell
```

随后即可利用 search QuerySet 进行查找并针对单一字段进行查询。

在 Python shell 中运行下列代码。

```
>>> from blog.models import Post
>>> Post.objects.filter(title__search='django')
<QuerySet [<Post: Who was Django Reinhardt?>]>
```

该查询利用 PostgreSQL 创建 body 字段的搜索向量，并从 django 创建一个搜索查询。最终通过将查询与向量匹配获得结果。

3.6.7 针对多个字段搜索

我们可能需要针对多个字段进行搜索。在当前示例中，需要定义一个 SearchVector 向量。接下来构建一个向量并针对 Post 模型的 title 和 body 字段进行搜索。

在 Python shell 中运行下列代码。

```
>>> from django.contrib.postgres.search import SearchVector
>>> from blog.models import Post
>>>
>>> Post.objects.annotate(
...     search=SearchVector('title', 'body'),
... ).filter(search='django')
<QuerySet [<Post: Markdown post>, <Post: Who was Django Reinhardt?>]>
```

使用 annotate 并利用两个字段定义 SearchVector，我们可以提供一项功能并针对帖子的 title 和 body 匹配查询。

注意：

全文搜索是一个密集型处理过程。如果搜索超过几百行，那么应该定义一个与搜索向量匹配的函数索引。Django 针对模型提供了一个 SearchVectorField 字段，关于该字段的更多信息，读者可访问 https://docs.djangoproject.com/en/4.1/ref/contrib/postgres/search/#performance。

3.6.8 构建一个搜索视图

下面将构建一个自定义视图，以使用户搜索帖子。首先需要使用一个搜索表单。编辑 blog 应用程序的 forms.py 文件并添加下列表单。

```
class SearchForm(forms.Form):
    query = forms.CharField()
```

我们将使用 query 字段以使用户引入搜索项。编辑 blog 应用程序的 views.py 文件，并向其中添加下列代码。

```
# ...
from django.contrib.postgres.search import SearchVector
from .forms import EmailPostForm, CommentForm, SearchForm

# ...

def post_search(request):
    form = SearchForm()
    query = None
    results = []

    if 'query' in request.GET:
        form = SearchForm(request.GET)
        if form.is_valid():
            query = form.cleaned_data['query']
            results = Post.published.annotate(
                search=SearchVector('title', 'body'),
            ).filter(search=query)

    return render(request,
                  'blog/post/search.html',
                  {'form': form,
                   'query': query,
                   'results': results})
```

在上述代码中，首先实例化 SearchForm 表单。当检查该表单是否提交时，我们查找 request.GET 字典中的 query 参数。此处利用 GET 方法（而非 POST 方法）发送表单，以便最终的 URL 包含 query 参数且易于共享。当表单提交后，可利用提交后的 GET 数据实例化该表单，并验证表单数据是否有效。如果表单有效，则利用 title 和 body 字段构建的 SearchVector 实例搜索发布的帖子。

当前，搜索视图处于完备状态，我们需要在用户执行搜索时创建一个模板以显示表单和结果。

在 templates/blog/post/目录中创建一个新文件，将其命名为 search.html 并向其中添加下列代码。

```
{% extends "blog/base.html" %}
{% load blog_tags %}

{% block title %}Search{% endblock %}
```

```
{% block content %}
  {% if query %}
    <h1>Posts containing "{{ query }}"</h1>
    <h3>
      {% with results.count as total_results %}
        Found {{ total_results }} result{{ total_results|pluralize }}
      {% endwith %}
    </h3>
    {% for post in results %}
      <h4>
        <a href="{{ post.get_absolute_url }}">
          {{ post.title }}
        </a>
      </h4>
      {{ post.body|markdown|truncatewords_html:12 }}
    {% empty %}
      <p>There are no results for your query.</p>
    {% endfor %}
    <p><a href="{% url "blog:post_search" %}">Search again</a></p>
  {% else %}
    <h1>Search for posts</h1>
    <form method="get">
      {{ form.as_p }}
      <input type="submit" value="Search">
    </form>
  {% endif %}
{% endblock %}
```

在搜索视图中，我们通过 query 参数区分表单是否已经被提交。在查询提交之前，我们显示了表单和提交按钮。当搜索表单提交时，我们显示所执行的查询、全部结果数量，以及与搜索查询匹配的帖子列表。

最后，编辑 blog 应用程序的 urls.py 文件并添加下列 URL 模式。

```
urlpatterns = [
    # Post views
    path('', views.post_list, name='post_list'),
    # path('', views.PostListView.as_view(), name='post_list'),
    path('tag/<slug:tag_slug>/',
         views.post_list, name='post_list_by_tag'),
    path('<int:year>/<int:month>/<int:day>/<slug:post>/',
         views.post_detail,
```

```
        name='post_detail'),
    path('<int:post_id>/share/',
         views.post_share, name='post_share'),
    path('<int:post_id>/comment/',
         views.post_comment, name='post_comment'),
    path('feed/', LatestPostsFeed(), name='post_feed'),
    path('search/', views.post_search, name='post_search'),
]
```

在浏览器中打开 http://127.0.0.1:8000/blog/search/，对应的搜索表单如图 3.27 所示。

图 3.27　包含查询字段的表单以供搜索帖子使用

输入查询并单击 SEARCH 按钮，对应的搜索查询结果如图 3.28 所示。

Posts containing "jazz"

Found 3 results

Notes on Duke Ellington

Edward Kennedy "Duke" Ellington was an American composer, pianist, and leader of ...

Who was Miles Davis?

Miles Davis was an American trumpeter, bandleader, and composer. He is among ...

Who was Django Reinhardt?

Jean Reinhardt, known to all by his Romani nickname Django, was a ...

Search again

My blog

This is my blog. I've written 5 posts so far.

Subscribe to my RSS feed

Latest posts

- Markdown post
- Notes on Duke Ellington
- Who was Miles Davis?

Most commented posts

- Notes on Duke Ellington
- Who was Django Reinhardt?
- Another post
- Who was Miles Davis?
- Markdown post

图 3.28　“jazz”的搜索结果

至此，我们创建了博客的基本的搜索引擎。

3.6.9 词干和排名结果

词干是将单词还原为词干、词基或词根形式的过程。搜索引擎使用的词干用于将索引词还原至词干，并能够匹配词尾变化的单词或派生单词。例如，单词"music""musical""musicality"可被搜索引擎视为相似的单词。词干处理过程将每个搜索标记规范化为一个词素，一个词素单位意味着构成一组单词的基础（通过词形变化相关）。当创建一个搜索查询时，单词"music""musical""musicality"可转换为"music"。

Django 提供了一个 SearchQuery 类，将字段（term）转换为一个搜索查询对象。默认状态下，字段通过词干算法被传递，这将有助于获得较好的匹配。

PostgreSQL 搜索引擎还将移除停用词，如"a""the""on""off"。停用词是某种语言中经常使用的一组单词，并在创建搜索查询时被移除，因为这类词频繁出现，且与搜索无关。读者可访问 https://github.com/postgres/postgres/blob/master/src/backend/snowball/stopwords/english.stop 并查看英语中 PostgreSQL 使用的停用词列表。

除此之外，还需要根据相关性排序结果。PostgreSQL 提供了一个排名函数，并根据查询字段的出现频率及其接近程度排序结果。

编辑 blog 应用程序的 views.py 文件，并添加下列导入内容。

```
from django.contrib.postgres.search import SearchVector, \
                                           SearchQuery, SearchRank
```

随后编辑 post_search 视图，如下所示。

```
def post_search(request):
    form = SearchForm()
    query = None
    results = []

    if 'query' in request.GET:
        form = SearchForm(request.GET)
        if form.is_valid():
            query = form.cleaned_data['query']
            search_vector = SearchVector('title', 'body')
            search_query = SearchQuery(query)
            results = Post.published.annotate(
                search=search_vector,
                rank=SearchRank(search_vector, search_query)
            ).filter(search=search_query).order_by('-rank')
```

```
    return render(request,
                  'blog/post/search.html',
                  {'form': form,
                   'query': query,
                   'results': results})
```

在上述代码中，我们创建了一个 SearchQuery 对象，并以此过滤结果，同时使用 SearchRank 根据相关性排序结果。

在浏览器中打开 http://127.0.0.1:8000/blog/search/，并通过不同的搜索测试词干和排名结果。图 3.29 显示了在帖子的 title 和 body 中单词 django 出现次数的排名结果。

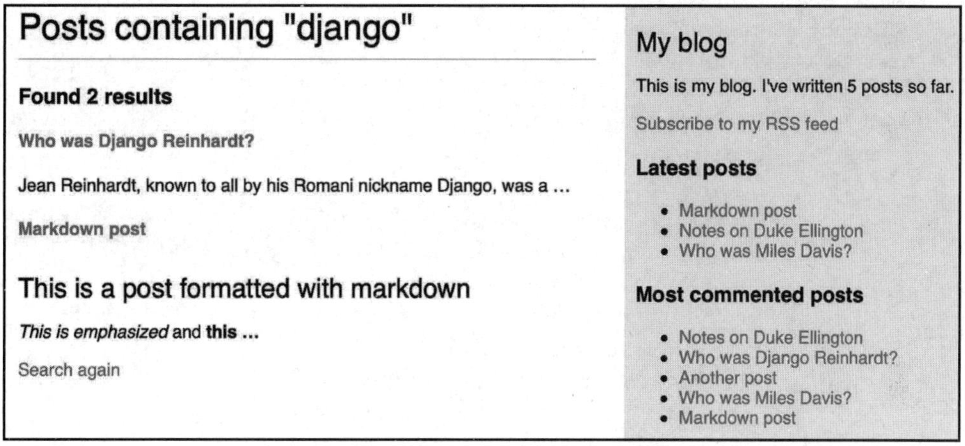

图 3.29　django 的搜索结果

3.6.10　不同语言中的词干提取和移除停用词

我们可以设置 SearchVector 和 SearchQuery，并在任何语言中执行词干提取并移除停用词。我们可向 SearchVector 和 SearchQuery 传递一个 config 属性，以使用不同的搜索配置。这也允许我们使用不同的语言解析器和词典。下列示例在西班牙语中执行词干提取并移除停用词。

```
search_vector = SearchVector('title', 'body', config='spanish')
search_query = SearchQuery(query, config='spanish')
results = Post.published.annotate(
    search=search_vector,
    rank=SearchRank(search_vector, search_query)
).filter(search=search_query).order_by('-rank')
```

读者可访问 https://github.com/postgres/postgres/blob/master/src/backend/snowball/stopwords/spanish.stop 查看 PostgreSQLus 所采用的西班牙语停用词字典。

3.6.11　加权查询

相应地，我们可以增加特定的向量，以便在根据相关性排序结果时赋予它们更多的权限。例如，我们可以此按标题而非按内容匹配的帖子提供更多的相关性。

编辑 blog 应用程序的 views.py 文件，并调整 post_search 视图，如下所示。

```
def post_search(request):
    form = SearchForm()
    query = None
    results = []

    if 'query' in request.GET:
        form = SearchForm(request.GET)
        if form.is_valid():
            query = form.cleaned_data['query']
            search_vector = SearchVector('title', weight='A') + \
                            SearchVector('body', weight='B')
            search_query = SearchQuery(query)
            results = Post.published.annotate(
                search=search_vector,
                rank=SearchRank(search_vector, search_query)
            ).filter(rank__gte=0.3).order_by('-rank')

    return render(request,
                  'blog/post/search.html',
                  {'form': form,
                   'query': query,
                   'results': results})
```

在上述代码中，我们针对搜索向量（通过 title 和 body 字段构建）应用了不同的权重。其中，默认的权重为 D、C、B、A，分别表示为数字 0.1、0.2、0.4 和 1.0。相应地，我们向 title 搜索向量（A）应用了权重 1.0，并向 body 向量（B）应用了权重 0.4。title 匹配将优先于 body 内容匹配。随后我们对结果进行过滤，仅显示排名高于 0.3 的结果。

3.6.12　使用三元组相似性进行搜索

另一种搜索方案是三元组（trigram）相似性。三元组是由三个连续字符组成的一个分组，可以通过计算两个字符串共享的三元组的数量来度量它们的相似性。事实证明，这种方法对于测量多种语言中单词的相似度非常有效。

当在 PostgreSQL 中使用三元组时，首先需要安装 pg_trgm 扩展。在 shell 提示符中执行下列命令并连接数据库。

```
psql blog
```

随后执行下列命令安装 pg_trgm 扩展。

```
CREATE EXTENSION pg_trgm;
```

对应结果如下所示。

```
CREATE EXTENSION
```

接下来编辑、调整视图并执行三元组搜索。

编辑 blog 应用程序的 views.py 文件，并添加下列导入内容。

```
from django.contrib.postgres.search import TrigramSimilarity
```

接下来调整视图，如下所示。

```
def post_search(request):
    form = SearchForm()
    query = None
    results = []

    if 'query' in request.GET:
        form = SearchForm(request.GET)
        if form.is_valid():
            query = form.cleaned_data['query']
            results = Post.published.annotate(
                similarity=TrigramSimilarity('title', query),
            ).filter(similarity__gt=0.1).order_by('-similarity')

    return render(request,
                  'blog/post/search.html',
                  {'form': form,
                   'query': query,
                   'results': results})
```

在浏览器中打开 http://127.0.0.1:8000/blog/search/，并测试不同的三元组搜索。下列示例展示了 django 的一个书写错误，并显示了 yango 的搜索结果，如图 3.30 所示。

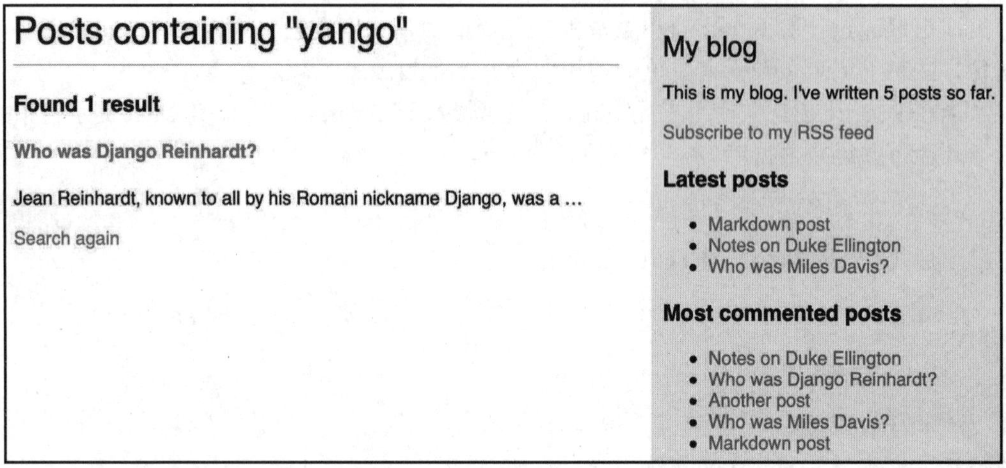

图 3.30　yango 的搜索结果

至此，我们向 blog 应用程序中添加了强有力的搜索引擎。

关于全文本搜索，读者可访问 https://docs.djangoproject.com/en/4.1/ref/contrib/postgres/search/。

3.7　附 加 资 源

下列资源提供了与本章主题相关的附加信息。

- 本章源代码：https://github.com/PacktPublishing/Django-4-by-example/tree/main/Chapter03。
- Django-taggit：https://github.com/jazzband/django-taggit。
- Django-taggit ORM 管理器：https://django-taggit.readthedocs.io/en/latest/api.html。
- 多对多关系：https://docs.djangoproject.com/en/4.1/topics/db/examples/many_to_ many/。
- Django 聚合函数：https://docs.djangoproject.com/en/4.1/topics/db/aggregation/。
- 内建模板标签和过滤器：https://docs.djangoproject.com/en/4.1/ref/templates/builtins/。
- 编写自定义模板标签：https://docs.djangoproject.com/en/4.1/howto/customtemplate-tags/。
- Markdown 格式参考：https://daringfireball.net/projects/markdown/basics。
- Django 网站地图框架：https://docs.djangoproject.com/en/4.1/ref/contrib/sitemaps/。

- Django 聚合订阅源框架：https://docs.djangoproject.com/en/4.1/ref/contrib/syndication/。
- PostgreSQL 下载：https://www.postgresql.org/download/。
- PostgreSQL 全文本搜索功能：https://www.postgresql.org/docs/14/textsearch.html。
- Django 对 PostgreSQL 全文本搜索的支持：https://docs.djangoproject.com/en/4.1/ref/contrib/postgres/search/。

3.8 本章小结

本章通过将第三方应用程序与项目集成实现了标签系统，并通过复杂的 QuerySet 实现了帖子的推荐功能。此外，我们还学习了如何创建自定义 Django 模板标签和过滤器，进而提供包含自定义功能的模板。而且，我们还创建了一个站点地图供搜索引擎抓取站点，并创建了一个 RSS 提要供用户订阅源博客。最后，本章通过 PostgreSQL 的全文本搜索引擎构建了一个博客搜索引擎。

第 4 章将学习如何利用 Django 的身份验证框架构建一个社交站点，以及如何实现用户账户功能和自定义用户信息功能。

第 4 章　构建社交网站

在第 3 章中，我们学习了如何实现标签系统，以及如何推荐相似的帖子。其间，我们实现了自定义模板标签和过滤器。除此之外，我们还学习了如何创建网站的网站地图和订阅源，并通过 PostgreSQL 构建了全文本搜索引擎。

本章将学习如何开发用户账户功能并创建一个社交网站，包括用户注册、密码管理、个人信息编辑和身份验证。在稍后的章节中，我们将实现网站的社交特性，令用户分享图像和彼此间交互。用户将能够在互联网上收藏任何图像，并与其他用户分享。此外，用户还可看到所关注用户在平台上的活动，以及所分享的图像的点赞情况。

本章主要涉及下列主题。

- 创建一个登录视图。
- 使用 Django 身份验证框架。
- 创建 Django 登录、注销、密码修改和密码重置视图的模板。
- 利用自定义个人信息模型扩展用户模型。
- 创建用户注册视图。
- 配置媒体文件上传项目。
- 使用消息框架。
- 构建自定义身份验证后端。
- 防止用户使用已有的电子邮件。

接下来开始创建新的项目。

读者可访问 https://github.com/PacktPublishing/Django-4-by-example/tree/main/Chapter04 查看本章源代码。

本章使用的全部 Python 包均包含于本章源代码的 requirements.txt 文件中。在后续章节中，我们可遵循相关指令安装每个 Python 包，或者利用 pip install -r requirements.txt 命令一次性安装所有的 Python 包。

4.1　创建社交网站项目

本节将创建一个社交应用程序，以使用户可共享互联网上的图像。对此，需要构建下列项目元素。

- ❑ 用户身份验证系统，包括注册、登录、编辑个人信息以及修改或重置密码功能。
- ❑ 关注系统，以使用户可在网站上彼此关注。
- ❑ 共享源自任意网站的图像并显示共享图像。
- ❑ 活动流，以使用户可查看所关注用户上传的内容。

打开终端并使用下列命令创建项目的虚拟环境。

```
mkdir env
python -m venv env/bookmarks
```

对于 Linux 或 macOS 用户，运行下列命令激活虚拟环境。

```
source env/bookmarks/bin/activate
```

Windows 用户则运行下列命令。

```
.\env\bookmarks\Scripts\activate
```

shell 提示符将显示活动的虚拟环境，如下所示。

```
(bookmarks)laptop:~ zenx$
```

利用下列命令在虚拟环境中安装 Django。

```
pip install Django~=4.1.0
```

运行下列命令创建一个新项目。

```
django-admin startproject bookmarks
```

至此，初始项目结构创建完毕。使用下列命令进入项目目录，并创建一个名为 account 的新应用程序。

```
cd bookmarks/
django-admin startapp account
```

记住，应向项目中添加这一新的应用程序，即将应用程序的名称添加至 settings.py 文件中的 INSTALLED_APPS 设置项中。

编辑 settings.py 文件并在任何安装的应用程序之前将粗体代码添加至 INSTALLED_APPS 列表中，如下所示。

```
INSTALLED_APPS = [
    'account.apps.AccountConfig',
    'django.contrib.admin',
    'django.contrib.auth',
```

```
    'django.contrib.contenttypes',
    'django.contrib.sessions',
    'django.contrib.messages',
    'django.contrib.staticfiles',
]
```

根据在 INSTALLED_APPS 设置项中的顺序，Django 在应用程序模板目录中查找模板。其中，django.contrib.admin 应用程序包含了标准的身份验证模板，该模板覆写了 account 应用程序。通过将应用程序设置在 INSTALLED_APPS 设置项的首位，可确保默认状态下使用自定义的身份验证模板，而非包含于 django.contrib.admin 中的身份验证模板。

运行下列命令将数据库与 INSTALLED_APPS 设置项中的默认应用程序的模型保持同步。

```
python manage.py migrate
```

可以看到，所有的初始 Django 数据库迁移都将被应用。接下来将利用 Django 身份验证框架在项目中构建一个身份验证系统。

4.2　使用 Django 身份验证框架

Django 包含了内建身份验证框架，可处理用户的身份验证、会话、授权和用户分组。该身份验证系统包含了公共用户动作的视图，如登录、注销、密码修改和密码重置。

该身份验证框架位于 django.contrib.auth 中，以供其他 Django contrib 包使用。回忆一下，第 1 章中我们已经使用了身份验证框架，并创建博客应用程序的超级用户以访问管理网站。

当利用 startproject 命令创建新的 Django 项目时，身份验证空间包含在默认的项目设置中，并由 django.contrib.auth 应用程序以及项目 MIDDLEWARE 设置项中的下列两个中间件构成。

（1）AuthenticationMiddleware：利用会话将用户与请求关联。

（2）处理请求间的当前会话。

中间件是一个包含方法的类，并在请求或响应阶段以全局方式执行。本书将在多处使用中间件类，第 17 章将讨论如何创建自定义中间件。

身份验证框架还包含定义于 django.contrib.auth.models 中的下列模型。

- User：包含基本字段的用户模型。该模型的主字段为 username、password、email、first_name、last_name 和 is_active。

- Group：一个分类用户的分组模型。
- Permission：执行特定动作的用户或分组标志。

除此之外，该框架还包含默认的身份验证视图和表单，稍后即会使用到这些内容。

4.2.1 创建一个登录视图

下面首先使用 Django 身份验证框架以使用户登录网站。我们将创建一个视图，并执行下列登录动作。

- 利用登录表单表示用户。
- 当提交表单时获取用户提供的用户名和密码。
- 检查用户是否处于活动状态。
- 用户登录网站并开始身份验证会话。

接下来开始创建登录表单。

在 account 应用程序目录中创建新的 forms.py 文件，并向其中添加下列代码。

```
from django import forms

class LoginForm(forms.Form):
    username = forms.CharField()
    password = forms.CharField(widget=forms.PasswordInput)
```

该表单用于在用户和数据库之间进行身份验证。注意，我们使用 PasswordInput 微件渲染 passwor HTML 元素。这将在 HTML 中包含 type="password"以便浏览器将其视为密码输入。

编辑 account 应用程序的 views.py 文件，并向其中添加下列代码。

```
from django.http import HttpResponse
from django.shortcuts import render
from django.contrib.auth import authenticate, login
from .forms import LoginForm

def user_login(request):
    if request.method == 'POST':
        form = LoginForm(request.POST)
        if form.is_valid():
            cd = form.cleaned_data
            user = authenticate(request,
                                username=cd['username'],
                                password=cd['password'])
```

```
            if user is not None:
                if user.is_active:
                    login(request, user)
                    return HttpResponse('Authenticated successfully')
                else:
                    return HttpResponse('Disabled account')
            else:
                return HttpResponse('Invalid login')
    else:
        form = LoginForm()
    return render(request, 'account/login.html', {'form': form})
```

当 user_login 视图通过 GET 请求被调用时，新的登录表单将通过 form = LoginForm()实例化。随后，该表单传递至模板中。

当用户通过 POST 提交表单后，将执行下列动作。

- 表单利用提交的数据 form = LoginForm(request.POST)实例化。
- 表单通过 form.is_valid()被验证。如果表单无效，表单错误将于稍后显示于模板中（例如，如果用户未填写某个字段）。
- 如果提交后的数据有效，用户将利用 authenticate()方法针对数据库进行身份验证。该方法接收 request 对象、username 和 password 参数，如果用户身份验证成功则返回 User 对象；否则返回 None。如果用户身份验证失败，则返回包含 Invalid login 消息的 HttpResponse。
- 如果用户身份验证成功，用户状态则通过访问 is_active 属性而被检查，这是一个 Django 的 User 模型的属性。如果用户未处于活动状态，则返回包含 Disabled account 消息的 HttpResponse。
- 如果用户处于活动状态，用户将登录网站。用户通过调用 login()方法在会话中被设置，同时返回一条 Authenticated successfully 消息。

注意：

注意 authenticate()和 login()之间的差别。authenticate()检查用户证书，若正确则返回一个 User 对象，login()则在当前会话中设置用户。

下面针对视图创建 URL 模式。

在 account 应用程序中创建一个新的 urls.py 文件，并向其中添加下列代码。

```
from django.urls import path
from . import views
```

```
urlpatterns = [
   path('login/', views.user_login, name='login'),
]
```

编辑 bookmarks 项目目录中的 urls.py 文件、导入 include，并添加 account 应用程序的 URL 模式，如下所示。

```
from django.contrib import admin
from django.urls import path, include

urlpatterns = [
   path('admin/', admin.site.urls),
   path('account/', include('account.urls')),
]
```

当前，登录视图可通过 URL 访问。

下面创建视图的模板。由于目前项目中尚不存在模板，因而首先应创建一个由登录模板扩展的基本模板。

在 account 应用程序目录中创建下列文件和目录。

```
templates/
   account/
      login.html
   base.html
```

编辑 base.html 模板，并向其中添加下列代码。

```
{% load static %}
<!DOCTYPE html>
<html>
<head>
  <title>{% block title %}{% endblock %}</title>
  <link href="{% static "css/base.css" %}" rel="stylesheet">
</head>
<body>
  <div id="header">
    <span class="logo">Bookmarks</span>
  </div>
  <div id="content">
    {% block content %}
    {% endblock %}
  </div>
</body>
</html>
```

这便是网站的基础模板。与上一个项目的做法一样，我们在主模板中包含了 CSS 样式，我们可以在本章附带的代码中找到这些静态文件。这里，将 account 应用程序的 static/目录从本章源代码处复制至项目的同一位置，以便使用静态文件。读者可访问 https://github.com/PacktPublishing/Django-4-by-Example/tree/master/Chapter04/bookmarks/account/static 查找目录内容。

基础模板定义了 title 块和 content 块，并可由扩展模板填充内容。

下面填写登录表单的模板。

打开 account/login.html 模板，并向其中添加下列代码。

```
{% extends "base.html" %}

{% block title %}Log-in{% endblock %}

{% block content %}
  <h1>Log-in</h1>
  <p>Please, use the following form to log-in:</p>
  <form method="post">
    {{ form.as_p }}
    {% csrf_token %}
    <p><input type="submit" value="Log in"></p>
  </form>
{% endblock %}
```

该模板包含了在视图中实例化的表单。因为表单通过 POST 提交，因而针对跨站点请求伪造（CSRF）保护，我们将包含{% csrf_token %}模板标签。关于 CSRF 保护，读者可参考第 2 章。

目前，数据库中尚不存在用户，因此首先需要创建一个超级用户访问管理网站并管理其他用户。

在 shell 提示符中执行下列命令。

```
python manage.py createsuperuser
```

随后将看到下列输出结果。输入期望的用户名、电子邮件和密码。

```
Username (leave blank to use 'admin'): admin
Email address: admin@admin.com
Password: ********
Password (again): ********
```

随后将会看到下列成功消息。

```
Superuser created successfully.
```

通过下列命令运行开发服务器。

```
python manage.py runserver
```

在浏览器中打开 http://127.0.0.1:8000/admin/。利用刚刚创建的用户证书访问管理网站，其中包含了 Django 身份验证框架的 User 和 Group 模型，如图 4.1 所示。

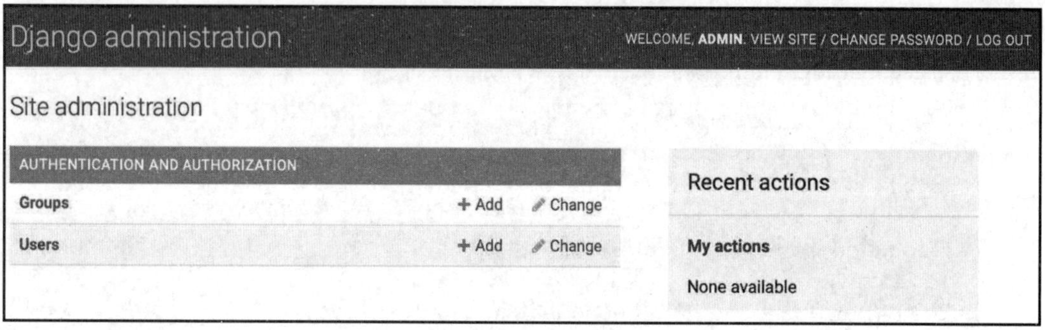

图 4.1　包含 User 和 Group 的 Django 管理网站索引页面

在 User 中，单击 Add 链接。

利用管理网站创建一个新用户，如图 4.2 所示。

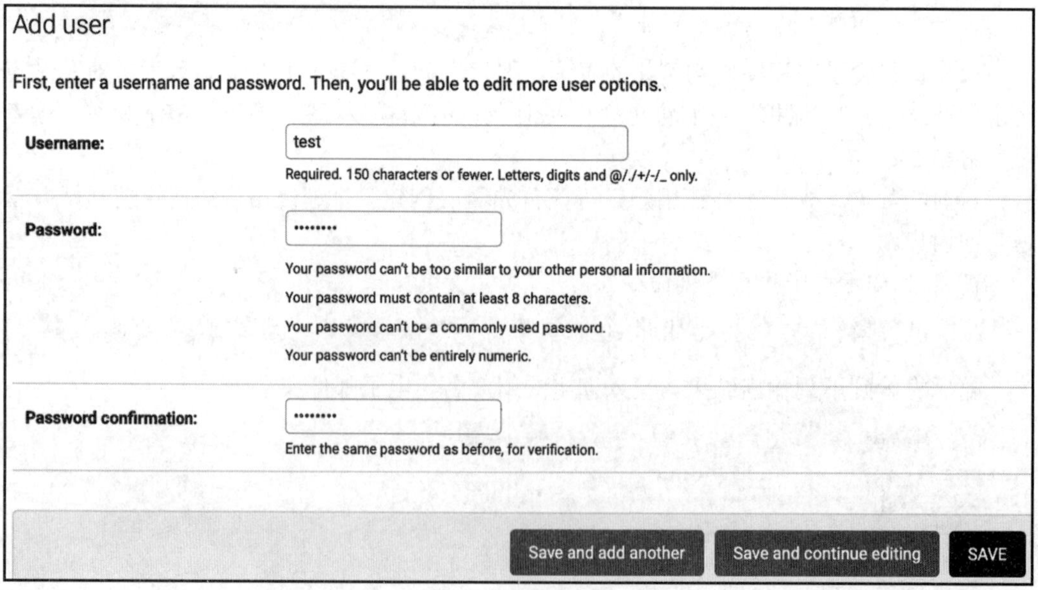

图 4.2　在 Django 管理网站上的 Add 用户表单

输入用户详细信息，单击 SAVE 按钮将用户保存在数据库中。

在 Personal info 中，填写 First name、Last name 和 Email address 字段，如图 4.3 所示，随后单击 SAVE 按钮保存变化内容。

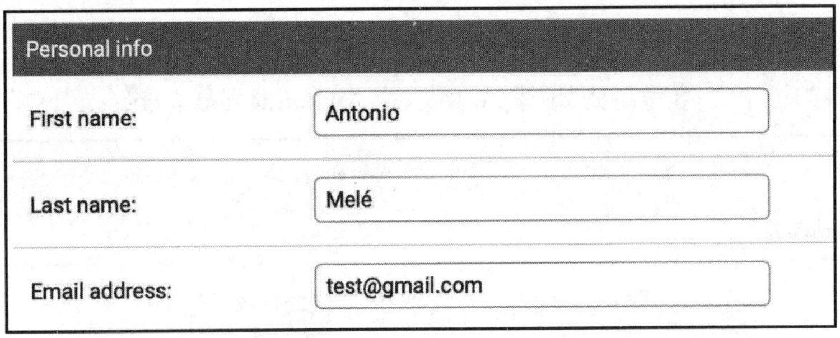

图 4.3　Django 管理网站上的用户编辑表单

在浏览器中打开 http://127.0.0.1:8000/account/login/，渲染后的模板如图 4.4 所示，其中包含了登录表单。

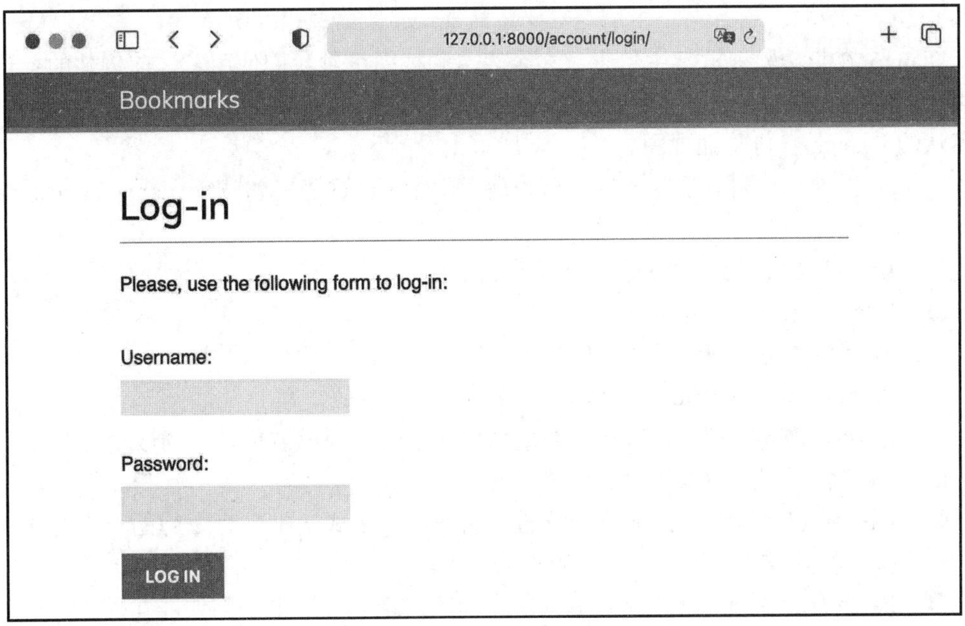

图 4.4　用户登录页面

输入无效证书并提交表单，随后将得到如图 4.5 所示的 Invalid login 响应结果。

127.0.0.1:8000/account/login/

Invalid login

图 4.5　无效登录的纯文本响应结果

输入有效的证书，随后得到如图 4.6 所示的 Authenticated successfully 响应结果。

图 4.6　成功身份验证的纯文本响应结果

至此，我们学习了用户的身份验证方式，以及如何创建自己的身份验证视图。接下来我们可以构建自己的身份验证视图，Django 提供了可用的身份验证视图。

4.2.2　使用 Django 身份验证视图

Django 在身份验证框架中包含了多个表单和视图可供我们使用。之前创建的登录表单可帮助我们理解 Django 中用户身份验证的处理过程。然而，在大多数时候，我们可采用默认的 Django 身份验证视图。

Django 提供了下列基于类的视图以处理身份验证，这些视图位于 django.contrib.auth.views 中。

- LoginView：处理登录表单和用户日志。
- LogoutView：注销用户。

Django 提供了下列视图处理密码更改。

- PasswordChangeView：处理表单并修改用户密码。
- PasswordChangeDoneView：在成功修改密码后用户被重定向的成功视图。

Django 包含下列视图以使用户可重置密码。

- PasswordResetView：允许用户重置密码，并生成一个带有令牌的一次性使用链接，将其发送到用户的电子邮件账户中。
- PasswordResetDoneView：通知用户向其发送了一封电子邮件，其中包含一个重置密码链接。
- PasswordResetConfirmView：允许用户设置新密码。
- PasswordResetCompleteView：在成功重置密码后用户被重定向的成功视图。

当构建基于用户账户的 Web 应用程序时，这将节省大量的时间。视图使用可被覆写的默认值，如被渲染的模板的位置，或者视图使用的表单，

关于内建身份验证视图的更多信息，读者可访问 https://docs.djangoproject.com/en/4.1/topics/auth/default/#all-authentication-views。

4.2.3 登录和注销视图

编辑 account 应用程序的 urls.py 文件，并添加下列代码。

```
from django.urls import path
from django.contrib.auth import views as auth_views
from . import views

urlpatterns = [
    # previous login url
    # path('login/', views.user_login, name='login'),
    # login / logout urls
    path('login/', auth_views.LoginView.as_view(), name='login'),
    path('logout/', auth_views.LogoutView.as_view(), name='logout'),
]
```

在上述代码中，我们注销了之前创建的 user_login 视图的 URL 模式，并使用 Django 身份验证框架的 LoginView 视图。此外，我们还添加了 LogoutView 视图的 URL 模式。

在 account 应用程序的 templates/目录中创建一个新目录，并将其命名为 registration，这也是 Django 身份验证视图期望身份验证模板所在的默认路径。

django.contrib.admin 包含了用于身份验证管理网站的身份验证模板，如登录模板。当配置项目时，通过将 account 应用程序置于 INSTALLED_APPS 设置项之前，可确保 Django 使用我们的身份验证模板，而不是定义于其他应用程序中的模板。

在 templates/registration/目录中创建一个新文件，将其命名为 login.html，并向其中添加下列代码。

```
{% extends "base.html" %}

{% block title %}Log-in{% endblock %}

{% block content %}
  <h1>Log-in</h1>
  {% if form.errors %}
    <p>
```

```
      Your username and password didn't match.
      Please try again.
    </p>
  {% else %}
    <p>Please, use the following form to log-in:</p>
  {% endif %}
  <div class="login-form">
    <form action="{% url 'login' %}" method="post">
      {{ form.as_p }}
      {% csrf_token %}
      <input type="hidden" name="next" value="{{ next }}" />
      <p><input type="submit" value="Log-in"></p>
    </form>
  </div>
{% endblock %}
```

该登录模板与之前创建的模板十分相似。默认条件下，Django 使用位于 django.contrib.auth.forms 中的 AuthenticationForm 表单，该表单尝试验证用户，如果登录不成功则生成一个验证错误。我们在模板中使用{% if form.errors %}并检查所提供的证书是否是错误的。

我们添加了一个隐藏的 HTML<input>元素，并提交 next 变量值。如果将 next 参数传递至请求，该变量将被提供至登录视图，例如，通过访问 http://127.0.0.1:8000/account/login/?next=/account/。

next 参数应是一个 URL。如果给定该参数，Django 登录视图将在登录成功后把用户重定向至给定 URL 处。

在 templates/registration/目录中创建一个 logged_out.html 模板，如下所示。

```
{% extends "base.html" %}

{% block title %}Logged out{% endblock %}

{% block content %}
  <h1>Logged out</h1>
  <p>
    You have been successfully logged out.
    You can <a href="{% url "login" %}">log-in again</a>.
  </p>
{% endblock %}
```

在用户注销后，Django 将显示该模板。

针对登录和注销视图，我们添加了 URL 模式和模板。当前，用户可利用 Django 的身份验证视图登录和注销。

下面创建一个新视图，并在用户登录账户时显示仪表板。

编辑 account 应用程序的 views.py 文件并向其中添加下列代码。

```
from django.contrib.auth.decorators import login_required

@login_required
def dashboard(request):
    return render(request,
                  'account/dashboard.html',
                  {'section': 'dashboard'})
```

我们创建了 dashboard，并将其应用于身份验证框架的 login_required 装饰器上。login_required 装饰器检查当前用户是否被验证。

如果用户经过身份验证，则执行装饰视图；否则将把用户重定向至登录 URL，并将最初请求的 URL 作为名为 next 的 GET 参数。

据此，登录视图将把用户重定向至成功登录后试图访问的 URL。对此，我们在登录模板中添加了一个名为 next 的隐藏的<input> HTML 元素。

除此之外，我们还定义了一个 section 变量，并以此突出显示网站主菜单中的当前部分。

接下来需要针对仪表板视图创建一个模板。

在 templates/account/目录中创建一个新文件，将其命名为 dashboard.html 并向其中添加下列代码。

```
{% extends "base.html" %}

{% block title %}Dashboard{% endblock %}

{% block content %}
  <h1>Dashboard</h1>
  <p>Welcome to your dashboard.</p>
{% endblock %}
```

编辑 account 应用程序的 urls.py 文件，并添加视图的下列 URL 模式。

```
urlpatterns = [
    # previous login url
    # path('login/', views.user_login, name='login'),

    # login / logout urls
```

```
    path('login/', auth_views.LoginView.as_view(), name='login'),
    path('logout/', auth_views.LogoutView.as_view(), name='logout'),

    path('', views.dashboard, name='dashboard'),
]
```

编辑项目的 settings.py 文件，并向其中添加下列代码。

```
LOGIN_REDIRECT_URL = 'dashboard'
LOGIN_URL = 'login'
LOGOUT_URL = 'logout'
```

其中，我们定义了下列设置项。

- LOGIN_REDIRECT_URL：如果请求中不存在 next 参数，在成功登录后通知 Django 将用户重定向至哪一个 URL。
- LOGIN_URL：将用户重定向至登录的 URL（例如，使用 login_required 装饰器的视图）。
- LOGOUT_URL：将用户重定向至注销的 URL。

我们在 URL 模式中使用了之前用 path()函数的 name 属性定义的 URL 的名称。硬编码的 URL 也可以用于这些设置项中，而不是 URL 名称。

下面总结一下截至目前我们完成的操作。

- 向视图中添加了内建 Django 身份验证登录和注销视图。
- 针对两个视图自定义了模板，并定义了一个简单的仪表板以在用户登录后重定向用户。
- 添加了 Django 设置项并在默认状态下使用这些 URL。

接下来将向基础模板中添加登录和注销链接。对此，需要确定当前用户是否处于登录状态，并针对每种情形显示相应的链接。当前用户由身份验证中间件在 HttpRequest 对象中被设置，并可通过 request.user 对其进行访问。即使用户未经过身份验证，也可在请求中查找到一个 User 对象。未经身份验证的用户作为 AnonymousUser 实例在请求中被设置。检查当前用户是否经过身份验证的最佳方法是访问只读属性 is_authenticated。

编辑 templates/base.html 并添加下列代码。

```
{% load static %}
<!DOCTYPE html>
<html>
<head>
  <title>{% block title %}{% endblock %}</title>
  <link href="{% static "css/base.css" %}" rel="stylesheet">
```

```
</head>
<body>
  <div id="header">
    <span class="logo">Bookmarks</span>
    {% if request.user.is_authenticated %}
      <ul class="menu">
        <li {% if section == "dashboard" %}class="selected"{% endif %}>
          <a href="{% url "dashboard" %}">My dashboard</a>
        </li>
        <li {% if section == "images" %}class="selected"{% endif %}>
          <a href="#">Images</a>
        </li>
        <li {% if section == "people" %}class="selected"{% endif %}>
          <a href="#">People</a>
        </li>
      </ul>
    {% endif %}
    <span class="user">
      {% if request.user.is_authenticated %}
        Hello {{ request.user.first_name|default:request.user.username }},
        <a href="{% url "logout" %}">Logout</a>
      {% else %}
        <a href="{% url "login" %}">Log-in</a>
      {% endif %}
    </span>
  </div>
  <div id="content">
    {% block content %}
    {% endblock %}
  </div>
</body>
</html>
```

网站的菜单仅显示与身份验证用户。section 将被检查，进而向当前部分的菜单<li>列表条目添加 selected 类属性。据此，对应于当前部分的菜单条目将通过 CSS 突出显示。如果用户经过身份验证，用户的姓氏和一个注销链接将被显示；否则显示登录链接。如果用户名称为空，则通过 request.user.first_name|default:request.user.username 显示用户名。

在浏览器中打开 http://127.0.0.1:8000/account/login/，应可看到 Log-in 页面。输入有效的用户名和密码并单击 Log-in 按钮，对应结果如图 4.7 所示。

My dashboard 菜单条目通过 CSS 呈突出显示，因为其中包含了一个 selected 类。由于用户经过身份验证，用户的姓氏将显示于标头的右侧。单击 Logout 链接，对应结果如

图 4.8 所示。

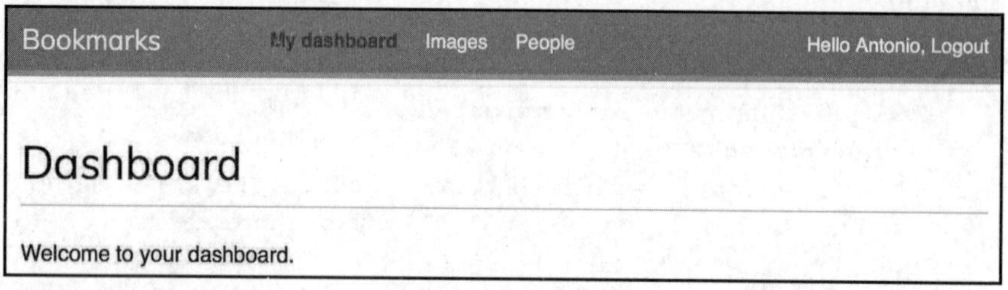

图 4.7　仪表板页面

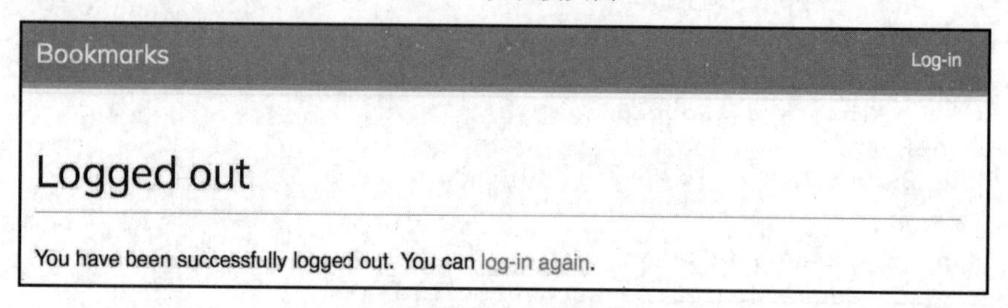

图 4.8　注销页面

在该页面中，可以看到用户被注销。因此，网站的菜单并未显示。当前，显示于标头右侧的链接为 Log-in。

注意：

如果看到了 Django 管理网站的 Logged out 页面而非自己的 Logged out 页面，则需要检查项目的 INSTALLED_APPS，以确保 django.contrib.admin 在 account 应用程序之后。这两个应用程序包含了位于同一相对路径中的注销模板。Django 模板加载器将在 INSTALLED_APPS 列表中遍历不同的应用程序，并使用所发现的第一个模板。

4.2.4　修改密码视图

用户在登录网站后应能够修改密码。我们将针对密码修改集成 Django 身份验证视图。

打开 account 应用程序的 urls.py 文件，并添加下列 URL 模式。

```
urlpatterns = [
    # previous login url
    # path('login/', views.user_login, name='login'),

    # login / logout urls
    path('login/', auth_views.LoginView.as_view(), name='login'),
```

```
    path('logout/', auth_views.LogoutView.as_view(), name='logout'),

    # change password urls
    path('password-change/',
         auth_views.PasswordChangeView.as_view(),
         name='password_change'),
    path('password-change/done/',
         auth_views.PasswordChangeDoneView.as_view(),
         name='password_change_done'),

    path('', views.dashboard, name='dashboard'),
]
```

PasswordChangeView 视图将处理表单以修改密码，PasswordChangeDoneView 视图将在用户成功修改密码后显示一条成功消息。下面针对每个视图创建一个模板。

在 account 应用程序的 templates/registration/目录中添加一个新文件，将其命名为 password_change_form.html 并向其中添加下列代码。

```
{% extends "base.html" %}

{% block title %}Change your password{% endblock %}

{% block content %}
  <h1>Change your password</h1>
  <p>Use the form below to change your password.</p>
  <form method="post">
    {{ form.as_p }}
    <p><input type="submit" value="Change"></p>
    {% csrf_token %}
  </form>
{% endblock %}
```

password_change_form.html 模板包含了表单以修改密码。

在同一个目录中创建另一个文件，将其命名为 password_change_done.html 并向其中添加下列代码。

```
{% extends "base.html" %}

{% block title %}Password changed{% endblock %}

{% block content %}
  <h1>Password changed</h1>
  <p>Your password has been successfully changed.</p>
{% endblock %}
```

password_change_done.html 模板仅包含成功消息，并仅在密码成功修改后显示。

在浏览器中打开 http://127.0.0.1:8000/account/password-change/。如果用户未登录，浏览器将把用户重定向至 Log-in 页面。在成功地经过身份验证后，将显示如图 4.9 所示的密码修改页面。

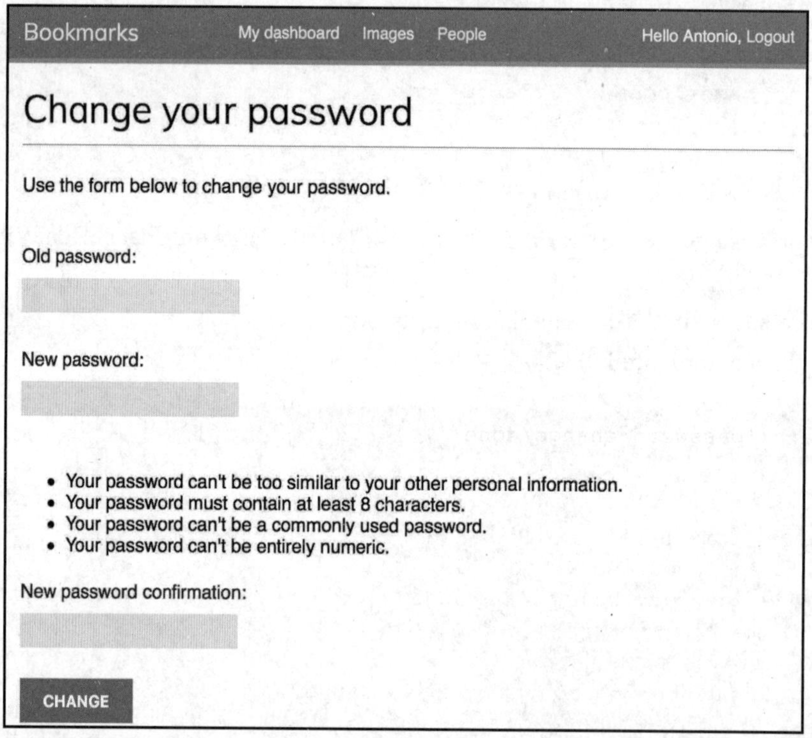

图 4.9　密码修改表单

利用当前密码和新密码填写表单，单击 CHANGE 按钮后将会看到如图 4.10 所示的成功页面。

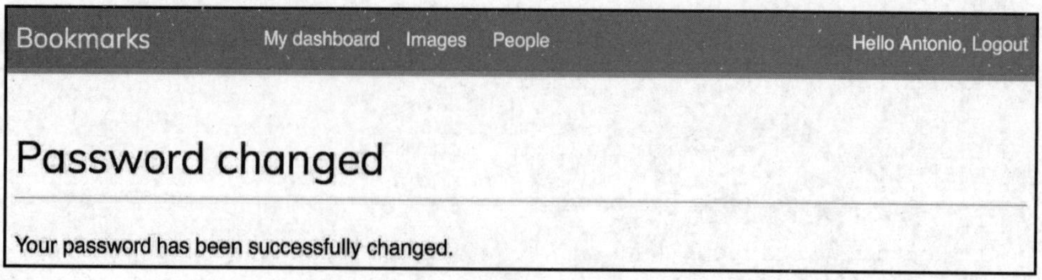

图 4.10　密码修改成功页面

注销并利用新密码再次登录，以检验一切是否工作正常。

4.2.5　重置密码视图

编辑 account 应用程序的 urls.py 文件，并添加下列 URL 模式。

```
urlpatterns = [
    # previous login url
    # path('login/', views.user_login, name='login'),

    # login / logout urls
    path('login/', auth_views.LoginView.as_view(), name='login'),
    path('logout/', auth_views.LogoutView.as_view(), name='logout'),

    # change password urls
    path('password-change/',
          auth_views.PasswordChangeView.as_view(),
          name='password_change'),
    path('password-change/done/',
         auth_views.PasswordChangeDoneView.as_view(),
         name='password_change_done'),

    # reset password urls
    path('password-reset/',
         auth_views.PasswordResetView.as_view(),
         name='password_reset'),
    path('password-reset/done/',
         auth_views.PasswordResetDoneView.as_view(),
         name='password_reset_done'),
    path('password-reset/<uidb64>/<token>/',
         auth_views.PasswordResetConfirmView.as_view(),
         name='password_reset_confirm'),
    path('password-reset/complete/',
         auth_views.PasswordResetCompleteView.as_view(),
         name='password_reset_complete'),

    path('', views.dashboard, name='dashboard'),
]
```

在 account 应用程序的 templates/registration/目录中添加新文件，将其命名为 password_reset_form.html 并添加下列代码。

```
{% extends "base.html" %}

{% block title %}Reset your password{% endblock %}

{% block content %}
   <h1>Forgotten your password?</h1>
   <p>Enter your e-mail address to obtain a new password.</p>
   <form method="post">
      {{ form.as_p }}
      <p><input type="submit" value="Send e-mail"></p>
      {% csrf_token %}
   </form>
{% endblock %}
```

在同一目录下创建另一个文件，将其命名为 password_reset_email.html 并添加下列密码。

```
Someone asked for password reset for email {{ email }}. Follow the link below:
{{ protocol }}://{{ domain }}{% url "password_reset_confirm" uidb64=uid
token=token %}
Your username, in case you've forgotten: {{ user.get_username }}
```

password_reset_email.html 模板用于渲染发送至用户的电子邮件，并重置其密码，其中包含了视图生成的重置令牌。

在同一目录中创建另一个文件，将其命名为 password_reset_done.html 并向其中添加下列代码。

```
{% extends "base.html" %}

{% block title %}Reset your password{% endblock %}

{% block content %}
  <h1>Reset your password</h1>
  <p>We've emailed you instructions for setting your password.</p>
  <p>If you don't receive an email, please make sure you've entered the
address you registered with.</p>
{% endblock %}
```

在同一目录中创建另一个模板，将其命名为 password_reset_confirm.html 并添加下列代码。

```
{% extends "base.html" %}
```

```
{% block title %}Reset your password{% endblock %}

{% block content %}
  <h1>Reset your password</h1>
  {% if validlink %}
    <p>Please enter your new password twice:</p>
    <form method="post">
      {{ form.as_p }}
      {% csrf_token %}
      <p><input type="submit" value="Change my password" /></p>
    </form>
  {% else %}
    <p>The password reset link was invalid, possibly because it has already
been used. Please request a new password reset.</p>
  {% endif %}
{% endblock %}
```

在该模板中，通过检查 validlink 变量可确定重置密码链接是否有效。PasswordResetConfirmView 视图检查 URL 中提供的令牌的有效性，并将 validlink 变量传递至模板中。如果链接有效，则显示密码重置表单。如果持有一个有效的重置密码链接，用户仅可设置新的密码。

创建另一个模板，将其命名为 password_reset_complete.html 并输入下列代码。

```
{% extends "base.html" %}

{% block title %}Password reset{% endblock %}

{% block content %}
  <h1>Password set</h1>
  <p>Your password has been set. You can <a href="{% url "login" %}">log in
now</a></p>
{% endblock %}
```

编辑 account 应用程序的 registration/login.html 模板，并添加下列代码。

```
{% extends "base.html" %}

{% block title %}Log-in{% endblock %}

{% block content %}
  <h1>Log-in</h1>
  {% if form.errors %}
```

```
    <p>
      Your username and password didn't match.
      Please try again.
    </p>
  {% else %}
    <p>Please, use the following form to log-in:</p>
  {% endif %}
  <div class="login-form">
    <form action="{% url 'login' %}" method="post">
      {{ form.as_p }}
      {% csrf_token %}
      <input type="hidden" name="next" value="{{ next }}" />
      <p><input type="submit" value="Log-in"></p>
    </form>
    <p>
      <a href="{% url "password_reset" %}">
        Forgotten your password?
      </a>
    </p>
  </div>
{% endblock %}
```

打开浏览器的 http://127.0.0.1:8000/account/login/。Log-in 页面应包含一个密码重置页面的链接，如图 4.11 所示。

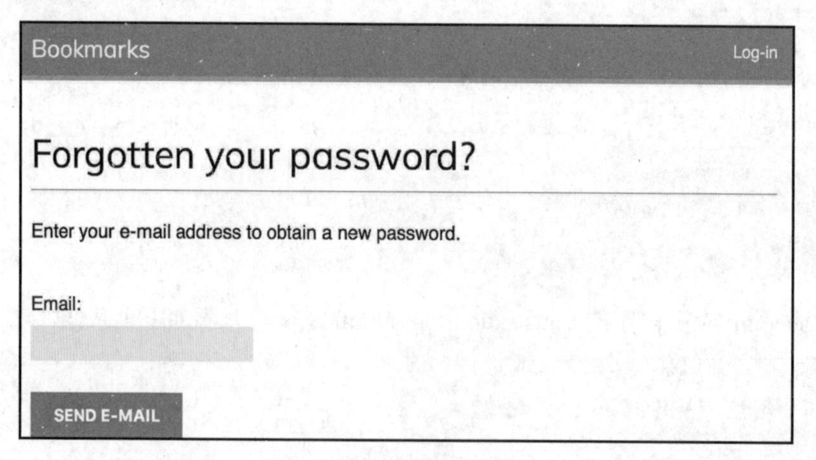

图 4.11　包含密码重置链接的 Log-in 页面

单击 Forgotten your password?链接，对应结果如图 4.12 所示。

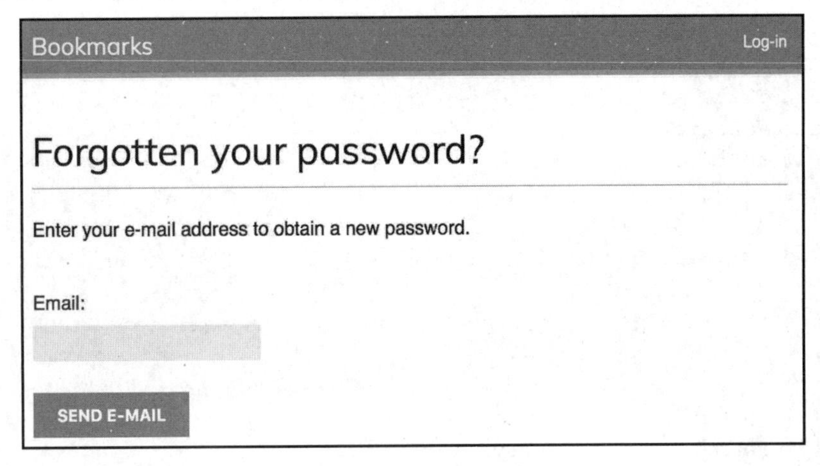

图 4.12　恢复密码表单

此时，需要向项目的 settings.py 文件中添加 Simple Mail Transfer Protocol（SMTP）配置，以便 Django 能够发送邮件。第 2 章中曾介绍了如何向项目中添加电子邮件设置项。然而，在开发期间，我们可配置 Django 向标准输出中编写电子邮件，而不是通过 SMTP 服务器发送邮件。Django 提供了一个电子邮件后端并向控制台编写电子邮件。

编辑项目中的 settings.py 文件，并向其中添加下列代码。

```
EMAIL_BACKEND = 'django.core.mail.backends.console.EmailBackend'
```

EMAIL_BACKEND 设置项表明用于发送电子邮件的类。

返回至浏览器，输入已有用户的电子邮件地址，并单击 SEND E-MAIL 按钮。对应结果如图 4.13 所示。

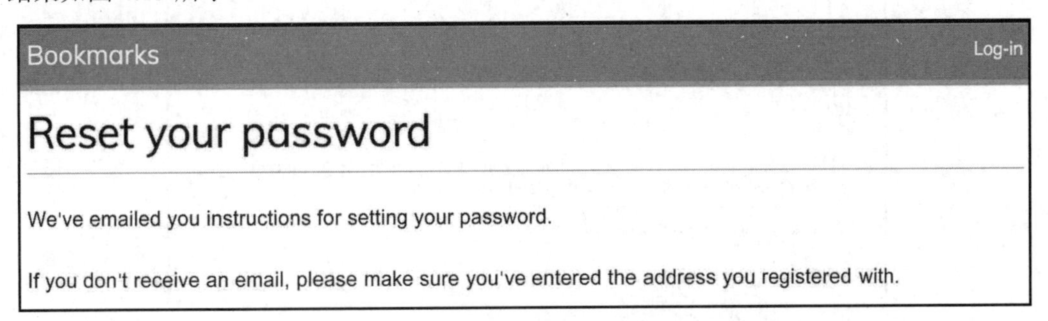

图 4.13　重置密码后的电子邮件发送页面

查看 shell 提示符，其中我们正在运行开发服务器，并可看到生成的电子邮件，如下所示。

```
Content-Type: text/plain; charset="utf-8"
MIME-Version: 1.0
Content-Transfer-Encoding: 7bit
Subject: Password reset on 127.0.0.1:8000
From: webmaster@localhost
To: test@gmail.com
Date: Mon, 10 Jan 2022 19:05:18 -0000
Message-ID: <162896791878.58862.14771487060402279558@MBP-amele.local>

Someone asked for password reset for email test@gmail.com. Follow the link
below:
http://127.0.0.1:8000/account/password-reset/MQ/ardx0u-b4973cfa2c70d65
2a190e79054bc479a/
Your username, in case you've forgotten: test
```

该电子邮件利用之前创建的 password_reset_email.html 模板被渲染。重置密码的 URL 包含了 Django 动态生成的令牌。

从电子邮件中复制 URL（如 http://127.0.0.1:8000/account/password-reset/MQ/ardx0u-b4973cfa2c70d652a190e79054bc479a/），在浏览器中打开该 URL，对应结果如图 4.14 所示。

图 4.14　重置密码表单

设置新密码的页面使用了 password_reset_confirm.html 模板。填写新的密码并单击 CHANGE MY PASSWORD 按钮。Django 将创建新的哈希密码并将其保存至数据库中。对应的成功页面如图 4.15 所示。

图 4.15　密码重置成功页面

接下来利用新密码登录回用户账户。

设置新密码的每个令牌仅可使用一次。如果再次打开所接收的链接，将会得到一条消息表明该令牌无效。

当前，我们已将 Django 身份验证框架的视图集成至项目中，这些视图适用于大多数场景。然而，对于不同的行为，我们也可创建自己的视图。

Django 为身份验证视图提供了 URL 模式，这些模式等同于刚刚创建的那些模式。我们将利用 Django 提供的身份验证 URL 模式替换当前的身份验证模式。

注释掉添加至 account 应用程序的 urls.py 文件中的身份验证 URL 模式，并包含 django.contrib.auth.urls，如下所示。

```
from django.urls import path, include
from django.contrib.auth import views as auth_views
from . import views

urlpatterns = [
    # previous login view
    # path('login/', views.user_login, name='login'),

    # path('login/', auth_views.LoginView.as_view(), name='login'),
    # path('logout/', auth_views.LogoutView.as_view(), name='logout'),

    # change password urls
    # path('password-change/',
    #      auth_views.PasswordChangeView.as_view(),
    #      name='password_change'),
    # path('password-change/done/',
```

```
    #       auth_views.PasswordChangeDoneView.as_view(),
    #       name='password_change_done'),

    # reset password urls
    # path('password-reset/',
    #       auth_views.PasswordResetView.as_view(),
    #       name='password_reset'),
    # path('password-reset/done/',
    #       auth_views.PasswordResetDoneView.as_view(),
    #       name='password_reset_done'),
    # path('password-reset/<uidb64>/<token>/',
    #       auth_views.PasswordResetConfirmView.as_view(),
    #       name='password_reset_confirm'),
    # path('password-reset/complete/',
    #       auth_views.PasswordResetCompleteView.as_view(),
    #       name='password_reset_complete'),

    path('', include('django.contrib.auth.urls')),
    path('', views.dashboard, name='dashboard'),
]
```

可以看到，身份验证 URL 模式包含在 https://github.com/django/django/blob/stable/4.0.x/django/contrib/auth/urls.py 中。

至此，我们向项目中添加了全部所需的身份验证视图。接下来将实现用户注册。

4.3　用户注册和用户个人信息

当前，网站用户可登录、注销、更改密码并重置密码。然而，我们需要构建一个视图以使访问者可创建一个用户账户。

4.3.1　用户注册

下面创建一个简单的视图以使用户在网站上注册。初始状态下，我们需要创建一个表单，以使用户输入用户名、真实姓名和密码。

编辑 account 应用程序目录的 forms.py 文件，并添加下列代码。

```
from django import forms
from django.contrib.auth.models import User
```

```
class LoginForm(forms.Form):
    username = forms.CharField()
    password = forms.CharField(widget=forms.PasswordInput)

class UserRegistrationForm(forms.ModelForm):
    password = forms.CharField(label='Password',
                               widget=forms.PasswordInput)
    password2 = forms.CharField(label='Repeat password',
                                widget=forms.PasswordInput)

    class Meta:
        model = User
        fields = ['username', 'first_name', 'email']
```

当前，我们创建了一个用户模型的模型表单。该表单包含 User 模型的 username、first_name 和 email 字段。这些字段将根据其对应的模型字段的验证结果进行验证。例如，如果用户选择了一个已存在的用户名，那么将会得到一个验证错误信息，因为 username 是一个用 unique=True 定义的字段。

除此之外，我们还添加了两个附加字段，即 password 和 password2，用于设置密码和重复密码。接下来将添加字段验证操作，并检查两个密码是否相同。

编辑 account 应用程序的 forms.py 文件，并向 UserRegistrationForm 类中添加 clean_password2()方法，如下所示。

```
class UserRegistrationForm(forms.ModelForm):
    password = forms.CharField(label='Password',
                               widget=forms.PasswordInput)
    password2 = forms.CharField(label='Repeat password',
                                widget=forms.PasswordInput)

    class Meta:
        model = User
        fields = ['username', 'first_name', 'email']

    def clean_password2(self):
        cd = self.cleaned_data
        if cd['password'] != cd['password2']:
            raise forms.ValidationError('Passwords don\'t match.')
        return cd['password2']
```

其中，我们定义了 clean_password2()方法比较第二个密码和第一个密码。如果两个密码不匹配，则产生验证错误。当表单通过调用其 is_valid()方法进行验证时，该方法将被执行。我们可向任何表单字段中提供一个 clean_<fieldname>()方法，以便清除值或针对特定字段产生验证错误信息。此外，表单也包含一个通用的 clean()方法验证整个表单，这对于验证彼此相关的字段十分有用。在当前示例中，我们采用了特定于字段的 clean_password2()验证方法，而不是覆写表单的 clean()方法。这避免了重写其他特定于字段的检查，此类检查是 ModelForm 从模型中设置的限制中获得的。

Django 还提供了 django.contrib.auth.forms 中的 UserCreationForm 表单，这与我们创建的表单十分类似。

编辑 account 应用程序中的 views.py 文件。

```
from django.http import HttpResponse
from django.shortcuts import render
from django.contrib.auth import authenticate, login
from django.contrib.auth.decorators import login_required
from .forms import LoginForm, UserRegistrationForm

# ...

def register(request):
    if request.method == 'POST':
        user_form = UserRegistrationForm(request.POST)
        if user_form.is_valid():
            # Create a new user object but avoid saving it yet
            new_user = user_form.save(commit=False)
            # Set the chosen password
            new_user.set_password(
                user_form.cleaned_data['password'])
            # Save the User object
            new_user.save()
            return render(request,
                          'account/register_done.html',
                          {'new_user': new_user})
    else:
        user_form = UserRegistrationForm()
    return render(request,
                  'account/register.html',
                  {'user_form': user_form})
```

创建用户账户的视图十分简单。出于安全考虑，这里使用了 User 模型的 set_password()

方法，而非保存用户输入的原始密码。该方法在将密码存储至数据库之前处理密码的哈希化操作。

Django 并未存储明文密码，而是存储了哈希密码。哈希化是指将给定密钥转换为另一个值的处理过程。哈希函数根据数学算法生成固定长度的值。通过基于安全算法的密码哈希化，Django 确保存储于数据库中的用户密码需要花费大量的计算时间进行破解。

默认状态下，Django 采用基于 SHA256 的 PBKDF2 哈希算法存储所有密码。然而，Django 不仅支持检查现有的 PBKDF2 哈希化密码，还支持检查用其他算法（如 PBKDF2SHA1、argon2、bcrypt 和 scrypt）哈希化存储的密码。

PASSWORD_HASHERS 设置项定义了 Django 项目支持的密码哈希工具。下列内容展示了默认的 PASSWORD_HASHERS 列表。

```
PASSWORD_HASHERS = [
    'django.contrib.auth.hashers.PBKDF2PasswordHasher',
    'django.contrib.auth.hashers.PBKDF2SHA1PasswordHasher',
    'django.contrib.auth.hashers.Argon2PasswordHasher',
    'django.contrib.auth.hashers.BCryptSHA256PasswordHasher',
    'django.contrib.auth.hashers.ScryptPasswordHasher',
]
```

Django 使用了列表中的第一项，即 PBKDF2PasswordHasher 哈希化所有密码。其他内容也可供 Django 使用以检查现有的密码。

注意：

Django 4.0 引入了 scrypt，与 PBKDF2 相比，这是一种更加安全的推荐方案。然而，PBKDF2 仍是默认的哈希工具，因为 scrypt 需要 OpenSSL 1.1+以及更多的内存空间。

关于 Django 的密码存储方式以及密码哈希工具，读者可访问 https://docs.djangoproject.com/en/4.1/topics/auth/passwords/以了解更多内容。

编辑 account 应用程序的 urls.py 文件，并添加下列 URL 模式。

```
urlpatterns = [
    # ...
    path('', include('django.contrib.auth.urls')),
    path('', views.dashboard, name='dashboard'),
    path('register/', views.register, name='register'),
]
```

在 account 应用程序的 templates/account/模板目录中创建一个新模板，并将其命名为 register.html，如下所示。

```
{% extends "base.html" %}

{% block title %}Create an account{% endblock %}

{% block content %}
  <h1>Create an account</h1>
  <p>Please, sign up using the following form:</p>
  <form method="post">
    {{ user_form.as_p }}
    {% csrf_token %}
    <p><input type="submit" value="Create my account"></p>
  </form>
{% endblock %}
```

在同一目录中创建另一个模板，将其命名为 register_done.html 并向其中添加下列代码。

```
{% extends "base.html" %}

{% block title %}Welcome{% endblock %}

{% block content %}
  <h1>Welcome {{ new_user.first_name }}!</h1>
  <p>
    Your account has been successfully created.
    Now you can <a href="{% url "login" %}">log in</a>.
  </p>
{% endblock %}
```

在浏览器中打开 http://127.0.0.1:8000/account/register/，对应的注册页面如图 4.16 所示。

填写新用户的详细信息并单击 CREATE MY ACCOUNT 按钮。

如果全部字段均有效，则会看到如图 4.17 所示的成功页面。

单击 log in 链接并输入用户名和密码，进而验证是否可访问新创建的账户。

下面在登录模板上添加一个注册链接。编辑 registration/login.html 模板并找到下列代码行：

```
<p>Please, use the following form to log-in:</p>
```

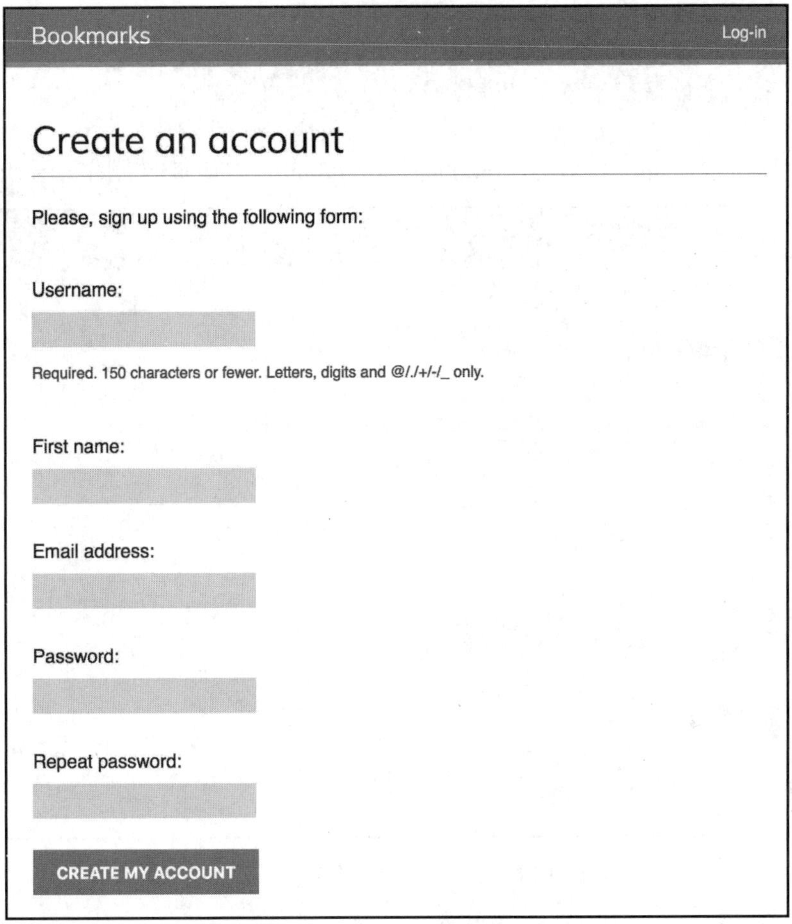

Bookmarks　Log-in

Create an account

Please, sign up using the following form:

Username:

Required. 150 characters or fewer. Letters, digits and @/./+/-/_ only.

First name:

Email address:

Password:

Repeat password:

CREATE MY ACCOUNT

图 4.16　账户创建表单

Bookmarks　Log-in

Welcome Paloma!

Your account has been successfully created. Now you can log in.

图 4.17　账户创建成功页面

利用下列代码替换上述代码行。

```
<p>
```

```
  Please, use the following form to log-in.
  If you don't have an account <a href="{% url
"register" %}">register here</a>.
</p>
```

在浏览器中打开 http://127.0.0.1:8000/account/login/，对应页面如图 4.18 所示。

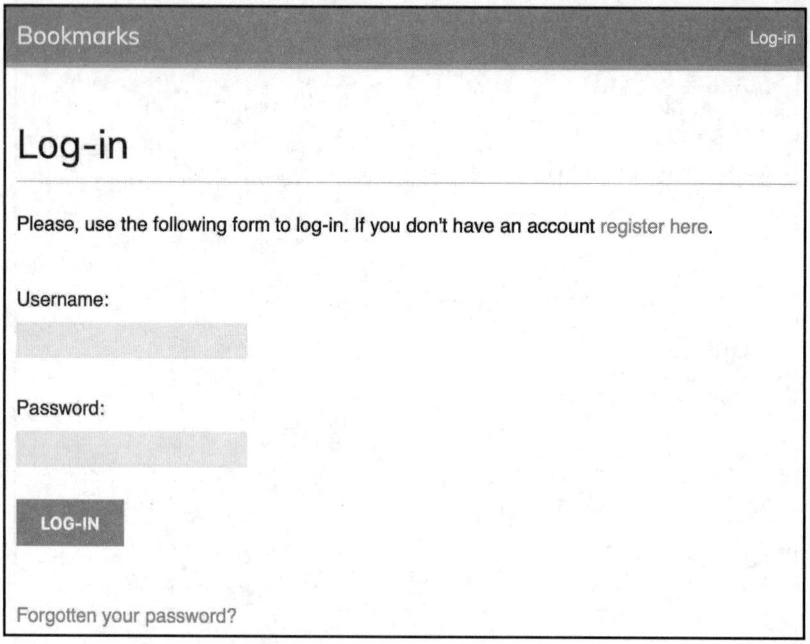

图 4.18　包含注册链接的 Log-in 页面

至此，我们已经使注册页面可以从登录页面访问。

4.3.2　扩展用户模型

当处理用户账户时将会发现，Django 身份验证框架的 User 模型适用于大多数场景。然而，标准的 User 模型包含了有限的字段集，我们可能需要利用与应用程序相关的附加信息对其进行扩展。

扩展 User 模型的一种简单方法是创建一个资料（profile）模型，它包含与 Django 模型的一对一关系，以及任何附加字段。一对一的关系类似于带有 unique=True 参数的 ForeignKey 字段。这种关系的反面是与相关模型的隐式一对一关系，而不是多个元素的管理器。从这种关系的每一面，我们可访问单个相关对象。

编辑 account 应用程序的 models.py 文件，并添加下列代码。

```
from django.db import models
from django.conf import settings

class Profile(models.Model):
    user = models.OneToOneField(settings.AUTH_USER_MODEL,
                                on_delete=models.CASCADE)
    date_of_birth = models.DateField(blank=True, null=True)
    photo = models.ImageField(upload_to='users/%Y/%m/%d/',
                              blank=True)

    def __str__(self):
        return f'Profile of {self.user.username}'
```

注意：

为了保持代码的通用性，可使用 get_user_model()方法检索用户模型和 AUTH_USER_MODEL 设置项，并在定义模型与用户模型关系时引用它，而不是直接引用认证用户模型。读者可访问 https://docs.djangoproject.com/en/4.1/topics/auth/customizing/#django.contrib.auth.get_user_model 以了解与此相关的更多信息。

当前用户资料将包含用户的出生日期和用户的图像。

一对一字段 user 用于关联资料和用户。基于 on_delete=models.CASCADE，当删除 User 对象时，我们强制删除相关的 Profile 对象。

date_of_birth field 是一个 DateField，通过 blank=True，该字段设置为可选项；通过 null=True，我们允许出现 null 值。

photo 字段是一个 ImageField。通过 blank=True，该字段设置为可选项。ImageField 字段管理图像文件的存储，并验证所提供的文件是否为一幅有效图像、将图像文件存储在 upload_to 参数指示的目录中，以及将文件的相对路径存储于相关的数据库字段中。默认状态下，ImageField 字段转换为数据库中的 VARHAR(100)列。如果对应值为空，则存储一个空字符串。

4.3.3 安装 Pillow 并处理媒体文件

我们需要安装 Pillow 来管理图像。Pillow 是 Python 中图像处理过程中事实上的标准库，它支持多种图像格式，并提供了强大的图像处理功能。在 Django 的基础上，Pillow 通过 ImageField 处理图像。

在 shell 提示符中通过运行下列命令安装 Pillow。

```
pip install Pillow==9.2.0
```

编辑项目的 settings.py 文件并添加下列代码行。

```
MEDIA_URL = 'media/'
MEDIA_ROOT = BASE_DIR / 'media'
```

这将启用 Django 管理文件上传并处理媒体文件。MEDIA_URL 表示为基 URL，用于处理用户上传的媒体文件。MEDIA_ROOT 定义为文件所处的本地路径。通过将项目路径或媒体 URL 置于文件之前，文件的路径和 URL 采用动态方式构建，以实现可移植性。

编辑 bookmarks 项目的 urls.py 文件，并调整代码，如下所示。

```
from django.contrib import admin
from django.urls import path, include
from django.conf import settings
from django.conf.urls.static import static

urlpatterns = [
    path('admin/', admin.site.urls),
    path('account/', include('account.urls')),
]

if settings.DEBUG:
    urlpatterns += static(settings.MEDIA_URL,
                          document_root=settings.MEDIA_ROOT)
```

在开发期间（DEBUG 设置项设置为 True），我们添加了 static()帮助函数并利用开发服务器处理媒体文件。

注意：

static()函数适用于开发阶段，而非生产阶段。在处理静态文件方面，Django 表现得较为低效。不要在生产阶段利用 Django 处理静态文件。关于如何在生产阶段处理静态文件，读者可参考第 17 章。

4.3.4　创建资料模型的迁移

打开 shell 并运行下列命令，以创建新模型的数据库迁移。

```
python manage.py makemigrations
```

对应的输出结果如下所示。

```
Migrations for 'account':
  account/migrations/0001_initial.py
    - Create model Profile
```

在 shell 提示符中，利用下列命令同步数据库。

```
python manage.py migrate
```

对应的输出结果如下所示。

```
Applying account.0001_initial... OK
```

编辑 account 应用程序的文件，在管理网站中注册 Profile 模型，如下所示。

```
from django.contrib import admin
from .models import Profile

@admin.register(Profile)
class ProfileAdmin(admin.ModelAdmin):
    list_display = ['user', 'date_of_birth', 'photo']
    raw_id_fields = ['user']
```

在 shell 提示符中通过下列命令运行开发服务器。

```
python manage.py runserver
```

在浏览器中打开 http://127.0.0.1:8000/admin/，图 4.19 显示了项目的管理网站上的 Profile 模型。

图 4.19　管理网站索引页面上的 ACCOUNT 块

单击 Profiles 行的 Add 链接，图 4.20 显示了添加了新资料的表单。

Add profile

User:

Date of birth:　Today |

Note: You are 2 hours ahead of server time.

Photo:　Choose File　no file selected

图 4.20　Add 资料表单

针对每个数据库中的已有用户以手动方式创建一个 Profile 对象，
令用户在网站上编辑其资料。
编辑 account 应用程序的 forms.py 文件，并添加下列代码行。

```
# ...
from .models import Profile

# ...

class UserEditForm(forms.ModelForm):
    class Meta:
        model = User
        fields = ['first_name', 'last_name', 'email']

class ProfileEditForm(forms.ModelForm):
    class Meta:
        model = Profile
        fields = ['date_of_birth', 'photo']
```

上述表单具体解释如下。

- UserEditForm：允许用户编辑其姓氏、名字和电子邮件，即内建 Django User 模型的属性。
- ProfileEditForm：允许用户编辑保存在自定义 Profile 模型中的资料数据。用户能够编辑其出生日期并上传个人图像。

编辑 account 应用程序的 views.py 文件，并添加下列代码行。

```
# ...
from .models import Profile

# ...

def register(request):
    if request.method == 'POST':
        user_form = UserRegistrationForm(request.POST)
        if user_form.is_valid():
            # Create a new user object but avoid saving it yet
            new_user = user_form.save(commit=False)
            # Set the chosen password
            new_user.set_password(
                user_form.cleaned_data['password'])
```

```
        # Save the User object
        new_user.save()
        # Create the user profile
        Profile.objects.create(user=new_user)
        return render(request,
                      'account/register_done.html',
                      {'new_user': new_user})
    else:
        user_form = UserRegistrationForm()
    return render(request,
                  'account/register.html',
                  {'user_form': user_form})
```

当用户在网站上注册时，将创建 Profile 对象并与创建的 User 对象关联。

接下来编辑用户的个人资料。

编辑 account 应用程序的 views.py 文件，并添加下列代码行。

```
from django.http import HttpResponse
from django.shortcuts import render
from django.contrib.auth import authenticate, login
from django.contrib.auth.decorators import login_required
from .forms import LoginForm, UserRegistrationForm, \
                   UserEditForm, ProfileEditForm
from .models import Profile

# ...

@login_required
def edit(request):
    if request.method == 'POST':
        user_form = UserEditForm(instance=request.user,
                                 data=request.POST)
        profile_form = ProfileEditForm(
                                    instance=request.user.profile,
                                    data=request.POST,
                                    files=request.FILES)
        if user_form.is_valid() and profile_form.is_valid():
            user_form.save()
            profile_form.save()
    else:
        user_form = UserEditForm(instance=request.user)
        profile_form = ProfileEditForm(
                                    instance=request.user.profile)
```

```
    return render(request,
                  'account/edit.html',
                  {'user_form': user_form,
                  'profile_form': profile_form})
```

我们添加了新的 edit 视图，以使用户编辑自己的个人信息。此外还向该视图添加了 login_required 装饰器，因为仅经过身份验证的用户能够编辑其个人资料。针对该视图，我们使用了两个模型表单。其中，UserEditForm 用于存储内建 User 模型的数据，ProfileEditForm 则用于将附加的个人数据添加至自定义 Profile 模型中。当验证提交数据时，我们调用了两个表单的 is_valid()方法。如果两个表单均包含有效数据，我们将调用 save()方法更新数据库中对应的对象。

接下来将 URL 模式添加至 account 应用程序的 urls.py 文件中。

```
urlpatterns = [
    #...
    path('', include('django.contrib.auth.urls')),
    path('', views.dashboard, name='dashboard'),
    path('register/', views.register, name='register'),
    path('edit/', views.edit, name='edit'),
]
```

在 templates/account/目录中创建该视图的模板，将其命名为 edit.html 并向其中添加下列代码。

```
{% extends "base.html" %}

{% block title %}Edit your account{% endblock %}

{% block content %}
  <h1>Edit your account</h1>
  <p>You can edit your account using the following form:</p>
  <form method="post" enctype="multipart/form-data">
    {{ user_form.as_p }}
    {{ profile_form.as_p }}
    {% csrf_token %}
    <p><input type="submit" value="Save changes"></p>
  </form>
{% endblock %}
```

在上述代码中，我们向<form> HTML 元素添加了 enctype="multipart/form-data"，以启用文件上传。我们使用一个 HTML 表单提交 user_form 和 profile_form。

打开 URL http://127.0.0.1:8000/account/register/并注册一个新用户。随后利用新用户登录，并打开 URL http://127.0.0.1:8000/account/edit/，对应页面如图 4.21 所示。

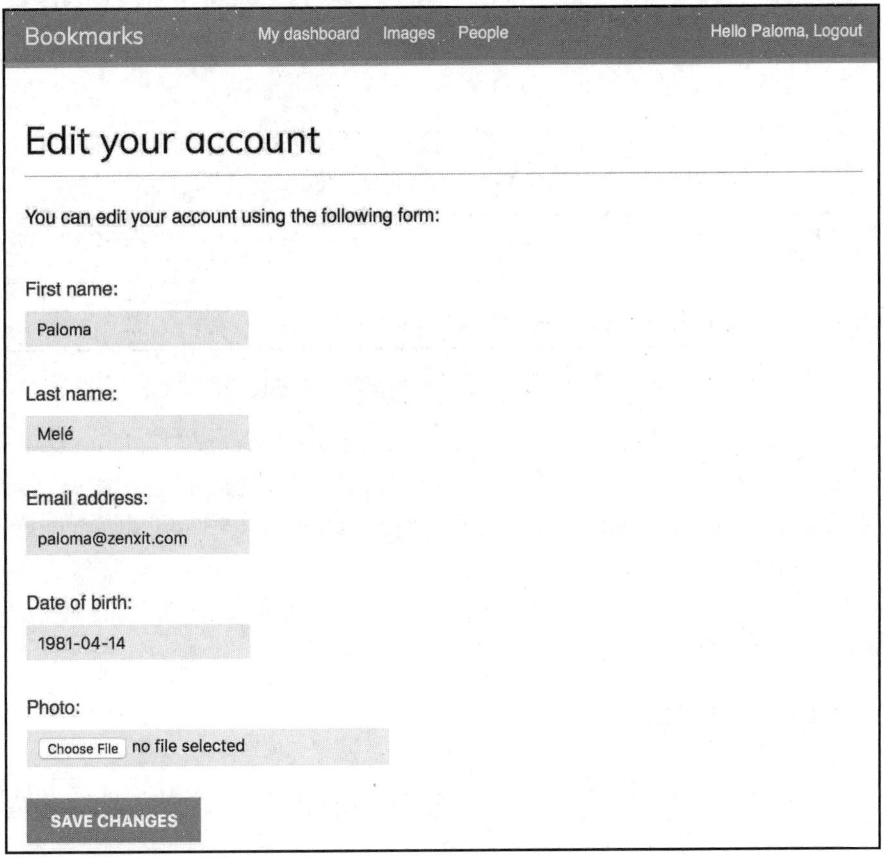

图 4.21　资料编辑表单

当前，我们可添加资料信息，并保存变化内容。

我们将编辑仪表板模板并包含资料编辑链接以及密码修改链接。

打开/account/dashboard.html 并添加下列代码行。

```
{% extends "base.html" %}

{% block title %}Dashboard{% endblock %}

{% block content %}
  <h1>Dashboard</h1>
```

```
  <p>
    Welcome to your dashboard. You can <a href="{% url "edit" %}">edit your
profile</a> or <a href="{% url "password_change" %}">change your
password</a>.
  </p>
{% endblock %}
```

用户现在可访问表单并从仪表板编辑其资料。在浏览器中打开 http://127.0.0.1:8000/account/并测试新链接以编辑用户的资料，对应的仪表板如图 4.22 所示。

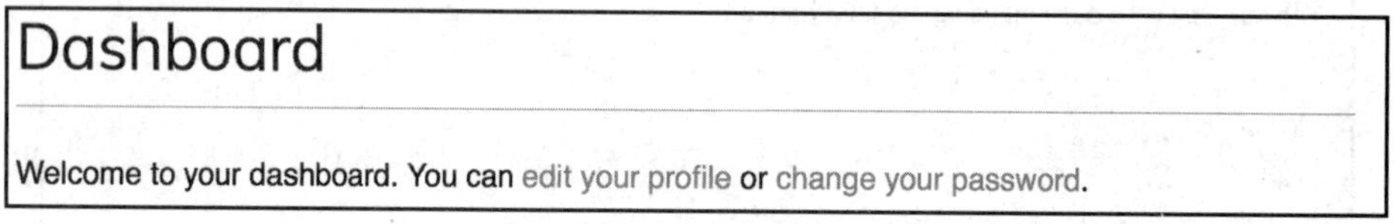

Dashboard

Welcome to your dashboard. You can edit your profile or change your password.

图 4.22　仪表板页面内容，包含资料编辑链接和密码修改链接

Django 还提供了一种方法并利用自定义模型替换 User 模型。User 类应继承自 Django 的 AbstractUser 类，作为抽象模型，该类提供了默认用户的完全实现。关于这种方法的详细内容，读者可访问 https://docs.djangoproject.com/en/4.1/topics/auth/customizing/#substituting- a-custom-user-model。

使用自定义用户模型将提供更大的灵活性，但也可能带来与可插拔的应用程序（直接与 Django 的认证用户模型交互）集成方面的困难。

4.2.5　使用消息框架

当用户与平台交互时，可能需要通知它们与特定动作结果相关的信息。Django 内置了消息框架，允许我们向用户显示单次通知。

消息框架位于 django.contrib.messages 中，并在利用 python manage.pystartproject 创建新项目时包含在 settings.py 文件的默认 INSTALLED_APPS 列表中。该设置项文件还在 MIDDLEWARE 设置项中包含了中间件 django.contrib.messages.middleware.MessageMiddleware。

消息框架提供了一直简单的方式向用户添加消息。默认状态下，消息存储在一个 cookie 中，并在下一个用户请求中被显示和清除。通过导入 messages 模块，并利用简单的快捷方式添加新消息，我们可在视图中使用消息框架，如下所示。

```
from django.contrib import messages
messages.error(request, 'Something went wrong')
```

我们可通过 add_message()方法或下列快捷方法创建新消息。

- success()：当动作成功后，显示成功消息。
- info()：信息消息。
- warning()：失败还没有发生，但可能即将发生。
- error()：某项动作未成功或失败。
- debug()：在生产环境中将被移除或忽略的调试消息。

下面向项目中添加消息。消息框架以全局方式应用于项目上。我们将采用基础模板向客户端显示有效的消息。这允许我们利用页面上的动作结果通知客户端、

打开 account 应用程序的 templates/base.html 模板，并添加下列代码。

```
{% load static %}
<!DOCTYPE html>
<html>
<head>
  <title>{% block title %}{% endblock %}</title>
  <link href="{% static "css/base.css" %}" rel="stylesheet">
</head>
<body>
  <div id="header">
    ...
  </div>
  {% if messages %}
    <ul class="messages">
      {% for message in messages %}
        <li class="{{ message.tags }}">
          {{ message|safe }}
          <a href="#" class="close">x</a>
        </li>
      {% endfor %}
    </ul>
  {% endif %}
  <div id="content">
    {% block content %}
    {% endblock %}
  </div>
</body>
</html>
```

消息框架包含了上下文预处理器 django.contrib.messages.context_processors.messages，用于向请求上下文添加一个 messages 变量。我们可在项目的 TEMPLATES 设置项的

context_processors 列表中找到该变量。我们可在模板中使用 messages 变量，并向用户显示全部现有消息。

注意：

上下文预处理器是一个 Python 函数，作为参数接收 request 对象，并返回一个添加至请求上下文中的字典。第 8 章将学习如何创建自己的上下文预处理器。

接下来调整 edit 视图并使用消息框架。

编辑 account 应用程序的 views.py 文件，并添加下列代码行。

```
# ...
from django.contrib import messages

# ...

@login_required
def edit(request):
    if request.method == 'POST':
        user_form = UserEditForm(instance=request.user,
                                 data=request.POST)
        profile_form = ProfileEditForm(
                                    instance=request.user.profile,
                                    data=request.POST,
                                    files=request.FILES)
        if user_form.is_valid() and profile_form.is_valid():
            user_form.save()
            profile_form.save()
            messages.success(request, 'Profile updated '\
                             'successfully')
        else:
            messages.error(request, 'Error updating your profile')
    else:
        user_form = UserEditForm(instance=request.user)
        profile_form = ProfileEditForm(
                                    instance=request.user.profile)
    return render(request,
                  'account/edit.html',
                  {'user_form': user_form,
                  'profile_form': profile_form})
```

当用户成功地更新其个人资料后，将生成一条成功消息。如果任何表单包含无效数据，则生成一条错误消息。

在浏览器中打开 http://127.0.0.1:8000/account/edit/，编辑用户的个人资料。当个人资料成功更新后，将显示如图 4.23 所示的消息。

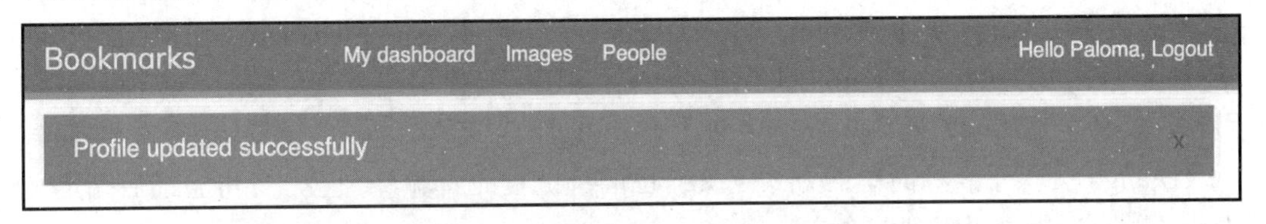

图 4.23　成功编辑个人资料的消息

在 Date of birth 字段中输入无效日期，再次提交表单，对应消息如图 4.24 所示。

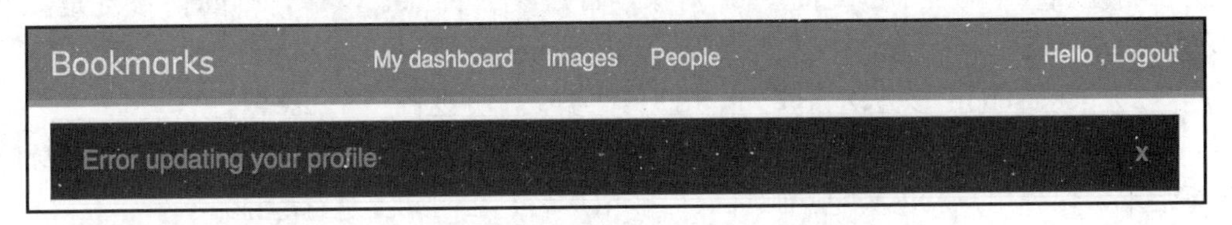

图 4.24　错误更新个人资料的消息

生成消息并通知用户与动作结果相关的信息通常较为直观，我们可方便地向其他视图添加消息。

关于消息框架的更多信息，读者可访问 https://docs.djangoproject.com/en/4.1/ref/contrib/messages/。

前述内容构建了与用户身份验证和个人资料编辑相关的所有功能，接下来将深入讨论自定义身份验证问题。我们将学习如何构建自定义后端身份验证，以便用户可通过其电子邮件登录网站。

4.4　构建自定义身份验证后端

Django 允许我们针对不同的源验证用户。AUTHENTICATION_BACKENDS 设置项包含一个项目中有效的身份验证后端列表。该设置项的默认值如下所示。

```
['django.contrib.auth.backends.ModelBackend']
```

默认的 ModelBackend 利用 User model of django.contrib.auth 针对数据库验证用户。这适用于大多数 Web 项目。然而，我们也可创建自定义后端并针对其他源验证用户，如轻量级目录访问协议（LDAP）目录或其他系统。

关于自定义身份验证的更多信息，读者可访问 https://docs.djangoproject.com/en/4.1/topics/auth/customizing/#other-authentication-sources。

当使用 django.contrib.auth 的 authenticate()函数时，Django 针对定义于 AUTHENTICATION_BACKENDS 中的每个后端逐一验证用户，直至成功地验证了某个用户。仅当全部后端验证均失败，用户才不会通过验证。

Django 提供了一种简单的方式定义自己的身份验证后端。这里，身份验证后端定义为一个类，并提供了下列两个方法。

（1）authenticate()：该方法接收 request 对象和用户证书作为参数。如果证书有效，该方法将返回一个与证书匹配的 user 对象，否则返回 None。其中，request 参数是一个 HttpRequest 对象；如果该参数未提供于 authenticate()函数，则为 None。

（2）get_user()：该方法接收一个用户 ID 参数，并返回一个 user 对象。

创建自定义身份验证后端与编写实现了两个方法的类一样简单。下面创建一个身份验证后端，以使用户利用其电子邮件（而非用户名）在网站上进行验证。

在 account 应用程序目录中创建一个新的文件，将该文件重命名为 authentication.py，并向其中添加下列代码。

```
from django.contrib.auth.models import User

class EmailAuthBackend:
    """
    Authenticate using an e-mail address.
    """
    def authenticate(self, request, username=None, password=None):
        try:
            user = User.objects.get(email=username)
            if user.check_password(password):
                return user
            return None
        except (User.DoesNotExist, User.MultipleObjectsReturned):
            return None

    def get_user(self, user_id):
        try:
            return User.objects.get(pk=user_id)
        except User.DoesNotExist:
            return None
```

上述代码是一个简单的身份验证后端。authenticate()接收一个 request 对象，以及 username 和 password 可选参数。我们可选择不同的参数，但这里使用了 username 和 password 以使后端可与身份验证框架正确地协同工作。上述代码的解释如下所示。

- authenticate()：包含给定电子邮件地址的用户将被检索，密码则通过用户模型的内建 check_password()方法被检查。该方法将处理密码的哈希化，并将给定的密码与存储于数据库中的密码进行比较。其间，将会捕捉到两种不同的 QuerySet 异常，即 DoesNotExist 和 MultipleObjectsReturned。如果未找到包含给定电子邮件地址的用户，则抛出 DoesNotExist 异常；如果多个用户包含相同的电子邮件地址，则抛出 MultipleObjectsReturned 异常。稍后将调整注册并编辑视图，以防止用户使用已有的电子邮件地址。
- get_user()：我们通过 user_id 参数提供的 ID 获取用户。Django 使用认证用户的后端在用户会话期间检索 user 对象。这里，pk 是 primary key 的简写形式，对于数据库中的每条记录，这是一个唯一的标识符。每个 Django 模型均包含一个字段充当其主键。默认状态下，主键表示为自动生成的 id 字段。在 Django ORM 中，主键也可被引用为 pk。关于自动主键字段的更多信息，读者可访问 https://docs.djangoproject.com/en/4.1/topics/db/models/#automatic-primary-key-fields。

编辑项目的 settings.py 文件并添加下列代码。

```
AUTHENTICATION_BACKENDS = [
    'django.contrib.auth.backends.ModelBackend',
    'account.authentication.EmailAuthBackend',
]
```

在上述设置中，我们保存了默认的 ModelBackend，用于验证用户名和密码，同时还包含了自己的电子邮件身份验证后端 EmailAuthBackend。

在浏览器中打开 http://127.0.0.1:8000/account/login/。记住，Django 尝试对每个后端验证用户，因此应能够通过用户名和电子邮件账户无缝登录。

用户证书通过 ModelBackend 被检查，如果未返回用户，证书则通过 EmailAuthBackend 被检查。

注意：

列于 AUTHENTICATION_BACKENDS 中的后端顺序十分重要。如果同一证书对多个后端均为有效，Django 将在首个成功验证用户的后端处停止。

身份验证框架的 User 模型并未防止创建包含相同电子邮件地址的用户。如果两个或多个用户账户共有相同的电子邮件地址，我们将无法识别哪个用户正在进行身份验证。考虑到用户通过其电子邮件地址登录，因而需要防止用户利用已有的电子邮件地址进行注册。

对此，我们将修改用户注册表单，以防止多个用户使用同一电子邮件地址进行注册。编辑 account 应用程序的 forms.py 文件，并向 UserRegistrationForm 类添加下列代码。

```
class UserRegistrationForm(forms.ModelForm):
    password = forms.CharField(label='Password',
                               widget=forms.PasswordInput)
    password2 = forms.CharField(label='Repeat password',
                                widget=forms.PasswordInput)

    class Meta:
        model = User
        fields = ['username', 'first_name', 'email']

    def clean_password2(self):
        cd = self.cleaned_data
        if cd['password'] != cd['password2']:
            raise forms.ValidationError('Passwords don\'t match.')
        return cd['password2']

    def clean_email(self):
        data = self.cleaned_data['email']
        if User.objects.filter(email=data).exists():
            raise forms.ValidationError('Email already in use.')
        return data
```

其中，我们添加了对 email 字段的验证，以防止用户利用已有的电子邮件地址注册。我们构建了一个 QuerySet，并利用相同的电子邮件地址查找已有的用户。这里，我们采用 exists()方法检查是否存在相应的结果。如果 QuerySet 包含任何结果，exists()方法将返回 True，否则返回 False。

下面向 UserEditForm 类添加下列代码行。

```
class UserEditForm(forms.ModelForm):
    class Meta:
        model = User
        fields = ['first_name', 'last_name', 'email']
```

```
def clean_email(self):
    data = self.cleaned_data['email']
    qs = User.objects.exclude(id=self.instance.id)\
                     .filter(email=data)
    if qs.exists():
        raise forms.ValidationError(' Email already in use.')
    return data
```

这里，我们为 email 字段添加了验证，防止用户将自己的现有电子邮件地址更改为另一个用户的现有电子邮件地址。同时，我们从 QuerySet 中排除了当前用户。否则，用户的当前电子邮件地址将被视为已有的电子邮件地址，从而导致表单不会被验证。

4.5 附加资源

下列资源提供了与本章主题相关的附加信息。

- 本章源代码：https://github.com/PacktPublishing/Django-4-by-example/tree/main/Chapter04。
- 内建身份验证视图：https://docs.djangoproject.com/en/4.1/topics/auth/default/#all-authentication-views。
- 身份验证 URL 模式：https://github.com/django/django/blob/stable/3.0.x/django/contrib/auth/urls.py。
- Django 如何管理密码以及有效的密码哈希工具：https://docs.djangoproject.com/en/4.1/topics/auth/passwords/。
- 通用用户模型和 get_user_model()方法：https://docs.djangoproject.com/en/4.1/topics/auth/customizing/#django.contrib.auth.get_user_model。
- 使用自定义用户模型：https://docs.djangoproject.com/en/4.1/topics/auth/customizing/#substituting-a-custom-user-model。
- Django 消息框架：https://docs.djangoproject.com/en/4.1/ref/contrib/messages/。
- 自定义身份验证源：https://docs.djangoproject.com/en/4.1/topics/auth/customizing/#other-authentication-sources。
- 自动主键字段：https://docs.djangoproject.com/en/4.1/topics/db/models/#automatic-primary-key-fields。

4.6 本章小结

本章学习了如何构建网站的身份验证系统，我们实现了与注册、登录、注销、编辑密码和重置密码相关的用户视图。此外，我们还构建了一个自定义用户资料模型，以及一个自定义身份验证后端，以使用户可通过电子邮件地址登录网站。

第 5 章将学习如何利用 Python Social Auyh 实现网站上的社交验证。用户将能够利用其 Google、Facebook 或 Twitter 账户进行身份验证。此外，我们还将学习如何使用 Django Extensions，并通过 HTTPS 为开发服务器提供服务。我们将自定义身份验证管道，以自动创建用户资料信息。

第 5 章　实现社交身份验证

在第 4 章中，我们在网站中构建了用户注册和身份验证系统，并实现了密码修改、重置和恢复功能。此外，我们还学习了如何创建用户的自定义资料模型。

本章将利用 Facebook、Google 和 Twitter 向网站中添加社交身份验证。我们将通过 OAuth 2.0 这一业界标准的身份验证协议并采用 Django Social Auth 实现社交身份验证。除此之外，我们还将调整社交身份验证管线以自动为新用户创建用户资料信息。

本章主要涉及下列主题。

- 利用 Python Social Auth 添加社交身份验证。
- 安装 Django Extensions。
- 通过 HTTPS 运行开发服务器。
- 利用 Twitter 添加身份验证。
- 利用 Google 添加身份验证。
- 为社交验证注册的用户创建资料信息。

读者可访问 https://github.com/PacktPublishing/Django-4-by-example/tree/main/Chapter05 查看本章的源代码。

本章使用的全部 Python 包均包含于本章源代码的 requirements.txt 文件中。在后续章节中，我们可遵循相关指令安装每个 Python 包，或者利用 pip install -r requirements.txt 命令一次性安装所有的 Python 包。

5.1　向网站中添加社交身份验证

社交身份验证是一种广泛应用的特性，允许用户通过单点登录（SSO）并利用现有的服务供应商账户进行身份验证。认证过程允许用户使用他们在谷歌等社交服务上的现有账户在网站上进行认证。在本章中，我们将利用 Facebook、Twitter 和 Google 向网站中添加社交身份验证。

当实现社交身份验证时，我们将使用 OAuth 2.0 业界标准协议进行身份验证。OAuth 代表开放授权。OAuth 2.0 是一种标准，旨在允许网站或应用程序代表用户访问由其他 Web 应用程序托管的资源。Facebook、Twitter 和 Google 均采用 OAuth 2.0 协议进行身份验证和授权。

Python Social Auth 是一个 Python 模块，可简化社交身份验证和网站之间的添加过程。当使用 Python Social Auth 模块时，用户可通过其他服务的账户登录网站。读者可访问 https://github.com/python-socialauth/social-app-django 查看该模块的代码。

Python Social Auth 模块针对不同的 Python 框架（包括 Django）设置了身份验证后端。当从项目的 Git 储存库中安装 Django 包时，打开控制台并运行下列命令。

```
git+https://github.com/python-social-auth/social-app-django.
git@20fabcd7bd9a8a41910bc5c8ed1bd6ef2263b328
```

这将从与 Django 4.1 协同工作的 GitHub 提交中安装 Python Social Auth。在本书编写时，最新的 Python Social Auth 版本尚不兼容于 Django 4.1，但较新的兼容版本可能已经发布。

随后在项目的 settings.py 文件中的 INSTALLED_APPS 设置项添加 social_django，如下所示。

```
INSTALLED_APPS = [
    # ...
    'social_django',
]
```

这是将 Python Social Auth 添加到 Django 项目的默认应用程序。接下来运行下列命令将 Python Social Auth 模块与数据库同步。

```
python manage.py migrate
```

默认应用程序的迁移如下所示。

```
Applying social_django.0001_initial... OK
Applying social_django.0002_add_related_name... OK
...
Applying social_django.0011_alter_id_fields... OK
```

Python Social Auth 针对多项服务包含了身份验证后端，读者可访问 https://python-social-auth.readthedocs.io/en/latest/backends/index.html#supported-backends 查看所有的有效后端列表。

我们将向项目中添加社交身份验证，以使用户可通过 Facebook、Twitter 和 Google 后端进行身份验证。

首先需要向项目中添加社交登录 URL 模式。

打开 bookmarks 应用程序的 urls.py 文件，并包含 social_django URL 模式，如下所示。

```
urlpatterns = [
    path('admin/', admin.site.urls),
    path('account/', include('account.urls')),
    path('social-auth/',
         include('social_django.urls', namespace='social')),
]
```

我们的 Web 应用程序目前可以通过本地主机 IP 访问 127.0.0.1，或使用 localhost 主机名访问。一些社交服务不允许在认证成功后将用户重定向到 127.0.0.1 或 localhost，而是期望一个 URL 重定向的域名。首先，我们需要使用域名进行社交认证。幸运的是，我们可以模拟在本地机器的域名下为站点服务。

找到机器的 hosts 文件。对于 Linux 或 macOS 用户，hosts 文件位于/etc/hosts 处；对于 Windows 用户，hosts 文件位于 C:\Windows\System32\Drivers\etc\hosts 处。

编辑机器的 hosts 文件，并向其中添加下列代码行。

```
127.0.0.1 mysite.com
```

这将通知计算机将 mysite.com 主机名指向自己的机器。

接下来让我们验证主机名关联是否有效。在 shell 提示符中，执行下列命令运行开发服务器。

```
python manage.py runserver
```

在浏览器中打开 http://mysite.com:8000/account/login/，随后将会看到如图 5.1 所示的错误内容。

DisallowedHost at /account/login/

Invalid HTTP_HOST header: 'mysite.com:8000'. You may need to add 'mysite.com' to ALLOWED_HOSTS.

图 5.1　无效的主机头消息

Django 使用 ALLOWED_HOSTS 设置项控制可以服务于应用程序的主机。这是一种防止 HTTP 主机头攻击的安全措施。Django 只允许包含在这个列表中的主机为应用程序服务。

关于 ALLOWED_HOSTS 设置项的更多内容，读者可访问 https://docs.djangoproject.com/en/4.1/ref/settings/#allowed-hosts。

编辑项目的 settings.py 文件，调整 ALLOWED_HOSTS 设置项，如下所示。

```
ALLOWED_HOSTS = ['mysite.com', 'localhost', '127.0.0.1']
```

除了 mysite.com 主机，我们还显式地包含了 localhost 和 127.0.0.1，进而通过 localhost

和 127.0.0.1 访问网站。当 DEBUG 为 True 且 ALLOWED_HOSTS 为空时，这也是 Django 的默认行为。

在浏览器中再次打开 http://mysite.com:8000/account/login/，随后将会看到网站的登录页面，而非错误信息。

5.1.1 通过 HTTPS 运行开发服务器

某些社交身份验证方法需要使用 HTTPS 连接。传输层安全（TLS）协议是一项标准，并通过安全连接为网站提供服务。TLS 的前身是安全套接字层（SSL）。

尽管 SSL 现在已被弃用，但在多个库和在线文档中，我们仍可看到对术语 TLS 和 SSL 的引用。Django 开发服务器无法通过 HTTPS 服务于网站，因为这并不是其期望的用途，当测试通过 HTTPS 为网站服务的社交身份验证功能时，我们将使用 Django Extensions 包的 RunServerPlus 扩展。Django Extensions 是一个第三方的自定义 Django 扩展集合。注意，在真实环境中，不应以此向网站提供服务，这仅是一个开发服务器。

使用下列命令安装 Django Extensions。

```
pip install git+https://github.com/django-extensions/django-
extensions.git@25a41d8a3ecb24c009c5f4cac6010a091a3c91c8
```

这将从 GitHub 提交中安装 Django Extensions，其中包含了对 Django 4.1 的支持。在本书编写时，最新版本的 Django Extensions 并不与 Django 4.1 兼容，但最新的兼容版本已经发布。

此外，我们还需要安装 Werkzeug，其中包含了 Django Extensions 的 RunServerPlus 扩展所需的调试器层。运行下列命令安装 Werkzeug。

```
pip install werkzeug==2.2.2
```

最后，使用下列命令安装 pyOpenSSL，这也是使用 RunServerPlus 的 SSL/TLS 功能所必需的。

```
pip install pyOpenSSL==22.0.0
```

编辑项目的 settings.py 文件，并将 Django Extensions 添加至 INSTALLED_APPS 设置项中，如下所示。

```
INSTALLED_APPS = [
    # ...
    'django_extensions',
]
```

当前，使用 Django Extensions 提供的管理命令 runserver_plus 运行开发服务器，如下所示。

```
python manage.py runserver_plus --cert-file cert.crt
```

针对 SSL/TLS，我们向 runserver_plus 命令提供了一个文件名。Django Extensions 将自动生成一个密钥和证书。

在浏览器中打开 https://mysite.com:8000/account/login/。当前，我们正在通过 HTTPS 访问网站。注意，我们正在使用 https://而非 http://。

因为我们正在使用自生成的证书，而非认证机构（CA）授信的证书，因而浏览器将显示一个安全警告。

当使用 Google Chrome 时，对应页面如图 5.2 所示。

图 5.2　Google Chrome 中的安全错误

此时，单击 Advanced 并于随后单击 Proceed to 127.0.0.1 (unsafe)。

当使用 Safari 时，对应页面如图 5.3 所示。

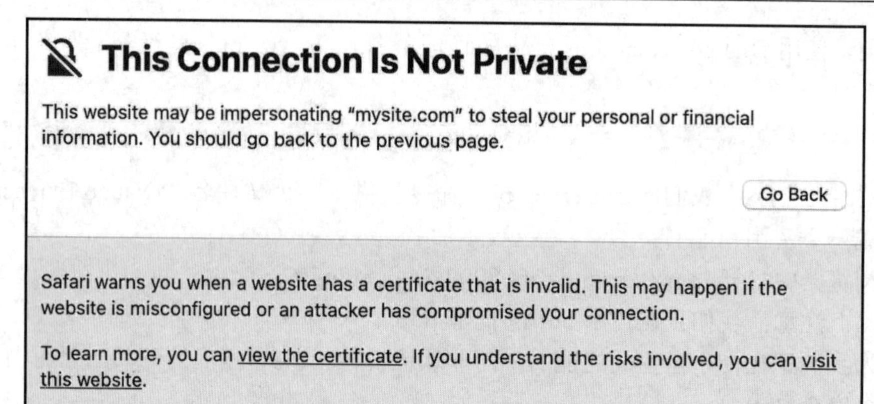

图 5.3　Safari 中的安全错误

此时单击 Show details 并于随后单击 visit this website。

如果正在使用 Microsoft Edge，对应页面如图 5.4 所示。

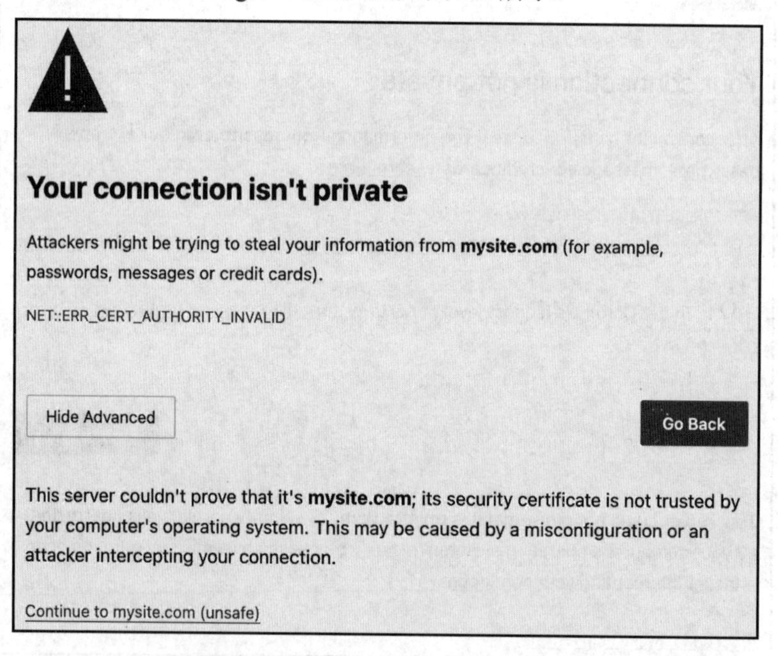

图 5.4　Microsoft Edge 中的安全错误

此时，单击 Advanced 并于随后单击 Continue to mysite.com (unsafe)。

如果用户正在使用其他浏览器，可访问浏览器显示的高级信息，接收自签名证书以便浏览器信任该证书。

我们将会看到，URL 以 https://开头，并且在某些情况下还存在一个锁图标，表明连接是安全的，如图 5.5 所示。有些浏览器可能会显示被损坏的锁图标，因为用户使用的是自签名证书而不是受信任的证书。这对于我们的测试来说并不是问题。

127.0.0.1:8000/account/login/

图 5.5　包含安全连接图标的 URL

注意：

Django Extensions 还包含了其他工具和特性。关于 Django Extensions 包的更多信息，读者可访问 https://django-extensions.readthedocs.io/en/latest/。

当前，在开发期间，我们可通过 HTTPS 为网站提供服务，进而可通过 Facebook、Twitter 和 Google 测试社交身份验证。

5.1.2　利用 Facebook 进行身份验证

当采用 Facebook 登录网站时，可向项目的 settings.py 文件中的 AUTHENTICATION_BACKENDS 设置项添加下列代码行。

```
AUTHENTICATION_BACKENDS = [
    'django.contrib.auth.backends.ModelBackend',
    'account.authentication.EmailAuthBackend',
    'social_core.backends.facebook.FacebookOAuth2',
]
```

我们需要一个 Facebook 开发者账户，且需要创建一个新的 Facebook 应用程序。

在浏览器中打开 https://developers.facebook.com/apps/，在创建了 Facebook 开发者账户后，将会看到包含下列标题的网站，如图 5.6 所示。

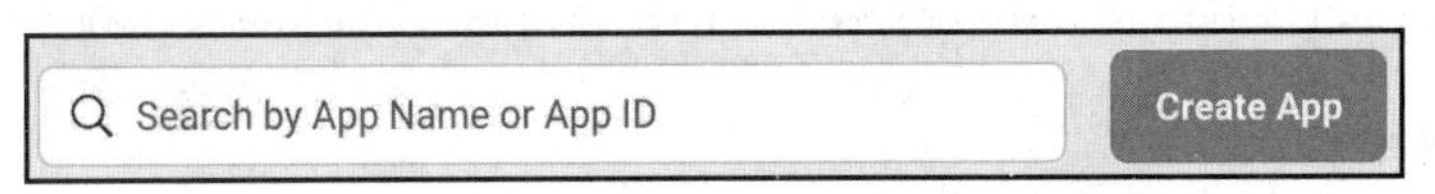

图 5.6　Facebook 开发者门户标题

单击 Create App 按钮。

我们将会看到如图 5.7 所示的表单，以供选择应用程序类型。

在 Select an app type 下方，选择 Consumer 并单击 Next 按钮。

我们将会看到如图 5.8 所示的表单，以创建新的应用程序。

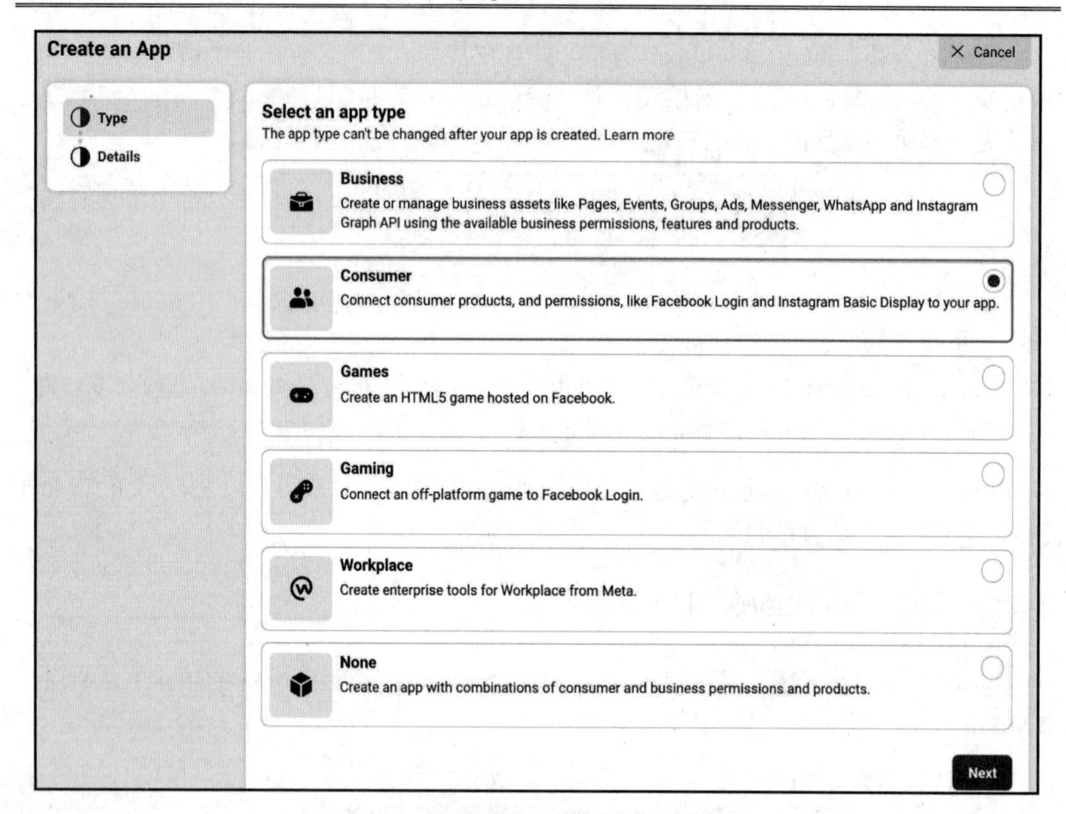

图 5.7　Facebook 应用程序表单，以选择应用程序类型

图 5.8　包含应用程序细节信息的 Facebook 表单

输入 Bookmarks 作为 Display name、添加可联系的电子邮件地址并单击 Create App。

我们可以看到新应用程序的仪表板，其中显示了可供应用程序配置的不同服务。找到如图 5.9 所示的 Facebook 登录框，并单击 SetUp 按钮。

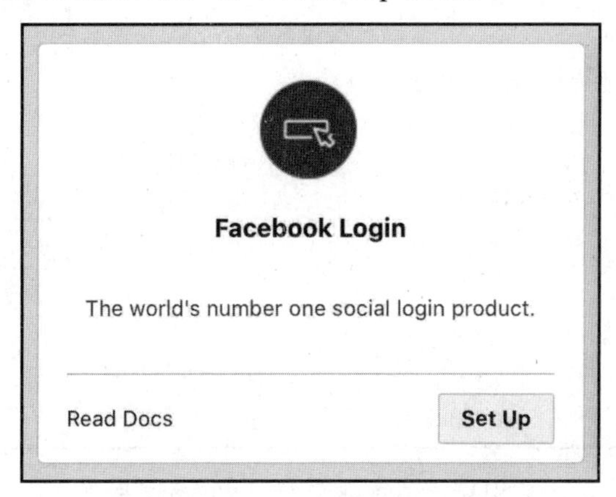

图 5.9　Facebook 登录框

用户将被询问选择相应的平台，如图 5.10 所示。

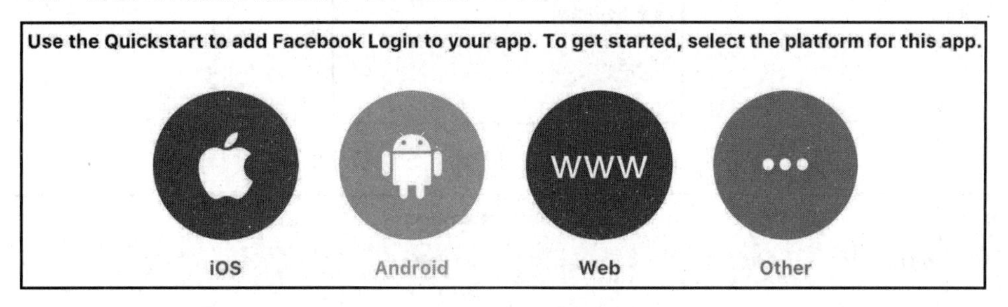

图 5.10　Facebook 登录时的平台选择

选择 Web 平台后将会看到如图 5.11 所示的表单。

在 Site URL 下输入 https://mysite.com:8000/并单击 Save 按钮，随后单击 Continue 按钮。用户可以跳过其余的快速启动过程。

在左侧菜单中，单击 Settings、Basic 选项，如图 5.12 所示。

随后将会看到如图 5.13 所示的表单。

复制 App ID 和 App Secret 密钥，并将其添加至项目的 settings.py 文件中，如下所示。

```
SOCIAL_AUTH_FACEBOOK_KEY = 'XXX' # Facebook App ID
SOCIAL_AUTH_FACEBOOK_SECRET = 'XXX' # Facebook App Secret
```

iOS　Android　Web　Other

1. Tell Us about Your Website

Tell us what the URL of your site is.

Site URL

https://mysite.com:8000/

Save

Continue

图 5.11　Facebook 登录的 Web 平台配置

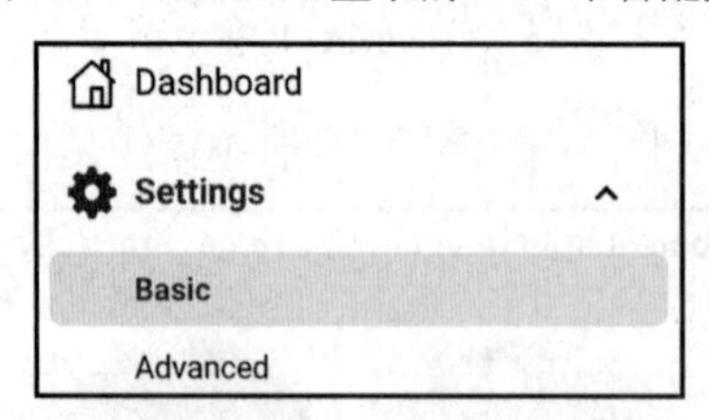

图 5.12　Facebook 开发者门户侧栏菜单

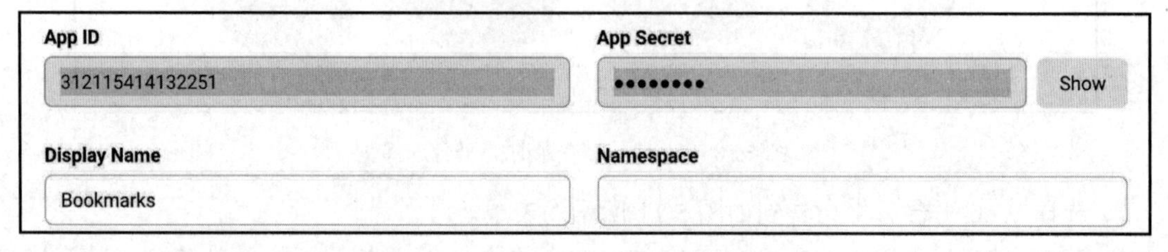

图 5.13　Facebook 应用程序的详细信息

此外，还可通过询问 Facebook 用户的额外权限定义一个 SOCIAL_AUTH_FACEBOOK_SCOPE 设置项，如下所示。

```
SOCIAL_AUTH_FACEBOOK_KEY = 'XXX' # Facebook App ID
SOCIAL_AUTH_FACEBOOK_SECRET = 'XXX' # Facebook App Secret
```

另外，还可以定义 SOCIAL_AUTH_FACEBOOK_SCOPE 设置，其中包含要向 Facebook 用户请求的额外权限。

```
SOCIAL_AUTH_FACEBOOK_SCOPE = ['email']
```

返回 Facebook 开发者门户并单击 Settings 按钮，将 mysite.com 添加至 App Domains 下方，如图 5.14 所示。

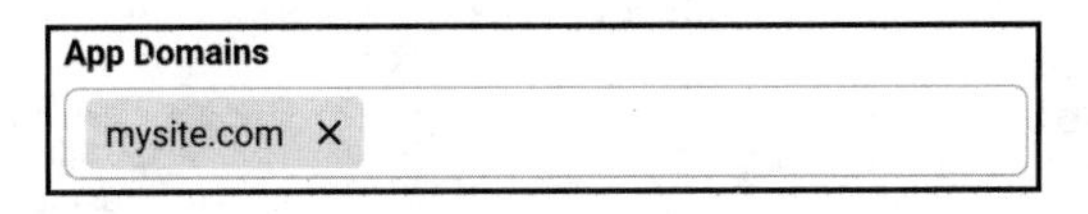

图 5.14　Facebook 应用程序所允许的域名

我们需要针对 Privacy Policy URL 输入一个公共 URL，并为 User Data Deletion Instructions URL 输入另一个 URL。图 5.15 中的示例针对私有策略使用了 Wikipedia 页面 URL。注意，这里应使用有效的 URL。

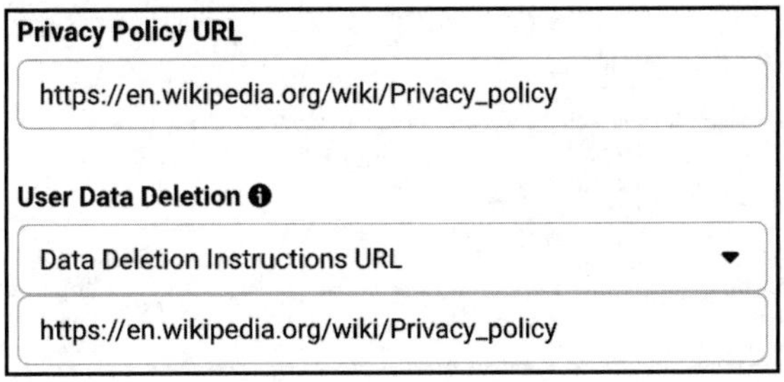

图 5.15　Facebook 应用程序的私有策略和用户数据删除指令 URL

单击 Save Changes 按钮，随后在 Products 下方的左侧菜单中，单击 Facebook Login 和 Settings 选项，如图 5.16 所示。

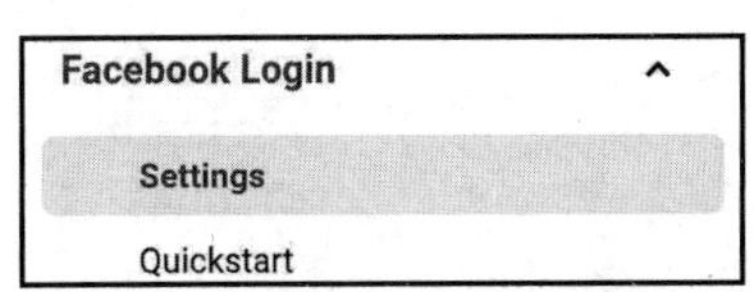

图 5.16　Facebook 登录菜单

确保下列设置系处于活动状态。

- 客户端 OAuth 登录。
- Web OAuth 登录。
- 强制 HTTPS。
- 嵌入式浏览器 OAyth 登录。
- 针对重定向 URI 使用严格模式。

在 Valid OAuth Redirect URIs 下方输入 https://mysite.com:8000/social-auth/complete/facebook/，如图 5.17 所示。

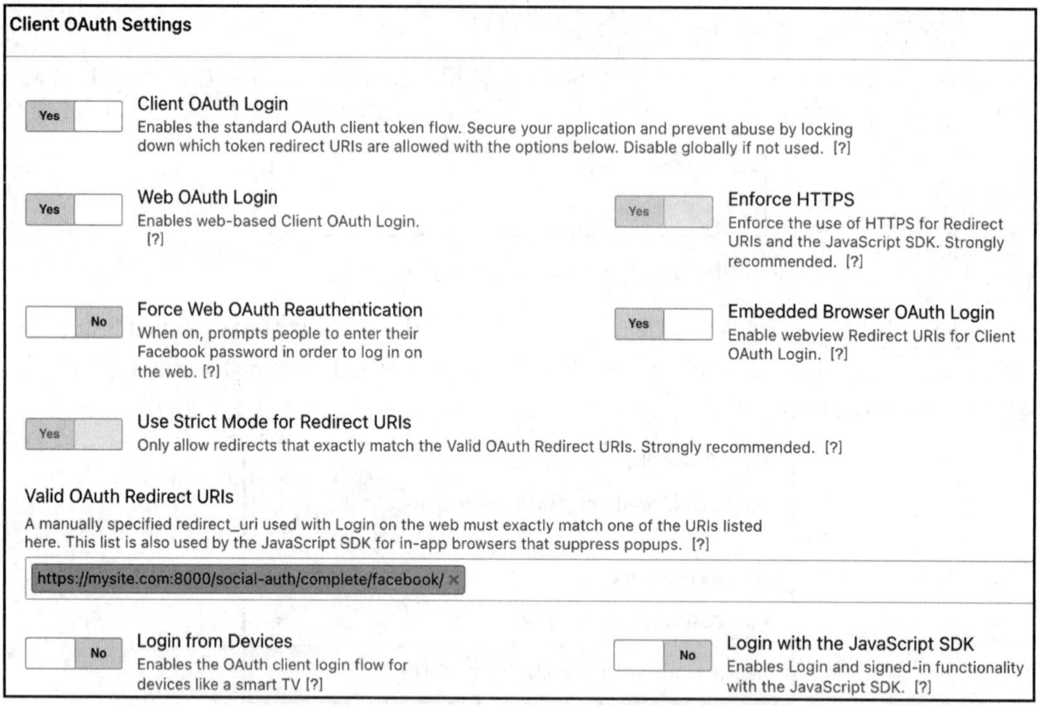

Client OAuth Settings

Yes　Client OAuth Login
Enables the standard OAuth client token flow. Secure your application and prevent abuse by locking down which token redirect URIs are allowed with the options below. Disable globally if not used. [?]

Yes　Web OAuth Login
Enables web-based Client OAuth Login. [?]

Yes　Enforce HTTPS
Enforce the use of HTTPS for Redirect URIs and the JavaScript SDK. Strongly recommended. [?]

No　Force Web OAuth Reauthentication
When on, prompts people to enter their Facebook password in order to log in on the web. [?]

Yes　Embedded Browser OAuth Login
Enable webview Redirect URIs for Client OAuth Login. [?]

Yes　Use Strict Mode for Redirect URIs
Only allow redirects that exactly match the Valid OAuth Redirect URIs. Strongly recommended. [?]

Valid OAuth Redirect URIs
A manually specified redirect_uri used with Login on the web must exactly match one of the URIs listed here. This list is also used by the JavaScript SDK for in-app browsers that suppress popups. [?]

https://mysite.com:8000/social-auth/complete/facebook/ ×

No　Login from Devices
Enables the OAuth client login flow for devices like a smart TV [?]

No　Login with the JavaScript SDK
Enables Login and signed-in functionality with the JavaScript SDK. [?]

图 5.17　Facebook 登录的 Client OAuth 设置项

打开 account 应用程序的 registration/login.html 模板，并在 content 块的底部添加下列代码。

```
{% block content %}
  ...
  <div class="social">
    <ul>
      <li class="facebook">
        <a href="{% url "social:begin" "facebook" %}">
          Sign in with Facebook
        </a>
      </li>
    </ul>
  </div>
{% endblock %}
```

使用 Django Extensions 提供的管理命令 runserver_plus，并运行开发服务器，如下所示。

```
python manage.py runserver_plus --cert-file cert.crt
```

在浏览器中打开 https://mysite.com:8000/account/login/，此时登录页面如图 5.18 所示。

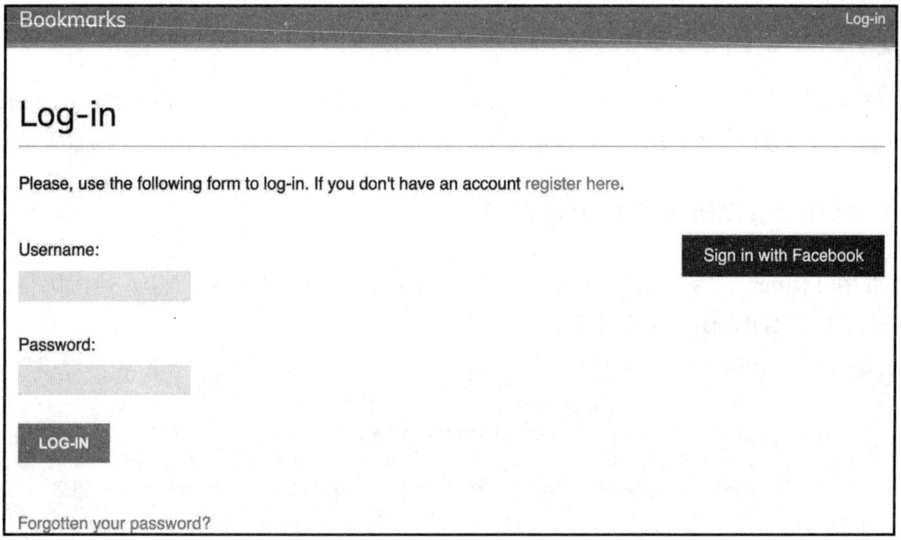

Bookmarks　Log-in

Log-in

Please, use the following form to log-in. If you don't have an account register here.

Username:

Password:

LOG-IN

Sign in with Facebook

Forgotten your password?

图 5.18　登录页面，包含 Facebook 身份验证按钮

单击 Sign in with Facebook 按钮。用户将被重定向至 Facebook，并看到一个模式对话框，请求用户允许 Bookmarks 应用程序访问公共 Facebook 配置文件，如图 5.19 所示。

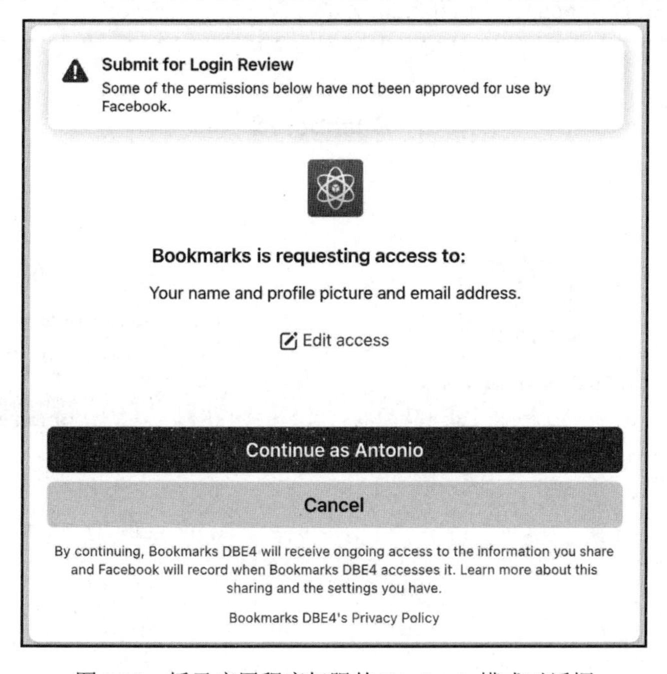

图 5.19　授予应用程序权限的 Facebook 模式对话框

随后，用户将看到一个警告，提示需要提交应用程序进行登录审查。单击 Continue as...按钮。

用户将登录并被重定向至网站的仪表板页面。记住，我们曾在 LOGIN_REDIRECT_URL 设置项中设置了该 URL。可以看到，向网站中添加社交身份验证较为直接。

5.1.3　利用 Twitter 进行身份验证

当采用 Twitter 进行身份验证时，在项目的 settings.py 文件中，将下列代码行添加至 AUTHENTICATION_BACKENDS 设置项中。

```
AUTHENTICATION_BACKENDS = [
    'django.contrib.auth.backends.ModelBackend',
    'account.authentication.EmailAuthBackend',
    'social_core.backends.facebook.FacebookOAuth2',
    'social_core.backends.twitter.TwitterOAuth',
]
```

此外，我们还需要一个 Twitter 开发者账户。对此，在浏览器中打开 https://developer.twitter.com/并单击 Sign up 按钮。

在生成了 Twitter 开发者账户后，访问位于 https://developer.twitter.com/en/portal/dashboard 的 Developer Portal Dashboard，如图 5.20 所示。

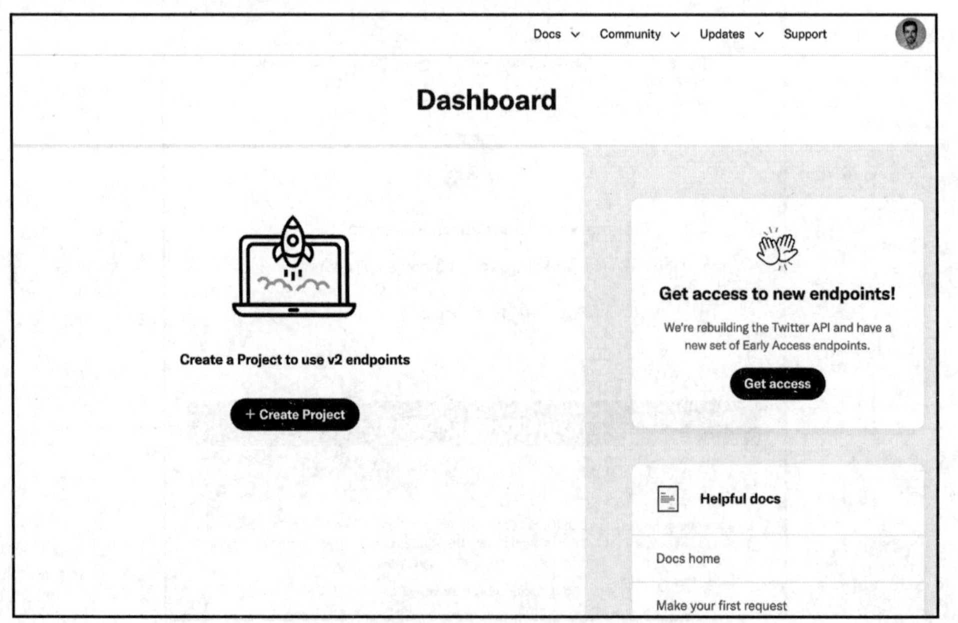

图 5.20　Twitter 开发者门户仪表板

单击 Create Project 按钮，对应结果如图 5.21 所示。

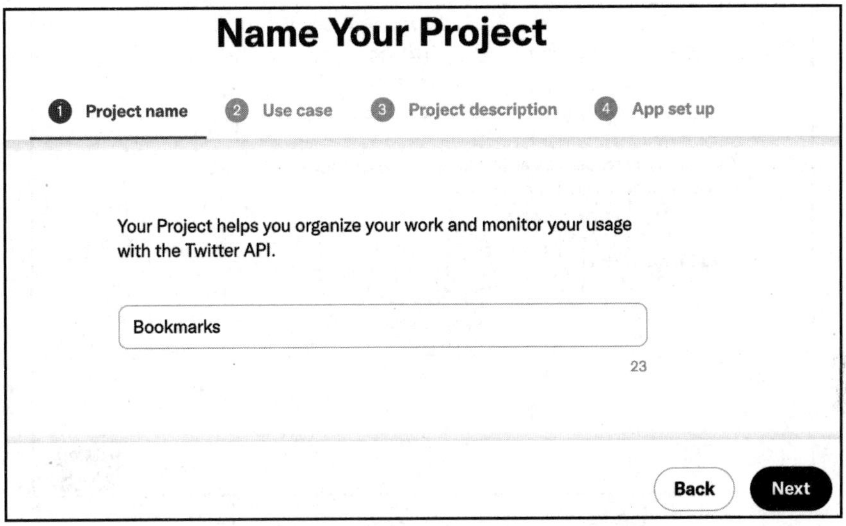

图 5.21　Twitter 构建项目页面——项目名称

针对 Project name 输入 Bookmarks 并单击 Next 按钮，对应结果如图 5.22 所示。

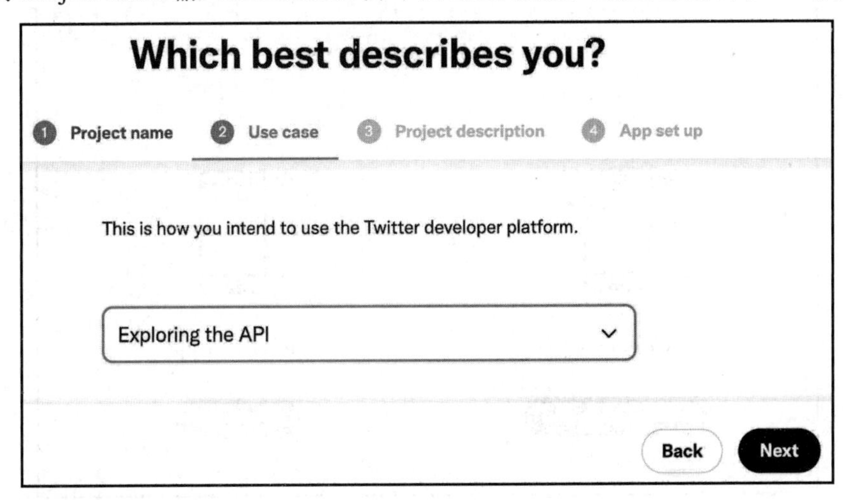

图 5.22　Twitter 构建项目页面——用例

在 Use case 下方，选择 Exploring the API 并单击 Next 按钮。我们可选择任何用例，这不会对配置产生任何影响。对应结果如图 5.23 所示。

针对项目输入简短的描述，随后单击 Next 按钮。至此，项目创建完毕，如图 5.24 所示。

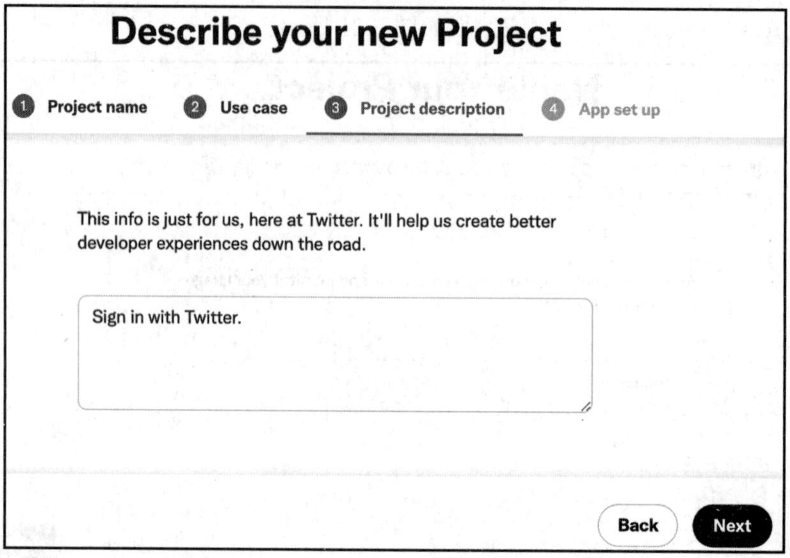

Describe your new Project

1 Project name　2 Use case　3 Project description　4 App set up

This info is just for us, here at Twitter. It'll help us create better developer experiences down the road.

Sign in with Twitter.

Back　Next

图 5.23　Twitter 构建项目页面——项目描述

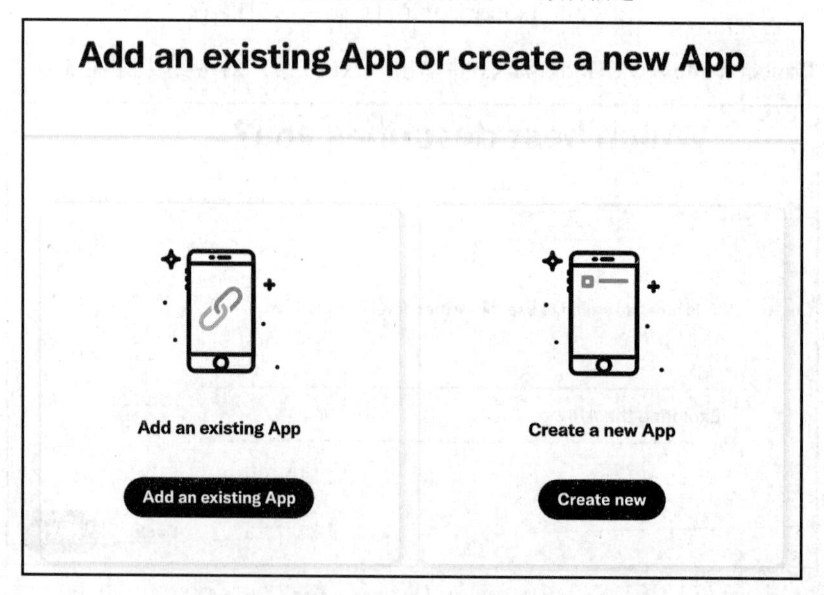

图 5.24　Twitter 应用程序配置

此处，我们将创建一个新的应用程序。单击 Create new 按钮。随后将会看到如图 5.25 所示的新应用程序配置。

在 App Environment 下方，选择 Development 并单击 Next 按钮。当前，我们正在创

建一个应用程序的开发环境，如图 5.26 所示。

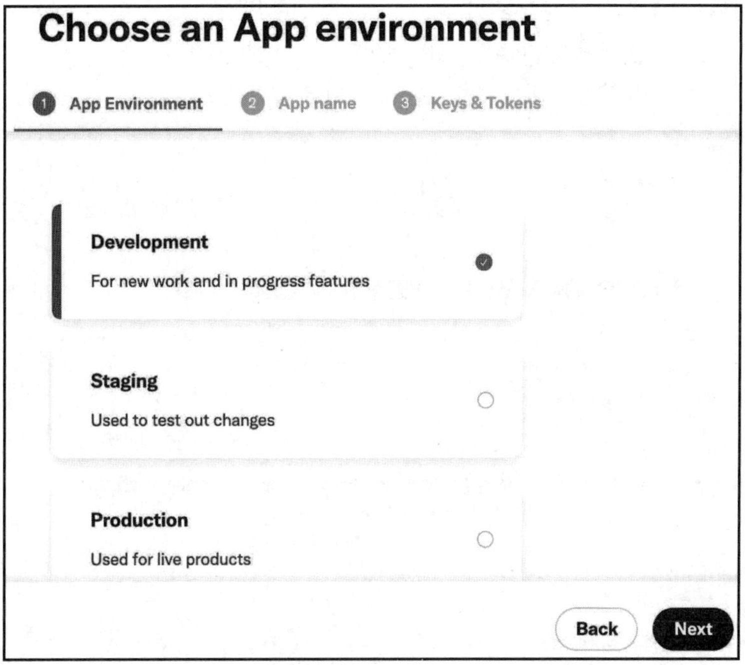

图 5.25　Twitter 应用程序配置——环境选择

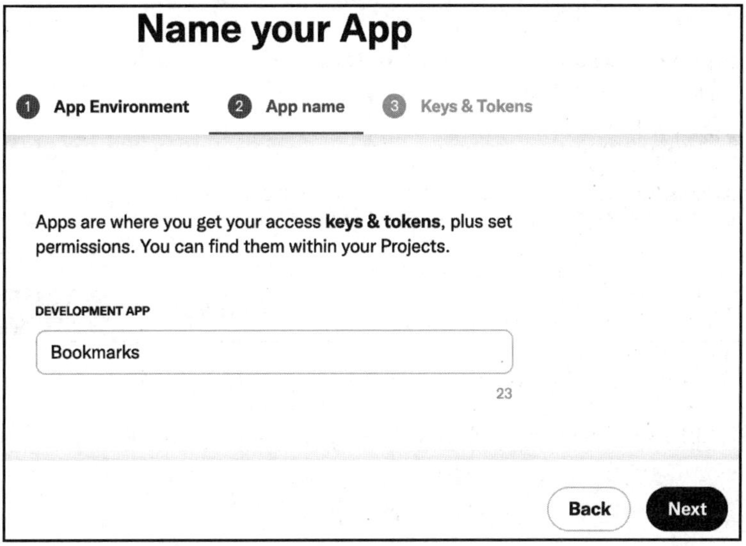

图 5.26　Twitter 应用程序配置——应用程序名称

在 App name 下方，输入后跟后缀的 Bookmarks。Twitter 不允许使用 Twitter 内已有的开发者应用程序的名称，因此需要输入一个有效的名称。随后单击 Next 按钮。如果应用程序尝试使用的名称已经存在，Twitter 将显示一条错误消息。

在选取了一个有效的名称后，对应结果如图 5.27 所示。

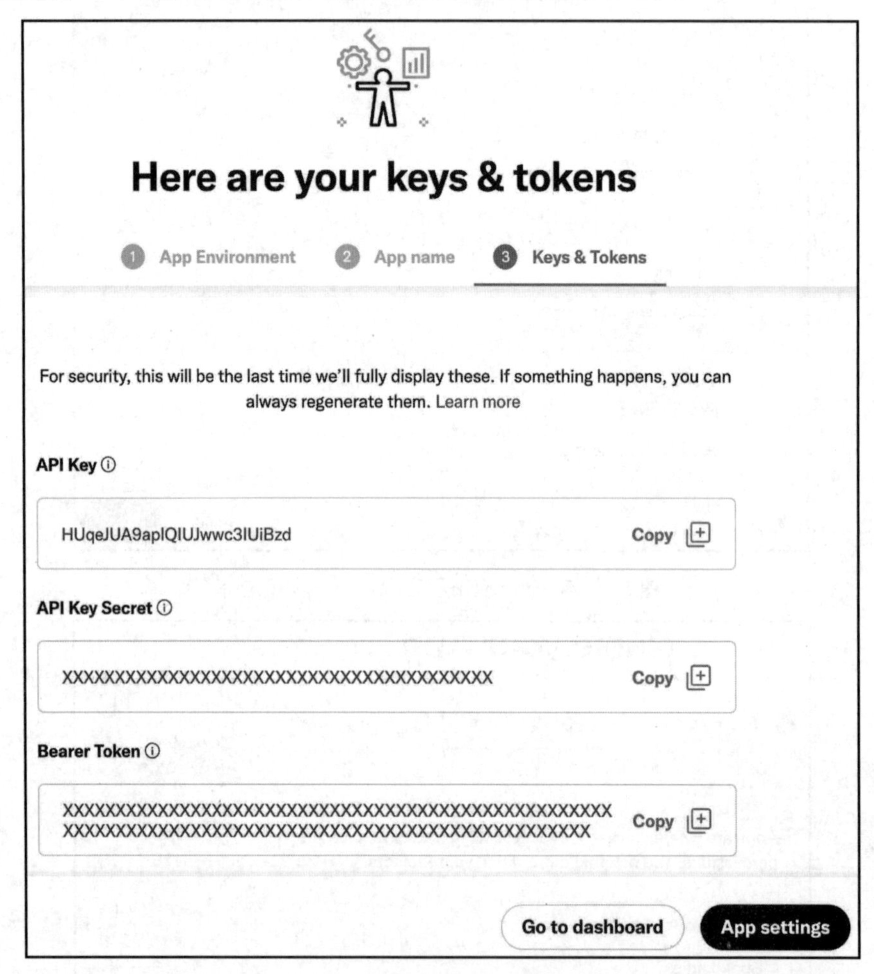

图 5.27　Twitter 应用程序配置——生成 API 密钥

接下来将 API Key 和 API Key Secret 复制至项目 settings.py 文件的下列设置项中。

```
SOCIAL_AUTH_TWITTER_KEY = 'XXX' # Twitter API Key
SOCIAL_AUTH_TWITTER_SECRET = 'XXX' # Twitter API Secret
```

随后单击 App settings 按钮，对应结果如图 5.28 所示。

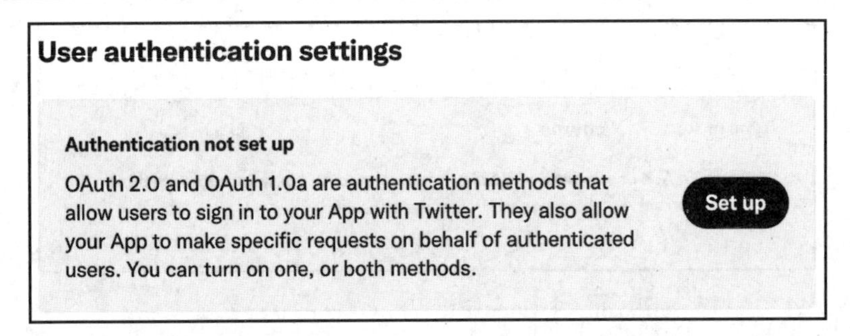

图 5.28　Twitter 应用程序用户身份验证设置

在 User authentication settings 下方，单击 Set up 按钮，对应结果如图 5.29 所示。

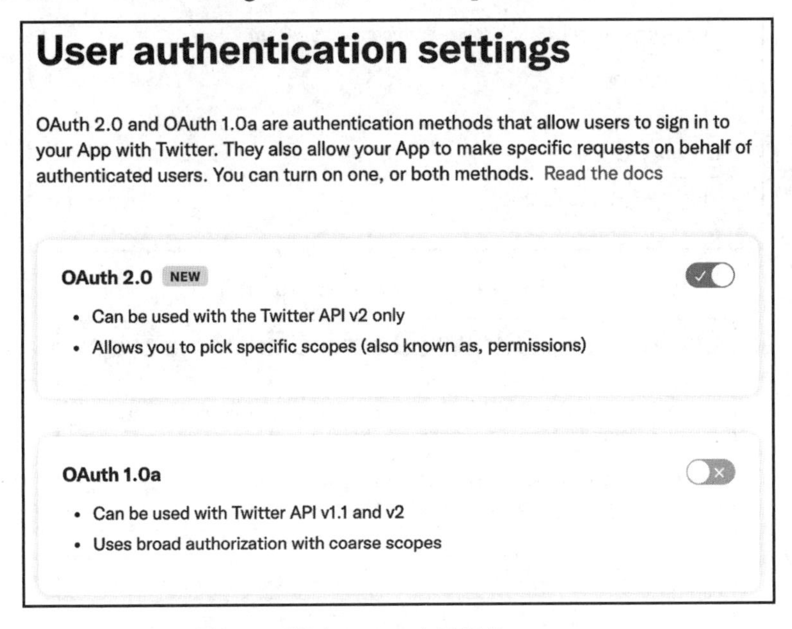

图 5.29　激活 Twitter 应用程序 OAuth 2.0

激活 OAuth 2.0 选项，这也是我们将要使用的 OAuth 版本。随后，在 OAuth 2.0 Settings 中，针对 Type of App 选择 Web App，如图 5.30 所示。

在 General Authentication Settings 下方，输入应用程序的下列详细信息。

- Callback URI / Redirect URL：https://mysite.com:8000/social-auth/complete/twitter/。
- Website URL：https://mysite.com:8000/。

当前设置如图 5.31 所示。

单击 Save 按钮。对应结果如图 5.32 所示，其中包含了 Client ID 和 Client Secret。

OAUTH 2.0 SETTINGS

Type of App　Web App

This type of App uses **confidential clients**, which securely authenticate with the authorization server. They keep your client secret safe.

图 5.30　Twitter 应用程序 OAuth 2.0 设置项

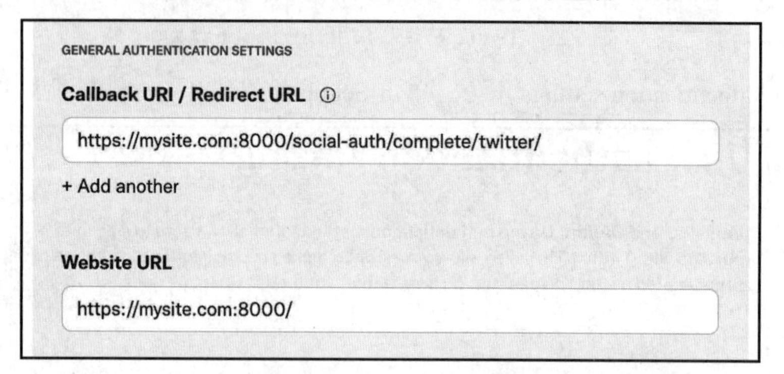

图 5.31　Twitter 身份验证 URL 配置

OAuth 2.0 Client ID and Client Secret

Think of your Client ID and Client Secret as the user name and password that allow you to use OAuth 2.0 as an authentication method.

For security, this will be the last time we'll fully display the Client Secret. If something happens, you can always regenerate it. Read the docs

Client ID

Mlh4cWg2R1ZNZUdSY2ZqUVNWckE6MTpjaQ　Copy

Client Secret

xxxxxxxxxxxxxxxxxxxxxxxxxxxxxxxxxxxxxxxxxxxxxxxxxx　Copy

Done

图 5.32　Twitter 应用程序 Client ID 和 Client Secret

客户端身份验证并不需要使用 Client ID 和 Client Secret，因为我们将使用 API Key 和 API Key Secret。但是，我们可复制 Client ID 和 Client Secret，并将 Client Secret 存储在安全的地方。随后单击 Done 按钮。

此时用户将看到另一个保存 Client Secret 的提示，如图 5.33 所示。

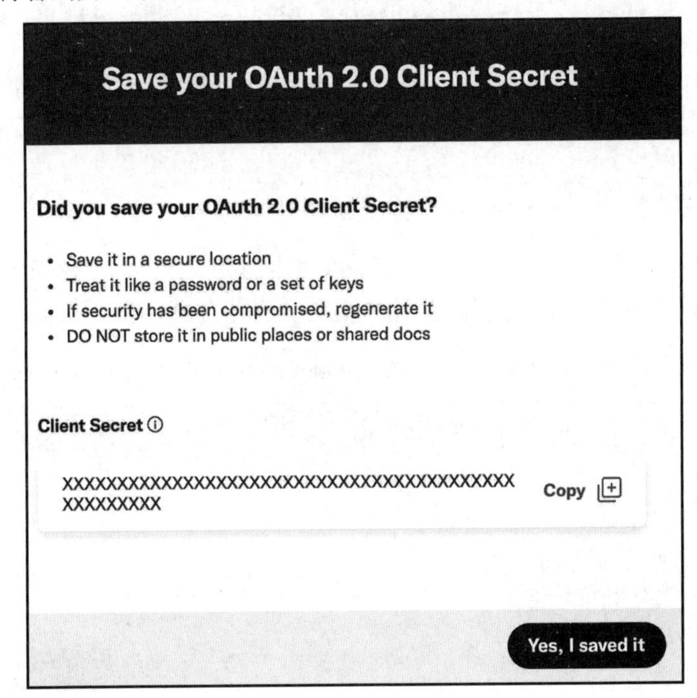

图 5.33　Twitter Client Secret 提示

单击 Yes, I saved it 按钮，随后将会看到 OAuth 2.0 身份验证已开启，如图 5.34 所示。

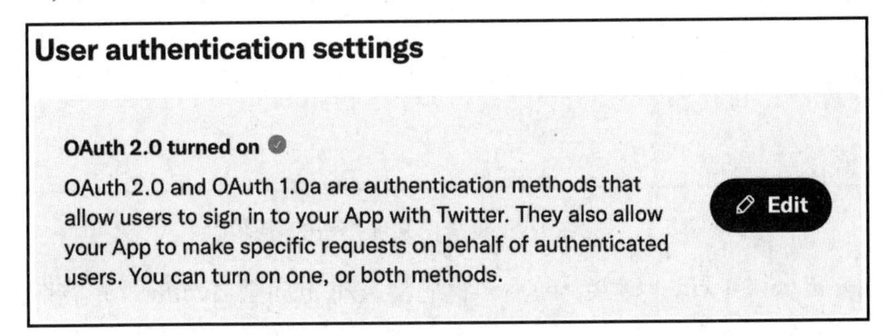

图 5.34　Twitter 应用程序身份验证设置项

编辑 registration/login.html 模板，并向<ul>元素中添加下列代码。

```
<ul>
  <li class="facebook">
    <a href="{% url "social:begin" "facebook" %}">
      Sign in with Facebook
    </a>
  </li>
  <li class="twitter">
    <a href="{% url "social:begin" "twitter" %}">
      Sign in with Twitter
    </a>
  </li>
</ul>
```

使用 Django Extensions 提供的管理命令 runserver_plus，并启动开发服务器，如下所示。

```
python manage.py runserver_plus --cert-file cert.crt
```

在浏览器中打开 https://mysite.com:8000/account/login/，图 5.35 显示了相应的登录页面。

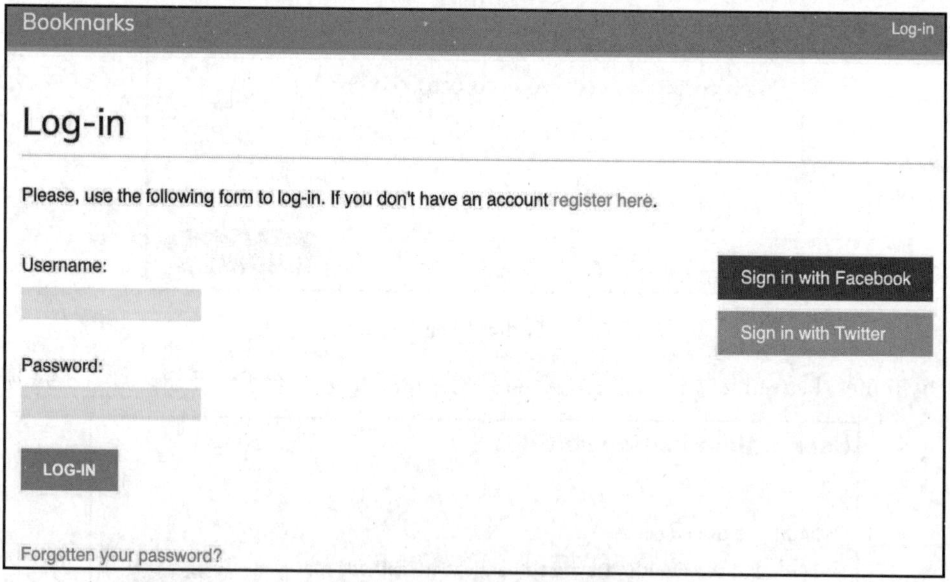

图 5.35　包含 Twitter 身份验证按钮的登录页面

单击 Sign in with Twitter 链接。随后，我们将被重定向至 Twitter，并被询问授权应用程序，如图 5.36 所示。

单击 Authorize app。当用户被重定向到仪表板页面时，将看到如图 5.37 所示的页面。随后，用户将被重定向至应用程序的仪表板页面。

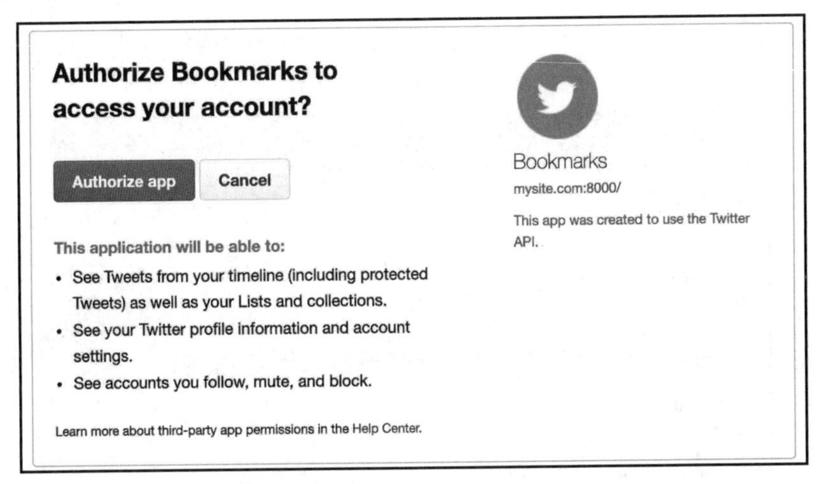

图 5.36　Twitter 用户授权页面

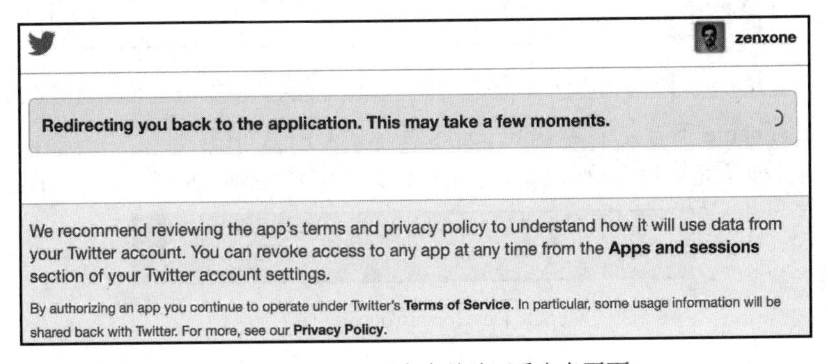

图 5.37　Twitter 用户身份验证重定向页面

5.1.4　使用 Google 进行身份验证

Google 提供了基于 OAuth2 的社交身份验证。读者可访问 https://developers.google.com/identity/protocols/OAuth2 查看 Google 的 OAuth2 实现。

当利用 Google 实现身份验证时，在项目的 settings.py 文件中，可将下列代码行添加至 AUTHENTICATION_BACKENDS 设置项中。

```
AUTHENTICATION_BACKENDS = [
    'django.contrib.auth.backends.ModelBackend',
    'account.authentication.EmailAuthBackend',
    'social_core.backends.facebook.FacebookOAuth2',
    'social_core.backends.twitter.TwitterOAuth',
    'social_core.backends.google.GoogleOAuth2',
]
```

首先需要在 Google Developer Console 中创建一个 API 密钥。对此，在浏览器中打开 https://console.cloud.google.com/projectcreate，对应结果如图 5.38 所示。

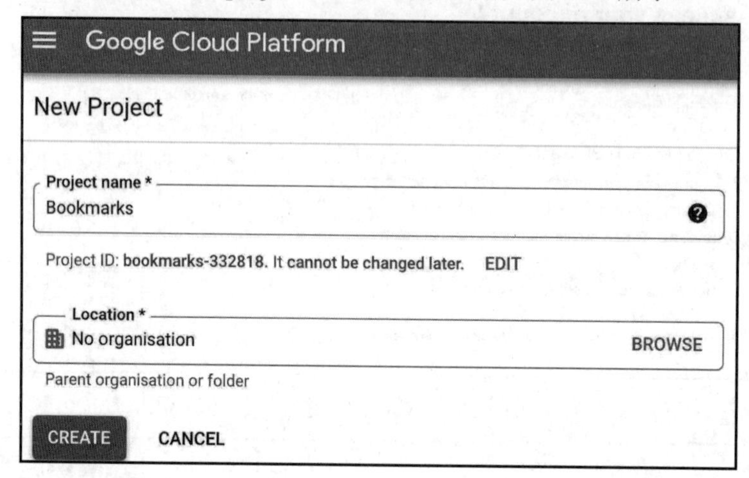

图 5.38　Google Developer Console 上方导航栏（1）

在 Project name 下方，输入 Bookmarks 并单击 CREATE 按钮。

当新项目准备完毕后，确保项目在上方导航栏中被选择，如图 5.39 所示。

图 5.39　Google Developer Console 上方导航栏（2）

待项目创建完毕后，在 APIs and services 下方，单击 Credentials 选项，如图 5.40 所示。

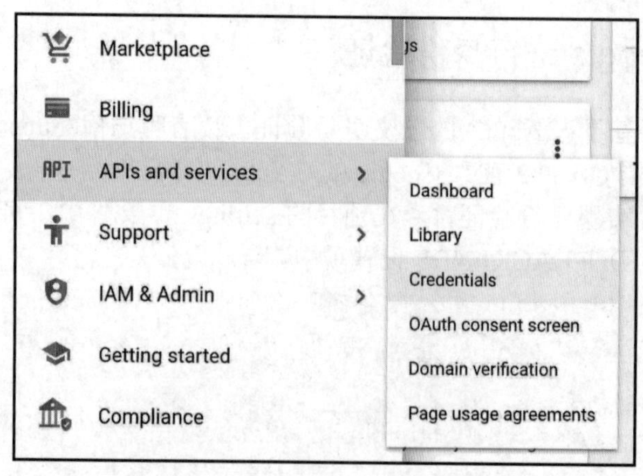

图 5.40　Google APIs 和服务菜单

对应结果如图 5.41 所示。

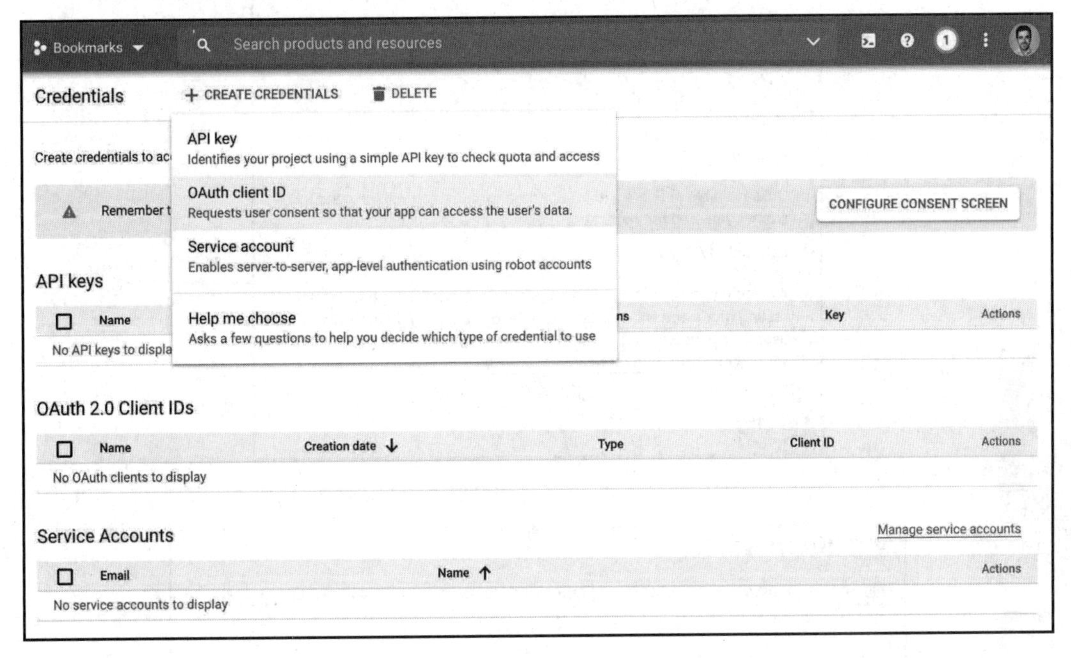

图 5.41　API 证书的 Google API 创建

随后单击 CREATE CREDENTIALS 和 OAuth client ID。

Google 将询问并显示配置许可界面，如图 5.42 所示。

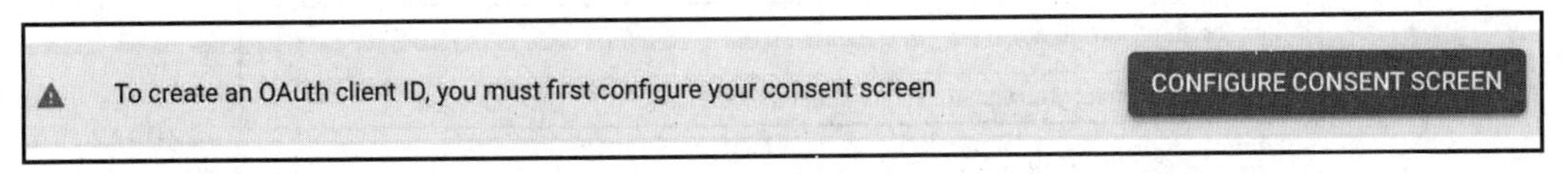

图 5.42　配置 OAuth 许可界面

我们配置的页面将显示于用户，并让用户许可使用他们的 Google 账户访问网站。单击 CONFIGURE CONSENT SCREEN 按钮，用户将被重定向至如图 5.43 所示的页面。

针对 User Type 选择 External 并单击 CREATE 按钮，对应结果如图 5.44 所示。

在 App name 下，输入 Bookmarks 并针对 User support email 选择电子邮件。

在 Authorised domains 下，输入 mysite.com，如图 5.45 所示。

在 Developer contact information 下输入电子邮件并单击 SAVE AND CONTINUE 按钮。

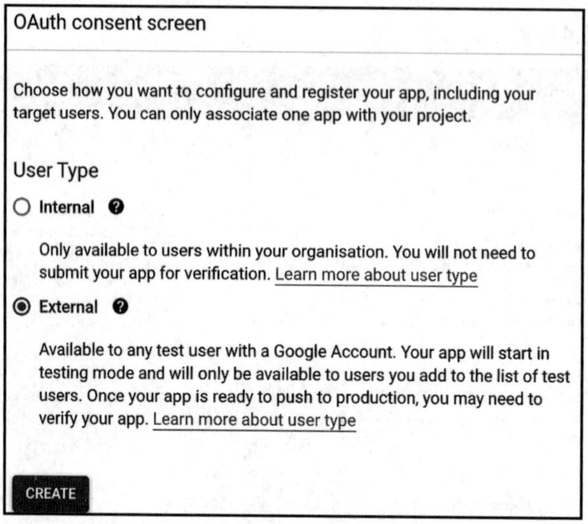

OAuth consent screen

Choose how you want to configure and register your app, including your target users. You can only associate one app with your project.

User Type

Internal

Only available to users within your organisation. You will not need to submit your app for verification. Learn more about user type

External

Available to any test user with a Google Account. Your app will start in testing mode and will only be available to users you add to the list of test users. Once your app is ready to push to production, you may need to verify your app. Learn more about user type

CREATE

图 5.43　Google OAuth 许可界面设置中的 User type 选取

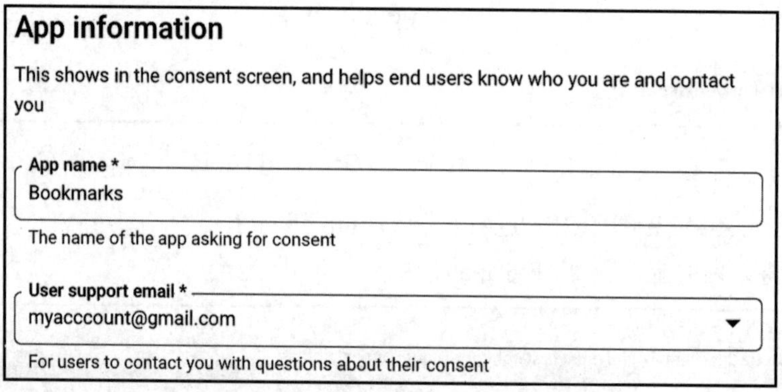

App information

This shows in the consent screen, and helps end users know who you are and contact you

App name *

Bookmarks

The name of the app asking for consent

User support email *

myacccount@gmail.com

For users to contact you with questions about their consent

图 5.44　Google OAuth 许可页面设置

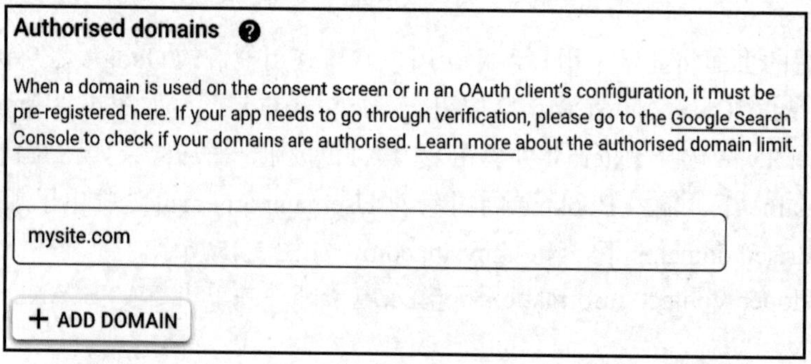

Authorised domains

When a domain is used on the consent screen or in an OAuth client's configuration, it must be pre-registered here. If your app needs to go through verification, please go to the Google Search Console to check if your domains are authorised. Learn more about the authorised domain limit.

mysite.com

+ ADD DOMAIN

图 5.45　Google OAuth 授权域

在 Scopes 项中，不要修改任何内容并单击 SAVE AND CONTINUE 按钮。

在 Test users 项中，向 Test users 中添加 Google 用户并单击 SAVE AND CONTINUE 按钮，如图 5.46 所示。

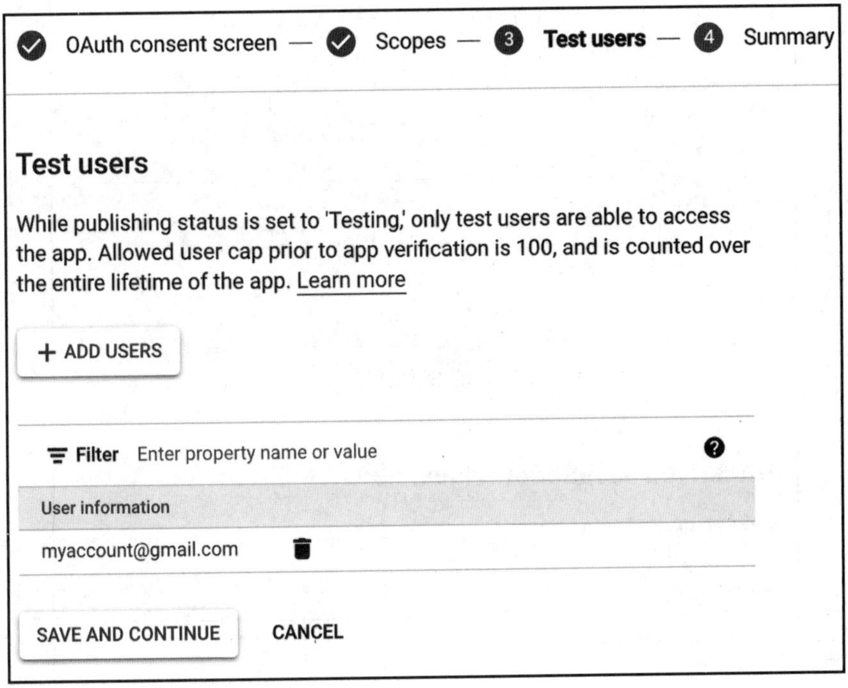

图 5.46　Google OAuth 测试用户

我们将会看到许可页面配置的小结内容。单击 Back to dashboard 按钮。

在左侧侧栏的菜单中，依次单击 Credentials 按钮、Create credentials 和 OAuth client ID 按钮。

输入下列信息。

- Application type：选择 Web application。
- Name：输入 Bookmarks。
- Authorised JavaScript origins：添加 https://mysite.com:8000/。
- Authorised redirect URIs：添加 https://mysite.com:8000/social-auth/complete/googleoauth2/。

此时表单如图 5.47 所示。

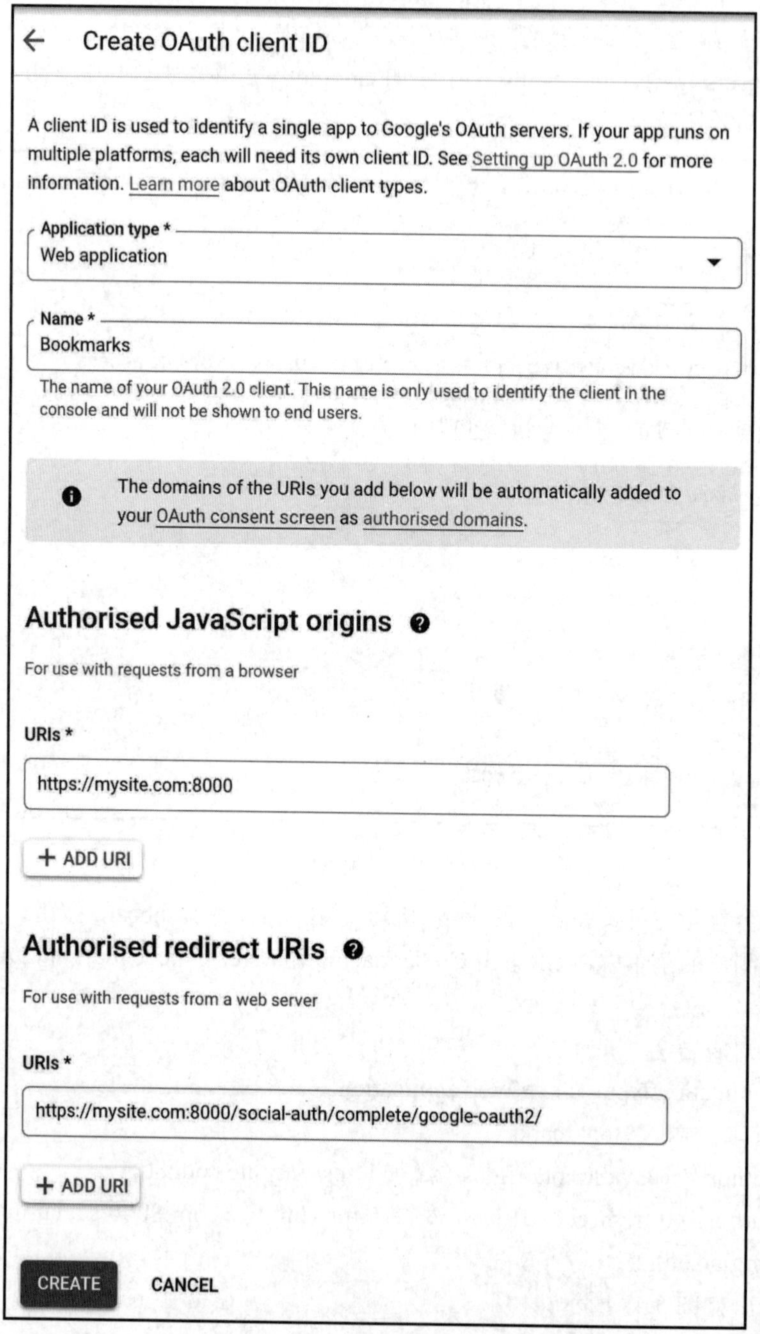

Create OAuth client ID

A client ID is used to identify a single app to Google's OAuth servers. If your app runs on multiple platforms, each will need its own client ID. See Setting up OAuth 2.0 for more information. Learn more about OAuth client types.

Application type *
Web application

Name *
Bookmarks

The name of your OAuth 2.0 client. This name is only used to identify the client in the console and will not be shown to end users.

The domains of the URIs you add below will be automatically added to your OAuth consent screen as authorised domains.

Authorised JavaScript origins

For use with requests from a browser

URIs *

https://mysite.com:8000

+ ADD URI

Authorised redirect URIs

For use with requests from a web server

URIs *

https://mysite.com:8000/social-auth/complete/google-oauth2/

+ ADD URI

CREATE CANCEL

图 5.47　Google OAuth 客户端 ID 创建表单

单击 CREATE 按钮。我们将得到 Your Client ID 和 Your Client Secret，如图 5.48 所示。

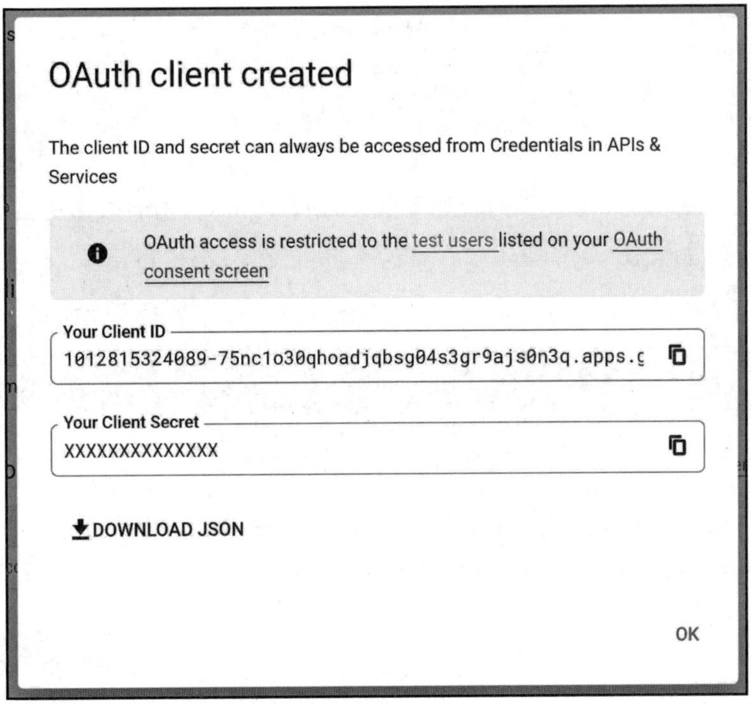

图 5.48　Google OAuth Client ID 和 Client Secret

接下来将两个密钥添加至 settings.py 中，如下所示。

```
SOCIAL_AUTH_GOOGLE_OAUTH2_KEY = 'XXX' # Google Client ID
SOCIAL_AUTH_GOOGLE_OAUTH2_SECRET = 'XXX' # Google Client Secret
```

编辑 registration/login.html 模板，并向<ul>元素中添加下列代码。

```
<ul>
  <li class="facebook">
    <a href="{% url "social:begin" "facebook" %}">
      Sign in with Facebook
    </a>
  </li>
  <li class="twitter">
    <a href="{% url "social:begin" "twitter" %}">
      Sign in with Twitter
```

```
    </a>
  </li>
  <li class="google">
    <a href="{% url "social:begin" "google-oauth2" %}">
      Sign in with Google
    </a>
  </li>
</ul>
```

使用 Django Extensions 提供的管理命令 runserver_plus 运行开发服务器，如下所示。

```
python manage.py runserver_plus --cert-file cert.crt
```

在浏览器中打开 https://mysite.com:8000/account/login/，登录页面如图 5.49 所示。

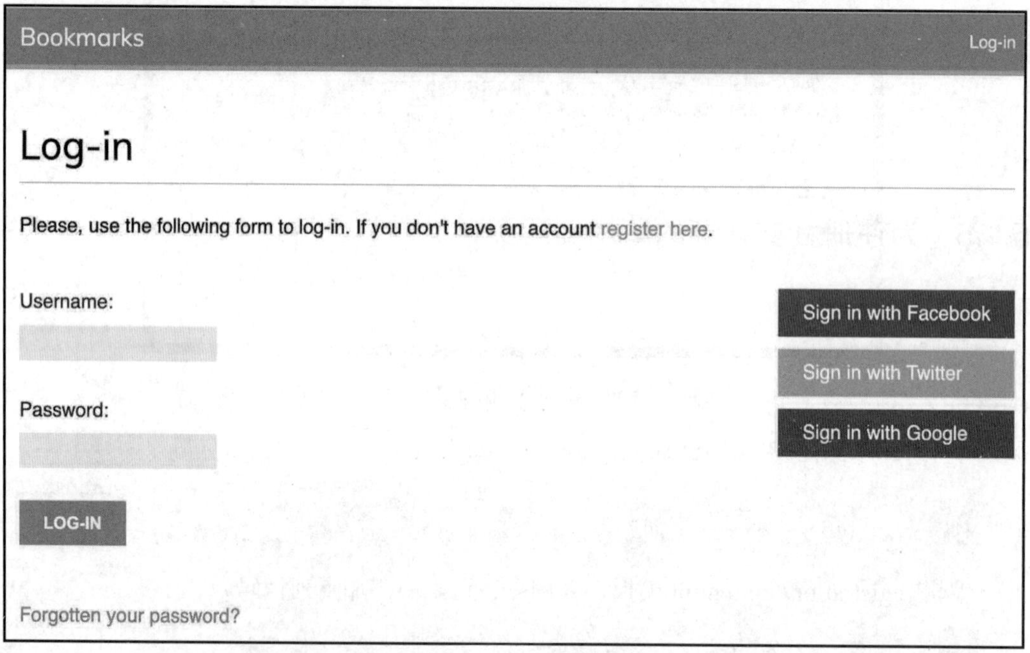

图 5.49　包含 Facebook、Twitter 和 Google 身份验证按钮的登录页面

单击 Sign in with Google 按钮，对应结果如图 5.50 所示。

单击 Google 账户并授权应用程序。随后用户登录并被重定向至网站的仪表板页面中。

至此，我们利用流行的社交平台向项目中添加了社交身份验证。通过 Python Social Auth，我们可方便地利用其他在线服务实现社交身份验证。

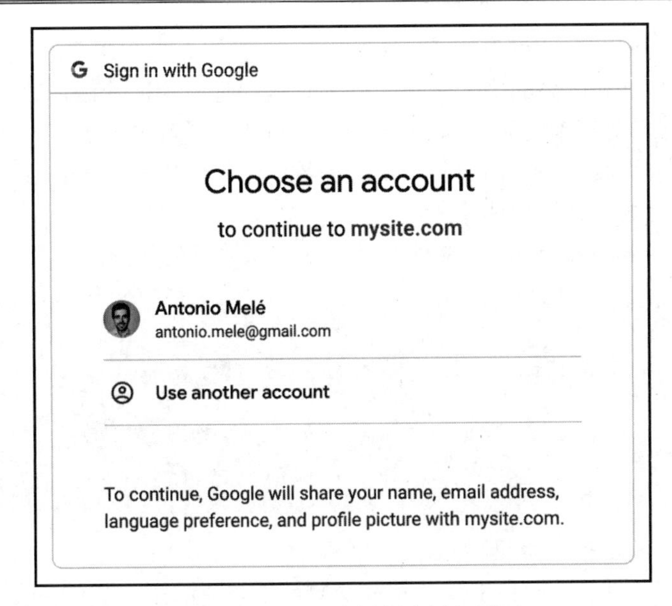

图 5.50　Google 应用程序授权页面

5.1.5　为注册社交认证的用户创建资料文件

当用户利用社交身份验证进行验证时，如果不存在与该社交资料相关联的现有用户，则创建一个新的 User 对象。Python Social Auth 使用一个由一组函数组成的管线，这些函数在身份验证流期间按照特定的顺序执行。这些函数负责检索用户的详细信息、在数据库中创建社交资料，并将其与已有用户关联，或者创建新的用户。

当通过社交身份验证创建新用户时，会创建一个非 Profile 对象。我们将向管线添加一个新步骤，以便在创建新用户时自动在数据库中创建 Profile 对象。

下面将 SOCIAL_AUTH_PIPELINE 添加至项目的 settings.py 文件中。

```
SOCIAL_AUTH_PIPELINE = [
    'social_core.pipeline.social_auth.social_details',
    'social_core.pipeline.social_auth.social_uid',
    'social_core.pipeline.social_auth.auth_allowed',
    'social_core.pipeline.social_auth.social_user',
    'social_core.pipeline.user.get_username',
    'social_core.pipeline.user.create_user',
    'social_core.pipeline.social_auth.associate_user',
    'social_core.pipeline.social_auth.load_extra_data',
    'social_core.pipeline.user.user_details',
]
```

这是 Python Social Auth 使用的默认的身份验证管线，当对用户进行身份验证时，其中包含了多个执行不同任务的多个函数。关于默认的身份验证管线，读者可访问 https://python-social-auth.readthedocs.io/en/latest/pipeline.html 以了解更多内容。

下面构建一个函数，并在创建新用户时在数据库中生成一个 Profile 对象。随后，我们将该函数添加至社交身份验证管线中。

编辑 account/authentication.py 文件，并向其中添加下列代码。

```
from account.models import Profile

def create_profile(backend, user, *args, **kwargs):
    """
    Create user profile for social authentication
    """
    Profile.objects.get_or_create(user=user)
```

create_profile 函数接收两个参数。

（1）backend：用于用户身份验证的社交验证后端。记住，需要将该社交身份验证后端添加至项目中的 AUTHENTICATION_BACKENDS 设置项中。

（2）user：新验证用户或已有验证用户的 User 实例。

读者可访问 https://pythonsocial-auth.readthedocs.io/en/latest/pipeline.html#extending-the-pipeline 查看传递至管道函数中的不同参数。

在 create_profile 函数中，我们检查 user 对象是否存在，并使用 get_or_create()方法为给定的用户查找 Profile 对象，并在必要时创建一个 Profile 对象。

接下来需要将新函数添加至身份验证管线中。此处将下列代码添加至 settings.py 文件的 SOCIAL_AUTH_PIPELINE 设置项中。

```
SOCIAL_AUTH_PIPELINE = [
    'social_core.pipeline.social_auth.social_details',
    'social_core.pipeline.social_auth.social_uid',
    'social_core.pipeline.social_auth.auth_allowed',
    'social_core.pipeline.social_auth.social_user',
    'social_core.pipeline.user.get_username',
    'social_core.pipeline.user.create_user',
    'account.authentication.create_profile',
    'social_core.pipeline.social_auth.associate_user',
    'social_core.pipeline.social_auth.load_extra_data',
    'social_core.pipeline.user.user_details',
]
```

我们在 social_core.pipeline.create_user 之后添加了 create_profile 函数。此时，User 实

例是有效的。用户可以是已有的用户，或者是管线在该步骤中新创建的用户。create_profile 函数使用 User 实例查找相关的 Profile 对象，或者在必要时创建一个新的 Profile 对象。

在管理网站 https://mysite.com:8000/admin/auth/user/上访问用户列表。删除通过社交认证创建的所有用户。

随后，打开 https://mysite.com:8000/account/login/，并针对删除用户执行社交身份验证。这里将创建一个新的用户，以及一个 Profile 对象。访问 https://mysite.com:8000/admin/account/profile/并验证是否为该新用户创建了资料。

至此，我们已经成功地添加了自动创建用户资料的功能，并用于社交身份验证。

Python Social Auth 还为断开连接流提供了一个管线机制，读者可访问 https://python-social-auth.readthedocs.io/en/latest/pipeline.html#disconnectionpipeline 查看其详细内容。

5.2 附加资源

下列资源提供了与本章主题相关的附加信息。

- 本章源代码：https://github.com/PacktPublishing/Django-4-by-example/tree/main/Chapter05。
- Python Social Auth：https://github.com/python-social-auth。
- Python Social Auth 的身份验证后端：https://python-social-auth.readthedocs.io/en/latest/backends/index.html#supported-backends。
- Django 允许的主机设置：https://docs.djangoproject.com/en/4.1/ref/settings/#allowed-hosts。
- Django Extensions 文档：https://django-extensions.readthedocs.io/en/latest/。
- Facebook 开发者门户：https://developers.facebook.com/apps/。
- Twitter 应用程序：https://developer.twitter.com/en/apps/create。
- Google 的 OAuth2 实现：https://developers.google.com/identity/protocols/OAuth2。
- Google APIs 证书：https://console.developers.google.com/apis/credentials。
- Python Social Auth 管道：https://python-social-auth.readthedocs.io/en/latest/pipeline.html。
- 扩展 Python Social Auth 管道：https://python-social-auth.readthedocs.io/en/latest/pipeline.html#extending-the-pipeline。
- 用于断开连接的 Python Social Auth：https://python-social-auth.readthedocs.io/en/latest/pipeline.html#disconnection-pipeline。

5.3 本 章 小 结

在本章中，我们向网站中添加了社交身份验证，以便用户可使用已有的 Facebook、Twitter 或 Google 账户登录。我们采用 Python Social Auth 并通过 OAuth 2.0 这一业界标准的身份验证协议实现了社交身份验证。除此之外，我们还学习了如何利用 Django Extensions 并通过 HTTPS 向开发服务器提供服务。最后，我们自定义了身份验证管线，并为新用户自动创建用户资料。

第 6 章将创建一个图像收藏系统，并利用多对多关系构建模型，以及自定义表单行为。另外，我们还将学习如何生成图像缩略图，以及如何利用 JavaScript 和 Django 构建 Ajax 功能。

第6章　共享网站上的内容

在第5章中，我们使用了 Django Social Auth 并通过 Facebook、Google 和 Twitter 将社交身份验证添加至网站中。我们学习了利用 Django Extensions 在本地机器上通过 HTTPS 运行开发服务器。最后，我们自定义了社交身份验证并针对新用户自动创建了用户资料。

在本章中，我们将学习如何创建 JavaScript 书签并在网站上共享源自其他站点上的内容，并通过 JavaScript 和 Django 在项目中实现 Ajax 特性。

本章主要涉及下列主题。

- 创建多对多关系。
- 自定义表单行为。
- 结合 Django 使用 JavaScript。
- 构建 JavaScript 书签。
- 利用 easy-thumbnails 生成图像缩略图。
- 利用 JavaScript 和 Django 实现异步 HTTP 请求。
- 构建无限滚动机制。

读者可访问 https://github.com/PacktPublishing/Django-4-by-example/tree/main/Chapter06 查看本章源代码。

本章使用的全部 Python 包均包含于本章源代码的 requirements.txt 文件中。在后续章节中，我们可遵循相关指令安装每个 Python 包，或者利用 pip install -r requirements.txt 命令一次性安装所有的 Python 包。

6.1　创建一个图像收藏网站

本节将学习如何收藏其他网站上的图像，并在我们的网站上分享这些图像。针对这一功能，我们需要下列各项元素。

- 存储图像和关联信息的数据模型。
- 处理图像上传的表单和视图。
- 可在任意网站上运行的 JavaScript 书签代码。该代码将在页面间查找图像，并使用户选择想要收藏的图像。

在 shell 提示符中运行下列命令，并在 bookmarks 项目中创建新的应用程序。

```
django-admin startapp images
```

在项目的 settings.py 文件中，向 INSTALLED_APPS 设置项添加新的应用程序，如下所示。

```
INSTALLED_APPS = [
    # ...
    'images.apps.ImagesConfig',
]
```

在项目中激活 images 应用程序。

6.1.1 构建图像模型

编辑 images 应用程序的 models.py 文件，并向其中添加下列代码。

```
from django.db import models
from django.conf import settings

class Image(models.Model):
    user = models.ForeignKey(settings.AUTH_USER_MODEL,
                             related_name='images_created',
                             on_delete=models.CASCADE)
    title = models.CharField(max_length=200)
    slug = models.SlugField(max_length=200,
                            blank=True)
    url = models.URLField(max_length=2000)
    image = models.ImageField(upload_to='images/%Y/%m/%d/')
    description = models.TextField(blank=True)
    created = models.DateField(auto_now_add=True)

    class Meta:
        indexes = [
            models.Index(fields=['-created']),
        ]
        ordering = ['-created']

    def __str__(self):
        return self.title
```

该模型用于存储平台中的图像。下面考查该模型中的字段。

- user：表示收藏图像的 User 对象。这是一个外键字段，因为该字段指定了一个一对多关系：用户可发布多幅图像，但是每幅图像仅由一名用户发布。针对 on_delete 参数，我们使用了 CASCADE，以便删除用户时也删除关联的图像。
- title：表示图像的标题。
- slug：仅包含字母、数字、下画线和连字符的简短标记，用于构建 SEO 友好的 URL。
- url：图像最初的 URL。我们使用 max_length 定义最大长度为 2000 个字符。
- image：图像文件。
- description：可选的图像描述内容。
- created：表示对象在数据库中创建的日期和时间。我们添加了 auto_now_add，以在对象创建时自动设置当前的日期时间。

在模型的 Meta 类中，我们针对 created 字段以降序定义了数据库索引。此外还添加了 ordering 属性以通知 Django 默认条件下按照 created 字段排序结果。我们通过在字段名前使用连字符来表示降序，例如-created，以便首先显示新的图像。

注意：

数据库索引改进了查询性能。考虑为经常使用 filter()、exclude()或 order_by()查询的字段创建索引。ForeignKey 字段或 unique=True 的字段表示创建了索引。关于数据库索引的更多信息，读者可访问 https://docs.djangoproject.com/en/4.1/ref/models/options/#django.db.models.Options.indexes。

我们将覆写 Image 模型的 save()方法，并根据 title 字段值自动生成 slug 字段。下列代码导入 slugify()函数，并将 save()方法添加至 Image 模型中。

```
from django.utils.text import slugify

class Image(models.Model):
    # ...
    def save(self, *args, **kwargs):
        if not self.slug:
            self.slug = slugify(self.title)
        super().save(*args, **kwargs)
```

当保存 Image 对象时，如果 slug 字段未包含值，slugify()函数用于从图像的 title 字段中自动生成一个 slug，随后对象被保存。通过从标题中自动生成 slug，用户在网站上共享图像时无须提供一个 slug。

6.1.2　创建多对多关系

接下来我们将向 Image 模型添加另一个字段，并存储点赞图像的用户。这里，需要一个多对多关系，因为一名用户可能点赞多幅图像，而每幅图像可由多名用户点赞。

向 Image 模型中添加下列字段。

```
users_like = models.ManyToManyField(settings.AUTH_USER_MODEL,
                                    related_name='images_liked',
                                    blank=True)
```

当定义 ManyToManyField field 时，Django 使用两个模型的主键创建一个中间连接表。图 6.1 显示了针对这一关系创建的数据库表。

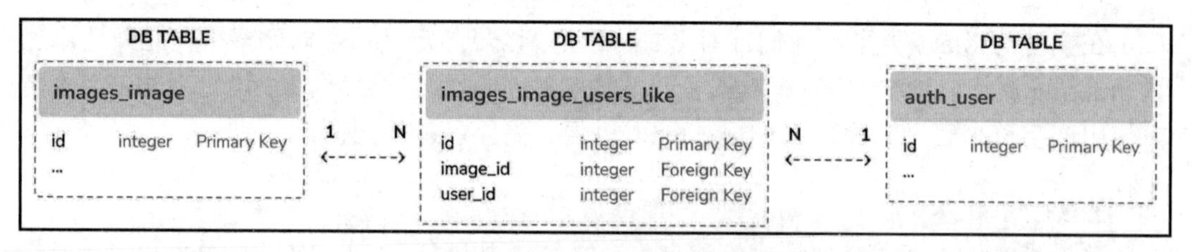

图 6.1　多对多关系的中间数据库表

images_image_users_like 作为中间表由 Django 创建，该表引用了 images_image 表（Image 模型）和 auth_user 表（User 模型）。ManyToManyField 字段可在两个关联模型之一中定义。

类似于 ForeignKey，ManyToManyField 的 related_name 属性允许我们命名从关联对象到此对象的关系。ManyToManyField 字段提供了多对多管理器，并可检索关联对象，如 image.users_like.all()，或者从 user 对象中获取关联对象，如 user.images_liked.all()。

关于多对多关系的更多内容，读者可访问 https://docs.djangoproject.com/en/4.1/topics/db/examples/many_to_many/。

打开 shell 提示符，运行下列命令并创建初始迁移。

```
python manage.py makemigrations images
```

对应输出结果如下所示。

```
Migrations for 'images':
  images/migrations/0001_initial.py
    - Create model Image
    - Create index images_imag_created_d57897_idx on field(s) -created of
```

```
model image
```

运行下列命令并应用迁移。

```
python manage.py migrate images
```

对应输出结果如下所示。

```
Applying images.0001_initial... OK
```

当前，Image 模型与数据库同步。

6.1.3　在管理网站注册图像模型

编辑 Images 应用程序的 admin.py 文件，并在管理网站中注册 Image 模型，如下所示。

```
from django.contrib import admin
from .models import Image

@admin.register(Image)
class ImageAdmin(admin.ModelAdmin):
    list_display = ['title', 'slug', 'image', 'created']
    list_filter = ['created']
```

利用下列命令启动开发服务器。

```
python manage.py runserver_plus --cert-file cert.crt
```

在浏览器中打开 https://127.0.0.1:8000/admin/，管理网站中的 Image 模型如图 6.2 所示。

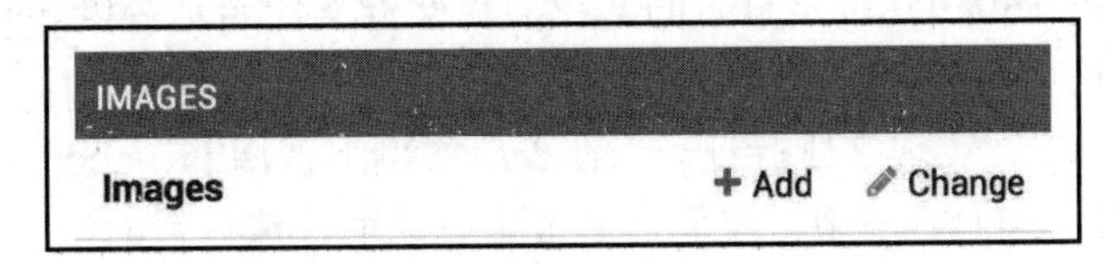

图 6.2　Django 管理网站索引页面上的 Images 块

至此，我们完成了存储图像的模型。接下来我们将学习如何实现一个表单并按照其 URL 检索图像，并通过 Image 模型存储图像。

6.2　从其他网站上发布内容

我们的目标是使用户收藏外部网站中的图像，并在我们的站点上共享这些图像。用户提供了图像的 URL、标题和可选的描述内容。我们将创建一个表单和视图，并下载图像以在数据库中创建一个新的 Image 对象。

下面开始构建一个表单并提交新图像。

在 images 应用程序目录中创建 forms.py 文件，并向其中添加下列代码。

```
from django import forms
from .models import Image

class ImageCreateForm(forms.ModelForm):
    class Meta:
        model = Image
        fields = ['title', 'url', 'description']
        widgets = {
            'url': forms.HiddenInput,
        }
```

我们从 Image 模型中定义了一个 ModelForm 表单，仅包含 title、url 和 description 字段。用户不会直接在表单中输入图像 URL。相反，我们通过 JavaScript 工具从外部网站中选择一幅图像进而提供图像，表单会作为参数接收图像的 URL。另外，我们覆写了 url 字段的默认的微件，并使用 HiddenInput 微件。该微件作为带有 type="hidden"属性的 HTML input 元素被渲染，我们使用该微件的原因在于，不希望该字段对用户可见。

6.2.1　清除表单字段

为了验证提供的图像 URL 是有效的，我们将检查文件名是否以.jpg、.jpeg 或.png 扩展名作为结尾，从而仅支持共享 JPEG 和 PNG 文件。在第 5 章中，我们采用了 clean_<fieldname>()规则实现字段验证。当在表单实例上调用 is_valid()时，该方法将针对每个字段执行。在 clean()方法中，我们可更改字段的值，或者针对字段生成验证错误。

在 images 应用程序的 forms.py 文件中，向 ImageCreateForm 类添加下列方法。

```
def clean_url(self):
    url = self.cleaned_data['url']
    valid_extensions = ['jpg', 'jpeg', 'png']
    extension = url.rsplit('.', 1)[1].lower()
    if extension not in valid_extensions:
        raise forms.ValidationError('The given URL does not ' \
                                    'match valid image extensions.')
    return url
```

在上述代码中，我们定义了一个 clean_url()方法以清除 url 字段。代码的具体工作方式如下所示。

（1）访问表单实例的 cleaned_data 字典以检索 url 字段值。

（2）URL 经划分后并检查文件是否包含有效的扩展名。如果扩展名无效，则产生 ValidationError 错误，该表单实例未通过验证。

除了验证给定的 URL，还需要下载图像文件并保存文件，例如，我们可通过处理表单的视图下载图像文件。但是，这里将采用更加通用的方案，即覆写模型表单的 save()方法，并在保存表单时执行图像的保存任务。

6.2.2　安装 Requests 库

当用户收藏一幅图像时，我们需要通过其 URL 下载图像文件。对此，我们将使用 Requests Python 库。Requests 是一个较为流行的 HTTP Python 库，它抽象了 HTTP 请求处理的复杂度，并提供了一个简单的接口使用 HTTP 服务。关于 Requests 库的文档，读者可访问 https://requests.readthedocs.io/en/master/。

利用下列命令打开 shell 并安装 Requests 库。

```
pip install requests==2.28.1
```

当前，我们将要覆写 ImageCreateForm 的 save()方法，使用 Requests 库并通过其 URL 检索图像。

6.2.3　覆写 ModelForm 的 ave()方法

如前所述，ModelForm 提供了 save()方法将当前模型实例保存至数据库中并返回对象。该方法检索一个布尔型 commit 参数，该参数指定对象是否持久化至数据库中。如果 commit 为 True，save()方法将返回一个模型实例，但不会将其保存至数据库中。我们将覆写表单的 save()方法，以按照给定的 URL 检索图像文件，并将图像文件保存至文件系统中。

在 forms.py 文件上方添加下列导入内容。

```
from django.core.files.base import ContentFile
from django.utils.text import slugify
import requests
```

随后将 save()方法添加至 ImageCreateForm 表单中。

```
def save(self, force_insert=False,
             force_update=False,
             commit=True):
    image = super().save(commit=False)
    image_url = self.cleaned_data['url']
    name = slugify(image.title)
    extension = image_url.rsplit('.', 1)[1].lower()
    image_name = f'{name}.{extension}'
    # download image from the given URL
    response = requests.get(image_url)
    image.image.save(image_name,
             ContentFile(response.content),
             save=False)
    if commit:
        image.save()
    return image
```

这里，我们覆写了 save()方法，并保留了 ModelForm 所需的参数。上述代码的具体解释如下所示。

（1）通过 commit=False 调用表单的 save()方法创建一个新的图像实例。

（2）图像的 URL 从表单的 cleaned_data 中被检索。

（3）通过组合 image 标题 slug 与图像的最初的文件扩展名生成一个图像名称。

（4）通过图像 URL 发送一个 HTTP GET 请求，Requests Python 库用于下载图像。响应结果存储于 response 对象中。

（5）调用 image 字段的 save()方法，向该方法中传递一个 ContentFile 对象，该对象通过下载的文件内容被实例化。通过这种方式，文件保存至项目的媒体目录中。save=False 参数被传递，以避免将对象保存至数据库中。

（6）为了维护与模型表单的原始 save()方法相同的行为，只有当 commit 参数为 True 时，表单才保存到数据库。

我们需要一个视图创建一个表单实例并处理其提交行为。

编辑 images 应用程序的 views.py 文件，并向其中添加下列代码。

```
from django.shortcuts import render, redirect
from django.contrib.auth.decorators import login_required
from django.contrib import messages
from .forms import ImageCreateForm

@login_required
def image_create(request):
```

```
    if request.method == 'POST':
        # form is sent
        form = ImageCreateForm(data=request.POST)
        if form.is_valid():
            # form data is valid
            cd = form.cleaned_data
            new_image = form.save(commit=False)
            # assign current user to the item
            new_image.user = request.user
            new_image.save()
            messages.success(request,
                             'Image added successfully')
            # redirect to new created item detail view
            return redirect(new_image.get_absolute_url())
    else:
        # build form with data provided by the bookmarklet via GET
        form = ImageCreateForm(data=request.GET)
    return render(request,
                  'images/image/create.html',
                  {'section': 'images',
                   'form': form})
```

在上述代码中，我们创建了一个视图并存储网站上的图像。此外，我们还向 image_create 视图添加了 login_required 装饰器，以防止未验证用户的访问。视图的具体工作方式如下所示。

（1）初始数据须通过一个 GET HTTP 请求提供，进而创建表单实例。该数据由源自外部网站的图像的 url 和 title 属性构成。这两个参数将在稍后创建的 JavaScript 标签工具请求的 GET 中被设置。当前，可假设该数据在请求中有效。

（2）当表单利用 POST HTTP 请求被提交后，则通过 form.is_valid()进行验证。如果表单数据有效，新的 Image 实例将被创建，即利用 form.save(commit=False)保存表单。由于 commit=False，新的实例不会保存至数据库中。

（3）通过 new_image.user = request.user，将执行请求的当前用户的关系添加到新的 Image 实例中。这样我们就能知道是谁上传了每张图片。

（4）Imagc 对象保存至数据库中。

（5）通过 Django 消息框架，我们创建了一条成功消息，用户被重定向至新图像的标准 URL 处。当前，我们尚未实现 Image 模型的 get_absolute_url()方法，稍后将完成此项任务。

编辑 images 应用程序的 urls.py 文件，并向其中添加下列代码。

```
from django.urls import path
from . import views

app_name = 'images'

urlpatterns = [
    path('create/', views.image_create, name='create'),
]
```

编辑 bookmarks 项目的 urls.py 主文件，并包含 images 应用程序的模式，如下所示。

```
urlpatterns = [
    path('admin/', admin.site.urls),
    path('account/', include('account.urls')),
    path('social-auth/',
         include('social_django.urls', namespace='social')),
    path('images/', include('images.urls', namespace='images')),
]
```

最后，我们需要创建一个模板并渲染表单。在 images 应用程序目录中创建下列目录结构。

```
templates/
  images/
    image/
      create.html
```

编辑 create.html 模板并向其中添加下列代码。

```
{% extends "base.html" %}

{% block title %}Bookmark an image{% endblock %}

{% block content %}
  <h1>Bookmark an image</h1>
  <img src="{{ request.GET.url }}" class="image-preview">
  <form method="post">
    {{ form.as_p }}
    {% csrf_token %}
    <input type="submit" value="Bookmark it!">
  </form>
{% endblock %}
```

在 shell 提示符中，利用下列命令运行开发服务器。

```
python manage.py runserver_plus --cert-file cert.crt
```

在浏览器中打开 https://127.0.0.1:8000/images/create/?title=...&url=...，并包含 title 和 url GET 参数，在后者中提供一个现有的 JPEG 图像 URL。例如，我们可使用下列 URL：https://127.0.0.1:8000/images/create/?title=%20Django%20and%20Duke&url=https://upload.wikimedia.org/wikipedia/commons/8/85/Django_Reinhardt_and_Duke_Ellington_%28Gottlieb%29.jpg。

我们将会看到带有图像预览的表单，如图 6.3 所示。

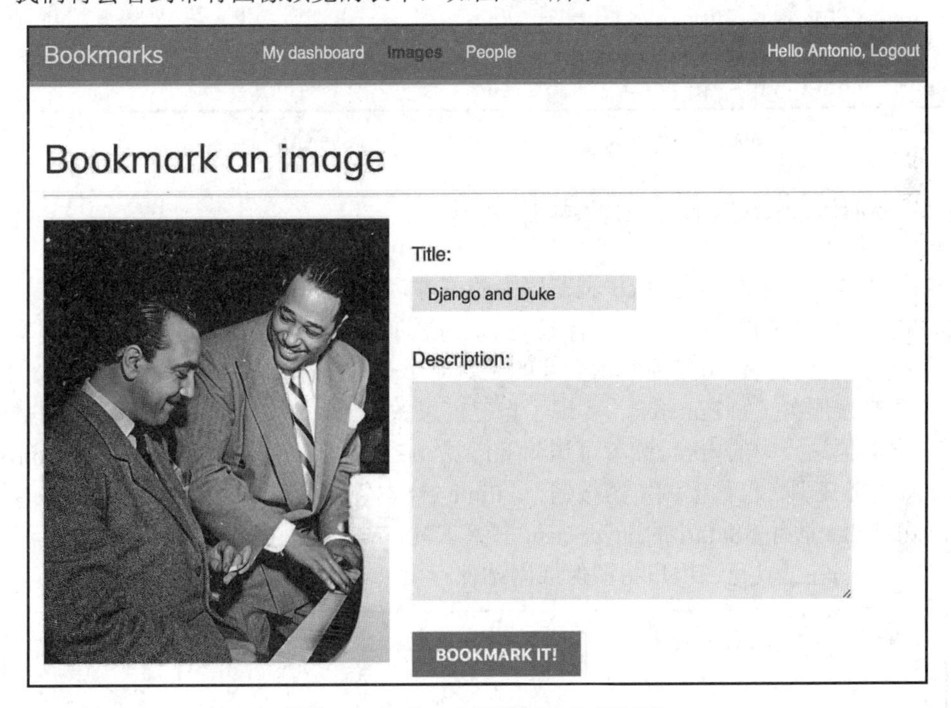

图 6.3　创建一个新的图像收藏页面

添加一个描述并单击 BOOKMARK IT!按钮。新的 Image 对象将保存在数据库中。然而，我们将得到一个错误消息，表明 Image 模型不包含 get_absolute_url()方法，如图 6.4 所示。

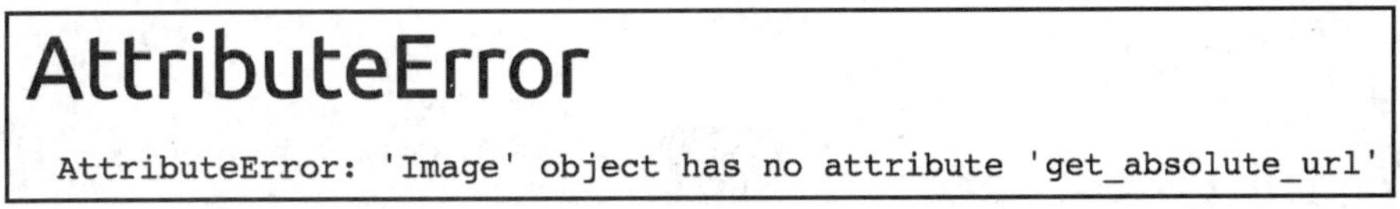

AttributeError

AttributeError: 'Image' object has no attribute 'get_absolute_url'

图 6.4　错误消息，表明 Image 对象未包含 get_absolute_url 属性

不要担心当前的错误。稍后在 Image 模型中将会实现 get_absolute_url()方法。

在浏览器中打开 https://127.0.0.1:8000/admin/images/image/，并验证新的 image 对象是否被保存，如图 6.5 所示。

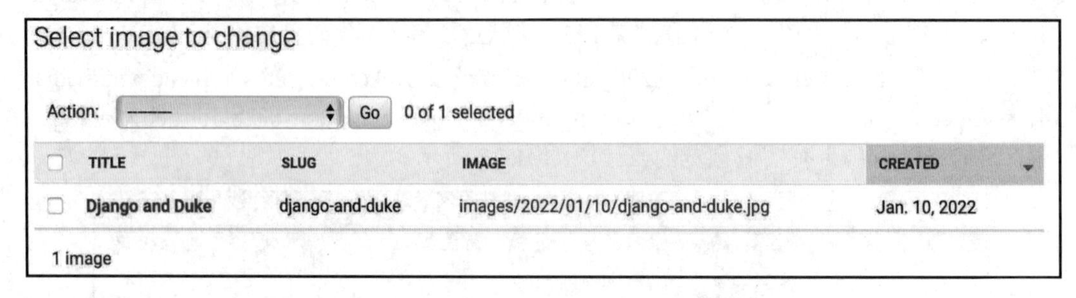

图 6.5　显示所创建的 Image 对象的管理网站图像列表页面

6.2.4　利用 JavaScript 构建书签工具

书签工具是一个存储在 Web 浏览器中的书签，其中包含了 JavaScript 代码扩展浏览器的功能。当单击书签或浏览器的收藏夹中的书签时，JavaScript 代码将在浏览器显示的网站上执行。这在构建与其他网站交互的工具时十分有用。

某些在线服务（如 Pinterest）实现了自己的书签工具，以使用户在他们自己的平台上显示来自其他站点中的内容。读者可访问 https://about.pinterest.com/en/browser-button 查看 Pinterest 标签工具（也称作浏览器按钮）。Pinterest 书签工具可作为 Google Chrome 扩展、Microsoft Edge 插件、Safari 的 JavaScript 书签工具，或其他浏览器，并可以拖曳至浏览器的书签栏。书签工具允许用户将图像或网站保存至 Pinterest 账户，如图 6.6 所示。

图 6.6　Pinterest 的书签工具

下面以类似的方式为网站创建一个书签工具。对此，我们将使用 JavaScript。

下列内容描述了用户如何将标签工具添加至浏览器中，以及如何使用标签工具。

（1）用户从你的站点中拖曳一个链接至其浏览器的书签栏。该链接包含了其 href 属性中的 JavaScript 代码并存储于书签中。

（2）用户访问任何网站并单击书签栏或收藏夹栏中的书签。对应书签的 JavaScript 代码将被执行。

由于 JavaScript 代码将存储为书签，因此我们无法在用户将其添加至书签栏后对其进行更新。这是一个重要的缺陷，我们可通过实现一个执行脚本来解决这一问题。User 将把执行脚本保存为一个书签，启动脚本将从 URL 中加载实际的 JavaScript 标签工具。据此，我们可在任何时候更新书签工具的代码。相应地，我们将采用这一方案构建书签工具。

在 images/templates/下创建一个新的模板，并将其命名为 bookmarklet_launcher.js，这将是相应的执行脚本。下面将下列 JavaScript 代码添加至这一新文件中。

```
(function(){
  if(!window.bookmarklet) {
    bookmarklet_js = document.body.appendChild(document.
createElement('script'));
    bookmarklet_js.src = '//127.0.0.1:8000/static/js/bookmarklet.js?r=
'+Math.floor(Math.random()*9999999999999999);
    window.bookmarklet = true;
  }
  else {
    bookmarkletLaunch();
  }
})();
```

通过 if(!window.bookmarklet)检查 bookmarklet 窗口变量的值，上述脚本检查书签工具是否被加载。

- 如果 window.bookmarklet 未定义，或者不包含真值（布尔上下文中的 True），则通过在浏览器中加载的 HTML 文档正文中追加<script>元素来加载 JavaScript 文件。src 属性用于加载 bookmarklet.js 脚本的 URL，该 URL 包含一个由 Math.random()* 9999999999999999 生成的 16 位随机整数参数。当采用随机数时，我们可防止浏览器从浏览器缓存中加载文件。如果之前加载过书签工具 JavaScript，不同的参数值将迫使浏览器再次从源 URL 加载脚本。通过这种方式，可确保书签工具一直运行最新的 JavaScript 代码。
- 如果 window.bookmarklet 已被定义并包含真值，那么 bookmarkletLaunch()函数

将被执行。我们将把 bookmarkletLaunch()函数定义为 bookmarklet.js 脚本中的一个全局函数。

通过检查 bookmarklet 窗口变量，如果用户重复地单击书签工具，则可防止书签工具 JavaScript 代码被多次加载。

我们创建了书签工具执行代码，实际的书签工具代码位于 bookmarklet.js 静态文件中。采用执行代码允许我们在任意时刻更新标签工具代码，且无须用户修改之前添加至浏览器中的书签。

下面向仪表板页面中添加书签工具执行程序，以使用户可将书签工具添加至浏览器的书签侧栏中。

编辑 account 应用程序的 account/dashboard.html 模板，如下所示。

```
{% extends "base.html" %}

{% block title %}Dashboard{% endblock %}

{% block content %}
  <h1>Dashboard</h1>
  {% with total_images_created=request.user.images_created.count %}
    <p>Welcome to your dashboard. You have bookmarked {{ total_images_ created
}} image{{ total_images_created|pluralize }}.</p>
  {% endwith %}
  <p>Drag the following button to your bookmarks toolbar to bookmark images
from other websites <a href="javascript:{% include "bookmarklet_launcher.js"
%}" class="button">Bookmark it</a></p>
  <p>You can also <a href="{% url "edit" %}">edit your profile</a> or <a
href="{% url "password_change" %}">change your password</a>.</p>
{% endblock %}
```

这里应确保模板标签未被划分为多个行，因为 Django 不支持多行标签。

当前，仪表板显示了用户收藏的全部图像数量，我们添加了一个{% with %}模板标签并创建了一个变量，其中包含了当前用户收藏的全部图像。此外，我们利用 href 属性包含了一个链接，其中包含了书签工具执行脚本名。该 JavaScript 代码从 bookmarklet_launcher.js 模板中被加载。

在浏览器中加载 https://127.0.0.1:8000/account/，对应结果如图 6.7 所示。

在 images 应用程序中创建下列目录和文件。

```
static/
  js/
    bookmarklet.js
```

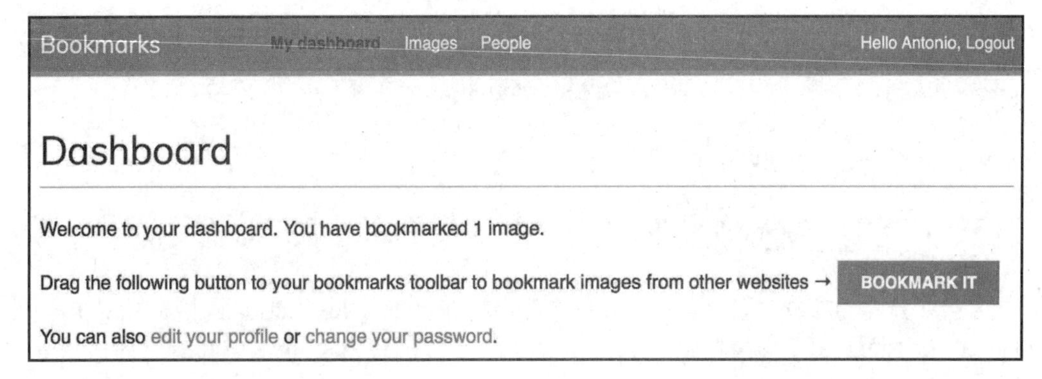

图 6.7　仪表板页面，其中包含了收藏的全部图像以及书签工具的按钮

在本章的附加代码中，我们将在 images 应用程序目录下看到 static/css/目录。相应地，将 css/目录复制至当前代码的 static/目录中。读者可访问 https://github.com/ PacktPublishing/Django-4-by-Example/tree/main/Chapter06/bookmarks//static 查看该目录的内容。

css/bookmarklet.css 文件提供了 JavaScript 书签工具的样式。当前，目录应包含下列文件结构。

```
css/
   bookmarklet.css
js/
   bookmarklet.js
```

编辑 bookmarklet.js 静态文件，并向其中添加下列 JavaScript 代码。

```
const siteUrl = '//127.0.0.1:8000/';
const styleUrl = siteUrl + 'static/css/bookmarklet.css';
const minWidth = 250;
const minHeight = 250;
```

这里，我们声明了书签工具使用的 4 个不同的常量，如下所示。

- siteUrl 和 staticUrl：网站的基 URL 和静态文件的基 URL。
- minWidth 和 minHeight：书签工具从网站中收集的图像的最小像素宽度和高度。书签工具可识别至少为 250px 宽度和 250px 高度的图像。

编辑 bookmarklet.js 静态文件，并添加下列代码。

```
const siteUrl = '//127.0.0.1:8000/';
const styleUrl = siteUrl + 'static/css/bookmarklet.css';
const minWidth = 250;
const minHeight = 250;
```

```
// load CSS
var head = document.getElementsByTagName('head')[0];
var link = document.createElement('link');
link.rel = 'stylesheet';
link.type = 'text/css';
link.href = styleUrl + '?r=' + Math.floor(Math.random()*9999999999999999);
head.appendChild(link);
```

这一部分内容加载书签工具的 CSS 样式表。我们使用 JavaScript 操控文档对象模型（DOM）。DOM 表示为内存中的 HTML 文档，并在加载 Web 页面时被浏览器所创建。DOM 构建为一棵对象树，并由 HTML 文档结构和内容组成。

上述代码生成了一个相当于下面 JavaScript 代码的对象，并将其附加至 HTML 页面的<head>元素中。

```
<link rel="stylesheet" type="text/css" href=
"//127.0.0.1:8000/static/css/bookmarklet.css?r=1234567890123456">
```

其工作方式如下所示。

（1）网站的<head>元素通过 document.getElementsByTagName()函数被检索。该函数利用给定标签检索页面的全部 HTML 元素。通过[0]，我们将访问所发现的第 1 个实例。这里，我们访问第 1 个元素的原因在于，全部 HTML 文档应包含单一的<head>元素。

（2）<link>元素利用 document.createElement('link')所创建。

（3）<link>元素的 rel 和 type 被设置，这等价于 HTML <link rel="stylesheet" type="text/css">。

（4）<link>元素的 href 属性利用 bookmarklet.css 样式表的 URL 被设置。其间，一个 16 位的随机数用作一个 URL 参数，以防止浏览器从缓存中加载文件。

（5）利用 head.appendChild(link)，新的<link>元素被添加至 HTML 页面的<head>元素中。

当前，我们将创建 HTML 元素以在网站上显示一个容器，在该容器中，书签工具将被执行。HTML 容器用于显示网站中的所有图像，以使用户可选择需要共享的图像。这将使用到定义于 bookmarklet.css 样式表中的 CSS 样式。

编辑 bookmarklet.js 静态文件，并添加下列代码。

```
const siteUrl = '//127.0.0.1:8000/';
const styleUrl = siteUrl + 'static/css/bookmarklet.css';
const minWidth = 250;
const minHeight = 250;
```

```
// load CSS
var head = document.getElementsByTagName('head')[0];
var link = document.createElement('link');
link.rel = 'stylesheet';
link.type = 'text/css';
link.href = styleUrl + '?r=' + Math.floor(Math.random()*9999999999999999);
head.appendChild(link);

// load HTML
var body = document.getElementsByTagName('body')[0];
boxHtml = '
  <div id="bookmarklet">
    <a href="#" id="close">&times;</a>
    <h1>Select an image to bookmark:</h1>
    <div class="images"></div>
  </div>';
body.innerHTML += boxHtml;
```

据此，DOM 的<body>属性将被检索，新的 HTML 将被添加至其中（通过调整属性 innerHTML）。新的<div>将被添加至页面体中。这里，<div>容器由下列元素组成。

- 一个链接，用于关闭用<a href="#" id="close">×</a>定义的容器。
- 利用<h1>Select an image to bookmark:</h1>定义的一个标题。
- 一个<div>元素，列出通过<div class="images"></div>定义的网站上查找到的图像。该容器初始时为空，并通过网站上查找到的图像进行填充。

HTML 容器连同之前加载的 CSS 样式如图 6.8 所示。

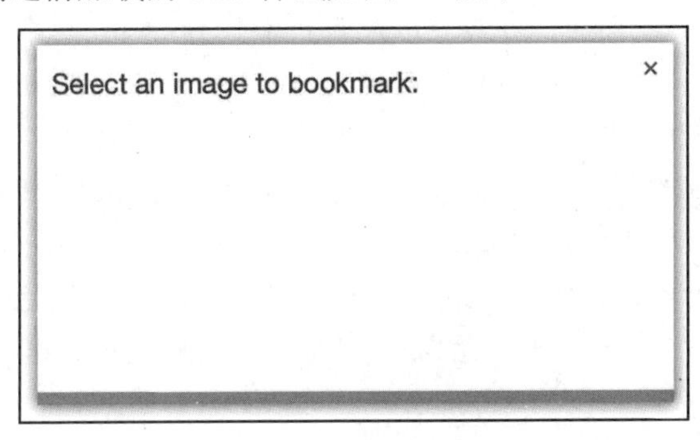

图 6.8　图像部分的容器

接下来实现一个函数以执行书签工具。编辑 bookmarklet.js 文件并在底部添加下列代码。

```
function bookmarkletLaunch() {
```

```
    bookmarklet = document.getElementById('bookmarklet');
    var imagesFound = bookmarklet.querySelector('.images');

    // clear images found
    imagesFound.innerHTML = '';
    // display bookmarklet
    bookmarklet.style.display = 'block';

    // close event
    bookmarklet.querySelector('#close')
               .addEventListener('click', function(){
               bookmarklet.style.display = 'none'
               });
}

// launch the bookmkarklet
bookmarkletLaunch();
```

上述代码定义为 bookmarkletLaunch()函数。在该函数定义之前，书签工具的 CSS 已被加载，并且 HTML 容器已被添加至页面的 DOM 中。bookmarkletLaunch()函数的工作方式如下所示。

（1）通过 document.getElementById()获得包含 ID 书签工具的 DOM 元素，以检索书签工具主容器。

（2）bookmarklet 元素用于检索包含 images 类的子元素。querySelector()方法允许我们通过 CSS 选择器检索 DOM 元素。这里，选择器允许我们查找一组 CSS 规则应用到的 DOM 元素。读者可访问 https://developer.mozilla.org/en-US/docs/Web/CSS/CSS_Selectors 查看 CSS 选择器列表。另外，关于如何利用选择器找到 DOM 元素，读者可访问 https://developer.mozilla.org/en-US/docs/Web/API/Document_object_model/Locating_DOM_elements_using_selectors 以了解更多信息。

（3）通过将 innerHTML 属性设置为空字符串，images 容器将被清除；通过将 display CSS 属性设置为 block，可显示书签工具。

（4）#close 用于查找 ID 为 close 的 DOM 元素。click 事件则通过 addEventListener()方法被绑定至元素上。当用户单击该元素时，书签主容器通过将其 display 属性设置为 none 而被隐藏。

bookmarkletLaunch()函数在其定义后将被执行。

在加载了 CSS 样式和书签工具的 HTML 容器后，我们需要查找当前网站的 DOM 中的图像元素。这里，包含最小需求尺寸的图像被添加至书签工具的 HTML 容器中。编辑

bookmarklet.js 静态文件并将下列代码添加至 bookmarklet()函数的底部。

```
function bookmarkletLaunch() {
  bookmarklet = document.getElementById('bookmarklet');
  var imagesFound = bookmarklet.querySelector('.images');

  // clear images found
  imagesFound.innerHTML = '';
  // display bookmarklet
  bookmarklet.style.display = 'block';

  // close event
  bookmarklet.querySelector('#close')
              .addEventListener('click', function(){
              bookmarklet.style.display = 'none'
              });

  // find images in the DOM with the minimum dimensions
  images = document.querySelectorAll('img[src$=".jpg"], img[src$=".jpeg"],
img[src$=".png"]');
  images.forEach(image => {
    if(image.naturalWidth >= minWidth
      && image.naturalHeight >= minHeight)
    {
      var imageFound = document.createElement('img');
      imageFound.src = image.src;
      imagesFound.append(imageFound);
    }
  })
}

// launch the bookmkarklet
bookmarkletLaunch();
```

上述代码使用了 img[src$=".jpg"]、img[src$=".jpeg"]和 img[src$=".png"]选择器查找所有的<img> DOM 元素，其 src 属性分别以.jpg、.jpeg 或.png 结尾。当使用这些容器时（document.querySelectorAll()），我们可查找到网站上显示 JPEG 和 PNG 格式的全部图像。其间，forEach()方法负责执行遍历工作。这里，较小的图像将被过滤，因为我们将其视为不相关的图像。相应地，仅尺寸大于 minWidth 和 minHeight 变量的图像将被用于结果中。针对找到的每幅图像，将创建一个新的<img>元素，其中，src 源 URL 属性将从最初的图像中被复制，并被添加至 imagesFound 容器中。

出于安全原因，浏览器将阻止在 HTTPS 服务的网站上通过 HTTP 运行书签工具。这就是我们一直使用 RunServerPlus 并通过自动生成的 TLS/SSL 证书来运行开发服务器的原因。关于如何通过 HTTPS 运行开发服务器，读者可参考第 5 章。

在生产环境中，则需要使用有效的 TLS/SSL 证书。当我们拥有一个域名时，可以申请受信的证书颁发机构（CA）为其颁发 TLS/SSL 证书，以便浏览器验证其身份。如果打算对真实域名获取一个受信证书，我们可以使用 Let’s Encrypt 服务。Let’s Encrypt 是一家非营利的 CA 机构，并以免费方式简化获取和更新受信的 TLS/SSL 证书。读者可访问 https://letsencrypt.org 以了解更多信息。

在 shell 提示符中，运行下列命令启动开发服务器。

```
python manage.py runserver_plus --cert-file cert.crt
```

在浏览器中打开 https://127.0.0.1:8000/account/，利用已有用户身份登录，随后单击并拖曳 BOOKMARK IT 按钮至浏览器的标签工具栏，如图 6.9 所示。

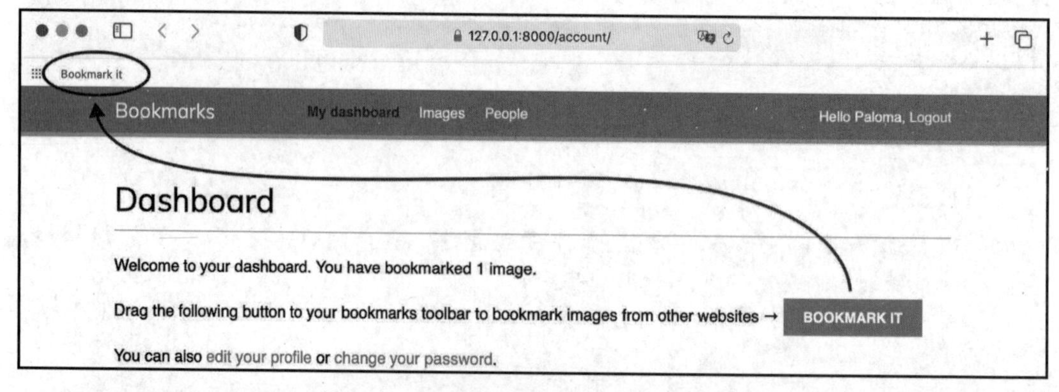

图 6.9　向书签栏添加 BOOKMARK IT 按钮

在浏览器上打开网站，并单击书签栏中的 Bookmark it 书签工具。我们将会看到网站上显示了所有的 JPEG 和 PNG 图像，其尺寸大于 250×250 像素。图 6.10 显示了运行在 https://amazon.com/上的书签工具。

如果未出现 HTML 容器，须检查 RunServer shell 控制台日志。如果出现 MIME 类型错误，很可能 MIME 映射文件不正确或需要更新。通过向 settings.py 文件添加下列代码行，可针对 JavaScript 和 CSS 文件使用正确的映射。

```
if DEBUG:
    import mimetypes
    mimetypes.add_type('application/javascript', '.js', True)
    mimetypes.add_type('text/css', '.css', True)
```

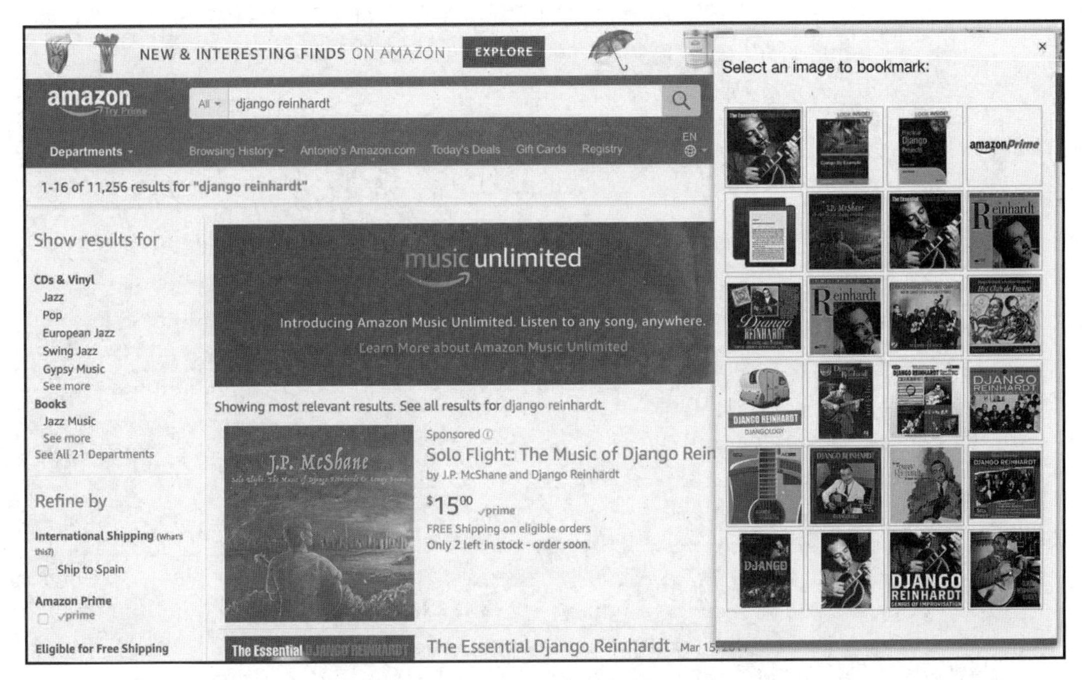

图 6.10　amazon.com 上加载的书签工具

HTML 容器包含了可收藏的图像。当前，我们针对用户实现这一功能，单击所需的图像并收藏该图像。

编辑 js/bookmarklet.js 静态文件，并在 bookmarklet()函数底部添加下列代码。

```
function bookmarkletLaunch() {
  bookmarklet = document.getElementById('bookmarklet');
  var imagesFound = bookmarklet.querySelector('.images');

  // clear images found
  imagesFound.innerHTML = '';
  // display bookmarklet
  bookmarklet.style.display = 'block';

  // close cvent
  bookmarklet.querySelector('#close')
              .addEventListener('click', function(){
              bookmarklet.style.display = 'none'
              });
```

```
  // find images in the DOM with the minimum dimensions
  images = document.querySelectorAll('img[src$=".jpg"],
img[src$=".jpeg"],img[src$=".png"]');
  images.forEach(image => {
    if(image.naturalWidth >= minWidth
      && image.naturalHeight >= minHeight)
    {
      var imageFound = document.createElement('img');
      imageFound.src = image.src;
      imagesFound.append(imageFound);
    }
  })

  // select image event
  imagesFound.querySelectorAll('img').forEach(image => {
    image.addEventListener('click', function(event){
      imageSelected = event.target;
      bookmarklet.style.display = 'none';
      window.open(siteUrl + 'images/create/?url='
                  + encodeURIComponent(imageSelected.src)
                  + '&title='
                  + encodeURIComponent(document.title),
                  '_blank');
    })
  })
}

// launch the bookmkarklet
bookmarkletLaunch();
```

上述代码的工作方式如下所示。

（1）click()事件绑定于 imagesFound 容器中的每个图像元素上。

（2）当用户单击任何一幅图像时，被单击的图像元素存储于 imageSelected 变量中。

（3）通过将 display 属性设置为 none，书签工具被隐藏。

（4）新的浏览器窗口通过 URL 被打开，以收藏网站上的新图像。网站的<title>元素的内容被传递至 title GET 参数中的 URL 中，被选取的图像 URL 传递至 url 参数中。

在浏览器中打开新的 URL，如 https://commons.wikimedia.org/，对应结果如图 6.11 所示。

单击 Bookmark it 书签工具显示图像选择区域覆盖层，如图 6.12 所示。

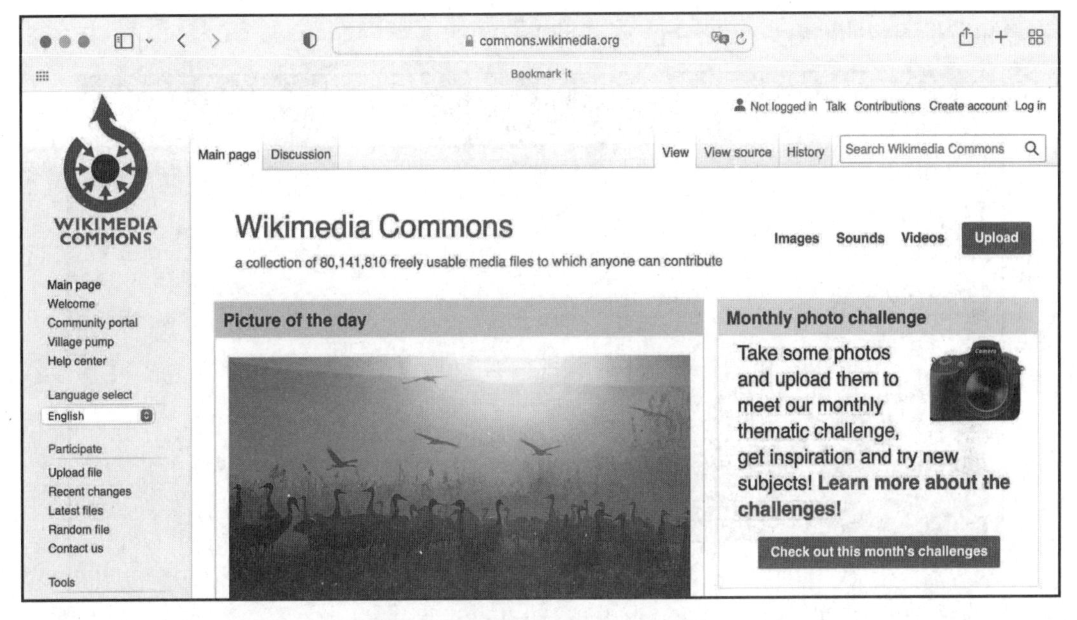

图 6.11　Wikimedia Commons 网站

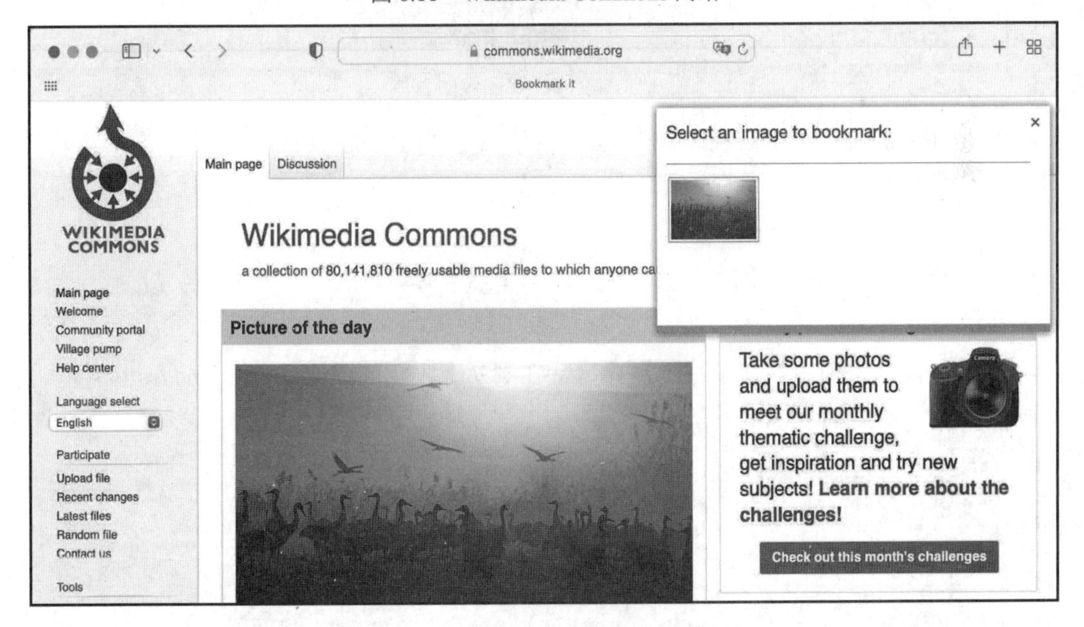

图 6.12　在外部网站上加载的书签工具

当单击一幅图像时，我们将被重定向至图像创建页面，并作为 GET 参数传递网站的标题和所选图像的 URL，如图 6.13 所示。

图 6.13　收藏一幅图像的表单

这是我们的第一个 JavaScript 书签工具，并完全与 Django 项目集成。接下来我们将创建图像的详细视图，并实现图像的标准 URL。

6.3　创建图像的详细视图

下面创建一个简单的详细视图，并显示在网站上收藏的图像。打开 images 应用程序的 views.py 文件，并向其中添加下列代码。

```
from django.shortcuts import get_object_or_404
from .models import Image

def image_detail(request, id, slug):
    image = get_object_or_404(Image, id=id, slug=slug)
    return render(request,
                  'images/image/detail.html',
                   {'section': 'images',
                   'image': image})
```

这是一个显示一幅图像的简单视图。编辑 images 应用程序的 urls.py 文件，并添加下列 URL 模式。

```
urlpatterns = [
    path('create/', views.image_create, name='create'),
    path('detail/<int:id>/<slug:slug>/',
         views.image_detail, name='detail'),
]
```

编辑 images 应用程序的 models.py 文件，并向 Image 模型中添加 get_absolute_url()方法。

```
from django.urls import reverse

class Image(models.Model):
    # ...
    def get_absolute_url(self):
        return reverse('images:detail', args=[self.id,
                                              self.slug])
```

记住，为对象提供标准 URL 的通用模式是在模型中定义 get_absolute_url()方法。

最后，针对 images 应用程序，在/templates/images/image/模板目录中创建一个模板，将其重命名为 detail.html 并向其中添加下列代码。

```
{% extends "base.html" %}

{% block title %}{{ image.title }}{% endblock %}

{% block content %}
  <h1>{{ image.title }}</h1>
  <img src="{{ image.image.url }}" class="image-detail">
  {% with total_likes=image.users_like.count %}
    <div class="image-info">
      <div>
        <span class="count">
          {{ total_likes }} like{{ total_likes|pluralize }}
        </span>
      </div>
      {{ image.description|linebreaks }}
    </div>
    <div class="image-likes">
      {% for user in image.users_like.all %}
        <div>
```

```
        {% if user.profile.photo %}
          <img src="{{ user.profile.photo.url }}">
        {% endif %}
        <p>{{ user.first_name }}</p>
      </div>
    {% empty %}
      Nobody likes this image yet.
    {% endfor %}
  </div>
 {% endwith %}
{% endblock %}
```

该模板显示了所收藏图像的详细视图。我们使用了{% with %}标签创建 total_likes 变量，该变量包含了全部点赞用户的 QuerySet 结果。据此，我们避免了评估相同的 QuerySet 两次（第一次显示全部点赞数，第二次使用 pluralize 模板过滤器）。此外，我们还包含了图像描述内容，并添加了一个{% for %}以遍历 image.users_like.all，从而显示点赞图像的全部用户。

提示：

当需要在模板中重复一项查询时，可使用{% with %}模板标签避免额外的数据查询。

在浏览器中打开外部 URL，并使用书签工具收藏一幅新图像。在发布图像后，我们将被重定向至图像的详细页面中，该页面包含一条成功消息，如图 6.14 所示。

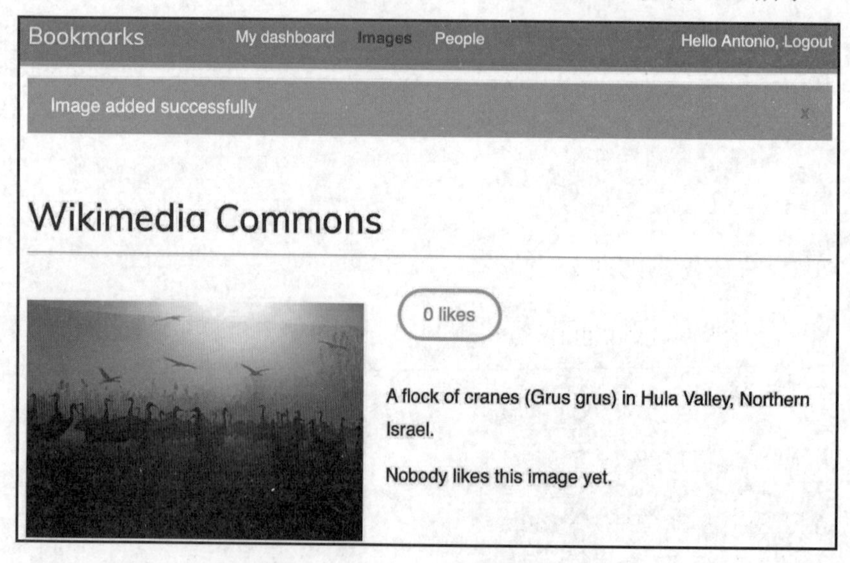

图 6.14　图像书签的图像详细页面

至此，我们完成了书签工具功能。接下来将学习如何创建图像的缩略图。

6.4　利用 easy-thumbnails 创建图像的缩略图

在详细页面中，我们显示了原始图像，但不同图像的尺寸可能变化较大。某些图像的文件尺寸可能较大，加载这类文件可能需要较长的时间。统一模式显示图像的最佳方法是生成缩略图。缩略图是较大图像的小型表达结果，可快速地加载至浏览器中，并可视为处理均一不同尺寸图像的较好的方法。我们将使用 easy-thumbnails 生成用户收藏图像的缩略图。

打开终端并使用下列命令安装 easy-thumbnails。

```
pip install easy-thumbnails==2.8.1
```

编辑 bookmarks 项目的 settings.py 文件，并将 easy_thumbnails 添加至 INSTALLED_APPS 设置项中，如下所示。

```
INSTALLED_APPS = [
    # ...
    'easy_thumbnails',
]
```

使用下列命令将应用程序与数据库同步。

```
python manage.py migrate
```

对应的输出结果如下所示。

```
Applying easy_thumbnails.0001_initial... OK
Applying easy_thumbnails.0002_thumbnaildimensions... OK
```

easy-thumbnails 应用程序提供了不同的方式定义图像缩略图。该应用程序提供了一个{% thumbnail %}模板标签以在模板中生成缩略图；另外，如果打算在模型中定义缩略图，该应用程序还提供了一个自定义的 ImageField。下面将采用模板标签方案。

编辑 images/image/detail.html 模板并考查下列代码。

```
<img src="{{ image.image.url }}" class="image-detail">
```

并采用下列代码替换上述代码。

```
{% load thumbnail %}
<a href="{{ image.image.url }}">
   <img src="{% thumbnail image.image 300x0 %}" class="image-detail">
```

```
</a>
```

我们利用固定宽度 300 像素以及灵活的高度值定义一个缩略图，并通过值 0 维护宽高比。当用户首次加载图像时，缩略图将被创建。另外，缩略图存储于与原始图像相同的目录中。对应位置由 MEDIA_ROOT 设置项和 Image 模型的 image 字段的 upload_to 属性定义。生成的缩略图将在后续请求中提供服务。

在 shell 提示符中通过下列命令运行开发服务器。

```
python manage.py runserver_plus --cert-file cert.crt
```

访问已有图像的图像详细页面。随后将生成缩略图并显示于网站上。右击图像，并在新的浏览器选项卡中打开该图像，如图 6.15 所示。

图 6.15　在新的浏览器选项卡中打开图像

在浏览器中检查生成图像的 URL，如图 6.16 所示。

其中，原始文件名后面是创建缩略图的额外的设置细节。对于 JPEG 图像，我们将看到一个诸如 filename.jpg.300x0_q85.jpg 的文件名，其中 300x0 表示用于生成缩略图的尺寸参数，85 表示库所采用的默认质量值以生成缩略图。

127.0.0.1:8000/media/images/2022/01/10/django-and-duke.jpg.300x0_q85.jpg

图 6.16　生成图像的 URL

通过 quality 参数，我们可采用不同的质量值。当设置最佳 JPEG 质量时，我们可使用值 100，如{% thumbnail image.image 300x0 quality=100 %}。较高的质量表示较大的文件尺寸。

easy-thumbnails 应用程序提供了多种选项可自定义缩略图，包括剪裁算法和不同的应用效果。如果在生成缩略图的过程中遇到问题，则可将 THUMBNAIL_DEBUG = True 添加至 settings.py 文件中以获取调试信息。关于 easy-thumbnails 的完整档案，读者可访问 https://easy-thumbnails.readthedocs.io/。

6.5　利用 JavaScript 添加异步动作

下面将向图像详细页面中添加一个点赞按钮，以使用户单击该按钮以实现点赞功能。当用户单击点赞按钮时，我们需要利用 JavaScript 将 HTTP 请求发送至 Web 服务器处。这将在不重载整个页面的情况下执行点赞操作。针对这一功能，我们将实现一个视图以使用户点赞/取消点赞图像。

JavaScript Fetch API 是一种内建方法，用于从 Web 浏览器向 Web 服务器发送异步请求。通过 Fetch API，我们可在不刷新整个页面的情况下从 Web 服务器发送和检索数据。Fetch API 是作为浏览器内建 XMLHttpRequest（XHR）对象的现代继承者推出的，用于在不重新加载页面的情况下发出 HTTP 请求。不需要重新加载页面就可以从 Web 服务器异步发送和检索数据的 Web 开发技术也被称为 Ajax，即异步 JavaScript 和 XML 的缩写。Ajax 是一个具有误导性的名称，因为 Ajax 请求不仅可以交换 XML 格式的数据，还可以交换 JSON、HTML 和纯文本格式的数据。

关于 Fetch API 的更多信息，读者可访问 https://developer.mozilla.org/en-US/docs/Web/API/Fetch_API/Using_Fetch。

下面首先实现视图以执行点赞和取消点赞动作，随后将 JavaScript 代码添加至相关模板中，以执行异步 HTTP 请求。

编辑 images 应用程序的 views.py 文件，并将下列代码添加至其中。

```
from django.http import JsonResponse
```

```
from django.views.decorators.http import require_POST

@login_required
@require_POST
def image_like(request):
    image_id = request.POST.get('id')
    action = request.POST.get('action')
    if image_id and action:
        try:
            image = Image.objects.get(id=image_id)
            if action == 'like':
                image.users_like.add(request.user)
            else:
                image.users_like.remove(request.user)
            return JsonResponse({'status': 'ok'})
        except Image.DoesNotExist:
            pass
    return JsonResponse({'status': 'error'})
```

我们针对新视图使用了两个装饰器。login_required 装饰器阻止未登录用户访问该视图。如果 HTTP 请求未通过 POST 完成，require_POST 装饰器则返回 HttpResponseNotAllowed 对象（状态码 405）。通过这种方式，我们仅运行该视图的 POST 请求。

此外，Django 还提供了一个仅允许 GET 请求的 require_GET 装饰器，以及一个 require_http_methods 装饰器，并作为参数向其中传递一个所允许的方法列表。

该视图接收下列 POST 参数。

- image_id：image 对象 ID，在此基础上用户可执行相应的动作。
- action：用户打算执行的动作，这应是包含值 like 或 unlike 的字符串。

针对 Image 模型的 users_like 多对多字段，我们使用了 Django 提供的管理器，以便使用 add()或 remove()方法从关系中添加或删除对象。如果调用 add 方法时传递的是一个已经存在于关联对象集中的对象，那么该对象不会被复制。如果 remove()方法通过未存在于关联对象集中的对象而被调用，则不会执行任何操作。此外，另一个多对多管理器的有用方法是 clear()，该方法从关联对象集中删除对象。

当生成视图响应结果时，我们采用了 Django 提供的 JsonResponse 类，这将返回一个包含 application/json 类型的 HTTP 响应结果，并将给定对象转换为 JSON 输出结果。

编辑 images 应用程序的 urls.py 文件，并向其中添加下列 URL 模式。

```
urlpatterns = [
    path('create/', views.image_create, name='create'),
    path('detail/<int:id>/<slug:slug>/',
```

```
        views.image_detail, name='detail'),
    path('like/', views.image_like, name='like'),
]
```

6.5.1 在 DOM 上加载 JavaScript

我们需要向图像详细模板中添加 JavaScript 代码。当在模板中使用 JavaScript 时，首先将在项目的 base.html 模板中添加一个基本封装器。

编辑 account 应用程序的 base.html 模板，并在闭合</body> HTML 标签之前包含下列代码。

```
<!DOCTYPE html>
<html>
<head>
  ...
</head>
<body>
  ...
  <script>
    document.addEventListener('DOMContentLoaded', (event) => {
      // DOM loaded
      {% block domready %}
      {% endblock %}
    })
  </script>
</body>
</html>
```

我们添加了一个<script>标签以包含 JavaScript 代码。document.addEventListener()方法用于定义一个函数，该函数在触发给定事件时被调用。我们传递事件名 DOMContentLoaded，该事件在初始 HTML 文档完全加载和文档对象模型（DOM）层次结构完全构建时触发。通过该事件，在与 HTML 元素交互以及操控 DOM 之前，应确保 DOM 已经全部构建完毕。仅当 DOM 就绪后，函数中的代码才会执行。

在文档处理程序内，我们添加了名为 domready 的 Django 模板块。任何扩展了 base.html 模板的模板都可在 DOM 就绪状态下使用该模板块包含特定的 JavaScript 代码。

注意，不要混淆 JavaScript 代码和 Django 模板标签。Django 模板语言在服务器端被渲染，并生成 HTML 文档；而 JavaScript 则在客户端的浏览器中执行。在某些时候，利用 Django 以动态方式生成 JavaScript 代码十分重要，进而能够使用 QuerySet 或服务器端计算结果定义 JavaScript 中的变量。

本章示例在 Django 模板中包含了 JavaScript 代码。向模板中添加 JavaScript 代码的首选方法是加载.js 文件，这些文件用作静态文件，特别是在使用大型脚本时。

6.5.2　JavaScript 中 HTTP 请求的跨站点请求伪造

第 2 章中曾讨论了跨站点请求伪造。当开启 CSRF（CSRF）时，Django 在所有的 POST 请求中查找 CSRF 令牌。当提交表单时，可使用{% csrf_token %}模板标签连同表单发送令牌。JavaScript 中生成的 HTTP 需要在每个 POST 请求中传递 CSRF 令牌、

Django 允许我们利用 CSRF 令牌值在 HTTP 请求中设置自定义 X-CSRFToken 头。

为了在源自 JavaScript 的 HTTP 请求中包含令牌，我们需要从 csrftoken cookie 中检索 CSRF 令牌，如果 CSRF 保护处于开启状态，这将由 Django 进行设置。当处理 cookie 时，我们将使用 JavaScript 的 Cookie 库。JavaScript Cookie 是一个轻量级的 JavaScript API，用以处理 cookie，关于这方面的更多内容，读者可访问 https://github.com/js-cookie/js-cookie。

编辑 account 应用程序的 base.html 模板，并在<body>元素底部添加下列代码。

```
<!DOCTYPE html>
<html>
<head>
  ...
</head>
<body>
  ...
  <script src="//cdn.jsdelivr.net/npm/js-cookie@3.0.1/dist/js.cookie.min.js">
</script>
  <script>
    const csrftoken = Cookies.get('csrftoken');
    document.addEventListener('DOMContentLoaded', (event) => {
      // DOM loaded
      {% block domready %}
      {% endblock %}
    })
  </script>
</body>
</html>
```

此处实现了下列功能。

（1）JS Cookie 从公共的内容分发网络（CDN）中被加载。

（2）csrftoken cookie 的值已通过 Cookies.get()被检索，并存储于 JavaScript 常量 csrftoken 中。

我们需要在所有 JavaScript 获取请求中包含 CSRF 令牌，这些请求使用了不安全的 HTTP 方法，如 POST 或 PUT。稍后在发送 HTTP POST 请求时，我们将把 csrftoken 常量包含在名为 X-CSRFToken 的自定义 HTTP 头中。

关于 Django 的 CSRF 保护和 Ajax，读者可访问 https://docs.djangoproject.com/en/4.1/ref/csrf/#ajax 以了解更多信息。

接下来将针对点赞/不喜欢用户实现 HTML 和 JavaScript 代码。

6.5.3 利用 JAvaScript 实现 HTTP 请求

编辑 images/image/detail.html 模板并添加下列代码。

```
{% extends "base.html" %}

{% block title %}{{ image.title }}{% endblock %}

{% block content %}
  <h1>{{ image.title }}</h1>
  {% load thumbnail %}
  <a href="{{ image.image.url }}">
    <img src="{% thumbnail image.image 300x0 %}" class="image-detail">
  </a>
  {% with total_likes=image.users_like.count users_like=
image.users_like.all %}
    <div class="image-info">
      <div>
      <span class="count">
        <span class="total">{{ total_likes }}</span>
        like{{ total_likes|pluralize }}
        </span>
        <a href="#" data-id="{{ image.id }}" data-action="{% if request.user
In users_like %}un{% endif %}like"
    class="like button">
          {% if request.user not in users_like %}
            Like
          {% else %}
            Unlike
          {% endif %}
        </a>
      </div>
      {{ image.description|linebreaks }}
```

```
    </div>
    <div class="image-likes">
      {% for user in users_like %}
        <div>
          {% if user.profile.photo %}
            <img src="{{ user.profile.photo.url }}">
          {% endif %}
          <p>{{ user.first_name }}</p>
        </div>
      {% empty %}
        Nobody likes this image yet.
      {% endfor %}
    </div>
  {% endwith %}
{% endblock %}
```

在上述代码中，我们向{% with %}模板标签中添加了另一个变量，以存储 image.users_like.all 查询结果，从而避免多次查询数据库。该变量用于检查当前用户是否位于列表中（基于{% if request.user in users_like %}和{% if request.user not in users_like %}）。随后，同一变量用于遍历点赞图像的用户（基于{% for user in users_like %}）。

我们在页面中添加了点赞用户的总量，并包含了点赞/不喜欢用户的链接。关联数据集 users_like 用于检查 request.user 是否包含于关联对象集中，并根据用户和图像之间的当前关系显示文本“Like”或“Unlike”。这里，我们向<a> HTML 链接元素添加了下列属性。

- data-id：显示的图像 ID。
- data-action：当用户单击链接时所执行的动作，可能是 like 或 unlike。

注意：

名称以 data-开始的 HTML 元素上的任何数据都是数据属性。数据属性用于为存储应用程序的自定义数据。

我们将把 HTTP 请求中的 data-id 和 data-action 发送至 image_like 视图中。当用户单击 like/unlike 链接时，需要在浏览器中执行下列动作。

（1）向 image_like 视图中发送 HTTP POST 请求，同时传递图像 id 和 action 参数。

（2）如果 HTTP 请求成功，利用反向动作（点赞/不喜欢）更新<a> HTML 元素的 data-action 属性，并相应地调整其显示文本。

（3）更新显示于页面上的全部 likes 数量。

在 images/image/detail.html 模板底部添加下列 domready 块。

```
{% block domready %}
  const url = '{% url "images:like" %}';
  var options = {
    method: 'POST',
    headers: {'X-CSRFToken': csrftoken},
    mode: 'same-origin'
  }

  document.querySelector('a.like')
          .addEventListener('click', function(e){
    e.preventDefault();
    var likeButton = this;
  });
{% endblock %}
```

上述代码的工作方式如下所示。

（1）{% url %}模板标签用于构建 images:like URL。生成后的 URL 存储于 url JavaScript 常量中。

（2）利用选项创建一个 option 对象，这些选项通过 Fetch API 传递至 HTTP 请求中，其中包括：

- method：使用的 HTTP 方法，在当前示例中为 POST。
- headers：包含在请求中的附加的 HTTP 头。我们通过 csrftoken 常量值包含 X-CSRFToken 头。X-CSRFToken 常量值定义于 base.html 模板中。
- mode：HTTP 请求模式。我们使用 same-origin 表示请求是面向同源生成的。关于模式的更多信息，读者可访问 https://developer.mozilla.org/en-US/docs/Web/API/Request/mode。

（3）通过 document.querySelector()，a.like 选择器用于查找包含 like 类的 HTML 文档中的所有<a>元素。

（4）事件监听器针对基于选择器的元素上的 click 事件定义。每次用户单击 like/unlike 链接时将执行该函数。

（5）在处理函数内，e.preventDefault()用于避免<a>元素的默认行为。这将阻止链接元素的默认行为、终止事件传播，并阻止链接跟随相应的 URL。

（6）变量 likeButton 用于存储 this 的引用，即触发事件的元素。

接下来需要通过 Fetch API 发送 HTTP 请求，编辑 images/image/detail.html 模板的 domready 块，并添加下列代码。

```
{% block domready %}
  const url = '{% url "images:like" %}';
```

```
  var options = {
    method: 'POST',
    headers: {'X-CSRFToken': csrftoken},
    mode: 'same-origin'
  }

  document.querySelector('a.like')
          .addEventListener('click', function(e){
    e.preventDefault();
    var likeButton = this;

    // add request body
    var formData = new FormData();
    formData.append('id', likeButton.dataset.id);
    formData.append('action', likeButton.dataset.action);
    options['body'] = formData;

    // send HTTP request
    fetch(url, options)
    .then(response => response.json())
    .then(data => {
      if (data['status'] === 'ok')
      {
      }
    })
  });
{% endblock %}
```

新的代码的工作方式如下所示。

（1）FormData 对象创建后用于构建一组键/值对，表示表单字段及其值。该对象存储于 formData 变量中。

（2）image_like Django 视图期望的 id 和 action 参数被添加至 formData 对象中。这些参数的值从单击的 likeButton 按钮中被检索。data-id 和 data-action 属性则通过 dataset.id 和 dataset.action 被访问。

（3）新的 body 键添加至用于 HTTP 请求的 options 对象中。该键的值为 formData 对象。

（4）Fetch API 用于调用 fetch()函数。之前定义的 url 变量作为请求的 URL 被传递，options 对象则作为请求选项被传递。

（5）fetch()函数返回一个使用 Response 对象解析的 promise，该对象是 HTTP 响应的表达结果。.then()方法用于定义 promise 的处理程序。当析取 JSON 体内容时，我们采用了 response.json()方法。关于 Response 对象的更多信息，读者可访问 https://developer.mozilla.org/en-US/docs/Web/API/Response。

（6）再次使用.then()方法，并针对提取为 JSON 的数据定义一个处理程序。在该处理程序中，所接收的数据的 status 属性用于检查其值是否是 ok。

另外，我们还添加了 HTTP 请求发送和响应结果处理等功能。在请求成功后，我们需要反向修改按钮及其关联动作，即从 like 变为 unlike，或者从 unlike 变为 like。据此，用户可取消动作。

编辑 images/image/detail.html 模板的 domready 块，并添加下列代码。

```
{% block domready %}
  var url = '{% url "images:like" %}';
  var options = {
    method: 'POST',
    headers: {'X-CSRFToken': csrftoken},
    mode: 'same-origin'
  }

  document.querySelector('a.like')
          .addEventListener('click', function(e){
    e.preventDefault();
    var likeButton = this;

    // add request body
    var formData = new FormData();
    formData.append('id', likeButton.dataset.id);
    formData.append('action', likeButton.dataset.action);
    options['body'] = formData;

    // send HTTP request
    fetch(url, options)
    .then(response => response.json())
    .then(data => {
      if (data['status'] === 'ok')
      {
        var previousAction = likeButton.dataset.action;

        // toggle button text and data-action
        var action = previousAction === 'like' ? 'unlike' : 'like';
        likeButton.dataset.action = action;
        likeButton.innerHTML = action;
```

```
        // update like count
        var likeCount = document.querySelector('span.count .total');
        var totalLikes = parseInt(likeCount.innerHTML);
        likeCount.innerHTML = previousAction === 'like' ? totalLikes + 1 :
totalLikes - 1;
      }
    })
  });
{% endblock %}
```

上述代码的工作方式如下所示。

（1）按钮的上一个动作从链接的 data-action 属性中被检索，并存储于 previousAction 变量中。

（2）链接的 data-action 属性和链接文本内容处于切换状态，这允许用户撤销其操作。

（3）全部点赞计数通过选择器 span.count.total 在 DOM 中被检索，该值通过 parseInt() 被解析为一个整数。根据所执行的动作（点赞或不喜欢），全部点赞数量递增或递减。

针对上传图像，在浏览器中打开图像详细页面，初始点赞数和 LIKE 按钮如图 6.17 所示。

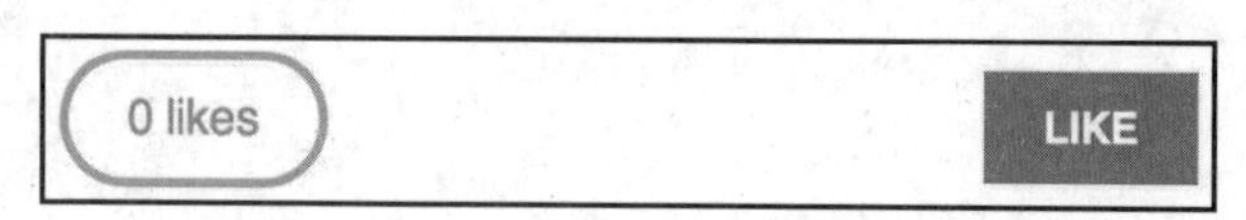

图 6.17　图像详细模板中的点赞数量和 LIKE 按钮

单击 LIKE 按钮将会看到点赞数量递增 1，而按钮文本则变为 UNLIKE，如图 6.18 所示。

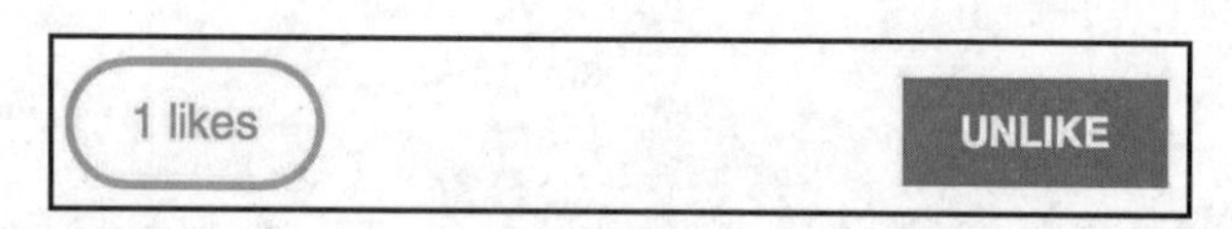

图 6.18　单击 LIKE 按钮后的点赞数量和按钮

如果单击 UNLIKE 按钮，按钮的文本将变回 LIKE，全部数量也随之减 1。

当进行 JavaScript 程序设计时，尤其是执行 Ajax 请求时，建议通过工具调试 JavaScript 和 HTTP 请求。现代浏览器包含了开发工具可调试 JavaScript。通常情况下，可右击某处打开右键菜单，单击 Inspect 或 Inspect Element 访问浏览器的开发工具。

稍后将学习如何通过 JavaScript 和 Django 使用 HTTP 异步请求，进而实现无限滚动的分页机制。

6.6　向图像列表中添加无限滚动分页机制

接下来需要列出网站上所有的收藏图像。这里，我们将采用 JavaScript 请求构建无限滚动功能。无限滚动是指，当用户滚动至页面底部时，后续内容将自动加载。

下面实现一个图像列表视图，用于处理标准浏览器请求和源自 JavaScript 的请求。当用户初始加载图像列表图像时，我们将显示图像的第一个页面。当滚动至页面底部时，我们将利用 JavaScript 检索后续条目的页面，并将其应用至主页的底部。

同一视图还将处理标准和 Ajax 无限滚动分页。对此，编辑 images 应用程序的 views.py 文件，并添加下列代码。

```
from django.http import HttpResponse
from django.core.paginator import Paginator, EmptyPage, \
                                  PageNotAnInteger

   # ...

@login_required
def image_list(request):
   images = Image.objects.all()
   paginator = Paginator(images, 8)
   page = request.GET.get('page')
   images_only = request.GET.get('images_only')
   try:
      images = paginator.page(page)
   except PageNotAnInteger:
      # If page is not an integer deliver the first page
      images = paginator.page(1)
   except EmptyPage:
      if images_only:
         # If AJAX request and page out of range
         # return an empty page
         return HttpResponse('')
      # If page out of range return last page of results
      images = paginator.page(paginator.num_pages)
   if images_only:
      return render(request,
                    'images/image/list_images.html',
                    {'section': 'images',
```

```
                        'images': images})
    return render(request,
                  'images/image/list.html',
                  {'section': 'images',
                   'images': images})
```

在该视图中，QuerySet 创建后用于从数据库中检索全部图像。随后创建一个 Paginator 对象并对结果进行分页，即每页 8 幅图像。page HTTP GET 参数经检索后将获取请求的页码。images_only HTTP GET 参数经检索后则会知道须渲染整个页面，或者是仅渲染新图像。当浏览器请求时，我们将渲染整个页面；然而，针对 Fetch API 请求，我们仅渲染包含新图像的 HTML，因为我们将把这些图像添加至现有的 HTML 页面中。

如果请求的页面超出范围，则会抛出一个 EmptyPage 异常。如果出现了这种情况，并且仅需渲染图像，那么将返回一个空的 HttpResponse。当到达最后一页时，这将允许我们终止在客户端的分页行为。

最终结果将通过以下两种不同的模板进行渲染。

（1）对于 JavaScript HTTP 请求，这将包含 images_only 参数，因此 list_images.html 模板将被渲染。该模板仅包含请求页面的图像。

（2）对于浏览器请求，list.html 模板将被渲染。该模板将扩展 base.html 模板以显示整个页面，并将包含 list_images.html 模板以涵盖图像列表。

编辑 images 应用程序的 urls.py 文件，并添加下列 URL 模式。

```
urlpatterns = [
    path('create/', views.image_create, name='create'),
    path('detail/<int:id>/<slug:slug>/',
         views.image_detail, name='detail'),
    path('like/', views.image_like, name='like'),
    path('', views.image_list, name='list'),
]
```

最后需要创建这里提及的多个模板，在 images/image/模板目录内，创建一个新模板，将其命名为 list_images.html 并向其中添加下列代码。

```
{% load thumbnail %}
{% for image in images %}
  <div class="image">
    <a href="{{ image.get_absolute_url }}">
      {% thumbnail image.image 300x300 crop="smart" as im %}
      <a href="{{ image.get_absolute_url }}">
        <img src="{{ im.url }}">
```

```
    </a>
  </a>
  <div class="info">
    <a href="{{ image.get_absolute_url }}" class="title">
      {{ image.title }}
    </a>
  </div>
 </div>
{% endfor %}
```

上述模板显示了图像列表，我们将以此返回 Ajax 请求的结果。上述代码遍历图像并针对每幅图像生成一个正方形的缩略图。随后将缩略图尺寸标准化为 300×300 像素。此外还使用了 smart 剪裁选项。该选项表明需要将图像逐渐裁剪到所需的大小。

在同一个目录中创建另一个模板，将其命名为 images/image/list.html 并向其中添加下列代码。

```
{% extends "base.html" %}

{% block title %}Images bookmarked{% endblock %}

{% block content %}
  <h1>Images bookmarked</h1>
  <div id="image-list">
    {% include "images/image/list_images.html" %}
  </div>
{% endblock %}
```

该列表模板扩展了 base.html 模板。为了避免代码重复，我们包含了 images/image/list_images.html 模板以显示图像。images/image/list.html 模板将保存 JavaScript 代码，以便在滚动到页面底部时加载附加的页面。

编辑 images/image/list.html 模板并添加下列代码。

```
{% extends "base.html" %}

{% block title %}Images bookmarked{% endblock %}

{% block content %}
  <h1>Images bookmarked</h1>
  <div id="image-list">
    {% include "images/image/list_images.html" %}
  </div>
```

```
{% endblock %}

{% block domready %}
  var page = 1;
  var emptyPage = false;
  var blockRequest = false;

  window.addEventListener('scroll', function(e) {
    var margin = document.body.clientHeight - window.innerHeight - 200;
    if(window.pageYOffset > margin && !emptyPage && !blockRequest)
    {
      blockRequest = true;
      page += 1;

      fetch('?images_only=1&page=' + page)
      .then(response => response.text())
      .then(html => {
        if (html === '') {
            emptyPage = true;
        }
        else {
          var imageList = document.getElementById('image-list');
          imageList.insertAdjacentHTML('beforeEnd', html);
          blockRequest = false;
        }
      })
    }
  });

  // Launch scroll event
  const scrollEvent = new Event('scroll');
  window.dispatchEvent(scrollEvent);
{% endblock %}
```

上述代码提供了无限滚动功能。我们在 base.html 模板中定义的 domready 块中包含了 JavaScript 代码。对应代码如下所示。

（1）定义下列变量。

- page：存储当前页面号。
- empty_page：了解用户是否在最后一个页面上，并检索一个空页面。一旦获得了一个空页面，我们将终止发送附加的 HTTP 请求，因为我们假设不存在更多的结果。

- block_request：防止 HTTP 请求正在进行时发送附加的请求。

（2）使用 window.addEventListener()捕捉 scroll 事件，并为其定义一个处理函数。

（3）计算 margin 变量，并获得全部文档高度和窗口内部高度之差，因为这是供用户滚动的剩余内容的高度。从结果中减去 200，以便用户距页面底部距离小于 200 像素时加载下一个页面。

（4）在发送一个 HTTP 请求之前，需要检查下列内容。

- 偏移量 window.pageYOffset 大于计算后的页边空白（margin）。
- 用户未到达最后一个结果页面（window.pageYOffset 须为 False）。
- 不存在其他正在进行的 HTTP 请求。

（5）如果满足上一个条件，可将 blockRequest 设置为 True，以防止 scroll 事件触发额外的 HTTP 请求；我们将 page 计数器加 1 以检索下一个页面。

（6）使用 fetch()发送一个 HTTP GET 请求，并将 URL 参数设置为 image_only=1 进而仅检索图像的 HTML 而非整个页面，同时将 page 设置为请求的页面号。

（7）体内容利用 response.text()从 HTTP 响应中析取，返回的 HTML 应根据具体情况加以处理。

- 如果响应不包含结果：表明到达了结果的末尾，且不存在加载的页面。可将 emptyPage 设置为 True 以防止附加的 HTTP 请求。
- 如果响应包含内容：通过 image-list ID 将数据附加至 HTML 元素。页面内容垂直展开，并在用户接近页面底部时附加结果内容。通过将 blockRequest 设置为 False，可移除附加的 HTTP 请求锁。

（8）在事件监听器下，当加载页面时，我们模拟了初始 scroll 事件。我们可通过创建一个新的 Event 对象生成事件，并于随后通过 window.dispatchEvent()启动该事件。据此，如果初始内容适合窗口且无滚动，则可确保事件被触发。

在浏览器中打开 https://127.0.0.1:8000/images/，即可看到目前所收藏的图像列表，如图 6.19 所示。

滚动至页面底部以加载附加页面，可确保通过书签工具收藏超过 8 张图像，因为这是每页显示的图像数量。

我们可利用浏览器开发工具跟踪 Ajax 请求。通常，可右击网站某处打开右键菜单，并单击 Inspect 或 Inspect Element 访问浏览器的 Web 开发工具。随后查找网络请求面板，重载页面并滚动至页面底部加载新页面。图 6.20 显示了第一个页面的请求，以及附加页面的 Ajax 请求。

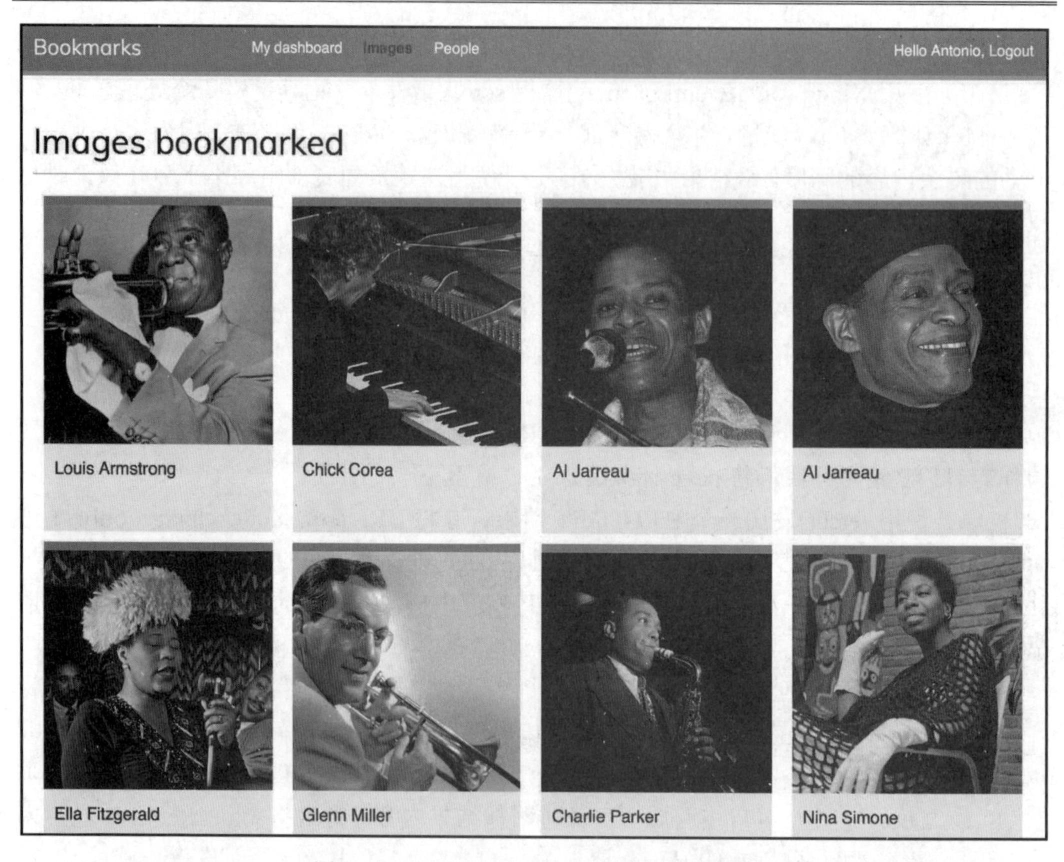

图 6.19　基于无限滚动分页的图像列表页面

Elements　Console　Sources　Network　Performance　Memory　Application　Security

Preserve log　Disable cache　No throttling

Filter　Invert　Hide data URLs　All　Fetch/XHR　JS　CSS　Img　Media　Font　Doc　W

Blocked Requests　3rd-party requests

500 ms　1000 ms　1500 ms　2000 ms　2500 ms　3000 ms　3500 ms　4000 ms　4500 ms　500

Name	Status	Type	Initiator	Size	Time
images/	200	document	Other	6.7 kB	205 ms
?images_only=1&page=2	200	fetch	(index):170	4.8 kB	674 ms
?images_only=1&page=3	200	fetch	(index):170	993 B	6 ms
?images_only=1&page=4	200	fetch	(index):170	295 B	4 ms

图 6.20　浏览器开发工具中注册的 HTTP 请求

在运行 Django 的 shell 中，我们也可以看到相应的请求，如下所示。

```
[08/Aug/2022 08:14:20] "GET /images/ HTTP/1.1" 200
[08/Aug/2022 08:14:25] "GET /images/?images_only=1&page=2 HTTP/1.1" 200
[08/Aug/2022 08:14:26] "GET /images/?images_only=1&page=3 HTTP/1.1" 200
[08/Aug/2022 08:14:26] "GET /images/?images_only=1&page=4 HTTP/1.1" 200
```

最后，编辑 account 应用程序的 base.html 模板，并添加 images 条目的 URL。

```
<ul class="menu">
  ...
  <li {% if section == "images" %}class="selected"{% endif %}>
    <a href="{% url "images:list" %}">Images</a>
  </li>
  ...
</ul>
```

当前，我们可从主菜单中访问图像列表。

6.7 附加资源

下列资源提供了与本章主题相关的附加信息。

- 本章源代码：https://github.com/PacktPublishing/Django-4-by-example/tree/main/Chapter06。
- 数据库索引：https://docs.djangoproject.com/en/4.1/ref/models/options/#django.db.models.Options.indexes。
- 多对多关系：https://docs.djangoproject.com/en/4.1/topics/db/examples/many_to_many/。
- Python 的 Requests HTTP 库：https://docs.djangoproject.com/en/4.1/topics/db/ examples/many_to_many/。
- Pinterest 浏览器按钮：https://about.pinterest.com/en/browser-button。account 应用程序的静态内容：https://github.com/PacktPublishing/Django-4-by-Example/tree/main/Chapter06/bookmarks/images/static。
- CSS 选择器：https://developer.mozilla.org/en-US/docs/Web/CSS/CSS_Selectors。
- 利用 CSS 选择器查找 DOM 元素：https://developer.mozilla.org/en-US/docs/。
- Web/API/Document_object_model/Locating_DOM_elements_using_selectors。
- Let’s Encrypt 免费证书认证机构：https://letsencrypt.org。

- Django easy-thumbnails 应用程序：https://easy-thumbnails.readthedocs.io/。
- JavaScript Fetch API 应用：https://developer.mozilla.org/en-US/docs/Web/API/Fetch_API/Using_Fetch。
- JavaScript Cookie 库：https://github.com/js-cookie/js-cookie。
- Django 的 CSRF 保护和 Ajax：https://docs.djangoproject.com/en/4.1/ref/csrf/#ajax。
- JavaScript Fetch API Request 模式：https://developer.mozilla.org/en-US/docs/Web/API/Request/mode。
- JavaScript Fetch API Response：https://developer.mozilla.org/en-US/docs/Web/API/Response。

6.8 本章小结

在本章中，我们利用多对多关系创建了模型，并学习了如何自定义表单的行为。接下来，我们构建了一个 JavaScript 书签工具，并在网站上分享源自其他站点的图像。除此之外，本章还讨论了如何利用 easy-thumbnails 创建图像的缩略图。最后，我们利用 JavaScript Fetch API 实现了 Ajax 视图，并向图像列表视图中添加了无限滚动分页机制。

在第 7 章中，我们将学习如何构造关注系统和活动流。其间，我们将与通用关系、信号和反规范化协同工作。除此之外，我们还将学习如何使用 Redis 和 Django 计算图像的浏览数并生成图像的排名。

第 7 章　跟踪用户动作

在第 6 章中，我们构建了一个 JavaScript 书签工具，并在平台上共享源自其他网站的内容。除此之外，我们还在项目中通过 JavaScript 实现了异步动作，并创建了一个无限滚动机制。

在本章中，我们将学习如何构建关注系统，并生成一个用户活动流。另外，我们还将考查 Django 信号的工作方式，以及如何将 Redis 的快速 I/O 存储集成至项目中并存储条目视图。

本章主要涉及下列主题。

- 构建一个关注系统。
- 利用中间模型创建多对多关系。
- 创建活动流应用程序。
- 向模型中添加通用关系。
- 优化关联对象的 QuerySet。
- 使用信号反规范化计数。
- 使用 Django Debug Toolbar 获取相关的调试信息。
- 利用 Redis 计数图像视图。
- 利用 Redis 创建图像浏览排名。

本章的源代码位于 https://github.com/PacktPublishing/Django-4-by-example/tree/main/Chapter07。

本章使用的全部 Python 包均包含于本章源代码的 requirements.txt 文件中。在后续章节中，我们可遵循相关指令安装每个 Python 包，或者利用 pip install -r requirements.txt 命令一次性安装所有的 Python 包。

7.1　构建关注系统

本节将在项目中构建一个关注系统。这意味着，用户间可彼此关注，并跟踪其他用户在平台上的共享内容。用户之间的关系是多对多关系，也就是说，一个用户可关注多个用户；反之，该用户也可被多个用户所关注。

7.1.1　利用中间模型创建多对多关系

在前述章节中，我们通过向一个关联模型中添加 ManyToManyField，同时令 Django 创建关系的数据库表，从而生成了多对多关系。该操作适用于大多数场景，但有些时候，我们需要针对关系创建一个中间模型。当存储与关系相关的附加信息时，创建中间模型是必要的，如创建关系的日期，描述关系本质的字段。

下面创建一个中间模型并构建用户之间的关系。使用中间模型涵盖下列两个原因。

（1）我们正在使用 Django 提供的 User 模型，且不打算对其进行修改。

（2）需要存储创建关系时的时间。

编辑 account 应用程序的 models.py 文件，并向其中添加下列代码。

```
class Contact(models.Model):
    user_from = models.ForeignKey('auth.User',
                                  related_name='rel_from_set',
                                  on_delete=models.CASCADE)
    user_to = models.ForeignKey('auth.User',
                                related_name='rel_to_set',
                                on_delete=models.CASCADE)
    created = models.DateTimeField(auto_now_add=True)

    class Meta:
      indexes = [
        models.Index(fields=['-created']),
      ]
      ordering = ['-created']

    def __str__(self):
      return f'{self.user_from} follows {self.user_to}'
```

上述代码显示了用户关系所采用的 Contact 模型，其中包含了下列字段。

- user_from：创建关系的用户的一个 ForeignKey。
- user_to：被关注用户的 ForeignKey。
- created：基于 auto_now_add=True 的一个 DateTimeField 字段，并存储关系创建时的时间。

数据库索引自动在 ForeignKey 字段上被创建。在模型的 Meta 类中，我们针对 created 字段以降序定义了一个数据库索引。除此之外，我们还添加了一个 ordering 属性以通知 Django，在默认状态下，应按照 created 字段排序结果。这里，在字段名之前使用一个连字符表示降序排列，如-created。

通过 ORM，我们可以针对用户（user1）创建一个关系，并关注另一个用户（user2），如下所示。

```
user1 = User.objects.get(id=1)
user2 = User.objects.get(id=2)
Contact.objects.create(user_from=user1, user_to=user2)
```

相关的管理器 rel_from_set 和 rel_to_set 将针对 Contact 模型返回一个 QuerySet。为了从 User 模型中访问关系的终端，User 应包含一个 ManyToManyField，如下所示。

```
following = models.ManyToManyField('self',
                                   through=Contact,
                                   related_name='followers',
                                   symmetrical=False)
```

在上述示例中，通过将 through=Contact 添加至 ManyToManyField 中，我们通知 Django 针对当前关系使用自定义中间模型。这是从 User 模型到自身的多对多关系，我们在 ManyToManyField 中引用'self'创建一个指向同一个模型的关系。

注意：

当在多对多关系中需要附加字段时，可针对关系的每一端利用 ForeignKey 创建一个自定义模型。在其中一个相关模型中添加一个 ManyToManyField，并在 through 参数中添加它以指示 Django 应使用中间模型。

如果 Use 模型是应用程序的一部分，那么可将前面的字段添加至模型中。然而，我们无法直接修改 User 类，因为该类隶属于 django.contrib.auth 应用程序。下面考查一个稍显不同的方案，即将该字段以动态方式添加至 User 模型中。

编辑 account 应用程序的 models.py 文件，并添加下列代码行。

```
from django.contrib.auth import get_user_model

# ...

# Add following field to User dynamically
user_model = get_user_model()
user_model.add_to_class('following',
                        models.ManyToManyField('self',
                          through=Contact,
                          related_name='followers',
                          symmetrical=False))
```

在上述代码中，通过泛型函数 get_user_model()，可检索用户模型，该函数由 Django 提供。此外，我们还使用了 Django 的 add_to_class()方法向用户模型提供了猴子补丁。

注意，关于字段与模型之间的添加方式，add_to_class()并不是一种推荐的方法，但这可避免创建自定义用户模型，同时保留了 Django 内置 User 模型的所有优点。

另外，通过 user.followers.all()和 user.following.all()，这里还简化了基于 Django ORM 的关联对象的检索方式。其间，我们采用了 Contact 中间模型避免了额外的数据库连接查询，就像在自定义 Profile 模型中定义关系一样。相应地，多对多关系表将利用 Contact 模型创建。因此，动态添加的 ManyToManyField 并不意味着出现对 Django User 模型的任何数据库更改。

记住，在大多数情况下，较好的做法是向之前创建的 Profile 模型添加字段，而不是对 User 模型提供猴子补丁。较为理想的情况是，不应修改现有的 DjangoUser 模型。Django 允许我们使用自定义用户模型。如果打算使用自定义用户模型，可访问 https://docs.djangoproject.com/en/4.1/topics/auth/customizing/#specifying-a-custom-user-model 并参考相关文档。

当在创建模型的关系中定义 ManyToManyField 时，Django 会强制这个关系是对称的。这种情况设置了 symmetrical=False 并定义了一个非对称关系（如果我关注你，并不意味着你将自动关注我）。

注意：

当对多对多关系使用中间模型时，某些关联管理器的方法将被禁用，如 add()、create()或 remove()方法。相应地，我们需要创建或删除中间模型的实例。

运行下列命令生成 account 应用程序的初始迁移。

```
python manage.py makemigrations account
```

对应的输出结果如下所示。

```
Migrations for 'account':
  account/migrations/0002_auto_20220124_1106.py
    - Create model Contact
    - Create index account_con_created_8bdae6_idx on field(s) -created of
model contact
```

运行下列命令，将应用程序与数据库同步。

```
python manage.py migrate account
```

对应输出结果如下所示。

```
Applying account.0002_auto_20220124_1106... OK
```

目前，Contact 模型与数据库处于同步状态，进而能够在用户间创建关系。但是，网站当前尚未提供浏览用户或查看特定用户资料的方法。接下来将为 User 模型构建列表和详细视图。

7.1.2　创建用户资料的列表和详细视图

打开 account 应用程序的 views.py 文件，并添加下列代码。

```
from django.shortcuts import get_object_or_404
from django.contrib.auth.models import User

# ...

@login_required
def user_list(request):
    users = User.objects.filter(is_active=True)
    return render(request,
                  'account/user/list.html',
                  {'section': 'people',
                  'users': users})

@login_required
def user_detail(request, username):
    user = get_object_or_404(User,
                             username=username,
                             is_active=True)
    return render(request,
                  'account/user/detail.html',
                  {'section': 'people',
                  'user': user})
```

这些都是 User 对象的简单的列表和详细视图。user_list 视图获取全部处于活动状态下的用户。Django User 模型包含了一个 is_active 标志，表明用户账户是否处于激活状态。另外，我们通过 is_active=True 过滤查询，并且仅返回活动用户。该视图返回全部结果，但可对此予以改进，即采用与 image_list 视图相同的方式添加分页机制。

user_detail 视图采用 get_object_or_404()快捷方式并利用给定的用户名检索活动用户。如果未发现包含给定用户名的活动用户，视图返回 HTTP 404 响应结果。

编辑 account 应用程序的 urls.py 文件，并针对每个视图添加一个 URL 模式，如下所示。

```
urlpatterns = [
    # ...
    path('', include('django.contrib.auth.urls')),
    path('', views.dashboard, name='dashboard'),
    path('register/', views.register, name='register'),
    path('edit/', views.edit, name='edit'),
    path('users/', views.user_list, name='user_list'),
    path('users/<username>/', views.user_detail, name='user_detail'),
]
```

我们将采用 user_detail URL 模式生成标准的用户 URL。这里，我们已经在模型中定义了一个 get_absolute_url()方法，并针对每个对象返回标准的 URL。另一种指定模型 URL 的方法是，向项目中添加 ABSOLUTE_URL_OVERRIDE 设置项。

编辑项目的 settings.py 文件，并添加下列代码。

```
from django.urls import reverse_lazy

# ...

ABSOLUTE_URL_OVERRIDES = {
    'auth.user': lambda u: reverse_lazy('user_detail',
                                        args=[u.username])
}
```

Django 以动态方式向模型中添加了 get_absolute_url()方法，这些模型出现于 ABSOLUTE_URL_OVERRIDES 设置项中。该方法针对设置项中指定的给定模型返回对应的 URL。我们针对既定用户返回 user_detail URL。当前，可使用 User 实例上的 get_absolute_url()方法检索对应的 URL。

利用下列命令打开 Python shell。

```
python manage.py shell
```

随后运行下列代码进行测试。

```
>>> from django.contrib.auth.models import User
>>> user = User.objects.latest('id')
>>> str(user.get_absolute_url())
'/account/users/ellington/'
```

返回后的 URL 遵循所期望的格式/account/users/<username>/。

下面针对刚刚构建的视图创建模板。对此，向 account 应用程序的 templates/account/目录中添加下列目录和文件。

```
/user/
    detail.html
    list.html
```

编辑 account/user/list.html 模板，并向其中添加下列代码。

```
{% extends "base.html" %}
{% load thumbnail %}

{% block title %}People{% endblock %}

{% block content %}
  <h1>People</h1>
  <div id="people-list">
    {% for user in users %}
      <div class="user">
        <a href="{{ user.get_absolute_url }}">
          <img src="{% thumbnail user.profile.photo 180x180 %}">
        </a>
        <div class="info">
          <a href="{{ user.get_absolute_url }}" class="title">
            {{ user.get_full_name }}
          </a>
        </div>
      </div>
    {% endfor %}
  </div>
{% endblock %}
```

上述模板可列出网站上所有活动用户。其间遍历给定用户并使用 easy-thumbnails 中的{% thumbnail %}模板标签生成资料图像缩略图。

注意，用户应包含一幅资料图像。当使用未包含资料图像的默认用户图像时，可添加 if/else 语句检查用户是否包含一张资料照片，如{% if user.profile.photo %} {# photo thumbnail #} {% else %} {# default image #} {% endif %}。

打开项目的 base.html 模板，在下列菜单项的 href 属性中包含 user_list URL，对应代码如下所示。

```
<ul class="menu">
  ...
  <li {% if section == "people" %}class="selected"{% endif %}>
    <a href="{% url "user_list" %}">People</a>
  </li>
</ul>
```

利用下列命令启动开发服务器。

```
python manage.py runserver
```

在浏览器中打开 http://127.0.0.1:8000/account/users/，对应的用户列表如图 7.1 所示。

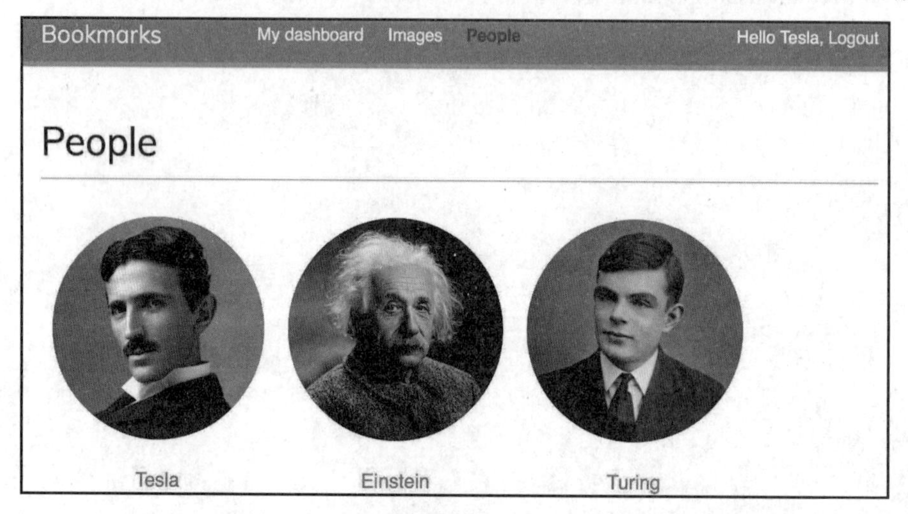

图 7.1　包含资料图像缩略图的用户列表页面

记住，如果在生成缩略图时遇到任何困难，可向 settings.py 文件中添加 THUMBNAIL_DEBUG = True，以在 shell 中获取调试信息。

编辑 account 模板的 account/user/detail.html 模板，并向其中添加下列代码。

```
{% extends "base.html" %}
{% load thumbnail %}

{% block title %}{{ user.get_full_name }}{% endblock %}

{% block content %}
  <h1>{{ user.get_full_name }}</h1>
  <div class="profile-info">
    <img src="{% thumbnail user.profile.photo 180x180 %}" class="user-detail">
  </div>
  {% with total_followers=user.followers.count %}
    <span class="count">
      <span class="total">{{ total_followers }}</span>
      follower{{ total_followers|pluralize }}
    </span>
    <a href="#" data-id="{{ user.id }}" data-action="{% if request.user in
```

```
user.followers.all %}un{% endif %}follow" class="follow button">
      {% if request.user not in user.followers.all %}
        Follow
      {% else %}
        Unfollow
      {% endif %}
    </a>
    <div id="image-list" class="image-container">
      {% include "images/image/list_images.html" with images=user.images_
created.all %}
    </div>
  {% endwith %}
{% endblock %}
```

注意，应确保模板标签不会被划分为多行，因为 Django 不支持多行标签。

detail 模板中显示了用户资料，{% thumbnail %}模板标签用于显示资料图像。此外还显示了关注者总数，以及关注/取消关注用户的链接。其中，对应的链接用于关注/取消关注特定的用户。<a> HTML 元素的 data-id 和 data-action 属性包含了单击链接元素（即 follow 或 unfollow）时的用户 ID 和执行的初始动作。这里，初始动作（follow 或 unfollow）取决于请求页面的用户是否为该用户的关注者。最后，通过包含 images/image/list_images.html 模板可显示用户收藏的图像。

再次打开浏览器，单击收藏了某些图像的用户，对应用户页面如图 7.2 所示。

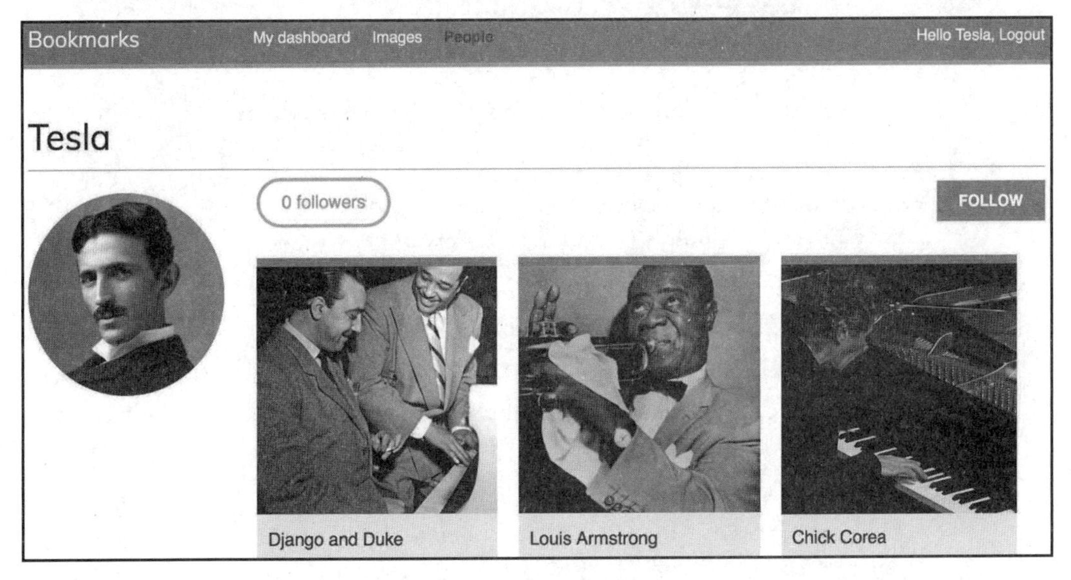

图 7.2　用户详细页面

7.1.3　利用 JavaScript 添加关注/取消关注动作

下面加入相应的功能并对用户进行关注/取消关注。对此将创建一个新视图以关注/取消关注用户，并针对关注/取消关注动作利用 JavaScript 实现异步 HTTP 请求。

编辑 account 应用程序的 views.py 文件，并添加下列代码。

```
from django.http import JsonResponse
from django.views.decorators.http import require_POST
from .models import Contact

# ...

@require_POST
@login_required
def user_follow(request):
    user_id = request.POST.get('id')
    action = request.POST.get('action')
    if user_id and action:
      try:
        user = User.objects.get(id=user_id)
        if action == 'follow':
            Contact.objects.get_or_create(
                user_from=request.user,
                user_to=user)
        else:
            Contact.objects.filter(user_from=request.user,
                                   user_to=user).delete()
        return JsonResponse({'status':'ok'})
    except User.DoesNotExist:
        return JsonResponse({'status':'error'})
  return JsonResponse({'status':'error'})
```

user_follow 视图与第 6 章生成的 image_like 视图十分相似。由于针对用户的多对多关系采用了自定义中间模型，因此，ManyToManyField 的自动管理器的默认 add()和 remove()方法无效。相反，中间 Contact 模型用于创建或删除用户关系。

编辑 account 应用程序的 urls.py 文件，并添加下列 URL 模式。

```
urlpatterns = [
  path('', include('django.contrib.auth.urls')),
  path('', views.dashboard, name='dashboard'),
  path('register/', views.register, name='register'),
```

```
    path('edit/', views.edit, name='edit'),
    path('users/', views.user_list, name='user_list'),
    path('users/follow/', views.user_follow, name='user_follow'),
    path('users/<username>/', views.user_detail, name='user_detail'),
]
```

此处应确保将上述模式置于 user_detail URL 模式之前。否则，任何/users/follow/请求都将匹配 user_detail 模式的正则表达式，进而执行对应的视图。记住，在每个 HTTP 请求中，Django 以出现顺序针对每个模式检查请求的 URL，并在首个匹配处停止。

编辑 account 应用程序的 user/detail.html 模板，并向其中附加下列代码。

```
{% block domready %}
  var const = '{% url "user_follow" %}';
  var options = {
    method: 'POST',
    headers: {'X-CSRFToken': csrftoken},
    mode: 'same-origin'
  }

  document.querySelector('a.follow')
          .addEventListener('click', function(e){
    e.preventDefault();
    var followButton = this;

    // add request body
    var formData = new FormData();
    formData.append('id', followButton.dataset.id);
    formData.append('action', followButton.dataset.action);
    options['body'] = formData;

    // send HTTP request
    fetch(url, options)
    .then(response => response.json())
    .then(data => {
      if (data['status'] === 'ok')
      {
        var previousAction = followButton.dataset.action;

        // toggle button text and data-action
        var action = previousAction === 'follow' ? 'unfollow' : 'follow';
        followButton.dataset.action = action;
        followButton.innerHTML = action;
```

```
        // update follower count
        var followerCount =
        document.querySelector('span.count .total');
        var totalFollowers = parseInt(followerCount.innerHTML);
        followerCount.innerHTML = previousAction === 'follow' ?
totalFollowers + 1 : totalFollowers - 1;
      }
    })
  });
{% endblock %}
```

上述模板块包含了 JavaScript 代码，执行异步 HTTP 请求以关注或取消关注特定的用户，同时还切换关注/取消关注链接。其中，Fetch API 用于执行 Ajax 请求，设置 data-action 属性和 HTML <a>元素的文本（根据上一个值）。当完成动作后，显示于页面上的关注者总数也随之更新。

打开已有用户的用户详细页面，单击 FOLLOW 链接并测试刚刚构建的功能。对应的关注者计数如图 7.3 所示。

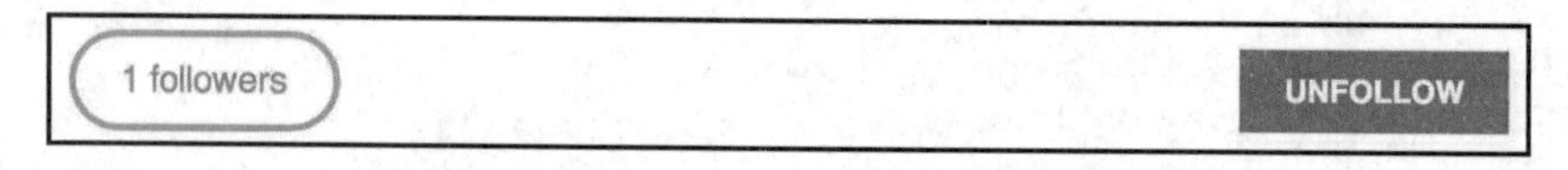

图 7.3　关注者计数和关注/取消关注按钮

至此，我们完成了关注系统。当前，用户间可彼此相互关注。接下来将建立一个活动流，并为每个用户创建相关内容。这里，每个用户基于他们所关注的人。

7.2　构建通用的活动流应用程序

许多社交网站都会向其用户显示一个活动流，以便跟踪其他用户在平台上的操作。活动流是用户或一组用户近期执行的活动列表。例如，Facebook 的信息流即是一个活动流，典型的动作包括“用户 X 收藏了图像 Y，或者用户 X 当前关注了用户 Y”。

本节打算构建一个活动流应用程序，以便每个用户均可看到其关注用户近期的交互行为。对此，需要创建一个模型，以存储网站用户执行的动作，以及一种简单的方式向信息流中添加动作。

利用下列命令在项目中创建名为 actions 的新应用程序。

```
python manage.py startapp actions
```

在项目的 settings.py 文件中，向 settings.py 中添加新应用程序，如下所示。

```
INSTALLED_APPS = [
    # ...
    'actions.apps.ActionsConfig',
]
```

编辑 actions 应用程序的 models.py 文件，并向其中添加下列代码。

```
from django.db import models

class Action(models.Model):
    user = models.ForeignKey('auth.User',
                             related_name='actions',
                             on_delete=models.CASCADE)
    verb = models.CharField(max_length=255)
    created = models.DateTimeField(auto_now_add=True)

    class Meta:
        indexes = [
            models.Index(fields=['-created']),
        ]
        ordering = ['-created']
```

上述代码展示了 Action 模型，该模型用于存储用户活动，其字段如下所示。

- user：执行动作的用户，这是 Django 用户模型的一个 ForeignKey。
- verb：描述用户执行动作的动词。
- created：动作创建的日期和时间。当对象首次保存至数据库中时，可采用 auto_now_add=True 自动将该字段设置为当前日期时间。

模型的 Meta 类中针对 created 字段以降序定义了一个数据库索引，此外还添加了 ordering 属性以通知 Django，默认状态下，应以降序并按照 created 字段对结果进行排序。

根据这一基本模型，可存储“用户 X 执行了某种动作”这一类动作。另外，还需要一个额外的 ForeignKey 存储涉及 target 对象的动作，如“用户 X 收藏了图像 Y”或者“用户 X 当前关注了用户 Y”。如前所述，常规 ForeignKey 仅可指向一个模型。相反，我们需要一种方法使得 target 对象成为已有模型的实例，这也是 Django contenttypes 框架的用武之地。

7.2.1　使用 contenttypes 框架

Django 包含了一个 contenttypes 框架，该框架位于 django.contrib.contenttypes 中。该应用程序可跟踪安装在项目中的所有模型，同时还提供了通用接口并与模型进行交互。

当采用 startproject 命令创建新项目时，默认状态下，django.contrib.contenttypes 应用程序包含在 INSTALLED_APPS 设置项中。其他 contrib 包会使用到 django.contrib.contenttypes，如身份验证框架和管理应用程序。

contenttypes 应用程序包含了一个 ContentType 模型。该模型的实例表示应用程序的实际模型，ContentType 的新实例则在新模型安装于项目时自动创建。ContentType 模型涵盖下列字段。

- app_label：表示模型所属的应用程序的名称。该字段自动取自模型 Meta 选项的 app_label 属性。例如，Image 模型属于 images 应用程序。
- model：模型类的名称。
- name：表示人类可读的模型名称，该字段自动取自模型 Meta 选项的 verbose_name 属性。

接下来查看如何与 ContentType 对象交互。利用下列命令打开 shell。

```
python manage.py shell
```

利用 app_label 和 model 属性执行查询，即可得到对应于特定模型的 ContentType 对象，如下所示。

```
>>> from django.contrib.contenttypes.models import ContentType
>>> image_type = ContentType.objects.get(app_label='images', model='image')
>>> image_type
<ContentType: images | image>
```

除此之外，还可调用 model_class()方法从 ContentType 对象中检索模型类，如下所示。

```
>>> image_type.model_class()
<class 'images.models.Image'>
```

其他常见情况还包括，针对特定的模型类获取 ContentType 对象，如下所示。

```
>>> from images.models import Image
>>> ContentType.objects.get_for_model(Image)
<ContentType: images | image>
```

这些仅是一些 contenttypes 的应用示例。Django 还提供了多种方式可与 contenttypes 协同工作。读者可参考 contenttypes 框架的官方文档，对应网址为 https://docs.djangoproject.com/en/4.1/ref/contrib/contenttypes/。

7.2.2 向模型中添加通用关系

在通用关系中，ContentType 扮演着指向关系所用模型的这一角色。相应地，需要 3

个字段在模型中设置通用关系。

（1）ContentType 的 ForeignKey 字段：表明关系的模型。

（2）存储关联对象主键的字段：通常是 PositiveIntegerField，以匹配 Django 自动主键字段。

（3）通过上述两个字段定义并管理通用关系的字段：对此，contenttypes 框架提供了 GenericForeignKey 字段。

编辑 actions 应用程序的 models.py 文件，并添加下列代码。

```
from django.db import models
from django.contrib.contenttypes.models import ContentType
from django.contrib.contenttypes.fields import GenericForeignKey

class Action(models.Model):
    user = models.ForeignKey('auth.User',
                             related_name='actions',
                             on_delete=models.CASCADE)
    verb = models.CharField(max_length=255)
    created = models.DateTimeField(auto_now_add=True)
    target_ct = models.ForeignKey(ContentType,
                                  blank=True,
                                  null=True,
                                  related_name='target_obj',
                                  on_delete=models.CASCADE)
    target_id = models.PositiveIntegerField(null=True,
                                            blank=True)
    target = GenericForeignKey('target_ct', 'target_id')

    class Meta:
        indexes = [
            models.Index(fields=['-created']),
            models.Index(fields=['target_ct', 'target_id']),
        ]
        ordering = ['-created']
```

我们向 Action 模型中添加了下列字段。

- target_ct：指向 ContentType 模型的 ForeignKey 字段。
- target_id：存储关联对象主键的 PositiveIntegerField。
- target：基于前两个字段组合的关联对象的 GenericForeignKey 字段。

此外还添加了包含 target_ct 和 target_id 字段的多字段索引。

Django 并未在数据库中创建 GenericForeignKey 字段。映射至数据库中的字段仅为

target_ct 和 target_id。这两个字段均包含 blank=True 和 null=True 属性，以便在保存 Action 对象时无须 target 对象。

注意：

使用通用关系而非外键可使应用程序更具灵活性。

运行下列命令，创建应用程序的初始迁移。

```
python manage.py makemigrations actions
```

对应的输出结果如下所示。

```
Migrations for 'actions':
  actions/migrations/0001_initial.py
    - Create model Action
    - Create index actions_act_created_64f10d_idx on field(s) -created of
model action
    - Create index actions_act_target__f20513_idx on field(s) target_ct,
target_id of model action
```

运行下列命令，将应用程序与数据库同步。

```
python manage.py migrate
```

输出结果表明，新的迁移已被应用，如下所示。

```
Applying actions.0001_initial... OK
```

接下来向管理网站中添加 Action 模型。编辑 actions 应用程序的 admin.py，并向其中添加下列代码。

```
from django.contrib import admin
from .models import Action

@admin.register(Action)
class ActionAdmin(admin.ModelAdmin):
    list_display = ['user', 'verb', 'target', 'created']
    list_filter = ['created']
    search_fields = ['verb']
```

这里，我们在管理网站上注册了 Action 模型。

利用下列命令启动开发服务器。

```
python manage.py runserver
```

在浏览器中打开 http://127.0.0.1:8000/admin/actions/action/add/，图 7.4 显示了创建了

一个新的 Action 对象。

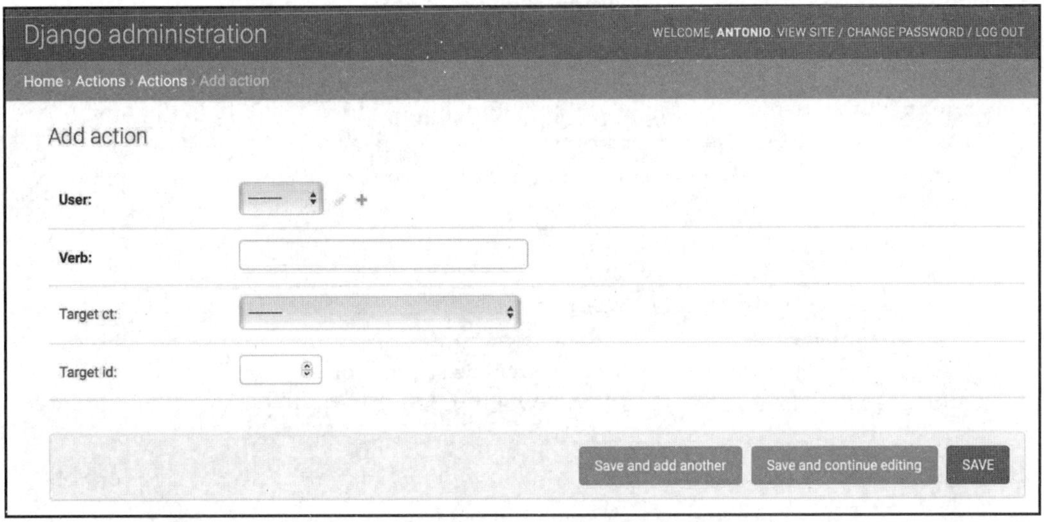

图 7.4　Django 管理网站上的 Add 动作页面

图 7.4 中仅显示了映射至真实的数据库字段 target_ct 和 target_id。GenericForeignKey 字段并未出现于表单中。target_ct 允许我们选择 Django 项目的任意注册模型。通过 target_ct 字段的 limit_choices_to 属性，可限制内容类型并从有效的模型集合中进行选取。limit_choices_to 属性可将 ForeignKey 字段内容限定至特定的数值集。

在 actions 目录中创建新文件，并将其命名为 utils.py。此处需要定义一个快捷函数，并以较为简单的方式创建新的 Action 对象。编辑新的 utils.py 文件，并向其中添加下列代码。

```
from django.contrib.contenttypes.models import ContentType
from .models import Action

def create_action(user, verb, target=None):
    action = Action(user=user, verb=verb, target=target)
    action.save()
```

create_action()函数可创建相关动作，并可选择性地包含 target 对象。作为快捷方式，该函数可出现于代码的任何地方，并将新动作添加至活动流中。

7.2.3　避免活动流中的重复动作

某些时候，用户可能在 Like 或 Unlike 按钮上单击多次，或者在较短时间内多次执行相同的动作。这很容易导致存储和显示方面的重复动作。为了避免这种问题，下面将改善 create_action()并忽略明显的重复动作。

编辑 actions 应用程序的 utils.py 文件。

```
import datetime
from django.utils import timezone
from django.contrib.contenttypes.models import ContentType
from .models import Action

def create_action(user, verb, target=None):
    # check for any similar action made in the last minute
    now = timezone.now()
    last_minute = now - datetime.timedelta(seconds=60)
    similar_actions = Action.objects.filter(user_id=user.id,
                                             verb= verb,
                                             created__gte=last_minute)
    if target:
        target_ct = ContentType.objects.get_for_model(target)
        similar_actions = similar_actions.filter(
                                             target_ct=target_ct,
                                             target_id=target.id)
    if not similar_actions:
        # no existing actions found
        action = Action(user=user, verb=verb, target=target)
        action.save()
        return True
    return False
```

其间，我们修改了 create_action()函数，并避免保存重复的动作。最后返回一个布尔值，以表明对应动作是否被保存。下列内容阐述了如何避免重复动作。

（1）利用 Django 提供的 timezone.now()方法获取当前时间。该方法与 datetime.datetime.now()执行相同任务，但返回一个时区对象。Django 提供了一项 USE_TZ 设置，可启动或禁用时区的支持。利用 startproject 命令创建的默认的 settings.py 文件则包含了 USE_TZ=True。

（2）使用 last_minute 变量存储 1 分钟之前的日期时间，并检索从那时起用户执行的所有相同操作。

（3）如果最后一分钟内不存在相同的动作，则创建一个 Action 对象。如果 Action 对象创建成功，则返回 True，否则返回 False。

7.2.4　向活动流中添加用户动作

下面向视图中添加一些动作，并构建用户的活动流。此处将针对下列交互行为存储一项动作。

- 用户收藏一幅图像。
- 用户点赞一幅图像。
- 用户创建一个账户。
- 用户关注另一个用户。

编辑 images 应用程序的 views.py 文件，并添加下列导入内容。

```
from actions.utils import create_action
```

在 image_create 视图中，在保存图像后添加 create_action()函数，如下所示。

```
@login_required
def image_create(request):
    if request.method == 'POST':
        # form is sent
        form = ImageCreateForm(data=request.POST)
        if form.is_valid():
            # form data is valid
            cd = form.cleaned_data
            new_image = form.save(commit=False)
            # assign current user to the item
            new_image.user = request.user
            new_image.save()
            create_action(request.user, 'bookmarked image', new_image)
            messages.success(request, 'Image added successfully')
            # redirect to new created image detail view
            return redirect(new_image.get_absolute_url())
    else:
        # build form with data provided by the bookmarklet via GET
        form = ImageCreateForm(data=request.GET)
    return render(request,
                  'images/image/create.html',
                  {'section': 'images',
                  'form': form})
```

在 image_like 视图中，在将用户添加至 users_like 关系后添加一个 create_action()函数，如下所示。

```
@login_required
@require_POST
def image_like(request):
    image_id = request.POST.get('id')
    action = request.POST.get('action')
    if image_id and action:
        try:
            image = Image.objects.get(id=image_id)
            if action == 'like':
                image.users_like.add(request.user)
                create_action(request.user, 'likes', image)
            else:
                image.users_like.remove(request.user)
            return JsonResponse({'status':'ok'})
        except Image.DoesNotExist:
            pass
    return JsonResponse({'status':'error'})
```

编辑 account 应用程序的 views.py 文件，并添加下列导入内容。

```
from actions.utils import create_action
```

在 register 视图中，在创建了 Profile 对象后添加 create_action()函数，如下所示。

```
def register(request):
    if request.method == 'POST':
        user_form = UserRegistrationForm(request.POST)
        if user_form.is_valid():
            # Create a new user object but avoid saving it yet
            new_user = user_form.save(commit=False)
            # Set the chosen password
            new_user.set_password(
                user_form.cleaned_data['password'])
            # Save the User object
            new_user.save()
            # Create the user profile
            Profile.objects.create(user=new_user)
            create_action(new_user, 'has created an account')
            return render(request,
                          'account/register_done.html',
                          {'new_user': new_user})
    else:
        user_form = UserRegistrationForm()
    return render(request,
```

```
                  'account/register.html',
                  {'user_form': user_form})
```

在 user_follow 视图中，添加 create_action()函数，如下所示。

```
@require_POST
@login_required
def user_follow(request):
    user_id = request.POST.get('id')
    action = request.POST.get('action')
    if user_id and action:
        try:
            user = User.objects.get(id=user_id)
            if action == 'follow':
                Contact.objects.get_or_create(
                    user_from=request.user,
                    user_to=user)
                create_action(request.user, 'is following', user)
            else:
                Contact.objects.filter(user_from=request.user,
                                       user_to=user).delete()
            return JsonResponse({'status':'ok'})
        except User.DoesNotExist:
            return JsonResponse({'status':'error'})
    return JsonResponse({'status':'error'})
```

在上述代码中可以看到，借助 Action 模型和帮助函数，将新动作保存至活动流中十分简单。

7.2.5　显示活动流

最后，我们需要一种方式显示每个用户的活动流。具体来说，我们将在用户的仪表板上显示活动流。编辑 account 应用程序的 views.py 文件。导入 Action 模型并调整 dashboard 视图，如下所示。

```
from actions.models import Action

# ...

@login_required
def dashboard(request):
    # Display all actions by default
```

```
    actions = Action.objects.exclude(user=request.user)
    following_ids = request.user.following.values_list('id',
                                                       flat=True)
    if following_ids:
        # If user is following others, retrieve only their actions
        actions = actions.filter(user_id__in=following_ids)
    actions = actions[:10]
    return render(request,
                  'account/dashboard.html',
                  {'section': 'dashboard',
                   'actions': actions})
```

在上述视图中，我们从数据库中检索了全部动作，但排除当前用户执行的动作。默认状态下，我们检索平台所有用户执行的最近一次动作。如果当前用户关注了其他用户，这将查询限制为仅检索所关注用户执行的动作。最后，可将结果限制为返回的前 10 项动作。这里，我们并未使用 QuerySet 中的 order_by()方法，因为我们依赖于在 Action 模型的 Meta 选项中提供的默认顺序。由于在 Action 模型中设置了 ordering = ['-created']，因而最近的动作首先出现。

7.2.6　优化涉及关联对象的 QuerySet

每次检索 Action 对象时，通常会访问其关联的 User 对象和用户的 Profile 关联对象。Django ORM 提供了一种简单方法可同时检索关联对象，因而避免了额外的数据库查询。

1．使用 select_related()方法

Django 提供了一个名为 select_related()的 QuerySet 方法，并可针对一对多关系检索关联对象。这转换为单一的更加复杂的 QuerySet，但在访问关联对象时可避免额外的查询。select_related()方法是针对 ForeignKey 和 OneToOne 字段的，其工作方式可描述为，执行 SQL JOIN 操作，并将关联对象的字段包含至 SELECT 语句中。

当使用 select_related()方法时，编辑 account 应用程序的 views.py 文件，添加 select_related 并包含将要使用的字段，如下所示。

```
@login_required
def dashboard(request):
    # Display all actions by default
    actions = Action.objects.exclude(user=request.user)
    following_ids = request.user.following.values_list('id',
                                                       flat=True)
    if following_ids:
```

```
        # If user is following others, retrieve only their actions
        actions = actions.filter(user_id__in=following_ids)
    actions = actions.select_related('user', 'user__profile')[:10]
    return render(request,
                  'account/dashboard.html',
                  {'section': 'dashboard',
                  'actions': actions})
```

我们使用 user__profile 在单一 SQL 查询中连接 Profile 表。如果未传递任何参数并调用 select_related()，这将从全部 ForeignKey 关系中检索对象。此处，始终将 select_related() 限制为以后将被访问的关系。

注意：

谨慎使用 select_related()可极大地改进执行时间。

2. 使用 prefetch_related()方法

当检索一对多关系中的关联对象时，select_related()有助于提升性能。然而，select_related()方法并不适用于多对多关系或多对一关系。除了 select_related()所支持的关系，Django 还针对多对多关系和多对一关系提供了名为 prefetch_related 的不同的 QuerySet 方法。prefetch_related()方法针对每种关系执行独立的查询，并利用 Python 连接结果。除此之外，prefetch_related()方法还支持 GenericRelation 和 GenericForeignKey 的预取操作。

编辑 account 应用程序的 views.py 文件，通过为目标 GenericForeignKey 添加 prefetch_related()完成查询，如下所示。

```
@login_required
def dashboard(request):
    # Display all actions by default
    actions = Action.objects.exclude(user=request.user)
    following_ids = request.user.following.values_list('id',
                                                        flat=True)
    if following_ids:
        # If user is following others, retrieve only their actions
        actions = actions.filter(user_id__in=following_ids)
    actions = actions.select_related('user', 'user__profile')\
                    .prefetch_related('target')[:10]
    return render(request,
                  'account/dashboard.html',
                  {'section': 'dashboard',
                  'actions': actions})
```

```
actions = actions.select_related('user', 'user__profile')
```

该查询现在经过了优化，可以检索用户动作，包括关联的对象。

7.2.7　创建动作模板

下面创建模板并显示特定的 Action 对象。在 actions 应用程序目录中创建新的目录并将其命名为 templates，同时向其中添加下列文件结构。

```
actions/
    action/
        detail.html
```

编辑 actions/action/detail.html 模板，并向其中添加下列代码行。

```
{% load thumbnail %}

{% with user=action.user profile=action.user.profile %}
<div class="action">
  <div class="images">
    {% if profile.photo %}
      {% thumbnail user.profile.photo "80x80" crop="100%" as im %}
      <a href="{{ user.get_absolute_url }}">
        <img src="{{ im.url }}" alt="{{ user.get_full_name }}"
        class="item-img">
      </a>
    {% endif %}
    {% if action.target %}
      {% with target=action.target %}
        {% if target.image %}
          {% thumbnail target.image "80x80" crop="100%" as im %}
          <a href="{{ target.get_absolute_url }}">
            <img src="{{ im.url }}" class="item-img">
          </a>
        {% endif %}
      {% endwith %}
    {% endif %}
  </div>
  <div class="info">
    <p>
      <span class="date">{{ action.created|timesince }} ago</span>
      <br />
```

```
      <a href="{{ user.get_absolute_url }}">
        {{ user.first_name }}
      </a>
      {{ action.verb }}
      {% if action.target %}
        {% with target=action.target %}
          <a href="{{ target.get_absolute_url }}">{{ target }}</a>
        {% endwith %}
      {% endif %}
    </p>
  </div>
</div>
{% endwith %}
```

该模板用于显示 Action 对象。首先可采用{% with %}模板标签检索执行动作的用户和关联的 Profile 对象。其次，如果 Action 对象包含关联的 target 对象，则显示 target 对象的图像。最后显示执行动作的用户、动词和 target 对象（如果存在）的链接。

编辑 account 应用程序的 account/dashboard.html 模板，并在 content 块底部附加下列代码。

```
{% extends "base.html" %}

{% block title %}Dashboard{% endblock %}

{% block content %}

  ...

  <h2>What's happening</h2>
  <div id="action-list">
    {% for action in actions %}
      {% include "actions/action/detail.html" %}
    {% endfor %}
  </div>
{% endblock %}
```

在浏览器中打开 http://127.0.0.1:8000/account/，登录并执行多项动作，以便这些动作存储于数据库中。随后利用另一个用户登录并关注之前的用户。随后在仪表板页面上查看生成的动作流。

对应结果如图 7.5 所示。

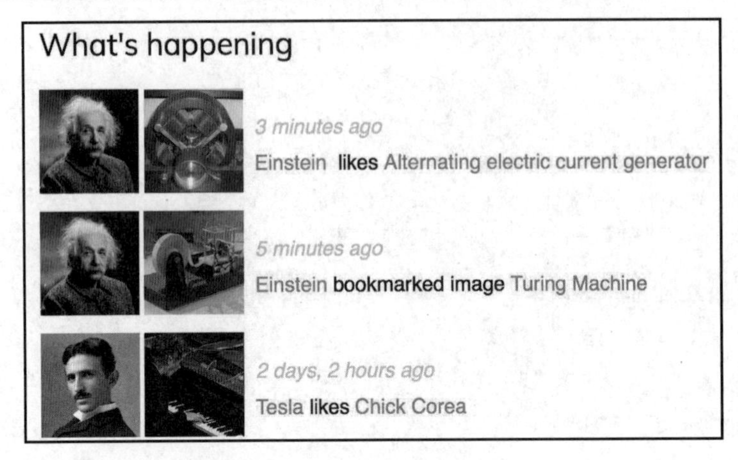

图 7.5　当前用户的活动流

我们刚刚创建了用户的完整的活动流，并可向其中方便地添加新的用户动作。除此之外，还可通过实现相同的 Ajax 分页器（用于 image_list 视图）向活动流中添加无限滚动功能。接下来将讨论如何使用 Django 信号反规范化动作计数。

7.3　针对反规范化计数使用信号

在某些时候，我们可能需要反规范化数据。反规范化是通过优化读取性能的方式使得数据冗余。例如，可将关联数据复制至对象中，以避免在检索关联数据时对数据库执行昂贵的读取查询。

读者应谨慎对待反规范化问题并在必要时予以使用。反规范化最大的问题在于，难以使反规范化数据保持更新。

下面通过反规范化计数考查查询操作的改进方式。我们将从 Image 模型中反规范化数据，并通过 Django 信号保持数据更新。

7.3.1　与信号协同工作

Django 内置了一个信号分发器，使得接收函数在特定动作发生时获得通知。当需要代码在发生某些事情而执行相应的操作时，信号将十分有用。信号可解耦逻辑：我们可捕捉特定的动作，而无须考虑触发该动作的应用程序或代码，并实现该动作发生时执行的逻辑。例如，可构建一个信号接收函数，该函数在每次保存 User 对象时执行。此外还可创建自己的信号，以便在事件发生时通知其他各方。

针对位于 django.db.models.signals 中的模型，Django 提供了多个信号，其中一些信号如下所示。

- pre_save 和 post_save 分别在调用模型的 save()方法前、后被发送。
- pre_delete 和 post_delete 在调用模型或 QuerySet 的 delete()方法前、后被调用。
- 当模型上的 ManyToManyField 变化时，m2m_changed 被发送。

这些仅是 Django 提供的信号的子集，读者可访问 https://docs.djangoproject.com/en/4.1/ref/signals/查看完整的内建信号列表。

假设需要按照受欢迎程度检索图像。对此，可采用 Django 聚合函数检索按照点赞数量排序的图像。回忆一下，我们曾在第 3 章使用了 Django 聚合函数。下列代码将根据点赞数量检索图像。

```
from django.db.models import Count
from images.models import Image
images_by_popularity = Image.objects.annotate(
    total_likes=Count('users_like')).order_by('-total_likes')
```

就性能而言，与存储总计数的字段的排序相比，计算总点赞数排序图像的方式则要昂贵得多。对此，可向 Image 模型中添加一个字段以反规范化总点赞数量，并提升涉及该字段的查询性能。这里的问题是，如何保持该字段的更新。

编辑 images 应用程序的 models.py 文件，并向 Image 模型添加下列 total_likes 字段。

```
class Image(models.Model):
    # ...
    total_likes = models.PositiveIntegerField(default=0)

        Class Meta
        indexes = [
            models.Index(fields=['-created']),
            models.Index(fields=['-total_likes']),
        ]
        ordering = ['-created']
```

total_likes 字段存储点赞每幅图像的用户的总量，当以此过滤或排序 QuerySet 时，反规范化计数十分有用。另外，我们以降序方式添加了 total_likes 字段的数据库索引，因为此处计划以降序方式并按照点赞总数降序检索图像。

提示：

在反规范化字段之前，存在多种改进性能的方式值得考虑，如数据库索引、查询优化，以及开始反规范化数据之前的捕捉机制。

在将新字段添加至数据库表之后，运行下列命令创建迁移。

```
python manage.py makemigrations images
```

对应输出结果如下所示。

```
Migrations for 'images':
  images/migrations/0002_auto_20220124_1757.py
    - Add field total_likes to image
    - Create index images_imag_total_l_0bcd7e_idx on field(s) -total_likes
of model image
```

运行下列命令应用迁移。

```
python manage.py migrate images
```

对应的输出结果如下所示。

```
Applying images.0002_auto_20220124_1757... OK
```

这里需要将 receiver 函数绑定至 m2m_changed 信号上。

在 images 应用程序目录中创建一个新文件，将其命名为 signals.py 并向其中添加下列代码。

```
from django.db.models.signals import m2m_changed
from django.dispatch import receiver
from .models import Image

@receiver(m2m_changed, sender=Image.users_like.through)
def users_like_changed(sender, instance, **kwargs):
    instance.total_likes = instance.users_like.count()
    instance.save()
```

首先，利用 receiver()装饰器将 users_like_changed 函数作为接收函数进行注册，并将其绑定至 m2m_changed 信号上。随后将该函数连接至 Image.users_like.through 上，以便该函数仅在 m2m_changed 信号发出时被调用。关于接收函数的注册，这里存在一种替代方法，即使用 Signal 对象的 connect()方法。

注意：

Django 信号是同步和阻塞的。这里，不要将信号与异步任务混淆。但是，可将二者结合起来，并在代码收到信号通知时启动异步任务。第 8 章将讨论如何创建异步任务。

我们需要将接收函数连接至信号，以便每次发送信号时调用函数。这里，推荐的信号注册方法是将其导入至应用程序配置类的 ready()方法中。Django 提供了一个应用程序注册表，可配置和内省应用程序。

7.3.2　应用程序配置类

Django 可针对应用程序指定配置类。当采用 startapp 命令创建应用程序时，Django 向应用程序目录中添加一个 apps.py 文件，其中包含继承自 AppConfig 类的基本应用程序配置。

应用程序配置类可存储应用程序的元数据和配置，并提供了应用程序的内省。关于应用程序配置的更多内容，读者可访问 https://docs.djangoproject.com/en/4.1/ref/applications/。

为了注册信号 receiver 函数，当使用 receiver()装饰器时，仅需要在应用程序配置类的 ready()方法中导入应用程序的 signals 模块即可。一旦应用程序注册表被完全填充，就会调用该方法。应用程序的任何其他初始化也应该包含在该方法中。

编辑 images 应用程序的 apps.py 文件，并添加下列代码。

```
from django.apps import AppConfig

class ImagesConfig(AppConfig):
    default_auto_field = 'django.db.models.BigAutoField'
    name = 'images'

    def ready(self):
        # import signal handlers
        import images.signals
```

我们在 ready()方法中导入了应用程序的信号，以便在加载 images 应用程序时导入信号。

利用下列命令运行开发服务器。

```
python manage.py runserver
```

打开浏览器查看图像详细页面，并单击 Like 按钮。

访问管理网站，导航并编辑图像 URL，如 http://127.0.0.1:8000/admin/images/image/1/change/所示，并查看 total_likes 属性。可以看到，total_likes 属性通过当前图像的用户点赞数量被更新，如图 7.6 所示。

当前，可采用 total_likes 属性安装受欢迎程度排序图像或显示相关值，从而避免了基于复杂查询的计算方式。

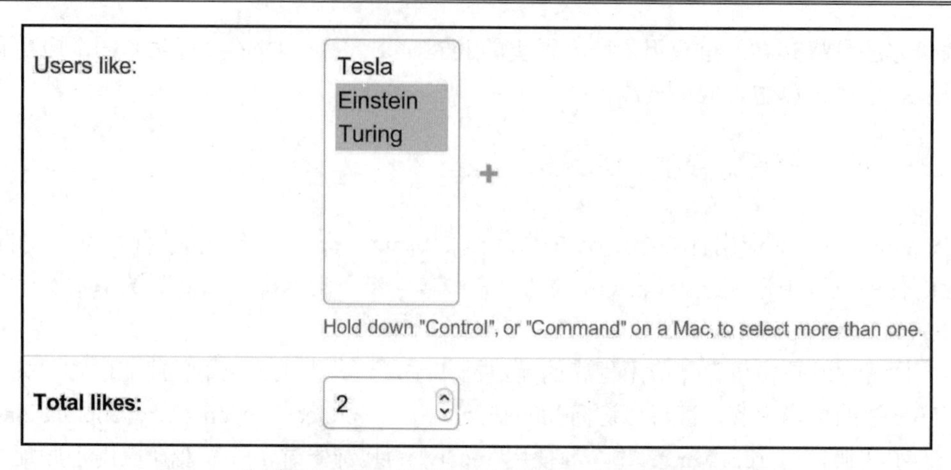

图 7.6　管理网站上的图像编辑页面，包含全部点赞的反规范化

考查下列查询，并根据点赞数量降序排序图像。

```
from django.db.models import Count
images_by_popularity = Image.objects.annotate(
    likes=Count('users_like')).order_by('-likes')
```

上述查询可写为：

```
images_by_popularity = Image.objects.order_by('-total_likes')
```

基于图像全部点赞数量的反规范化，与 SQL 查询相比，上述结果的开销较小。除此之外，我们还学习了如何使用 Django 信号。

注意：

应谨慎使用信号。信号使我们难以了解控制流。在许多场合，如果知晓需要通知哪一个接收函数，应避免使用信号。

针对其余 Image 对象，仍需设置初始计数，以匹配数据库的当前状态。

利用下列命令打开 shell。

```
python manage.py shell
```

在 shell 中执行下列代码。

```
>>> from images.models import Image
>>> for image in Image.objects.all():
...  image.total_likes = image.users_like.count()
...  image.save()
```

针对数据库中已有的图像，此处采用手动方式更新了点赞数量。自此，当多对多关联对象变化时，users_like_changed 信号接收函数将处理 users_like_changed 字段的更新问题。

接下来将学习如何使用 Django Debug Toolbar 获取请求的相关调试信息，包括执行时间、SQL 查询、渲染的模板、注册的信号等。

7.4　使用 Django Debug Toolbar

前述内容介绍了 Django 的调试页面，相信读者已对此有所了解。例如，在第 2 章中，当实现对象分页时，调试页面显示了与未处理异常相关的信息。

Django 调试页面提供了有用的调试信息。然而，存在一个 Django 应用程序可包含更加详细的调试信息，且在开发过程中十分有用。

Django Debug Toolbar 是一个外部 Django 应用程序，可查看与当前请求/响应循环相关的调试信息。对应信息分为涵盖不同信息的多个面板，包括请求/响应数据、所用的 Python 包版本、执行时间、设置项、头、SQL 查询、所用的模板、缓存、信号和日志。

读者可访问 https://django-debug-toolbar.readthedocs.io/查看与 Django Debug Toolbar 相关的文档。

7.4.1　安装 Django Debug Toolbar

利用下列命令并通过 pip 安装 django-debug-toolbar。

```
pip install django-debug-toolbar==3.6.0
```

编辑项目的 settings.py 文件，并向 INSTALLED_APPS 设置项中添加 debug_toolbar，如下所示。

```
INSTALLED_APPS = [
    # ...
    'debug_toolbar',
]
```

在同一文件中，向 MIDDLEWARE 设置项中添加下列代码行。

```
MIDDLEWARE = [
    'debug_toolbar.middleware.DebugToolbarMiddleware',
    'django.middleware.security.SecurityMiddleware',
```

```
    'django.contrib.sessions.middleware.SessionMiddleware',
    'django.middleware.common.CommonMiddleware',
    'django.middleware.csrf.CsrfViewMiddleware',
    'django.contrib.auth.middleware.AuthenticationMiddleware',
    'django.contrib.messages.middleware.MessageMiddleware',
    'django.middleware.clickjacking.XFrameOptionsMiddleware',
]
```

Django Debug Toolbar 一般实现为中间件。另外，MIDDLEWARE 的顺序十分重要。具体来说，除了位于首位的响应内容编码中间件（如 GZipMiddleware）之外，DebugToolbarMiddleware 应放置在任何其他中间件之前。

在 settings.py 文件的结尾处添加下列代码行。

```
INTERNAL_IPS = [
    '127.0.0.1',
]
```

仅当 IP 地址匹配于 INTERNAL_IPS 设置中的某一项时，Django Debug Toolbar 才会显示。为了防止在产品中显示调试信息，Django Debug Toolbar 将检查 DEBUG 设置项是否为 True。

编辑项目 urls.py 文件，并向 urlpatterns 中添加下列 URL 模式。

```
urlpatterns = [
    path('admin/', admin.site.urls),
    path('account/', include('account.urls')),
    path('social-auth/',
         include('social_django.urls', namespace='social')),
    path('images/', include('images.urls', namespace='images')),
    path('__debug__/', include('debug_toolbar.urls')),
]
```

当前，Django Debug Toolbar 已安装在项目中。

利用下列命令运行开发服务器。

```
python manage.py runserver
```

在浏览器中打开 http://127.0.0.1:8000/images/，随后将会看到如图 7.7 所示的右侧侧栏。

如果调试工具栏未出现，可查看 RunServer shell 控制台日志。如果出现 MIME 错误，那么 MIME 映射有可能是错误的或者需要更新。

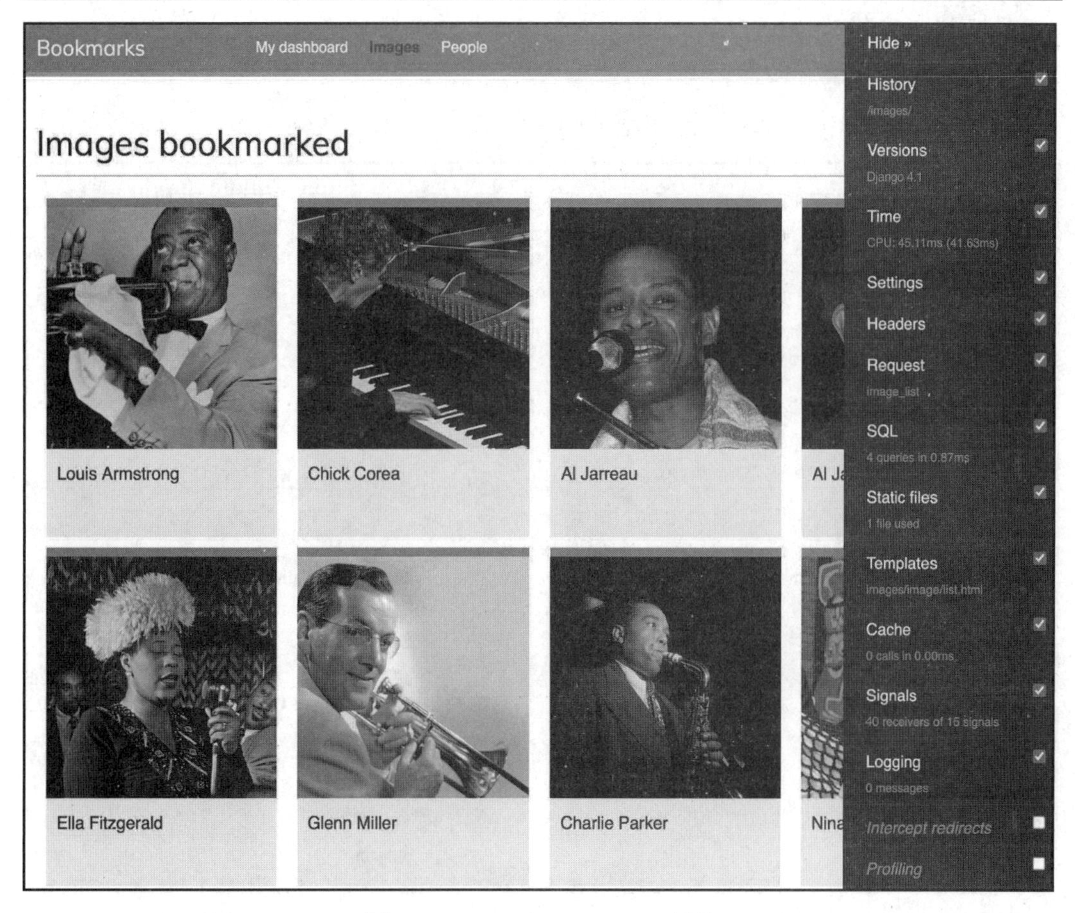

图 7.7　Django Debug Toolbar 侧栏

通过将下列代码行添加至 settings.py 文件中，可针对 JavaScript 和 CSS 文件应用正确的映射。

```
if DEBUG:
    import mimetypes
    mimetypes.add_type('application/javascript', '.js', True)
    mimetypes.add_type('text/css', '.css', True)
```

7.4.2　Django Debug Toolbar

Django Debug Toolbar 包含多个面板，以针对请求/响应循环组织有效的调试信息。另外，侧栏包含了每个面板的链接，可通过任意面板的复选框激活或禁用面板。相应地，响应变化将应用于下一次请求中。当我们对某个面板不感兴趣时，这将十分有用，但计算占用了请求的大量开销。

单击侧栏菜单中的 Time，将会看到如图 7.8 所示的面板。

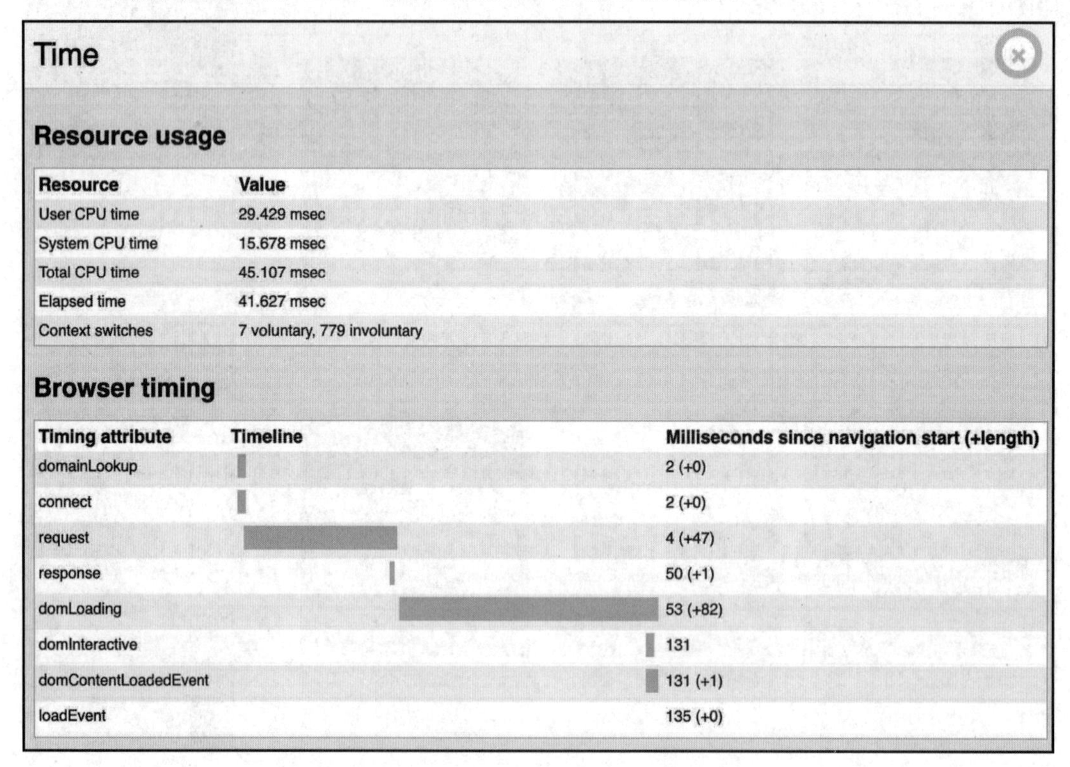

图 7.8　Django Debug Toolbar 的 Time 面板

Timer 面板包含了不同请求/响应循环阶段的计时器，此外还显示了 CPU、流逝的时间以及上下文切换的数量。Window 用户将不会看到 Timer 面板。在 Windows 中，仅显示整体时间。

单击侧栏菜单中的 SQL，对应面板如图 7.9 所示。

此处可以看到所执行的不同的 SQL 查询。此类信息有助于识别不必要的查询、可复用的重复查询，或者是用时较长且可优化的查询。根据发现结果。可在视图中改进 QuerySet，必要时可在模型字段上创建新的索引，或者缓存信息。在本章中，我们学习了如何利用 select_related()和 prefetch_related()优化涉及关系的查询。第 14 章还将学习如何缓存数据，单击侧栏菜单上的 Templates，对应的模板如图 7.10 所示。

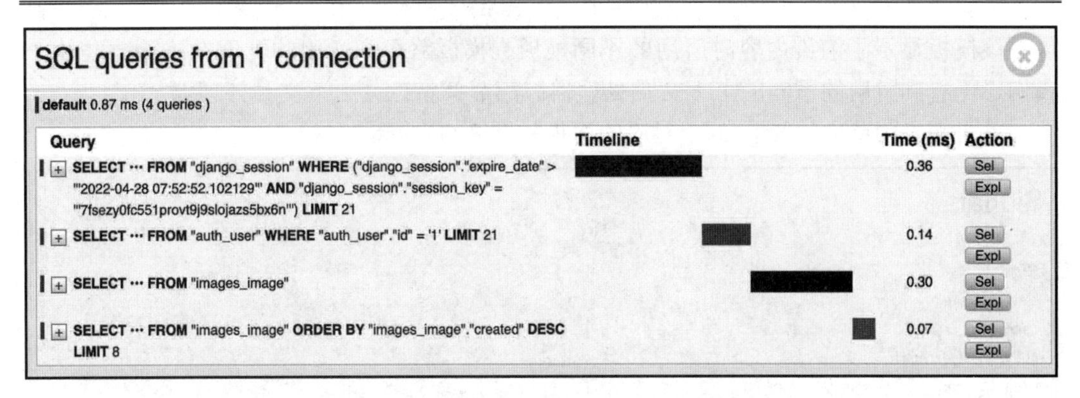

图 7.9　Django Debug Toolbar 的 SQL 面板

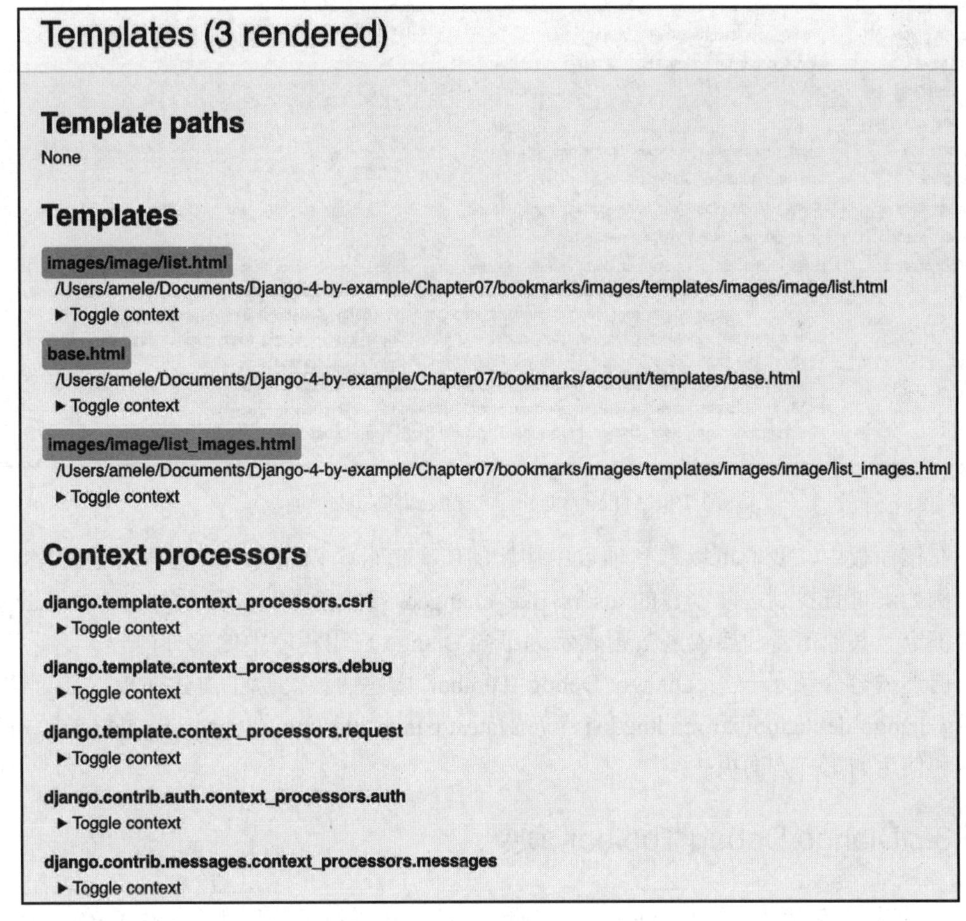

图 7.10　Django Debug Toolbar 的 Templates 面板

该模板显示了渲染内容时所用的不同模板、模板路径和所用的上下文。除此之外，我们还可看到所用的不同的上下文预处理器。第 8 章将讨论上下文预处理器。

单击侧栏菜单中的 Signals，对应的面板如图 7.11 所示。

Signals

Signal	Receivers
class_prepared	
connection_created	
got_request_exception	
m2m_changed	users_like_changed
post_delete	
post_init	ImageField.update_dimension_fields, ImageField.update_dimension_fields
post_migrate	create_permissions, create_contenttypes
post_save	signal_committed_filefields
pre_delete	
pre_init	
pre_migrate	inject_rename_contenttypes_operations
pre_save	find_uncommitted_filefields
request_finished	close_caches, close_old_connections, reset_urlconf
request_started	reset_queries, close_old_connections
setting_changed	reset_cache, clear_cache_handlers, update_installed_apps, update_connections_time_zone, clear_routers_cache, reset_template_engines, clear_serializers_cache, language_changed, localize_settings_changed, file_storage_changed, complex_setting_changed, root_urlconf_changed, static_storage_changed, static_finders_changed, auth_password_validators_changed, user_model_swapped, update_toolbar_config, reset_hashers, update_level_tags, FileSystemStorage._clear_cached_properties, FileSystemStorage._clear_cached_properties, FileSystemStorage._clear_cached_properties, FileSystemStorage._clear_cached_properties, FileSystemStorage._clear_cached_properties, StaticFilesStorage._clear_cached_properties, FileSystemStorage._clear_cached_properties, ThumbnailFileSystemStorage._clear_cached_properties

图 7.11　Django Debug Toolbar 的 Signals 面板

在该面板中，我们可以看到项目中注册的所有信号，以及与每个信号绑定的接收函数。例如，可查找到之前创建的 users_like_changed 接收函数，该函数与 m2m_changed 信号绑定。其他信号和接收函数则表示为不同 Django 应用程序中的部分内容。

前述内容介绍了一些 Django Debug Toolbar 内建面板。除了内建面板，还可访问 https://django-debugtoolbar.readthedocs.io/en/latest/panels.html#third-party-panels 查看可供下载和使用的第三方面板。

7.4.3 Django Debug Toolbar 命令

除了请求/响应调试面板，Django Debug Toolbar 还提供了管理命令调试 ORM 调用的

SQL。管理命令 debugsqlshell 复制了 Django shell 命令，但针对利用 Django ORM 执行的查询输出 SQL 语句。

利用下列命令打开 shell。

```
python manage.py debugsqlshell
```

执行下列代码。

```
>>> from images.models import Image
>>> Image.objects.get(id=1)
```

对应的输出结果如下所示。

```
SELECT "images_image"."id",
       "images_image"."user_id",
       "images_image"."title",
       "images_image"."slug",
       "images_image"."url",
       "images_image"."image",
       "images_image"."description",
       "images_image"."created",
       "images_image"."total_likes"
FROM "images_image"
WHERE "images_image"."id" = 1
LIMIT 21 [0.44ms]
<Image: Django and Duke>
```

在将 ORM 查询添加到视图之前，可以使用该命令对其进行测试。此外，还可针对每个 ORM 调用检查最终的 SQL 语句和执行时间。

接下来将学习如何利用 Redis 计数图像视图。其中，Redis 是一个内存数据库，可提供低延迟和高吞吐量的数据访问。

7.5　利用 Redis 计数图像视图

Redis 是一个高级的键/值数据库，并可保存不同类型的数据，提供快速的 I/O 操作。Redis 将一切内容存储于内存中，其数据持久化方式可描述为，每隔一段时间将数据集转储至磁盘，或者将每条命令添加至日志中。与其他键/值存储相比，Redis 更具通用性：它提供了一组功能强大的命令，并支持各种数据结构，如字符串、散列、列表、集合、有序集，甚至位图或 Hyper-LogLogs。

虽然 SQL 适用于模式定义的持久化数据存储，但在处理快速变化的数据、易失性存储或快速缓存方面，Redis 则提供了更多的高级特性。下面考查如何使用 Redis 在项目中构建新功能。

关于 Redis 的更多信息，读者可访问 https://redis.io/。

Redis 提供了一个 Docker 镜像，进而可方便地利用标准配置部署 Redis 服务器。

7.5.1　安装 Docker

Docker 是一个流行的开源容器化平台，可将应用程序打包至容器中，并简化构建、运行、管理和发布应用程序的处理过程。

首先需要针对具体的操作系统下载和安装 Docker。读者可访问 https://docs.docker.com/get-docker/查看 Linux、macOS 和 Windows 平台上的 Docker 的下载和安装指令。

7.5.2　安装 Redis

在 Docker 安装完毕后，即可方便地获取 Redis Docker 镜像。对此，在 shell 中运行下列命令。

```
docker pull redis
```

这将向本地机器中下载 Redis Docker 镜像。关于官方 Redis Docker 的更多信息，读者可访问 https://hub.docker.com/_/redis；或者访问 https://redis.io/download/查看安装 Redis 的替代方法。

在 shell 中执行下列命令，并启动 Redis Docker 容器。

```
docker run -it --rm --name redis -p 6379:6379 redis
```

据此，可在 Docker 容器中运行 Redis。其中，-it 选项通知 Docker 直接进入容器进行交互输入。--rm 选项则通知 Docker 在退出容器时自动清除容器并移除文件系统。--name 选项用于将名称分配与容器。-p 选项用于将运行 Redis 的 6379 端口发布至相同的主机接口端口。这里，6379 为 Redis 的默认端口。

对应输出结果如下所示。

```
# Server initialized
* Ready to accept connections
```

使 Redis 服务器运行于 6379 端口上并打开另一个 shell，利用下列命令启动 Redis 客户端。

```
docker exec -it redis sh
```

随后将会看到一个#字符号，如下所示。

```
#
```

利用下列命令启动 Redis 客户端。

```
# redis-cli
```

随后将会看到 Redis 客户端 shell 提示符，如下所示。

```
127.0.0.1:6379>
```

Redis 客户端可从 shell 中直接执行 Redis 命令。下面尝试在 Redis shell 中输入 SET 命令，并将值存储于键中。

```
127.0.0.1:6379> SET name "Peter"
OK
```

上述命令利用字符串值"Peter"在数据库中创建了一个 name 键。输出结果 OK 表示该键已被成功保存。

接下来利用 GET 命令检索值，如下所示。

```
127.0.0.1:6379> GET name
"Peter"
```

除此之外，还可利用 EXISTS 命令检查某个键是否存在。如果给定键存在，该命令返回 1，否则返回 0。

```
127.0.0.1:6379> EXISTS name
(integer) 1
```

我们可利用 EXPIRE 命令设置键的过期时间（以秒计）。另一个选项是使用 EXPIREAT 命令，即一个 Unix 时间戳。键的过期时间对于 Redis 缓存和存储易失性数据十分有用。

```
127.0.0.1:6379> GET name
"Peter"
127.0.0.1:6379> EXPIRE name 2
(integer) 1
```

等待超出 2 秒时间并再次获取同一个键。

```
127.0.0.1:6379> GET name
(nil)
```

nil 响应结果表明未找到相应的键。另外，还可通过 DEL 命令删除任何键，如下所示。

```
127.0.0.1:6379> SET total 1
OK
127.0.0.1:6379> DEL total
(integer) 1
127.0.0.1:6379> GET total
(nil)
```

这些都是基本的键操作命令。读者可访问 https://redis.io/commands/查看所有的 Redis 命令，并访问 https://redis.io/docs/manual/data-types/查看 Redis 数据类型。

7.5.3　通过 Python 使用 Redis

对于 Redis，我们还需要使用 Python 绑定。利用下列命令并通过 pip 安装 redis-py。

```
pip install redis==4.3.4
```

读者可访问 https://redis-py.readthedocs.io/查看 redis-py 文档。

redis-py 包可与 Redis 交互，并提供遵循 Redis 命令语法的 Python 接口。利用下列命令打开 Python shell。

```
python manage.py shell
```

执行下列代码。

```
>>> import redis
>>> r = redis.Redis(host='localhost', port=6379, db=0)
```

上述命令创建与 Redis 数据库的连接。在 Redis 中，数据库通过整数索引被识别，而不是数据库名称。默认状态下，客户端与数据库 0 连接。有效的 Redis 数据库数量设置为 16，我们也可在 redis.conf 配置文件中修改这一数字。

接下来利用 Python shell 设置一个键。

```
>>> r.set('foo', 'bar')
True
```

上述命令返回 True，表明键已被成功创建。下面利用 get()命令检索该键。

```
>>> r.get('foo')
b'bar'
```

从上述命令中可以看到，Redis 方法遵循 Redis 命令语法。

下面将 Redis 集成至项目中。编辑 bookmarks 项目的 settings.py 文件，并向其中添加下列设置项。

```
REDIS_HOST = 'localhost'
REDIS_PORT = 6379
REDIS_DB = 0
```

这些表示项目将要使用的 Redis 服务器和数据库。

7.5.4　将图像视图存储于 Redis 中

接下来将寻找一种方法，用于存储图像的查看总数。若采用 Django ORM 实现这一功能，每次显示图像时将涉及 SQL UPDATE 查询。

如果使用 Redis，仅须递增存储在内存中的计数器接口，即可实现较好的性能和较少的开销。

编辑 images 应用程序的 views.py 文件，并在已有的 import 语句之后添加下列代码。

```
import redis
from django.conf import settings

# connect to redis
r = redis.Redis(host=settings.REDIS_HOST,
                port=settings.REDIS_PORT,
                db=settings.REDIS_DB)
```

根据上述代码，我们建立了 Redis 连接，以供在视图中使用。编辑 images 应用程序的 views.py 文件，并调整 image_detail 视图，如下所示。

```
def image_detail(request, id, slug):
    image = get_object_or_404(Image, id=id, slug=slug)
    # increment total image views by 1
    total_views = r.incr(f'image:{image.id}:views')
    return render(request,
                  'images/image/detail.html',
                  {'section': 'images',
                  'image': image,
                  'total_views': total_views})
```

在该视图中，我们使用了 incr 命令，进而将给定键的值递增 1。如果键不存在，incr 命令负责创建该键。incr()方法返回执行操作后最终的键值。我们将该值存储于 total_views 变量中，并将其传递至模板上下文中。相应地，我们通过诸如 object-type:id:field（如 image:33:id）这一类标记构建 Redis 键。

注意：

命名 Redis 键的惯例是使用冒号作为分隔符来创建名称空间键。据此，键名较为冗长，相关键名具有部分相同的模式。

编辑 images 应用程序的 images/image/detail.html 模板，并添加下列代码。

```
...
<div class="image-info">
  <div>
    <span class="count">
      <span class="total">{{ total_likes }}</span>
      like{{ total_likes|pluralize }}
    </span>
    <span class="count">
      {{ total_views }} view{{ total_views|pluralize }}
    </span>
    <a href="#" data-id="{{ image.id }}" data-action="{% if request.user
in users_like %}un{% endif %}like"
    class="like button">
      {% if request.user not in users_like %}
        Like
      {% else %}
        Unlike
      {% endif %}
    </a>
  </div>
  {{ image.description|linebreaks }}
</div>
...
```

利用下列命令运行开发服务器。

```
python manage.py runserver
```

在浏览器中打开图像详细页面并重载该页面多次。可以看到，每次处理视图时，所显示的全部视图数量增加 1，如图 7.12 所示。

至此，我们将 Redis 成功地集成至项目中，并对图像视图计数。接下来将学习如何利用 Redis 构建图像浏览排名。

图 7.12　图像详细页面，包含点赞和视图数量

7.5.5　将排名存储于 Redis 中

下面将使用 Redis 存储平台上图像浏览量排名。具体来说，这里将使用 Redis 排序集。排序集是一个不重复的字符串集合，其中每个成员与分数关联。条目按照分数进行排序。

编辑 images 应用程序的 views.py 文件，并向 image_detail 视图中添加代码。

```
def image_detail(request, id, slug):
    image = get_object_or_404(Image, id=id, slug=slug)
    # increment total image views by 1
    total_views = r.incr(f'image:{image.id}:views')
    # increment image ranking by 1
    r.zincrby('image_ranking', 1, image.id)
    return render(request,
                  'images/image/detail.html',
                  {'section': 'images',
                  'image': image,
                  'total_views': total_views})
```

我们使用 zincrby()命令将图像视图存储在一个基于 image:ranking 键的排序集中。我们将存储图像和相关分数 1，这将被添加至该元素在排序集的总分中。这将以全局方式跟踪所有图像视图，并得到一个按总浏览量排序的排序集。

下面创建一个新视图并显示图像的浏览量排名。对此，将下列代码添加至 images 应用程序的 views.py 文件中。

```
@login_required
def image_ranking(request):
    # get image ranking dictionary
```

```
    image_ranking = r.zrange('image_ranking', 0, -1,
                             desc=True)[:10]
    image_ranking_ids = [int(id) for id in image_ranking]
    # get most viewed images
    most_viewed = list(Image.objects.filter(
                           id__in=image_ranking_ids))
    most_viewed.sort(key=lambda x: image_ranking_ids.index(x.id))
    return render(request,
                  'images/image/ranking.html',
                  {'section': 'images',
                   'most_viewed': most_viewed})
```

image_ranking 视图的工作方式如下所示。

（1）使用 zrange()命令获取排序集中的元素，该命令根据最低和最高分数接收一个自定义范围。当使用 0 作为最低分数，-1 用作最高分数时，即通知 Redis 返回排序集中的全部元素。除此之外，我们还指定了 desc=True 检索降序分数排序的元素。最后，通过[:10]对结果进行切片，并获得包含最高分数的前 10 项元素。

（2）构建一个返回图像 ID 的列表，并将其作为整数列表存储至 image_ranking_ids 变量中。随后针对这些 ID 检索 Image 对象，并通过 list()函数强制执行查询。这里，强制执行 QuerySet 十分重要，因为我们将要使用其上的 sort()列表方法（此处需要一个对象列表，而非 QuerySet）。

（3）按照图像排名中出现的索引排序 Image 对象。随后可在模板中使用 most_viewed 列表显示前 10 幅浏览量最大的图像。

在 images 应用程序的 images/image/模板目录中，创建新的 ranking.html 模板，并向其中添加下列代码。

```
{% extends "base.html" %}

{% block title %}Images ranking{% endblock %}

{% block content %}
  <h1>Images ranking</h1>
  <ol>
    {% for image in most_viewed %}
      <li>
        <a href="{{ image.get_absolute_url }}">
          {{ image.title }}
        </a>
      </li>
    {% endfor %}
```

```
  </ol>
{% endblock %}
```

该模板较为直观。这里遍历了 most_viewed 列表中的 Image 对象，并显示了其名称，包括图像详细页面的链接。

最后需要针对新视图创建 URL 模式。对此，编辑 images 应用程序的 urls.py 文件，并添加下列 URL 模式。

```
urlpatterns = [
    path('create/', views.image_create, name='create'),
    path('detail/<int:id>/<slug:slug>/',
         views.image_detail, name='detail'),
    path('like/', views.image_like, name='like'),
    path('', views.image_list, name='list'),
    path('ranking/', views.image_ranking, name='ranking'),
]
```

运行开发服务器，在 Web 浏览器中访问网站，并针对不同图像多次加载图像详细页面。随后，在浏览器中访问 http://127.0.0.1:8000/images/ranking/，图像的排名结果如图 7.13 所示。

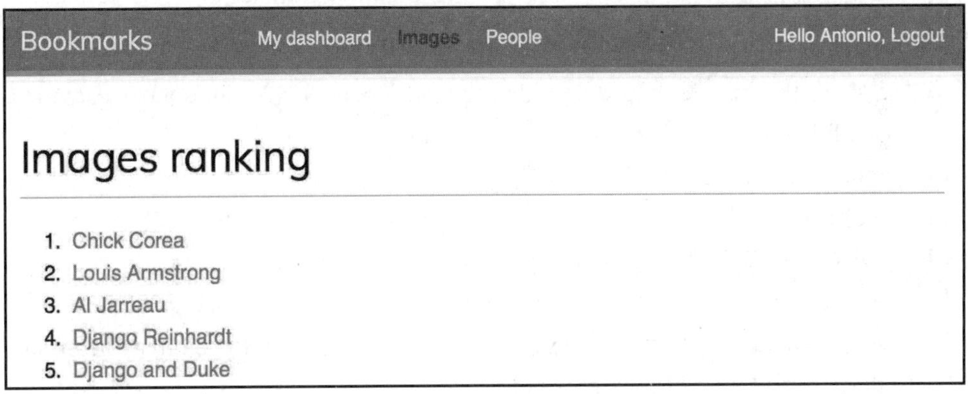

Bookmarks　My dashboard　Images　People　Hello Antonio, Logout

Images ranking

1. Chick Corea
2. Louis Armstrong
3. Al Jarreau
4. Django Reinhardt
5. Django and Duke

图 7.13　利用 Redis 中检索的数据构建的排名页面

至此，我们利用 Redis 创建了排名。

7.5.6　Redis 适用场景

Redis 并不是 SQL 数据库的替代物，而是提供了适合于特定任务的快速内存存储。下列内容列出了 Redis 的适用场合。

- 计数。如前所述，可利用 Redis 轻松地管理计数器。对于计数内容，可采用 incr()和 incrby()方法。
- 排序最新条目。利用 lpush()和 rpush()方法，可将条目添加至列表的开始/结束位置。利用 lpop()/rpop()方法，可移除和返回第一个/最后一个元素。另外，还可使用 ltrim()方法截取列表的长度以维护其长度。
- 队列。除了 push 和 pop 命令，Redis 还提供了队列命令的阻塞机制。
- 缓存。通过 expire()和 expireat()方法，可将 Redis 用作缓存。除此之外，还可针对 Django 应用第三方 Redis 缓存后端。
- Pub/Sub。Redis 提供了订阅/取消订阅和向频道发送消息的命令。
- 排名和排行榜。Redis 的基于分数的排序集可方便地创建排行榜。
- 实时跟踪。Redis 的快速 I/O 完美地适用于实时场合。

7.6 附加资源

下列资源提供了与本章主题相关的附加信息。

- 本章源代码：https://github.com/PacktPublishing/Django-4-by-example/tree/main/Chapter07。
- 自定义用户模型：https://docs.djangoproject.com/en/4.1/topics/auth/customizing/#specifying-a-custom-user-model。
- contenttypes 框架：https://docs.djangoproject.com/en/4.1/ref/contrib/contenttypes/。
- 内建 Django 信号：https://docs.djangoproject.com/en/4.1/ref/signals/。
- 应用程序配置类：https://docs.djangoproject.com/en/4.1/ref/applications/。
- Django Debug Toolbar 文档：https://django-debug-toolbar.readthedocs.io/。
- Django Debug Toolbar 第三方面板：https://django-debug-toolbar.readthedocs.io/en/latest/panels.html#third-party-panels。
- Redis 内存数据存储：https://redis.io/。
- Docker 下载和安装指令：https://docs.docker.com/get-docker/。
- 官方 Redis Docker 镜像：https://hub.docker.com/_/redis。
- Redis 下载选项：https://redis.io/download/。
- Redis 命令：https://redis.io/commands/。
- Redis 数据类型：https://redis.io/docs/manual/data-types/。
- redis-py 文档：https://redis-py.readthedocs.io/。

7.7 本 章 小 结

本章利用中间模型并通过多对多关系构建了一个关注系统。此外还通过通用关系创建了一个活动流，同时优化了 QuerySet 以检索关联对象。随后，本章讨论了 Django 信号，并创建了信号接收函数以反规范化关联对象计数。接下来讨论了应用程序配置类，用于加载信号处理程序。此外，本章还向项目中添加了 Django Debug Toolbar，以及安装和配置 Redis。最后，我们在项目中使用 Redis 存储条目视图，并通过 Redis 构建了图像的排名机制。

第 8 章将学习如何构建在线商店。其间将构建一个商品目录，并通过会话构建购物车。另外，我们还将学习如何创建自定义上下文处理器、管理订单，以及利用 Celery 和 RabbitMQ 发送异步通知。

第 8 章　构建在线商店

第 7 章创建了一个关注系统并构建了用户活动流。此外，我们还学习了 Django 信号的工作方式，以及如何将 Redis 集成在项目中以计数图像视图。

本章将创建一个新的 Django 项目，该项目包含全功能的在线商店。第 8～10 章将讨论构建电子商务平台所需的各项功能。这里，在线商店应能使客户浏览商品、向购物车中添加商品、申请折扣码、结账处理、信用卡付款并获得发票。另外，本章还将实现一个推荐引擎，并通过国际化机制以多种语言展示网站。

本章主要涉及下列主题。

- ❑ 创建商品目录。
- ❑ 利用 Django 会话构建购物车。
- ❑ 创建自定义上下文预处理器。
- ❑ 管理自定义订单。
- ❑ 作为消息代理，在项目中利用 RabbitMQ 配置 Celery。
- ❑ 利用 Celery 向客户发送异步通知。
- ❑ 利用 Flower 监视 Celery。

本章源代码位于 https://github.com/PacktPublishing/Django-4-by-example/tree/main/Chapter08 中。

本章使用的全部 Python 包均包含于本章源代码的 requirements.txt 文件中。在后续章节中，我们可遵循相关指令安装每个 Python 包，或者利用 pip install -r requirements.txt 命令一次性安装所有的 Python 包。

8.1　创建在线商店项目

下面创建一个新的 Django 项目，并构建一个在线商店。其中，用户将能够浏览商品目录并向购物车中添加商品。最后，用户还将能够结账并下订单。本章主要涵盖在线商店的下列功能。

- ❑ 创建商品目录模型，将其添加至管理网站并构建基本的视图以显示目录。
- ❑ 利用 Django 会话构建购物车系统，以使用户在浏览网站时能够选择商品。
- ❑ 创建表单和功能并在网站上下订单。

- 当下订单时向用户发送异步确认电子邮件。

打开 shell 并利用下列命令在 env/目录下创建项目的新的虚拟环境。

```
python -m venv env/myshop
```

当使用 Linux 或 macOS 时，运行下列命令激活虚拟环境。

```
source env/myshop/bin/activate
```

当使用 Windows 时，可使用下列命令。

```
.\env\myshop\Scripts\activate
```

shell 提示符将显示活动的虚拟环境，如下所示。

```
(myshop)laptop:~ zenx$
```

利用下列命令在虚拟环境中安装 Django。

```
pip install Django~=4.1.0
```

打开 shell 并运行下列命令，利用 shop 应用程序启动新的 myshop 项目。

```
django-admin startproject myshop
```

至此，初始项目结构创建完毕。利用下列命令访问项目目录并创建名为 shop 的新的应用程序。

```
cd myshop/
django-admin startapp shop
```

编辑 settings.py 并向 INSTALLED_APPS 列表中添加下列代码行。

```
INSTALLED_APPS = [
    'django.contrib.admin',
    'django.contrib.auth',
    'django.contrib.contenttypes',
    'django.contrib.sessions',
    'django.contrib.messages',
    'django.contrib.staticfiles',
    'shop.apps.ShopConfig',
]
```

应用程序当前处于活动状态。接下来针对商品目录定义模型。

8.1.1　创建商品目录模型

商店目录由组织为不同目录的商品构成。每件商品包含名称、可选的描述、可选的图像、价格及其缺货状态。编辑 shop 应用程序的 models.py 文件，并添加下列代码。

```
from django.db import models

class Category(models.Model):
    name = models.CharField(max_length=200)
    slug = models.SlugField(max_length=200,
                            unique=True)

    class Meta:
        ordering = ['name']
        indexes = [
            models.Index(fields=['name']),
        ]
        verbose_name = 'category'
        verbose_name_plural = 'categories'

    def __str__(self):
        return self.name

class Product(models.Model):
    category = models.ForeignKey(Category,
                                 related_name='products',
                                 on_delete=models.CASCADE)
    name = models.CharField(max_length=200)
    slug = models.SlugField(max_length=200)
    image = models.ImageField(upload_to='products/%Y/%m/%d',
                              blank=True)
    description = models.TextField(blank=True)
    price = models.DecimalField(max_digits=10,
                                decimal_places=2)
    available = models.BooleanField(default=True)
    created = models.DateTimeField(auto_now_add=True)
    updated = models.DateTimeField(auto_now=True)

    class Meta:
        ordering = ['name']
        indexes = [
            models.Index(fields=['id', 'slug']),
            models.Index(fields=['name']),
            models.Index(fields=['-created']),
        ]

    def __str__(self):
        return self.name
```

上述内容定义为 Category 和 Product 模型。其中，Category 字段由 name 字段和唯一的 slug 字段（这里，“唯一”意味着索引的创建）构成。在 Category 模型的 Meta 类中，我们定义了 name 字段的索引。

Product 模型字段如下所示。

- ❑ category：Category 模型的 ForeignKey。这是一个一对多关系：一件商品属于一个目录；一个目录包含多件商品。
- ❑ name：商品的名称。
- ❑ slug：商品的 slug 以构建 URL。
- ❑ image：可选的商品图像。
- ❑ description：可选的商品描述。
- ❑ price：该字段使用了 Python 的 decimal.Decimal 类型存储一个固定精度的小数。数位的最大数量（包含小数位）通过 max_digits 属性设置；小数位则利用 decimal_places 属性设置。
- ❑ available：该字段是一个布尔值，表示是否缺货。该字段用于启用/禁用目录中的商品。
- ❑ created：该字段存储对象的创建时间。
- ❑ updated：该字段存储对象最近一次更新的时间。

对于 price 字段，我们使用 DecimalField 而非 FloatField 以避免舍入问题。

提示：

一直使用 DecimalField 存储货币数量。FloatField 在内部使用了 Python 的 float 类型，而 DecimalField 则使用了 Python 的 Decimal 类型。通过使用 Decimal 类型，我们将避免 float 的舍入问题。

在 Product 模型的 Meta 类中，我们针对 id 和 slug 字段定义了多字段索引。这两个字段被一起索引，以提高使用这两个字段时的查询性能。

我们计划通过 id 和 slug 查询商品。我们为 name 字段和 created 字段分别添加了一个索引。另外，我们在字段名之前采用了连字符，并以降序定义索引。

图 8.1 显示了所创建的两个数据模型。

在图 8.1 中，可以看到数据模型的不同字段，以及 Category 和 Product 模型之间的一对多关系。

这些模型生成如图 8.2 所示的数据库表。

两个表之前的一对多关系利用 shop_product 表中的 category_id 字段，针对每个 Product 对象用于存储关联 Category 的 ID。

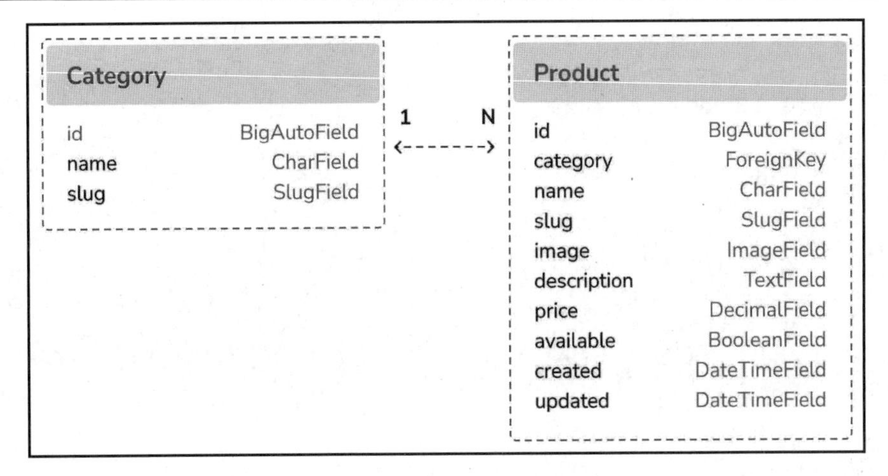

图 8.1　商品目录模型

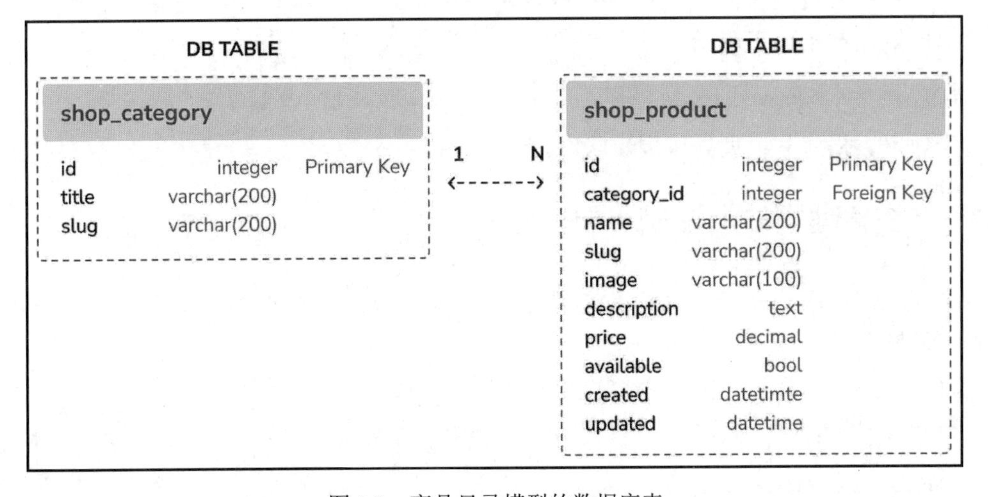

图 8.2　商品目录模型的数据库表

下面针对 shop 应用程序创建初始数据库迁移。考虑到需要处理模型中的图像，因而应安装 Pillow 库。回忆一下，在第 4 章中，我们学习了如何安装 Pillow 库管理图像。打开 shell 并利用下列命令安装 Pillow。

```
pip install Pillow==9.2.0
```

运行下列命令创建项目的初始迁移。

```
python manage.py makemigrations
```

对应输出结果如下所示。

```
Migrations for 'shop':
  shop/migrations/0001_initial.py
    - Create model Category
    - Create model Product
    - Create index shop_catego_name_289c7e_idx on field(s) name of model
category
    - Create index shop_produc_id_f21274_idx on field(s) id, slug of model
product
    - Create index shop_produc_name_a2070e_idx on field(s) name of model
product
    - Create index shop_produc_created_ef211c_idx on field(s) -created of
model product
```

运行下列命令并同步数据库。

```
python manage.py migrate
```

对应输出结果如下所示。

```
Applying shop.0001_initial... OK
```

当前，数据库与模型处于同步状态。

8.1.2　在管理网站上注册目录模型

下面将模型添加至管理网站，以便管理目录和商品。编辑 shop 应用程序的 admin.py 文件，并向其中添加下列代码。

```
from django.contrib import admin
from .models import Category, Product

@admin.register(Category)
class CategoryAdmin(admin.ModelAdmin):
    list_display = ['name', 'slug']
    prepopulated_fields = {'slug': ('name',)}

@admin.register(Product)
class ProductAdmin(admin.ModelAdmin):
    list_display = ['name', 'slug', 'price',
                    'available', 'created', 'updated']
    list_filter = ['available', 'created', 'updated']
    list_editable = ['price', 'available']
    prepopulated_fields = {'slug': ('name',)}
```

记住，我们使用 prepopulated_fields 指定字段，其中，对应值通过其他字段的值自动设置。如前所述，这对于生成 slug 十分方便。

我们使用 ProductAdmin 类中的 list_editable 属性设置字段，这些字段可从管理网站的列表显示页面中加以编辑。这使我们可一次性编辑多个行。list_editable 中的字段还需要在 list_display 属性中列出，因为仅显示的字段才可以被编辑。

利用下列命令创建一个网站的超级用户。

```
python manage.py createsuperuser
```

输入用户名、电子邮件和密码。利用下列命令运行开发服务器。

```
python manage.py runserver
```

在浏览器中打开 http://127.0.0.1:8000/admin/shop/product/add/，并利用刚刚创建的用户登录网站。利用管理界面添加新的目录和商品。商品添加表单如图 8.3 所示。

图 8.3　商品创建表单

单击 SAVE 按钮。随后，管理页面的商品更改列表页面，如图 8.4 所示。

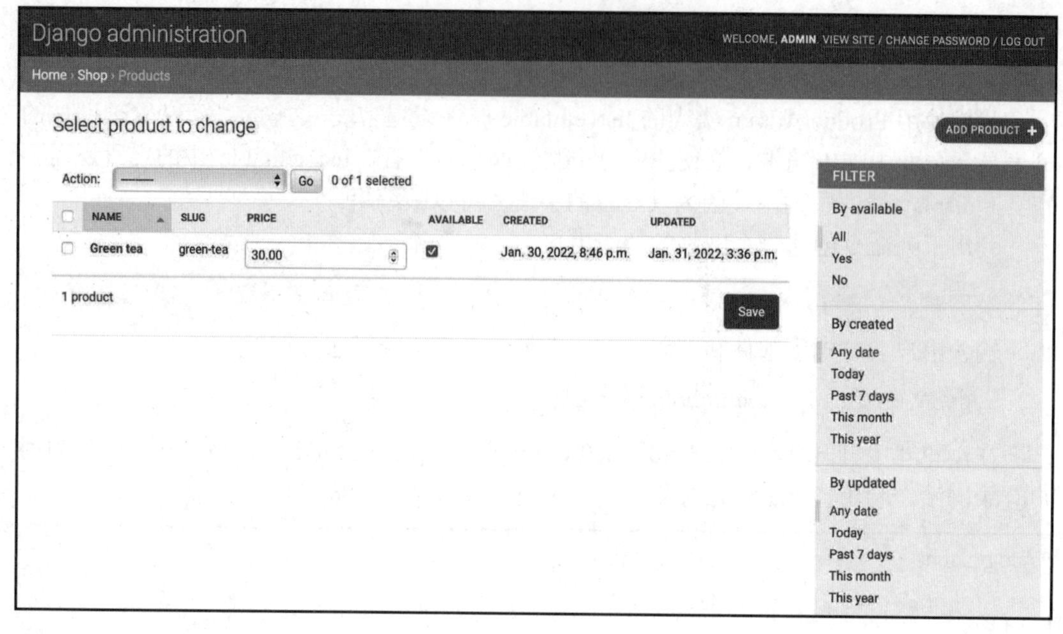

图 8.4　商品更改列表页面

8.1.3　构建目录视图

当显示商品目录时，需要创建一个视图并列出全部商品，或根据给定的目录过滤商品。编辑 shop 应用程序的 views.py 文件，并添加下列代码。

```
from django.shortcuts import render, get_object_or_404
from .models import Category, Product

def product_list(request, category_slug=None):
    category = None
    categories = Category.objects.all()
    products = Product.objects.filter(available=True)
    if category_slug:
        category = get_object_or_404(Category,
                                     slug=category_slug)
        products = products.filter(category=category)
    return render(request,
                  'shop/product/list.html',
                  {'category': category,
                  'categories': categories,
                  'products': products})
```

在上述代码中，我们利用 available=True 过滤了 QuerySet，并仅检索在售的商品。另外，还可使用 category_slug 参数有选择性地按照给定目录过滤商品。

除此之外，还需要一个视图以检索和显示单件商品。对此，将下列视图添加至 views.py 文件中。

```
def product_detail(request, id, slug):
    product = get_object_or_404(Product,
                                id=id,
                                slug=slug,
                                available=True)
    return render(request,
                  'shop/product/detail.html',
                  {'product': product})
```

product_detail 视图接收 id 和 slug 以检索 Product 实例。这里，仅通过 ID 即可获取该实例，因为它是一个唯一的属性。但是，我们在 URL 中包含了 slug，以为商品构建 SEO 友好的 URL。

在构建了商品列表和详细视图时，还需要对其定义 URL 模式。在 shop 应用程序目录中创建一个新文件，将其命名为 urls.py 文件并向其中添加下列代码。

```
from django.urls import path
from . import views

app_name = 'shop'

urlpatterns = [
    path('', views.product_list, name='product_list'),
    path('<slug:category_slug>/', views.product_list,
         name='product_list_by_category'),
    path('<int:id>/<slug:slug>/', views.product_detail,
         name='product_detail'),
]
```

这些即是商品目录的 URL 模式。其中针对 product_list 视图定义了两个不同的 URL 模式，即名为 product_list 的模式，用于调用 product_list 视图（无参数），以及名为 product_list_by_category 的模式，这向视图提供了一个 category_slug 参数，以根据给定目录过滤商品。另外，我们还针对 product_detail 视图添加了一种模式，并将 id 和 slug 参数传递至视图以检索特定的商品。

编辑 shop 项目的 urls.py 文件，如下所示。

```
from django.contrib import admin
from django.urls import path, include

urlpatterns = [
    path('admin/', admin.site.urls),
    path('', include('shop.urls', namespace='shop')),
]
```

在项目的 URL 模式中，我们在名为 shop 的自定义命名空间下包含了 shop 应用程序的 URL。

接下来编辑 shop 应用程序的 models.py 文件、导入 reverse()函数并向 Category 和 Product 模型中添加 get_absolute_url()方法，如下所示。

```
from django.db import models
from django.urls import reverse

class Category(models.Model):
    # ...
    def get_absolute_url(self):
        return reverse('shop:product_list_by_category',
                       args=[self.slug])

class Product(models.Model):
    # ...
    def get_absolute_url(self):
        return reverse('shop:product_detail',
                      args=[self.id, self.slug])
```

如前所述，get_absolute_url()约定为针对给定对象检索 URL。此处使用了刚刚在 urls.py 文件中定义的 URL 模式。

8.1.4 创建目录模板

下面针对商品列表和详细视图创建模板。在 shop 应用程序中创建下列目录和文件结构。

```
templates/
    shop/
        base.html
        product/
            list.html
            detail.html
```

接下来定义基础模板，并于随后在商品列表和详细模板中对其进行扩展。编辑 shop/base.html 模板并向其中添加下列代码。

```
{% load static %}
<!DOCTYPE html>
<html>
  <head>
    <meta charset="utf-8" />
    <title>{% block title %}My shop{% endblock %}</title>
    <link href="{% static "css/base.css" %}" rel="stylesheet">
  </head>
  <body>
    <div id="header">
      <a href="/" class="logo">My shop</a>
    </div>
    <div id="subheader">
      <div class="cart">
        Your cart is empty.
      </div>
    </div>
    <div id="content">
      {% block content %}
      {% endblock %}
    </div>
  </body>
</html>
```

这将是商店所用的基础模板。为了包含 CSS 样式和模板所用的图像，需要复制本章附带的静态文件，对应位置为 shop 应用程序的 static/目录，随后将其复制至项目的同一位置。该目录的位置为 https://github.com/PacktPublishing/Django-4-by-Example/tree/main/Chapter08/myshop/shop/static。

编辑 shop/product/list.html 模板，并向其中添加下列代码。

```
{% extends "shop/base.html" %}
{% load static %}

{% block title %}
  {% if category %}{{ category.name }}{% else %}Products{% endif %}
{% endblock %}

{% block content %}
  <div id="sidebar">
```

```
    <h3>Categories</h3>
    <ul>
      <li {% if not category %}class="selected"{% endif %}>
        <a href="{% url "shop:product_list" %}">All</a>
      </li>
      {% for c in categories %}
        <li {% if category.slug == c.slug %}class="selected"
        {% endif %}>
          <a href="{{ c.get_absolute_url }}">{{ c.name }}</a>
        </li>
      {% endfor %}
    </ul>
  </div>
  <div id="main" class="product-list">
    <h1>{% if category %}{{ category.name }}{% else %}Products
    {% endif %}</h1>
    {% for product in products %}
      <div class="item">
        <a href="{{ product.get_absolute_url }}">
          <img src="{% if product.image %}{{ product.image.url }}{% else %}
{% static "img/no_image.png" %}{% endif %}">
        </a>
        <a href="{{ product.get_absolute_url }}">{{ product.name }}</a>
        <br>
        ${{ product.price }}
      </div>
    {% endfor %}
  </div>
{% endblock %}
```

注意，模板标签不应划分为多行内容。

商品列表模板扩展了 shop/base.html 模板，并使用 categories 上下文变量显示侧栏中全部目录，同时使用 products 显示当前页面的商品。同一模板还用于列出全部在售商品以及按照目录过滤后的商品。由于 Product 模型的 iamge 字段可以为空，因而需要为商品提供默认的图像。该图像位于静态文件目录中，其相对路径为 img/no_image.png。

由于使用 ImageField 存储商品图像，因而需要开发服务器为上传后的图像文件提供服务。

编辑 myshop 的 settings.py 文件，并添加下列设置项。

```
MEDIA_URL = 'media/'
MEDIA_ROOT = BASE_DIR / 'media'
```

MEDIA_URL 表示为基 URL 并向用户上传的媒体文件提供服务。MEDIA_ROOT 表示为这些文件所处的本地路径，它是在 BASE_DIR 变量前以动态方式构建的。

为了使 Django 通过开发服务器服务于上传的媒体文件，可编辑 myshop 的 urls.py 文件，并添加下列代码。

```
from django.contrib import admin
from django.urls import path, include
from django.conf import settings
from django.conf.urls.static import static

urlpatterns = [
    path('admin/', admin.site.urls),
    path('', include('shop.urls', namespace='shop')),
]

if settings.DEBUG:
    urlpatterns += static(settings.MEDIA_URL,
                          document_root=settings.MEDIA_ROOT)
```

记住，在开发阶段，我们仅通过这种方式服务于静态文件。在生产环境下，不应利用 Django 服务于静态文件。Django 开发服务器并未以高效方式服务于静态文件。第 17 章将讨论如何在生产阶段服务于静态文件。

利用下列命令运行开发服务器。

```
python manage.py runserver
```

通过管理网站向商店中添加一组商品，在浏览器中打开 http://127.0.0.1:8000/，图 8.5 显示了商品列表页面。

图 8.5　商品列表页面

如果通过管理网站创建了一件商品，但未上传该商品的图像，则显示默认的 no_image.png 图像，如图 8.6 所示。

图 8.6　针对未包含图像的商品，显示默认的图像商品列表

编辑 shop/product/detail.html 模板，并向其中添加下列代码。

```
{% extends "shop/base.html" %}
{% load static %}

{% block title %}
  {{ product.name }}
{% endblock %}
{% block content %}
  <div class="product-detail">
    <img src="{% if product.image %}{{ product.image.url }}{% else %}
    {% static "img/no_image.png" %}{% endif %}">
    <h1>{{ product.name }}</h1>
    <h2>
      <a href="{{ product.category.get_absolute_url }}">
        {{ product.category }}
      </a>
    </h2>
    <p class="price">${{ product.price }}</p>
    {{ product.description|linebreaks }}
  </div>
{% endblock %}
```

在上述代码中，我们在关联的目录对象上调用 get_absolute_url()方法，并显示属于同一目录的在售商品。

在浏览器中打开 http://127.0.0.1:8000/，单击任何商品并查看商品的详细页面，如图 8.7 所示。

My shop
Your cart is empty.
Red tea
Tea
$45.50
Lorem ipsum dolor sit amet, consectetur adipiscing elit, sed do eiusmod tempor incididunt ut labore et dolore magna aliqua. Ut enim ad minim veniam, quis nostrud exercitation ullamco laboris nisi ut aliquip ex ea commodo consequat. Duis aute irure dolor in reprehenderit in voluptate velit esse cillum dolore eu fugiat nulla pariatur. Excepteur sint occaecat cupidatat non proident, sunt in culpa qui officia deserunt mollit anim id est laborum.

图 8.7 商品详细页面

当前，我们创建了一个基本的商品目录，接下来将实现购物车，以使用户在浏览在线商店时向其中添加商品。

8.2 构建购物车

在构建了商品目录后，接下来将创建一个购物车，以便用户可挑选需要购买的商品。购物车允许用户挑选商品并设置订购量。随后在浏览站点时临时存储这些信息，直至最终下订单。购物车须在会话中持久化，以便购物车条目在用户访问期间得以维护。

针对于此，可采用 Django 的会话框架持久化购物车。该购物车保存于会话中，直至完成或用户结账。另外，还需要针对购物车及其条目构建附加的 Django 模型。

8.2.1 使用 Django 会话

Django 提供了一个会话框架，支持异步和用户会话。该会话框架可针对访问者存储任何数据。会话数据存储于服务器端，并且 cookie 包含了会话 ID，除非使用基于 cookie 的会话引擎。会话中间件管理 cookie 的发送和接收。默认的会话引擎将会话数据存储于数据库中，但也可选择其他会话引擎。

当使用会话时，须确保项目的 MIDDLEWARE 设置项中包含'django.contrib.sessions.middlewarc.SessionMiddleware'，该中间件管理会话。默认状态下，当利用 startproject 命令创建新的项目时，该中间件将被添加至 MIDDLEWARE 设置项中。

该会话中间件确保当前会话在 request 对象中有效。我们可利用 request.session 访问当前会话，并将其视为一个 Python 库，以存储和检索会话数据。默认状态下，session 字典可接收任何 Python 对象，并可序列化为 JSON。我们可按照下列方式在会话中设置变量。

```
request.session['foo'] = 'bar'
```

下列方式可检索会话键。

```
request.session.get('foo')
```

下列方式将删除之前存储在会话中的键。

```
del request.session['foo']
```

注意：

当用户登录站点后，其匿名会话将丢失，并针对验证后的用户创建新的会话。如果在匿名会话中需要存储在用户登录后保留的条目，则必须将旧会话中的数据复制到新会话中。对此，可在用户登录之前使用 Django 认证系统的 login()函数检索会话数据，然后将其存储在会话中。

8.2.2　会话设置

相应地，存在可使用的多个设置项配置项目会话。其中，较为重要的是 SESSION_ENGINE，该设置项可设置会话的存储位置。默认状态下，Django 利用 django.contrib.sessions 应用程序的 Session 模型将会话存储于数据库中。

针对会话数据存储，Django 提供了下列选项。

- 数据库会话：会话数据存储于数据库中。这也是默认的会话引擎。
- 基于文件的会话：会话数据存储于文件系统中。
- 缓存会话：会话数据存储于缓存后端。我们可通过 CACHES 设置项指定缓存后端。缓存系统中的会话数据存储可提供较好的性能。
- 缓存数据库对话：会话数据存储于直写缓存和数据库中。只有在数据尚未在缓存中时，读取才使用数据库。
- 基于 cookie 的会话：会话存储于发送至浏览器中的 cookie 中。

提示：

对于较好的性能，可采用基于缓存的会话引擎。Django 支持 Memcached，也可以为 Redis 和其他缓存系统获取第三方缓存后端。

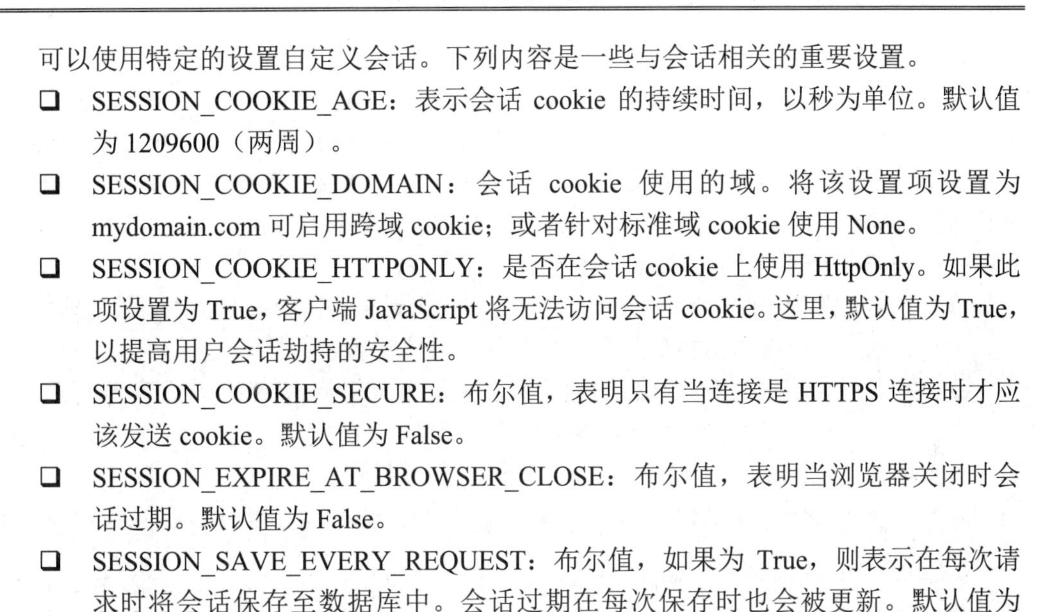

可以使用特定的设置自定义会话。下列内容是一些与会话相关的重要设置。

- SESSION_COOKIE_AGE：表示会话 cookie 的持续时间，以秒为单位。默认值为 1209600（两周）。
- SESSION_COOKIE_DOMAIN：会话 cookie 使用的域。将该设置项设置为 mydomain.com 可启用跨域 cookie；或者针对标准域 cookie 使用 None。
- SESSION_COOKIE_HTTPONLY：是否在会话 cookie 上使用 HttpOnly。如果此项设置为 True，客户端 JavaScript 将无法访问会话 cookie。这里，默认值为 True，以提高用户会话劫持的安全性。
- SESSION_COOKIE_SECURE：布尔值，表明只有当连接是 HTTPS 连接时才应该发送 cookie。默认值为 False。
- SESSION_EXPIRE_AT_BROWSER_CLOSE：布尔值，表明当浏览器关闭时会话过期。默认值为 False。
- SESSION_SAVE_EVERY_REQUEST：布尔值，如果为 True，则表示在每次请求时将会话保存至数据库中。会话过期在每次保存时也会被更新。默认值为 False。

我们可访问 https://docs.djangoproject.com/en/4.1/ref/settings/#sessions 查看全部会话设置及其默认值。

8.2.3　会话过期

我们可通过 SESSION_EXPIRE_AT_BROWSER_CLOSE 设置项选择使用浏览器长度的会话或持久化会话。默认状态下，该项设置为 False，并强制会话持续时间为 SESSION_COOKIE_AGE 设置中存储的值。如果将 SESSION_EXPIRE_AT_BROWSER_CLOSE 设置为 True，会话将在关闭浏览器时过期，SESSION_COOKIE_AGE 设置项则不起任何作用。

我们可使用 request.session 的 set_expiry()方法覆写当前会话的持续时间。

8.2.4　将购物车存储至会话中

在将购物车条目存储至会话中时，需要创建一个简单的结构并能够序列化为 JSON。针对包含于购物车中的各项条目，购物车包含下列数据。

- Product 实例的 ID。
- 商品选购量。

- 商品的单位价格。

考虑到商品价格可以变化，当商品被加入至购物车后，让我们考查一种方法可存储商品的价格以及商品自身。据此，在用户将商品添加至购物车时，我们可采用该商品的当前价格，无论之后的商品价格是否变化。这意味着，当用户将商品添加至购物车后，条目所包含的价格将针对会话中的该客户加以维护，直至付款完成或会话结束。

接下来需要创建购物车，并将其与会话进行关联，其工作方式如下所示。

- 当需要购物车时，检查是否设置了自定义会话密钥。如果会话中未设置购物车，则创建一个新的购物车并将其保存在购物车会话密钥中。
- 针对后续请求，可执行相同的检查，并从购物车会话密钥中获取购物车条目。

  我们可从会话中检索购物车条目，并从数据库中检索与之关联的 Product 对象。

编辑项目的 settings.py 文件，并向其中添加下列设置项。

```
CART_SESSION_ID = 'cart'
```

这是将要使用的密钥，并将购物车存储于用户会话中。由于 Django 会话针对每个访问者予以管理，因而可针对所有会话使用相同的购物车会话密钥。

下面创建一个应用程序，用于管理购物车。打开终端，从项目目录中运行下列命令，并创建新的应用程序。

```
python manage.py startapp cart
```

编辑项目的 settings.py 文件，并向 INSTALLED_APPS 设置项添加新应用程序。

```
INSTALLED_APPS = [
    # ...
    'shop.apps.ShopConfig',
    'cart.apps.CartConfig',
]
```

在 cart 应用程序目录中创建新的文件，将其命名为 cart.py 并向其中添加下列代码。

```
from decimal import Decimal
from django.conf import settings
from shop.models import Product

class Cart:
    def __init__(self, request):
        """
        Initialize the cart.
        """
        self.session = request.session
```

```
        cart = self.session.get(settings.CART_SESSION_ID)
        if not cart:
            # save an empty cart in the session
            cart = self.session[settings.CART_SESSION_ID] = {}
        self.cart = cart
```

Cart 类负责管理购物车。其中，购物车需要通过 request 对象进行初始化。这里，使用 self.session = request.session 存储当前会话，以使其能够被 Cart 类的其他方法所访问。

首先尝试通过 self.session.get(settings.CART_SESSION_ID)从当前会话中获取购物车。如果会话中不存在购物车，则通过在会话中设置一个空字典创建一个空购物车。

我们将利用商品 ID 作为键构建 cart 字典。针对每个商品键，字典将对应一个值表明数量和价格。据此，可确保商品不会被多次加入至购物车中。通过这种方式，还可简化购物车条目的检索过程。

下面创建一个方法将商品添加至购物车中，或者更新商品的数量。对此，将 add()和 save()方法添加至 Cart 类中。

```
class Cart:
    # ...
    def add(self, product, quantity=1, override_quantity=False):
        """
        Add a product to the cart or update its quantity.
        """
        product_id = str(product.id)
        if product_id not in self.cart:
            self.cart[product_id] = {'quantity': 0,
                                     'price': str(product.price)}
        if override_quantity:
            self.cart[product_id]['quantity'] = quantity
        else:
            self.cart[product_id]['quantity'] += quantity
        self.save()

    def save(self):
        # mark the session as "modified" to make sure it gets saved
        self.session.modified = True
```

add()方法接收下列参数作为输入。

- product：在购物车中添加或更新的 product 实例。
- quantity：一个可选的整数值，表示商品的数量。默认值为 1。
- override_quantity：一个布尔值，表示当前数量是否需要被给定数量覆写（True）；

或者新数量是否被添加至已有数量中（False）。

在购物车的内容字典中，可使用商品 ID 作为键。我们将商品 ID 转换为一个字符串，因为 Django 使用 JSON 序列化会话数据，且 JSON 仅支持字符串键名称。商品 ID 定义为键，而持久化保存的值则是一个包含产品数量和价格数字的字典。商品的价格从小数转换为字符串以进行序列化。最后，调用 save()方法保存会话中的购物车。

save()方法使用 session.modified = True 将会话标记为已修改。这将通知 Django 会话已经改变且需要保存。

除此之外，还需要一个方法移除购物车中的商品。对此，向 Cart 类添加下一个方法。

```
class Cart:
    # ...
    def remove(self, product):
        """
        Remove a product from the cart.
        """
        product_id = str(product.id)
        if product_id in self.cart:
            del self.cart[product_id]
            self.save()
```

remove()方法从 cart 字典中移除给定的商品，并调用 save()方法更新会话中的购物车。

我们需要遍历购物车中的条目，并访问关联的 Product 实例。对此，可在类中定义一个__iter__()方法，如下所示。

```
class Cart:
    # ...
    def __iter__(self):
        """
        Iterate over the items in the cart and get the products
        from the database.
        """
        product_ids = self.cart.keys()
        # get the product objects and add them to the cart
        products = Product.objects.filter(id__in=product_ids)
        cart = self.cart.copy()
        for product in products:
            cart[str(product.id)]['product'] = product
        for item in cart.values():
            item['price'] = Decimal(item['price'])
            item['total_price'] = item['price'] * item['quantity']
            yield item
```

在__iter__()方法中，将检索购物车中出现的 Product 实例，并将其包含在购物车条目中。对此，可复制 cart 变量中的当前购物车，并将 Product 实例添加到其中。最后，遍历购物车条目，将每个条目的价格转换为小数，并在每个条目中添加一个 total_price 属性。__iter__()方法可在视图和模板中方便地遍历购物车中的条目。

另外，还需要一种方式可返回购物车中条目的总数量。当执行对象上的 len()方法时，Python 调用其__len__()方法检索其长度。接下来将自定义一个__len__()方法，以返回购物车中存储的条目总量。

下面将__len__()方法添加至 Cart 类中。

```
class Cart:
    # ...
    def __len__(self):
        """
        Count all items in the cart.
        """
        return sum(item['quantity'] for item in self.cart.values())
```

该方法返回购物车条目数量之和。

添加下列方法以计算购物车条目的总体价格。

```
class Cart:
    # ...
    def get_total_price(self):
        return sum(Decimal(item['price']) * item['quantity'] for item
in self.cart.values())
```

最后，添加下列方法清除购物车会话。

```
class Cart:
    # ...
    def clear(self):
        # remove cart from session
        del self.session[settings.CART_SESSION_ID]
        self.save()
```

当前，Cart 类可管理购物车。

8.2.5　创建购物车视图

前述内容定义了一个类并管理购物车。相应地，我们需要创建视图以添加、更新或移除购物车中的条目，如下所示。

- 添加或更新购物车条目的视图，并可处理当前数量和新数量。
- 从购物车中移除条目的视图。
- 显示购物车条目和总量的视图。

1. 向购物车中添加条目

在向购物车中添加条目时，需要一个表单以允许用户选择数量。对此，在 cart 应用程序目录中创建 forms.py 文件，并向其中添加下列代码。

```
from django import forms

PRODUCT_QUANTITY_CHOICES = [(i, str(i)) for i in range(1, 21)]

class CartAddProductForm(forms.Form):
    quantity = forms.TypedChoiceField(
                                choices=PRODUCT_QUANTITY_CHOICES,
                                coerce=int)
    override = forms.BooleanField(required=False,
                                  initial=False,
                                  widget=forms.HiddenInput)
```

我们将使用该表单向购物车中添加商品。CartAddProductForm 类包含了下列两个字段。

（1）quantity：允许用户选择 1～20 的量值。此处采用 TypedChoiceField 字段（coerce=int）将输入转换为整数。

（2）override：表示是否将数量添加至购物车中此商品现有数量中（False）；或者利用给定的量值覆写现有数量（True）。针对该字段，我们使用 HiddenInput 微件，因为此处并不打算将该字段显示于用户。

下面创建一个视图并向购物车中添加条目。编辑 cart 应用程序的 views.py 文件，并添加下列代码。

```
from django.shortcuts import render, redirect, get_object_or_404
from django.views.decorators.http import require_POST
from shop.models import Product
from .cart import Cart
from .forms import CartAddProductForm

@require_POST
def cart_add(request, product_id):
    cart = Cart(request)
    product = get_object_or_404(Product, id=product_id)
```

```
    form = CartAddProductForm(request.POST)
    if form.is_valid():
        cd = form.cleaned_data
        cart.add(product=product,
                 quantity=cd['quantity'],
                 override_quantity=cd['override'])
    return redirect('cart:cart_detail')
```

该视图用于将商品添加至购物车中，或者针对现有商品更新数量。其间使用了 require_POST 装饰器且仅支持 POST 请求。该视图作为参数接收商品 ID；随后利用给定 ID 检索 Product 实例并验证 CartAddProductForm。如果表单有效，则添加或更新购物车中的商品。该视图重定向至 cart_detail URL，进而显示购物车的内容。稍后将创建 cart_detail 视图。

此外，还需要一个视图移除购物车中的条目。对此，向 cart 应用程序的 views.py 文件中添加下列代码。

```
@require_POST
def cart_remove(request, product_id):
    cart = Cart(request)
    product = get_object_or_404(Product, id=product_id)
    cart.remove(product)
    return redirect('cart:cart_detail')
```

cart_remove 视图作为参数接收商品 ID。此处使用 require_POST 装饰器且仅支持 POST 请求。随后利用给定的 ID 检索 Product 实例，并从购物车中移除对应的商品。随后将用户重定向至 cart_detail URL。

最后，还需要一个视图显示购物车及其条目。对此，将下列视图添加至 cart 应用程序的 views.py 文件中。

```
def cart_detail(request):
    cart = Cart(request)
    return render(request, 'cart/detail.html', {'cart': cart})
```

cart_detail 视图得到当前购物车并对其进行显示。

至此，我们创建了视图并将条目添加至购物车、更新数量、从购物车中移除条目并显示购物车的内容。下面针对这些视图添加 URL 模式。在 cart 应用程序目录中创建一个新文件，将其命名为 urls.py 并向其中添加下列 URL。

```
from django.urls import path
from . import views
```

```
app_name = 'cart'

urlpatterns = [
    path('', views.cart_detail, name='cart_detail'),
    path('add/<int:product_id>/', views.cart_add, name='cart_add'),
    path('remove/<int:product_id>/', views.cart_remove,
                                     name='cart_remove'),
]
```

编辑 myshop 项目的 urls.py 文件，添加下列 URL 模式并包含购物车 URL。

```
urlpatterns = [
    path('admin/', admin.site.urls),
    path('cart/', include('cart.urls', namespace='cart')),
    path('', include('shop.urls', namespace='shop')),
]
```

应确保在 shop.urls 之前包含此 URL 模式，因为该模式比后者更具限制性。

2. 构建模板以显示购物车

cart_add 和 cart_remove 视图并不渲染任何模板，但需要针对 cart_detail 视图创建一个模板以显示条目和总数量。

在 cart 应用程序目录中创建下列文件结构。

```
templates/
    cart/
        detail.html
```

编辑 cart/detail.html 模板并向其中添加下列代码。

```
{% extends "shop/base.html" %}
{% load static %}

{% block title %}
  Your shopping cart
{% endblock %}

{% block content %}
  <h1>Your shopping cart</h1>
  <table class="cart">
    <thead>
      <tr>
        <th>Image</th>
        <th>Product</th>
        <th>Quantity</th>
```

```
        <th>Remove</th>
        <th>Unit price</th>
        <th>Price</th>
      </tr>
    </thead>
    <tbody>
      {% for item in cart %}
        {% with product=item.product %}
          <tr>
            <td>
              <a href="{{ product.get_absolute_url }}">
                <img src="{% if product.image %}{{ product.image.url }}
                {% else %}{% static "img/no_image.png" %}{% endif %}">
              </a>
            </td>
            <td>{{ product.name }}</td>
            <td>{{ item.quantity }}</td>
            <td>
              <form action="{% url "cart:cart_remove" product.id %}"
method="post">
                <input type="submit" value="Remove">
                {% csrf_token %}
              </form>
            </td>
            <td class="num">${{ item.price }}</td>
            <td class="num">${{ item.total_price }}</td>
          </tr>
        {% endwith %}
      {% endfor %}
      <tr class="total">
        <td>Total</td>
        <td colspan="4"></td>
        <td class="num">${{ cart.get_total_price }}</td>
      </tr>
    </tbody>
  </table>
  <p class="text-right">
    <a href="{% url "shop:product_list" %}" class="button
    light">Continue shopping</a>
    <a href="#" class="button">Checkout</a>
  </p>
{% endblock %}
```

应确保模板标签未被划分为多行。

该模板用于显示购物车的内容。其中包含了一个表，涵盖了存储在当前购物车中的条目。用户可通过发布至 cart_add 的视图修改所选商品的数量，此外还可通过为每个条目提供一个 Remove 按钮进而从购物车中删除条目。最后，我们使用一个基于 action 属性的 HTML 表单，该属性指向包含商品 ID 的 cart_remove URL。

3. 向购物车中添加商品

接下来需要在商品详细页面中添加一个 Add to cart 按钮。对此，编辑 shop 应用程序的 views.py 文件，并向 product_detail 视图中添加 CartAddProductForm，如下所示。

```
from cart.forms import CartAddProductForm

# ...

def product_detail(request, id, slug):
    product = get_object_or_404(Product, id=id,
                                slug=slug,
                                available=True)
    cart_product_form = CartAddProductForm()
    return render(request,
                  'shop/product/detail.html',
                  {'product': product,
                   'cart_product_form': cart_product_form})
```

编辑 shop 应用程序的 shop/product/detail.html 模板，并向商品价格中添加下列表单。

```
...
<p class="price">${{ product.price }}</p>
<form action="{% url "cart:cart_add" product.id %}" method="post">
  {{ cart_product_form }}
  {% csrf_token %}
  <input type="submit" value="Add to cart">
</form>
{{ product.description|linebreaks }}
...
```

利用下列命令运行开发服务器。

```
python manage.py runserver
```

在浏览器中打开 http://127.0.0.1:8000/，并访问商品的详细页面。其中包含了一个表单可选择数量，随后将商品添加至购物车中，如图 8.8 所示。

图 8.8　商品详细页面，包含 Add to cart 表单

选择一个量值并单击 Add to cart 按钮，表单将通过 POST 提交至 cart_add 视图中。该视图在会话中将商品添加至购物车中，同时包含了商品的当前价格和所选的数量。随后将用户重定向至购物车的详细页面，如图 8.9 所示。

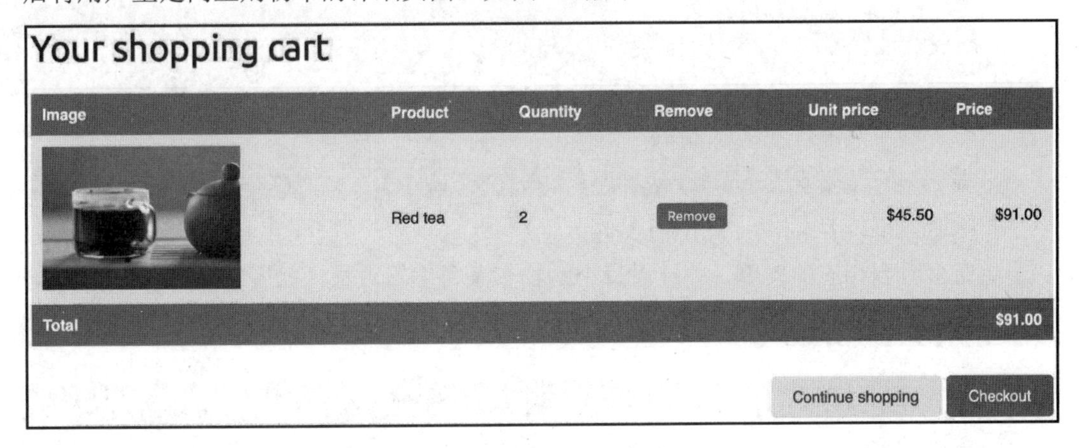

图 8.9　购物车详细页面

4．更新购物车中的商品数量

当用户查看购物车时，可能需要在下订单之前更改商品的数量，因而应可在购物车详细页面中允许用户更改数量。

编辑 cart 应用程序的 views.py 文件，并向 cart_detail 视图中添加下列代码行。

```
def cart_detail(request):
    cart = Cart(request)
```

```
    for item in cart:
        item['update_quantity_form'] = CartAddProductForm(initial={
                            'quantity': item['quantity'],
                            'override': True})
    return render(request, 'cart/detail.html', {'cart': cart})
```

我们针对购物车中的每个条目创建了一个 CartAddProductForm 实例，从而可修改商品数量。此处利用当前条目的数量初始化表单，并将 override 字段设置为 True 以便将表单提交至 cart_add 视图时，当前数量可被新数量值所替代。

编辑 cart 应用程序的 cart/detail.html 模板，并定位至下列语句处。

```
<td>{{ item.quantity }}</td>
```

利用下列代码替换上一行代码。

```
<td>
  <form action="{% url "cart:cart_add" product.id %}" method="post">
    {{ item.update_quantity_form.quantity }}
    {{ item.update_quantity_form.override }}
    <input type="submit" value="Update">
    {% csrf_token %}
  </form>
</td>
```

利用下列命令运行开发服务器。

```
python manage.py runserver
```

在浏览器中打开 http://127.0.0.1:8000/cart/。

随后可看到相应的表单，并针对每个购物车条目编辑数量，如图 8.10 所示。

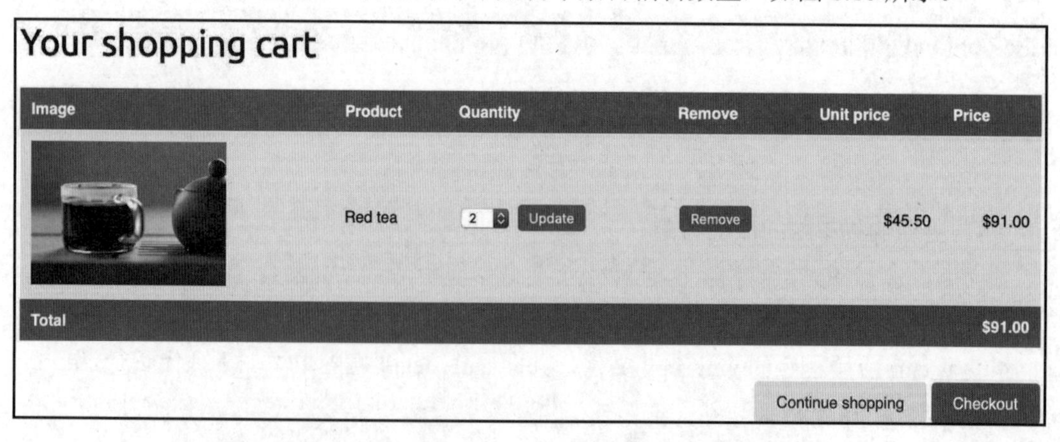

图 8.10　购物车详细页面，包含更新商品数量的表单

修改条目的数量并单击 Update 按钮以测试新功能。此外，还可单击 Remove 按钮从购物车中移除条目。

8.2.6　针对当前购物车创建上下文处理器

读者可能已经注意到，即使购物车中包含条目，网站标题中也会显示一条 Your cart is empty 消息。此处应显示购物车中商品的总数量和总费用，并且需要在所有页面中予以显示。因此，需要构建一个上下文处理器，将当前购物车包含在请求上下文中，而不管处理请求的视图是什么。

1. 上下文处理器

上下文处理器是一个 Python 函数，并作为参数接收 request 对象；该函数返回一个添加至请求上下文中的字典。当需要某些内容针对模板全局可用时，上下文处理器将十分有用。

默认状态下，当利用 startproject 命令创建新项目时，项目在 TEMPLATES 设置项的 context_processors 选项中包含下列上下文处理器。

- ❑ django.template.context_processors.debug：这将设置上下文中的布尔值 debug 和 sql_queries 变量，表示在请求中执行的 SQL 查询列表。
- ❑ django.template.context_processors.request：这将在上下文中设置 request 变量。
- ❑ django.contrib.auth.context_processors.auth：这将设置请求中的 user 变量。
- ❑ django.contrib.messages.context_processors.messages：这将在上下文中设置一个 messages 变量，其中包含了使用消息框架生成的所有信息。

除此之外，Django 还启用了 django.template.context_processors.csrf 以避免跨站点请求伪造（CSRF）攻击。该上下文处理器并未在设置项中出现，但一直处于启用状态，且因为安全原因不可关闭。

读者可访问 https://docs.djangoproject.com/en/4.1/ref/templates/api/#built-in-template-context-processors 查看完整的内建上下文处理器列表。

2. 在请求上下文中设置购物车

下面创建一个上下文处理器，并在请求上下文中设置当前购物车。据此，将能够在任意模板中访问购物车。

在 cart 应用程序目录中创建一个新文件，并将其命名为 context_processors.py。上下文处理器可处于代码的任意位置，但此处旨在使代码保持较好的组织性。向 context_processors.py 文件中添加下列代码。

```
from .cart import Cart

def cart(request):
    return {'cart': Cart(request)}
```

在上下文处理器中，我们利用 request 对象实例化了购物车，并将其作为名为 cart 的变量提供给模板。

编辑项目的 settings.py 文件，并将 cart.context_processors.cart 添加至 TEMPLATES 设置项的 context_processors 选项中，如下所示。

```
TEMPLATES = [
  {
    'BACKEND': 'django.template.backends.django.DjangoTemplates',
    'DIRS': [],
    'APP_DIRS': True,
    'OPTIONS': {
      'context_processors': [
        'django.template.context_processors.debug',
        'django.template.context_processors.request',
        'django.contrib.auth.context_processors.auth',
        'django.contrib.messages.context_processors.messages',
        'cart.context_processors.cart',
      ],
    },
  },
]
```

每次模板利用 Django 的 RequestContext 进行渲染时，cart 上下文处理器将被执行。cart 变量在模板的上下文中被设置。关于 RequestContext 的更多信息，读者可访问 https://docs.djangoproject.com/en/4.1/ref/templates/api/#django.template.RequestContext。

提示：

上下文处理器在使用 RequestContext 的所有请求中执行。如果相关功能在所有模板中并非必需（尤其是涉及数据库查询时），则可创建一个自定义模板标签，而非上下文处理器。

编辑 shop 应用程序的 shop/base.html 模板，并查找下列代码行。

```
<div class="cart">
   Your cart is empty.
</div>
```

利用下列代码替换上述代码。

```
<div class="cart">
  {% with total_items=cart|length %}
    {% if total_items > 0 %}
      Your cart:
      <a href="{% url "cart:cart_detail" %}">
        {{ total_items }} item{{ total_items|pluralize }},
        ${{ cart.get_total_price }}
      </a>
    {% else %}
      Your cart is empty.
    {% endif %}
  {% endwith %}
</div>
```

利用下列命令重启开发服务器。

```
python manage.py runserver
```

在浏览器中打开 http://127.0.0.1:8000/，并向购物车中添加一些商品。

在网站的标题处，可以看到购物车中条目的总量和全部费用，如图 8.11 所示。

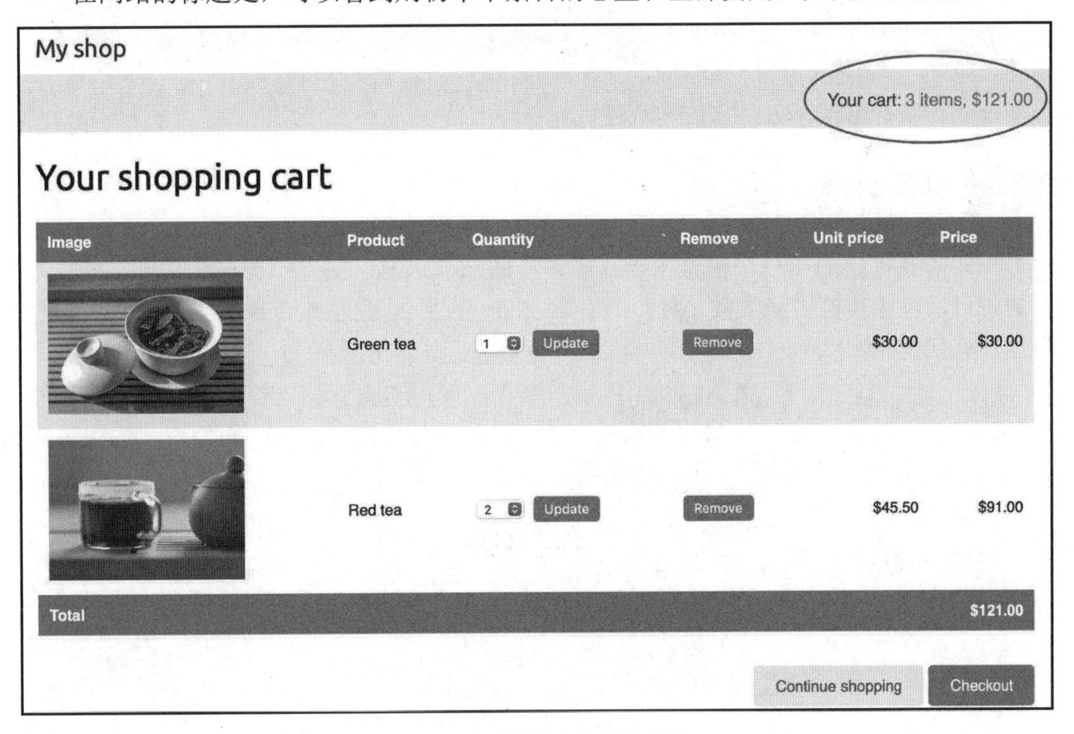

图 8.11　购物车中当前的条目

至此，我们完成了购物车功能。接下来将讨论如何注册客户订单。

8.3　注册客户订单

当用户对购物车结算时，需要在数据库中保存一个订单。这里，订单包含与客户及其购买商品相关的信息。

利用下列命令创建新的应用程序以管理客户订单。

```
python manage.py startapp orders
```

编辑项目的 settings.py 文件，并向 INSTALLED_APPS 设置项添加新的应用程序，如下所示。

```
INSTALLED_APPS = [
    # ...
    'shop.apps.ShopConfig',
    'cart.apps.CartConfig',
    'orders.apps.OrdersConfig',
]
```

至此，我们激活了 orders 应用程序。

8.3.1　创建订单模型

我们需要构建的第一个模型用于存储订单的细节信息，第二个模型则用于存储所购买的条目，包括其价格和数量。对此，编辑 orders 应用程序的 models.py 文件，并向其中添加下列代码。

```
from django.db import models
from shop.models import Product

class Order(models.Model):
    first_name = models.CharField(max_length=50)
    last_name = models.CharField(max_length=50)
    email = models.EmailField()
    address = models.CharField(max_length=250)
    postal_code = models.CharField(max_length=20)
    city = models.CharField(max_length=100)
    created = models.DateTimeField(auto_now_add=True)
    updated = models.DateTimeField(auto_now=True)
```

```
    paid = models.BooleanField(default=False)

    class Meta:
        ordering = ['-created']
        indexes = [
            models.Index(fields=['-created']),
        ]

    def __str__(self):
        return f'Order {self.id}'

    def get_total_cost(self):
        return sum(item.get_cost() for item in self.items.all())

class OrderItem(models.Model):
    order = models.ForeignKey(Order,
                              related_name='items',
                              on_delete=models.CASCADE)
    product = models.ForeignKey(Product,
                                related_name='order_items',
                                on_delete=models.CASCADE)
    price = models.DecimalField(max_digits=10,
                                decimal_places=2)
    quantity = models.PositiveIntegerField(default=1)

    def __str__(self):
        return str(self.id)

    def get_cost(self):
        return self.price * self.quantity
```

Order 模型包含多个存储客户信息的字段，以及一个 paid 布尔字段（默认为 False），稍后将通过该字段区分付款和未付款的订单。此外，还定义了一个 get_total_cost()方法获取订单中所购买条目的全部金额。

OrderItem 模型可存储商品、数量和每个条目所支付的价格。另外，我们还定义了一个 get_cost()方法返回条目的金额，即条目的价格乘以数量。

运行下列命令创建 orders 应用程序的初始迁移。

```
python manage.py makemigrations
```

对应的输出结果如下所示。

```
Migrations for 'orders':
    orders/migrations/0001_initial.py
      - Create model Order
      - Create model OrderItem
      - Create index orders_orde_created_743fca_idx on field(s) -created
of model order
```

运行下列命令应用新的迁移。

```
python manage.py migrate
```

对应的输出结果如下所示。

```
Applying orders.0001_initial... OK
```

当前，订单模型与数据库处于同步状态。

8.3.2 在管理网站中包含订单模型

下面向管理网站中添加订单模型。编辑 orders 应用程序的 admin.py 文件，并添加下列代码。

```
from django.contrib import admin
from .models import Order, OrderItem

class OrderItemInline(admin.TabularInline):
    model = OrderItem
    raw_id_fields = ['product']

@admin.register(Order)
class OrderAdmin(admin.ModelAdmin):
    list_display = ['id', 'first_name', 'last_name', 'email',
                    'address', 'postal_code', 'city', 'paid',
                    'created', 'updated']
    list_filter = ['paid', 'created', 'updated']
    inlines = [OrderItemInline]
```

针对 OrderItem 模型，我们使用 ModelInlin 类将其作为 OrderAdmin 类中的内联包含进来。内联可在与其关联模型相同的编辑页面中包含模型。

在浏览器中打开 http://127.0.0.1:8000/admin/orders/order/add/，对应页面如图 8.12 所示。

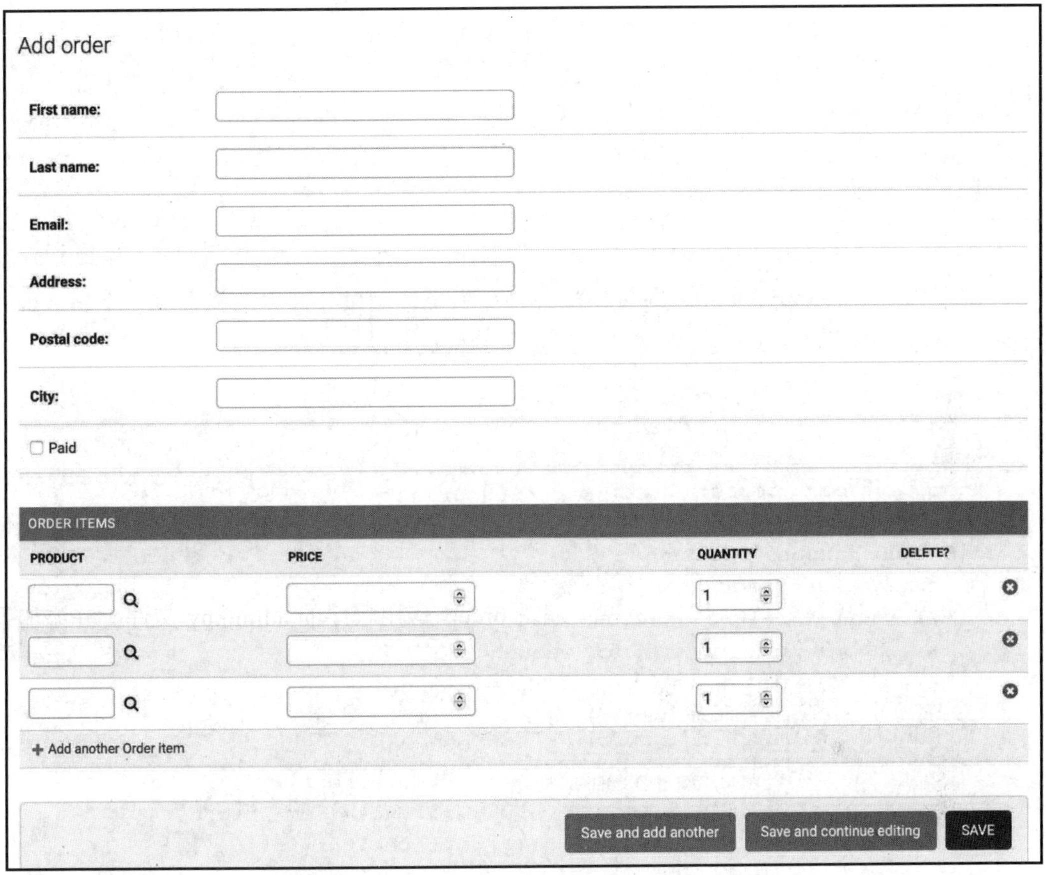

图 8.12　Add order 表单，包含 OrderItemInline

8.3.3　创建自定义表单

当用户最终下订单时，将使用创建的订单模型持久化购物车中的条目。新订单的创建步骤如下所示。

（1）向用户提供一个订单表单并填写数据。

（2）利用输入的数据创建一个新的 Order 实例；针对购物车中的每个条目创建一个关联的 OrderItem 实例。

（3）清空购物车中的全部内容，并将用户重定向至成功页面。

首先需要一个表单并输入订单细节信息。在 orders 应用程序目录中创建一个新文件，将其命名为 forms.py 并向其中添加下列代码。

```
from django import forms
from .models import Order

class OrderCreateForm(forms.ModelForm):
    class Meta:
        model = Order
        fields = ['first_name', 'last_name', 'email', 'address',
                  'postal_code', 'city']
```

该表单用于创建新的 Order 对象。当前需要一个视图以处理表单并生成一个新订单。编辑 orders 应用程序的 views.py 文件并添加下列代码。

```
from django.shortcuts import render
from .models import OrderItem
from .forms import OrderCreateForm
from cart.cart import Cart

def order_create(request):
    cart = Cart(request)
    if request.method == 'POST':
        form = OrderCreateForm(request.POST)
        if form.is_valid():
            order = form.save()
            for item in cart:
                OrderItem.objects.create(order=order,
                                         product=item['product'],
                                         price=item['price'],
                                         quantity=item['quantity'])
            # clear the cart
            cart.clear()
            return render(request,
                          'orders/order/created.html',
                          {'order': order})
    else:
        form = OrderCreateForm()
    return render(request,
                  'orders/order/create.html',
                  {'cart': cart, 'form': form})
```

在 order_create 视图中，我们通过 cart = Cart(request)获得会话中的当前购物车。取决于请求方法，我们将执行下列任务。

- GET 请求：实例化 OrderCreateForm 表单并渲染 orders/order/create.html 模板。

- POST 请求：验证请求中发送的数据。如果数据有效，将利用 order = form.save() 在数据库中创建一个新的订单。随后遍历购物车条目并针对每个条目创建一个 OrderItem。最后，清空购物车中的内容，并渲染模板 orders/order/created.html。

在 orders 应用程序目录中创建新的文件，将其命名为 urls.py 并向其中添加下列代码。

```
from django.urls import path
from . import views

app_name = 'orders'

urlpatterns = [
    path('create/', views.order_create, name='order_create'),
]
```

这表示为 order_create 视图的 URL 模式。

编辑 myshop 的 urls.py 文件，并包含下列模式。记住，需要将这些模式置于 shop.urls 模式之前，如下所示。

```
urlpatterns = [
    path('admin/', admin.site.urls),
    path('cart/', include('cart.urls', namespace='cart')),
    path('orders/', include('orders.urls', namespace='orders')),
    path('', include('shop.urls', namespace='shop')),
]
```

编辑 cart 应用程序的 cart/detail.html 模板并定位至下列代码行。

```
<a href="#" class="button">Checkout</a>
```

向 href HTML 属性中添加 order_create URL，如下所示。

```
<a href="{% url "orders:order_create" %}" class="button">
    Checkout
</a>
```

当前，用户可在购物车详细页面和订单表单之间导航。

另外，还需要针对创建的订单定义模板。在 orders 应用程序目录中创建下列文件结构。

```
templates/
    orders/
        order/
            create.html
            created.html
```

编辑 orders/order/create.html 模板并添加下列代码。

```
{% extends "shop/base.html" %}

{% block title %}
   Checkout
{% endblock %}

{% block content %}
  <h1>Checkout</h1>
  <div class="order-info">
    <h3>Your order</h3>
    <ul>
      {% for item in cart %}
        <li>
          {{ item.quantity }}x {{ item.product.name }}
          <span>${{ item.total_price }}</span>
        </li>
      {% endfor %}
    </ul>
    <p>Total: ${{ cart.get_total_price }}</p>
  </div>
  <form method="post" class="order-form">
    {{ form.as_p }}
    <p><input type="submit" value="Place order"></p>
    {% csrf_token %}
  </form>
{% endblock %}
```

该模板将显示购物车条目，包括总量和订单表单。

编辑 orders/order/created.html 模板并添加下列代码。

```
{% extends "shop/base.html" %}

{% block title %}
   Thank you
{% endblock %}

{% block content %}
  <h1>Thank you</h1>
  <p>Your order has been successfully completed. Your order number is
  <strong>{{ order.id }}</strong>.</p>
{% endblock %}
```

当订单成功创建后，即渲染该模板。

启动 Web 开发服务器并加载新文件。在浏览器中打开 http://127.0.0.1:8000/，向购物车中添加一些商品，并访问结算页面。对应表单如图 8.13 所示。

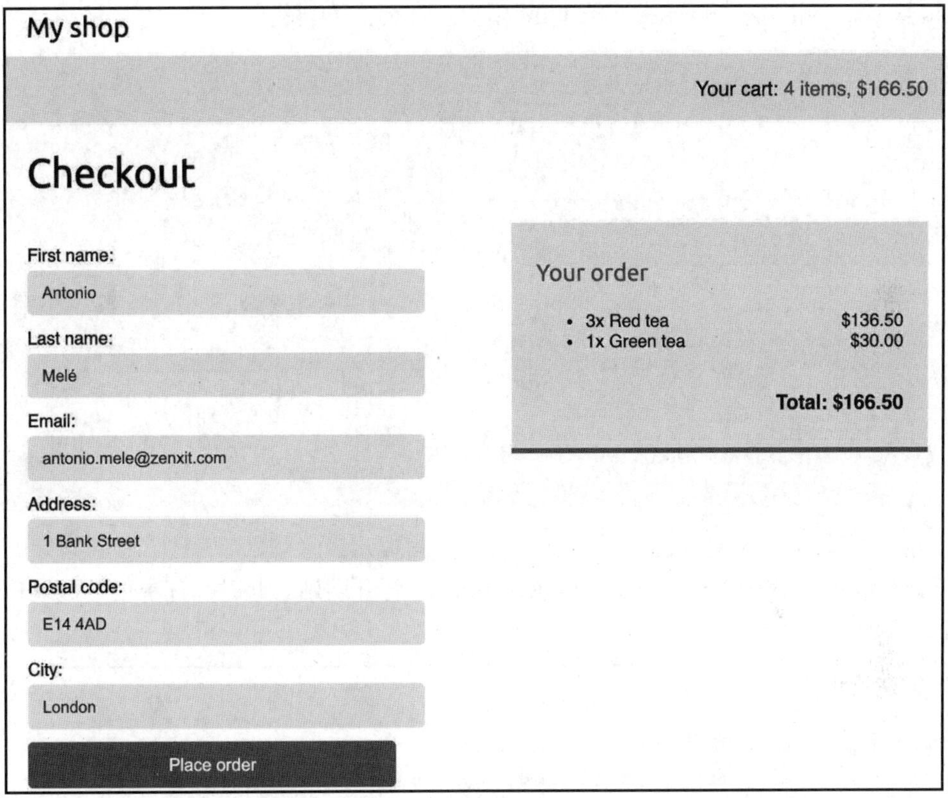

My shop
Your cart: 4 items, $166.50
Checkout
First name:
Antonio
Last name:
Melé
Email:
antonio.mele@zenxit.com
Address:
1 Bank Street
Postal code:
E14 4AD
City:
London
Place order
Your order
• 3x Red tea $136.50
• 1x Green tea $30.00
Total: $166.50

图 8.13　订单生成页面，包含购物车结算表单和订单详细信息

利用有效数据填写表单并单击 Place order 按钮。随后将生成订单，并显示如图 8.14 所示的成功页面。

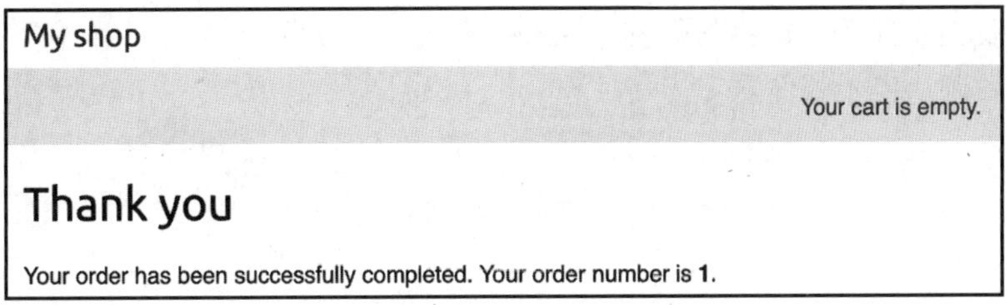

My shop
Your cart is empty.
Thank you
Your order has been successfully completed. Your order number is 1.

图 8.14　显示订单号的订单生成模板

此时，订单已被注册且购物车被清空。

可以看到，当订单完成时，将显示 Your cart is empty 消息，其原因在于，购物车已被清空。对于模板上下文中包含 order 对象的视图，可很容易地避免这一消息。

编辑 shop 应用程序的 shop/base.html 模板，并替换下列代码行。

```
...
<div class="cart">
  {% with total_items=cart|length %}
    {% if total_items > 0 %}
      Your cart:
      <a href="{% url "cart:cart_detail" %}">
        {{ total_items }} item{{ total_items|pluralize }},
        ${{ cart.get_total_price }}
      </a>
    {% elif not order %}
      Your cart is empty.
    {% endif %}
  {% endwith %}
</div>
...
```

当生成订单后，消息 Your cart is empty 将不再显示。

访问 http://127.0.0.1:8000/admin/orders/order/并打开网站。此时，订单已被成功创建，如图 8.15 所示。

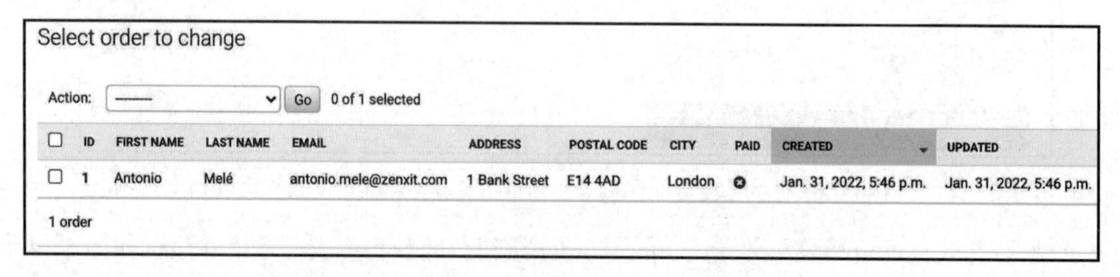

图 8.15　管理网站的订单修改列表，包含生成的订单

至此，我们实现了订单系统。接下来将讨论如何创建异步任务，并在生成订单后向用户发送一封确认电子邮件。

8.4 异 步 任 务

当接收 HTTP 请求时，需要尽快地向用户返回一个响应结果。回忆一下，在第 7 章中，我们采用了 Django Debug Toolbar 检查请求/响应周期不同阶段的时间，以及 SQL 查询执行的时间。在请求/响应周期执行的每项任务均累计至总响应时间中。长时间运行的任务将减缓服务器的响应过程。那么，如何在完成耗时任务的同时实现用户的快速响应呢？问题的答案在于异步执行。

8.4.1　与异步任务协同工作

通过在后台执行特定的任务，可在请求/响应周期中卸载相关工作。例如，视频分享平台允许用户上传视频，但需要较长的时间转码上传的视频。网站可能会返回一个响应结果，通知转码即将开始并开始异步转码视频。

另一个例子是向用户发送电子邮件。如果网站从视图中发送电子邮件通知，简单邮件传输协议（SMTP）连接可能失败或减慢响应。通过异步发送电子邮件，可避免代码执行的阻塞问题。

异步执行适用于数据密集型、资源密集型和耗时的处理过程，或者是易于失败的处理过程，进而需要采用重试策略。

8.4.2　worker、消息队列和消息代理

当 Web 服务器处理请求并返回响应时，需要第二个基于任务的服务器（名为 worker）处理异步任务。一个或多个 worker 可在后台运行并执行任务。这些 worker 可访问数据库、处理文件、发送电子邮件等。worker 甚至还可对未来的任务进行排队，同时保持主 Web 服务器自由地处理 HTTP 请求。

当通知 worker 所执行的任务时，需要发送消息。通过将消息添加至消息队列，我们与代理进行通信。这里，队列是一类先入先出（FIFO）的数据结构。当代理可用时，它获取队列中的第一条消息，并开始执行对应的任务。待结束后，代理从队列中获取下一条消息并执行对应任务。当消息队列为空时，代理处于空闲状态。当使用多个代理时，每个代理按顺序获取第一条有效消息。队列确保每个代理一次仅获取一项任务，每项任务不会被多个 worker 处理。

图 8.16 显示了一个消息队列的工作方式。

生产者向队列发送一条消息，worker 根据先到先得原则使用该消息。添加至消息队列的第一条消息即是 worker 处理的第一条消息。

为了管理消息队列，需要使用一个消息代理。消息代理用于将消息转换为正式的消息传递协议，并为多个接收者管理消息队列。另外，消息代理提供可靠的存储和消息传输，并允许我们创建消息队列、路由消息，以及在 worker 之间分发消息等。

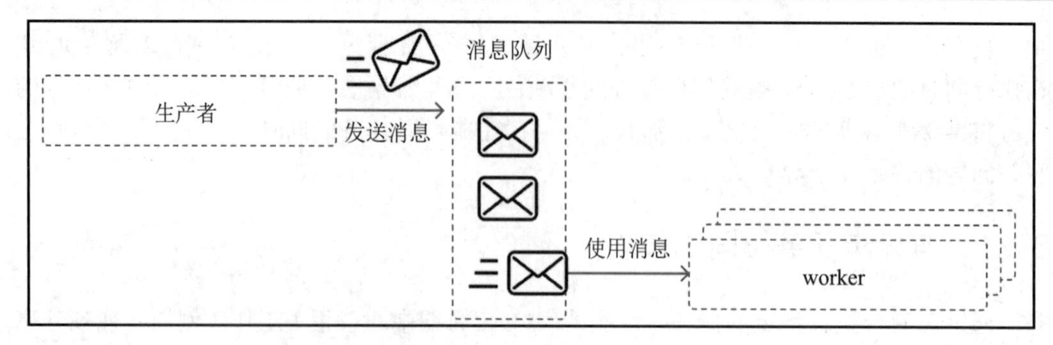

图 8.16　基于消息队列和 worker 的异步执行

1. 在 Django 中使用 Celery 和 RabbitMQ

Celery 是一个分布式任务队列，并可处理大量的消息。我们将使用 Celery 将异步任务定义为 Django 应用程序中的 Python 函数。Celery woker 则监听消息代理，以获取处理异步任务的新消息。

通过 Celery，可方便地创建异步任务以供 worker 执行；此外还可在特定的时间调度任务并执行。读者可访问 https://docs.celeryq.dev/en/stable/index.html 查看 Celery 的文档。

Celery 通过消息进行通信，并且需要消息代理在客户端和 worker 之间进行调解。Celery 的消息代理包含几种选择，包括键/值存储（如 Redis）或真实的消息代理（如 RabbitMQ）。

RabbitMQ 是一类广泛推行的消息代理，并支持多个消息传输协议（如高级消息队列协议，AMQP），同时也是针对 Celery 所推荐的消息 worker。RabbitMQ 是一个轻量级的消息代理且易于部署，同时还可针对可扩展性和高可用性进行配置。

图 8.17 显示了 Django、Celery 和 RabbitMQ 的使用方式以执行异步任务。

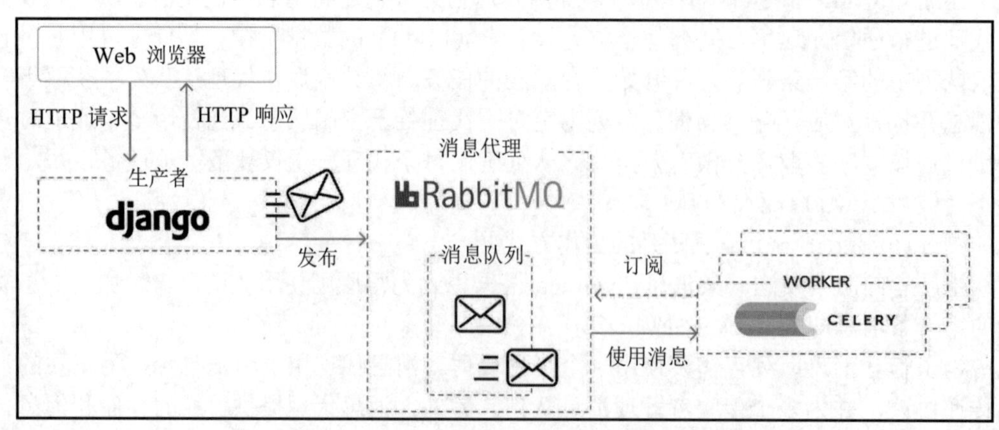

图 8.17　基于 Django、Celery 和 RabbitMQ 的异步任务架构

（1）安装 Celery

下面将安装 Celery 并将其与项目集成。利用下列命令并通过 pip 安装 Celery。

```
pip install celery==5.2.7
```

关于 Celery 的简单介绍，读者可访问 https://docs.celeryq.dev/en/stable/getting-started/introduction.html。

（2）安装 RabbitMQ

RabbitMQ 社区提供了一个 Dockre 镜像，可方便地部署基于标准配置的 RabbitMQ 服务器。第 7 章曾介绍了如何安装 Docker。

在 Docker 安装完毕后，可在 shell 中运行下列命令并方便地获取 RabbitMQ Docker 镜像。

```
docker pull rabbitmq
```

这将在本地机器上下载 RabbitMQ Docker 镜像。关于官方 RabbitMQ Docker 镜像的更多信息，读者可访问 https://hub.docker.com/_/rabbitmq。

如果打算以本地方式在机器上安装 RabbitMQ（而不是使用 Docker），读者可访问 https://www.rabbitmq.com/download.html 并查看针对不同操作系统的安装指南。

在 shell 中运行下列命令并启动 RabbitMQ 服务器。

```
docker run -it --rm --name rabbitmq -p 5672:5672 -p 15672:15672
rabbitmq:management
```

据此，我们通知 RabbitMQ 在端口 5672 上运行，并在端口 15672 上运行其基于 Web 的管理用户界面。

对应的输出结果如下所示。

```
Starting broker...
...
completed with 4 plugins.
Server startup complete; 4 plugins started.
```

当前，RabbitMQ 运行于端口 5672 上，并准备接收消息。

（3）访问 RabbitMQ 的管理界面

在浏览器中打开 http://127.0.0.1:15672/，RabbitMQ 的管理 UI 登录页面如图 8.18 所示。

输入 guest 作为用户名和密码并单击 Login 按钮。对应结果如图 8.19 所示。

这是 RabbitMQ 默认的管理用户。在该界面中，我们可监视 RabbitMQ 的当前活动。此处可以看到有一个节点正在运行，但未注册任何连接和队列。

图 8.18　RabbitMQ 管理 UI 登录页面

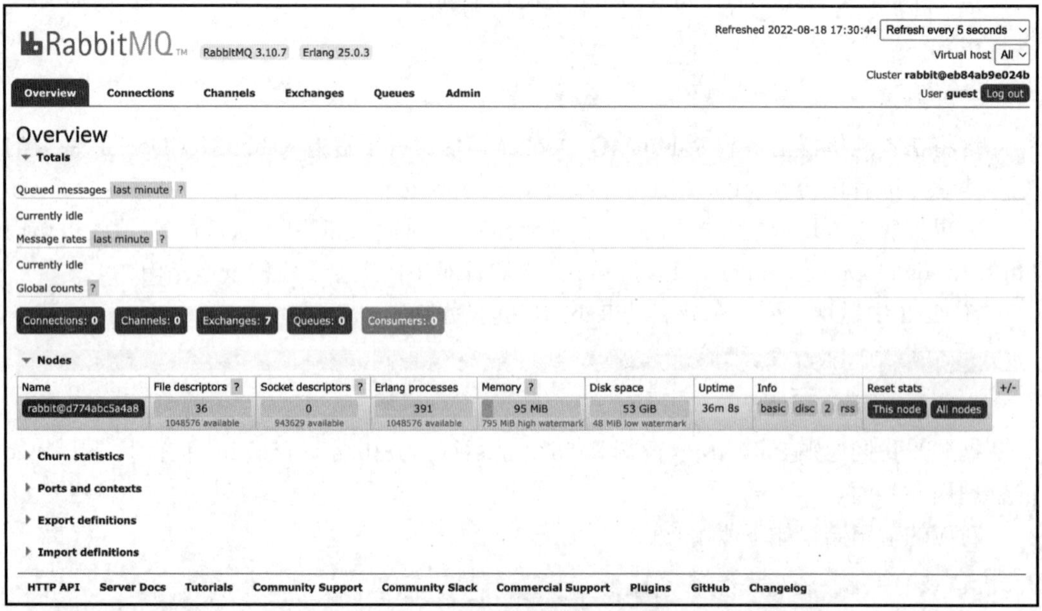

图 8.19　RabbitMQ 管理 UI 仪表板

当在生产环境使用 RabbitMQ 时，需要创建新的管理用户并移除默认的 guest 用户。我们可在管理 UI 的 Admin 部分完成这一操作。

接下来将 Celery 添加至项目中，随后运行 Celery 并测试 RabbitMQ 连接。

（4）向项目中添加 Celery

我们需要针对 Celery 实例提供一项配置。对此，创建新文件并将其命名为 celery.py，其中包含项目的 Celery 配置，并向其中添加下列代码。

```
import os
```

```
from celery import Celery

# set the default Django settings module for the 'celery' program.
os.environ.setdefault('DJANGO_SETTINGS_MODULE', 'myshop.settings')

app = Celery('myshop')
app.config_from_object('django.conf:settings', namespace='CELERY')
app.autodiscover_tasks()
```

上述代码执行了下列操作。

- 设置 Celery 命令行程序的 DJANGO_SETTINGS_MODULE 变量。
- 利用 app = Celery('myshop')创建了一个应用程序实例。
- 利用 config_from_object()方法从项目设置中加载自定义配置。namespace 属性指定了与 Celery 相关的设置项在 settings.py 文件中应持有的前缀。通过设置 CELERY 命名空间，所有的 Celery 设置项都需要在其名称中包含 CELERY_前缀（如 CELERY_BROKER_URL）。
- 通知 Celery 自动发现应用程序的异步任务。Celery 将在添加至 INSTALLED_APPS 的应用程序的每个应用程序目录中查找 tasks.py 文件，以便加载其中定义的异步任务。

在项目的__init__.py 文件中需要导入 celery 模块，以确保启动 Django 时加载该模块。

编辑 myshop/__init__.py 文件，并向其中添加下列代码。

```
# import celery
from .celery import app as celery_app

__all__ = ['celery_app']
```

至此，我们在 Django 项目中加入了 Celery 并可开始使用 Celery。

（5）运行 Celery worker

Celery worker 是一个处理记账功能的进程，如发送/接收队列消息、注册任务、终止挂起的任务、跟踪状态等。我们可从任意数量的消息队列中使用 worker 实例。

打开另一个 shell，并通过下列命令在项目目录中启动 Celery worker。

```
celery -A myshop worker -l info
```

Celery worker 当前处于运行状态并准备处理任务。下面检查 Celery 和 RabbitMQ 之间是否存在一个连接。

在浏览器中打开 http://127.0.0.1:15672/，并访问 RabbitMQ 管理 UI。随后将会看到 Queued messages 和 Message rates 下方的两幅图像，如图 8.20 所示。

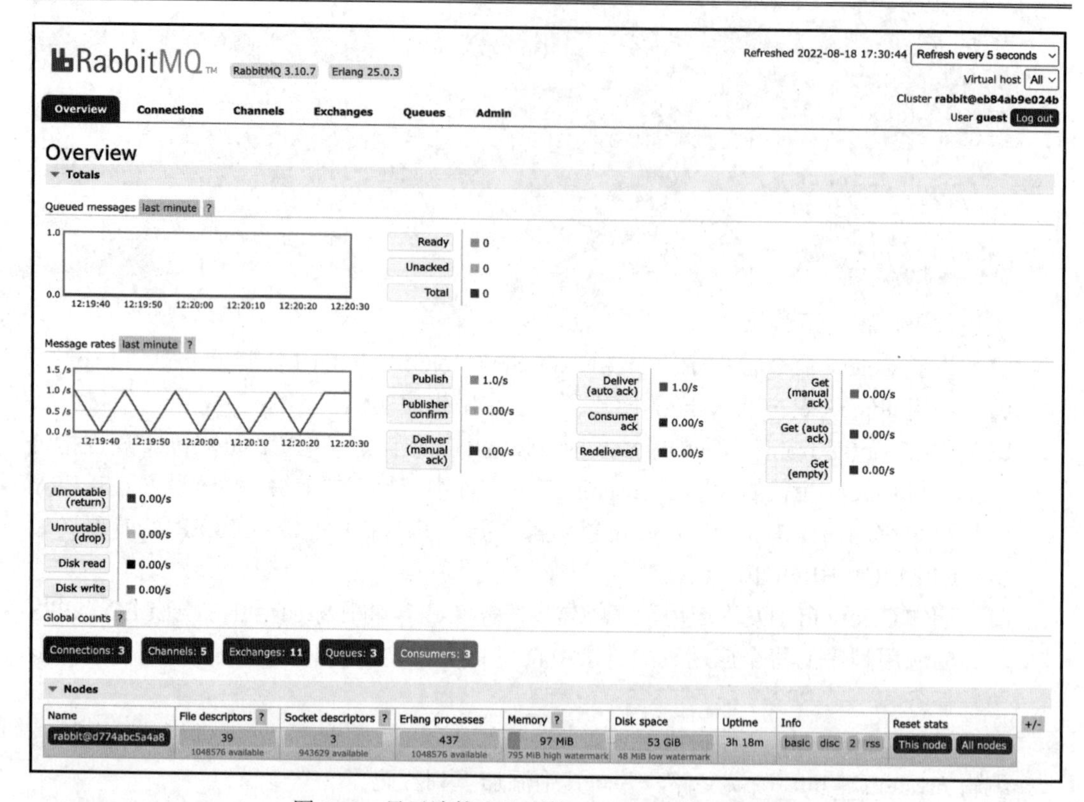

图 8.20　显示连接和队列的 RabbitMQ 管理仪表板

由于尚未向消息队列中发送任何消息，因此不存在队列消息。这里，Message rates 下方的图形每隔 5 秒钟更新一次，我们可在屏幕右上方看到刷新率。此时，Connections 和 Queues 应显示一个大于 0 的数字。

接下来可对异步任务开始编程。

注意：

CELERY_ALWAYS_EAGER 设置项可以异步方式在本地执行任务，而不是将任务发送至队列。在缺少 Celery 的情况下，这对于运行单元测试或在本地环境中执行应用程序非常有用。

（6）将异步任务添加至应用程序中

当在在线商店下完订单后，将向用户发送一封确认电子邮件。这里将在一个 Python 函数中实现发送电子邮件，并利用 Celery 将其注册为一项任务。随后将其添加至 order_create 视图中以采用异步方式执行任务。

当执行 order_create 视图时，Celery 将向 RabbitMQ 管理的消息队列发送消息，随后 Celery 代理执行 Python 函数定义的异步任务。

在应用程序目录中，在任务模块中定义应用程序的异步任务将有助于任务被 Celery 发现。

在 orders 应用程序中创建新文件并将其命名为 tasks.py。其中，Celery 将查找异步任务。

```
from celery import shared_task
from django.core.mail import send_mail
from .models import Order

@shared_task
def order_created(order_id):
    """
    Task to send an e-mail notification when an order is
    successfully created.
    """
    order = Order.objects.get(id=order_id)
    subject = f'Order nr. {order.id}'
    message = f'Dear {order.first_name},\n\n' \
              f'You have successfully placed an order.' \
              f'Your order ID is {order.id}.'
    mail_sent = send_mail(subject,
                          message,
                         'admin@myshop.com',
                         [order.email])
    return mail_sent
```

我们通过@shared_task 装饰器定义了 order_created 任务。可以看到，一项 Celery 任务仅是一个采用@shared_task 装饰的 Python 函数。order_created 任务函数接收 order_id 参数。此处推荐的做法是，仅向任务函数传递 ID，并在执行任务时从数据库中检索对象。据此，可避免访问过期信息，因为数据库中的数据可能在任务排队时发生了变化。此处采用了 Django 提供的 send_mail()函数向订单用户发送电子邮件通知。

第 2 章中曾介绍了如何配置 Django 以使用 SMTP 服务器。如果不打算设置电子邮件，可通知 Django 将电子邮件写至控制台，即将下列设置项添加至 settings.py 文件中。

```
EMAIL_BACKEND = 'django.core.mail.backends.console.EmailBackend'
```

提示：

异步任务不仅用于耗时的进程，也适用于执行时间不长但容易发生连接失败或需要重试策略的其他进程。

接下来需要将任务添加至 order_create 视图中。编辑 orders 应用程序的 views.py 文件、导入任务并在清空购物车后调用 order_created 异步任务，如下所示。

```
from .tasks import order_created
#...

def order_create(request):
    # ...
    if request.method == 'POST':
        # ...
        if form.is_valid():
            # ...
            cart.clear()
            # launch asynchronous task
            order_created.delay(order.id)
        # ...
```

我们调用任务的 delay()方法并以异步方式执行任务。该任务将被添加至消息队列中，并由 Celery woker 执行。

确保 RabbitMQ 处于运行状态。随后终止 Celery worker 进程，并利用下列命令再次启动 Celery worker 进程。

```
celery -A myshop worker -l info
```

Celery worker 注册了当前任务。在另一个 shell 中，利用下列命令在项目目录内启动开发服务器。

```
python manage.py runserver
```

在浏览器中打开 http://127.0.0.1:8000/，向购物车中添加一些商品并完成订单。在启动 Celery worker 的 shell 中，对应输出结果如下所示。

```
[2022-02-03 20:25:19,569: INFO/MainProcess] Task orders.tasks.order_
created[a94dc22e-372b-4339-bff7-52bc83161c5c] received
...
[2022-02-03 20:25:19,605: INFO/ForkPoolWorker-8] Task orders.tasks.
order_created[a94dc22e-372b-4339-bff7-52bc83161c5c] succeeded in
0.015824042027816176s: 1
```

至此，order_created 任务被执行，订单电子邮件通知也已被发送。如果正在使用电子邮件后端 console.EmailBackend，则不会发送电子邮件，但是应该在控制台的输出中看到渲染后的电子邮件文本。

2. 利用 Flower 监视 Celery

除了 RabbitMQ 管理 UI，还可采用其他工具监视利用 Celery 执行的异步任务。对于监视 Celery，Flower 是一个基于 Web 的有用的工具。

利用下列命令安装 Flower。

```
pip install flower==1.1.0
```

待安装完毕后，即可在项目目录中利用 shell 运行下列命令。

```
celery -A myshop flower
```

在浏览器中打开 http://localhost:5555/dashboard，将能够看到处于活动状态的 Celery worker 以及异步任务统计数据，如图 8.21 所示。

Flower　Dashboard　Tasks　Broker　　Docs　Code

Active: 0	Processed: 0	Failed: 0	Succeeded: 0	Retried: 0

Search:

Worker Name	Status	Active	Processed	Failed	Succeeded	Retried	Load Average
celery@Antonios-MBP.home	Online	0	0	0	0	0	2.91, 3.11, 3.88

Showing 1 to 1 of 1 entries

图 8.21　Celery 仪表板

其中可以看到一个活动的 worker，其名称始于 celery@，对应状态为 Online。

单击 worker 的名称，随后单击 Queues 选项卡，对应结果如图 8.22 所示。

Worker:

celery@Antonios-MBP.home

Refresh

Pool　Broker　Queues　Tasks　Limits　Config　System　Other

Active queues being consumed from

Add Consumer

Name	Exclusive	Durable	Routing key	No ACK	Alias	Queue arguments	Binding arguments	Auto delete	
celery	False	True	celery	False	None	None	None	False	Cancel Consumer

图 8.22　worker Celery 任务队列

此处可以看到名为 celery 的活动队列，这是一个连接至消息代理的活动队列消费者。

单击 Tasks 消息，对应结果如图 8.23 所示。

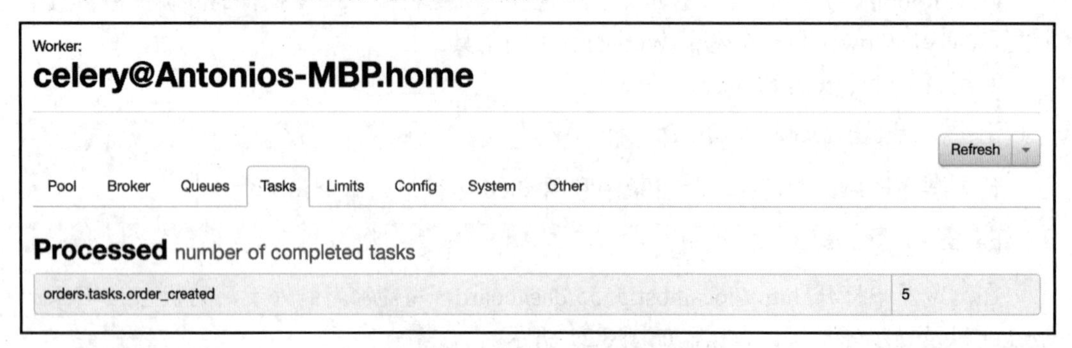

图 8.23　worker Celery 任务

此处可以看到被处理的任务，以及任务被执行的次数。具体来说，我们可以看到 order_created 任务及其被执行的全部次数。取决于具体订单数量，这一数字可能有所变化。

在浏览器中打开 http://localhost:8000/，向购物车中添加一些条目，随后完成结算处理流程。

在浏览器中打开 http://localhost:5555/dashboard。Flower 将任务注册为已处理。如图 8.24 所示，我们可分别在 Processed 和 Succeeded 下看到数字 1。

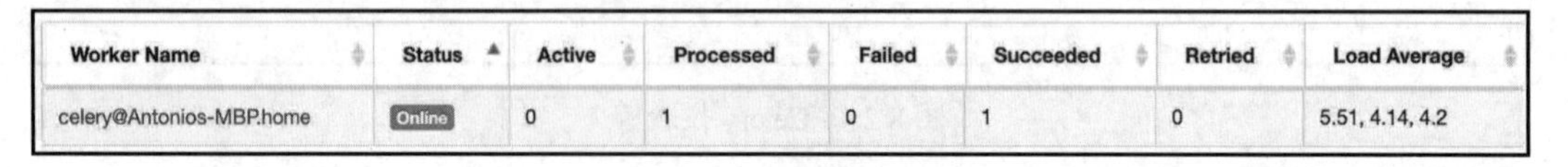

图 8.24　Celery worker

在 Tasks 下，还可看到与 Celery 注册的每项任务相关的附加细节信息，如图 8.25 所示。

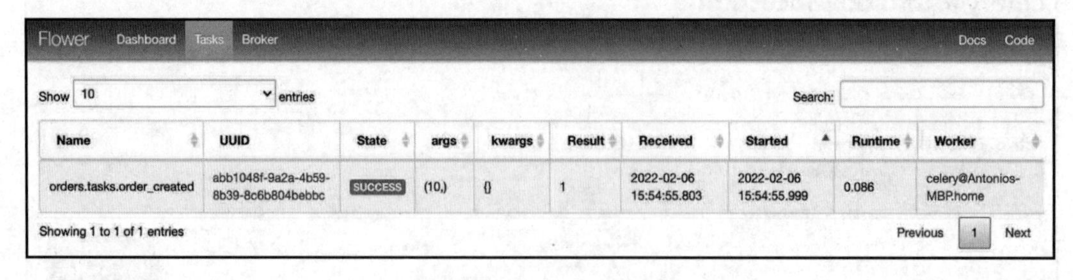

图 8.25　Celery 任务

读者可访问 https://flower.readthedocs.io/查看 Flower 的文档。

8.5　附加资源

下列资源提供了与本章主题相关的附加信息。

- 本章源代码：https://github.com/PacktPublishing/Django-4-by-example/tree/main/Chapter08。
- 项目的静态文件：https://github.com/PacktPublishing/Django-4-by-Example/tree/main/Chapter08/myshop/shop/static。
- Django 会话设置：https://docs.djangoproject.com/en/4.1/ref/settings/#sessions。
- Django 内建上下文处理器：https://docs.djangoproject.com/en/4.1/ref/templates/api/#built-in-template-context-processors。
- 与 RequestContext 相关的信息：https://docs.djangoproject.com/en/4.1/ref/templates/api/#django.template.RequestContext。
- Celery 文档：https://docs.celeryq.dev/en/stable/index.html。
- Celery 简介：https://docs.celeryq.dev/en/stable/getting-started/introduction.html。
- 官方 RabbitMQ Docker 镜像：https://hub.docker.com/_/rabbitmq。
- RabbitMQ 安装指令：https://www.rabbitmq.com/download.html。
- Flower 文档：https://flower.readthedocs.io/。

8.6　本章小结

本章创建了基本的电子商务平台，其中包含商品目录和利用会话构建的购物车。另外，本章实现了自定义上下文处理器、订单表单，以及供所有模板使用的购物车。最后，我们还学习了如何通过 Celery 和 RabbitMQ 实现异步任务。

第 9 章将考查如何将支付网关集成至商店中、向管理网站中添加自定义动作、以 CSV 格式导出数据，以及以动态方式生成 PDF 文件。

第 9 章　管理支付和订单

在第 8 章中，我们利用商品目录和购物车创建了一个基本的在线商店，其间学习了如何使用 Django 会话以及如何自定义上下文处理器。此外，我们还学习了如何利用 Celery 和 RabbitMQ 启动异步任务。

本章将学习如何将支付网关集成至网站中，以使用户可通过信用卡进行支付。除此之外，本章还通过不同的特性扩展了管理网站。

本章主要涉及下列主题。

- 将 Stripe 支付网关集成至项目中。
- 利用 Stripe 处理信用卡支付。
- 处理支付通知。
- 将订单导出为 CSV 文件。
- 创建管理网站的自定义视图。
- 以动态方式创建 PDF 发票。

读者可访问 https://github.com/PacktPublishing/Django-4-by-example/tree/main/Chapter09 查看本章源代码。

本章使用的全部 Python 包均包含于本章源代码的 requirements.txt 文件中。在后续章节中，我们可遵循相关指令安装每个 Python 包，或者利用 pip install -r requirements.txt 命令一次性安装所有的 Python 包。

9.1　集成支付网关

支付网关是商家用来在线处理客户支付的一种技术。通过支付网关，可管理客户的订单，并将支付处理过程托管至可靠、安全的第三方。通过授信的支付网关，我们无须担心系统中处理信用卡所涉及的技术、安全和监管复杂性等问题。

对此，存在多家支付网关供应商可供选择。本章将使用 Stripe，这是一个非常受欢迎的支付网关，被 Shopify、Uber、Twitch 和 GitHub 等在线服务使用。

Stripe 提供了一个应用程序编程接口（API），并可通过多种方法处理在线支付问题，如信用卡、Google Pay 和 Apple Pay。关于 Stripe 的更多信息，读者可访问 https://www.stripe.com/。

Stripe 提供了与支付处理相关的多个产品，并可管理一次性支付、订阅服务的自动续期支付、平台和市场的多方支付等。

Stripe 提供了不同的整合方法，从 Stripe 托管的支付表单到完全可定制的结账流程。该产品包含一个为转换而优化的支付页面。用户将能够轻松地用信用卡或其他支付方式为他们订购的商品付款。相应地，用户将接收到来自 Stripe 的支付通知。读者可访问 https://stripe.com/docs/payments/checkout 查看 Stripe Checkout 文档。

通过 Stripe Checkout 处理支付问题，我们将依赖于安全和符合支付卡行业（PCI）要求的解决方案。用户将能够从 Google Pay、Apple Pay、Afterpay、Alipay、SEPA 直接付款、Bacs 直接付款、BECS 直接付款、iDEAL、Sofort、GrabPay、FPX 和其他支付方式收集付款。

9.1.1 创建 Stripe 账户

我们需要一个 Stripe 账户并将支付网关集成至项目中。下面创建一个账户测试 Stripe API。在浏览器中打开 https://dashboard.stripe.com/register，对应表单如图 9.1 所示。

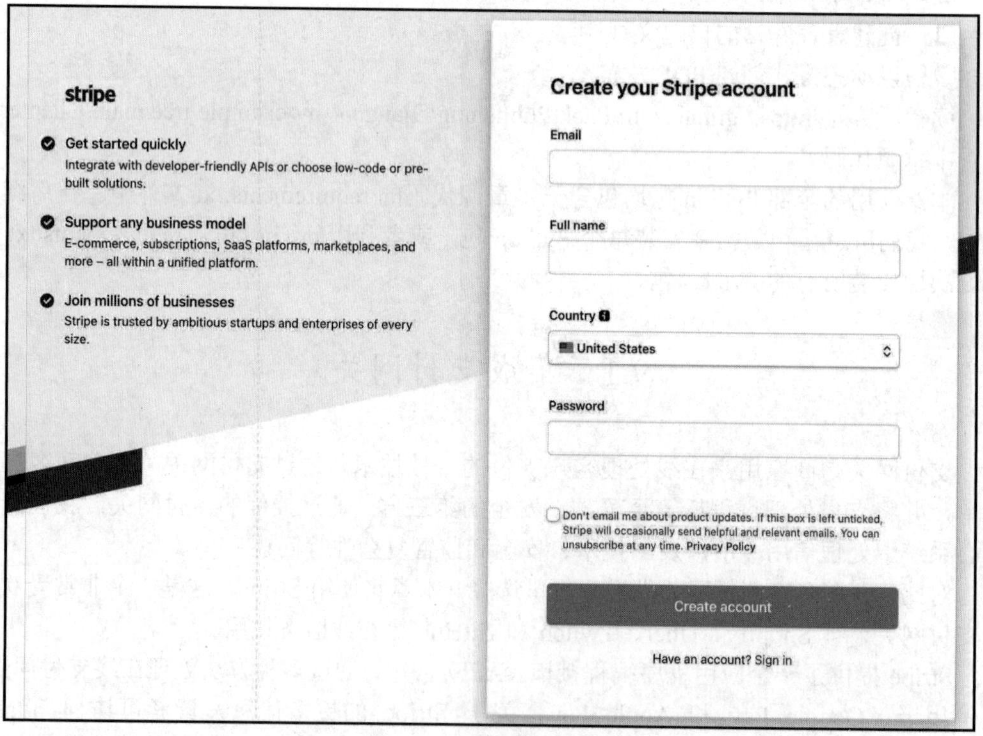

图 9.1　Stripe 注册表单

利用自身数据填写表单并单击 Create account。随后，我们将接收到一封来自 Stripe 的电子邮件，其中包含了电子邮件地址验证链接。对应的电子邮件如图 9.2 所示。

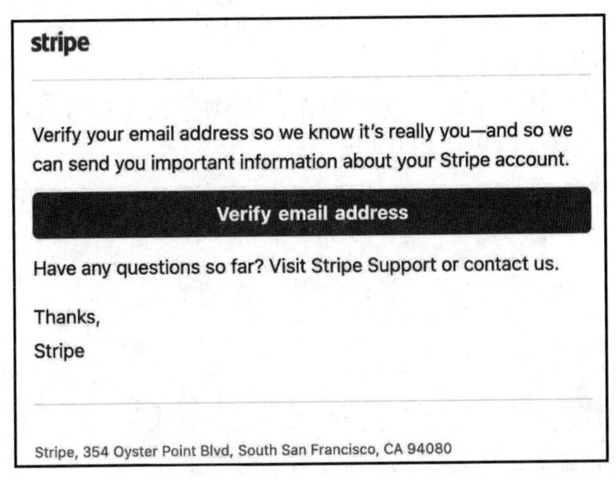

图 9.2　验证电子邮件地址的确认邮件

打开邮箱中的电子邮件并单击 Verify email address。

用户将被重定向至 Stripe 仪表板页面，如图 9.3 所示。

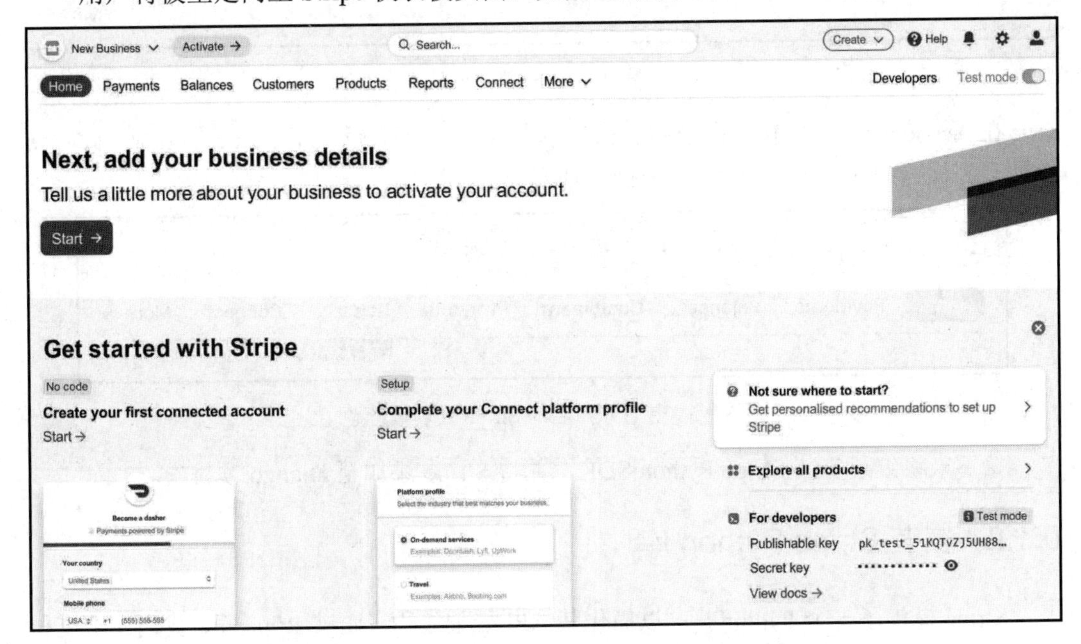

图 9.3　验证电子邮件地址后的 Stripe 仪表板

在页面右上方，可以看到 Test mode 处于活动状态。Stripe 提供了一个测试环境和一个生产环境。如果用户拥有自己的企业或者是一名自由职业者，可添加企业的细节信息激活账户，并获得处理实际支付的权限。由于我们工作于测试环境下，因而通过 Stripe 实现和测试支付是毫无必要的。

我们需要添加一个账户名处理支付操作。在浏览器中打开 https://dashboard.stripe.com/settings/account，对应结果如图 9.4 所示。

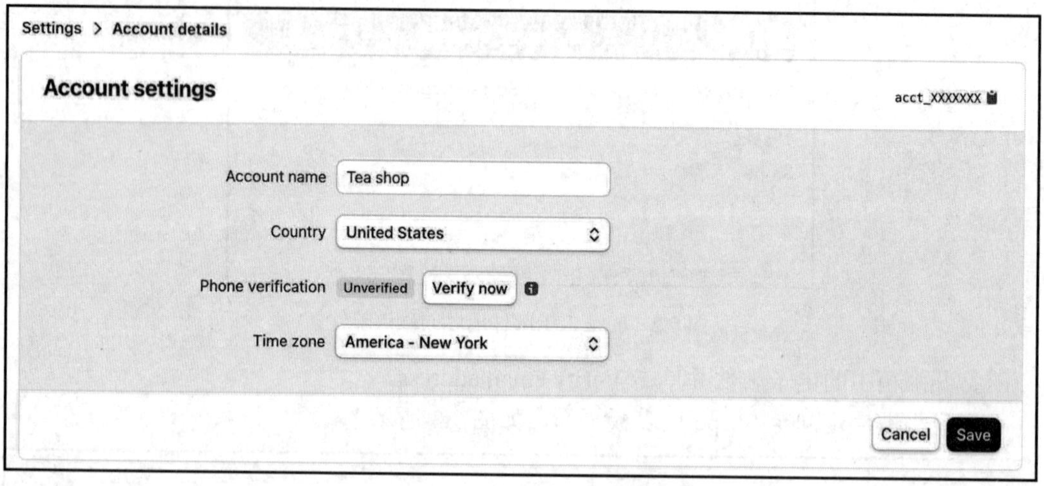

图 9.4　Stripe 账户设置

在 Account name 中输入所选的名称并单击 Save 按钮。返回至 Stripe 仪表板，此时将能够看到标题中显示的账户名，如图 9.5 所示。

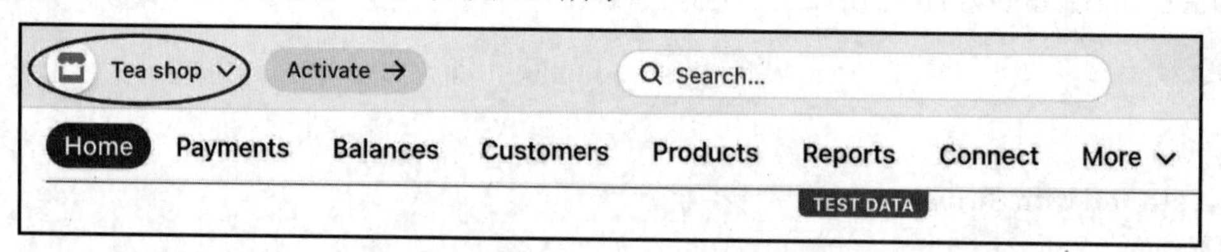

图 9.5　包含账户名的 Stripe 仪表板标题

接下来将继续安装 Stripe Python SDK，并将 Stripe 添加至 Django 项目中。

9.1.2　安装 Stripe Python 库

Stripe 提供了一个 Python 库，以简化其 API 处理过程。通过 stripe 库，我们将把支付网关集成至项目中。

读者可访问 https://github.com/stripe/stripepython 查看 Stripe Python 库的源代码。

利用下列命令在 shell 中安装 stripe 库。

```
pip install stripe==4.0.2
```

9.1.3　向项目中添加 Stripe

在浏览器中打开 https://dashboard.stripe.com/test/apikeys。此外，还可在 Stripe 仪表板中依次单击 Developers 和 API keys 按钮访问该页面，如图 9.6 所示。

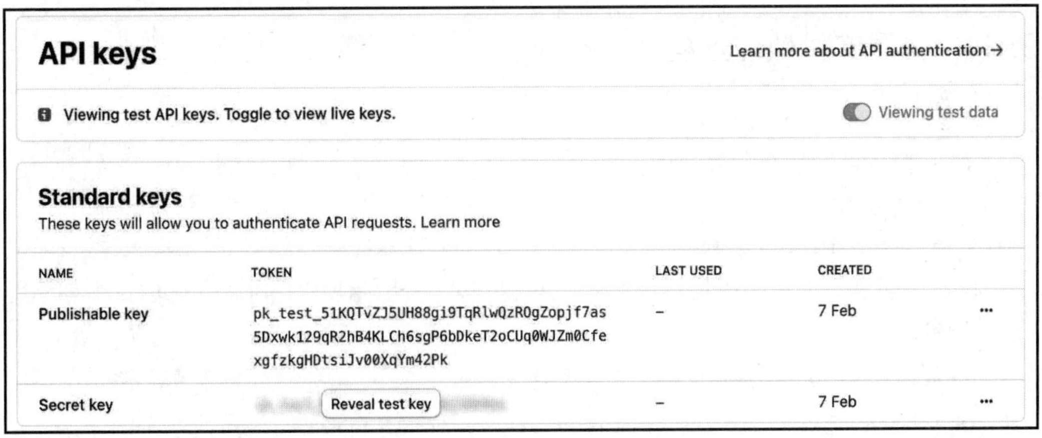

API keys　　Learn more about API authentication →

Viewing test API keys. Toggle to view live keys.　　Viewing test data

Standard keys

These keys will allow you to authenticate API requests. Learn more

NAME	TOKEN	LAST USED	CREATED
Publishable key	pk_test_51KQTvZJ5UH88gi9TqRlwQzROgZopjf7as5Dxwk129qR2hB4KLCh6sgP6bDkeT2oCUq0WJZm0CfexgfzkgHDtsiJv00XqYm42Pk	–	7 Feb
Secret key	Reveal test key	–	7 Feb

图 9.6　Strip API 密钥测试

Stripe 针对两种不同环境（即测试环境和生产环境）提供了一个密钥对，即 Publishable key 和 Secret key。测试模式的 Publishable key 包含前缀 pk_test_，活动模式的 Publishable key 包含前缀 pk_live_。测试模式的 Secret key 包含前缀 sk_test_，活动模式的 Secret key 则包含前缀 sk_live_。

我们需要通过这些信息对 Stripe API 请求进行验证。相应地，私钥应一直处于保密状态，并需要安全地对其加以存储。Publishable key 可用于客户端代码，如 JavaScript 脚本。关于 Stripe API 密钥的更多信息，读者可访问 https://stripe.com/docs/keys。

下面将下列设置项添加至项目的 settings.py 文件中。

```
# Stripe settings
STRIPE_PUBLISHABLE_KEY = '' # Publishable key
STRIPE_SECRET_KEY = '' # Secret key
STRIPE_API_VERSION = '2022-08-01'
```

利用 Stripe 提供的 Publishable key 和 Secret key 替换 STRIPE_PUBLISHABLE_KEY

和 STRIPE_SECRET_KEY 值。此处采用了 Stripe API 版本 2022-08-01。关于此 API 的版本信息，读者可访问 https://stripe.com/docs/upgrades#2022-08-01。

注意：

当前，我们正在针对项目使用测试环境密钥。一旦进入活动环境并验证 Stripe 账户时，需要获取生产环境密钥。在第 17 章中，我们将学习如何针对多种环境配置设置项。

接下来将支付网关与结算处理过程进行整合。关于 Stripe 的 Python 文档，读者可访问 https://stripe.com/docs/api?lang=python。

9.1.4　构建支付处理过程

结算处理的工作方式如下所示。

（1）将条目添加至购物车中。

（2）结算购物车。

（3）使用信用卡并支付。

此处将创建一个新的应用程序管理支付操作。对此，使用下列命令在项目中创建新的应用程序。

```
python manage.py startapp payment
```

编辑项目的 settings.py 文件并向 INSTALLED_APPS 设置项中添加新的应用程序，如下所示。

```
INSTALLED_APPS = [
    # ...
    'shop.apps.ShopConfig',
    'cart.apps.CartConfig',
    'orders.apps.OrdersConfig',
    'payment.apps.PaymentConfig',
]
```

当前，payment 应用程序在项目中处于活动状态。

目前，用户可以下订单，但却无法支付订单。在客户下完订单后，需要将其重定向至支付处理过程。

编辑 orders 应用程序的 views.py 文件，并包含下列导入内容。

```
from django.urls import reverse
from django.shortcuts import render, redirect
```

在同一文件中，查找 order_create 视图中的下列代码行。

```
# launch asynchronous task
order_created.delay(order.id)
return render(request,
              'orders/order/created.html',
              locals())
```

并用下列代码替换上述代码。

```
# launch asynchronous task
order_created.delay(order.id)
# set the order in the session
request.session['order_id'] = order.id
# redirect for payment
return redirect(reverse('payment:process'))
```

编辑后的视图如下所示。

```
from django.urls import reverse
from django.shortcuts import render, redirect
# ...

def order_create(request):
    cart = Cart(request)
    if request.method == 'POST':
        form = OrderCreateForm(request.POST)
        if form.is_valid():
            order = form.save()
            for item in cart:
                OrderItem.objects.create(order=order,
                                         product=item['product'],
                                         price=item['price'],
                                         quantity=item['quantity'])
            # clear the cart
            cart.clear()
            # launch asynchronous task
            order_created.delay(order.id)
            # set the order in the session
            request.session['order_id'] = order.id
            # redirect for payment
            return redirect(reverse('payment:process'))
    else:
        form = OrderCreateForm()
    return render(request,
                  'orders/order/create.html',
                  {'cart': cart, 'form': form})
```

当下新订单时，此处并未渲染模板 orders/order/created.html，订单 ID 存储于用户会话中，用户被重定向至 payment:process URL 处。稍后将实现这一 URL。记住，为了使 order_created 任务排队并执行，Celery 须处于运行状态。

接下来将集成支付网关。

Stripe Checkout 集成由一个 Stripe 托管的结算页面构成，允许用户输入支付细节内容，通常是一张信用卡，然后收取支付金额。如果支付成功，Stripe 将客户重定向至成功页面。如果客户取消了支付过程，则 Stripe 将客户重定向至取消页面。

这里将实现 3 个视图。

（1）payment_process：创建一个 Stripe Checkout Session，并将客户重定向至 Stripe 托管的支付表单。当用户被重定向至支付表单时，结算会话表示为客户所见内容的编程表达，包括产品、数量、货币和收费金额。

（2）payment_completed：显示成功支付消息。如果支付成功，用户将被重定向至该视图。

（3）payment_canceled：显示取消支付消息。如果支付被取消，用户将被重定向至该视图。

图 9.7 显示了结算支付流程。

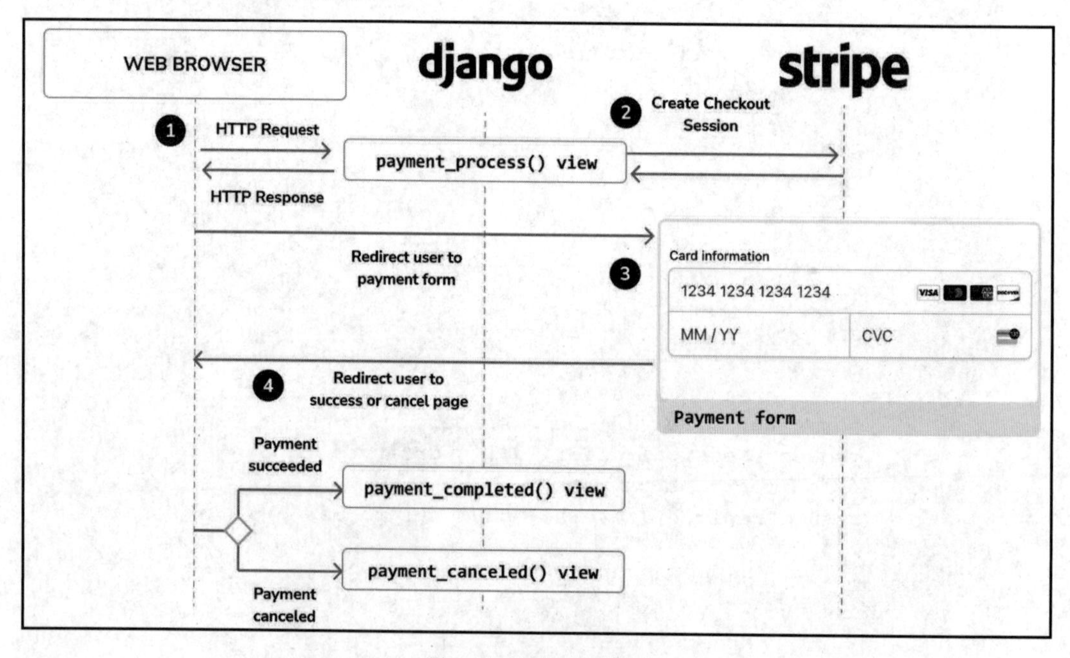

图 9.7　结算支付流程

完整的结算处理流程如下所示。

（1）在创建订单后，用户被重定向至 payment_process 视图。用户将会看到一个订单摘要和一个继续支付的按钮。

（2）当用户继续处理支付操作时，将创建一个 Stripe 结算会话。该结算会话包含用户购买的条目列表、一个成功支付后的用户重定向 URL，以及一个支付取消后的用户重定向 URL。

（3）视图将用户重定向至 Stripe 托管的结算页面。该页面包含支付表单。客户输入信用卡详细信息并提交表单。

（4）Stripe 处理支付操作，并将客户重定向至视图。如果客户未完成支付，Stripe 将客户重定向至 payment_canceled 视图。

接下来开始构建支付视图。编辑 payment 应用程序的 views.py 文件并向其中添加下列代码。

```
from decimal import Decimal
import stripe
from django.conf import settings
from django.shortcuts import render, redirect, reverse,\
                             get_object_or_404
from orders.models import Order

# create the Stripe instance
stripe.api_key = settings.STRIPE_SECRET_KEY
stripe.api_version = settings.STRIPE_API_VERSION

def payment_process(request):
    order_id = request.session.get('order_id', None)
    order = get_object_or_404(Order, id=order_id)

    if request.method == 'POST':
        success_url = request.build_absolute_uri(
                        reverse('payment:completed'))
        cancel_url = request.build_absolute_uri(
                        reverse('payment:canceled'))
        # Stripe checkout session data
        session_data = {
            'mode': 'payment',
            'client_reference_id': order.id,
            'success_url': success_url,
```

```
            'cancel_url': cancel_url,
            'line_items': []
        }
        # create Stripe checkout session
        session = stripe.checkout.Session.create(**session_data)
        # redirect to Stripe payment form
        return redirect(session.url, code=303)

    else:
        return render(request, 'payment/process.html', locals())
```

上述代码导入了 stripe 模块，Stripe API 密钥通过 STRIPE_SECRET_KEY 设置项的值被设置。另外，API 的版本通过 STRIPE_API_VERSION 设置项的值被设置。

payment_process 视图将执行下列任务。

（1）当前 Order 对象通过 order_id 会话密钥在数据库中被检索，该会话密钥之前由 order_create 视图存储于会话中。

（2）检索给定 ID 的 Order 对象。通过快捷函数 get_object_or_404()，如果未发现给定 ID 的订单，则抛出 Http404（页面未找到）异常。

（3）如果视图加载了 GET 请求，则渲染并返回 payment/process.html 模板。该模板包含订单摘要和一个继续支付的按钮，该按钮将向视图生成 POST 请求。

（4）如果视图加载了 POST 请求，Stripe 结算会话则通过 stripe.checkout.Session.create() 和下列参数创建。

- mode：结算会话模式。我们针对单次支付使用 payment。读者可访问 https://stripe.com/docs/api/checkout/sessions/object#checkout_session_object-mode 查看该参数的不同值。
- client_reference_id：支付的唯一参考，并以此使 Stripe 结算会话与订单保持一致。通过传递订单 ID，可将 Stripe 支付与系统中的订单链接，并能够接收来自 Stripe 的支付通知，进而将订单标记为已支付。
- success_url：如果支付成功，则表示为重定向用户的 Stripe URL。我们使用 request.build_absolute_uri()方法生成源自 URL 路径中的绝对 URI。读者可访问 https://docs.djangoproject.com/en/4.1/ref/request-response/#django.http.HttpRequest.build_absolute_uri 查看该方法的文档。
- cancel_url：如果支付取消，表示为重定向用户的 Stripe URL。
- line_items：这是一个空列表。稍后将利用所购买的订单条目填写该列表。

（5）在创建了结算会话后，将返回一个包含状态码 303 的 HTTP 重定向，并将用户重定向至 Stripe。在执行了 HTTP POST 后，建议使用状态码 303 将 Web 应用程序重定向至一个新的 URI。

读者可访问 https://stripe.com/docs/api/checkout/sessions/create 查看创建 Stripe 会话的所有参数。

接下来利用订单条目填写 line_items 列表以创建结算会话。其中，每个条目将包含条目名称、支付金额、所使用的的货币以及购买量。

随后将下列代码添加至 payment_process 视图中。

```
def payment_process(request):
    order_id = request.session.get('order_id', None)
    order = get_object_or_404(Order, id=order_id)

    if request.method == 'POST':
        success_url = request.build_absolute_uri(
                        reverse('payment:completed'))
        cancel_url = request.build_absolute_uri(
                        reverse('payment:canceled'))
        # Stripe checkout session data
        session_data = {
            'mode': 'payment',
            'success_url': success_url,
            'cancel_url': cancel_url,
            'line_items': []
        }
        # add order items to the Stripe checkout session
        for item in order.items.all():
            session_data['line_items'].append({
                'price_data': {
                    'unit_amount': int(item.price * Decimal('100')),
                    'currency': 'usd',
                    'product_data': {
                        'name': item.product.name,
                    },
                },
                'quantity': item.quantity,
            })
        # create Stripe checkout session
        session = stripe.checkout.Session.create(**session_data)
```

```
        # redirect to Stripe payment form
        return redirect(session.url, code=303)

    else:
        return render(request, 'payment/process.html', locals())
```

针对每个条目，我们使用了下列信息。

- price_data：与价格相关的信息。
  - unit_amount：以美分为单位的支付金额。这是一个正整数，用最小的货币单位表示支付金额且不包含小数点。例如，收费 10 美元则表示为 1000 美分。该条目的价格 item.price 乘以 100 将得到美分形式的数值，并于随后转换为一个整数。
  - currency：使用 ISO 格式的货币。我们使用 usd 表示美元。读者可访问 https://stripe.com/docs/currencies 查看所支持的货币列表。
  - product_data：与商品相关的信息。例如，name 表示商品名称。
- quantity：购买的数量。

当前，payment_process 视图处于就绪状态。下面针对支付成功和取消页面创建简单的视图。

接下来将下列代码添加至 payment 应用程序的 views.py 文件中。

```
def payment_completed(request):
    return render(request, 'payment/completed.html')

def payment_canceled(request):
    return render(request, 'payment/canceled.html')
```

在 payment 应用程序目录中创建新文件，将其命名为 urls.py 并向其中添加下列代码。

```
from django.urls import path
from . import views

app_name = 'payment'

urlpatterns = [
    path('process/', views.payment_process, name='process'),
    path('completed/', views.payment_completed, name='completed'),
    path('canceled/', views.payment_canceled, name='canceled'),
]
```

这些 URL 用于支付工作流。我们包含了下列 URL 模式。

- process：向用户显示订单摘要的视图。创建 Stripe 结算会话，并将用户重定向至 Stripe 托管的支付表单。
- completed：如果支付成功，表示用户重定向的 Stripe 视图。
- canceled：如果支付取消，表示用户重定向的 Stripe 视图。

编辑 myshop 项目的 urls.py 文件，并针对 payment 应用程序包含下列 URL 模式，如下所示。

```
urlpatterns = [
    path('admin/', admin.site.urls),
    path('cart/', include('cart.urls', namespace='cart')),
    path('orders/', include('orders.urls', namespace='orders')),
    path('payment/', include('payment.urls', namespace='payment')),
    path('', include('shop.urls', namespace='shop')),
]
```

其中将新路径置于 shop.urls 模式之前，以避免与 shop.urls 中定义的模式产生意外的模式匹配。记住，Django 按顺序遍历每个 URL 模式，并在首个与请求 URL 匹配处停止。

下面针对每个视图构建模板。在 payment 应用程序目录中创建下列文件结构。

```
templates/
    payment/
        process.html
        completed.html
        canceled.html
```

编辑 payment/process.html 模板并向其中添加下列代码。

```
{% extends "shop/base.html" %}
{% load static %}

{% block title %}Pay your order{% endblock %}

{% block content %}
  <h1>Order summary</h1>
  <table class="cart">
    <thead>
      <tr>
        <th>Image</th>
        <th>Product</th>
        <th>Price</th>
        <th>Quantity</th>
```

```
        <th>Total</th>
      </tr>
    </thead>
  <tbody>
    {% for item in order.items.all %}
      <tr class="row{% cycle "1" "2" %}">
          <td>
            <img src="{% if item.product.image %}{{item.product.image.url}}
            {% else %}{% static "img/no_image.png" %}{% endif %}">
          </td>
          <td>{{ item.product.name }}</td>
          <td class="num">${{ item.price }}</td>
          <td class="num">{{ item.quantity }}</td>
          <td class="num">${{ item.get_cost }}</td>
        </tr>
      {% endfor %}
      <tr class="total">
        <td colspan="4">Total</td>
        <td class="num">${{ order.get_total_cost }}</td>
      </tr>
    </tbody>
  </table>
  <form action="{% url "payment:process" %}" method="post">
    <input type="submit" value="Pay now">
    {% csrf_token %}
  </form>
{% endblock %}
```

该模板向用户显示订单摘要，并允许客户继续处理支付操作。该模板包含了一个表单和一个 Pay now 按钮并通过 POST 提交表单。当表单提交后，payment_process 视图创建 Stripe 会话，并将用户重定向至 Stripe 托管的支付表单。

编辑 payment/completed.html 模板并向其中添加下列代码。

```
{% extends "shop/base.html" %}

{% block title %}Payment successful{% endblock %}

{% block content %}
  <h1>Your payment was successful</h1>
  <p>Your payment has been processed successfully.</p>
{% endblock %}
```

这表示为成功支付后用户重定向的页面模板。

编辑 payment/canceled.html 模板，并向其中添加下列代码。

```
{% extends "shop/base.html" %}

{% block title %}Payment canceled{% endblock %}

{% block content %}
  <h1>Your payment has not been processed</h1>
  <p>There was a problem processing your payment.</p>
{% endblock %}
```

这表示为支付取消后用户重定向的页面模板。

至此，我们实现了处理支付所需的视图，包括其 URL 模式和模板。接下来尝试处理结算过程。

9.1.5　测试结算过程

在 shell 中执行下列命令，并利用 Docker 启动 RabbitMQ 服务器。

```
docker run -it --rm --name rabbitmq -p 5672:5672 -p 15672:15672
rabbitmq:management
```

这将在端口 5672 上运行 RabbitMQ，并在端口 15672 上运行基于 Web 的管理界面。

打开另一个 shell，并利用下列命令在项目目录中启用 Celery worker。

```
celery -A myshop worker -l info
```

打开另一个 shell，利用下列命令在项目目录中启动开发服务器。

```
python manage.py runserver
```

在浏览器中打开 http://127.0.0.1:8000/，向购物车中添加一些商品并填写结算表单，随后单击 Place order 按钮。该订单将持久化至数据库中，订单 ID 将保存在当前会话中，用户将被重定向至支付处理页面。

支付处理页面如图 9.8 所示。

在该页面中可以看到订单摘要和一个 Pay now 按钮，随后单击 Pay now 按钮。payment_process 视图将创建 Stripe 结算会话，用户将被重定向至 Stripe 托管的支付表单，如图 9.9 所示。

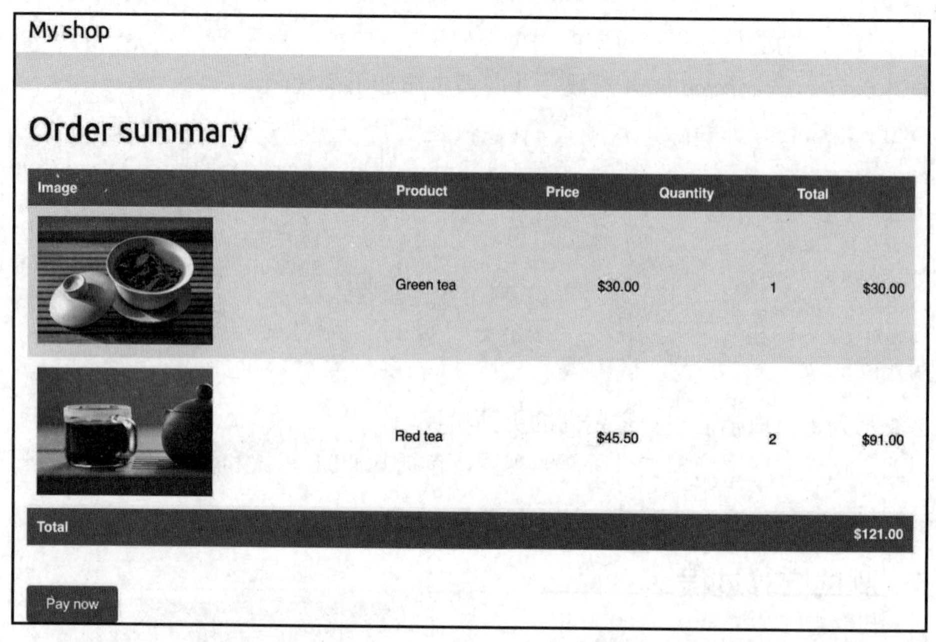

图 9.8　包含订单摘要的支付处理页面

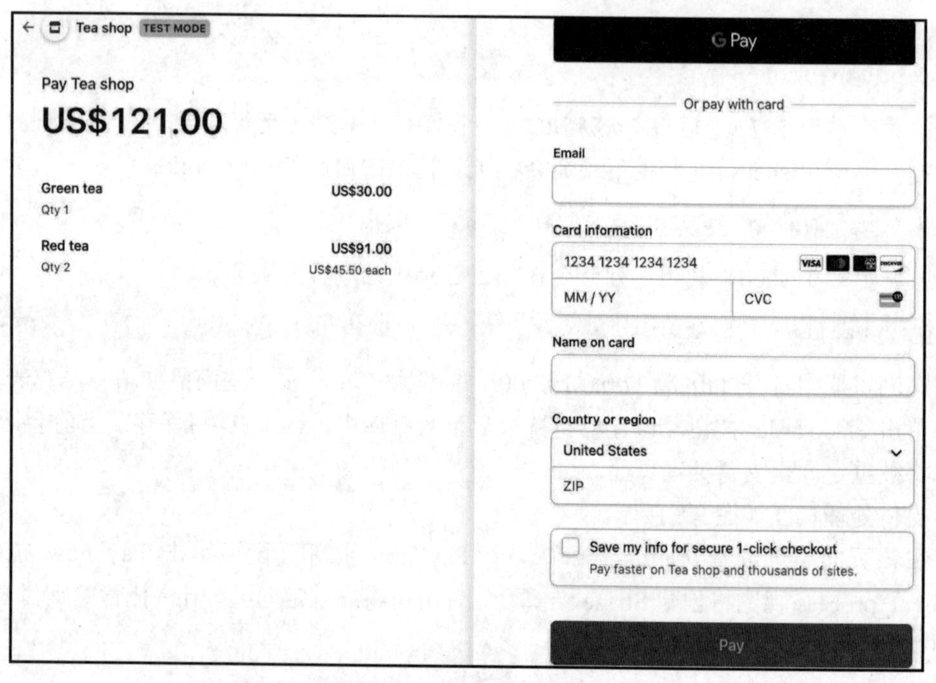

图 9.9　Stripe 结算支付表单

1. 测试信用卡

针对不同的发放机构和国家，Stripe 提供了不同的信用卡测试方案，进而可模拟支付过程并测试所有可能的场景（如成功支付，拒绝支付等）。表 9.1 显示了不同场合下的信用卡测试操作。

表 9.1　信用卡测试

结　果	测试信用卡	CVC	过 期 日 期
成功支付	4242 4242 4242 4242	任意 3 位	未来任何日期
无效支付	4000 0000 0000 0002	任意 3 位	未来任何日期
需要 3D 安全认证	4000 0025 0000 3155	任意 3 位	未来任何日期

读者可访问 https://stripe.com/docs/testing 查看信用卡测试的完整列表。

这里使用了信用卡 4242 4242 4242 4242，这是一张返回成功购买信息的 Visa 卡。另外，我们还将使用 CVC123 和未来任何过期时间，如 12/29。下面在支付表单中输入信用卡的详细信息，如图 9.10 所示。

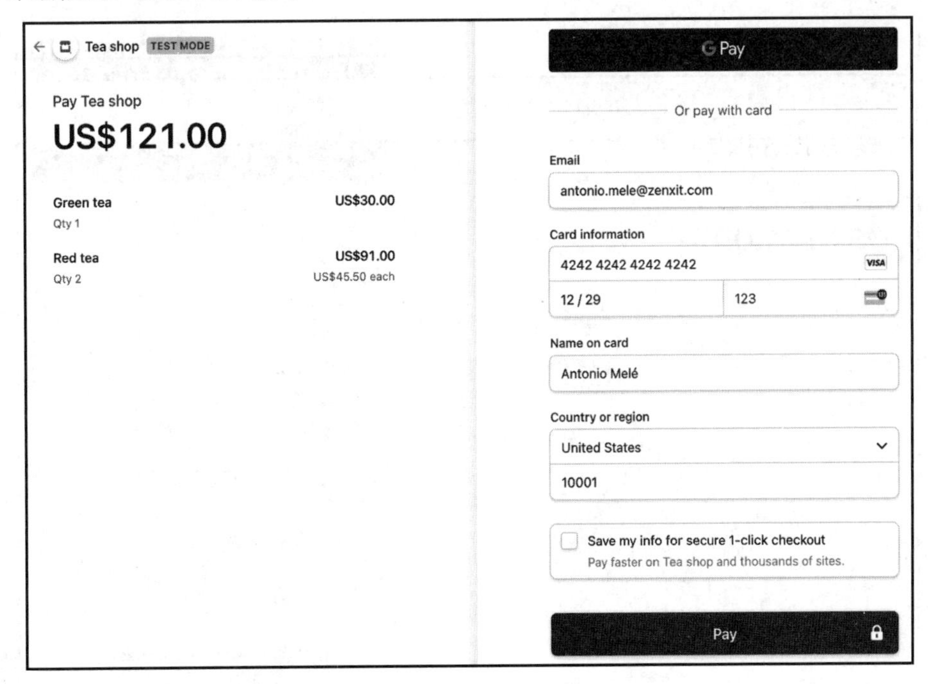

图 9.10　包含有效信用卡信息的支付表单

单击 Pay 按钮，按钮文本随后将变为 Processing…，如图 9.11 所示。

在几秒钟后，按钮将变为绿色，如图 9.12 所示。

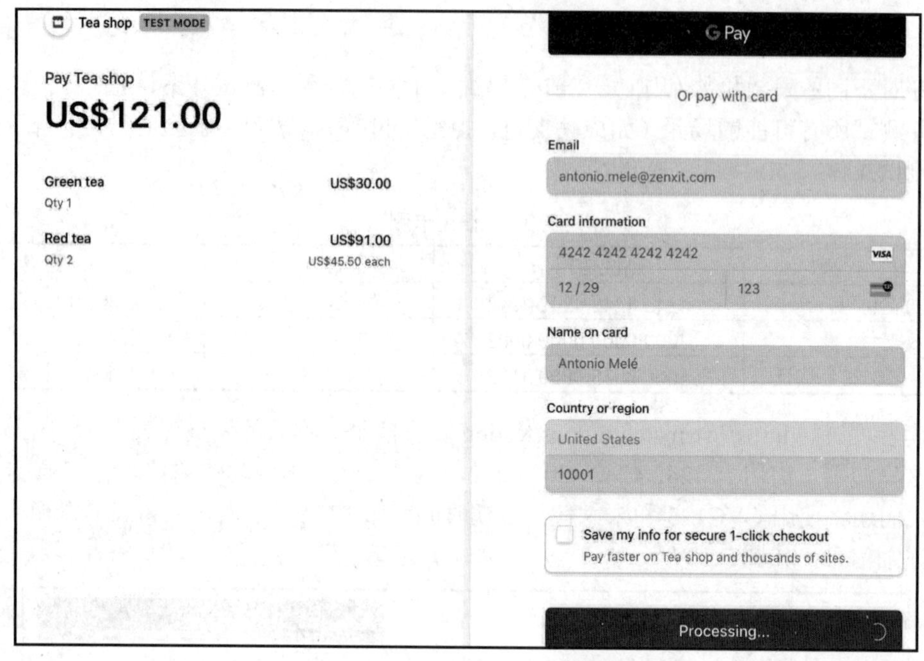

图 9.11　处理过程中的支付表单

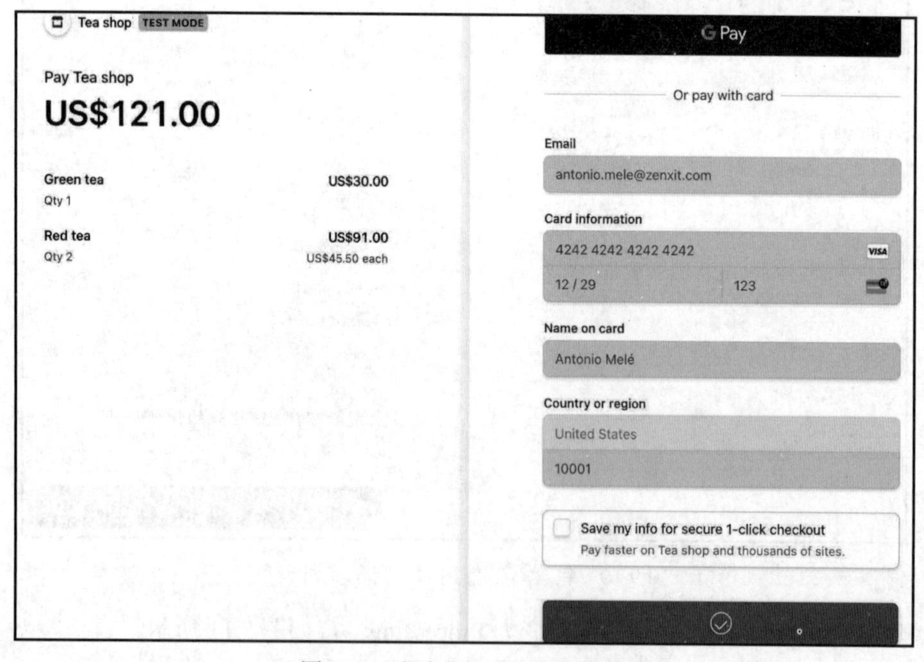

图 9.12　成功支付后的支付表单

Stripe 将浏览器重定向至创建结算会话时提供的支付完成 URL，如图 9.13 所示。

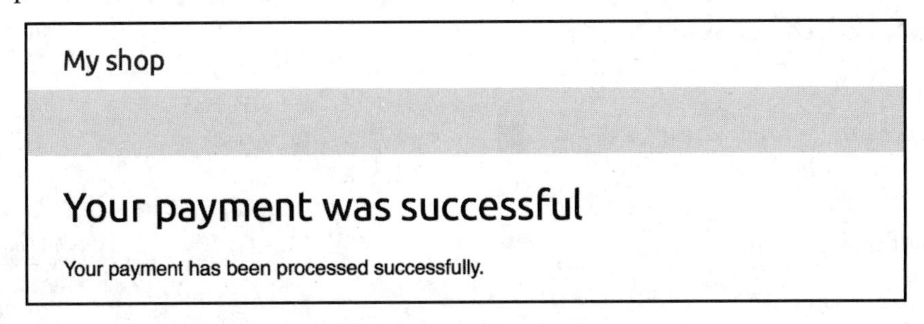

图 9.13　成功支付页面

2. 在 Stripe 仪表板中检查支付信息

读者可访问 https://dashboard.stripe.com/test/payments 并进入 Stripe 仪表板。在 Payments 下，将能够看到如图 9.14 所示的支付信息。

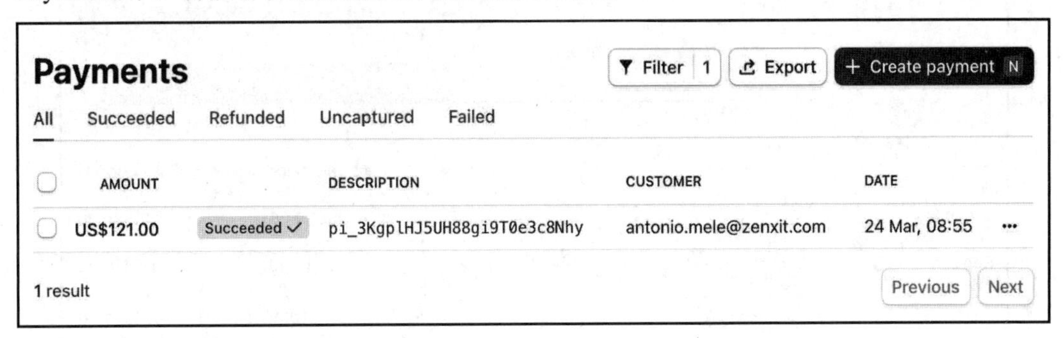

图 9.14　在 Stripe 仪表板中包含状态 Succeeded 的支付对象

当前，支付状态为 Succeeded。支付描述包含始于 pi_的 payment intent ID。当结算会话确认后，Stripe 创建一个与会话关联的支付意图（intent）。支付意图用于收取用户的付款。Stripe 将所有尝试的支付记录为支付意图。每个支付意图均包含唯一的 ID，并封装了交易的细节信息，如所支持的支付方法收取的金额和所需的货币。

单击交易即可访问支付细节。

对应结果如图 9.15 所示。

此处可以看到支付信息和支付的时间轴，包含支付的变化内容。在 Checkout summary 下，可以查看到所购买的系列商品，包括名称、数量、单价和金额。在 Payment details 下，可以看到支付金额的细目和处理支付的 Stripe 费用。

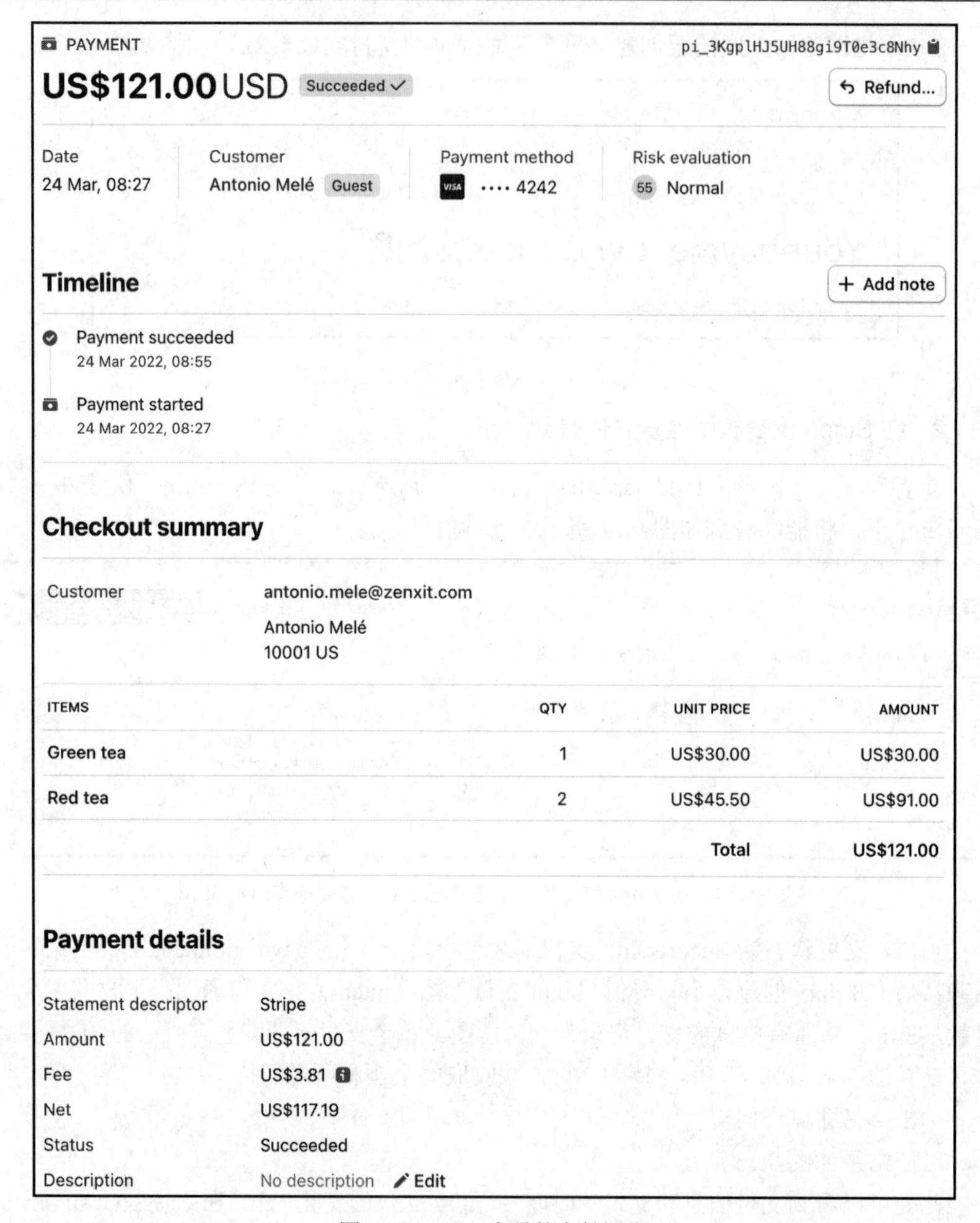

图 9.15　Stripe 交易的支付细节

这一部分内容还包含了 Payment method，包括与支付方法相关的细节信息，以及 Stripe 执行的信用卡检查，如图 9.16 所示。

Payment method

ID	pm_1KgqCeJ5UH88gi9TG6fuyETL	Owner	Antonio Melé
Number	•••• 4242	Owner email	antonio.mele@zenxit.com
Fingerprint	Ms4UOyABpHZLkN3s	Address	10001, US
Expires	12 / 2029	Origin	United States
Type	Visa credit card	CVC check	Passed
Issuer	Stripe Payments UK Limited	Zip check	Passed

图 9.16　Stripe 交易中采用的支付方法

此外，这一部分内容还包含了 Events and logs，如图 9.17 所示。

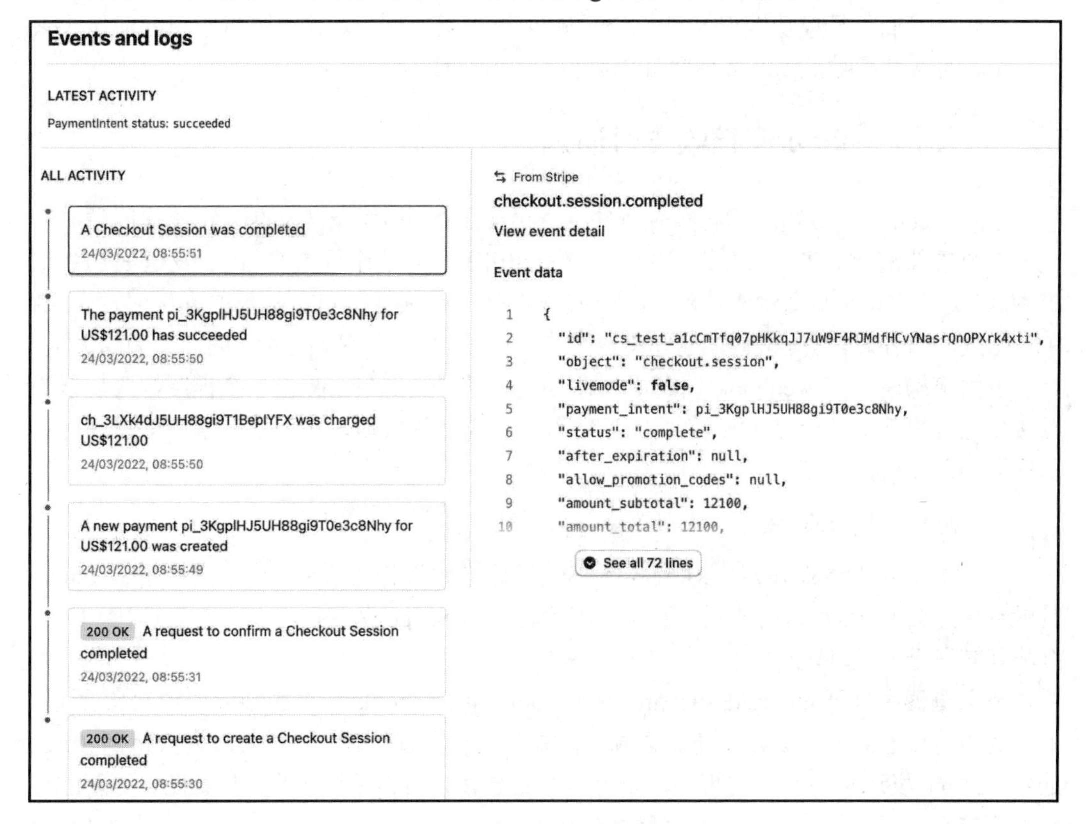

图 9.17　Stripe 交易的事件和日志

上述内容包含了与交易相关的全部活动，包括 Stripe API 的请求。我们可单击任意请求查看 Stripe API 的 HTTP 请求，以及 JSON 格式的响应结果。

下面按时间顺序从下至上解释一下活动事件。

（1）通过向 Stripe API 端点/v1/checkout/sessions 发送 POST 请求创建一个新的结算会话。用于 payment_process 视图中的 Stripe SDK 方法 stripe.checkout.Session.create()向 Stripe API 构建并发送请求，处理响应结果后返回一个会话对象。

（2）用户重定向至结算页面，并于其中提交支付表单。确认结算会话请求由 Stripe 结算页面发送。

（3）创建新的支付意图。

（4）创建与支付意图相关的交付行为。

（5）支付意图完成了一次成功的支付。

（6）结算会话完成。

至此，我们已经成功地将 Stripe Checkout 集成至项目中。接下来将学习如何接收来自 Stripe 的支付通知，以及如何在订单中引用 Stripe 支付。

9.1.6　使用 webhook 接收支付通知

通过 webhook，Stripe 可将实时事件推送至应用程序中，webhook（也称作回调）可视为一个事件驱动 API，而非请求驱动 API。Stripe 可向应用程序的 URL 发送 HTTP 请求，并以实时方式通知支付成功，且无须频繁地轮询 Stripe API 以了解新的支付何时完成。

当发生事件时，这些事件的通知将以异步方式呈现，且与 Stripe API 的同步调用无关。

下面将构建一个 webhook 端点并接收 Stripe 事件。webhook 由一个视图构成，该视图接收包含事件信息的 JSON 负载。当结算会话成功完成后，将使用该事件信息并将订单标记为已支付。

1. 创建 webhook 端点

我们可将 webhook 端点 URL 添加至 Stripe 账户中以接收事件。由于采用了 webhook 且没有通过公共 URL 访问的托管网站，因此将使用 Stripe 命令行界面（CLI）监听事件，并将其转发至本地环境。

在浏览器中打开 https://dashboard.stripe.com/test/webhooks，对应结果如图 9.18 所示。

其中可以看到 Stripe 异步通知集成的模式。当发生事件时，将以实时方式得到 Stripe 通知。Stripe 发送不同类型的事件，如所创建的结算会话、所创建的支付意图、更新的支付意图或完成后的结算会话。读者可访问 https://stripe.com/docs/api/events/types 查看 Stripe 发送的完整的事件类型列表。

单击 Test in a local environment 按钮，对应结果如图 9.19 所示。

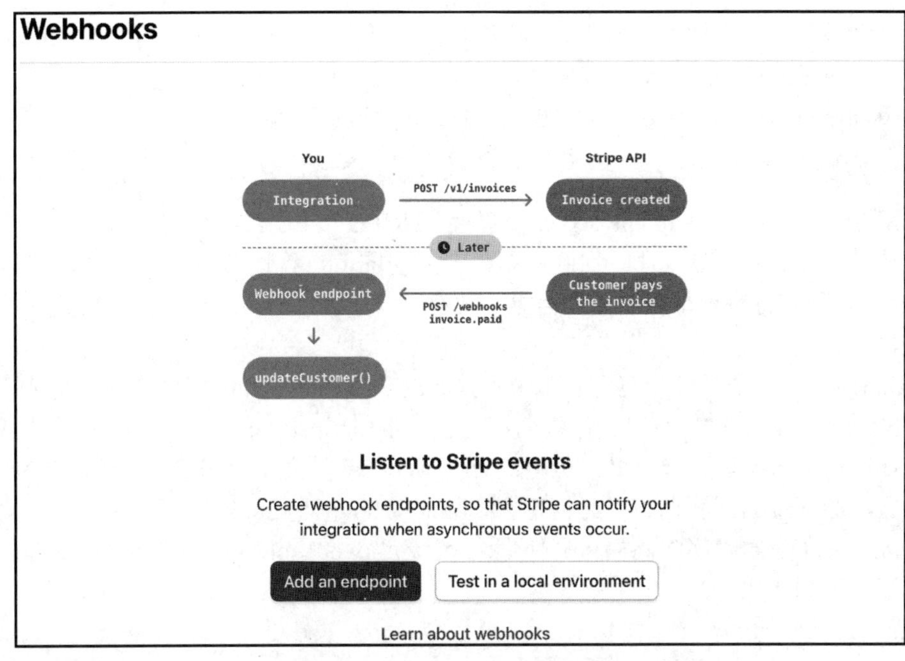

图 9.18　Stripe webhook 默认页面

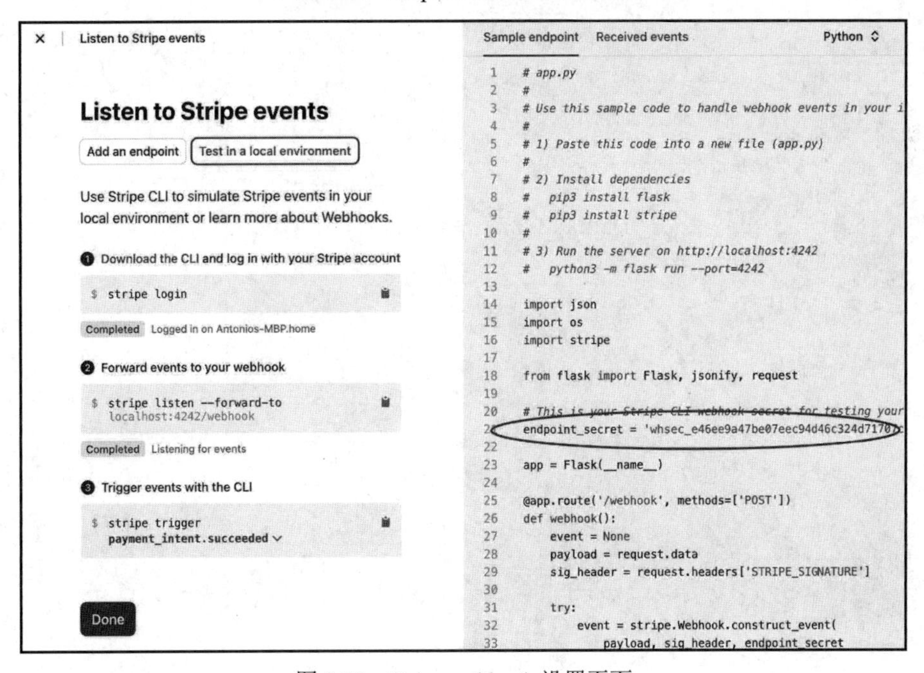

图 9.19　Stripe webhook 设置页面

该页面显示了从本地环境监听 Stripe 事件的步骤，同时还包含了一个 Python webhook 示例端点。随后复制 endpoint_secret 值。

编辑 myshop 项目的 settings.py 文件，并向其中添加下列设置。

```
STRIPE_WEBHOOK_SECRET = ''
```

利用 Stripe 提供的 endpoint_secret 值替换 STRIPE_WEBHOOK_SECRET 值。

当构建 webhook 端点时，我们将创建一个视图，该视图接收包含事件详细信息的 JSON 负载。我们将检查事件的详细信息，以确认结算会话何时完成，并将相关订单标记为已支付。

Stripe 通过在每个事件中包含一个带有签名的 Stripe-Signature 头来签署它发送给端点的 webhook 事件。通过检查 Stripe 签名，可验证事件由 Stripe 发送，而不是通过第三方发送。如果未检查签名，攻击者可能会故意向 webhook 发送伪造事件。Stripe SDK 提供了一种方法验证签名，我们将以此创建一个验证签名的 webhook。

向 payment/应用程序中添加新文件，将其命名为 webhooks.py，并向新的 webhooks.py 文件中添加下列代码。

```python
import stripe
from django.conf import settings
from django.http import HttpResponse
from django.views.decorators.csrf import csrf_exempt
from orders.models import Order

@csrf_exempt
def stripe_webhook(request):
    payload = request.body
    sig_header = request.META['HTTP_STRIPE_SIGNATURE']
    event = None

    try:
        event = stripe.Webhook.construct_event(
                    payload,
                    sig_header,
                    settings.STRIPE_WEBHOOK_SECRET)
    except ValueError as e:
        # Invalid payload
        return HttpResponse(status=400)
    except stripe.error.SignatureVerificationError as e:
        # Invalid signature
        return HttpResponse(status=400)

    return HttpResponse(status=200)
```

@csrf_exempt 装饰器用于防止 Django 执行 CSRF 验证，而默认情况下，所有 POST 请求都要执行 CSRF 验证。我们采用 stripe 库中的 stripe.Webhook.construct_event()方法验证事件的签名头。如果事件的负载或签名无效，则返回 HTTP 400 Bad Request 响应结果，否则返回 HTTP 200 OK 响应结果。这是验证签名以及从 JSON 负载构建事件所需的基本功能。接下来实现 webhook 端点的动作。

向 stripe_webhook 视图中添加下列代码。

```
@csrf_exempt
def stripe_webhook(request):
    payload = request.body
    sig_header = request.META['HTTP_STRIPE_SIGNATURE']
    event = None

    try:
        event = stripe.Webhook.construct_event(
                    payload,
                    sig_header,
                    settings.STRIPE_WEBHOOK_SECRET)
    except ValueError as e:
        # Invalid payload
        return HttpResponse(status=400)
    except stripe.error.SignatureVerificationError as e:
        # Invalid signature
        return HttpResponse(status=400)

    if event.type == 'checkout.session.completed':
        session = event.data.object
        if session.mode == 'payment' and session.payment_status == 'paid':
            try:
                order = Order.objects.get(id=session.client_reference_id)
            except Order.DoesNotExist:
                return HttpResponse(status=404)
            # mark order as paid
            order.paid = True
            order.save()

    return HttpResponse(status=200)
```

在新代码中，我们检查所接收的事件是否为 checkout.session.completed。该事件表明结算会话已经成功完成。如果接收到该事件，则检索会话对象并检查会话 mode 是否为 payment，因为这是一次性支付的预期模式。随后得到创建结算会话时所用的

client_reference_id 属性，并使用 Django ORM 检索具有给定 id 的 Order 对象。如果订单不存在，则抛出 HTTP 404 异常，否则利用 order.paid = True 将订单标记为已支付，并将该订单保存至数据库中。

编辑 payment 应用程序的 urls.py 文件，并添加下列代码。

```
from django.urls import path
from . import views
from . import webhooks

app_name = 'payment'

urlpatterns = [
    path('process/', views.payment_process, name='process'),
    path('completed/', views.payment_completed, name='completed'),
    path('canceled/', views.payment_canceled, name='canceled'),
    path('webhook/', webhooks.stripe_webhook, name='stripe-webhook'),
]
```

至此，我们导入了 webhook 模块，并为 Stripe webhook 添加了 URL 模式。

2. 测试 webhook 通知

当测试 webhook 时，需要安装 Stripe CLI。Stripe CLI 是一个开发工具，可直接从 shell 中测试和管理与 Stripe 的集成。读者可访问 https://stripe.com/docs/stripe-cli#install 查看安装指令。

对于 macOS 和 Linux 用户，可利用下列命令和 Homebrew 安装 Stripe CLI。

```
brew install stripe/stripe-cli/stripe
```

对于 Windows 用户，或者缺少 Homebrew 的 macOS 和 Linux 用户，可访问 https://github.com/stripe/stripe-cli/releases/latest 下载最新版本的 Stripe CLI 并解压文件。对于 Windows 用户，可运行解压后的.exe 文件。

在安装了 Stripe CLI 后，在 shell 中运行下列命令。

```
stripe login
```

对应输出结果如下所示。

```
Your pairing code is: xxxx-yyyy-zzzz-oooo
This pairing code verifies your authentication with Stripe.
Press Enter to open the browser or visit https://dashboard.stripe.com/
stripecli/confirm_auth?t=....
```

按 Enter 键或在浏览器中打开 URL，对应结果如图 9.20 所示。

图 9.20　Stripe CLI 配对界面

验证 Stripe CLI 中的配对代码与网站上显示的内容是否匹配，随后单击 Allow access 按钮。

随后将会看到如图 9.21 所示的内容。

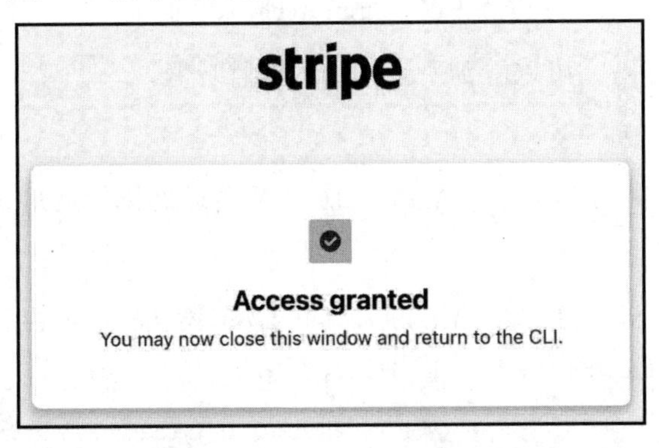

图 9.21　Stripe CLI 配对确认

在 shell 中运行下列命令。

```
stripe listen --forward-to localhost:8000/payment/webhook/
```

我们使用该命令通知 Stripe 监听事件，并将其转发至本地主机。这里使用了 Django 开发服务器运行的 8000 端口，以及匹配 webhookURL 模式的/payment/webhook/路径。

对应输出结果如下所示。

```
Getting ready... > Ready! You are using Stripe API Version [2022-08-01].
Your webhook signing secret is xxxxxxxxxxxxxxxxxxx (^C to quit)
```

此处可以看到 webhook 的密码，并检查 webhook 签名密码是否与项目 settings.py 文件中的 STRIPE_WEBHOOK_SECRET 设置相匹配。

在浏览器中打开 https://dashboard.stripe.com/test/webhooks，对应输出结果如图 9.22 所示。

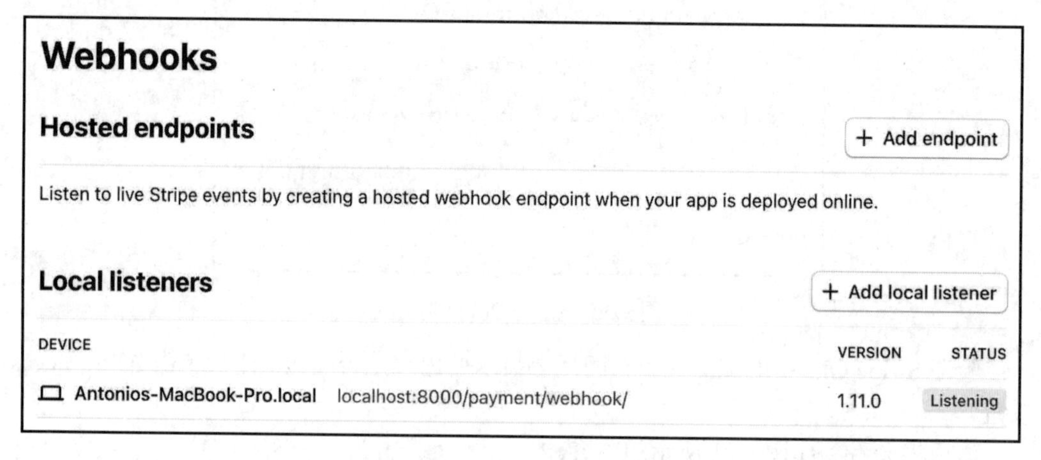

图 9.22　Stripe webhook 页面

在 Local listeners 下，可以看到所创建的本地监听器。

注意：

在生产环境中，Strip CLI 并不需要。相反，需要通过托管应用程序的 URL 添加一个托管的 webhook 端点。

在浏览器中打开 http://127.0.0.1:8000/，向购物车添加一些商品，并完成结算过程。

查看运行 Stripe CLI 的 shell，如下所示。

```
2022-08-17 13:06:13 --> payment_intent.created [evt_...]
2022-08-17 13:06:13 <-- [200] POST http://localhost:8000/payment/webhook/
[evt_...]
```

```
2022-08-17 13:06:13 --> payment_intent.succeeded [evt_...]
2022-08-17 13:06:13 <-- [200] POST http://localhost:8000/payment/webhook/
[evt_...]

2022-08-17 13:06:13 --> charge.succeeded [evt_...]
2022-08-17 13:06:13 <-- [200] POST http://localhost:8000/payment/webhook/
[evt_...]

2022-08-17 13:06:14 --> checkout.session.completed [evt_...]
2022-08-17 13:06:14 <-- [200] POST http://localhost:8000/payment/webhook/
[evt_...]
```

可以看到 Stripe 向本地 webhook 端点发送了不同的事件，这些事件按时间顺序包括：

- payment_intent.created：所创建的支付意图。
- payment_intent.succeeded：成功的支付意图。
- charge.succeeded：与成功支付意图关联的付费。
- checkout.session.completed：结算会话完成。这是用于将订单标记为已支付的事件。

stripe_webhook webhook 向 Stripe 发送的所有请求返回一个 HTTP 200 OK 响应结果。然而，我们仅处理了 checkout.session.completed 事件，并将与该支付相关的订单标记为已支付。

在浏览器中打开 http://127.0.0.1:8000/admin/orders/order/，订单应标记为已支付，如图 9.23 所示。

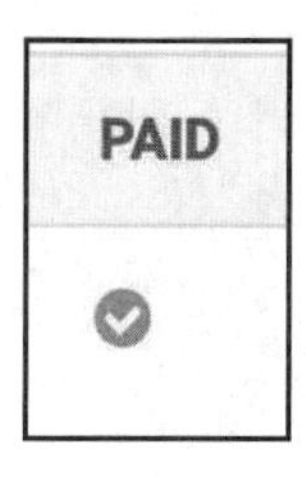

图 9.23　在管理网站的订单列表中，订单标记为已支付

当前，利用 Stripe 支付通知，订单自动标记为已支付。接下来将学习如何在订单中引用 Stripe 支付。

9.1.7　在订单中引用 Stripe 支付

每个 Stripe 支付包含唯一的标识符。我们可使用支付 ID 将每个订单与其对应的 Stripe 支付关联起来。我们将向 orders 应用程序的 Order 模型中添加一个新字段，以便按照其 ID 引用相关的支付。这允许我们将每个订单与相关的 Stripe 交易链接起来。

编辑 orders 应用程序的 models.py 文件，并向 Order 模型中添加下列字段。

```
class Order(models.Model):
    # ...
    stripe_id = models.CharField(max_length=250, blank=True)
```

接下来将该字段与数据库同步。使用下列命令针对项目生成数据库迁移。

```
python manage.py makemigrations
```

对应的输出结果如下所示。

```
Migrations for 'orders':
  orders/migrations/0002_order_stripe_id.py
    - Add field stripe_id to order
```

利用下列命令将迁移应用至数据库。

```
python manage.py migrate
```

对应输出结果如下所示。

```
Applying orders.0002_order_stripe_id... OK
```

当前，模型变化与数据库同步，并能够针对每个订单存储 Stripe 支付 ID。

在 payment 应用程序的 views.py 文件中，编辑 stripe_webhook 函数，并添加下列代码行。

```
# ...
@csrf_exempt
def stripe_webhook(request):
    # ...

    if event.type == 'checkout.session.completed':
        session = event.data.object
        if session.mode == 'payment' and session.payment_status == 'paid':
            try:
                order = Order.objects.get(id=session.client_reference_id)
            except Order.DoesNotExist:
                return HttpResponse(status=404)
            # mark order as paid
            order.paid = True
            # store Stripe payment ID
            order.stripe_id = session.payment_intent
            order.save()
            # launch asynchronous task
            payment_completed.delay(order.id)
```

```
    return HttpResponse(status=200)
```

根据这一变化，当针对完成后的结算会话接收 webhook 通知时，支付意图 ID 存储于 order 对象的 stripe_id 字段中。

在浏览器中打开 http://127.0.0.1:8000/，向购物车中添加一些商品并完成结算流程。随后，在浏览器中访问 http://127.0.0.1:8000/admin/orders/order/，单击最近的订单 ID 并对其进行编辑。stripe_id 字段应包含支付意图 ID，如图 9.24 所示。

Stripe id:	pi_3KgzdDJ5UH88gi9T15cZLTrO

图 9.24　包含支付意图 ID 的 Stripe ID 字段

我们成功地在订单中引用了 Stripe 支付。当前，我们可将 Stripe 支付 ID 添加至管理网站的订单列表中。此外，还可包含每个支付 ID 的链接，并在 Stripe 仪表板中查看支付细节内容。

编辑 orders 应用程序的 models.py 文件，并添加下列代码。

```
from django.db import models
from django.conf import settings
from shop.models import Product

class Order(models.Model):
    # ...

    class Meta:
        # ...

    def __str__(self):
        return f'Order {self.id}'

    def get_total_cost(self):
        return sum(item.get_cost() for item in self.items.all())

    def get_stripe_url(self):
        if not self.stripe_id:
            # no payment associated
            return ''
        if '_test_' in settings.STRIPE_SECRET_KEY:
            # Stripe path for test payments
            path = '/test/'
```

```
        else:
            # Stripe path for real payments
            path = '/'
        return f'https://dashboard.stripe.com{path}payments/{self. stripe_id}'
```

我们已经将 get_stripe_url()方法添加至 Order 模型中，该方法针对订单关联的支付返回 Stripe 仪表板的 URL。如果支付 ID 未存储在 Order 对象的 stripe_id 字段中，则返回一个空字符串，否则返回 Stripe 仪表板中的支付 URL。我们检查字符串_test_是否出现于 STRIPE_SECRET_KEY 设置项中，以区分生产环境和测试环境。相应地，生产环境中的支付遵循 https://dashboard.stripe.com/payments/{id}中的模式，而测试支付则遵循 https://dashboard.stripe.com/payments/test/{id}中的模式。

接下来在管理网站的列表显示页面上添加每个 Order 对象的链接。

编辑 orders 应用程序的 admin.py 文件，并添加下列代码。

```
from django.utils.safestring import mark_safe

def order_payment(obj):
    url = obj.get_stripe_url()
    if obj.stripe_id:
        html = f'<a href="{url}" target="_blank">{obj.stripe_id}</a>'
        return mark_safe(html)
    return ''
order_payment.short_description = 'Stripe payment'

@admin.register(Order)
class OrderAdmin(admin.ModelAdmin):
    list_display = ['id', 'first_name', 'last_name', 'email',
                    'address', 'postal_code', 'city', 'paid',
                    order_payment, 'created', 'updated']
# ...
```

order_stripe_payment()函数作为参数接收Order对象，并返回包含Stripe中的支付URL的 HTML 链接。默认状态下，Django 转义 HTML 输出结果。对此，我们使用 mark_safe 函数防止自动转义。

注意：

避免对来自用户的输入使用 mark_safe，以避免跨站脚本（XSS）。XSS 使攻击者能够将客户端脚本注入到其他用户查看的 Web 内容中。

在浏览器中打开 http://127.0.0.1:8000/admin/orders/order/，随后将会看到一个名为 STRIPE PAYMENT 的新列，以及针对最新订单的相关的 Stripe 支付 ID，如图 9.25 所示。

如果单击支付 ID，用户将被转至 Stripe 中的支付 URL，其中可查看到附加的支付细节信息。

图 9.25　针对管理网站中的订单对象的 Stripe 支付 ID

当前，当接收支付通知时，我们能够自动将 Stripe 支付 ID 存储于订单中。至此，我们已经成功地将 Stripe 集成至项目中。

一旦完成了对集成的测试，即可申请一个生产环境下的 Stripe 账户。当转至生产环境时，记住将 Stripe 测试证书替换为 settings.py 文件中的活动证书。此外，还需要在 https://dashboard.stripe.com/webhooks 处添加托管网站的 webhook 端点，而不是使用 Stripe CLI。第 17 章将讨论如何针对多种环境配置项目的设置项。

9.2　将订单导出为 CSV 文件

某些时候，可能需要将模型中包含的信息导出至一个文件中，以便将该文件导入至另一个系统中。对此，广泛使用的导出/导入格式之一是逗号分隔值（CSV）文件。CSV 文件是一个纯文本文件，并由多条记录构成。每行通常包含一条记录和一些分隔记录字段的分隔符（通常是一个逗号）。下面将自定义管理网站并能够将订单导出为 CSV 文件。

Django 提供了多种选项可自定义管理网站。这里，我们将调整对象列表视图，进而包含一个自定义管理动作（action）。具体来说，我们可实现自定义管理动作，以使员工用户在变更列表视图中一次性地对多个元素实施动作。

管理动作的工作方式可描述为，用户通过复选框在管理对象列表页面中选择对象，随后选择在所有选择条目上执行的动作并执行这些动作。图 9.26 显示了动作在管理网站中所处的位置。

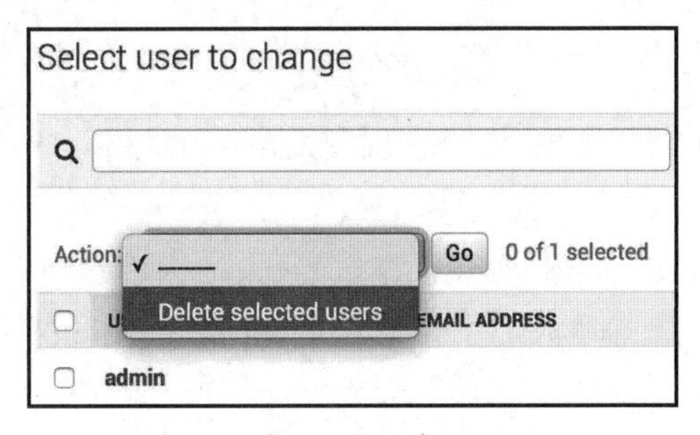

图 9.26　Django 管理动作的下拉菜单

通过编写常规函数并接收下列参数，即可创建自定义动作。

- ❑ 所显示的当前 ModelAdmin。
- ❑ 作为 HttpRequest 实例的当前请求对象。
- ❑ 用户所选对象的 QuerySet。

当动作在管理网站中被触发后，即会执行此类函数。

对此，我们将创建一个自定义管理动作，并作为 CSV 文件下载一个订单列表。

编辑 orders 应用程序的 admin.py 文件，并在 OrderAdmin 类之前添加下列代码。

```
import csv
import datetime
from django.http import HttpResponse

def export_to_csv(modeladmin, request, queryset):
    opts = modeladmin.model._meta
    content_disposition = f'attachment;
    filename={opts.verbose_name}.csv'
    response = HttpResponse(content_type='text/csv')
    response['Content-Disposition'] = content_disposition
    writer = csv.writer(response)
    fields = [field for field in opts.get_fields() if not \
              field.many_to_many and not field.one_to_many]
    # Write a first row with header information
    writer.writerow([field.verbose_name for field in fields])
    # Write data rows
    for obj in queryset:
        data_row = []
        for field in fields:
            value = getattr(obj, field.name)
            if isinstance(value, datetime.datetime):
                value = value.strftime('%d/%m/%Y')
            data_row.append(value)
        writer.writerow(data_row)
    return response
export_to_csv.short_description = 'Export to CSV'
```

上述代码执行下列任务。

（1）创建一个 HttpResponse 实例，指定 text/csv 内容类型，并通知浏览器响应结果须视为一个 CSV 文件。此外还添加了一个 Content-Disposition 头以表明 HTTP 响应结果包含一个绑定的文件。

（2）创建 CSV writer 对象，该对象将写入至 response 对象中。

（3）利用模型的_meta 选项的 get_fields()方法以动态方式获取 model 字段。

（4）编写一个包含字段名的标题行。

（5）遍历给定的 QuerySet，并为 QuerySet 返回的每个对象编写一行。此处应注意格式化 datetime 对象，因为 CSV 的输出值必须是字符串。

（6）通过在函数上设置 short_description 属性，可在管理网站的动作下拉元素中自定义动作的显示名称。

至此，我们创建了一个通用管理动作，并可添加至任何 ModelAdmin 类中。

最后，向 OrderAdmin 类中添加新的 export_to_csv 管理动作，如下所示。

```
@admin.register(Order)
class OrderAdmin(admin.ModelAdmin):
    list_display = ['id', 'first_name', 'last_name', 'email',
                    'address', 'postal_code', 'city', 'paid',
                    order_payment, 'created', 'updated']
    list_filter = ['paid', 'created', 'updated']
    inlines = [OrderItemInline]
    actions = [export_to_csv]
```

利用下列命令启动开发服务器。

```
python manage.py runserver
```

在浏览器中打开 http://127.0.0.1:8000/admin/orders/order/。最终的管理动作如图 9.27 所示。

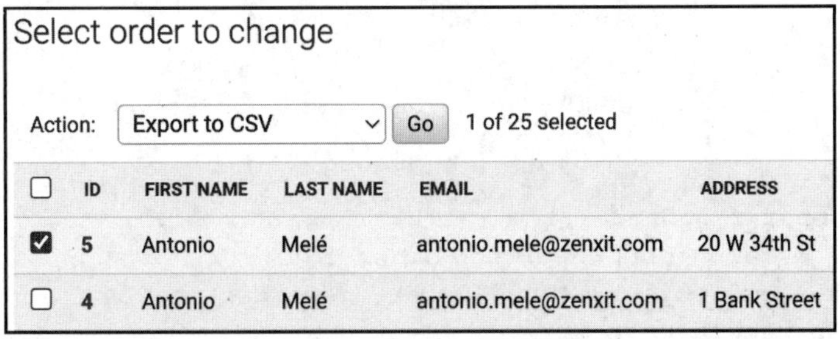

Select order to change

Action: Export to CSV　Go　1 of 25 selected

	ID	FIRST NAME	LAST NAME	EMAIL	ADDRESS
☑	5	Antonio	Melé	antonio.mele@zenxit.com	20 W 34th St
☐	4	Antonio	Melé	antonio.mele@zenxit.com	1 Bank Street

图 9.27　使用自定义 Export to CSV 管理动作

选取一些订单并在下拉菜单中选择 Export to CSV 动作，随后单击 Go 按钮。浏览器将下载名为 order.csv 的 CSV 生成文件。利用文本编辑器打开下载后的文件，即可看到下列格式的内容，包括标题行，以及针对每个所选 Order 对象的一行内容。

```
ID,first name,last name,email,address,postal
code,city,created,updated,paid,stripe id
```

```
5,Antonio,Melé,antonio.mele@zenxit.com,20 W 34th St,10001,New
York,24/03/2022,24/03/2022,True,pi_3KgzZVJ5UH88gi9T1l8ofnc6
...
```

可以看到，创建管理动作较为直观。关于如何利用 Django 生成 CSV 文件，读者可访问 https://docs.djangoproject.com/en/4.1/howto/outputting-csv/以了解更多内容。

接下来将通过创建自定义管理视图以进一步自定义管理网站。

9.3　利用自定义视图扩展管理网站

某些时候，管理网站的定制可能不仅限于配置 ModelAdmin、创建管理动作以及覆写管理模板。我们可能希望实现现有管理视图或模板中没有的附加功能。针对于此，需要创建一个自定义管理视图。当采用自定义视图时，我们可构建所需要的任意功能，且仅须确保员工用户可访问视图，以及使你的模板扩展一个管理模板以维护管理观感。

下面创建一个自定义视图并显示与订单相关的信息。编辑 orders 应用程序的 views.py 文件，并添加下列代码。

```
from django.urls import reverse
from django.shortcuts import render, redirect, get_object_or_404
from django.contrib.admin.views.decorators import staff_member_required
from .models import OrderItem, Order
from .forms import OrderCreateForm
, from .tasks import order_created
from cart.cart import Cart

def order_create(request):
    # ...

@staff_member_required
def admin_order_detail(request, order_id):
    order = get_object_or_404(Order, id=order_id)
    return render(request,
                  'admin/orders/order/detail.html',
                  {'order': order})
```

staff_member_required 装饰器检查请求页面的用户的 is_active 和 is_staff 字段是否都设置为 True。在当前视图中，我们利用给定 ID 获取 Order 对象，并渲染模板以显示订单。

接下来编辑 orders 应用程序的 urls.py 文件，并添加下列 URL 模式。

```
urlpatterns = [
```

```
    path('create/', views.order_create, name='order_create'),
    path('admin/order/<int:order_id>/', views.admin_order_detail,
                                        name='admin_order_detail),
]
```

在 orders 应用程序的 templates/目录中创建下列文件结构。

```
admin/
    orders/
        order/
            detail.html
```

编辑 detail.html 模板并向其中添加下列内容。

```
{% extends "admin/base_site.html" %}

{% block title %}
  Order {{ order.id }} {{ block.super }}
{% endblock %}

{% block breadcrumbs %}
  <div class="breadcrumbs">
    <a href="{% url "admin:index" %}">Home</a> &rsaquo;
    <a href="{% url "admin:orders_order_changelist" %}">Orders</a>
    &rsaquo;
    <a href="{% url "admin:orders_order_change" order.id %}">Order
{{ order.id }}</a>
    &rsaquo; Detail
  </div>
{% endblock %}

{% block content %}
<div class="module">
  <h1>Order {{ order.id }}</h1>
  <ul class="object-tools">
    <li>
      <a href="#" onclick="window.print();">
        Print order
      </a>
    </li>
  </ul>
  <table>
    <tr>
      <th>Created</th>
      <td>{{ order.created }}</td>
```

```
    </tr>
    <tr>
      <th>Customer</th>
      <td>{{ order.first_name }} {{ order.last_name }}</td>
    </tr>
    <tr>
      <th>E-mail</th>
      <td><a href="mailto:{{ order.email }}">{{ order.email }}</a></td>
    </tr>
    <tr>
      <th>Address</th>
    <td>
      {{ order.address }},
      {{ order.postal_code }} {{ order.city }}
    </td>
    </tr>
    <tr>
      <th>Total amount</th>
      <td>${{ order.get_total_cost }}</td>
    </tr>
    <tr>
      <th>Status</th>
      <td>{% if order.paid %}Paid{% else %}Pending payment{% endif %}</td>
    </tr>
    <tr>
      <th>Stripe payment</th>
      <td>
        {% if order.stripe_id %}
          <a href="{{ order.get_stripe_url }}" target="_blank">
            {{ order.stripe_id }}
          </a>
        {% endif %}
      </td>
    </tr>
  </table>
</div>
<div class="module">
  <h2>Items bought</h2>
  <table style="width:100%">
    <thead>
      <tr>
        <th>Product</th>
        <th>Price</th>
```

```
      <th>Quantity</th>
      <th>Total</th>
    </tr>
  </thead>
  <tbody>
    {% for item in order.items.all %}
      <tr class="row{% cycle "1" "2" %}">
        <td>{{ item.product.name }}</td>
        <td class="num">${{ item.price }}</td>
        <td class="num">{{ item.quantity }}</td>
        <td class="num">${{ item.get_cost }}</td>
      </tr>
    {% endfor %}
    <tr class="total">
      <td colspan="3">Total</td>
      <td class="num">${{ order.get_total_cost }}</td>
    </tr>
  </tbody>
 </table>
</div>
{% endblock %}
```

确保模板标签未被划分为多行。

该模板在管理网站上显示订单的详细信息，并扩展了 Django 管理网站的 admin/base_site.html 模板，该模板包含了主要的 HTML 结构和 CSS 样式。我们使用定义于父模板中的块包含自己的内容，并显示了与订单和所购买商品相关的信息。

当需要扩展管理模板时，需要了解其结构并确认已存在的块。读者可访问 https://github.com/django/django/tree/4.0/django/contrib/admin/templates/admin 查看所有的管理模板。

除此之外，必要时还可覆写管理模板。对此，可将模板复制至 templates/目录中，并保留相同的相对路径和文件名。Django 的管理网站将使用自定义模板，而非默认的模板。

最后，在管理网站的列表显示页面上，添加每个 Order 对象的链接。编辑 orders 应用程序的 admin.py 文件并在 OrderAdmin 类上方添加下列代码。

```
from django.urls import reverse

def order_detail(obj):
    url = reverse('orders:admin_order_detail', args=[obj.id])
    return mark_safe(f'<a href="{url}">View</a>')
```

该函数作为参数接收 Order 对象，并返回一个 admin_order_detail URL 的 HTML 链接。默认状态下，Django 将转义 HTML 输出结果，因而需要使用 mark_safe 函数以避免自动转义。

编辑 OrderAdmin 类并显示链接，如下所示。

```
class OrderAdmin(admin.ModelAdmin):
    list_display = ['id', 'first_name', 'last_name', 'email',
                    'address', 'postal_code', 'city', 'paid',
                    order_payment, 'created', 'updated',
                    order_detail]
    # ...
```

利用下列命令启动开发服务器。

```
python manage.py runserver
```

在浏览器中打开 http://127.0.0.1:8000/admin/orders/order/，可以看到，每行包含一个 View 链接，如图 9.28 所示。

PAID	STRIPE PAYMENT	CREATED	UPDATED	ORDER DETAIL
✔	pi_3KgzZVJ5UH88gi9T1l8ofnc6	March 24, 2022, 10:55 p.m.	March 24, 2022, 7:44 p.m.	View

图 9.28　包含在每个订单行的 View 链接

单击订单的 View 链接并加载自定义订单详细页面，对应结果如图 9.29 所示。

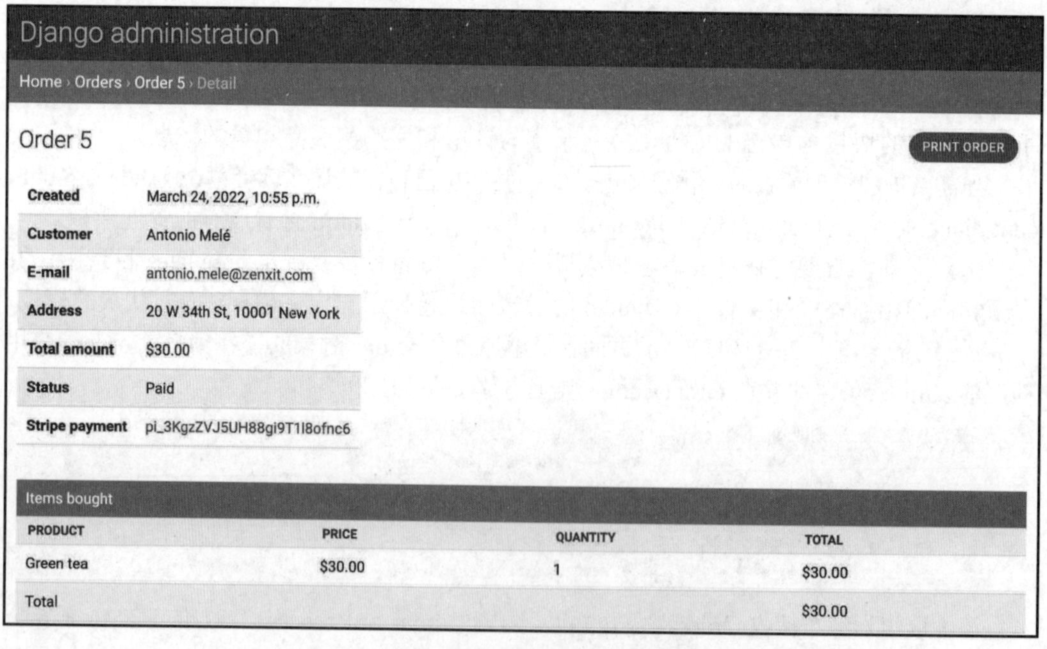

Django administration

Home › Orders › Order 5 › Detail

Order 5　　PRINT ORDER

Created	March 24, 2022, 10:55 p.m.
Customer	Antonio Melé
E-mail	antonio.mele@zenxit.com
Address	20 W 34th St, 10001 New York
Total amount	$30.00
Status	Paid
Stripe payment	pi_3KgzZVJ5UH88gi9T1l8ofnc6

Items bought

PRODUCT	PRICE	QUANTITY	TOTAL
Green tea	$30.00	1	$30.00
Total			$30.00

图 9.29　管理网站上的自定义订单详细页面

至此，我们创建了商品详细页面。接下来将学习如何以动态方式生成 PDF 格式的订单发票。

9.4　以动态方式生成 PDF 发票

至此，我们已经持有一个完整的结算和支付系统，我们还可生成每个订单的 PDF 发票。对此，存在多个 Python 库可生成 PDF 文件，ReportLab 便是其中之一。关于如何利用 ReportLab 输出 PDF 文件，读者可访问 https://docs.djangoproject.com/en/4.1/howto/outputting-pdf/。

大多数时候，我们需要向 PDF 文件中添加自定义样式和格式。相应地，渲染一个 HTML 模板并将其转换为 PDF 文件则更加方便，同时使 Python 远离表示层。对此，可使用 WeasyPrint，这是一个 Python 库并可从 HTML 模板中生成 PDF 文件。

9.4.1　安装 WeasyPrint

首先访问 https://doc.courtbouillon.org/weasyprint/stable/first_steps.html 并安装操作系统的 WeasyPrint 的依赖项。随后利用下列命令并通过 pip 安装 WeasyPrint。

```
pip install WeasyPrint==56.1
```

9.4.2　创建 PDF 模板

此处需要一个 HTML 文档作为 WeasyPrint 的输入。具体来说，我们将创建一个 HTML 模板、利用 Django 渲染该模板，并将其传递至 WeasyPrint 生成 PDF 文件。

在 orders 应用程序的 templates/orders/order/目录中创建新模板，将其命名为 pdf.html 并向其中添加下列代码。

```
<html>
<body>
  <h1>My Shop</h1>
  <p>
    Invoice no. {{ order.id }}<br>
    <span class="secondary">
      {{ order.created|date:"M d, Y" }}
    </span>
  </p>
  <h3>Bill to</h3>
  <p>
    {{ order.first_name }} {{ order.last_name }}<br>
```

```
    {{ order.email }}<br>
    {{ order.address }}<br>
    {{ order.postal_code }}, {{ order.city }}
  </p>
  <h3>Items bought</h3>
  <table>
    <thead>
      <tr>
        <th>Product</th>
        <th>Price</th>
        <th>Quantity</th>
        <th>Cost</th>
      </tr>
    </thead>
    <tbody>
      {% for item in order.items.all %}
        <tr class="row{% cycle "1" "2" %}">
          <td>{{ item.product.name }}</td>
          <td class="num">${{ item.price }}</td>
          <td class="num">{{ item.quantity }}</td>
          <td class="num">${{ item.get_cost }}</td>
        </tr>
      {% endfor %}
      <tr class="total">
        <td colspan="3">Total</td>
        <td class="num">${{ order.get_total_cost }}</td>
      </tr>
    </tbody>
  </table>

  <span class="{% if order.paid %}paid{% else %}pending{% endif %}">
    {% if order.paid %}Paid{% else %}Pending payment{% endif %}
  </span>
</body>
</html>
```

这即是 PDF 发票的模板。该模板显示了所有订单细节信息和一个包含商品的<table>元素。除此之外，还可包含一条消息以显示订单是否已支付。

9.4.3 渲染 PDF 文件

我们将使用管理网站创建一个视图，并为现有订单生成 PDF 发票。在 orders 应用程序目录中编辑 views.py 文件，并向其中添加下列代码。

```
from django.conf import settings
from django.http import HttpResponse
from django.template.loader import render_to_string
import weasyprint

@staff_member_required
def admin_order_pdf(request, order_id):
    order = get_object_or_404(Order, id=order_id)
    html = render_to_string('orders/order/pdf.html',
                            {'order': order})
    response = HttpResponse(content_type='application/pdf')
    response['Content-Disposition'] = f'filename=order_{order.id}.pdf'
    weasyprint.HTML(string=html).write_pdf(response,
        stylesheets=[weasyprint.CSS(
            settings.STATIC_ROOT / 'css/pdf.css')])
    return response
```

该视图将生成订单的 PDF 发票。这里，我们使用了 staff_member_required 装饰器确保仅员工用户可访问该视图。

利用给定的 ID，可得到 Order 对象。我们利用 Django 提供的 render_to_string()函数渲染 orders/order/pdf.html，渲染后的 HTML 保存在 html 变量中。

随后，生成一个新的 HttpResponse 对象，指定 application/pdf 内容类型，并包含 Content - Disposition 头以指定文件名。另外，我们使用 WeasyPrint 从渲染后的 HTML 代码中生成 PDF 文件，并将该文件写入至 HttpResponse 对象中。

我们使用静态文件 css/pdf.css 将 CSS 样式添加至生成后的 PDF 文件中。然后，通过使用 STATIC_ROOT 设置项从本地路径加载它。最后返回生成后的响应结果。

如果缺少 CSS 样式，可将 shop 应用程序的 static/目录中的静态文件复制至项目的同一位置。

读者可访问 https://github.com/PacktPublishing/Django-4-by-Example/tree/main/Chapter09/myshop/shop/static 查看 static/目录中的内容。

由于需要使用 STATIC_ROOT 设置项，因而须将其添加至项目中。这是静态文件驻留的项目路径。编辑 myshop 项目的 settings.py 文件并添加下列设置项。

```
STATIC_ROOT = BASE_DIR / 'static'
```

随后运行下列命令。

```
python manage.py collectstatic
```

对应输出结果如下所示。

```
131 static files copied to 'code/myshop/static'.
```

collectstatic 命令将应用程序中所有的静态文件复制至 STATIC_ROOT 设置项中定义的目录中，这允许每个应用程序通过 static/目录提供自己的静态文件。此外，还可在 STATICFILES_DIRS 设置项中提供附加的静态文件源。当执行 collectstatic 时，STATICFILES_DIRS 列表中指定的所有目录都将被复制至 STATIC_ROOT 目录中。当再次执行 collectstatic 时，用户将被询问是否覆盖已有的静态文件。

编辑 orders 应用程序目录中的 urls.py 文件，并添加下列 URL 模式。

```
urlpatterns = [
    # ...
    path('admin/order/<int:order_id>/pdf/',
         views.admin_order_pdf,
         name='admin_order_pdf'),
]
```

当前，我们可编辑 Order 模型的管理列表显示页面，并针对每个结果添加 PDF 文件的链接。编辑 orders 应用程序中的 admin.py 文件，并在 OrderAdmin 类上方添加下列代码。

```
def order_pdf(obj):
    url = reverse('orders:admin_order_pdf', args=[obj.id])
    return mark_safe(f'<a href="{url}">PDF</a>')
order_pdf.short_description = 'Invoice'
```

如果针对可调用对象指定了 short_description 属性，Django 将以此作为列的名称。

下面将 order_pdf 添加至 OrderAdmin 类的 list_display 属性中，如下所示。

```
class OrderAdmin(admin.ModelAdmin):
    list_display = ['id', 'first_name', 'last_name', 'email',
                    'address', 'postal_code', 'city', 'paid',
                    order_payment, 'created', 'updated',
                    order_detail, order_pdf]
```

确保开发服务器处于运行状态。在浏览器中打开 http://127.0.0.1:8000/admin/orders/order/。当前，每行应包含一个 PDF 链接，如图 9.30 所示。

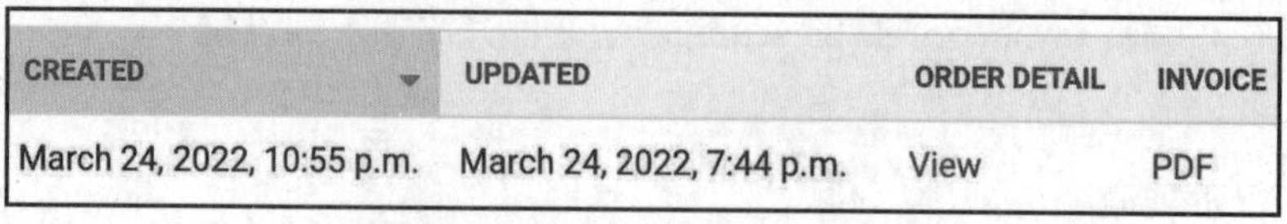

CREATED	UPDATED	ORDER DETAIL	INVOICE
March 24, 2022, 10:55 p.m.	March 24, 2022, 7:44 p.m.	View	PDF

图 9.30　每个订单行包含的 PDF 链接

单击订单的 PDF 链接，随后将会看到如图 9.31 所示的尚未付款的订单的 PDF 文件。图 9.32 显示了已支付订单的 PDF 文件。

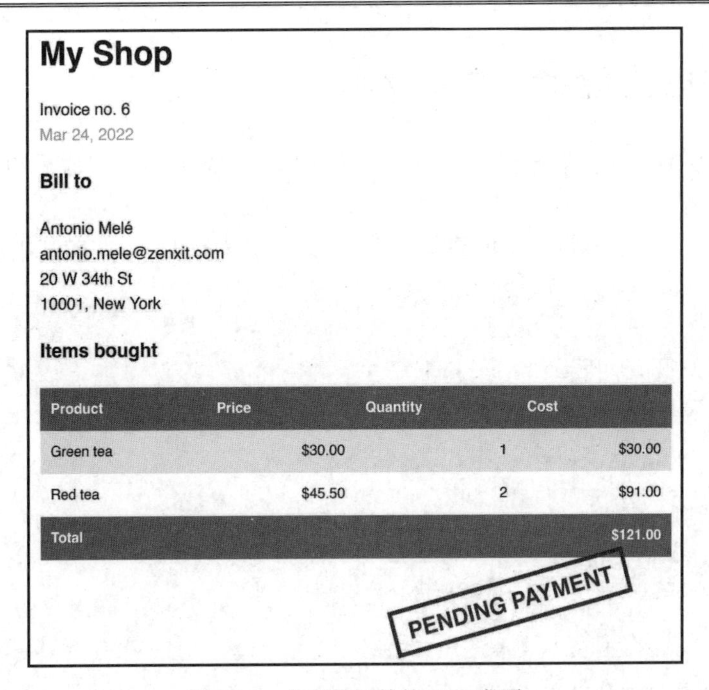

My Shop

Invoice no. 6
Mar 24, 2022

Bill to

Antonio Melé
antonio.mele@zenxit.com
20 W 34th St
10001, New York

Items bought

Product	Price	Quantity	Cost
Green tea	$30.00	1	$30.00
Red tea	$45.50	2	$91.00
Total			$121.00

PENDING PAYMENT

图 9.31　未支付订单的 PDF 发票

My Shop

Invoice no. 6
Mar 24, 2022

Bill to

Antonio Melé
antonio.mele@zenxit.com
20 W 34th St
10001, New York

Items bought

Product	Price	Quantity	Cost
Green tea	$30.00	1	$30.00
Red tea	$45.50	2	$91.00
Total			$121.00

PAID

图 9.32　已支付订单的 PDF 发票

9.4.4 通过电子邮件发送 PDF 文件

当支付成功后，应向客户发送一封自动电子邮件，同时包含生成后的 PDF 发票。执行该动作须创建一项异步任务。

在 payment 应用程序目录中创建新文件，将其命名为 tasks.py 并向其中添加下列代码。

```
from io import BytesIO
from celery import shared_task
import weasyprint
from django.template.loader import render_to_string
from django.core.mail import EmailMessage
from django.conf import settings
from orders.models import Order

@shared_task
def payment_completed(order_id):
    """
    Task to send an e-mail notification when an order is
    successfully paid.
    """
    order = Order.objects.get(id=order_id)
    # create invoice e-mail
    subject = f'My Shop - Invoice no. {order.id}'
    message = 'Please, find attached the invoice for your recent purchase.'
    email = EmailMessage(subject,
                         message,
                        'admin@myshop.com',
                        [order.email])
    # generate PDF
    html = render_to_string('orders/order/pdf.html', {'order': order})
    out = BytesIO()
    stylesheets=[weasyprint.CSS(settings.STATIC_ROOT / 'css/pdf.css')]
    weasyprint.HTML(string=html).write_pdf(out,
                                          stylesheets=stylesheets)
    # attach PDF file
    email.attach(f'order_{order.id}.pdf',
                 out.getvalue(),
                'application/pdf')
    # send e-mail
    email.send()
```

通过@shared_task 装饰器，我们定义了 payment_completed 任务。该任务使用了 Django 提供的 EmailMessage 类创建 email 对象。随后将模板渲染至 html 变量中。我们从渲染后的模板中生成 PDF 文件，并将其输出至 BytesIO 实例中，这是一个内存中的字节缓冲区。接下来通过 attach()方法将生成后的 PDF 文件绑定至 EmailMessage 对象上，同时包含 out 缓冲区中的内容。最后发送电子邮件。

记住，在项目的 settings.py 文件中设置简单邮件传输协议（SMTP）设置项并发送电子邮件。第 2 章曾介绍了 SMTP 配置的工作示例。如果不打算设置电子邮件设置项，还可通过向 settings.py 文件中添加下列设置项通知 Django 将电子邮件写入至控制台。

```
EMAIL_BACKEND = 'django.core.mail.backends.console.EmailBackend'
```

下面向 webhook 端点中添加 payment_completed 任务以处理支付完成事件。

编辑 payment 应用程序的 webhooks.py 文件，并按照下列方式进行调整。

```
import stripe
from django.conf import settings
from django.http import HttpResponse
from django.views.decorators.csrf import csrf_exempt
from orders.models import Order
from .tasks import payment_completed

@csrf_exempt
def stripe_webhook(request):
    payload = request.body
    sig_header = request.META['HTTP_STRIPE_SIGNATURE']
    event = None

    try:
        event = stripe.Webhook.construct_event(
                  payload,
                  sig_header,
                  settings.STRIPE_WEBHOOK_SECRET)
    except ValueError as e:
        # Invalid payload
        return HttpResponse(status=400)
    except stripe.error.SignatureVerificationError as e:
        # Invalid signature
        return HttpResponse(status=400)

    if event.type == 'checkout.session.completed':
        session = event.data.object
```

```
        if session.mode == 'payment' and session.payment_status == 'paid':
            try:
                order = Order.objects.get(id=session.client_reference_id)
            except Order.DoesNotExist:
                return HttpResponse(status=404)
            # mark order as paid
            order.paid = True
            # store Stripe payment ID
            order.stripe_id = session.payment_intent
            order.save()
            # launch asynchronous task
            payment_completed.delay(order.id)

    return HttpResponse(status=200)
```

payment_completed 任务通过调用它的 delay()方法进行排队。该任务将被添加到队列中，并由 Celery worker 以异步方式执行。

现在可以完成一个新的结算过程，以便在电子邮件中收到 PDF 发票。如果采用 console.EmailBackend 作为电子邮件后端，在运行 Celery 的 shell 中，将能够看到下列输出结果。

```
MIME-Version: 1.0
Subject: My Shop - Invoice no. 7
From: admin@myshop.com
To: antonio.mele@zenxit.com
Date: Sun, 27 Mar 2022 20:15:24 -0000
Message-ID: <164841212458.94972.10344068999595916799@antonios-mbp.home>

--===============8908668108717577350==
Content-Type: text/plain; charset="utf-8"
MIME-Version: 1.0
Content-Transfer-Encoding: 7bit

Please, find attached the invoice for your recent purchase.
--===============8908668108717577350==
Content-Type: application/pdf
MIME-Version: 1.0
Content-Transfer-Encoding: base64
Content-Disposition: attachment; filename="order_7.pdf"

JVBERi0xLjcKJfCflqQKMSAwIG9iago8PAovVHlwZSA...
```

输出结果表明，电子邮件中包含了一个附件。前述内容已经讨论了如何将文件附加到电子邮件中并以编程方式发送它们。

至此，我们完成了 Stripe 集成，并将有用的功能添加至商店中。

9.5　附加资源

下列资源提供了与本章主题相关的附加信息。

- 本章源代码：https://github.com/PacktPublishing/Django-4-by-example/tree/main/Chapter09。
- Stripe 网站：https://www.stripe.com/。
- Stripe Checkout 文档：https://stripe.com/docs/payments/checkout。
- 创建 Stripe 账户：https://dashboard.stripe.com/register。
- Stripe 账户设置：https://dashboard.stripe.com/settings/account。
- Stripe Python 库：https://github.com/stripe/stripe-python。
- Sting 测试 API 密钥：https://dashboard.stripe.com/test/apikeys。
- Stripe API 密钥文档：https://stripe.com/docs/keys。
- Stripe 版本 2022-08-01：https://stripe.com/docs/upgrades#2022-08-01。
- Stripe 结算会话模型：https://stripe.com/docs/api/checkout/sessions/object#checkout_session_object-mode。
- 利用 Django 构建绝对 URI：https://docs.djangoproject.com/en/4.1/ref/request-response/#django.http.HttpRequest.build_absolute_uri。
- 创建 Stripe 会话：https://stripe.com/docs/api/checkout/sessions/create。
- Stripe 支持的货币：https://stripe.com/docs/currencies。
- Stripe 支付仪表板：https://dashboard.stripe.com/test/payments。
- 利用 Stripe 测试支付的信用卡：https://stripe.com/docs/testing。
- Stripe webhook：https://dashboard.stripe.com/test/webhooks。
- Stripe 发送的事件类型：https://stripe.com/docs/api/events/types。
- 安装 Stripe CLI：https://stripe.com/docs/stripe-cli#install。
- 最新的 Stripe CLI 版本：https://github.com/stripe/stripe-cli/releases/latest。
- 利用 Django 生成 CSV 文件：https://docs.djangoproject.com/en/4.1/howto/outputtting-csv/。
- Django 管理模板：https://github.com/django/django/tree/4.0/django/contrib/admin/

templates/admin。

- ❑ 利用 ReportLab 输出 PDF：https://docs.djangoproject.com/en/4.1/howto/outputting-pdf/。
- ❑ 安装 WeasyPrint：https://weasyprint.readthedocs.io/en/latest/install.html。
- ❑ 本章的静态文件：https://github.com/PacktPublishing/Django-4-by-Example/tree/main/Chapter09/myshop/shop/static。

9.6 本章小结

本章将 Stripe 支付网关与项目集成，创建了 webhook 端点以接收支付通知。此外，我们还构建了自定义管理动作将端点导出至 CSV 文件中。接下来，本章利用自定义视图和模板定制了 Django 管理网站。最后，我们还学习了如何利用 WeasyPrint 生成 PDF 文件，以及如何将 PDF 文件绑定至电子邮件件上。

第 10 章将讨论如何利用 Django 会话创建优惠券系统，并利用 Redis 构建一个生产环境下的推荐引擎。

第 10 章 扩 展 商 店

第 9 章学习了如何将支付网关集成至商店中。此外还学习了如何生成 CSV 和 PDF 文件。

本章将向商店中添加优惠券系统，并创建生产环境下的推荐引擎。

本章主要涉及下列主题。

- 创建优惠券系统。
- 将优惠券应用于购物车上。
- 将优惠券应用于订单上。
- 创建 Stripe Checkout 的优惠券。
- 存储经常一起购买的商品。
- 利用 Redis 构建商品推荐引擎。

读者可访问 https://github.com/PacktPublishing/Django-4-by-example/tree/main/Chapter10 查看本章源代码。

本章使用的全部 Python 包均包含于本章源代码的 requirements.txt 文件中。在后续章节中，我们可遵循相关指令安装每个 Python 包，或者利用 pip install -r requirements.txt 命令一次性安装所有的 Python 包。

10.1 创建优惠券系统

许多网上商店会向顾客发放优惠券，顾客可以用这些优惠券兑换购物折扣。在线优惠券通常由发放给用户的代码组成，并在特定的时间段内有效。

本章将为在线商店创建一个优惠券系统，这些优惠券在特定的时间段内对客户有效。优惠券在兑换次数方面不存在任何限制，并将用于购物车的总金额上。

针对这一功能，需要创建一个模型存储优惠券代码、有效时间段和折扣。

利用下列命令在 myshop 项目中创建一个新的应用程序。

```
python manage.py startapp coupons
```

编辑 myshop 的 settings.py 文件，并将应用程序添加至 INSTALLED_APPS 设置项中，

如下所示。

```
INSTALLED_APPS = [
    # ...
    'coupons.apps.CouponsConfig',
]
```

当前，新应用程序在 Django 项目中处于活动状态。

10.1.1　构建优惠券系统

下面开始创建 Coupon 模型。编辑 coupons 应用程序的 models.py 文件，并向其中添加下列代码。

```
from django.db import models
from django.core.validators import MinValueValidator, \
                                   MaxValueValidator

class Coupon(models.Model):
    code = models.CharField(max_length=50,
                            unique=True)
    valid_from = models.DateTimeField()
    valid_to = models.DateTimeField()
    discount = models.IntegerField(
                validators=[MinValueValidator(0),
                            MaxValueValidator(100)],
                help_text='Percentage value (0 to 100)')
    active = models.BooleanField()

    def __str__(self):
        return self.code
```

该模型用于存储优惠券。Coupon 模型包含下列字段。

- code：用户输入的代码，进而在其购物金额上使用优惠券。
- valid_from：优惠券有效的日期时间值。
- valid_to：优惠券失效的日期时间值。
- discount：折扣率（百分率，位于 0～100）。我们针对该字段使用验证器以限定最小和最大可接受值。
- active：布尔值，表明优惠券是否有效。

运行下列命令生成 coupons 应用程序的初始迁移。

```
python manage.py makemigrations
```

对应输出结果如下所示。

```
Migrations for 'coupons':
   coupons/migrations/0001_initial.py
      - Create model Coupon
```

随后执行下列命令应用迁移。

```
python manage.py migrate
```

对应输出结果如下所示。

```
Applying coupons.0001_initial... OK
```

当前，迁移已应用至数据库上。下面向管理网站中添加 Coupon 模型。编辑 coupons 应用程序的 admin.py 文件，并向其中添加下列代码。

```
from django.contrib import admin
from .models import Coupon

@admin.register(Coupon)
class CouponAdmin(admin.ModelAdmin):
   list_display = ['code', 'valid_from', 'valid_to',
                   'discount', 'active']
   list_filter = ['active', 'valid_from', 'valid_to']
   search_fields = ['code']
```

至此，我们在管理网站上注册了 Coupon 模型。通过下列命令确保本地服务器处于运行状态。

```
python manage.py runserver
```

在浏览器中打开 http://127.0.0.1:8000/admin/coupons/coupon/add/，对应表单如图 10.1 所示。

填写表单并创建当前日期有效的优惠券，此处确保选择了 Active 复选框，随后单击 SAVE 按钮。图 10.2 显示了优惠券的创建示例。

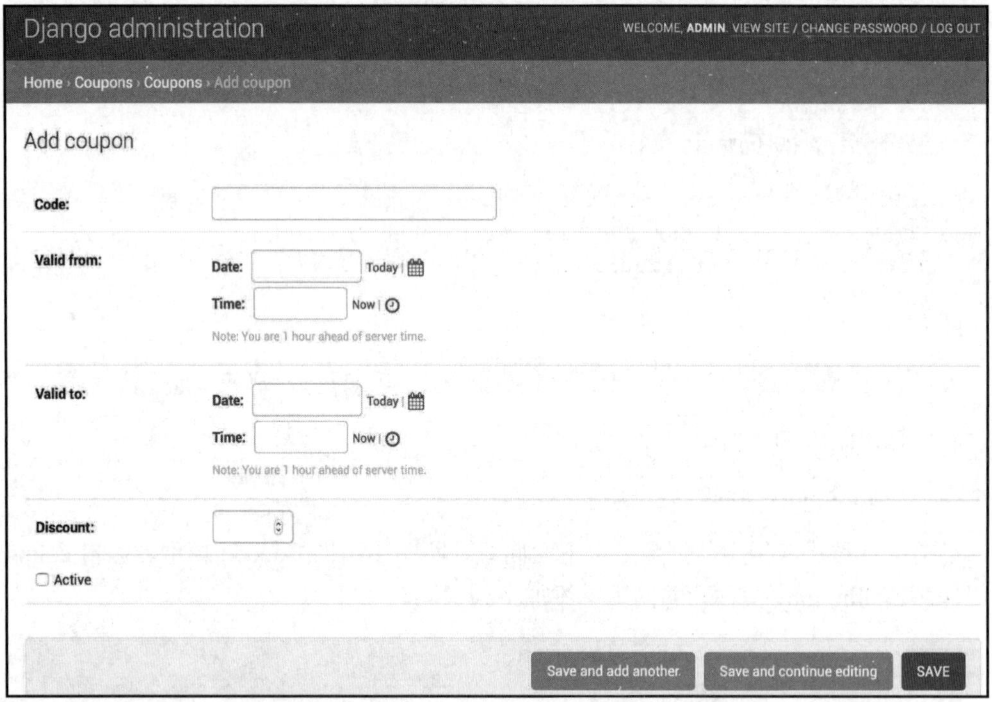

Django administration　　WELCOME, **ADMIN**. VIEW SITE / CHANGE PASSWORD / LOG OUT

Home › Coupons › Coupons › Add coupon

Add coupon

Code:

Valid from:　**Date:**　Today |
Time:　Now |
Note: You are 1 hour ahead of server time.

Valid to:　**Date:**　Today |
Time:　Now |
Note: You are 1 hour ahead of server time.

Discount:

Active

Save and add another　Save and continue editing　SAVE

图 10.1　Django 管理网站上的 Add coupon 表单

Add coupon

Code:　SUMMER

Valid from:　**Date:** 2022-03-28　Today |
Time: 00:00:00　Now |
Note: You are 2 hours ahead of server time.

Valid to:　**Date:** 2029-09-28　Today |
Time: 00:00:00　Now |
Note: You are 2 hours ahead of server time.

Discount:　10
Percentage vaule (0 to 100)

Active

图 10.2　基于示例数据的 Add coupon 表单

在创建了优惠券后，管理网站上的优惠券修改列表页面如图 10.3 所示。

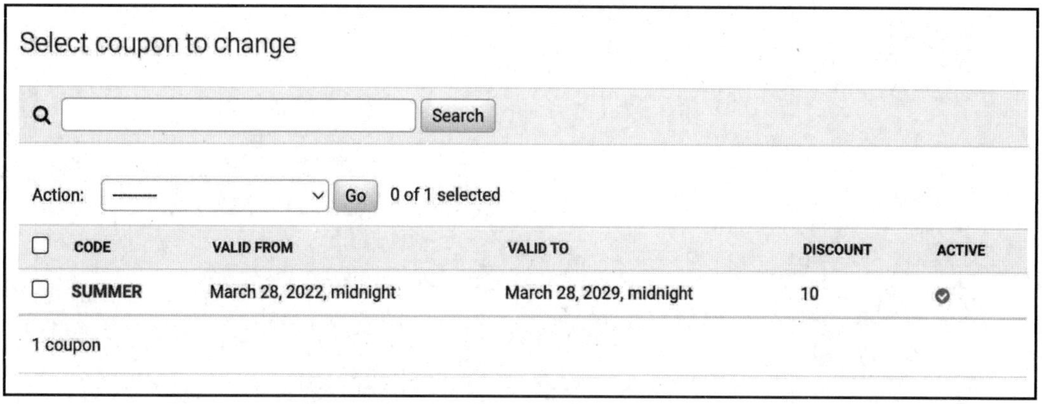

Select coupon to change

Search

Action: ——— Go 0 of 1 selected

CODE	VALID FROM	VALID TO	DISCOUNT	ACTIVE
SUMMER	March 28, 2022, midnight	March 28, 2029, midnight	10	✔

1 coupon

图 10.3　Django 管理网站上的修改列表页面

接下来将把优惠券应用至购物车上。

10.1.2　将优惠券应用于购物车上

目前，我们能够存储新的优惠券并生成查询以检索已有的优惠券。现在需要一种方式将优惠券应用于所购买的产品上，具体步骤如下所示。

（1）用户向购物车中添加商品。

（2）用户可在表单中输入优惠券代码，该表单显示于购物车详细页面上。

（3）当用户输入优惠券密码并提交表单后，将利用给定的有效代码查询现有的优惠券。这里需要检查优惠券代码是否与用户输入的优惠券代码匹配、active 属性是否为 True、当前日期时间是否位于 valid_from 和 valid_to 值之间。

（4）如果找到优惠券，则将其保存于用户会话中并显示购物车，包括折扣和更新后的总金额。

（5）当用户下完订单后，将该优惠券保存至给定的订单中。

在 coupons 应用程序目录中创建新文件，将其命名为 forms.py 并向其中添加下列代码。

```
from django import forms

class CouponApplyForm(forms.Form):
    code = forms.CharField()
```

用户将使用该表单输入优惠券代码。编辑 coupons 应用程序的 views.py 文件并向其中添加下列代码。

```
from django.shortcuts import render, redirect
from django.utils import timezone
from django.views.decorators.http import require_POST
from .models import Coupon
from .forms import CouponApplyForm

@require_POST
def coupon_apply(request):
    now = timezone.now()
    form = CouponApplyForm(request.POST)
    if form.is_valid():
        code = form.cleaned_data['code']
        try:
            coupon = Coupon.objects.get(code__iexact=code,
                                        valid_from__lte=now,
                                        valid_to__gte=now,
                                        active=True)
            request.session['coupon_id'] = coupon.id
        except Coupon.DoesNotExist:
            request.session['coupon_id'] = None
    return redirect('cart:cart_detail')
```

coupon_apply 视图验证优惠券并将其存储于用户会话中。我们针对该视图使用了 require_POST 装饰器，并将其限定为 POST 请求。在该视图中，将执行下列任务。

（1）利用发布的数据实例化 CouponApplyForm 表单，并检查该表单是否有效。

（2）如果表单有效，则从表单的 cleaned_data 字典中获取用户输入的代码，并通过给定的代码尝试检索 Coupon 对象。相应地，这里采用 iexact 字段查找并执行大小写敏感的准确匹配。另外，优惠券须处于活动状态（即 active=True）且当前时间段内有效。随后使用 Django 的 timezone.now()函数获取当前时区时间，通过执行 lte（小于或等于）和 gte（大于或等于）字段查找将当前时区时间与 valid_from 和 valid_to 字段进行比较。

（3）将优惠券 ID 存储于用户的会话中。

（4）将用户重定向至 cart_detail URL 并显示使用优惠券的购物车。

coupon_apply 需要使用 URL 模式。对此，在 coupons 应用程序目录中创建新文件，将其命名为 urls.py 并向其中添加下列代码。

```
from django.urls import path
from . import views

app_name = 'coupons'
```

```
urlpatterns = [
    path('apply/', views.coupon_apply, name='apply'),
]
```

编辑 myshop 项目的 urls.py 文件，利用下列代码包含 coupons URL。

```
urlpatterns = [
    path('admin/', admin.site.urls),
    path('cart/', include('cart.urls', namespace='cart')),
    path('orders/', include('orders.urls', namespace='orders')),
    path('payment/', include('payment.urls', namespace='payment')),
    path('coupons/', include('coupons.urls', namespace='coupons')),
    path('', include('shop.urls', namespace='shop')),
]
```

记住，将该模式置于 shop.urls 模式之前。

编辑 cart 应用程序的 cart.py 文件，并包含下列导入内容。

```
from coupons.models import Coupon
```

在 Cart 类的结尾处添加下列代码，并根据当前会话初始化优惠券。

```
class Cart:
    def __init__(self, request):
        """
        Initialize the cart.
        """
        self.session = request.session
        cart = self.session.get(settings.CART_SESSION_ID)
        if not cart:
            # save an empty cart in the session
            cart = self.session[settings.CART_SESSION_ID] = {}
        self.cart = cart
        # store current applied coupon
        self.coupon_id = self.session.get('coupon_id')
```

在上述代码中，我们尝试从当前会话中获取 coupon_id 会话密钥，并将其值存储于 Cart 对象中。将下列方法添加至 Cart 对象中。

```
class Cart:
    # ...

    @property
    def coupon(self):
        if self.coupon_id:
```

```
        try:
            return Coupon.objects.get(id=self.coupon_id)
        except Coupon.DoesNotExist:
            pass
    return None

def get_discount(self):
    if self.coupon:
        return (self.coupon.discount / Decimal(100)) \
            * self.get_total_price()
    return Decimal(0)

def get_total_price_after_discount(self):
    return self.get_total_price() - self.get_discount()
```

上述方法的具体解释如下所示。

- coupon()：将该方法定义为 property。如果购物车包含 coupon_id 属性，则返回包含给定 ID 的 Coupon 对象。
- get_discount()：如果购物车包含一张优惠券，则检索其折扣率并返回从购物车总金额中扣除的金额。
- get_total_price_after_discount()：在减除 get_discount()返回的金额后，返回购物车所剩的金额。

当前，Cart 类处于就绪状态，并可处理当前会话上的优惠券及其对应的折扣率。

下面在购物车的详细视图中包含优惠券系统。编辑 cart 应用程序的 views.py 文件，并在文件开始处添加下列导入内容。

```
from coupons.forms import CouponApplyForm
```

编辑 cart_detail 视图，并将新表单添加至其中，如下所示。

```
def cart_detail(request):
    cart = Cart(request)
    for item in cart:
        item['update_quantity_form'] = CartAddProductForm(initial={
                            'quantity': item['quantity'],
                            'override': True})
    coupon_apply_form = CouponApplyForm()
    return render(request,
                  'cart/detail.html',
                  {'cart': cart,
                   'coupon_apply_form': coupon_apply_form})
```

编辑 cart 应用程序的 cart/detail.html 模板，并定位至下列代码行处。

```
<tr class="total">
  <td>Total</td>
  <td colspan="4"></td>
  <td class="num">${{ cart.get_total_price }}</td>
</tr>
```

利用下列代码替换上述代码。

```
{% if cart.coupon %}
  <tr class="subtotal">
    <td>Subtotal</td>
    <td colspan="4"></td>
    <td class="num">${{ cart.get_total_price|floatformat:2 }}</td>
  </tr>
  <tr>
    <td>
      "{{ cart.coupon.code }}" coupon
        ({{ cart.coupon.discount }}% off)
    </td>
    <td colspan="4"></td>
    <td class="num neg">
      - ${{ cart.get_discount|floatformat:2 }}
    </td>
  </tr>
{% endif %}
<tr class="total">
  <td>Total</td>
  <td colspan="4"></td>
  <td class="num">
    ${{ cart.get_total_price_after_discount|floatformat:2 }}
  </td>
</tr>
```

上述代码显示了可选的优惠券及其折扣率。如果购物车包含优惠券，则显示第一行，包括购物车的总金额作为小计。随后使用第二行显示应用于购物车的当前优惠券。最后通过 cart 对象的 get_total_price_after_discount()方法显示总价格，包括折扣率。

在同一文件中，在</table> HTML 后包含下列代码。

```
<p>Apply a coupon:</p>
<form action="{% url "coupons:apply" %}" method="post">
  {{ coupon_apply_form }}
  <input type="submit" value="Apply">
  {% csrf_token %}
</form>
```

这将显示输入优惠券代码的表单，并将其应用至当前购物车上。

在浏览器中打开 http://127.0.0.1:8000/并向购物车中添加一些商品，随后将看到购物车页面现在包含了一个应用优惠券的表单，如图 10.4 所示。

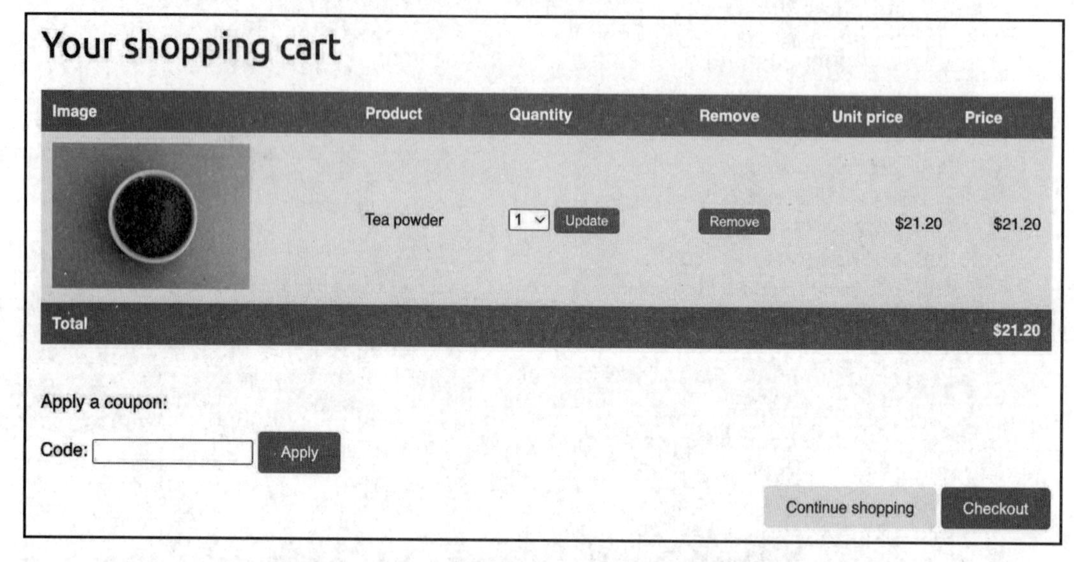

图 10.4　购物车详细页面，包括应用优惠券的表单

在 Code 字段中，通过管理网站输入所创建的优惠券代码，如图 10.5 所示。

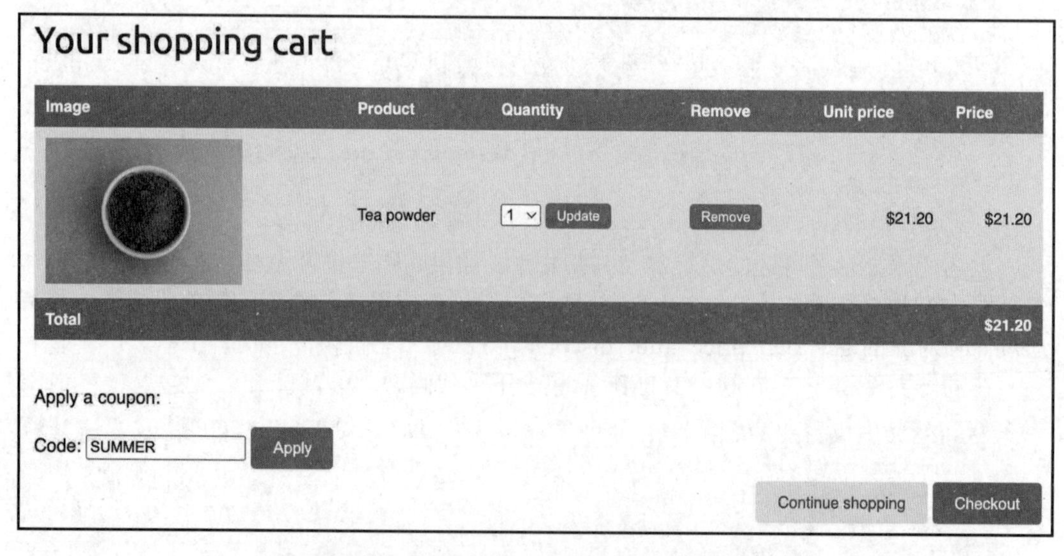

图 10.5　购物车详细页面，包括表单上的优惠券代码

单击 Apply 按钮，随后将会应用优惠券，并且购物车还将显示优惠券的折扣率，如图 10.6 所示。

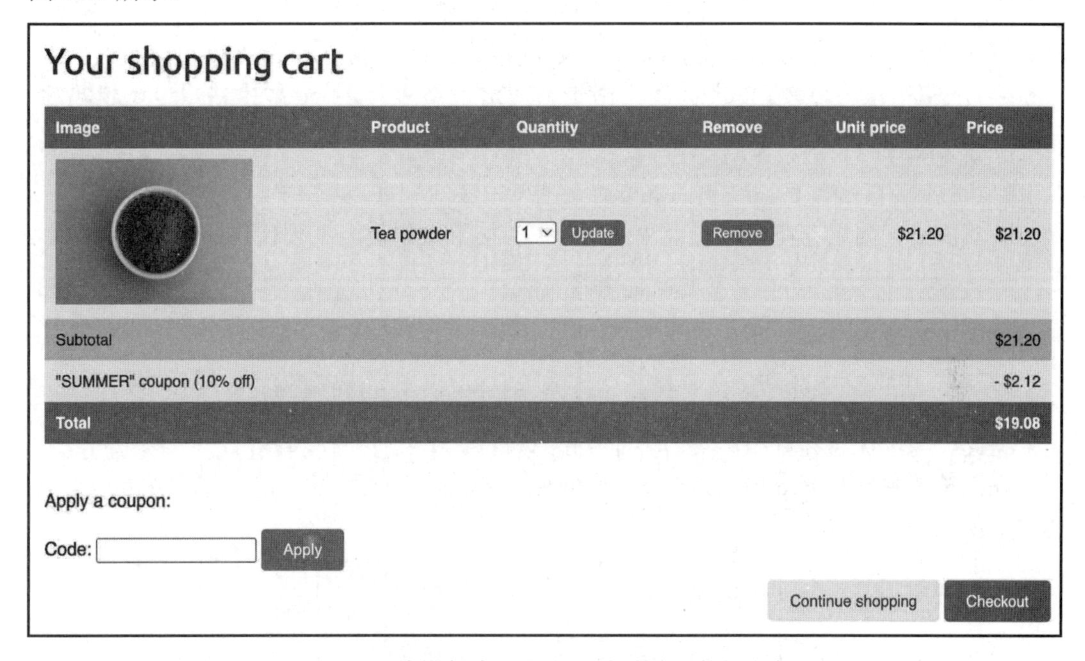

图 10.6　购物车详细页面，包括所应用的优惠券

接下来继续处理购买过程中的优惠券问题。编辑 orders 应用程序的 orders/order/create.html 模板，并定位置下列代码行处。

```
<ul>
  {% for item in cart %}
    <li>
      {{ item.quantity }}x {{ item.product.name }}
      <span>${{ item.total_price }}</span>
    </li>
  {% endfor %}
</ul>
```

利用下列代码替换上述代码。

```
<ul>
  {% for item in cart %}
    <li>
      {{ item.quantity }}x {{ item.product.name }}
      <span>${{ item.total_price|floatformat:2 }}</span>
```

```
    </li>
  {% endfor %}
  {% if cart.coupon %}
    <li>
      "{{ cart.coupon.code }}" ({{ cart.coupon.discount }}% off)
      <span class="neg">- ${{ cart.get_discount|floatformat:2 }}</span>
    </li>
  {% endif %}
</ul>
```

订单摘要（如果存在）应包含在优惠券中。接下来定位至下列代码处。

```
<p>Total: ${{ cart.get_total_price }}</p>
```

利用下列代码替换上述代码。

```
<p>Total: ${{ cart.get_total_price_after_discount|floatformat:2 }}</p>
```

据此，通过优惠券折扣，我们将计算出总价格。

在浏览器中打开 http://127.0.0.1:8000/orders/create/，可以看到，订单摘要中包含了优惠券，如图 10.7 所示。

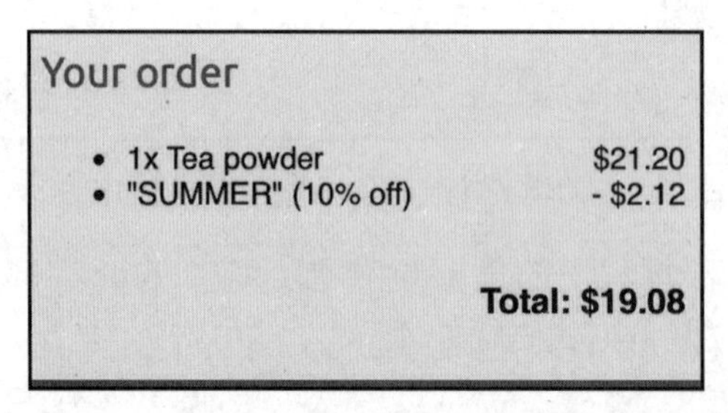

图 10.7　订单摘要，包含应用于购物车上的优惠券

当前，用户可将优惠券应用于他们的购物车上。然而，我们仍然需要将优惠券信息存储于用户结算购物车时生成的订单中。

10.1.3　将优惠券应用于订单上

首先需要调整 Order 模型并存储相关的 Coupon 对象（如果存在）。

编辑 order 应用程序的 models.py 文件，并向其中添加下列导入内容。

```
from decimal import Decimal
from django.core.validators import MinValueValidator, \
                                   MaxValueValidator
from coupons.models import Coupon
```

随后向 Order 模型中添加下列字段。

```
class Order(models.Model):
    # ...
    coupon = models.ForeignKey(Coupon,
                               related_name='orders',
                               null=True,
                               blank=True,
                               on_delete=models.SET_NULL)
    discount = models.IntegerField(default=0,
                                   validators=[MinValueValidator(0),
                                     MaxValueValidator(100)])
```

这些字段可针对订单存储（可选的）优惠券及其折扣百分比。其中，折扣存储于相关的 Coupon 对象中。但是，如果优惠券被修改或删除，还可将其包含在 Order 模型中并予以保存。我们将 on_delete 设置为 models.SET_NULL，以便优惠券被删除且 coupon 字段设置为 Null 时，折扣依然被保留。

我们需要创建一个迁移，以包含 Order 模型的新字段。对此，在命令行中运行下列命令。

```
python manage.py makemigrations
```

对应的输出结果如下所示。

```
Migrations for 'orders':
  orders/migrations/0003_order_coupon_order_discount.py
    - Add field coupon to order
    - Add field discount to order
```

利用下列命令应用新迁移。

```
python manage.py migrate orders
```

随后将会看到下列确认信息，以表明新迁移已被应用。

```
Applying orders.0003_order_coupon_order_discount... OK
```

当前，Order 模型字段变化与数据库处于同步状态。

编辑 models.py 文件，并向 Order 模型中添加两个新方法 get_total_cost_before_discount()和 get_discount()，如下所示。

```
class Order(models.Model):
    # ...
    def get_total_cost_before_discount(self):
```

```
        return sum(item.get_cost() for item in self.items.all())

    def get_discount(self):
        total_cost = self.get_total_cost_before_discount()
        if self.discount:
            return total_cost * (self.discount / Decimal(100))
        return Decimal(0)
```

接下来编辑 Order 模型的 get_total_cost()方法，如下所示。

```
def get_total_cost(self):
    total_cost = self.get_total_cost_before_discount()
    return total_cost - self.get_discount()
```

Order 模型的 get_total_cost()方法现在需要考虑折扣问题（如果存在）。

编辑 orders 应用程序的 views.py 文件，并调整 order_create 视图，进而在生成新订单时保存相关优惠券及其折扣。将下列代码添加至 order_create 视图中。

```
def order_create(request):
    cart = Cart(request)
    if request.method == 'POST':
        form = OrderCreateForm(request.POST)
        if form.is_valid():
            order = form.save(commit=False)
            if cart.coupon:
                order.coupon = cart.coupon
                order.discount = cart.coupon.discount
            order.save()
            for item in cart:
                OrderItem.objects.create(order=order,
                                        product=item['product'],
                                        price=item['price'],
                                        quantity=item['quantity'])
            # clear the cart
            cart.clear()
            # launch asynchronous task
            order_created.delay(order.id)
            # set the order in the session
            request.session['order_id'] = order.id
            # redirect for payment
            return redirect(reverse('payment:process'))
    else:
        form = OrderCreateForm()
```

```
    return render(request,
                  'orders/order/create.html',
                  {'cart': cart, 'form': form})
```

新代码利用 OrderCreateForm 表单的 save()方法创建了一个 Order 对象。通过 commit=False，此处避免将其保存至数据库中。如果购物车中包含优惠券，我们将存储相关的优惠券和折扣，并于随后将 order 对象保存至数据库中。

编辑 payment 应用程序的 payment/process.html 模板并定位在下列代码处。

```
<tr class="total">
    <td>Total</td>
    <td colspan="4"></td>
    <td class="num">${{ order.get_total_cost }}</td>
</tr>
```

利用下列代码替换上述代码。

```
{% if order.coupon %}
  <tr class="subtotal">
    <td>Subtotal</td>
    <td colspan="3"></td>
    <td class="num">
      ${{ order.get_total_cost_before_discount|floatformat:2 }}
    </td>
  </tr>
  <tr>
    <td>
      "{{ order.coupon.code }}" coupon
       ({{ order.discount }}% off)
    </td>
    <td colspan="3"></td>
    <td class="num neg">
      - ${{ order.get_discount|floatformat:2 }}
    </td>
  </tr>
{% endif %}
<tr class="total">
  <td>Total</td>
  <td colspan="3"></td>
  <td class="num">
    ${{ order.get_total_cost|floatformat:2 }}
  </td>
</tr>
```

此处，我们在支付之前更新了订单摘要。

利用下列命令使开发服务器处于运行状态。

```
python manage.py runserver
```

确保 Docker 处于运行状态。在另一个 shell 中运行下列命令，并利用 Docker 启动 RabbitMQ。

```
docker run -it --rm --name rabbitmq -p 5672:5672 -p 15672:15672
rabbitmq:management
```

打开另一个 shell，利用下列命令在项目目录中启动 Celery worker。

```
celery -A myshop worker -l info
```

打开另一个 shell，利用下列命令在项目目录中启动 Celery worker。

```
celery -A myshop worker -l info
```

打开额外的 shell，执行下列命令将 Stripe 事件转发至本地 webhook URL。

```
stripe listen --forward-to localhost:8000/payment/webhook/
```

在浏览器中打开 http://127.0.0.1:8000/，利用创建的优惠券创建订单。在验证了购物车中的条目后，在 Order summary 页面将会看到应用于订单上的优惠券，如图 10.8 所示。

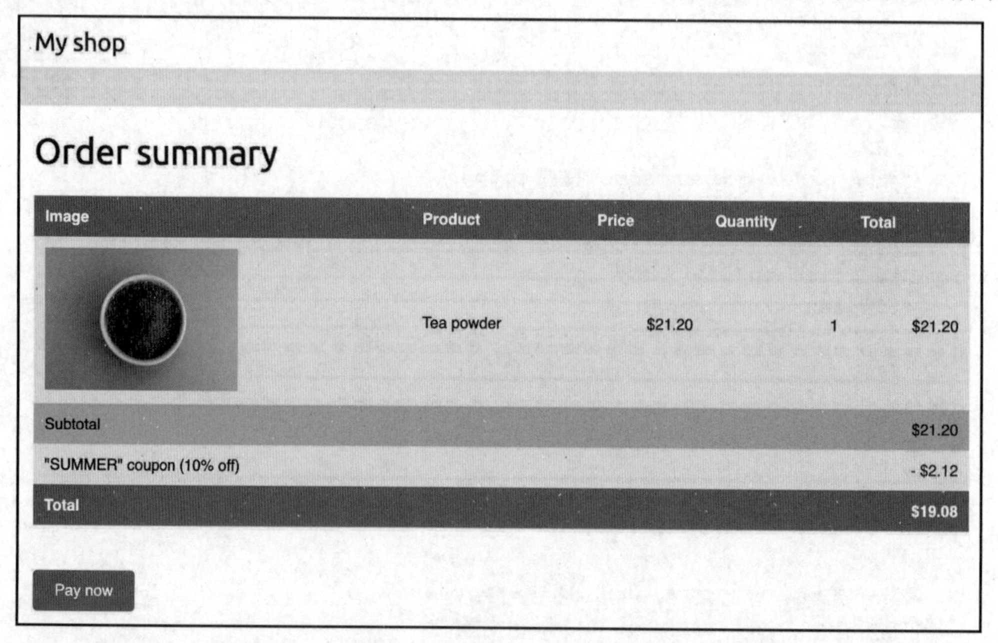

图 10.8　Order summary 页面，应用于订单上的优惠券

如果点击 Pay now 按钮，则会发现 Stripe 并不知道已应用折扣，如图 10.9 所示。

图 10.9　订单摘要页面，包括应用于订单上的优惠券

Strip 显示了须支付的全部金额且未包含任何折扣，这是因为未向 Stripe 传递折扣信息。记住，在 payment_process 视图中，我们将作为 line_items 将订单条目传递至 Stripe，包括每个订单条目的金额和数量。

10.1.4　针对 Stripe Checkout 创建优惠券

Stripe 可定义打折优惠券并将其链接至单次支付上。关于 Stripe Checkout 折扣的创建，读者可访问 https://stripe.com/docs/payments/checkout/discounts。

编辑 payment_process 视图并创建 Stripe Checkout 的优惠券。编辑 payment 应用程序的 views.py 文件，并将下列代码添加至 payment_process 视图中。

```
def payment_process(request):
    order_id = request.session.get('order_id', None)
    order = get_object_or_404(Order, id=order_id)

    if request.method == 'POST':
        success_url = request.build_absolute_uri(
                        reverse('payment:completed'))
        cancel_url = request.build_absolute_uri(
                        reverse('payment:canceled'))

        # Stripe checkout session data
        session_data = {
            'mode': 'payment',
            'client_reference_id': order.id,
            'success_url': success_url,
            'cancel_url': cancel_url,
            'line_items': []
        }
        # add order items to the Stripe checkout session
        for item in order.items.all():
```

```
            session_data['line_items'].append({
                'price_data': {
                    'unit_amount': int(item.price * Decimal('100')),
                    'currency': 'usd',
                    'product_data': {
                        'name': item.product.name,
                    },
                },
                'quantity': item.quantity,
            })

        # Stripe coupon
        if order.coupon:
            stripe_coupon = stripe.Coupon.create(
                                name=order.coupon.code,
                                percent_off=order.discount,
                                duration='once')
            session_data['discounts'] = [{
                'coupon': stripe_coupon.id
            }]

        # create Stripe checkout session
        session = stripe.checkout.Session.create(**session_data)

        # redirect to Stripe payment form
        return redirect(session.url, code=303)

    else:
        return render(request, 'payment/process.html', locals())
```

上述新代码检查订单是否包含相关的优惠券。其中，我们使用 Stripe SDK 并通过 stripe.Coupon.create()创建 Stripe 优惠券，并针对优惠券使用了下列属性。

- name：使用与 order 对象相关的优惠券的 code。
- percent_off：发布的 order 对象的 discount。
- duration：所用的值 once，这向 Stripe 表明，这是一次性支付的优惠券。

在创建了优惠券后，其 id 被添加至 session_data 字典中，用于创建 Stripe Checkout 会话。这将优惠券链接至结算会话。

在浏览器中打开 http://127.0.0.1:8000/，并利用创建的优惠券完成购买行为。当重定向至 Stripe Checkout 页面后，所应用的优惠券如图 10.10 所示。

当前，Stripe Checkout 页面包含了订单优惠券，支付的总金额也包含了由优惠券所扣除的金额。

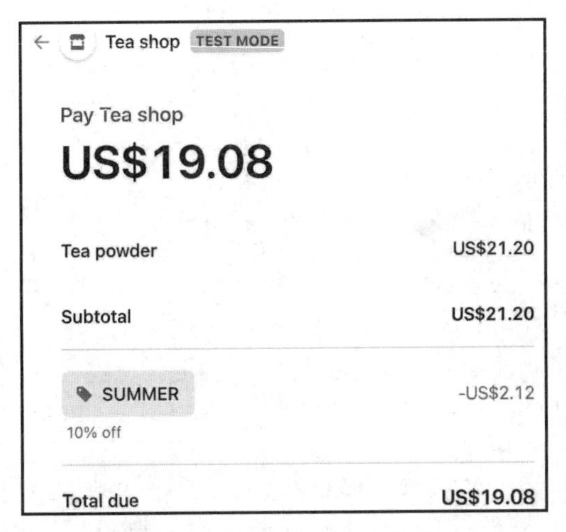

图 10.10　Stripe Checkout 页面的条目详细信息，包括名为 SUMMER 的打折优惠券

在完成了购买操作后在浏览器中打开 http://127.0.0.1:8000/admin/orders/order/，单击优惠券使用的 order 对象，此时编辑表单将显示折扣信息，如图 10.11 所示。

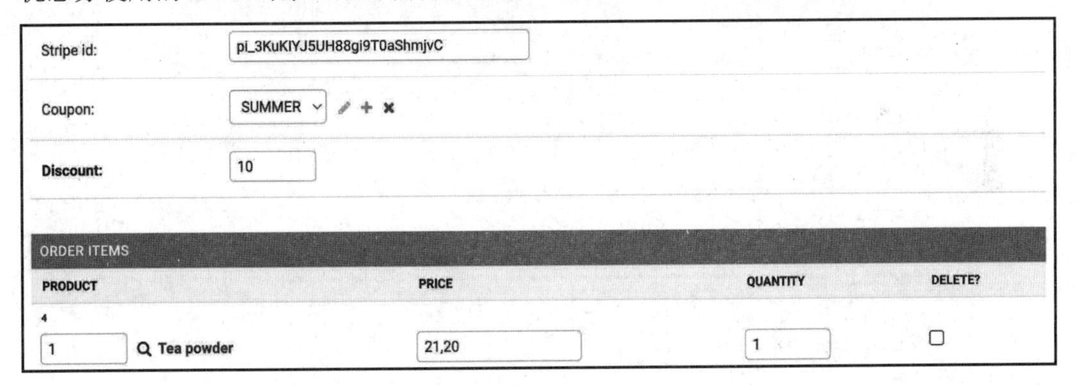

图 10.11　订单编辑表单，包括优惠券和折扣

至此，我们成功地存储了订单的优惠券，并利用折扣处理了支付操作。接下来将把优惠券添加至管理网站的订单详细视图以及订单的 PDF 发票中。

10.1.5　将优惠券添加至订单和 PDF 发票中

下面将优惠券添加至管理网站上的订单的详细页面中。对此，编辑 orders 应用程序的 admin/orders/order/detail.html 模板中，并添加下列代码。

```
...
<table style="width:100%">
  ...
  <tbody>
    {% for item in order.items.all %}
      <tr class="row{% cycle "1" "2" %}">
        <td>{{ item.product.name }}</td>
        <td class="num">${{ item.price }}</td>
        <td class="num">{{ item.quantity }}</td>
        <td class="num">${{ item.get_cost }}</td>
      </tr>
    {% endfor %}

    {% if order.coupon %}
      <tr class="subtotal">
        <td colspan="3">Subtotal</td>
        <td class="num">
            ${{ order.get_total_cost_before_discount|floatformat:2 }}
        </td>
      </tr>
      <tr>
        <td colspan="3">
          "{{ order.coupon.code }}" coupon
           ({{ order.discount }}% off)
        </td>
        <td class="num neg">
            - ${{ order.get_discount|floatformat:2 }}
        </td>
      </tr>
    {% endif %}

    <tr class="total">
      <td colspan="3">Total</td>
      <td class="num">
        ${{ order.get_total_cost|floatformat:2 }}
      </td>
    </tr>
  </tbody>
</table>
...
```

在浏览器中访问 http://127.0.0.1:8000/admin/orders/order/，并单击最新订单的 View Link。当前，Items bought 表将包含所用的优惠券，如图 10.12 所示。

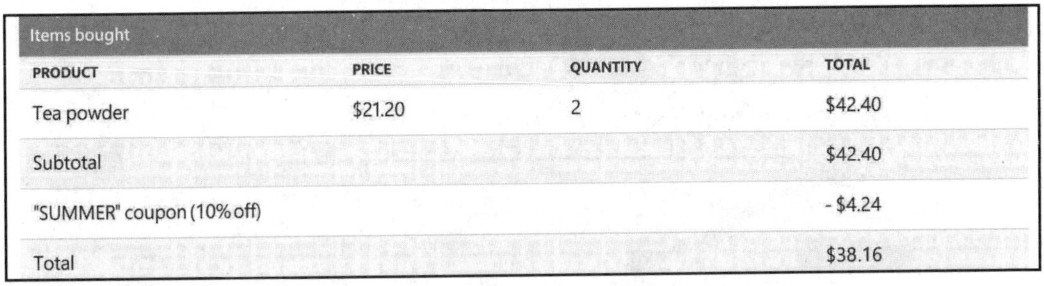

Items bought			
PRODUCT	PRICE	QUANTITY	TOTAL
Tea powder	$21.20	2	$42.40
Subtotal			$42.40
"SUMMER" coupon (10% off)			- $4.24
Total			$38.16

图 10.12　管理网站上的商品详细页面，包括所用的优惠券

接下来调整订单发票模板，并包含订单所用的优惠券。编辑 orders 应用程序的 orders/order/detail.pdf 模板，并添加下列代码。

```
...
<table>
  <thead>
    <tr>
      <th>Product</th>
      <th>Price</th>
      <th>Quantity</th>
      <th>Cost</th>
    </tr>
  </thead>
  <tbody>
    {% for item in order.items.all %}
      <tr class="row{% cycle "1" "2" %}">
        <td>{{ item.product.name }}</td>
        <td class="num">${{ item.price }}</td>
        <td class="num">{{ item.quantity }}</td>
        <td class="num">${{ item.get_cost }}</td>
      </tr>
    {% endfor %}

    {% if order.coupon %}
      <tr class="subtotal">
        <td colspan="3">Subtotal</td>
        <td class="num">
          ${{ order.get_total_cost_before_discount|floatformat:2 }}
        </td>
      </tr>
      <tr>
        <td colspan="3">
```

```
        "{{ order.coupon.code }}" coupon
         ({{ order.discount }}% off)
      </td>
      <td class="num neg">
        - ${{ order.get_discount|floatformat:2 }}
      </td>
    </tr>
  {% endif %}

  <tr class="total">
    <td colspan="3">Total</td>
    <td class="num">${{ order.get_total_cost|floatformat:2 }}</td>
  </tr>
 </tbody>
</table>
...
```

利用浏览器访问 http://127.0.0.1:8000/admin/orders/order/，单击最新订单的 PDF 链接。Items bought 表将包含所用的优惠券，如图 10.13 所示。

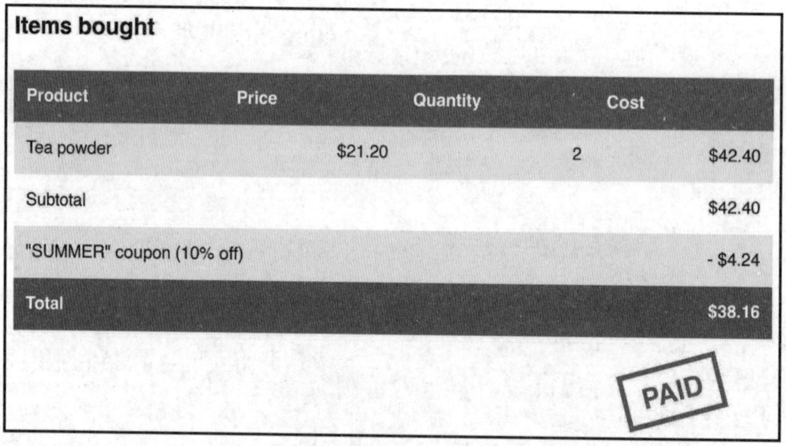

Items bought

Product	Price	Quantity	Cost
Tea powder	$21.20	2	$42.40
Subtotal			$42.40
"SUMMER" coupon (10% off)			- $4.24
Total			$38.16

PAID

图 10.13　PDF 订单发票，包括所用的优惠券

至此，我们已经成功地向商店中添加了优惠券系统。接下来将构建一个商品推荐系统。

10.2　构建推荐引擎

推荐引擎是一种预测用户对某一商品的偏好或评级的系统。系统根据用户的行为和所掌握的信息为用户选择相关条目。当今，推荐系统用于许多在线服务中，并帮助用户从大量数据中选取感兴趣的内容。提供好的推荐内容可以提高用户粘性。电子商务网站也从提供相关产品推荐中受益，同时增加了每用户的平均收入。

本节将构建一个简单的、具有一定功能的推荐引擎，并推荐经常一起购买的商品。我们将根据历史销售信息推荐商品，进而确定经常一起购买的商品。我们将在两种不同的场合下推荐互补商品。

（1）商品详细页面。我们将显示经常与给定商品一起购买的商品列表。这将展示购买此件商品的用户也购买了 X、Y、Z。对此，需要定义一个数据结构，并存储每件商品与所显示商品一起被购买的次数。

（2）购物车详细页面。根据用户添加至购物车中的商品，我们推荐经常与这些商品一起购买的商品。此时，需要累计获得相关商品而计算的评分。

我们将使用 Redis 存储经常一起购买的商品。第 7 章曾介绍了 Redis。如果读者尚未安装 Redis，则可参考相应的安装指令。

我们将根据经常被一起购买的商品向用户推荐内容。对此，可针对网站上购买的每件商品在 Redis 中存储一个键。该商品键包含了一个基于评分的 Redis 排序集。每完成一次新的购物行为后，针对一起购买的每件商品，评分值递增 1。这里，排序集允许我们为一起购买的商品评分。具体来说，我们将使用当前商品与另一种商品一起购买的次数作为当前商品的评分。

利用下列命令在环境中安装 redis-py。

```
pip install redis==4.3.4
```

编辑项目的 settings.py 文件，并向其中添加下列代码。

```
# Redis settings
REDIS_HOST = 'localhost'
REDIS_PORT = 6379
REDIS_DB = 1
```

这些设置需要构建与 Redis 服务器之间的连接。在 shop 应用程序目录中创建新文件，将其命名为 recommender.py 并添加下列代码。

```
import redis
from django.conf import settings
from .models import Product

# connect to redis
r = redis.Redis(host=settings.REDIS_HOST,
```

```
                port=settings.REDIS_PORT,
                db=settings.REDIS_DB)

class Recommender:
    def get_product_key(self, id):
        return f'product:{id}:purchased_with'

    def products_bought(self, products):
        product_ids = [p.id for p in products]
        for product_id in product_ids:
            for with_id in product_ids:
                # get the other products bought with each product
                if product_id != with_id:
                    # increment score for product purchased together
                    r.zincrby(self.get_product_key(product_id),
                              1,
                              with_id)
```

Recommender 类可存储商品的购买行为，并针对给定的商品检索商品推荐。get_product_key()方法检索 Product 对象的 ID，并针对存储相关商品的排序集构建 Redis 键，形如 product:[id]:purchased_with。

products_bought()方法接收一起购买的（即属于同一个订单）的 Product 对象的列表。

该方法将执行下列任务。

（1）针对给定的 Product 对象获取商品 ID。

（2）遍历商品 ID。对于每个 ID，再次遍历商品 ID 并忽略相同的商品，以便得到与每件商品一起购买的商品。

（3）针对每件购买的商品，利用 get_product_id()方法获取 Redis 商品键。对于 ID 为 33 的一件商品，该方法将返回键 product:33:purchased_with。这表示为排序集的键，其中包含与此件商品一起购买的商品的 ID。

（4）将包含在排序集中的每件商品 ID 的评分递增 1。这里，评分表示另一件商品与给定商品一起被购买的次数。

当前，我们持有一个方法，可存储并评分一起购买的商品。接下来还需要一个方法针对给定商品列表检索一起购买的商品。对此，向 Recommender 类中添加 suggest_products_for()方法。

```
def suggest_products_for(self, products, max_results=6):
    product_ids = [p.id for p in products]
    if len(products) == 1:
        # only 1 product
```

```
        suggestions = r.zrange(
                        self.get_product_key(product_ids[0]),
                        0, -1, desc=True)[:max_results]
    else:
        # generate a temporary key
        flat_ids = ''.join([str(id) for id in product_ids])
        tmp_key = f'tmp_{flat_ids}'
        # multiple products, combine scores of all products
        # store the resulting sorted set in a temporary key
        keys = [self.get_product_key(id) for id in product_ids]
        r.zunionstore(tmp_key, keys)
        # remove ids for the products the recommendation is for
        r.zrem(tmp_key, *product_ids)
        # get the product ids by their score, descendant sort
        suggestions = r.zrange(tmp_key, 0, -1,
                               desc=True)[:max_results]
        # remove the temporary key
        r.delete(tmp_key)
    suggested_products_ids = [int(id) for id in suggestions]
    # get suggested products and sort by order of appearance
    suggested_products = list(Product.objects.filter(
        id__in=suggested_products_ids))
    suggested_products.sort(key=lambda x:suggested_products_ids.index(x.id))
    return suggested_products
```

suggest_products_for()方法接收下列参数。

- products：所推荐的 Product 对象列表，可包含一件或多件商品。
- max_results：该整数表示所返回的最大推荐数量。

该方法执行下列操作。

（1）针对给定的 Product 对象获取商品 ID。

（2）如果仅给定一件商品，则检索与给定商品一起购买的商品的 ID，并按照一起购买的总次数排序。对此，我们使用了 Redis 的 ZRANGE 命令。我们将结果的数量限定为 max_results 属性指定的数字（默认为 6）。

（3）如果给定多件商品，则利用商品 ID 构建一个临时的 Redis 键。

（4）将每个给定产品的排序集中包含的条目的所有评分合并并求和。这是通过 Redis 的 ZUNIONSTORE 命令完成的。ZUNIONSTORE 命令使用给定的键执行排序集的并集，并将元素的求和结果存储在一个新的 Redis 键中。关于 ZUNIONSTORE 命令的更多信息，读者可访问 https://redis.io/commands/zunionstore/。最后将累计评分保存在临时键中。

（5）借助于累计评分，即可获得与推荐商品的相同商品。我们可通过 ZREM 命令从生成的排序集中删除这些商品。

（6）我们可从临时键中检索商品的 ID，并通过 ZRANGE 命令按其评分进行排序。另外，可将结果数量限定在 max_results 属性指定的数字上，随后移除临时键。

（7）利用给定的 ID 获取 Product 对象，并按照与它们相同的顺序排列产品。

考虑到实用功能，还需要添加一个方法清除推荐商品。对此，向 Recommender 类中添加下列方法。

```
def clear_purchases(self):
    for id in Product.objects.values_list('id', flat=True):
        r.delete(self.get_product_key(id))
```

下面尝试使用推荐引擎。此处应确保数据库中包含多个 Product 对象，并利用下列命令初始化 Redis Docker 容器。

```
docker run -it --rm --name redis -p 6379:6379 redis
```

打开另一个 shell，并运行下列命令打开 Python shell。

```
python manage.py shell
```

确保数据库中至少应包含 4 件不同的商品。按照其名称检索 4 件不同的商品。

```
>>> from shop.models import Product
>>> black_tea = Product.objects.get(name='Black tea')
>>> red_tea = Product.objects.get(name='Red tea')
>>> green_tea = Product.objects.get(name='Green tea')
>>> tea_powder = Product.objects.get(name='Tea powder')
```

随后向推荐引擎中添加一些测试商品。

```
>>> from shop.recommender import Recommender
>>> r = Recommender()
>>> r.products_bought([black_tea, red_tea])
>>> r.products_bought([black_tea, green_tea])
>>> r.products_bought([red_tea, black_tea, tea_powder])
>>> r.products_bought([green_tea, tea_powder])
>>> r.products_bought([black_tea, tea_powder])
>>> r.products_bought([red_tea, green_tea])
```

当前，我们已经存储了下列评分。

```
black_tea: red_tea (2), tea_powder (2), green_tea (1)
red_tea: black_tea (2), tea_powder (1), green_tea (1)
green_tea: black_tea (1), tea_powder (1), red_tea(1)
tea_powder: black_tea (2), red_tea (1), green_tea (1)
```

这表示与每件商品一起购买的商品，包括购买的次数。

下面针对某件商品检索商品的推荐结果。

```
>>> r.suggest_products_for([black_tea])
[<Product: Tea powder>, <Product: Red tea>, <Product: Green tea>]
>>> r.suggest_products_for([red_tea])
[<Product: Black tea>, <Product: Tea powder>, <Product: Green tea>]
>>> r.suggest_products_for([green_tea])
[<Product: Black tea>, <Product: Tea powder>, <Product: Red tea>]
>>> r.suggest_products_for([tea_powder])
[<Product: Black tea>, <Product: Red tea>, <Product: Green tea>]
```

可以看到，推荐商品的顺序基于其评分。接下来利用累计评分并针对多件商品获取推荐结果。

```
>>> r.suggest_products_for([black_tea, red_tea])
[<Product: Tea powder>, <Product: Green tea>]
>>> r.suggest_products_for([green_tea, red_tea])
[<Product: Black tea>, <Product: Tea powder>]
>>> r.suggest_products_for([tea_powder, black_tea])
[<Product: Red tea>, <Product: Green tea>]
```

可以看到，推荐商品的顺序与累计评分匹配。例如，black_tea 和 red_tea 推荐商品为 tea_powder (2+1)和 green_tea (1+1)。

至此，我们验证了推荐算法可以正常工作。下面在网站上显示商品的推荐内容。

编辑 shop 应用程序的 views.py 文件，并向 product_detail 视图中添加推荐最大数量的商品功能，如下所示。

```
from .recommender import Recommender

def product_detail(request, id, slug):
    product = get_object_or_404(Product,
                                id=id,
                                slug=slug,
                                available=True)
    cart_product_form = CartAddProductForm()
    r = Recommender()
    recommended_products = r.suggest_products_for([product], 4)
    return render(request,
                  'shop/product/detail.html',
                  {'product': product,
                   'cart_product_form': cart_product_form,
                   'recommended_products': recommended_products})
```

编辑 shop 应用程序的 shop/product/detail.html 模板，并在{{ product.description|linebreaks }}之后添加下列代码。

```
{% if recommended_products %}
  <div class="recommendations">
    <h3>People who bought this also bought</h3>
    {% for p in recommended_products %}
      <div class="item">
        <a href="{{ p.get_absolute_url }}">
          <img src="{% if p.image %}{{ p.image.url }}{% else %}
          {% static "img/no_image.png" %}{% endif %}">
        </a>
        <p><a href="{{ p.get_absolute_url }}">{{ p.name }}</a></p>
      </div>
    {% endfor %}
  </div>
{% endif %}
```

运行开发服务器并在浏览器中打开 http://127.0.0.1:8000/。单击任意一件商品查看其详细内容。可以看到，在该商品的下方显示了推荐商品，如图 10.14 所示。

图 10.14　商品详细页面，包含推荐的商品

除此之外，我们还打算在购物车中包含商品推荐内容。推荐内容基于用户向购物车中添加的商品。

编辑 cart 应用程序中的 views.py 文件、导入 Recommender 类并编辑 cart_detail 视图，如下所示。

```
from shop.recommender import Recommender

def cart_detail(request):
    cart = Cart(request)
    for item in cart:
        item['update_quantity_form'] = CartAddProductForm(initial={
                          'quantity': item['quantity'],
                          'override': True})
    coupon_apply_form = CouponApplyForm()

    r = Recommender()
    cart_products = [item['product'] for item in cart]
    if(cart_products):
        recommended_products = r.suggest_products_for(
                                 cart_products,
                                 max_results=4)
    else:
        recommended_products = []
    return render(request,
                  'cart/detail.html',
                  {'cart': cart,
                   'coupon_apply_form': coupon_apply_form,
                   'recommended_products': recommended_products})
```

编辑 cart 应用程序的 cart/detail.html 模板，并在</table> HTML 标签后添加下列代码。

```
{% if recommended_products %}
  <div class="recommendations cart">
    <h3>People who bought this also bought</h3>
    {% for p in recommended_products %}
      <div class="item">
        <a href="{{ p.get_absolute_url }}">
          <img src="{% if p.image %}{{ p.image.url }}{% else %}
          {% static "img/no_image.png" %}{% endif %}">
        </a>
        <p><a href="{{ p.get_absolute_url }}">{{ p.name }}</a></p>
      </div>
```

```
    {% endfor %}
  </div>
{% endif %}
```

在浏览器中打开 http://127.0.0.1:8000/en/，并向购物车中添加一组商品。当访问 http://127.0.0.1:8000/en/cart/时，将会看到针对购物车中的条目所推荐的全部商品，如图 10.15 所示。

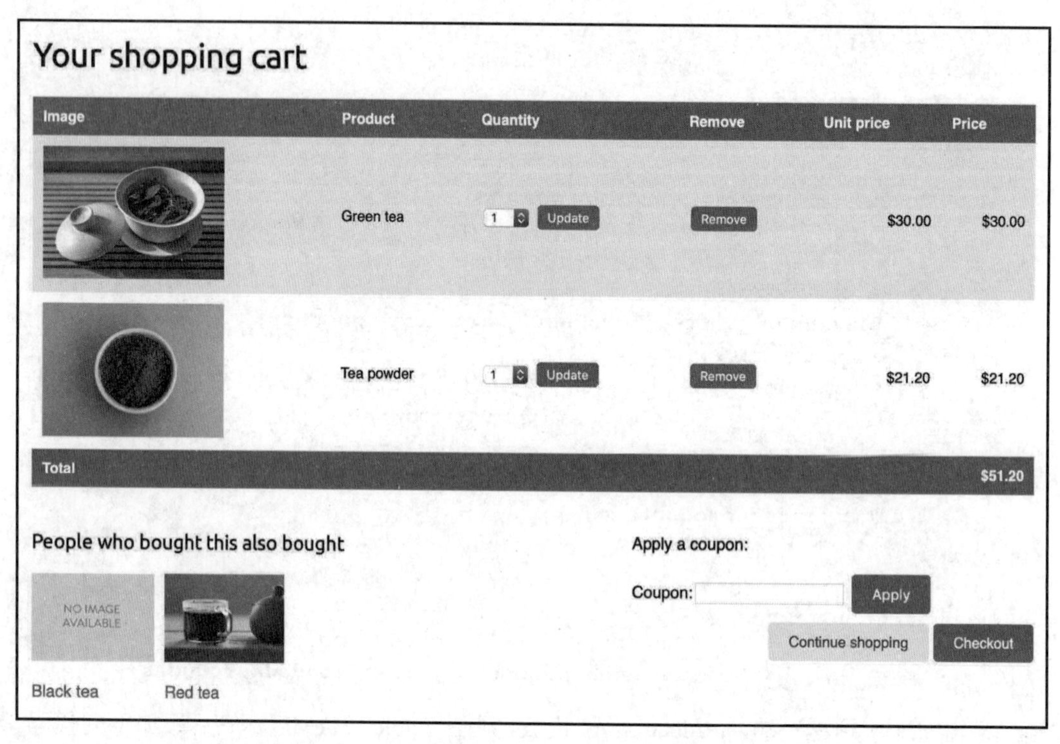

图 10.15　购物车详细页面，包含所推荐的商品

至此，我们通过 Django 和 Redis 构建了完整的推荐引擎。

10.3　附加资源

下列资源提供了与本章主题相关的附加信息。

- 本书源代码：https://github.com/PacktPublishing/Django-4-by-example/tree/main/Chapter10。

- Stripe Checkout 折扣：https://stripe.com/docs/payments/checkout/discounts。
- Redis ZUNIONSTORE：https://redis.io/commands/zunionstore/。

10.4 本章小结

本章利用 Django 会话创建了一个优惠券系统，并将其与 Stripe 集成。除此之外，我们还利用 Redis 构建了一个推荐系统，进而推荐经常一起购买的商品。

第 11 章将考查 Django 项目的国际化和本地化方面的内容。我们将学习如何通过 Rosetta 翻译代码和管理翻译内容。其间，我们将实现翻译的 URL 并构建一个翻译选择器。此外，我们还将利用 django-parler 实现模型翻译，并通过 django-localflavor 验证本地化表单字段。

第 11 章　向商店中添加国际化功能

第 10 章向商店中添加了一个优惠券系统，并构建了一个商品推荐引擎。

本章将学习国际化和本地化的工作方式。

本章主要涉及下列主题。

- 准备国际化项目。
- 管理翻译文件。
- 翻译 Python 代码。
- 翻译模板。
- 使用 Rosetta 管理翻译内容。
- 翻译 URL 模式并在 URL 中使用语言前缀。
- 允许用户切换语言。
- 基于 django-parler 的翻译模型。
- 使用基于 ORM 的翻译。
- 调整视图并使用翻译。
- 使用 django-localflavor 的本地表单字段。

读者可访问 https://github.com/PacktPublishing/Django-4-by-example/tree/main/Chapter11 查看本章的源代码。

本章使用的全部 Python 包均包含于本章源代码的 requirements.txt 文件中。在后续章节中，我们可遵循相关指令安装每个 Python 包，或者利用 pip install -r requirements.txt 命令一次性安装所有的 Python 包。

11.1　基于 Django 的国际化

Django 对国际化和本地化实现了完整的支持，可将应用程序翻译为多种语言，并针对日期、时间、数字和时区处理与区域相关的格式。下面首先明晰一下国际化和本地化之间的区别。

国际化（常简写为 i18n）是指调整软件以适应不同的语言和区域，以使软件不会硬连接至特定的语言或地区。

本地化（常缩写为 l10n）是指实际翻译软件并使其适应特定地区，Django 自身通过其国际化框架被翻译为 50 多种语言。

国际化框架可方便地在 Python 代码和模板中标记要翻译的字符串，并依赖于 GNU gettext 工具集生成和管理消息文件。这里，消息文件是一个代表一种语言的纯文本文件，包含应用程序中找到的部分或全部翻译字符串，以及各自针对一种语言的翻译结果。消息文件包含.po 扩展名。翻译完成后，消息文件将被编译以提供对已翻译字符串的快速访问。编译后的翻译文件扩展名为.mo。

11.1.1　国际化和本地化设置

Django 针对国际化提供了多项设置，相关设置项如下所示。

- USE_I18N：一个布尔值，用于指定是否启用 Django 的翻译系统。默认状态下 USE_I18N 为 True。
- USE_L10N：一个布尔值，表明是否启用本地化格式。当 USE_L10N 处于活动状态时，本地化格式用于表示日期和数字。默认状态下，USE_L10N 为 False。
- USE_TZ：一个布尔值，表示日期时间是否与时区相关。当利用 startproject 命令创建项目时，USE_TZ 为 True。
- LANGUAGE_CODE：项目的默认语言代码，并采用标准的语言 ID 格式。例如，美式英语是'en-us'，英式英语是 'en-gb'。该设置项需要 USE_I18N 设置为 True 以发挥功效。读者可访问 http://www.i18nguy.com/unicode/language-identifiers.html 查看有效的语言 ID 列表。
- LANGUAGES：包含项目可用语言的元组，并以语言代码和语言名称的两个元组的形式出现。读者可访问 django.conf.global_settings 查看有效的语言列表。当选择网站所支持的语言时，LANGUAGES 将设置为该列表的一个子集。
- LOCALE_PATHS：一个目录列表，Django 于其中查找包含项目翻译的消息文件。
- TIME_ZONE：表示项目时区的一个字符串。当利用 startproject 创建新项目时，TIME_ZONE 将被设置为'UTC'。此外，也可将其设置为其他时区，如'Europe/Madrid'。

上述内容展示了国际化和本地化的部分设置项，读者可访问 https://docs.djangoproject.com/en/4.1/ref/settings/#globalization-i18n-l10n 查看完整的列表。

11.1.2　国际化管理命令

Django 包含下列管理命令管理翻译行为。

- makemessages：这将遍历源树以查找标记为翻译的所有字符串，并在 locale 目录中创建或更新.po 消息文件，同时为每种语言创建一个.po 文件。
- compilemessages：这将把现有的.po 消息文件编译为.mo 文件，后者用于检索翻译内容。

11.1.3　安装 gettext 工具集

我们需要安装 gettext 工具集以创建、更新和编译消息文件。大多数 Linux 发行版均包含 gettext 工具集。对于 macOS 用户，安装 gettext 最简单的方式是通过 Homebrew，如下所示。

```
brew install gettext
```

除此之外，还需要利用下列命令强制链接 gettext。

```
brew link --force gettext
```

对于 Windows 用户，可遵循 https://docs.djangoproject.com/en/4.1/topics/i18n/translation/#gettext-on-windows 中的安装步骤。另外，读者可访问 https://mlocati.github.io/articles/gettext-iconv-windows.html 并针对 Windows 用户下载预编译 gettext 二进制安装程序。

11.1.4　如何向 Django 项目中添加翻译

项目的国际化过程需要执行下列步骤。

（1）在 Python 代码和模板中标记翻译字符串。

（2）运行 makemessages 命令以创建或更新消息文件，这些消息文件包含了代码中所有的翻译字符串。

（3）翻译包含在消息文件中的字符串，并利用 compilemessages 管理命令编译消息文件。

11.1.5　Django 如何确定当前语言

Django 内置了一个中间件，并根据请求数据确定当前语言，即 LocaleMiddleware 中间件。该中间件位于 django.middleware.locale.LocaleMiddleware 中，并执行下列任务。

（1）如果使用 i18n_patterns，也就是说，使用翻译后的 URL 模式，这将在请求 URL 中查找语言前缀以确定当前语言。

（2）如果未找到语言前缀，则在当前用户会话中查询已有的 LANGUAGE_SESSION_KEY。

（3）如果语言未在会话中设置，则利用当前语言查询已有的 cookie。该 cookie 的自定义名称可在 LANGUAGE_COOKIE_NAME 设置项中提供。默认状态下，该 cookie 的名称为 django_language。

（4）如果未找到 cookie，则查找请求的 Accept-Language HTTP 头。

（5）如果 Accept-Language 头未指定语言，Django 则使用 LANGUAGE_CODE 设置项中定义的语言。

默认状态下，Django 将使用 LANGUAGE_CODE 中定义的语言，除非使用 LocaleMiddleware。此处描述的过程仅适用于使用此中间件。

11.2　准备项目以实现国际化

下面准备项目并尝试使用不同的语言。具体来说，我们将针对 shop 应用程序创建一个英语和西班牙语版本。编辑项目的 settings.py 文件，并向其中添加 LANGUAGES 设置项。

```
LANGUAGES = [
    ('en', 'English'),
    ('es', 'Spanish'),
]
```

LANGUAGES 设置项由两个元组构成，其中，每个元组由语言代码和名称构成。这里，语言代码与特定区域相关，如 en-us、en-gb 或 en（通用）。根据该设置项，可指定应用程序仅适用于英语和西班牙语。如果未自定义 LANGUAGES 设置项，对应网站将支持 Django 翻译成的所有语言。

LANGUAGE_CODE 设置项如下所示。

```
LANGUAGE_CODE = 'en'
```

向 MIDDLEWARE 设置项中添加'django.middleware.locale.LocaleMiddleware'。确保该中间件位于 SessionMiddleware 之后，因为 LocaleMiddleware 需要使用会话数据。此外，该中间件还应位于 CommonMiddleware 之前，因为后者需要使用活动语言解析请求的

URL。当前，MIDDLEWARE 设置项如下所示。

```
MIDDLEWARE = [
    'django.middleware.security.SecurityMiddleware',
    'django.contrib.sessions.middleware.SessionMiddleware',
    'django.middleware.locale.LocaleMiddleware',
    'django.middleware.common.CommonMiddleware',
    'django.middleware.csrf.CsrfViewMiddleware',
    'django.contrib.auth.middleware.AuthenticationMiddleware',
    'django.contrib.messages.middleware.MessageMiddleware',
    'django.middleware.clickjacking.XFrameOptionsMiddleware',
]
```

注意：

中间件类的顺序十分重要，因为每个中间件都可以依赖于之前执行的另一个中间件的数据集。中间件按照在 MIDDLEWARE 中出现的顺序申请请求，而响应则以相反的顺序申请请求。

在主项目目录中创建下列目录结构。

```
locale/
    en/
    es/
```

其中，应用程序的消息文件位于 locale 目录中。再次编辑 settings.py 文件，并向其中添加下列设置项。

```
LOCALE_PATHS = [
    BASE_DIR / 'locale',
]
```

LOCALE_PATHS 设置项指定了 Django 须查找翻译文件的目录。首先出现的区域路径具有最高的优先级。

当使用项目目录中的 makemessages 命令时，消息文件将在创建的 locale/路径中生成。然而，对于包含 locale/目录的应用程序，消息文件将在该目录中生成。

11.3　翻译 Python 代码

当翻译 Python 代码的字面值（literal）时，可使用 django.utils.translation 中的 gettext()函数标记翻译字符串。该函数翻译消息并返回一个字符串。一般的做法是将此函数导入为较短的别名_（下画线）。

关于翻译的文档，读者可访问 https://docs.djangoproject.com/en/4.1/topics/i18n/translation/。

11.3.1　标准翻译

下列代码显示了如何标记翻译字符串。

```
from django.utils.translation import gettext as _
output = _('Text to be translated.')
```

11.3.2　延迟翻译

Django 涵盖所有翻译函数的延迟版本，且包含后缀_lazy()。当采用延迟函数时，字符串在访问值时被翻译，而非调用函数时（这也是“延迟”一词的由来）。当标记为翻译的字符串位于加载模块时执行的路径中时，延迟翻译即会发挥作用。

注意：

使用 gettext_lazy()函数（而非 gettext()函数）意味着字符串在访问值时被翻译。Django 针对所有翻译函数均提供了一个延迟版本。

11.3.3　变量翻译

标记为翻译的字符串可包含占位符，以便在翻译中包含变量。下列代码显示了一个包含占位符的字符串翻译示例。

```
from django.utils.translation import gettext as _
month = _('April')
day = '14'
output = _('Today is %(month)s %(day)s') % {'month': month,
                                            'day': day}
```

通过使用占位符，可重新排序文本变量。例如，上述示例的英文翻译可能是 today is April 14；而西班牙语翻译则为 hoy es 14 de Abril。当翻译字符串包含多个参数时，总是使用字符串插值而非位置插值。据此，将能够对占位符文本重新排序。

11.3.4　翻译中的复数形式

对于复数形式，可使用 ngettext()和 ngettext_lazy()函数。取决于表示对象数量的参数，这些函数将翻译为单数或复数形式。下列示例展示了如何使用这些函数。

```
output = ngettext('there is %(count)d product',
                  'there are %(count)d products',
                  count) % {'count': count}
```

前述内容介绍了 Python 代码中字面值翻译的基础内容，接下来将把翻译功能应用于项目中。

11.3.5　翻译自己的代码

编辑项目的 settings.py 文件，导入 gettext_lazy()函数并修改 gettext_lazy()设置项进而翻译语言名称，如下所示。

```
from django.utils.translation import gettext_lazy as _
# ...

LANGUAGES = [
    ('en', _('English')),
    ('es', _('Spanish')),
]
```

此处使用了 gettext_lazy()函数，而非 gettext()函数，以避免循环导入，从而在访问这些语言时翻译它们的名称。

打开 shell 并在项目目录中运行下列命令。

```
django-admin makemessages --all
```

对应的输出结果如下所示。

```
processing locale es
processing locale en
```

考查 locale/目录，对应的文件结构如下所示。

```
en/
   LC_MESSAGES/
      django.po
es/
   LC_MESSAGES/
      django.po
```

可以看到，针对每种语言生成了一个.po 文件。利用文本编辑器打开 es/LC_MESSAGES/

django.po 文件。在该文件的结尾处，应可看到下列内容。

```
#: myshop/settings.py:118
msgid "English"
msgstr ""
#: myshop/settings.py:119
msgid "Spanish"
msgstr ""
```

其中，每个翻译字符串之前都有一个注释，显示关于文件以及所处行的详细信息。每个翻译包含下列两个字符串。

（1）msgid：源代码出现的字符串。

（2）msgstr：语言翻译，默认状态下为空。此处须输入给定字符串的实际翻译。

针对给定的 msgid 字符串，填写 msgstr 翻译内容，如下所示。

```
#: myshop/settings.py:118
msgid "English"
msgstr "Inglés"
#: myshop/settings.py:119
msgid "Spanish"
msgstr "Español"
```

保存调整后的消息文件，打开 shell 并运行下列命令。

```
django-admin compilemessages
```

如果一切正常，应可看到下列输出结果。

```
processing file django.po in myshop/locale/en/LC_MESSAGES
processing file django.po in myshop/locale/es/LC_MESSAGES
```

输出结果显示了与编译后的消息文件相关的信息。再次查看 myshop 项目的 locale 目录，应可看到下列文件。

```
en/
    LC_MESSAGES/
        django.mo
        django.po
es/
    LC_MESSAGES/
        django.mo
        django.po
```

可以看到，针对每种语言生成了一个.mo 编译文件。

至此，我们翻译了语言名称。接下来将要翻译显示于网站上的模型字段名称。编辑 orders 应用程序的 models.py 文件，并向 Order 模型字段中添加标记为翻译的名称，如下所示。

```
from django.utils.translation import gettext_lazy as _

class Order(models.Model):
    first_name = models.CharField(_('first name'),
                                  max_length=50)
    last_name = models.CharField(_('last name'),
                                 max_length=50)
    email = models.EmailField(_('e-mail'))
    address = models.CharField(_('address'),
                               max_length=250)
    postal_code = models.CharField(_('postal code'),
                                   max_length=20)
    city = models.CharField(_('city'),
                            max_length=100)
    # ...
```

当用户下新订单时，我们添加了所显示的字段名称，即 first_name、last_name、email、address、postal_code 和 city。记住，还可使用 verbose_name 属性命名字段。

在 orders 应用程序目录中，创建下列目录结构。

```
locale/
    en/
    es/
```

通过创建 locale 目录，应用程序的翻译字符串将存储于该目录下的消息文件中，而非主消息文件中。通过这种方式，可针对每个应用程序生成独立的翻译文件。

在项目目录中打开 shell 并运行下列命令。

```
django-admin makemessages --all
```

对应输出结果如下所示。

```
processing locale es
processing locale en
```

利用文本编辑器打开 order 应用程序的 locale/es/LC_MESSAGES/django.po 文件，随后可看到 Order 模型的翻译字符串。针对给定的 msgid 字符串，填写下列 msgstr 翻译。

```
#: orders/models.py:12
```

```
msgid "first name"
msgstr "nombre"
#: orders/models.py:14
msgid "last name"
msgstr "apellidos"
#: orders/models.py:16
msgid "e-mail"
msgstr "e-mail"
#: orders/models.py:17
msgid "address"
msgstr "dirección"
#: orders/models.py:19
msgid "postal code"
msgstr "código postal"
#: orders/models.py:21
msgid "city"
msgstr "ciudad"
```

在完成了翻译的添加操作后，保存当前文件。

除了文本编辑器，还可使用 Poedit 编辑翻译内容。Poedit 是一款采用了 gettext 的翻译编辑软件，并支持 Linux、Windows 和 macOS。读者可访问 https://poedit.net/下载 Poedit。

接下来将翻译项目的表单。orders 应用程序的 OrderCreateForm 无须翻译，因为它是一个 ModelForm，并针对表单字段标签使用了 Order 模型字段的 verbose_namc 属性。

相应地，我们将翻译 cart 和 coupons 应用程序的表单。

编辑 cart 应用程序目录中的 forms.py 文件，并向 CartAddProductForm 的 quantity 字段添加 label 属性。随后将该字段标记为翻译，如下所示。

```
from django import forms
from django.utils.translation import gettext_lazy as _

PRODUCT_QUANTITY_CHOICES = [(i, str(i)) for i in range(1, 21)]

class CartAddProductForm(forms.Form):
    quantity = forms.TypedChoiceField(
                choices=PRODUCT_QUANTITY_CHOICES,
                coerce=int,
                label=_('Quantity'))
    override = forms.BooleanField(required=False,
                                  initial=False,
                                  widget=forms.HiddenInput)
```

编辑 coupons 应用程序的 forms.py 文件，并翻译 CouponApplyForm 表单，如下所示。

```
from django import forms
from django.utils.translation import gettext_lazy as _

class CouponApplyForm(forms.Form):
    code = forms.CharField(label=_('Coupon'))
```

至此，我们向 code 字段添加了一个标签，并将其标记为翻译。

11.4　翻译模板

Django 提供了{% trans %}和{% blocktrans %}模板标签翻译模板中的字符串。当使用翻译模板标签时，需要在模板开始处添加{% load i18n %}以加载模板标签。

11.4.1　{% trans %}模板标签

{% trans %}模板标签可标记翻译的字面值。从内部来看，Django 在给定文本上执行 gettext()函数。下列内容显示了如何在模板中将字符串标记为翻译。

```
{% trans "Text to be translated" %}
```

这里，可使用 as 将翻译后的内容存储于变量中，以供在模板中使用。下列示例将翻译后的文本存储于名为 greeting 的变量中。

```
{% trans "Hello!" as greeting %}
<h1>{{ greeting }}</h1>
```

针对简单的翻译字符串，{% trans %}标签十分有用，但却无法处理包含变量的翻译内容。

11.4.2　{% blocktrans %}模板标签

{% blocktrans %}模板标签允许我们使用占位符标记包含字面值和变量的内容。下列示例展示了如何使用{% blocktrans %}标签，此处翻译内容中包含了一个 name 变量。

```
{% blocktrans %}Hello {{ name }}!{% endblocktrans %}
```

我们可使用 with 包含模板表达式，如访问对象属性或将模板过滤器应用于变量上。对此，通常需要使用占位符。我们无法访问 blocktrans 块中的表达式或对象属性。下列示例展示了如何使用 with 包含一个已应用了 capfirst 过滤器的对象属性。

```
{% blocktrans with name=user.name|capfirst %}
  Hello {{ name }}!
{% endblocktrans %}
```

注意：

当需要在翻译字符串中包含变量内容时，可使用{% blocktrans %}标签，而不是{% trans %}标签。

11.4.3　翻译 shop 模板

编辑 shop 应用程序的 shop/base.html 模板。确保在模板的开始处加载了 i18n 标签，并编辑翻译字符串，如下所示。

```
{% load i18n %}
{% load static %}
<!DOCTYPE html>
<html>
<head>
  <meta charset="utf-8" />
  <title>
    {% block title %}{% trans "My shop" %}{% endblock %}
  </title>
  <link href="{% static "css/base.css" %}" rel="stylesheet">
</head>
<body>
  <div id="header">
    <a href="/" class="logo">{% trans "My shop" %}</a>
  </div>
  <div id="subheader">
    <div class="cart">
      {% with total_items=cart|length %}
        {% if total_items > 0 %}
          {% trans "Your cart" %}:
          <a href="{% url "cart:cart_detail" %}">
            {% blocktrans with total=cart.get_total_price count items=total_
items %}
              {{ items }} item, ${{ total }}
            {% plural %}
              {{ items }} items, ${{ total }}
            {% endblocktrans %}
```

```
        </a>
      {% elif not order %}
        {% trans "Your cart is empty." %}
      {% endif %}
    {% endwith %}
   </div>
 </div>
 <div id="content">
   {% block content %}
   {% endblock %}
 </div>
</body>
</html>
```

确保模板标签未被划分为多个行。

此处应注意显示购物车摘要的{% blocktrans %}标签。之前，购物车摘要如下所示。

```
{{ total_items }} item{{ total_items|pluralize }},
${{ cart.get_total_price }}
```

当前，情况发生了变化。我们使用{% blocktrans with ... %}并利用 cart.get_total_price 的值设置占位符 total。此外还使用了 count，这允许我们设置一个变量计数 Django 对象，进而选择正确的复数形式。这里，我们利用 total_items 值设置 items 变量以计数对象。

这允许我们针对单数和复数形式设置翻译内容，并通过{% blocktrans %}块中的{%plural %}标签进行分隔。最终代码如下所示。

```
{% blocktrans with total=cart.get_total_price count
 items=total_items %}
{{ items }} item, ${{ total }}
{% plural %}
 {{ items }} items, ${{ total }}
{% endblocktrans %}
```

编辑 shop 应用程序的 shop/product/detail.html 模板，并在模板开始处加载 i18n 标签（在模板首个标签{% extends %}之后）。

```
{% extends "shop/base.html" %}
{% load i18n %}
{% load static %}
...
```

找到下列代码行：

```
<input type="submit" value="Add to cart">
```

并用下列代码行替换上述代码。

```
<input type="submit" value="{% trans "Add to cart" %}">
```

找到下列代码行：

```
<h3>People who bought this also bought</h3>
```

并用下列代码行替换上述代码。

```
<h3>{% trans "People who bought this also bought" %}</h3>
```

下面翻译 orders 应用程序模板。编辑 orders 应用程序的 orders/order/create.html 模板，并标记翻译文本，如下所示。

```
{% extends "shop/base.html" %}
{% load i18n %}
{% block title %}
  {% trans "Checkout" %}
{% endblock %}
{% block content %}
  <h1>{% trans "Checkout" %}</h1>
  <div class="order-info">
    <h3>{% trans "Your order" %}</h3>
    <ul>
      {% for item in cart %}
        <li>
          {{ item.quantity }}x {{ item.product.name }}
          <span>${{ item.total_price }}</span>
        </li>
      {% endfor %}
      {% if cart.coupon %}
        <li>
          {% blocktrans with code=cart.coupon.code discount=cart.coupon.
discount %}
            "{{ code }}" ({{ discount }}% off)
          {% endblocktrans %}
          <span class="neg">- ${{ cart.get_discount|floatformat:2 }}</span>
        </li>
      {% endif %}
    </ul>
    <p>{% trans "Total" %}: ${{
```

```
    cart.get_total_price_after_discount|floatformat:2 }}</p>
  </div>
  <form method="post" class="order-form">
    {{ form.as_p }}
    <p><input type="submit" value="{% trans "Place order" %}"></p>
    {% csrf_token %}
  </form>
{% endblock %}
```

确保模板标签不会被划分为多个行。读者可查看本章的附带代码，并考查如何针对翻译内容标记字符串。

- shop 应用程序：模板 shop/product/list.html。
- orders 应用程序：模板 orders/order/pdf.html。
- cart 应用程序：模板 cart/detail.html。
- payments 应用程序：模板 payment/process.html、payment/completed.html 和 payment/canceled.html。

读者可访问 https://github.com/PacktPublishing/Django-4-by-Example/tree/master/Chapter11 查看本章的源代码。

下面更新消息文件并包含新的翻译字符串。打开 shell 并运行下列命令。

```
django-admin makemessages --all
```

.po 文件位于 myshop 项目的 locale 目录中，可以看到，orders 应用程序当前包含了针对翻译标记的所有字符串。

编辑项目和 orders 应用程序的.po 翻译文件，并将西班牙翻译包含在 msgstr 中。此外，还可在本章的源代码中使用翻译后的.po 文件。

运行下列命令编译翻译文件。

```
django-admin compilemessages
```

对应的输出结果如下所示。

```
processing file django.po in myshop/locale/en/LC_MESSAGES
processing file django.po in myshop/locale/es/LC_MESSAGES
processing file django.po in myshop/orders/locale/en/LC_MESSAGES
processing file django.po in myshop/orders/locale/es/LC_MESSAGES
```

至此，针对每个.po 翻译文件，我们生成了包含编译翻译的.mo 文件。

11.5 使用 Rosetta 翻译界面

Rosetta 是一个第三方应用程序，并可利用与 Django 管理网站相同的界面编辑翻译内容。Rosetta 可方便地编辑.po 文件并更新编译后的翻译文件。下面将 Rosetta 添加至项目中。

利用下列命令并通过 pip 安装 Rosetta。

```
pip install django-rosetta==0.9.8
```

在项目的 settings.py 文件中，向 INSTALLED_APPS 设置项添加'rosetta'，如下所示。

```
INSTALLED_APPS = [
    # ...
    'rosetta',
]
```

我们需要将 Rosetta 的 URL 添加至主 URL 配置中。编辑项目的 urls.py 文件并添加下列 URL 模式。

```
urlpatterns = [
    path('admin/', admin.site.urls),
    path('cart/', include('cart.urls', namespace='cart')),
    path('orders/', include('orders.urls', namespace='orders')),
    path('payment/', include('payment.urls', namespace='payment')),
    path('coupons/', include('coupons.urls', namespace='coupons')),
    path('rosetta/', include('rosetta.urls')),
    path('', include('shop.urls', namespace='shop')),
]
```

确保将 Rosetta 的 URL 放置在 shop.urls 之前，以避免意外的模式匹配。

打开 http://127.0.0.1:8000/admin/并以超级用户身份登录。随后在浏览器中访问 http://127.0.0.1:8000/rosetta/。在 Filter 菜单中，单击 THIRD PARTY 显示所有的有效消息文件，包括属于 orders 应用程序的消息文件。

随后应看到现有的语言列表，如图 11.1 所示。

单击 Spanish 部分下的 Myshop 链接并编辑 Spanish 翻译，对应的翻译字符串列表如图 11.2 所示。

我们可在 SPANISH 列下方输入翻译内容。OCCURRENCE(S)列显示了每个翻译字符串所处的文件和代码行。

Rosetta

Home › Language selection

Filter: PROJECT　THIRD PARTY　DJANGO　ALL

English

APPLICATION	PROGRESS	MESSAGES	TRANSLATED	FUZZY	OBSOLETE	FILE
Myshop	0%	37	0	0	0	Django-4-by-example/Chapter11/myshop/locale/en/LC_MESSAGES/django.po
Orders	0%	23	0	0	0	Django-4-by-example/Chapter11/myshop/orders/locale/en/LC_MESSAGES/django.po

Spanish

APPLICATION	PROGRESS	MESSAGES	TRANSLATED	FUZZY	OBSOLETE	FILE
Myshop	100%	37	37	0	0	Django-4-by-example/Chapter11/myshop/locale/es/LC_MESSAGES/django.po
Orders	100%	23	22	0	0	Django-4-by-example/Chapter11/myshop/orders/locale/es/LC_MESSAGES/django.po
Rosetta	100%	42	42	0	0	python3.10/site-packages/rosetta/locale/es/LC_MESSAGES/django.po

图 11.1　Rosetta 管理界面

Translate into Spanish

Display: UNTRANSLATED ONLY　TRANSLATED ONLY　FUZZY ONLY　ALL

Go

ORIGINAL	SPANISH	FUZZY	OCCURRENCES(S)
Quantity	Cantidad		cart/forms.py:12 cart/templates/cart/detail.html:16 payment/templates/payment/process.html:15
Your shopping cart	Su carro		cart/templates/cart/detail.html:6 cart/templates/cart/detail.html:10
Image	Imagen		cart/templates/cart/detail.html:14 payment/templates/payment/process.html:12
Product	Producto		cart/templates/cart/detail.html:15 payment/templates/payment/process.html:13
Remove	Eliminar		cart/templates/cart/detail.html:17 cart/templates/cart/detail.html:43
Unit price	Precio unitario		cart/templates/cart/detail.html:18
Price	Precio		cart/templates/cart/detail.html:19 payment/templates/payment/process.html:14
Update	Actualizar		cart/templates/cart/detail.html:37

图 11.2　利用 Rosetta 编辑西班牙语翻译

包含占位符的翻译内容如图 11.3 所示。

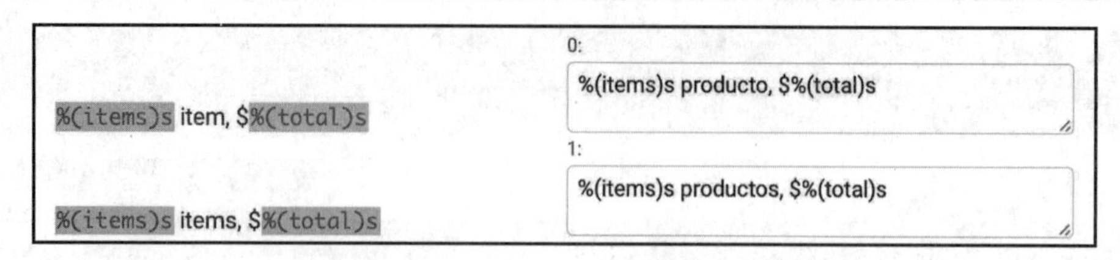

图 11.3　包含占位符的翻译

Rosetta 采用不同的背景颜色显示占位符。当翻译内容时，应确保占位符处于未翻译状态。例如，考查下列字符串。

```
%(items)s items, $%(total)s
```

上述字符串翻译为西班牙语后如下所示。

```
%(items)s productos, $%(total)s
```

读者可考查本章的源代码并对项目使用相同的西班牙语翻译。

当完成翻译的编辑后，单击 Save and translate next block 按钮将翻译保存至.po 文件中。当保存翻译内容时，Rosetta 编译消息文件，因而无须运行 compilemessages 命令。然而，Rosetta 需要对 locale 目录执行写访问操作以写入消息文件，因而应确保该目录持有有效的权限。

如果希望其他用户也可编辑翻译内容，可在浏览器中打开 http://127.0.0.1:8000/admin/auth/group/add/，并创建名为 translators 的分组。随后访问 http://127.0.0.1:8000/admin/auth/user/并编辑打算授权的用户以便编辑翻译内容。当编辑用户时，在 Permissions 下向每个用户的 Chosen Groups 添加 translators 分组。Rosetta 仅支持超级用户或属于 translators 分组的用户。

读者可访问 https://django-rosetta.readthedocs.io/查看 Rosetta 的文档。

注意：

当向生产环境中添加新的翻译内容时，如果通过真实的 Web 服务器服务 Django，则需要在运行 compilemessages 命令后，或者在利用 Rosetta 保存翻译内容后重载服务器，以使任何更改生效。

当编辑翻译内容时，翻译可标记为 fuzzy。接下来讨论模糊翻译。

11.6　模糊翻译

当在 Rosetta 中编辑翻译内容时，可看到一个 FUZZY 列，这并不是 Rosetta 特性，该结果由 gettext 提供。如果 FUZZY 标志针对翻译处于活动状态，那么它不会包含在编译后的消息文件中。该标志标记需要由翻译器检查的翻译字符串。当.po 文件利用新的翻译字符串更新时，一些翻译字符串将自动标记为 fuzzy。当 gettext 找到一些稍作修改过的 msgstr 时，即会发生这种情况。gettext 将其与旧翻译内容进行配对，并将其标记为 fuzzy 以供检查。随后，翻译器应检查模糊翻译、删除 FUZZY 标志并再次编译翻译文件。

11.7　国际化的 URL 模式

Django 提供了 URL 的国际化功能，并针对国际化的 URL 涵盖了两项主要功能。

（1）URL 模式中的语言前缀：向 URL 添加语言前缀，以服务于不同基 URL 下的每种语言版本。

（2）翻译后的 URL 模式：翻译 URL 模式，以便每个 URL 针对每种语言都是不同的。

翻译 URL 的一个原因是针对搜索引擎优化网站。通过向模式中添加语言前缀，将能够针对每种语言（而非单一 URL）索引 URL。进一步讲，通过将 URL 翻译为每种语言，将为搜索引擎针对每种语言提供排名更好的 URL。

11.7.1　向 URL 模式中添加语言前缀

Django 可向 URL 模式中添加语言前缀。例如，网站的英文版本可在以/en/开始的路径下工作；而网站的西班牙文版本则在/es/开始的路径下工作。当使用 URL 模式中的语言时，需要使用 Django 提供的 LocaleMiddleware，进而从请求的 URL 中识别当前语言。之前曾将 LocaleMiddleware 添加至项目的 MIDDLEWARE 设置项，因而此处无须重复此项操作。

接下来向 URL 模式中添加一个语言前缀。编辑 myshop 项目的 urls.py 文件，并添加 i18n_patterns()，如下所示。

```
from django.conf.urls.i18n import i18n_patterns

urlpatterns = i18n_patterns(
    path('admin/', admin.site.urls),
    path('cart/', include('cart.urls', namespace='cart')),
    path('orders/', include('orders.urls', namespace='orders')),
    path('payment/', include('payment.urls', namespace='payment')),
    path('coupons/', include('coupons.urls', namespace='coupons')),
    path('rosetta/', include('rosetta.urls')),
    path('', include('shop.urls', namespace='shop')),
)
```

我们可组合未翻译的标准 URL 模式和 i18n_patterns 下的模式，以便一些模式包含语言前缀，而另一些则不包含。但是，较好的做法是仅使用经过翻译的 URL，以避免随意翻译的 URL 与未经过翻译的 URL 模式相匹配。

运行开发服务器并在浏览器中打开 http://127.0.0.1:8000/。Django 将执行 11.1.5 节中描述的步骤确定当前语言，并将用户重定向至请求的 URL 处，同时包含语言前缀。在浏览器中查看该 URL，该 URL 应为 http://127.0.0.1:8000/en/。如果是西班牙语或英语，那么当前语言由浏览器的 Accept-Language 头所设置；否则为设置项中定义的默认 LANGUAGE_CODE（英语）。

11.7.2　翻译 URL 模式

Django 支持 URL 模式中翻译的字符串。我们可针对单一 URL 模式以及每种语言使用不同的翻译。我们可通过 gettext_lazy()函数并采用与处理字面值相同的方式标记翻译的 URL 模式。

编辑 myshop 项目的 urls.py 文件，针对 cart、orders、payment 和 coupons 应用程序将翻译字符串添加至 URL 模式的正则表达式中，如下所示。

```
from django.utils.translation import gettext_lazy as _

urlpatterns = i18n_patterns(
    path('admin/', admin.site.urls),
    path(_('cart/'), include('cart.urls', namespace='cart')),
    path(_('orders/'), include('orders.urls', namespace='orders')),
    path(_('payment/'), include('payment.urls', namespace='payment')),
    path(_('coupons/'), include('coupons.urls', namespace='coupons')),
    path('rosetta/', include('rosetta.urls')),
    path('', include('shop.urls', namespace='shop')),
)
```

编辑 orders 应用程序的 urls.py 文件，并标记翻译的 order_create URL 模式，如下所示。

```
from django.utils.translation import gettext_lazy as _

urlpatterns = [
    path(_('create/'), views.order_create, name='order_create'),
    # ...
]
```

编辑 payment 应用程序的 urls.py 文件，如下所示。

```
from django.utils.translation import gettext_lazy as _

urlpatterns = [
    path(_('process/'), views.payment_process, name='process'),
    path(_('done/'), views.payment_done, name='done'),
    path(_('canceled/'), views.payment_canceled, name='canceled'),
    path('webhook/', webhooks.stripe_webhook, name='stripe-webhook'),
]
```

注意，这些 URL 模式包含一个语言前缀，因为它们包含在项目 urls.py 文件的 i18n_patterns()下。这将使每个 URL 模式针对每种有效语言具有不同的 URL，一个以/en/开始，另一个以/es/开始，等等。然而，对于 Stripe，我们需要一个单一的 URL 通知事件，且需要避免 webhook URL 中的语言前缀。

从 payment 应用程序的 urls.py 文件中删除 webhook URL 模式。该文件如下所示。

```
from django.utils.translation import gettext_lazy as _

urlpatterns = [
    path(_('process/'), views.payment_process, name='process'),
    path(_('done/'), views.payment_done, name='done'),
    path(_('canceled/'), views.payment_canceled, name='canceled'),
]
```

随后将下列 webhook URL 模式添加至 myshop 项目的 urls.py 文件中。

```
from django.utils.translation import gettext_lazy as _
from payment import webhooks

urlpatterns = i18n_patterns(
    path('admin/', admin.site.urls),
    path(_('cart/'), include('cart.urls', namespace='cart')),
    path(_('orders/'), include('orders.urls', namespace='orders')),
    path(_('payment/'), include('payment.urls', namespace='payment')),
    path(_('coupons/'), include('coupons.urls', namespace='coupons')),
    path('rosetta/', include('rosetta.urls')),
    path('', include('shop.urls', namespace='shop')),
)

urlpatterns += [
    path('payment/webhook/', webhooks.stripe_webhook,
                             name='stripe-webhook'),
]
```

```
if settings.DEBUG:
    urlpatterns += static(settings.MEDIA_URL,
                          document_root=settings.MEDIA_ROOT)
```

我们在 i18n_patterns()外部将 webhook URL 模式添加至 urlpatterns 中，以确保针对 Stripe 事件通知维护单一 URL。

此处无须翻译 shop 应用程序的 URL 模式，因为这些模式利用变量构建且不包含其他字面值。

打开 shell 并运行下列命令，并利用新的翻译内容更新消息文件。

```
django-admin makemessages --all
```

利用下列命令使开发服务器处于运行状态。

```
python manage.py runserver
```

在浏览器中打开 http://127.0.0.1:8000/en/rosetta/，单击 Spanish 下的 Myshop 链接。单击 UNTRANSLATED ONLY 查看尚未翻译的字符串。图 11.4 显示了翻译的 URL 模式。

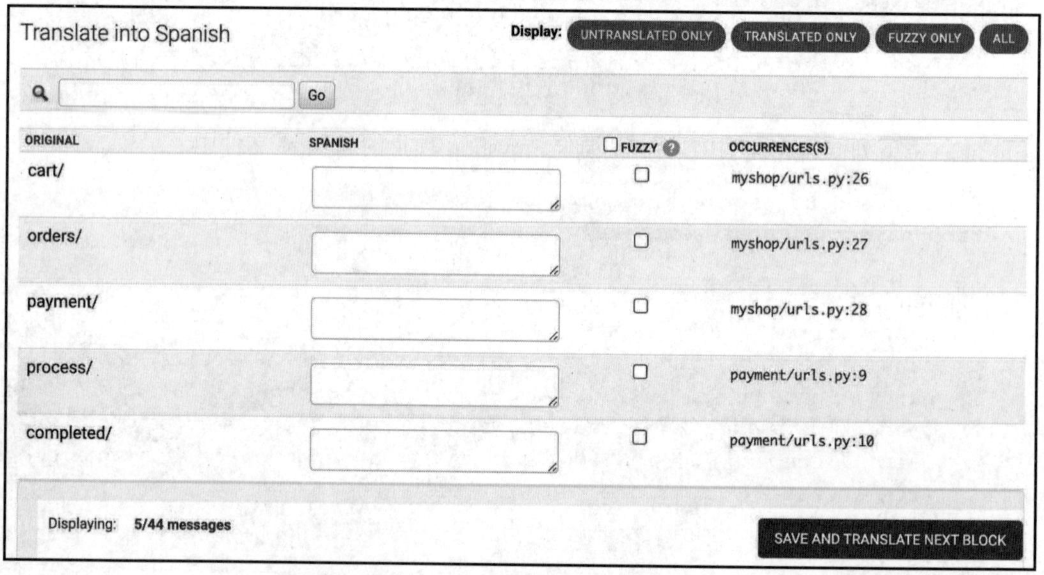

图 11.4　在 Rosetta 界面中翻译的 URL 模式

针对每个 URL 添加不同的翻译字符串。不要忘记在每个 URL 结尾处添加/字符，如图 11.5 所示。

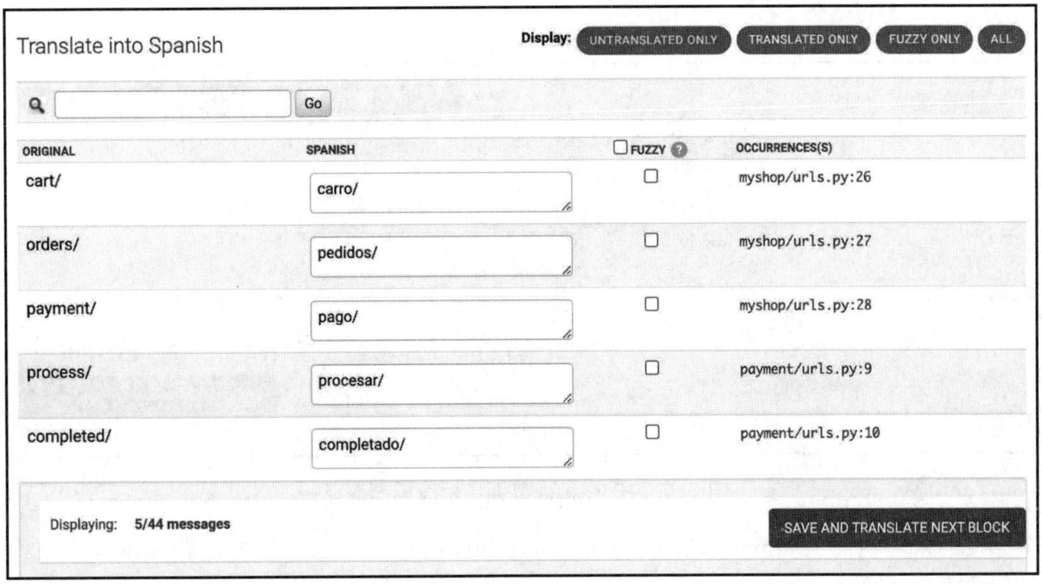

Translate into Spanish

Display: UNTRANSLATED ONLY　TRANSLATED ONLY　FUZZY ONLY　ALL

Go

ORIGINAL	SPANISH	FUZZY	OCCURRENCES(S)
cart/	carro/	☐	myshop/urls.py:26
orders/	pedidos/	☐	myshop/urls.py:27
payment/	pago/	☐	myshop/urls.py:28
process/	procesar/	☐	payment/urls.py:9
completed/	completado/	☐	payment/urls.py:10

Displaying: 5/44 messages　　SAVE AND TRANSLATE NEXT BLOCK

图 11.5　在 Rosetta 界面中 URL 模式的西班牙语翻译

完成后单击 SAVE AND TRANSLATE NEXT BLOCK 按钮。

随后单击 FUZZY ONLY。此时将会看到翻译标记为 fuzzy，因为它们与一个相似的原始字符串的旧翻译配对。在图 11.6 所显示的情形中，翻译是错误的且需要修正。

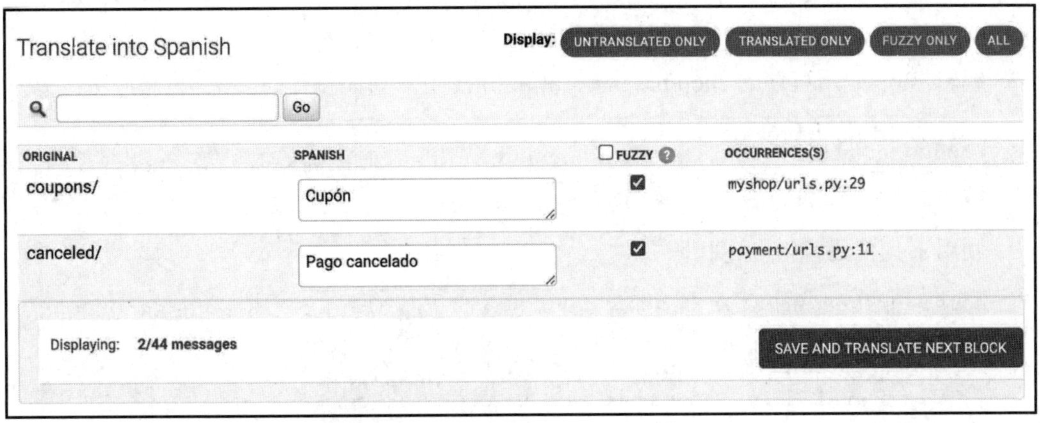

Translate into Spanish

Display: UNTRANSLATED ONLY　TRANSLATED ONLY　FUZZY ONLY　ALL

Go

ORIGINAL	SPANISH	FUZZY	OCCURRENCES(S)
coupons/	Cupón	☑	myshop/urls.py:29
canceled/	Pago cancelado	☑	payment/urls.py:11

Displaying: 2/44 messages　　SAVE AND TRANSLATE NEXT BLOCK

图 11.6　Rosetta 界面中的模糊翻译

针对模糊翻译输入正确的文本。当输入新的翻译文本时，Rosetta 将自动取消选择 FUZZY 选择框。完成后单击 SAVE AND TRANSLATE NEXT BLOCK 按钮，如图 11.7

所示。

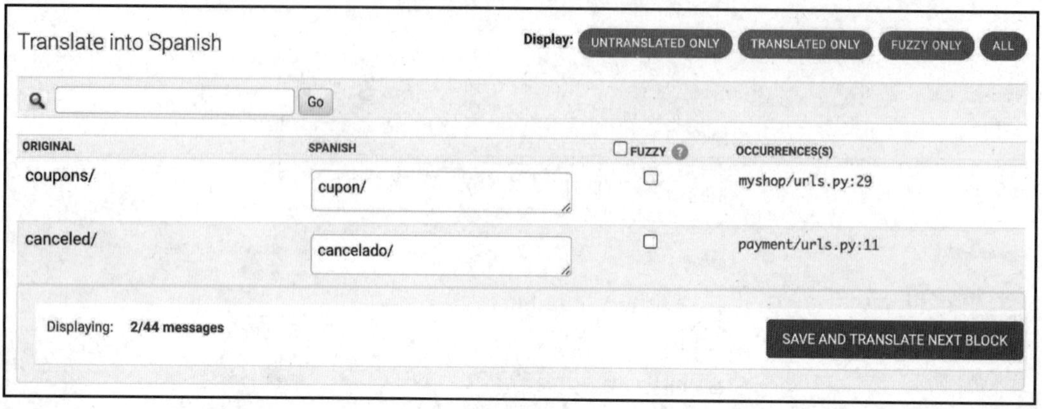

图 11.7　在 Rosetta 界面中修改模糊翻译

接下来可返回至 http://127.0.0.1:8000/en/rosetta/files/third-party/，并编辑 orders 应用程序的西班牙语翻译。

11.8　允许用户切换语言

由于提供了多种语言的内容，因而用户应可切换网站的语言。对此，我们将向网站提供一个语言选择器。这里，语言选择器由链接显示的语言列表构成。

编辑 shop 应用程序的 shop/base.html 模板并找到下列代码行。

```
<div id="header">
  <a href="/" class="logo">{% trans "My shop" %}</a>
</div>
```

利用下列代码替换上述代码。

```
<div id="header">
  <a href="/" class="logo">{% trans "My shop" %}</a>
  {% get_current_language as LANGUAGE_CODE %}
  {% get_available_languages as LANGUAGES %}
  {% get_language_info_list for LANGUAGES as languages %}
  <div class="languages">
    <p>{% trans "Language" %}:</p>
    <ul class="languages">
      {% for language in languages %}
```

```
      <li>
        <a href="/{{ language.code }}/"
        {% if language.code == LANGUAGE_CODE %} class="selected"{% endif %}>
          {{ language.name_local }}
        </a>
      </li>
    {% endfor %}
  </ul>
 </div>
</div>
```

这里，应确保模板标签不会被划分为多行。

语言选择器的构建方式如下所示。

（1）使用{% load i18n %}加载国际化标签。

（2）使用{% get_current_language %}标签检索当前语言。

（3）利用{% get_available_languages%}模板标签获得定义于 LANGUAGES 设置项中的语言。

（4）使用{% get_language_info_list %}提供语言属性的访问行为。

（5）构建 HTML 列表显示全部有效的语言，并向当前活动语言中添加 selected 类属性。

在语言选择器的代码中，根据项目设置项中的有效语言，我们使用了 i18n 提供的模板标签。在浏览器中打开 http://127.0.0.1:8000/，应该可以看到网站右上方的语言选择器，如图 11.8 所示。

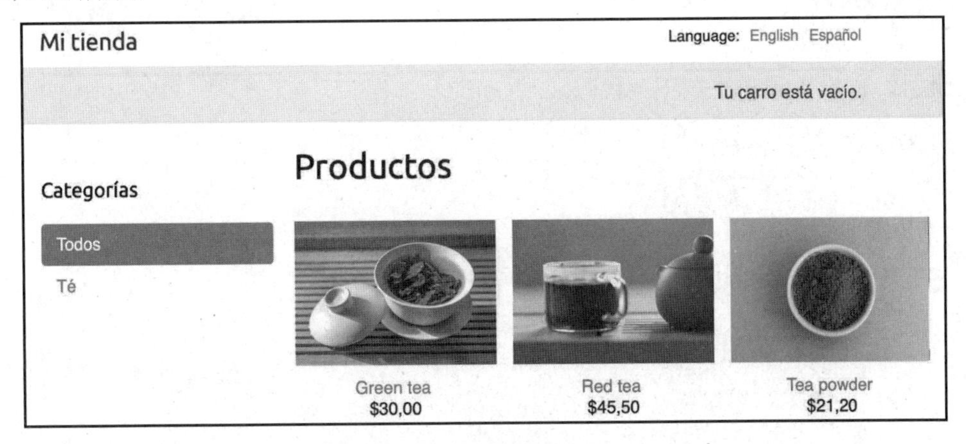

图 11.8　商品列表页面，包含网站标题中的语言选择器

单击语言选择器，用户可方便地切换首选语言。

11.9 利用 django-parler 翻译模型

Django 并未提供模型翻译的解决方案，我们需要实现自己的方案管理存储于不同语言中的内容，或者是针对模型翻译使用第三方模块。对此，存在几种第三方应用程序可翻译模型字段。每种应用程序均采用不同的方法存储和访问翻译内容。django-parler 模块便是其中之一。该模块提供了多种有效方式翻译模块，并可以平滑地与 Django 的管理网站集成。

django-parler 针对包含翻译的每个模型生成独立的数据库表，该表包含了全部翻译字段以及翻译内容所属的原始对象的外键。除此之外，该表还包含了语言字段，因为每行存储了单一语言的内容。

11.9.1 安装 django-parler

利用下列命令并通过 pip 安装 django-parler。

```
pip install django-parler==2.3
```

编辑项目的 settings.py 文件，并向 INSTALLED_APPS 设置项添加'parler'，如下所示。

```
INSTALLED_APPS = [
    # ...
    'parler',
]
```

此外，向设置项中添加下列代码。

```
# django-parler settings
PARLER_LANGUAGES = {
    None: (
        {'code': 'en'},
        {'code': 'es'},
    ),
    'default': {
        'fallback': 'en',
        'hide_untranslated': False,
    }
}
```

上述设置项针对 django-parler 定义了有效的语言，即 en 和 es。另外，我们指定了默认语言 en，并表明 django-parler 不应隐藏未翻译的内容。

11.9.2　翻译模型字段

接下来向商品目录添加翻译。django-parler 提供了一个 TranslatableModel 模型类和一个 TranslatedFields 封装器翻译模型字段。

编辑 shop 应用程序目录中的 models.py 文件，并添加下列导入内容。

```
from parler.models import TranslatableModel, TranslatedFields
```

调整 Category 模型，使得 name 和 slug 字段可翻译，如下所示。

```
class Category(TranslatableModel):
    translations = TranslatedFields(
        name = models.CharField(max_length=200),
        slug = models.SlugField(max_length=200,
                                unique=True),
    )
```

Category 模型继承自 TranslatableModel，而非继承自 models.Model。name 和 slug 字段均包含在 TranslatedFields 封装器中。

编辑 Product 模型，并添加 name、slug 和 description 字段的翻译内容，如下所示。

```
class Product(TranslatableModel):
    translations = TranslatedFields(
        name = models.CharField(max_length=200),
        slug = models.SlugField(max_length=200),
        description = models.TextField(blank=True)
    )
    category = models.ForeignKey(Category,
                                 related_name='products',
                                 on_delete=models.CASCADE)
    image = models.ImageField(upload_to='products/%Y/%m/%d',
                              blank=True)
    price = models.DecimalField(max_digits=10,
                                decimal_places=2)
    available = models.BooleanField(default=True)
    created = models.DateTimeField(auto_now_add=True)
    updated = models.DateTimeField(auto_now=True)
```

django-parler 通过为每个可翻译模型生成另一个模型来管理翻译。在图 11.9 所示的模式中，可以看到 Product 模型的字段，以及生成的 ProductTranslation 模型。

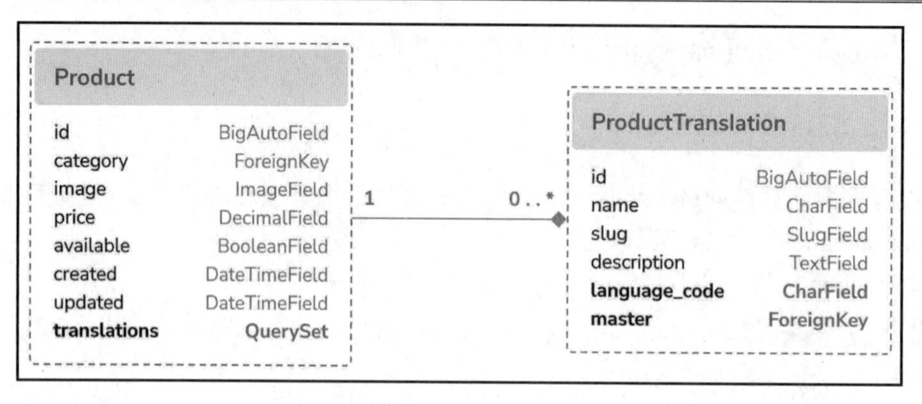

图 11.9　django-parler 生成的 Product 模型和相关的 ProductTranslation 模型

django-parler 生成的 ProductTranslation 模型包含 name、slug 和 description 可翻译字段、language_code 字段以及 Product 主对象的 ForeignKey。Product 和 ProductTranslation 之间存在一对多关系。另外，针对 Product 对象的有效语言存在一个 ProductTranslation 对象。

由于 Django 针对翻译内容使用独立的表，因而存在一些无法使用的 Django 特性。例如，无法使用按照翻译字段的默认排序。我们可在查询中按照翻译字段进行过滤，但不能在排序的 Meta 选项中包含可翻译的字段。除此之外，我们无法使用翻译字段的索引，因为这些字段不存在于原始模型中，且驻留在翻译模型中。

编辑 shop 应用程序的 models.py 文件，并注释掉 Category Meta 类的 ordering 和 indexes 属性。

```
class Category(TranslatableModel):
    # ...
    class Meta:
        # ordering = ['name']
        # indexes = [
        #     models.Index(fields=['name']),
        # ]
        verbose_name = 'category'
        verbose_name_plural = 'categories'
```

除此之外，还需要注释掉 ordering 和 Product Meta 类的属性，以及引用翻译字段的索引，如下所示。

```
class Product(TranslatableModel):
    # ...
    class Meta:
```

```
        # ordering = ['name']
        indexes = [
            # models.Index(fields=['id', 'slug']),
            # models.Index(fields=['name']),
            models.Index(fields=['-created']),
        ]
```

关于 django-parler 与 Django 之间的兼容性的更多信息，读者可访问 https://djangoparler.readthedocs.io/en/latest/compatibility.html。

11.9.3 将翻译集成至管理网站中

django-parler 可与 Django 管理网站实现无缝集成，它包含了一个 TranslatableAdmin 类，该类覆写了 Django 提供的 ModelAdmin 类，进而管理模型翻译。

编辑 shop 应用程序的 admin.py 文件并向其中添加下列导入内容。

```
from parler.admin import TranslatableAdmin
```

调整 CategoryAdmin 和 ProductAdmin 类以继承自 TranslatableAdmin（而非 ModelAdmin）。django-parler 并不支持 prepopulated_fields 属性，但支持提供了相同功能的 get_prepopulated_fields()方法。下面将依此进行适当的修改。编辑 admin.py 文件，如下所示。

```
from django.contrib import admin
from parler.admin import TranslatableAdmin
from .models import Category, Product

@admin.register(Category)
class CategoryAdmin(TranslatableAdmin):
    list_display = ['name', 'slug']

    def get_prepopulated_fields(self, request, obj=None):
        return {'slug': ('name',)}

@admin.register(Product)
class ProductAdmin(TranslatableAdmin):
    list_display = ['name', 'slug', 'price',
                    'available', 'created', 'updated']
    list_filter = ['available', 'created', 'updated']
    list_editable = ['price', 'available']

    def get_prepopulated_fields(self, request, obj=None):
        return {'slug': ('name',)}
```

管理网站经调整后可与新的翻译模型协同工作。当前，可将数据库与更改后的模型进行同步。

11.9.4 创建模型翻译的迁移

打开 shell 并运行下列命令以创建模型翻译的新迁移。

```
python manage.py makemigrations shop --name "translations"
```

对应的输出结果如下所示。

```
Migrations for 'shop':
  shop/migrations/0002_translations.py
    - Create model CategoryTranslation
    - Create model ProductTranslation
    - Change Meta options on category
    - Change Meta options on product
    - Remove index shop_catego_name_289c7e_idx from category
    - Remove index shop_produc_id_f21274_idx from product
    - Remove index shop_produc_name_a2070e_idx from product
    - Remove field name from category
    - Remove field slug from category
    - Remove field description from product
    - Remove field name from product
    - Remove field slug from product
    - Add field master to producttranslation
    - Add field master to categorytranslation
    - Alter unique_together for producttranslation (1 constraint(s))
    - Alter unique_together for categorytranslation (1 constraint(s))
```

迁移自动包含 django-parler 动态创建的 CategoryTranslation 和 ProductTranslation 模型。注意，该迁移从模型中删除了之前已有的字段。这意味着将丢失数据，且需要在运行后在管理网站上再次设置目录和商品。

编辑 shop 应用程序的 migrations/0002_translations.py 文件，并找到下列代码行（出现两次）。

```
bases=(parler.models.TranslatedFieldsModelMixin, models.Model),
```

并利用下列代码行替换上述代码。

```
bases=(parler.models.TranslatableModel, models.Model),
```

这可视为所用 django-parler 版本中的一个问题修复。为了防止在应用 django-parler

时迁移失败，这个修改是必要的。这一问题与模型中现有字段的翻译生成有关，该问题可能在新的 django-parler 版本中得到修复。

运行下列命令并应用迁移。

```
python manage.py migrate shop
```

对应输出结果如下所示。

```
Applying shop.0002_translations... OK
```

当前，模型与数据库处于同步状态。

利用下列命令运行开发服务器。

```
python manage.py runserver
```

在浏览器中打开 http://127.0.0.1:8000/en/admin/shop/category/，可以看到，由于删除了字段并使用 django-parler 生成的可翻译字段，现有的目录丢失了 name 和 slug 字段，导致每列下方仅出现一个“-”符号，如图 11.10 所示。

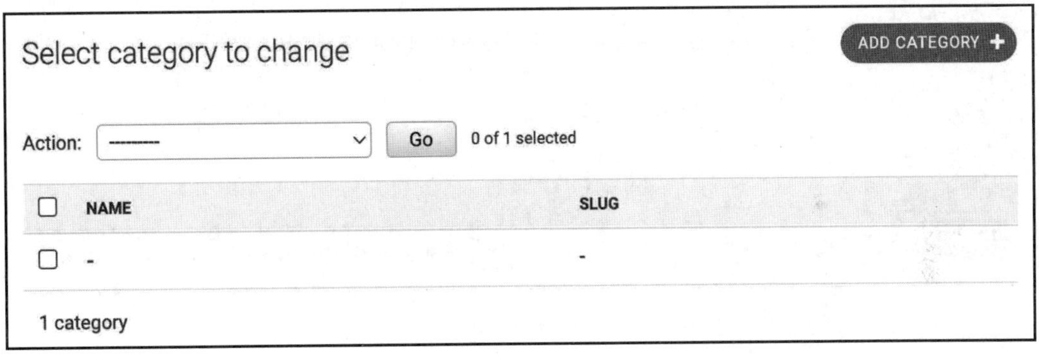

图 11.10　在创建了翻译模型后，Django 管理网站上的目录列表

单击目录名下方的“-”符号并对其进行编辑。可以看到 Change category 页面包含了两个不同的选项卡，分别对应于英语翻译和西班牙语翻译，如图 11.11 所示。

确保针对现有的目录填写 name 和 slug 字段。当编辑目录时，输入英文详细信息并单击 Save and continue editing 按钮。随后可单击 Spanish，添加字段的西班牙语翻译并单击 SAVE 按钮，如图 11.12 所示。

确保在切换语言选项卡之前保存变化内容。

在完成了现有目录的数据后，打开 http://127.0.0.1:8000/en/admin/shop/product/并编辑每件商品，同时提供英语和西班牙语的名称、slug 和描述。

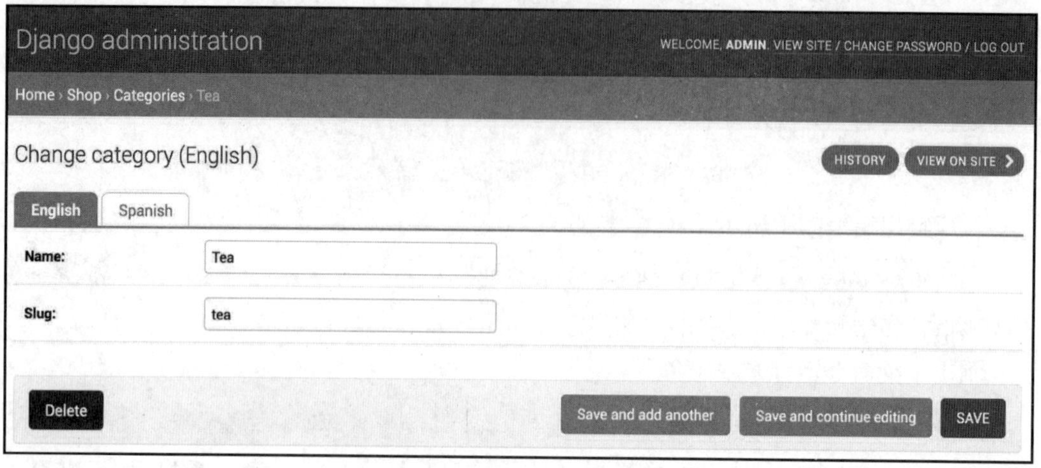

Django administration

WELCOME, **ADMIN**. VIEW SITE / CHANGE PASSWORD / LOG OUT

Home › Shop › Categories › Tea

Change category (English)

HISTORY　VIEW ON SITE ›

English　Spanish

Name: Tea

Slug: tea

Delete　Save and add another　Save and continue editing　SAVE

图 11.11　目录编辑表单，包含 django-parler 添加的语言选项卡

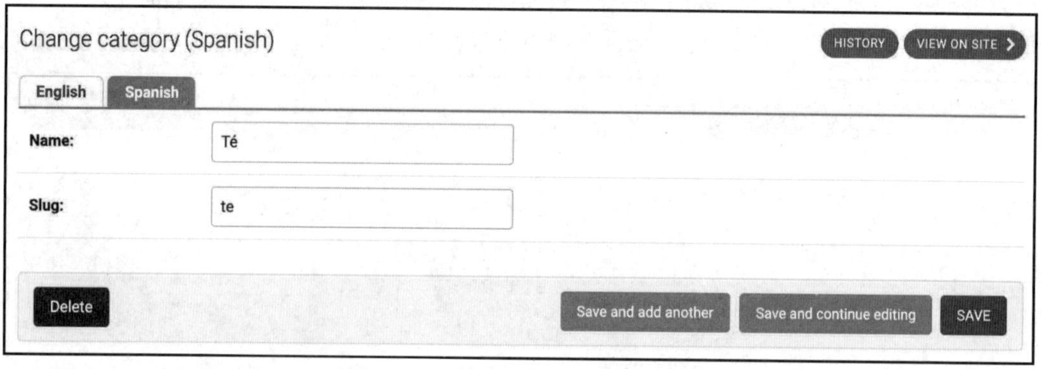

Change category (Spanish)

HISTORY　VIEW ON SITE ›

English　Spanish

Name: Té

Slug: te

Delete　Save and add another　Save and continue editing　SAVE

图 11.12　目录编辑表单的西班牙语翻译

11.9.5　结合 ORM 使用翻译

我们需要调整 shop 视图并使用翻译 QuerySet。运行下列命令并打开 Python shell。

```
python manage.py shell
```

接下来考查如何检索和查询翻译字段。要将包含可翻译字段的对象翻译为特定的语言，可使用 Django 的 activate()函数，如下所示。

```
>>> from shop.models import Product
>>> from django.utils.translation import activate
>>> activate('es')
>>> product=Product.objects.first()
```

```
>>> product.name
'Té verde'
```

另一种方法是使用 django-parler 提供的 language()管理器，如下所示。

```
>>> product=Product.objects.language('en').first()
>>> product.name
'Green tea'
```

当访问翻译字段时，这些字段通过当前语言被解析。针对某个对象，可设置不同的当前语言以访问特定的翻译内容，如下所示。

```
>>> product.set_current_language('es')
>>> product.name
'Té verde'
>>> product.get_current_language()
'es'
```

当通过 filter()执行 QuerySet 时，我们可利用 translations__语法过滤相关翻译对象，如下所示。

```
>>> Product.objects.filter(translations__name='Green tea')
<TranslatableQuerySet [<Product: Té verde>]>
```

11.9.6　调整翻译视图

下面调整商品目录视图。编辑 shop 应用程序的 views.py 文件，并向 product_list 视图添加下列代码。

```
def product_list(request, category_slug=None):
    category = None
    categories = Category.objects.all()
    products = Product.objects.filter(available=True)
    if category_slug:
        language = request.LANGUAGE_CODE
        category = get_object_or_404(Category,
                                     translations__language_code=language,
                                     translations__slug=category_slug)
        products = products.filter(category=category)
    return render(request,
                  'shop/product/list.html',
                  {'category': category,
                   'categories': categories,
                   'products': products})
```

随后编辑 product_detail 视图并添加下列代码。

```
def product_detail(request, id, slug):
    language = request.LANGUAGE_CODE
    product = get_object_or_404(Product,
                                id=id,
                                translations__language_code=language,
                                translations__slug=slug,
                                available=True)
    cart_product_form = CartAddProductForm()
    r = Recommender()
    recommended_products = r.suggest_products_for([product], 4)
    return render(request,
                  'shop/product/detail.html',
                  {'product': product,
                   'cart_product_form': cart_product_form,
                   'recommended_products': recommended_products})
```

当前，product_list 和 product_detail 视图可通过翻译后的字段检索对象。

利用下列命令运行开发服务器。

```
python manage.py runserver
```

在浏览器中打开 http://127.0.0.1:8000/es/，随后应可看到商品列表页面，其中所有商品均翻译为西班牙语，如图 11.13 所示。

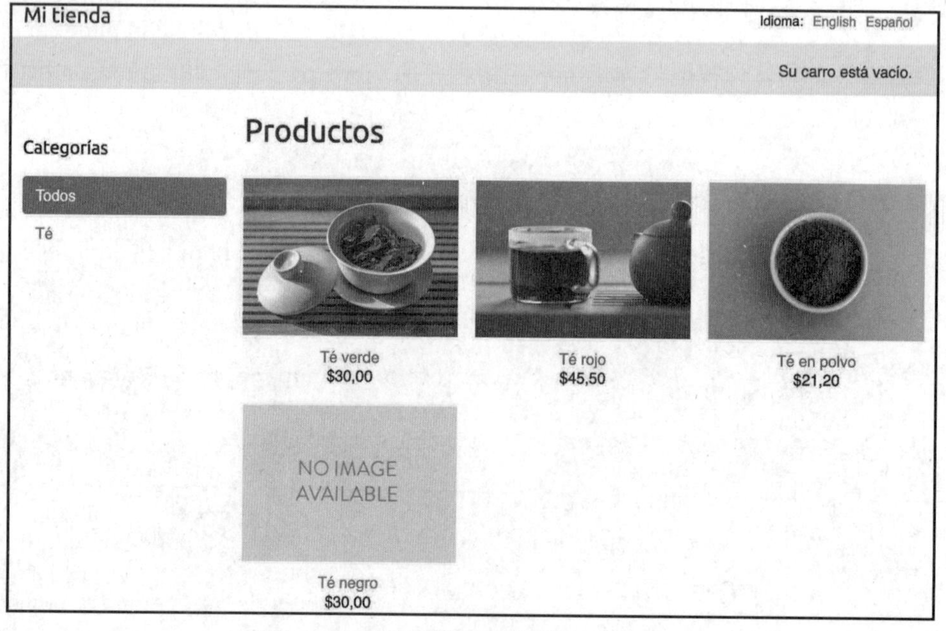

图 11.13　商品列表页面的西班牙语版本

当前，每件商品的 URL 利用翻译为当前语言的 slug 字段被构建。例如，西班牙语商品的 URL 为 http://127.0.0.1:8000/es/2/te-rojo/；而英语版本的 URL 则表示为 http://127.0.0.1:8000/en/2/red-tea/。如果访问商品的详细页面，我们将看到翻译后的 URL 以及所选语言的内容，如图 11.14 所示。

图 11.14　商品详细页面的西班牙语版本

关于 django-parler 的更多信息，读者可访问 https://django-parler.readthedocs.io/en/latest/ 查看其完整文档。

至此，我们学习了如何翻译 Python 代码、模板、URL 模式和模型字段。为了完成国际化和本地化处理过程，还需要针对日期、时间和数字使用本地化格式。

11.10　本地化格式

取决于用户的地区，可能需要以不同的格式显示日期、时间和数字。在项目的 settings.py 文件中，通过将 USE_L10N 设置项修改为 True，即可完成本地格式化操作。

在启用 USE_L10N 后，当 Django 在模板中输出值时，将尝试使用特定于地区的格式。可以看到，在网站的英文版本中，小数通过一个“.”分隔符显示；而在西班牙语版本中，小数则使用“,”分隔符。这是因为 Django 针对 es 地区指定了区域格式。读者可访问 https://github.com/django/django/blob/stable/4.0.x/django/conf/locale/es/formats.py 查看西班牙语格式化配置。

正常情况下，应将 USE_L10N 设置为 True，以使 Django 可针对每个地区应用本地化格式功能。然而，某些时候可能并不需要使用本地化值，如输出 JavaScript 或 JSON 时，这需要提供一种机器可读的格式。

Django 提供了一个{% localize %}模板标签，可针对模板片段（fragment）开启/关闭本地化功能，进而控制本地格式化操作。对此，需要加载 l10n 标签以使用该模板标签。下列示例展示了如何在模板中开启和关闭本地化功能。

```
{% load l10n %}

{% localize on %}
  {{ value }}
{% endlocalize %}

{% localize off %}
  {{ value }}
{% endlocalize %}
```

除此之外，Django 还提供了 localize 和 unlocalize 模板过滤器以强制或避免值的本地化行为。这些过滤器可按照下列方式使用。

```
{{ value|localize }}
{{ value|unlocalize }}
```

另外，还可创建自定义格式文件并指定区域格式化内容。关于本地格式化的更多信息，读者可访问 https://docs.djangoproject.com/en/4.1/topics/i18n/formatting/。

接下来讨论如何创建本地化表单字段。

11.11　使用 django-localflavor 验证表单字段

django-localflavor 是一个第三方模块，并包含了一个针对每个国家的实用工具集，如表单字段或模型字段。当验证本地区域、本地电话号码，以及识别卡号、社会保险号等时，这将十分有用。django-localflavor 包被组织成一系列以 ISO 3166 国家代码命名的模块。

利用下列命令安装 django-localflavor。

```
pip install django-localflavor==3.1
```

编辑项目的 settings.py 文件，并向 INSTALLED_APPS 设置项中添加 localflavor，如下所示。

```
INSTALLED_APPS = [
    # ...
    'localflavor',
]
```

我们将添加美国邮政编码字段，并以此创建新订单。

编辑 orders 应用程序的 forms.py 文件，如下所示。

```
from django import forms
from localflavor.us.forms import USZipCodeField
from .models import Order

class OrderCreateForm(forms.ModelForm):
    postal_code = USZipCodeField()
    class Meta:
        model = Order
        fields = ['first_name', 'last_name', 'email', 'address',
                  'postal_code', 'city']
```

我们从 localflavor 的 us 包中导入了 USZipCodeField 字段，并将其用于 OrderCreateForm 表单的 postal_code 字段。

利用下列命令运行开发服务器。

```
python manage.py runserver
```

在浏览器中打开 http://127.0.0.1:8000/en/orders/create/，填写全部字段、输入 3 个字母的邮政编码并于随后提交表单。我们将得到 USZipCodeField 生成的下列错误信息。

```
Enter a zip code in the format XXXXX or XXXXX-XXXX.
```

图 11.15 显示了表单验证错误。

- Enter a zip code in the format XXXXX or XXXXX-XXXX.

Postal code:

ABC

图 11.15　无效邮政编码的验证错误

这只是一个简单的例子，演示了如何在自己的项目中使用源自 localflavor 的自定义字段进行验证。为了使应用程序适用于特定的国家，localflavor 提供的本地组件十分有用。读者可访问 https://django-localflavor.readthedocs.io/en/latest/阅读 django-localflavor 文档，并查看针对每个国家的有效本地组件。

11.12　附加资源

下列资源提供了与本章主题相关的附加信息。

- 本章源代码：https://github.com/PacktPublishing/Django-4-by-example/tree/main/Chapter11。
- 国际化和本地化设置项列表：https://docs.djangoproject.com/en/4.1/ref/settings/#globalization-i18n-l10n。
- Homebrew 包管理器：https://brew.sh/。
- 在 Windows 上安装 gettext：https://docs.djangoproject.com/en/4.1/topics/i18n/translation/#gettext-on-windows。
- 针对 Windows 预编译 gettext 二进制安装程序：https://mlocati.github.io/articles/gettext-iconv-windows.html。
- 与翻译相关的文档：https://docs.djangoproject.com/en/4.1/topics/i18n/translation/。
- Poedit 翻译文件编辑器：https://poedit.net/。
- Django Rosetta 文档：https://django-rosetta.readthedocs.io/。
- django-parler 模块与 Django 之间的兼容性：https://django-parler.readthedocs.io/en/latest/compatibility.html。
- django-parler 文档：https://django-parler.readthedocs.io/en/latest/。
- 针对西班牙地区的 Django 格式化配置：https://github.com/django/django/blob/stable/4.0.x/django/conf/locale/es/formats.py。
- Django 本地格式化：https://docs.djangoproject.com/en/4.1/topics/i18n/formatting/。
- django-localflavor 文档：https://django-localflavor.readthedocs.io/en/latest/。

11.13 本章小结

本章学习了 Django 项目的国际化和本地化方面的基础知识。我们将代码和模板字符串标记为翻译内容，同时还讨论了如何生成和编译翻译文件。除此之外，我们还在项目中安装了 Rosetta 并通过 Web 界面管理翻译。我们翻译了 URL 模式，并创建了语言选择器以使用户可切换网站的语言。随后，我们使用 django-parler 翻译模型，并采用 djangolocalflavor 验证本地化表单字段。

第 12 章将开始一个新的 Django 项目，即构建一个在线学习平台。其间将创建应用程序模块、创建和应用 fixture 进而向模型提供初始数据、构建一个自定义模型字段并在模型中对其加以使用，以及针对新应用程序构建身份验证视图。

第 12 章　构建在线学习平台

第 11 章学习了 Django 项目的国际化和本地化方面的基础知识，并向在线商店项目添加了国际化功能。除此之外，我们还学习了如何翻译 Python 代码、模板和模型以及如何管理翻译。最后，我们还创建了语言选择器并向表单中添加了本地化字段。

本章将开始一个新项目，即一个利用自身内容管理系统（CMS）的在线学习平台。在线学习平台是应用程序的一个较好的例子，其中，我们需要提供工具生成具有灵活性的内容。

本章主要涉及下列主题。

- 创建 CMS 模型。
- 创建模型的 fixture 并应用 fixture。
- 使用模型继承并针对多态内容创建数据模型。
- 创建自定义模型字段。
- 选定课程内容和模块。
- 构建 CMS 的身份验证视图。

读者可访问 https://github.com/PacktPublishing/Django-4-by-example/tree/main/Chapter12 查看本章源代码。

本章使用的全部 Python 包均包含于本章源代码的 requirements.txt 文件中。在后续章节中，我们可遵循相关指令安装每个 Python 包，或者利用 pip install -r requirements.txt 命令一次性安装所有的 Python 包。

12.1　设置在线学习项目

首先利用下列命令在 env/目录中创建新项目的虚拟环境。

```
python -m venv env/educa
```

对于 Linux 或 macOS 用户，运行下列命令激活虚拟环境。

```
source env/educa/bin/activate
```

对于 Windows 用户，使用下列命令激活虚拟环境。

```
.\env\educa\Scripts\activate
```

利用下列命令在虚拟环境中安装 Django。

```
pip install Django~=4.1.0
```

我们将管理项目中的图像上传，因此需要利用下列命令安装 Pillow。

```
pip install Pillow==9.2.0
```

利用下列命令创建新的项目。

```
django-admin startproject educa
```

访问新的 educa 目录，并利用下列命令创建新的应用程序。

```
cd educa
django-admin startapp courses
```

编辑 educa 项目中的 settings.py 文件，并向 INSTALLED_APPS 设置项中添加 courses，如下所示。

```
INSTALLED_APPS = [
    'courses.apps.CoursesConfig',
    'django.contrib.admin',
    'django.contrib.auth',
    'django.contrib.contenttypes',
    'django.contrib.sessions',
    'django.contrib.messages',
    'django.contrib.staticfiles',
]
```

courses 应用程序当前处于活动状态，接下来将准备项目并服务于媒体文件，随后针对 courses 和 course 内容定义模块。

12.2 服务于媒体文件

在创建 courses 和 course 内容之前，我们将准备项目以服务媒体文件。课程讲师将利用创建的 CMS 将媒体文件上传至课程内容中去。因此，我们将配置项目以服务于媒体文件。

编辑项目的 settings.py 文件并添加下列代码行。

```
MEDIA_URL = 'media/'
MEDIA_ROOT = BASE_DIR / 'media'
```

这将启用 Django 管理文件上传并服务于媒体文件。MEDIA_URL 是用于服务用户上传的媒体文件的基 URL。MEDIA_ROOT 则表示为媒体文件所处的本地路径。文件的路径和 URL 是通过将项目路径和媒体 URL 置于它们前面来动态构建的，进而实现可移植性。

编辑 educa 项目的 urls.py 文件，如下所示。

```
from django.contrib import admin
from django.urls import path
from django.conf import settings
from django.conf.urls.static import static

urlpatterns = [
    path('admin/', admin.site.urls),
]

if settings.DEBUG:
    urlpatterns += static(settings.MEDIA_URL,
                          document_root=settings.MEDIA_ROOT)
```

我们已经添加了 static()帮助函数，并在开发过程中（也就是说，DEBUG 设置为 True）利用 Django 开发服务器向媒体文件提供服务。

注意：

记住，static()帮助函数适用于开发环境，而不支持生产环境。Django 在服务于静态文件时效率较低，因而不要在生产环境中通过 Django 向静态文件提供服务。第 17 章将介绍如何在生产环境下向静态文件提供服务。

项目当前处于就绪状态，并可向媒体文件提供服务。下面创建 courses 和 course 内容的模块。

12.3　构建 course 模块

在线学习平台将提供不同学科的课程。每门课程将划分为数量可配置的模块，每个模块将包含数量可配置的内容。相关内容涵盖不同类型，如文本、文件、图像或视频。下列示例展示了课程目录的数据结构。

```
Subject 1
  Course 1
```

```
Module 1
  Content 1 (image)
  Content 2 (text)
Module 2
  Content 3 (text)
  Content 4 (file)
  Content 5 (video)
  ...
```

接下来构建课程模块。编辑 courses 应用程序的 models.py 文件，并向其中添加下列代码。

```
from django.db import models
from django.contrib.auth.models import User

class Subject(models.Model):
    title = models.CharField(max_length=200)
    slug = models.SlugField(max_length=200, unique=True)

    class Meta:
        ordering = ['title']

    def __str__(self):
        return self.title

class Course(models.Model):
    owner = models.ForeignKey(User,
                              related_name='courses_created',
                              on_delete=models.CASCADE)
    subject = models.ForeignKey(Subject,
                                related_name='courses',
                                on_delete=models.CASCADE)
    title = models.CharField(max_length=200)
    slug = models.SlugField(max_length=200, unique=True)
    overview = models.TextField()
    created = models.DateTimeField(auto_now_add=True)

    class Meta:
        ordering = ['-created']

    def __str__(self):
        return self.title
```

```
class Module(models.Model):
    course = models.ForeignKey(Course,
                               related_name='modules',
                               on_delete=models.CASCADE)
    title = models.CharField(max_length=200)
    description = models.TextField(blank=True)

    def __str__(self):
        return self.title
```

上述内容表示为初始 Subject、Course 和 Module 模块。Course 模块字段如下所示。

- owner：创建课程的讲师。
- subject：课程所属的科目，表示为指向 Subject 模型的 ForeignKey 字段。
- title：课程的标题。
- slug：课程的 slug，稍后用于 URL 中。
- overview：TextField 列用于存储课程的内容提要。
- created：课程创建时的日期和时间。由于 auto_now_add=True，所以在创建新对象时，该字段将被 Django 自动设置。

每门课程将被划分为多个模块。因此，Module 模型包含一个指向 Course 模型的 ForeignKey 字段。

打开 shell，运行下列命令并创建当前应用程序的初始迁移。

```
python manage.py makemigrations
```

对应输出结果如下所示。

```
Migrations for 'courses':
  courses/migrations/0001_initial.py:
    - Create model Course
    - Create model Module
    - Create model Subject
    - Add field subject to course
```

随后运行下列命令，并将全部迁移应用于数据库上。

```
python manage.py migrate
```

随后应该会看到包含所有迁移的输出结果，包括 Django 迁移。对应的输出结果如下所示。

```
Applying courses.0001_initial... OK
```

当前，courses 应用程序的模型与数据库处于同步状态。

12.3.1　在管理网站中注册模型

下面向管理网站中添加课程模型。编辑 courses 应用程序目录中的 admin.py 文件，并向其中添加下列代码。

```
from django.contrib import admin
from .models import Subject, Course, Module

@admin.register(Subject)
class SubjectAdmin(admin.ModelAdmin):
    list_display = ['title', 'slug']
    prepopulated_fields = {'slug': ('title',)}

class ModuleInline(admin.StackedInline):
    model = Module

@admin.register(Course)
class CourseAdmin(admin.ModelAdmin):
    list_display = ['title', 'subject', 'created']
    list_filter = ['created', 'subject']
    search_fields = ['title', 'overview']
    prepopulated_fields = {'slug': ('title',)}
    inlines = [ModuleInline]
```

course 应用程序模型在管理网站上注册完毕。记住，我们使用@admin.register()装饰器注册管理网站上的模型。

12.3.2　使用 fixture 提供模型的初始数据

有些时候，我们可能需要利用硬编码数据填充数据库。这对于在项目设置中自动包含初始数据非常有用，而不必手动添加数据。Django 提供了一种简单的方法，将数据库中的数据加载、转储至名为 fixture 的文件中。相应地，Django 支持 JSON、XML 或 YAML 格式的 fixture。接下来将创建一个 fixture，以包含项目的几个初始的 Subject 对象。

首先利用下列命令创建一个超级用户。

```
python manage.py createsuperuser
```

在浏览器中打开 http://127.0.0.1:8000/admin/courses/subject/。利用管理网站创建多个科目，修改列表页面，如图 12.1 所示。

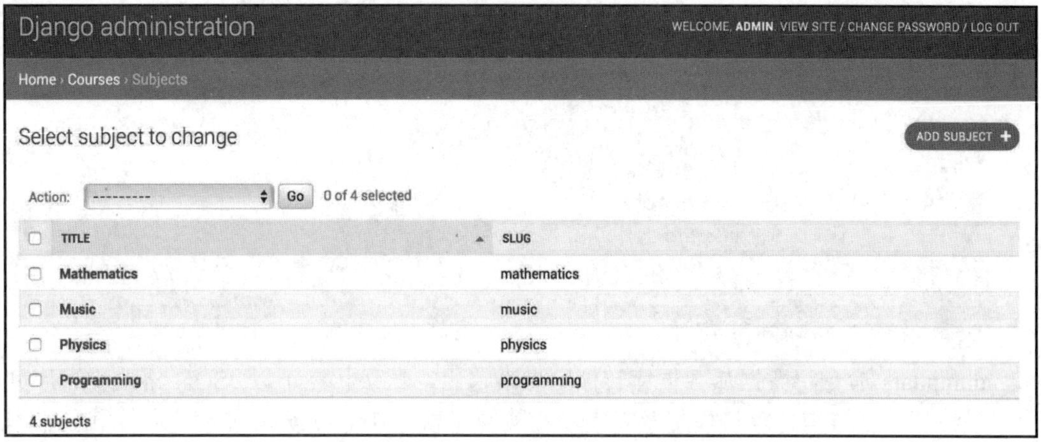

图 12.1　管理网站上的科目修改列表视图

在 shell 中运行下列命令。

```
python manage.py dumpdata courses --indent=2
```

对应输出结果如下所示。

```
[
{
  "model": "courses.subject",
  "pk": 1,
  "fields": {
    "title": "Mathematics",
    "slug": "mathematics"
  }
},
{
  "model": "courses.subject",
  "pk": 2,
  "fields": {
    "title": "Music",
    "slug": "music"
  }
},
{
  "model": "courses.subject",
  "pk": 3,
  "fields": {
    "title": "Physics",
    "slug": "physics"
```

```
  }
},
{
  "model": "courses.subject",
  "pk": 4,
  "fields": {
    "title": "Programming",
    "slug": "programming"
  }
}
]
```

dumpdata 命令将数据从数据库转储至标准输出，默认状态下以 JSON 格式实现序列化。最终的数据结构包含与模型及其字段相关的信息，以便 Django 能够将其加载至数据库中。

通过向命令提供应用程序名称，或者利用 app.Model 格式指定输出数据的单个模型，可将输出限制为应用程序的模型。除此之外，还可利用--format 标志指定格式。默认状态下，dumpdata 将序列化数据输出至标准输出。然而，我们可采用--output 标志指示输出文件。另外，--indent 表示还可用于指定缩进。关于 dumpdata 参数的更多信息，读者可运行 python manage.py dumpdata --help 命令。

利用下列命令将该转储保存至 courses 应用程序中 fixtures/目录下的 fixture 文件中。

```
mkdir courses/fixtures
python manage.py dumpdata courses --indent=2 --output=courses/fixtures/
subjects.json
```

运行开发服务器并使用管理网站移除创建的科目，如图 12.2 所示。

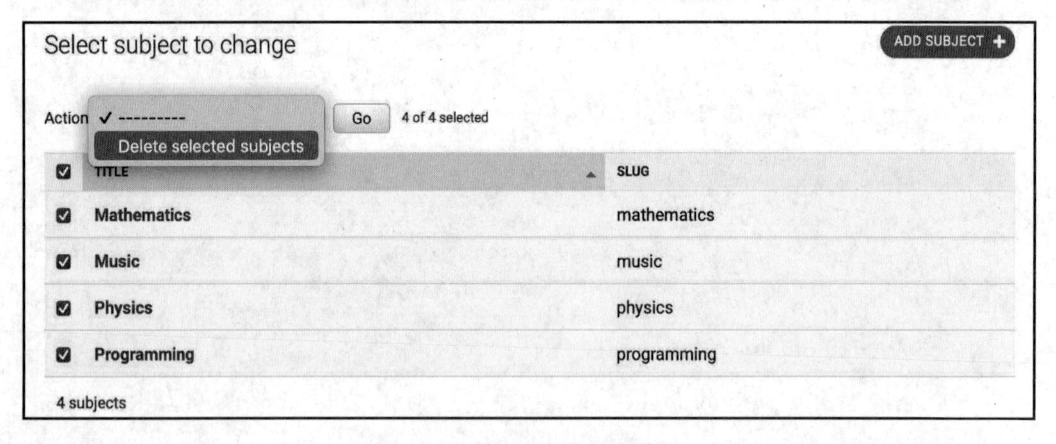

图 12.2　删除所有现有的科目

在删除了所有科目后，利用下列命令将 fixture 加载至数据库中。

包含在 fixture 中的所有 Subject 对象将再次加载至数据库中，如图 12.3 所示。

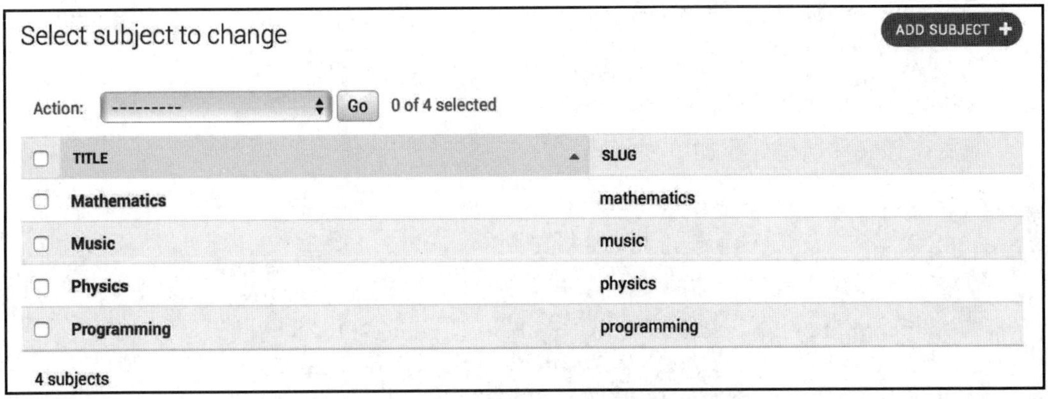

Select subject to change　　ADD SUBJECT +

Action: ---------　Go　0 of 4 selected

TITLE	SLUG
Mathematics	mathematics
Music	music
Physics	physics
Programming	programming

4 subjects

图 12.3　fixture 中的科目被载入至数据库中

默认状态下，Django 查找每个应用程序的 fixtures/目录中的文件，但我们还可以为 loaddata 命令指定 fixture 文件的完整路径。除此之外，还可使用 FIXTURE_DIRS 设置项通知 Django 查找 fixture 的附加路径。

注意：

fixture 不仅可用于设置初始数据，还可针对应用程序或测试所需的数据提供样本数据。

关于测试的 fixture 应用方式，读者可访问 https://docs.djangoproject.com/en/4.1/topics/testing/tools/#fixture-loading。

如果打算加载模型迁移中的 fixture，读者可查看与数据迁移相关的 Django 文档。关于数据迁移的文档，读者可访问 https://docs.djangoproject.com/en/4.1/topics/migrations/#data-migrations。

至此，我们创建了模型以管理科目、课程和课程模块。接下来将创建模型管理模块内容的不同类型。

12.4　针对多态内容创建模型

我们计划向课程模块中添加不同的内容类型，如文本、图像、文件和视频。多态是向不同类型的实体提供单一接口。我们需要一个通用的数据模型，允许存储通过单一接口访问的各种内容。第 7 章曾介绍了通用关系的方便之处，即可创建指向任何模型对象的外键。这里将创建一个 Content 模型表示模块的内容，并定义一个通用关系将任意对象与内容对象关联。

编辑 courses 应用程序的 models.py 文件并添加下列导入内容。

```
from django.contrib.contenttypes.models import ContentType
from django.contrib.contenttypes.fields import GenericForeignKey
```

随后在该文件结尾处添加下列代码。

```
class Content(models.Model):
    module = models.ForeignKey(Module,
                               related_name='contents',
                               on_delete=models.CASCADE)
    content_type = models.ForeignKey(ContentType,
                               on_delete=models.CASCADE)
    object_id = models.PositiveIntegerField()
    item = GenericForeignKey('content_type', 'object_id')
```

上述内容定义了 Content 模型。其中，一个模块包含了多种内容，因此可定义一个 ForeignKey 字段指向 Module 模型。此外，还可设置一个通用关系关联，表示不同内容类型的不同模型的对象。记住，我们需要 3 个不同的字段设置通用关系。在 Content 模型中，对应字段如下所示。

- content_type：指向 ContentType 模型的 ForeignKey 字段。
- object_id：一个 PositiveIntegerField，存储相关对象的主键。
- item：结合上述两个字段的相关对象的 GenericForeignKey 字段。

仅 content_type 和 object_id 字段在模型的数据库表中包含一个对应列。item 字段可直接检索或设置相关对象，其功能构建于其他两个字段之上。

下面将针对每种内容类型使用不同的模型。Content 模型将包含一些公共字段，但存储的实际数据有所不同。可以看到，这为不同类型的内容创建了单一接口。

12.4.1　使用模型继承

Django 支持模型继承，其工作方式类似于 Python 中的标准类继承。Django 提供了下列 3 种选项使用模型继承。

（1）抽象模型：当打算将某些公共信息放置于多个方法中时，这将十分有用。

（2）多表模型继承：适用于当层次结构中的每个模型被认为是一个完整的模型时。

（3）代理模型：当需要修改模型行为时，如包含附加方法，修改默认的管理器，或者使用不同的元选项，该模型将十分有用。

1. 抽象模型

抽象模型是一个基类，并于其中定义包含在所有子模型中的字段。Django 并未针对抽象模型创建任何数据库表，而是针对每个子模型创建数据库表，包括从抽象类继承的字段以及在子模型中定义的字段。

为了将模型标记为抽象类，需要在其 Meta 类中包含 abstract=True。Django 将识别这是一个抽象模型，并且不会为此创建一个数据库表。当创建子模型时，仅需子类化（继承）抽象模型即可。

下列示例展示了一个 Content 抽象模型和一个 Text 子模型。

```
from django.db import models

class BaseContent(models.Model):
    title = models.CharField(max_length=100)
    created = models.DateTimeField(auto_now_add=True)
    class Meta:
        abstract = True

class Text(BaseContent):
    body = models.TextField()
```

在该示例中，Django 仅对 Text 模型创建一个表，包含 title、created 和 body 字段。

2. 多表模型继承

在多表继承中，每个模型对应于一个数据库表。Django 针对子模型及其父模型之间的关系创建一个 OneToOneField 字段。当采用多表继承时，需要子类化现有的模型。Django 将针对原始模型和子模型创建一个数据库表。下列示例展示了多表继承。

```
from django.db import models

class BaseContent(models.Model):
    title = models.CharField(max_length=100)
    created = models.DateTimeField(auto_now_add=True)

class Text(BaseContent):
    body = models.TextField()
```

Django 将在 Text 模型中包含一个自动生成的 OneToOneField 字段，并针对每个模型创建一个数据库表。

3. 代理模型

代理模型负责修改模型的行为。两个模型均在原始模型的数据库表上操作。当创建代理模型时，可将 proxy=True 添加至模型的 Meta 类中。下列示例展示了如何创建代理模型。

```
from django.db import models
from django.utils import timezone

class BaseContent(models.Model):
    title = models.CharField(max_length=100)
    created = models.DateTimeField(auto_now_add=True)

class OrderedContent(BaseContent):
    class Meta:
        proxy = True
        ordering = ['created']

    def created_delta(self):
        return timezone.now() - self.created
```

这里，我们定义了 OrderedContent 模型，该模型为 Content 模型的代理模型，并提供了 QuerySet 的默认排序以及附加的 created_delta()方法。Content 和 OrderedContent 这两个模型均在同一个数据库表上操作，我们仅需通过任意一个模型和 ORM 访问对象。

12.4.2 创建 Content 模型

courses 应用程序的 Content 模型包含通用关系，并以此关联不同的内容类型。我们将针对每种内容类型创建不同的模型。所有的 Content 模型将包含一些公共字段和附加字段以存储自定义信息。我们将创建一个抽象模型，该模型针对所有的 Content 模型提供公共字段。

编辑 courses 应用程序的 models.py 文件，并向其中添加下列代码。

```
class ItemBase(models.Model):
    owner = models.ForeignKey(User,
                              related_name='%(class)s_related',
                              on_delete=models.CASCADE)
    title = models.CharField(max_length=250)
    created = models.DateTimeField(auto_now_add=True)
    updated = models.DateTimeField(auto_now=True)
```

```
    class Meta:
        abstract = True

    def __str__(self):
        return self.title

class Text(ItemBase):
    content = models.TextField()

class File(ItemBase):
    file = models.FileField(upload_to='files')

class Image(ItemBase):
    file = models.FileField(upload_to='images')

class Video(ItemBase):
    url = models.URLField()
```

在上述代码中，我们定义了一个名为 ItemBase 的抽象模型。因此，在其 Meta 类中，我们将设置 abstract=True。

在该模型中，我们定义了 owner、title、created 和 updated 字段，这些公共字段将用于全部内容类型。

owner 字段可存储创建内容的字段。由于该字段定义于一个抽象类中，因而需要针对每个子模型使用不同的 related_name。Django 可在 related_name 属性中为模型类名将占位符指定为%(class)s。据此，每个子模型的 related_name 将自动生成。由于使用了'%(class)s_related'作为 related_name，因而子模型的逆向关系分别为 text_related、file_related、image_related 和 video_related。

我们定义了继承自 ItemBase 抽象类的 4 种不同的 Content 模型，如下所示。

（1）Text：存储文本内容。

（2）File：存储文件，如 PDF 文件。

（3）Image：存储图像。

（4）Video：存储视频。我们使用一个 URLField 字段来提供一个视频 URL 以便嵌入它。

除了自身的字段，每个子模型还包含了定义于 ItemBase 类中的字段。数据库表将分别针对 Text、File、Image 和 Video 模型创建。由于 ItemBase 是一个抽象模型，因而不存在与 ItemBase 模型关联的数据库表。

编辑之前创建的 Content 模型，并调整其 content_type 字段，如下所示。

```
content_type = models.ForeignKey(ContentType,
                  on_delete=models.CASCADE,
                  limit_choices_to={'model__in':(
                                    'text',
                                    'video',
                                    'image',
                                    'file')})
```

我们可添加一个 limit_choices_to 参数限制用于通用关系的 ContentType 对象。我们使用 model__in 字段查找并过滤 ContentType 对象的查询，该对象具有'text'、'video'、'image'或'file' model 属性。

下面创建一个迁移并包含刚刚添加的新模型。在命令行中运行下列命令。

```
python manage.py makemigrations
```

对应的输出结果如下所示。

```
Migrations for 'courses':
  courses/migrations/0002_video_text_image_file_content.py
    - Create model Video
    - Create model Text
    - Create model Image
    - Create model File
    - Create model Content
```

随后运行下列命令应用新迁移。

```
python manage.py migrate
```

对应的输出结果如下所示。

```
Applying courses.0002_video_text_image_file_content... OK
```

至此，我们已经创建了适合于向课程模块添加不同内容的模型，但模型中仍缺少某些内容：课程模块和内容应遵循特定的顺序。对此，需要一个字段可方便地对其进行排序。

12.4.3 创建自定义模型字段

Django 包含完整的模型字段集合，可用于构建模型。然而，我们还可创建自己的模型存储自定义数据，或调整现有字段的行为。

我们需要一个字段来定义对象的顺序。使用已有的 Django 字段为对象指定顺序的一种简单方法是向模型中添加一个 PositiveIntegerField。通过使用整数，可方便地指定对象的顺序。我们可创建一个继承自 PositiveIntegerField 的自定义顺序字段，并提供附加的行为。

相应地，可在顺序字段中构建两个功能。

（1）当未提供特定的顺序时，自动分配顺序值：当保存没有特定顺序的新对象时，字段应自动分配最后一个有序对象之后的编号。如果两个对象的顺序分别为 1 和 2，当保存第 3 个对象时，如果未提供特定的顺序，则应自动将顺序 3 分配与该对象。

（2）根据其他字段排序对象：Course 模块将根据其所属的课程排序；模块内容则根据其所属的模块进行排序。

在 courses 应用程序目录中创建 fields.py 文件，并向其中添加下列代码。

```
from django.db import models
from django.core.exceptions import ObjectDoesNotExist

class OrderField(models.PositiveIntegerField):
    def __init__(self, for_fields=None, *args, **kwargs):
        self.for_fields = for_fields
        super().__init__(*args, **kwargs)

    def pre_save(self, model_instance, add):
        if getattr(model_instance, self.attname) is None:
            # no current value
            try:
                qs = self.model.objects.all()
                if self.for_fields:
                    # filter by objects with the same field values
                    # for the fields in "for_fields"
                    query = {field: getattr(model_instance, field)\
                    for field in self.for_fields}
                    qs = qs.filter(**query)
                # get the order of the last item
                last_item = qs.latest(self.attname)
                value = last_item.order + 1
            except ObjectDoesNotExist:
                value = 0
            setattr(model_instance, self.attname, value)
            return value
        else:
            return super().pre_save(model_instance, add)
```

上述内容表示为自定义 OrderField，并继承自 Django 提供的 PositiveIntegerField 字

段。OrderField 接收一个可选的 for_fields 参数，并允许我们指示所用的字段排序数据。

我们的字段覆写了 PositiveIntegerField 字段的 pre_save()方法，并在将字段保存至数据库之前执行。在该方法中，将执行下列动作。

（1）检查模型实例中该字段的值是否已存在。我们可使用 self.attname，这是模型中赋予字段的属性名。如果属性值不同于 None，则按照下列方式计算顺序。

- 构建 QuerySet 并针对字段的模型检索所有对象。我们通过访问 self.model 检索字段所属的模型类。
- 如果字段的 for_fields 属性中存在任何字段名，则通过 for_fields 中模型字段的当前值过滤 QuerySet。据此，可根据给定字段计算顺序。
- 从数据库中使用 last_item = qs.latest(self.attname)检索顺序最高的对象。如果未找到对象，则假定该对象为第一个对象并将顺序 0 赋予该对象。
- 如果找到对象，则向找到的最高顺序加 1。
- 利用 setattr()将计算后的顺序分配与模型实例中的字段值并返回该顺序值。

（2）如果模型实例包含当前字段值，则使用该值，而不是计算该值。

提示：

当创建自定义模型字段时，应使其具有通用性，同时避免依赖于特定模型或字段的硬编码。相应地，字段应适用于任何模型。

关于编写自定义模型字段的更多信息，读者可访问 https://docs.djangoproject.com/en/4.1/howto/custom-model-fields/。

12.4.4　向模块和内容对象中添加顺序

下面向模型中添加新的字段。编辑 courses 应用程序的 models.py 文件，并将 OrderField 类和一个字段导入至 Module 模型中，如下所示。

```
from .fields import OrderField

class Module(models.Model):
    # ...
    order = OrderField(blank=True, for_fields=['course'])
```

我们将新字段命名为 order，并通过设置 for_fields=['course']来指定该顺序是根据课程计算的。这意味着，新模块的顺序分配可描述为，向同一 Course 对象的最后一个模块加 1。

接下来编辑 Module 模型的__str__()方法以包含其顺序，如下所示。

```
class Module(models.Model):
    # ...
    def __str__(self):
        return f'{self.order}. {self.title}'
```

模块内容也需要遵循特定的顺序。对此，向 Content 模型中添加一个 OrderField 字段，如下所示。

```
class Content(models.Model):
    # ...
    order = OrderField(blank=True, for_fields=['module'])
```

这一次，我们指定该顺序是根据 module 字段计算的。

最后针对两个模型添加默认的顺序。对此，向 Module 和 Content 模型添加下列 Meta 类。

```
class Module(models.Model):
    # ...
    class Meta:
        ordering = ['order']

class Content(models.Model):
    # ...
    class Meta:
        ordering = ['order']
```

当前，Module 和 Content 模型如下所示。

```
class Module(models.Model):
    course = models.ForeignKey(Course,
                               related_name='modules',
                               on_delete=models.CASCADE)
    title = models.CharField(max_length=200)
    description = models.TextField(blank=True)
    order = OrderField(blank=True, for_fields=['course'])

    class Meta:
        ordering = ['order']

    def __str__(self):
        return f'{self.order}. {self.title}'

class Content(models.Model):
    module = models.ForeignKey(Module,
                               related_name='contents',
```

```
                                on_delete=models.CASCADE)
    content_type = models.ForeignKey(ContentType,
                             on_delete=models.CASCADE,
                             limit_choices_to={'model__in':(
                                               'text',
                                               'video',
                                               'image',
                                               'file')})
    object_id = models.PositiveIntegerField()
    item = GenericForeignKey('content_type', 'object_id')
    order = OrderField(blank=True, for_fields=['module'])

    class Meta:
          ordering = ['order']
```

下面创建新的模型迁移以反映新的顺序字段。打开 shell 并运行下列命令。

```
python manage.py makemigrations courses
```

对应输出结果如下所示。

```
It is impossible to add a non-nullable field 'order' to content without
specifying a default. This is because the database needs something to
populate existing rows.
Please select a fix:
1) Provide a one-off default now (will be set on all existing rows with
a null value for this column)
2) Quit and manually define a default value in models.py.
Select an option:
```

Django 通知我们，必须为数据库中现有行的新 order 字段提供一个默认值。如果该字段包含 null=True，则接收 null 值，Django 将自动生成迁移且不会询问默认值。我们可指定一个默认值，或者取消迁移并向 models.py 文件中的 order 字段添加一个 default 属性，随后生成迁移。

输入 1 并按下 Enter 键以针对现有的记录提供默认值。对应的输出结果如下所示。

```
Please enter the default value as valid Python.
The datetime and django.utils.timezone modules are available, so it is
possible to provide e.g. timezone.now as a value.
Type 'exit' to exit this prompt
>>>
```

输入 0，这将是已有记录的默认值，随后按下 Enter 键。Django 将针对 Module 模型询问默认值。选择第一个选项并再次输入 0 作为默认值。最终，输出结果如下所示。

```
Migrations for 'courses':
courses/migrations/0003_alter_content_options_alter_module_options_and
_more.py
    - Change Meta options on content
    - Change Meta options on module
    - Add field order to content
    - Add field order to module
```

利用下列命令应用新的迁移。

```
python manage.py migrate
```

上述命令的输出结果表明，迁移已成功完成，如下所示。

```
Applying courses.0003_alter_content_options_alter_module_options_and_
more... OK
```

接下来测试新的字段。利用下列命令打开 shell。

```
python manage.py shell
```

创建一门新课程，如下所示。

```
>>> from django.contrib.auth.models import User
>>> from courses.models import Subject, Course, Module
>>> user = User.objects.last()
>>> subject = Subject.objects.last()
>>> c1 = Course.objects.create(subject=subject, owner=user,
title='Course 1', slug='course1')
```

我们已经在数据库中生成了一门新课程。下面将向该课程中添加模块，并查看如何自动计算其顺序。首先生成一个初始模块并检查其顺序。

```
>>> m1 = Module.objects.create(course=c1, title='Module 1')
>>> m1.order
0
```

由于这是针对给定课程创建的第一个 Module 对象，因而 OrderField 将其值设置为 0。针对同一门课程，还可生成第二个模块。

```
>>> m2 = Module.objects.create(course=c1, title='Module 2')
>>> m2.order
1
```

OrderField 计算下一个顺序值，即针对已有对象向最高顺序加 1。下面创建第三个模块，并强制特定顺序。

```
>>> m3 = Module.objects.create(course=c1, title='Module 3', order=5)
>>> m3.order
5
```

如果在创建或保存对象时提供了自定义顺序，OrderField 将使用该顺序值，而非计算顺序。

接下来添加第 4 模块。

```
>>> m4 = Module.objects.create(course=c1, title='Module 4')
>>> m4.order
6
```

该模块的顺序将被自动设置。OrderField 并不保证所有的顺序值都是连续的，而是遵循现有的顺序值，并根据现有的最高顺序分配下一个顺序。

下面创建第二门课程并向其中添加一个模块。

```
>>> c2 = Course.objects.create(subject=subject, title='Course 2',
slug='course2', owner=user)
>>> m5 = Module.objects.create(course=c2, title='Module 1')
>>> m5.order
0
```

当计算新模块的顺序时，字段仅须考虑属于同一门课程的已有模块。由于这是第二门课程的第一个模块，因而最终顺序为 0，其原因在于，我们在 Module 模型的 order 字段中指定了 for_fields=['course']。

至此，我们已经成功地创建了第一个自定义模型字段。接下来将创建 CMS 的身份验证系统。

12.5 添加身份验证视图

前述内容创建了多态的数据模型，接下来将构建 CMS 以管理课程及其内容。首先添加 CMS 的身份验证系统。

12.5.1 添加身份验证系统

我们将使用 Django 的身份验证框架对在线学习平台进行验证。这里，讲师和学生均为 User 模型的实例，因而能够通过 django.contrib.auth 的身份验证视图登录网站。

编辑 educa 项目的 urls.py 文件，并包含 Django 身份验证框架的 login 和 logout 视图。

```
from django.contrib import admin
from django.urls import path
from django.conf import settings
from django.conf.urls.static import static
from django.contrib.auth import views as auth_views

urlpatterns = [
    path('accounts/login/', auth_views.LoginView.as_view(),
          name='login'),
    path('accounts/logout/', auth_views.LogoutView.as_view(),
          name='logout'),
    path('admin/', admin.site.urls),
]

if settings.DEBUG:
    urlpatterns += static(settings.MEDIA_URL,
                          document_root=settings.MEDIA_ROOT)
```

12.5.2　创建身份验证模板

在 courses 应用程序目录中创建下列结构。

```
templates/
    base.html
    registration/
        login.html
        logged_out.html
```

在构建身份验证模板之前，需要准备项目的基模板。编辑 base.html 模板并向其中添加下列内容。

```
{% load static %}
<!DOCTYPE html>
<html>
  <head>
    <meta charset="utf-8" />
    <title>{% block title %}Educa{% endblock %}</title>
    <link href="{% static "css/base.css" %}" rel="stylesheet">
  </head>
  <body>
```

```
    <div id="header">
      <a href="/" class="logo">Educa</a>
      <ul class="menu">
        {% if request.user.is_authenticated %}
          <li><a href="{% url "logout" %}">Sign out</a></li>
        {% else %}
          <li><a href="{% url "login" %}">Sign in</a></li>
        {% endif %}
      </ul>
    </div>
    <div id="content">
      {% block content %}
      {% endblock %}
    </div>
    <script>
      document.addEventListener('DOMContentLoaded', (event) => {
        // DOM loaded
        {% block domready %}
        {% endblock %}
      })
    </script>
  </body>
</html>
```

上述模板表示为可供其他模板扩展的基模板。在该模板中，我们定义了下列块。

- title：用于其他模板为每个页面添加自定义标题的块。
- content：内容块。扩展了基模板的所有模板应向该块中添加内容。
- domready：位于 DOMContentLoaded 事件的 JavaScript 事件监听器内部，可在文档对象模型（DOM）完成加载时执行代码。

该模板中所用的 CSS 样式位于本章附带代码的 courses 应用程序的 static/目录中。这里，可将 static/目录复制至项目的同一目录中加以使用。读者可访问 https://github.com/PacktPublishing/Django-4-by-Example/tree/main/Chapter12/educa/courses/static 查看该目录中的内容。

编辑 registration/login.html 模板，并向其中添加下列代码。

```
{% extends "base.html" %}

{% block title %}Log-in{% endblock %}

{% block content %}
```

```
  <h1>Log-in</h1>
  <div class="module">
    {% if form.errors %}
      <p>Your username and password didn't match. Please try
      again.</p>
    {% else %}
      <p>Please, use the following form to log-in:</p>
    {% endif %}
    <div class="login-form">
      <form action="{% url 'login' %}" method="post">
        {{ form.as_p }}
        {% csrf_token %}
        <input type="hidden" name="next" value="{{ next }}" />
        <p><input type="submit" value="Log-in"></p>
      </form>
    </div>
  </div>
{% endblock %}
```

上述内容即为 Django 的 login 视图的标准登录模板。

编辑 registration/logged_out.html 模板并向其中添加下列代码。

```
{% extends "base.html" %}

{% block title %}Logged out{% endblock %}

{% block content %}
  <h1>Logged out</h1>
  <div class="module">
    <p>
      You have been successfully logged out.
      You can <a href="{% url "login" %}">log-in again</a>.
    </p>
  </div>
{% endblock %}
```

这表示为用户注销后向用户显示的模板。利用下列命令运行开发服务器。

```
python manage.py runserver
```

在浏览器中打开 http://127.0.0.1:8000/accounts/login/，对应的登录页面如图 12.4 所示。

在浏览器中打开 http://127.0.0.1:8000/accounts/logout/，对应的注销页面如图 12.5 所示。

EDUCA　Sign in

Log-in

Please, use the following form to log-in:

Username:

Password:

LOG-IN

图 12.4　账户登录页面

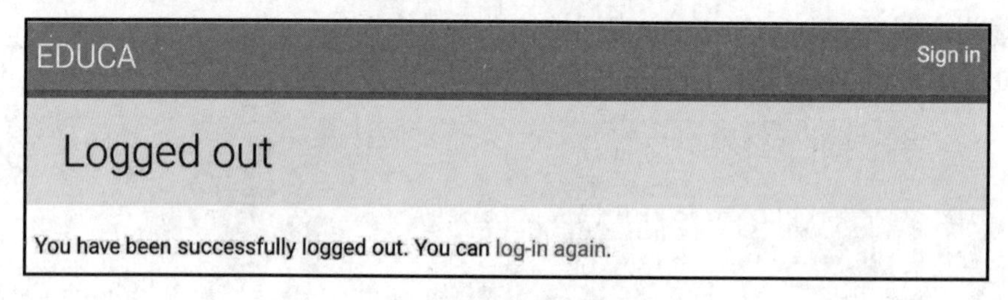
EDUCA
Sign in
Logged out
You have been successfully logged out. You can log-in again.

图 12.5　账户注销页面

至此，我们成功地创建了 CMS 的身份验证系统。

12.6　附 加 资 源

下列资源提供了与本章主题相关的附加信息。

- 本章源代码：https://github.com/PacktPublishing/Django-4-by-example/tree/main/Chapter12。
- 使用 Django fixture 进行测试：https://docs.djangoproject.com/en/4.1/topics/testing/tools/#fixture-loading。
- 数据迁移：https://docs.djangoproject.com/en/4.1/topics/migrations/#datamigrations。

- 创建自定义模型字段：https://docs.djangoproject.com/en/4.1/howto/custommodel-fields/。
- 在线学习平台的静态目录：https://github.com/PacktPublishing/Django-4-by-Example/tree/main/Chapter12/educa/courses/static。

12.7　本章小结

本章学习了如何使用 fixture 提供模型的初始数据。通过模型继承机制，我们创建了一个灵活的系统以管理课程模块的不同内容类型。此外，我们还学习了在顺序对象上实现自定义模型字段，并针对在线学习平台创建了一个身份验证系统。

第 13 章将实现 CMS 功能，并通过基于类的视图管理课程内容。其间，我们将使用 Django 分组和授权系统限制视图的访问，并实现表单集编辑课程的内容。除此之外，我们还将创建一个拖曳式功能，并通过 JavaScript 和 Django 重新排序课程模块及其内容。

第 13 章　创建内容管理系统

第 12 章创建了在线学习平台的应用程序模型，并学习了如何针对模型创建和应用数据 fixture。另外，我们还创建了一个自定义模型字段以排序对象，并实现了用户身份验证机制。

本章将学习如何创建课程并以一种全能和高效的方式管理课程内容。

本章主要涉及下列主题。

- 利用基于类的视图和混入（mixin）创建内容管理系统。
- 构建表单集和模型表单集并编辑课程模块和模块内容。
- 管理分组和授权。
- 实现拖曳式功能并重新排序模块和内容。

读者可访问 https://github.com/PacktPublishing/Django-4-by-example/tree/main/Chapter13 查看本章源代码。

本章使用的全部 Python 包均包含于本章源代码的 requirements.txt 文件中。在后续章节中，我们可遵循相关指令安装每个 Python 包，或者利用 pip install -r requirements.txt 命令一次性安装所有的 Python 包。

13.1　创建 CMS

前述内容已经创建了一个通用的数据模型，接下来将构建 CMS。CMS 运行讲师的创建课程并管理其内容。对此，我们需要通过下列功能。

- 列出讲师创建的课程。
- 创建、编辑和删除课程。
- 向课程中添加模块并对其重新排序。
- 向每个模块中添加不同的内容类型。
- 重新排序课程模块和内容。

13.1.1　创建基于类的视图

我们将构建视图以创建、编辑和删除课程。对此，我们将使用基于类的视图。编辑

courses 应用程序的 views.py 文件并添加下列代码。

```
from django.views.generic.list import ListView
from .models import Course

class ManageCourseListView(ListView):
    model = Course
    template_name = 'courses/manage/course/list.html'

    def get_queryset(self):
        qs = super().get_queryset()
        return qs.filter(owner=self.request.user)
```

ManageCourseListView 视图继承自 Django 的泛型 ListView。我们将覆写该视图的 get_queryset()方法并仅检索当前用户创建的课程。为了防止用户编辑、更新或删除非本人创建的课程，还需要覆写创建、更新和删除视图中的 get_queryset()方法。当需要针对多个基于类的视图提供某一特定行为时，建议使用混入（mixin）。

13.1.2 针对基于类的视图使用混入

混入是一种特殊类型的多重继承，可以此提供常见的分离功能。当这些功能添加至其他混入中时，我们可以定义类的行为。

相应地，存在两种情形可使用混入。

（1）针对某个类需要提供多个可选的特性。

（2）在多个类中使用特定的特性。

Django 包含多个混入并向基于类的视图提供了附加功能。关于混入的更多信息，读者可访问 https://docs.djangoproject.com/en/4.1/topics/class-basedviews/mixins/。

我们将为混入类中的多个视图实现公共行为，并将其用于课程视图中。编辑 courses 应用程序的 views.py 文件并对其进行调整，如下所示。

```
from django.views.generic.list import ListView
from django.views.generic.edit import CreateView, \
    UpdateView, DeleteView
from django.urls import reverse_lazy
from .models import Course

class OwnerMixin:
    def get_queryset(self):
        qs = super().get_queryset()
```

```
        return qs.filter(owner=self.request.user)

class OwnerEditMixin:
    def form_valid(self, form):
        form.instance.owner = self.request.user
        return super().form_valid(form)

class OwnerCourseMixin(OwnerMixin):
    model = Course
    fields = ['subject', 'title', 'slug', 'overview']
    success_url = reverse_lazy('manage_course_list')

class OwnerCourseEditMixin(OwnerCourseMixin, OwnerEditMixin):
    template_name = 'courses/manage/course/form.html'

class ManageCourseListView(OwnerCourseMixin, ListView):
    template_name = 'courses/manage/course/list.html'

class CourseCreateView(OwnerCourseEditMixin, CreateView):
    pass

class CourseUpdateView(OwnerCourseEditMixin, UpdateView):
    pass

class CourseDeleteView(OwnerCourseMixin, DeleteView):
    template_name = 'courses/manage/course/delete.html'
```

在上述代码中，我们创建了 OwnerMixin 和 OwnerEditMixin 混入。我们将结合 Django 提供的 ListView、CreateView、UpdateView 和 DeleteView 视图使用这些混入。OwnerMixin 实现了 get_queryset()方法以供视图使用，进而获得基 QuerySet。我们的混入将覆写该方法并根据 owner 属性过滤对象，进而检索属于当前用户（request.user）的对象。

OwnerEditMixin 实现了 form_valid()方法，该方法被使用 Django 的 ModelFormMixin 混入的视图所使用，即包含表单或模型表单的视图，如 CreateView 和 UpdateView。当提交后的表单有效时，将执行 form_valid()方法。

该方法的默认行为是保存（模型表单的）实例，并将用户重定向至 success_url。覆写该方法可自动在所保存的对象的 owner 属性中设置当前用户。据此，可在保存对象时自动设置对象的所有者。

OwnerMixin 类可用于与任何模型交互的视图，且模型中包含了 owner 属性。

此外，还可定义一个继承了 OwnerMixin 的 OwnerCourseMixin 类，并为子视图提供下列属性。

- model：该模型用于 QuerySet，并供所有视图使用。
- fields：模型的字段，以构建 CreateView 和 UpdateView 视图的模型表单。
- success_url：供 CreateView、UpdateView 和 DeleteView 使用，并在表单成功提交或删除对象后重定向用户。我们将使用名为 manage_course_list 的 URL，该 URL 将在稍后创建。

我们利用 template_name 属性定义了一个 OwnerCourseEditMixin 混入。这里，template_name 是供 CreateView 和 UpdateView 使用的模板。

最后，我们创建了继承自 OwnerCourseMixin 的下列视图。

- ManageCourseListView：列出用户创建的课程并继承自 OwnerCourseMixin 和 ListView。该视图为列出课程的模板定义了一个特定的 emplate_name 属性。。
- CourseCreateView：使用模型表单创建新的 Course 对象。该视图使用了定义于 OwnerCourseMixin 中的字段以构建模型表单，且继承自 CreateView。另外，该视图使用了定义于 OwnerCourseEditMixin 中的模板。
- CourseUpdateView：允许编辑现有的 Course 对象。该视图使用了定义于 OwnerCourseMixin 中的字段以构建模型表单，且继承自 UpdateView。另外，该视图使用了定义于 OwnerCourseEditMixin 中的模板。
- CourseDeleteView：继承自 OwnerCourseMixin 和泛型 DeleteView。该视图针对确认删除课程的模板定义了一个特定的 template_name 属性。

至此，我们创建了基本视图以管理课程。接下来，我们将采用 Django 的身份验证分组和权限限制对这些视图的访问。

13.1.3 与分组和权限协同工作

当前，任何用户均可访问视图并管理课程。对此，需要限制这些视图且仅讲师具有创建和管理课程的权限。

Django 的身份验证框架涵盖了权限系统，并可向用户和分组分配权限。我们将为讲师创建一个分组，并赋予权限以创建、更新和删除课程名。

利用下列命令运行开发服务器。

```
python manage.py runserver
```

在浏览器中打开 http://127.0.0.1:8000/admin/auth/group/add/并创建新的 Group 对象。添加名称 Instructors 并选择 courses 应用程序的所有权限（除了 Subject 模型的权限），如图 13.1 所示。

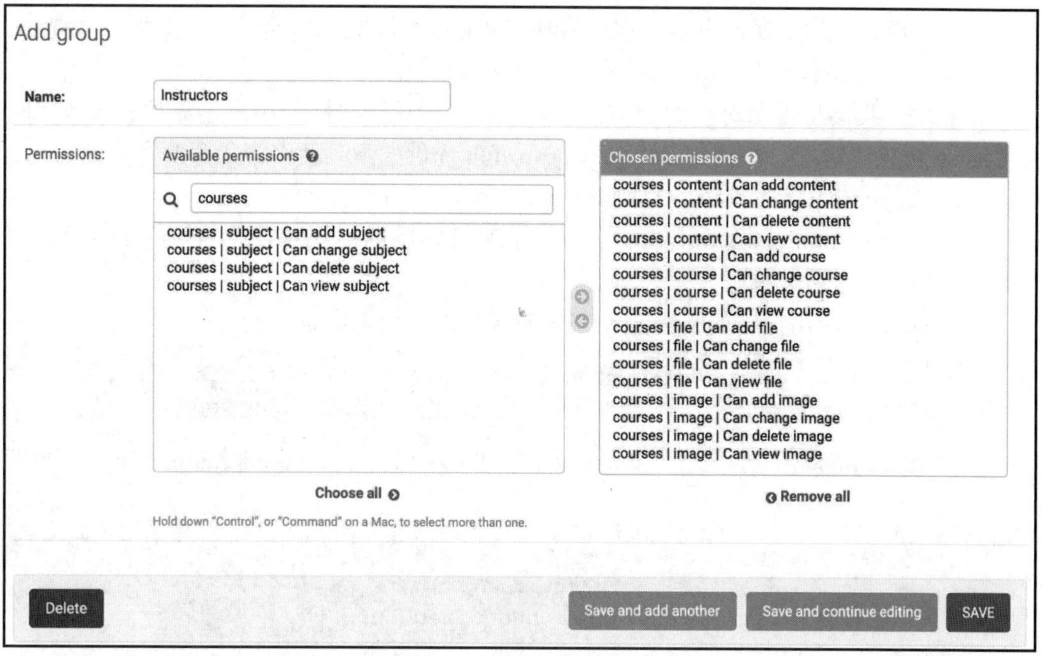

图 13.1　讲师分组的权限

可以看到，每种模型存在 4 种不同的权限，即 can view、can add、can change 和 can delete。在针对该分组选择了权限后，单击 SAVE 按钮。

Django 针对模型自动生成权限，但也可创建自定义权限。第 15 章将学习如何创建自定义权限。关于添加自定义权限的更多信息，读者可访问 https://docs.djangoproject.com/en/4.1/topics/auth/customizing/#custom-permissions。

打开 http://127.0.0.1:8000/admin/auth/user/add/并创建一个新用户。编辑用户并将其添加至 Instructors 分组中，如图 13.2 所示。

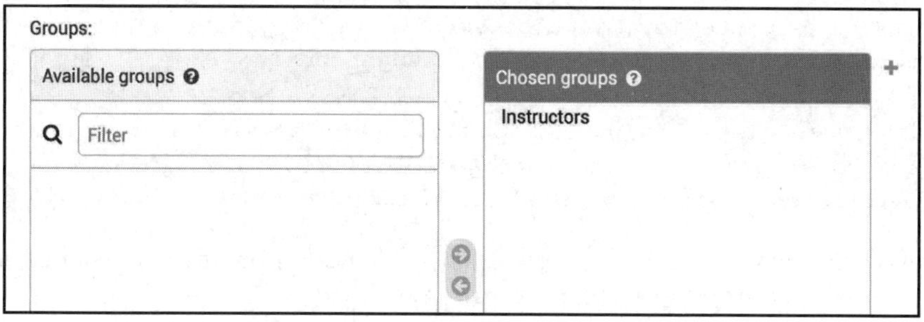

图 13.2　用户分组选择

用户继承自它们所属的分组的权限，但也可通过管理网站向单一用户添加独立权限。另外，is_superuser 设置为 True 的用户自动包含所有权限。

相应地，我们将限制对视图的访问，以便仅包含适当权限的用户可添加、修改或删除 Course 对象。对此，将使用 django.contrib.auth 提供的下列两个混入限制视图的访问。

（1）LoginRequiredMixin：复制 login_required 装饰器的功能。

（2）PermissionRequiredMixin：授予具有特定权限的用户对视图的访问权。记住，超级用户自动拥有所有权限。

编辑 courses 应用程序的 views.py 文件并添加下列导入内容。

```
from django.contrib.auth.mixins import LoginRequiredMixin, \
                                       PermissionRequiredMixin
```

使 OwnerCourseMixin 继承自 LoginRequiredMixin 和 PermissionRequiredMixin，如下所示。

```
class OwnerCourseMixin(OwnerMixin,
                       LoginRequiredMixin,
                       PermissionRequiredMixin):
   model = Course
   fields = ['subject', 'title', 'slug', 'overview']
   success_url = reverse_lazy('manage_course_list')
```

随后向课程视图中添加 permission_required 属性，如下所示。

```
class ManageCourseListView(OwnerCourseMixin, ListView):
   template_name = 'courses/manage/course/list.html'
   permission_required = 'courses.view_course'

class CourseCreateView(OwnerCourseEditMixin, CreateView):
   permission_required = 'courses.add_course'

class CourseUpdateView(OwnerCourseEditMixin, UpdateView):
   permission_required = 'courses.change_course'

class CourseDeleteView(OwnerCourseMixin, DeleteView):
   template_name = 'courses/manage/course/delete.html'
   permission_required = 'courses.delete_course'
```

PermissionRequiredMixin 检查访问视图的用户是否具有 permission_required 属性中指定的权限。当前，视图仅可被具有相应权限的用户访问。

下面针对这些视图创建 URL。在 courses 应用程序目录中创建新文件，将其命名为

urls.py 并向其中添加下列代码。

```
from django.urls import path
from . import views

urlpatterns = [
    path('mine/',
         views.ManageCourseListView.as_view(),
         name='manage_course_list'),
    path('create/',
         views.CourseCreateView.as_view(),
         name='course_create'),
    path('<pk>/edit/',
         views.CourseUpdateView.as_view(),
         name='course_edit'),
    path('<pk>/delete/',
         views.CourseDeleteView.as_view(),
         name='course_delete'),
]
```

这些 URL 模式用于列出、创建、编辑和删除课程视图。其中，pk 参数指的是主键字段。记住，pk 是主键的简写形式。每个 Django 模型均包含一个字段作为其主键。默认状态下，主键表示为自动生成的 id 字段。Django 的单个对象通用视图通过其 pk 字段检索对象。编辑 educa 项目的 urls.py 主文件，并包含 courses 应用程序的 URL 模式，如下所示。

```
from django.contrib import admin
from django.urls import path, include
from django.conf import settings
from django.conf.urls.static import static
from django.contrib.auth import views as auth_views

urlpatterns = [
    path('accounts/login/',
         auth_views.LoginView.as_view(),
         name='login'),
    path('accounts/logout/',
         auth_views.LogoutView.as_view(),
         name='logout'),
    path('admin/', admin.site.urls),
    path('course/', include('courses.urls')),
]
```

```
if settings.DEBUG:
    urlpatterns += static(settings.MEDIA_URL,
                          document_root=settings.MEDIA_ROOT)
```

我们需要针对这些视图创建模板。对此，在 courses 的 templates/目录中创建下列目录和文件。

```
courses/
    manage/
        course/
            list.html
            form.html
            delete.html
```

编辑 courses/manage/course/list.html 模板并向其中添加下列代码。

```
{% extends "base.html" %}

{% block title %}My courses{% endblock %}

{% block content %}
  <h1>My courses</h1>
  <div class="module">
    {% for course in object_list %}
      <div class="course-info">
        <h3>{{ course.title }}</h3>
        <p>
          <a href="{% url "course_edit" course.id %}">Edit</a>
          <a href="{% url "course_delete" course.id %}">Delete</a>
        </p>
      </div>
    {% empty %}
      <p>You haven't created any courses yet.</p>
    {% endfor %}
    <p>
      <a href="{% url "course_create" %}" class="button">Create new
course</a>
    </p>
  </div>
{% endblock %}
```

上述模板用于 ManageCourseListView 视图。在该模板中，列出了当前用户创建的课程。我们包含了相应的链接以编辑或删除每一门课程，以及一个创建新课程的链接。

利用下列命令运行开发服务器。

```
python manage.py runserver
```

在浏览器中打开 http://127.0.0.1:8000/accounts/login/?next=/course/mine/，并利用属于 nstructors 分组的用户登录。在登录后，用户将被重定向至 http://127.0.0.1:8000/course/mine/ URL，对应页面如图 13.3 所示。

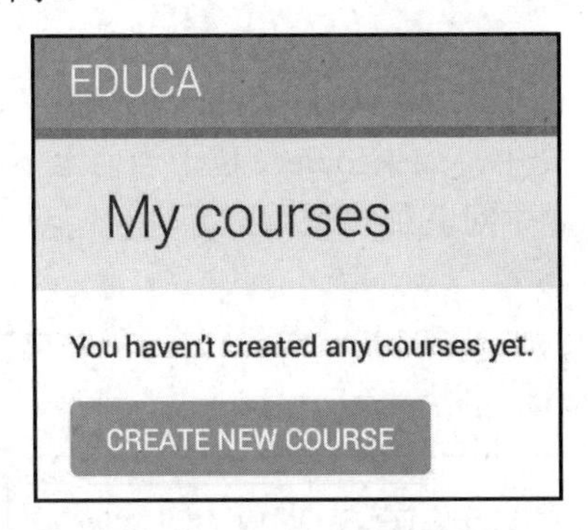

图 13.3　不包含任何课程的讲师课程页面

该页面将显示当前用户创建的所有课程。

接下来创建模板并显示创建和更新课程视图的表单。编辑 courses/manage/course/form.html 模板并编写下列代码。

```
{% extends "base.html" %}

{% block title %}
  {% if object %}
   Edit course "{{ object.title }}"
  {% else %}
   Create a new course
  {% endif %}
{% endblock %}

{% block content %}
  <h1>
   {% if object %}
    Edit course "{{ object.title }}"
   {% else %}
    Create a new course
   {% endif %}
  </h1>
  <div class="module">
```

```
    <h2>Course info</h2>
    <form method="post">
      {{ form.as_p }}
      {% csrf_token %}
      <p><input type="submit" value="Save course"></p>
    </form>
  </div>
{% endblock %}
```

form.html 模板用于 CourseCreateView 和 CourseUpdateView views。在该模板中，检查 object 变量是否位于上下文中。如果 object 位于当前上下文中，则知晓我们正在更新现有的课程，并可在页面标题中对其加以使用；否则说明我们正在创建一个新的 Course 对象。

在浏览器中打开 http://127.0.0.1:8000/course/mine/，并单击 CREATE NEW COURSE 按钮。对应页面如图 13.4 所示。

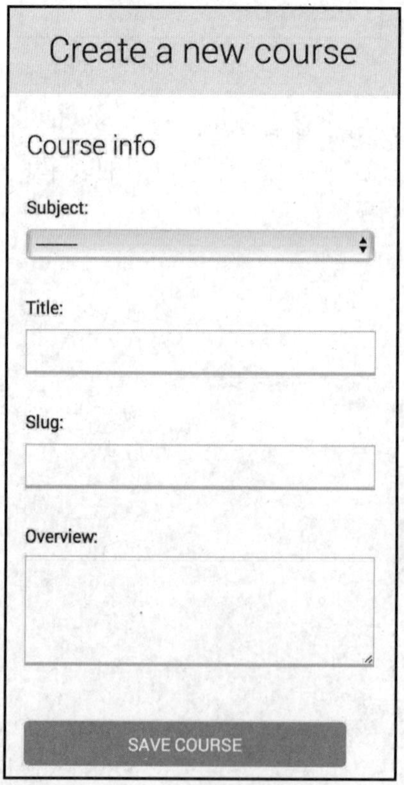

图 13.4　创建新课程的表单

填写表单并单击 SAVE COURSE 按钮。当前课程将被保存，随后将被重定向至课程列表页面，如图 13.5 所示。

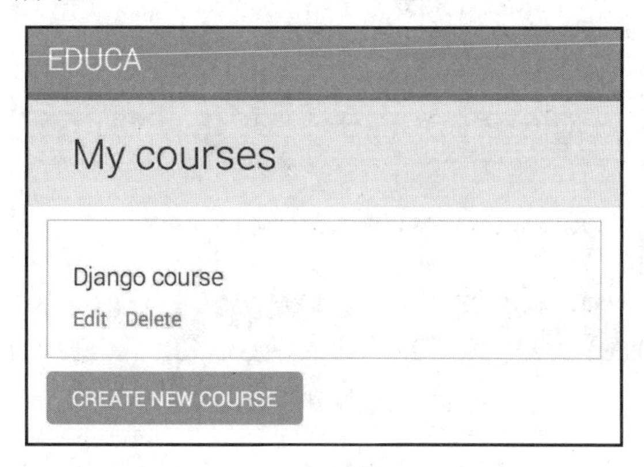

图 13.5　包含一门课程的讲师课程页面

随后单击刚刚创建的课程的链接，并再次看到对应表单。此时，我们将编辑已有的 Course 对象，而非创建对象。

最后，编辑 courses/manage/course/delete.html 模板并添加下列代码。

```
{% extends "base.html" %}

{% block title %}Delete course{% endblock %}

{% block content %}
  <h1>Delete course "{{ object.title }}"</h1>
  <div class="module">
    <form action="" method="post">
      {% csrf_token %}
      <p>Are you sure you want to delete "{{ object }}"?</p>
      <input type="submit" value="Confirm">
    </form>
  </div>
{% endblock %}
```

该模板用于 CourseDeleteView 视图。该视图继承自 Django 提供的 DeleteView，并接收用户确认信息以删除一个对象。

在浏览器中打开课程列表并单击课程的 Delete 链接，对应的确认页面如图 13.6 所示。

单击 CONFIRM 按钮，对应课程将被删除，用户将再次被重定向至课程列表页面。

当前，讲师可创建、编辑和删除课程。接下来需要提供 CMS 以添加课程模块及其内容。下面首先介绍管理课程模块。

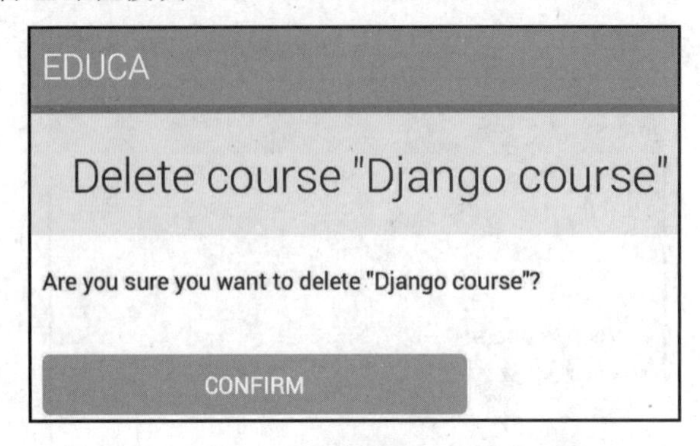

图 13.6　删除课程确认页面

13.2　管理课程模块及其内容

本节将构建一个系统以管理课程模块及其内容。相应地，我们需要构建表单，用于管理每门课程的多个模块，以及每个模块的不同的内容类型。这里，模块及其内容须遵循特定的顺序，并能够通过 CMS 对其进行重新排序。

13.2.1　对课程模块使用表单集

Django 包含一个抽象层，并与同一页面上的多个表单协同工作。这些表单分组称作表单集。表单集管理特定 Form 或 ModelForm 的多个实例。所有的表单均一次性提交，表单集负责所显示的初始表单数量，同时限制所提交的最大表单数量并验证所有表单。

表单集包含了 is_valid()方法以一次性地验证所有表单。除此之外，还可针对表单提供初始数据，并指定所显示的附加空表单的数量。关于表单的更多信息，读者可访问 https://docs.djangoproject.com/en/4.1/topics/forms/formsets/；关于模型表单的更多信息，读者可访问 https://docs.djangoproject.com/en/4.1/topics/forms/modelforms/#model-formsets。

由于课程被划分为不同数量的模块，因而可使用表单集对其加以管理。在 courses 应用程序中创建 forms.py 文件，并向其中添加下列代码。

```
from django import forms
from django.forms.models import inlineformset_factory
from .models import Course, Module
```

```
ModuleFormSet = inlineformset_factory(Course,
                                     Module,
                                     fields=['title',
                                             'description'],
                                     extra=2,
                                     can_delete=True)
```

我们采用 Django 提供的 inlineformset_factory()函数构建了上述 ModuleFormSet 表单集。内联表单集是表单集上的一个抽象，用于简化与相关对象的协同工作。该函数可针对与 Course 对象相关的 Module 对象以动态方式构建一个模型表单集。

我们使用下列参数构建表单集。

- fields：该字段包含于表单集的每个表单中。
- extra：允许我们设置在表单集中显示的空额外表单的数量。
- can_delete：如果将该参数设置为 True，Django 将针对每个渲染为复选框输入的表单包含一个布尔字段，并运行我们标记希望删除的对象。

编辑 courses 应用程序的 views.py 文件，并向其中添加下列代码。

```
from django.shortcuts import redirect, get_object_or_404
from django.views.generic.base import TemplateResponseMixin, View
from .forms import ModuleFormSet

class CourseModuleUpdateView(TemplateResponseMixin, View):
    template_name = 'courses/manage/module/formset.html'
    course = None

    def get_formset(self, data=None):
        return ModuleFormSet(instance=self.course,
                             data=data)

    def dispatch(self, request, pk):
        self.course = get_object_or_404(Course,
                                        id=pk,
                                        owner=request.user)
        return super().dispatch(request, pk)

    def get(self, request, *args, **kwargs):
        formset = self.get_formset()
        return self.render_to_response({
                                'course': self.course,
                                'formset': formset})
```

```
    def post(self, request, *args, **kwargs):
        formset = self.get_formset(data=request.POST)
        if formset.is_valid():
            formset.save()
            return redirect('manage_course_list')
        return self.render_to_response({
                                        'course': self.course,
                                        'formset': formset})
```

CourseModuleUpdateView 负责处理表单集，以针对特定的课程添加、更新和删除模块。该视图继承自下列混入和视图。

- TemplateResponseMixin：该混入负责渲染模板并返回一个 HTTP 响应结果，且需要 template_name 表明被渲染的模板，并通过 render_to_response()方法将其传递至上下文以渲染模板。
- View：Django 提供的基于类的基视图。

该视图实现了下列方法。

- get_formset()：定义该方法旨在避免重复构建表单集的代码。利用可选的数据，我们针对给定的 Course 对象创建了 ModuleFormSet 对象。
- dispatch()：该方法由 View 类提供，接收 HTTP 请求及其参数，并尝试托管至与所用 HTTP 方法匹配的小写方法。具体来说，GET 请求托管至 get()方法，POST 请求托管至 post()方法。在该方法中，我们采用 get_object_or_404()快捷函数并针对给定 id 获取属于当前用户的 Course 对象。我们将此代码包含于 dispatch()方法中，因为需要针对 GET 和 POST 请求检索课程。随后将其保存至视图的 course 属性中以供其他方法访问。
- get()：针对 GET 请求执行的方法。我们构建了一个空的 ModuleFormSet 表单集，并使用 TemplateResponseMixin 提供的 render_to_response()方法将其与当前的 Course 对象一起渲染至模板中。
- post()：针对 POST 请求执行的方法，在该方法中需要执行下列动作。
    - 利用提交的数据构建一个 ModuleFormSet 实例。
    - 执行表单集的 is_valid()方法验证其全部表单。
    - 如果表单集有效，通过调用 save()方法对其加以保存。此时，任何变动（如添加、更新或将模块标记为删除）都将应用于数据库上。随后将用户重定向至 manage_course_list URL 处。如果表单集无效，则渲染模板并显示任何错误信息。

编辑 courses 应用程序的 urls.py 文件，并向其中添加下列 URL。

```
path('<pk>/module/',
     views.CourseModuleUpdateView.as_view(),
     name='course_module_update'),
```

在 courses/manage/模板目录中创建新目录，并将其命名为 module。随后创建一个 courses/manage/module/formset.html 模板，并向其中添加下列代码。

```
{% extends "base.html" %}

{% block title %}
 Edit "{{ course.title }}"
{% endblock %}

{% block content %}
  <h1>Edit "{{ course.title }}"</h1>
  <div class="module">
    <h2>Course modules</h2>
    <form method="post">
      {{ formset }}
      {{ formset.management_form }}
      {% csrf_token %}
      <input type="submit" value="Save modules">
    </form>
  </div>
{% endblock %}
```

在该模板中，我们创建了<form> HTML 元素并于其中包含了 formset。此外还可以使用变量{{formset.management_form}}包含该表单集的管理表单。管理表单包含隐藏的字段控制初始、全部、最小和最大数量的表单。可以看到，创建表单十分简单。

编辑 courses/manage/course/list.html 模板，并在课程 Edit 和 Delete 链接下方针对 course_module_update URL 添加下列链接。

```
<a href="{% url "course_edit" course.id %}">Edit</a>
<a href="{% url "course_delete" course.id %}">Delete</a>
<a href="{% url "course_module_update" course.id %}">Edit modules</a>
```

至此，我们包含了编辑课程模块的链接。

在浏览器中打开 http://127.0.0.1:8000/course/mine/。创建一门课程并单击该课程的 Edit modules 链接，随后应可看到如图 13.7 所示的表单集。

表单集针对包含在课程中的每个 Module 涵盖了一个表单。此后将显示两个额外的空表单，因为针对 ModuleFormSet，我们设置了 extra=2。当保存表单时，Django 将包含另外两个额外的字段添加新模块。

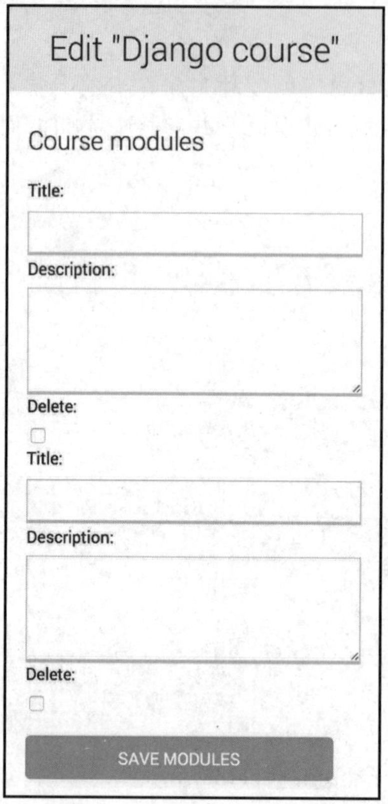

图 13.7　课程编辑页面，包含课程模块的表单集

13.2.2　向课程模块添加内容

当前，我们需要一种方式将内容添加至课程模块中。此处包含 4 种不同的内容类型，即文本、视频、图像和文件。对此，可考虑生成 4 个不同的模型创建内容，且每个模型对应一个视图。然而，我们将采取更加通用的方案创建视图，以创建或更新任意内容模型的对象。

编辑 courses 应用程序的 views.py 文件，并向其中添加下列代码。

```
from django.forms.models import modelform_factory
from django.apps import apps
from .models import Module, Content
```

```
class ContentCreateUpdateView(TemplateResponseMixin, View):
    module = None
    model = None
    obj = None
    template_name = 'courses/manage/content/form.html'

    def get_model(self, model_name):
        if model_name in ['text', 'video', 'image', 'file']:
            return apps.get_model(app_label='courses',
                                  model_name=model_name)
        return None

    def get_form(self, model, *args, **kwargs):
        Form = modelform_factory(model, exclude=['owner',
                                                 'order',
                                                 'created',
                                                 'updated'])
        return Form(*args, **kwargs)

    def dispatch(self, request, module_id, model_name, id=None):
        self.module = get_object_or_404(Module,
                                        id=module_id,
                                        course__owner=request.user)
        self.model = self.get_model(model_name)
        if id:
            self.obj = get_object_or_404(self.model,
                                         id=id,
                                         owner=request.user)
        return super().dispatch(request, module_id, model_name, id)
```

这是 ContentCreateUpdateView 的第一部分内容，允许我们创建和更新不同模型的内容。该视图定义了下列方法。

- get_model()：检查给定的模型名是否为 4 个内容模型之一，即 Text、Video、Image 或 File。随后使用 Django 的 apps 模块获取给定模型名称的实际类。如果给定的模型名称无效，则返回 None。
- get_form()：利用表单框架的 modelform_factory()函数构建动态表单。由于针对 Text、Video、Image 和 File 模型构建表单，因而可以使用 exclude 参数指定要从表单中排除的公共字段，并自动包含所有其他属性。据此，无须知晓根据模型需要包含哪些字段。
- dispatch()：该方法接收下列 URL 参数，并将对应的模块、模型和内容对象存储为类属性。

➢ module_id：内容所关联的模块 ID。

➢ model_name：创建/更新的内容模块名。

➢ id：所更新的对象的 ID。创建新对象时，id 为 0。

向 ContentCreateUpdateView 添加 get()和 post()方法，如下所示。

```
def get(self, request, module_id, model_name, id=None):
    form = self.get_form(self.model, instance=self.obj)
    return self.render_to_response({'form': form,
                                    'object': self.obj})

def post(self, request, module_id, model_name, id=None):
    form = self.get_form(self.model,
                         instance=self.obj,
                         data=request.POST,
                         files=request.FILES)
    if form.is_valid():
        obj = form.save(commit=False)
        obj.owner = request.user
        obj.save()
        if not id:
            # new content
            Content.objects.create(module=self.module,
                                   item=obj)
        return redirect('module_content_list', self.module.id)
    return self.render_to_response({'form': form,
                                    'object': self.obj})
```

这些方法的具体解释如下所示。

- get()方法：当接收 GET 请求时执行该方法。我们针对更新的 Text、Video、Image 或 File 实例构建模型表单。否则，将不传递实例并创建新对象，因为如果没有提供 ID，sel.fobj 为 None。
- post()方法：当接收 POST 请求时执行该方法。我们构建模型表单，同时向其中传递提交的数据和文件，随后对此进行验证。如果表单有效，则创建新对象并分配 request.user 作为其所有者，随后将其保存至数据库中。接下来检查 id 参数。如果未提供 ID，则用户正在创建新对象而非更新已有的对象。如果是一个新对象，则针对给定模块创建 Content 对象，并将新内容与其关联。

编辑 courses 应用程序的 urls.py 文件，并向其中添加下列 URL 模式。

```
path('module/<int:module_id>/content/<model_name>/create/',
    views.ContentCreateUpdateView.as_view(),
    name='module_content_create'),
path('module/<int:module_id>/content/<model_name>/<id>/',
    views.ContentCreateUpdateView.as_view(),
    name='module_content_update'),
```

新的 URL 模式的具体解释如下所示。

- module_content_create：创建新的文本、视频、图像或文件对象，并将其添加至一个模块中。其中包含了 module_id 和 model_name 参数。这里，第一个参数允许将新内容对象链接至给定模块上；第二个参数则指定内容模型以构建表单。
- module_content_update：更新现有的文本、视频、图像或文件对象。其中包含 module_id 和 model_name 参数以及一个 id 参数，以识别被更新的内容。

在 courses/manage/模板目录中创建新目录并将其命名为 content。创建模板 courses/manage/content/form.html，并向其中添加下列代码。

```
{% extends "base.html" %}

{% block title %}
  {% if object %}
    Edit content "{{ object.title }}"
  {% else %}
    Add new content
  {% endif %}
{% endblock %}

{% block content %}
  <h1>
    {% if object %}
      Edit content "{{ object.title }}"
    {% else %}
      Add new content
    {% endif %}
  </h1>
  <div class="module">
    <h2>Course info</h2>
    <form action="" method="post" enctype="multipart/form-data">
      {{ form.as_p }}
      {% csrf_token %}
      <p><input type="submit" value="Save content"></p>
    </form>
```

```
  </div>
{% endblock %}
```

该模板用于 ContentCreateUpdateView 视图，并检查 object 对象是否位于上下文中。如果 object 位于上下文中，则更新现有的对象，否则将创建一个新对象。

由于表单包含 File 和 Image 内容模型的文件上传，因此我们在<form> HTML 元素中包含了 enctype="multipart/form-data"。

运行开发服务器，打开 http://127.0.0.1:8000/course/mine/，单击已有课程的 Edit modules 并创建一个模块。

随后利用下列命令打开 Python shell。

```
python manage.py shell
```

获取最近创建模块的 ID，如下所示。

```
>>> from courses.models import Module
>>> Module.objects.latest('id').id
6
```

运行开发服务器，并打开 http://127.0.0.1:8000/course/module/6/content/image/create/，利用之前获得的 ID 替换当前模块 ID，随后将会看到一个创建 Image 对象的表单，如图 13.8 所示。

图 13.8　添加新图像的课程表单

目前尚不要提交该表单。否则，由于尚未定义 module_content_list URL，因而操作将会失败。稍后将创建该 URL。

此外，还需要一个删除内容的表单。编辑 courses 应用程序的 views.py 文件，并添加下列代码。

```
class ContentDeleteView(View):
    def post(self, request, id):
        content = get_object_or_404(Content,
                        id=id,
                        module__course__owner=request.user)
        module = content.module
        content.item.delete()
        content.delete()
        return redirect('module_content_list', module.id)
```

ContentDeleteView 类利用给定的 ID 检索 Content 对象，并删除相关的 Text、Video、Image 或 File 对象。最后，该类删除 Content 对象并将用户重定向至 module_content_list URL，并列出模块的其他内容。

编辑 courses 应用程序的 urls.py 文件，并向其中添加下列 URL 模式。

```
path('content/<int:id>/delete/',
    views.ContentDeleteView.as_view(),
    name='module_content_delete'),
```

当前，讲师可方便地创建、更新和删除内容。

13.2.3　管理模块及其内容

我们已经构建了视图以创建、编辑和删除课程模块及其内容。接下来需要一个视图并显示某一课程的全部模块，并列出特定模块的内容。

编辑 courses 应用程序的 views.py 文件，并向其中添加下列代码。

```
class ModuleContentListView(TemplateResponseMixin, View):
    template_name = 'courses/manage/module/content_list.html'

    def get(self, request, module_id):
        module = get_object_or_404(Module,
                                   id=module_id,
                                   course__owner=request.user)
        return self.render_to_response({'module': module})
```

ModuleContentListView 视图利用属于当前用户的给定 ID 获取 Module 对象，并利用给定模块渲染模板。

编辑 courses 应用程序的 urls.py 文件，并向其中添加下列 URL。

```
path('module/<int:module_id>/',
    views.ModuleContentListView.as_view(),
    name='module_content_list'),
```

在 templates/courses/manage/module/目录中创建新模板，将其命名为 content_list.html 并向其中添加下列代码。

```
{% extends "base.html" %}

{% block title %}
  Module {{ module.order|add:1 }}: {{ module.title }}
{% endblock %}

{% block content %}
{% with course=module.course %}
  <h1>Course "{{ course.title }}"</h1>
  <div class="contents">
    <h3>Modules</h3>
    <ul id="modules">
      {% for m in course.modules.all %}
        <li data-id="{{ m.id }}" {% if m == module %}
         class="selected"{% endif %}>
          <a href="{% url "module_content_list" m.id %}">
            <span>
              Module <span class="order">{{ m.order|add:1 }}</span>
            </span>
            <br>
            {{ m.title }}
          </a>
        </li>
      {% empty %}
        <li>No modules yet.</li>
      {% endfor %}
    </ul>
    <p><a href="{% url "course_module_update" course.id %}">
    Edit modules</a></p>
  </div>
  <div class="module">
    <h2>Module {{ module.order|add:1 }}: {{ module.title }}</h2>
```

```
  <h3>Module contents:</h3>
  <div id="module-contents">
    {% for content in module.contents.all %}
      <div data-id="{{ content.id }}">
        {% with item=content.item %}
          <p>{{ item }}</p>
          <a href="#">Edit</a>
          <form action="{% url "module_content_delete" content.id %}"
          method="post">
            <input type="submit" value="Delete">
            {% csrf_token %}
          </form>
        {% endwith %}
      </div>
    {% empty %}
      <p>This module has no contents yet.</p>
    {% endfor %}
  </div>
  <h3>Add new content:</h3>
  <ul class="content-types">
    <li>
      <a href="{% url "module_content_create" module.id "text" %}">
        Text
      </a>
    </li>
    <li>
      <a href="{% url "module_content_create" module.id "image" %}">
        Image
      </a>
    </li>
    <li>
      <a href="{% url "module_content_create" module.id "video" %}">
        Video
      </a>
    </li>
    <li>
      <a href="{% url "module_content_create" module.id "file" %}">
        File
      </a>
    </li>
  </ul>
 </div>
{% endwith %}
{% endblock %}
```

确保模板标签未被划分为多行。

该模板显示某一门课程的所有模块，以及所选模块的内容。其间，我们遍历课程模块并在侧栏中对其予以显示。随后遍历模块的课程并访问 content.item 以获取相关的 Text、Video、Image 或 File 对象。此外还包含链接以创建新的文本、视频、图像或文件内容。

我们需要知晓每个 item 对象是哪一种对象类型，即 Text、Video、Image 或 File。我们需要模型名称构建 URL 以编辑对象。除此之外，还应根据内容类型以不同方式在模板中显示每个条目。通过访问对象的 object's _meta 属性，我们可从模型的 Meta 类中访问对象的模型名称。然而，Django 在模板中不允许访问以下画线开始的变量或属性，以防止检索私有属性或调用私有方法。对此，可编写一个自定义模板过滤器。

在 courses 应用程序目录中创建下列文件结构。

```
templatetags/
    __init__.py
    course.py
```

编辑 course.py 模块并向其中添加下列代码。

```
from django import template

register = template.Library()

@register.filter
def model_name(obj):
    try:
        return obj._meta.model_name
    except AttributeError:
        return None
```

上述代码表示为 model_name 模板过滤器，并在模板中用作 object|model_name 以获取对象的模型名称。

编辑 templates/courses/manage/module/content_list.html 模板，并在{% extends %}模板标签下方添加下列代码行。

```
{% load course %}
```

这将加载 course 模板标签。随后找到下列代码行。

```
<p>{{ item }}</p>
<a href="#">Edit</a>
```

利用下列代码替换上述代码行。

```
<p>{{ item }} ({{ item|model_name }})</p>
<a href="{% url "module_content_update" module.id item|model_name
item.id %}">
  Edit
</a>
```

在上述代码中，我们在模板中显示条目模型，并使用模型名称构建链接以编辑对象。

编辑 courses/manage/course/list.html 模板，并向 module_content_list URL 添加链接，如下所示。

```
<a href="{% url "course_module_update" course.id %}">Edit modules</a>
{% if course.modules.count > 0 %}
  <a href="{% url "module_content_list" course.modules.first.id %}">
    Manage contents
  </a>
{% endif %}
```

新链接允许用户访问课程第一个模块的内容（如果存在）。

终止开发服务器并利用下列命令再次运行开发服务器。

```
python manage.py runserver
```

通过终止、运行开发服务器，可确保加载 course 模板标签。

打开 http://127.0.0.1:8000/course/mine/，并单击课程的 Manage contents 链接，该课程至少包含一个模块。对应的页面如图 13.9 所示。

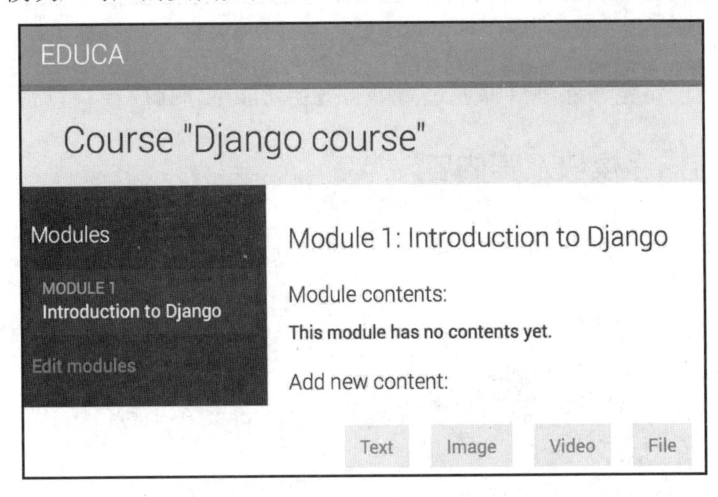

图 13.9　管理课程模块内容的页面

当单击左侧栏中的模块时，其内容将被显示于主区域中。另外，模板也加入了链接以针对所显示的模块添加新文本、视频或文件内容。

向模块中添加一组不同的内容类型并查看结果。模块内容将限制在 Module contents 下方，如图 13.10 所示。

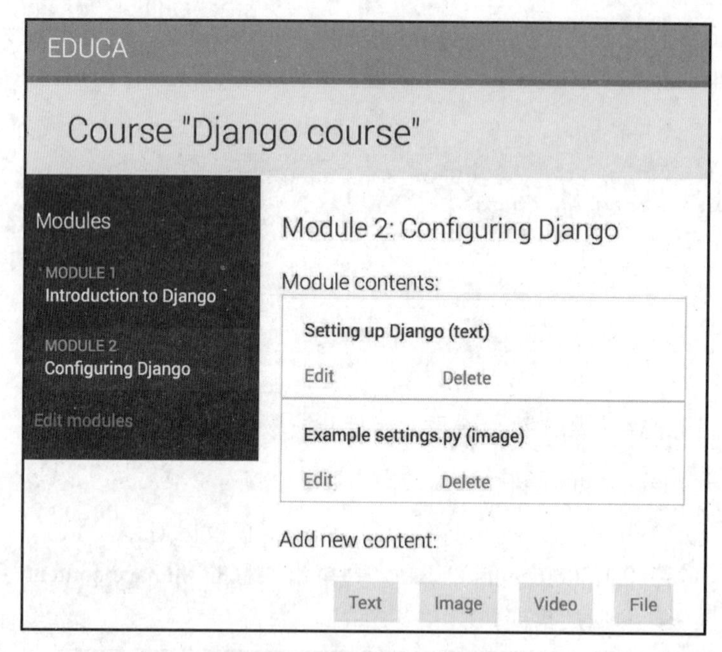

图 13.10　管理不同的模块内容

接下来，我们将允许课程讲师通过简单的拖曳功能重新排序模块以及模块内容。

13.2.4　重新排序模块及其内容

本节将实现一个 JavaScript 拖曳功能，以使课程讲师通过拖曳方式重新排序课程的模块。

当实现该特征时，将使用 HTML5 Sortable 库并通过 HTML5 Drag 和 Drop API 简化可排序列表的创建过程。

当用户结束拖曳模块后，我们将采用 JavaScript Fetch API 向存储新模块顺序的服务器发送异步 HTTP 请求。

关于 HTML5 Drag 和 Drop API 的更多信息，读者可访问 https://www.w3schools.com/html/html5_draganddrop.asp。另外，读者还可访问 https://lukasoppermann.github.io/

html5sortable/查看采用 HTML5 Sortable 库构建的示例。关于 HTML5 Sortable 库的文档，读者可访问 https://github.com/lukasoppermann/html5sortable。

django-braces 是一个第三方模块，包含了 Django 的通用混入集合。这些混入针对基于类的视图提供了附加特性。读者可访问 https://django-braces.readthedocs.io/查看 django-braces 提供的所有混入列表。

这里，我们将使用 django-braces 的下列混入。

- CsrfExemptMixin：用于避免检查 POST 请求中的跨站点请求伪造（CSRF）令牌，并以此执行 AJAX POST 请求，且不需要传递 csrf_token。
- JsonRequestResponseMixin：将请求数据解析为JSON，将响应结果序列化为JSON并返回包含 application/json 内容类型的 HTTP 响应结果。

利用下列命令并通过 pip 安装 django-braces。

```
pip install django-braces==1.15.0
```

我们需要一个视图接收以 JSON 编码的模块 ID 的新顺序，并相应地更新该顺序。编辑 courses 应用程序的 views.py 文件，并向其中添加下列代码。

```
from braces.views import CsrfExemptMixin, JsonRequestResponseMixin

class ModuleOrderView(CsrfExemptMixin,
                      JsonRequestResponseMixin,
                      View):
    def post(self, request):
        for id, order in self.request_json.items():
            Module.objects.filter(id=id,
                course__owner=request.user).update(order=order)
            return self.render_json_response({'saved': 'OK'})
```

上述 ModuleOrderView 视图允许我们更新课程模块的顺序。

我们还可构建类似的视图排序模块的内容。对此，向 views.py 文件中添加下列代码。

```
class ContentOrderView(CsrfExemptMixin,
                        JsonRequestResponseMixin,
                        View):
    def post(self, request):
        for id, order in self.request_json.items():
            Content.objects.filter(id=id,
                module__course__owner=request.user) \
                .update(order=order)
    return self.render_json_response({'saved': 'OK'})
```

编辑 courses 应用程序的 urls.py 文件，并向其中添加下列 URL 模式。

```
path('module/order/',
    views.ModuleOrderView.as_view(),
    name='module_order'),
path('content/order/',
    views.ContentOrderView.as_view(),
    name='content_order'),
```

最后需要在模板中实现拖曳功能。对此，将使用 HTML5 Sortable 库，该库通过标准的 HTML Drag 和 Drop API 简化了可排序元素的创建过程，

编辑 courses 应用程序 templates/目录中的 base.html 模板，并向其中添加下列代码。

```
{% load static %}
<!DOCTYPE html>
<html>
  <head>
    # ...
  </head>
  <body>
    <div id="header">
      # ...
    </div>
    <div id="content">
      {% block content %}
      {% endblock %}
    </div>
    {% block include_js %}
    {% endblock %}
    <script>
      document.addEventListener('DOMContentLoaded', (event) => {
        // DOM loaded
        {% block domready %}
        {% endblock %}
      })
    </script>
  </body>
</html>
```

include_js 块可将 JavaScript 文件插入扩展了 base.html 模板的任何模板中。

接下来编辑 courses/manage/module/content_list.html 模板，并在模板底部添加下列代码。

```
# ...
{% block content %}
  # ...
{% endblock %}

{% block include_js %}
  <script src="https://cdnjs.cloudflare.com/ajax/libs/html5sortable/0.13.3/
html5sortable.min.js"></script>
{% endblock %}
```

在上述代码中，我们从 CDN 中加载了 HTML5 Sortable 库。回顾一下，在第 6 章中，我们曾从内容传输网络中加载了一个 JavaScript 库。

下面向 courses/manage/module/content_list.html 模板中添加下列 domready 块。

```
# ...
{% block content %}
  # ...
{% endblock %}

{% block include_js %}
  <script src="https://cdnjs.cloudflare.com/ajax/libs/html5sortable/0.13.3/
html5sortable.min.js"></script>
{% endblock %}

{% block domready %}
  var options = {
      method: 'POST',
      mode: 'same-origin'
  }
  const moduleOrderUrl = '{% url "module_order" %}';
{% endblock %}
```

在上述代码中，我们将 JavaScript 代码添加至{% block domready %}块中，该块是在 base.html 模板中的 DOMContentLoaded 事件的事件监听器中定义的。这确保了 JavaScript 代码在页面加载后执行。据此，我们定义 HTTP 请求的可选项，以重新排序稍后实现的模块。我们将利用 Fetch API 发送 POST 请求以更新模块的顺序。module_order URL 构建后将存储于 JavaScript 常量 moduleOrderUrl 中。

向 domready 块中添加下列代码。

```
{% block domready %}
  var options = {
      method: 'POST',
```

```
    mode: 'same-origin'
  }
  const moduleOrderUrl = '{% url "module_order" %}';

  sortable('#modules', {
    forcePlaceholderSize: true,
    placeholderClass: 'placeholder'
  });
{% endblock %}
```

在新代码中，我们利用 id="modules"为 HTML 元素定义了一个可排序的元素，即侧栏中的模块列表。记住，我们采用 CSS 选择器#选择包含给定 id 的元素。当开始拖曳条目时，HTML5 Sortable 库生成一个占位符条目，以便能够轻松地查看元素所处的位置。

我们将 forcePlacehoderSize 选项设置为 True 以强制占位符元素包含一个高度；另外，我们使用 placeholderClass 针对定位符元素定义 CSS 类。最后，我们使用一个名为 placeholder 的类，它定义在加载在 base.html 模板中的 css/base.css 静态文件中。

在浏览器中加载 http://127.0.0.1:8000/course/mine/，并单击课程的 Manage contents。当前，我们可在左侧栏中拖曳课程模块，如图 13.11 所示。

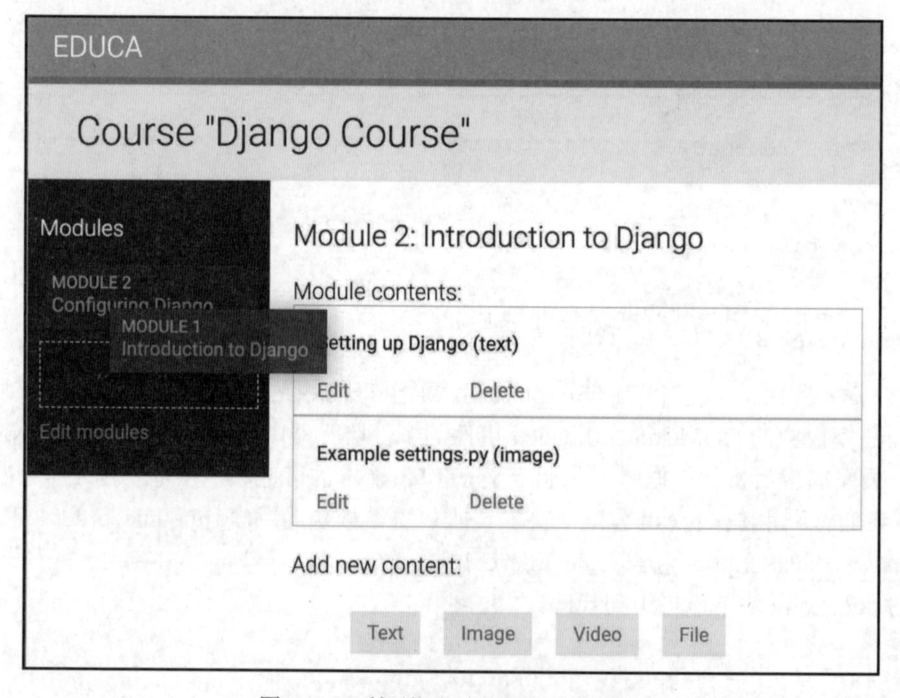

图 13.11　利用拖曳功能重新排序模块

当拖曳元素时，将会看到 Sortable 库创建的占位符条目，该条目包含了一个虚线状的边界。占位符元素允许我们识别拖曳元素的放置位置。

在将模块拖曳至某个不同位置时，需要向服务器发送 HTTP 请求以存储新循序。这可通过将事件处理程序绑定至可排序的元素上，并利用 JavaScript Fetch API 向服务器发送请求来完成。

编辑 courses/manage/module/content_list.html 模板的 domready 块，并添加下列代码。

```
{% block domready %}
  var options = {
      method: 'POST',
      mode: 'same-origin'
  }
  const moduleOrderUrl = '{% url "module_order" %}';

  sortable('#modules', {
    forcePlaceholderSize: true,
    placeholderClass: 'placeholder'
  })[0].addEventListener('sortupdate', function(e) {

    modulesOrder = {};
    var modules = document.querySelectorAll('#modules li');
    modules.forEach(function (module, index) {
      // update module index
      modulesOrder[module.dataset.id] = index;
      // update index in HTML element
      module.querySelector('.order').innerHTML = index + 1;
      // add new order to the HTTP request options
      options['body'] = JSON.stringify(modulesOrder);

      // send HTTP request
      fetch(moduleOrderUrl, options)
    });
  });

{% endblock %}
```

在新代码中，针对可排序元素的 sortupdate 事件创建了一个事件监听器。当元素被放置在不同的位置时，将触发 sortupdate 事件。下列任务将在事件函数中被执行。

（1）创建空的 modulesOrder 字典。该字典的键表示为模块的 ID，而值则包含每个模块的索引。

（2）#modules HTML 元素的列表元素通过#modules li CSS 选择器和 document.querySelectorAll()被选取。

（3）forEach()用于遍历每个列表元素。

（4）每个模块的新索引存储于 modulesOrder 字典中。通过访问 module.dataset.id，每个模块的 ID 从 HTML data-id 属性中被检索。我们将 ID 用作 modulesOrder 字典的键，并将模块的新索引用作值。

（5）通过 order CSS 类选择元素，每个模块所显示的顺序将被更新。由于索引基于 0，而我们需要显示基于 1 的索引，因而可向 index 加 1。

（6）利用包含于 modulesOrder 中的新顺序，body 键被添加至 options 字典中。JSON.stringify()方法将 JavaScript 对象转换为 JSON 字符串。这表示为 HTTP 请求体以更新模块顺序。

（7）Fetch API 用于创建 fetch() HTTP 请求，以更新模块顺序。对应于 module_order URL 的 ModuleOrderView 视图则关注模块顺序的更新。

当前，我们可拖曳模块。当结束拖曳模块时，HTTP 请求将被发送至 module_order URL 中，以更新模块的顺序。如果刷新页面，最近一次的模块顺序将被保存，因为该顺序将在数据库中被更新。图 13.12 显示了利用拖曳功能排序后侧栏中模块的不同顺序。

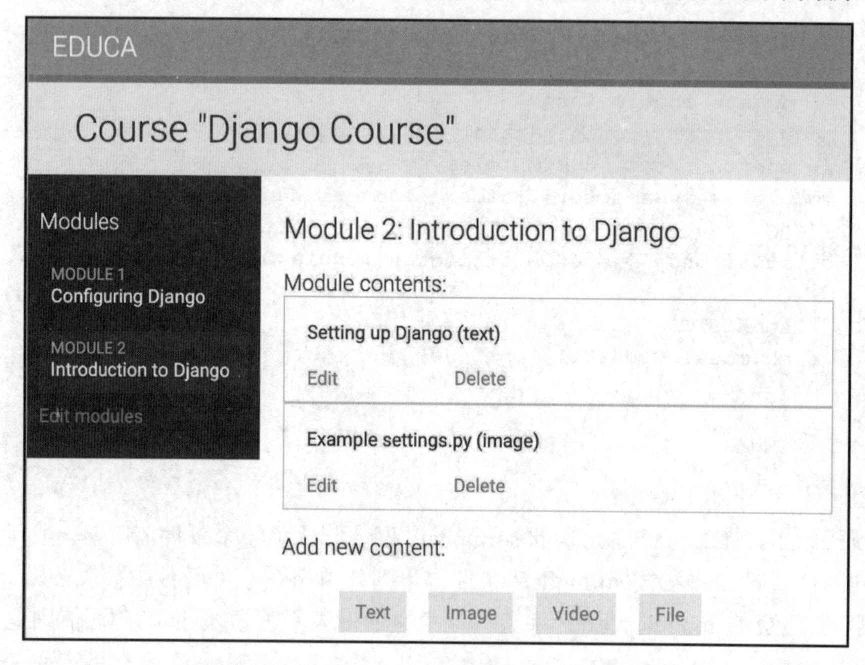

图 13.12　利用拖曳功能重新排序后模块的新顺序

如果遇到问题，记住可使用浏览器的开发工具调试 JavaScript 和 HTTP 请求。通常情况下，可右键单击网站某处打开下拉菜单，并单击 Inspect 或 Inspect Element 访问浏览器的 Web 开发工具。

下面添加相同的拖曳功能，以允许课程讲师排序模块内容。

编辑 courses/manage/module/content_list.html 模板的 domready 块，并添加下列代码。

```
{% block domready %}

  // ...

  const contentOrderUrl = '{% url "content_order" %}';

  sortable('#module-contents', {
    forcePlaceholderSize: true,
    placeholderClass: 'placeholder'
  })[0].addEventListener('sortupdate', function(e) {

    contentOrder = {};
    var contents = document.querySelectorAll('#module-contents div');
    contents.forEach(function (content, index) {
      // update content index
      contentOrder[content.dataset.id] = index;
      // add new order to the HTTP request options
      options['body'] = JSON.stringify(contentOrder);

      // send HTTP request
      fetch(contentOrderUrl, options)
    });
  });

{% endblock %}
```

在上述代码中，我们使用了 content_order URL 而不是 module_order，并通过 ID module-contents 在 HTML 元素上构建可排序功能。该功能与课程模块排序基本相同。在当前示例中，无须更新内容的数量，因为它们不包含任何可见的索引。

当前，我们可拖曳模块和内容，如图 13.13 所示。

至此，我们为课程讲师构建了一个多功能的内容管理系统。

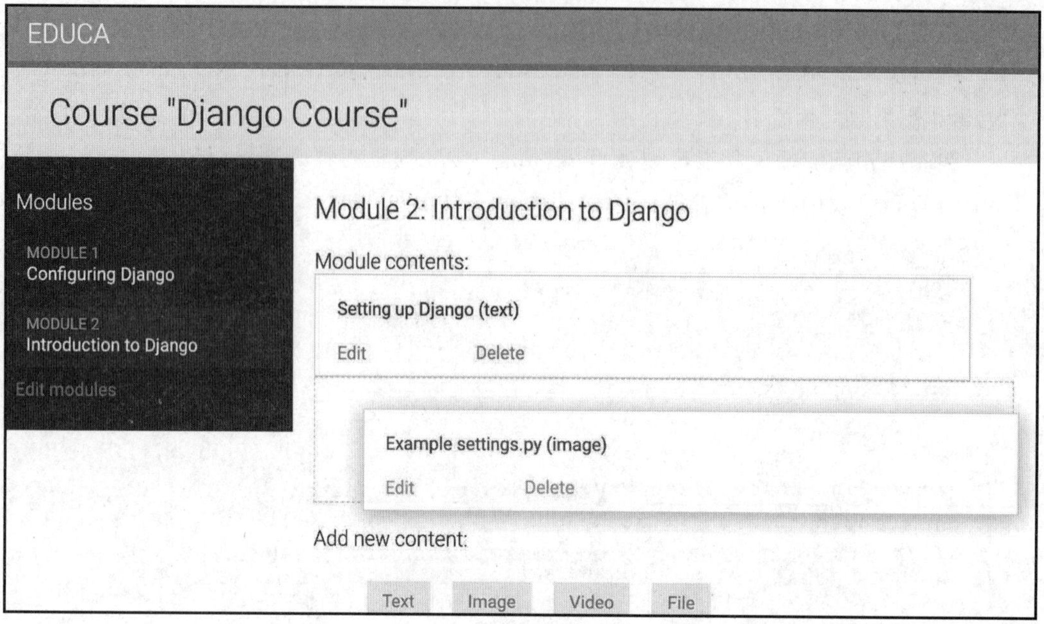

图 13.13　利用拖曳功能重新排序模块内容

13.3　附加资源

下列资源提供了与本章主题相关的附加信息。

- 本章源代码：https://github.com/PacktPublishing/Django-4-by-example/tree/main/Chapter13。
- Django 混入文档：https://docs.djangoproject.com/en/4.1/topics/classbased-views/mixins/。
- 创建自定义权限：https://docs.djangoproject.com/en/4.1/topics/auth/customizing/#custom-permissions。
- Django 表单集：https://docs.djangoproject.com/en/4.1/topics/forms/formsets/。
- Django 模型表单集：https://docs.djangoproject.com/en/4.1/topics/forms/modelforms/#model-formsets。
- HTML5 拖曳 API：https://www.w3schools.com/html/html5_draganddrop.asp。
- HTML5 Sortable 库文档：https://github.com/lukasoppermann/html5sortable。
- HTML5 Sortable 库示例：https://lukasoppermann.github.io/html5sortable/。

- django-braces 文档：https://django-braces.readthedocs.io/。

13.4　本 章 小 结

本章学习了如何使用基于类的视图和混入创建内容管理系统。除此之外，我们还与分组和权限协同工作，并限制对视图的访问。随后，本章学习了如何使用表单集和模型表单集管理课程模块及其内容。最后，我们通过 JavaScript 构建了拖曳功能，以重新排序课程模块及其内容。

第 14 章将创建一个学生注册系统，并管理学生的课程注册。此外，我们还将学习如何渲染不同类型的内容，并通过 Django 的缓存框架缓存内容。

第 14 章　渲染和缓存内容

第 13 章使用了模型继承和通用关系创建了灵活的课程内容模型。我们实现了自定义模型字段，并通过基于类的视图构建了课程管理系统。最后，我们利用异步 HTTP 请求创建了 JavaScript 拖曳式功能，并排序课程模块及其内容。

本章将访问课程内容、创建学生注册系统，并管理学生的课程注册。除此之外，我们还将学习如何使用 Django 缓存框架缓存数据。

本章主要涉及下列主题。

- ❑ 创建公共视图以显示课程信息。
- ❑ 构建学生注册系统。
- ❑ 管理学生的课程注册。
- ❑ 针对课程模块渲染多种内容。
- ❑ 安装和配置 Memcached。
- ❑ 利用 Django 缓存框架缓存内容。
- ❑ 使用 Memcached 和 Redis 缓存后端。
- ❑ 在 Django 管理网站中监测 Redis 服务器。

下面开始创建学生的课程目录，浏览已有的课程并对其进行注册。

读者可访问 https://github.com/PacktPublishing/Django-4-by-example/tree/main/Chapter14 查看本章的源代码。

本章使用的全部 Python 包均包含于本章源代码的 requirements.txt 文件中。在后续章节中，我们可遵循相关指令安装每个 Python 包，或者利用 pip install -r requirements.txt 命令一次性安装所有的 Python 包。

14.1　显示课程

对于课程目录，需要构建下列功能。

- ❑ 列出所有有效课程，并根据科目有选择性地过滤。
- ❑ 显示一门课程的预览图。

编辑 courses 应用程序的 views.py 文件，并添加下列代码。

```
from django.db.models import Count
from .models import Subject

class CourseListView(TemplateResponseMixin, View):
    model = Course
    template_name = 'courses/course/list.html'
    def get(self, request, subject=None):
        subjects = Subject.objects.annotate(
                        total_courses=Count('courses'))
        courses = Course.objects.annotate(
                        total_modules=Count('modules'))
        if subject:
            subject = get_object_or_404(Subject, slug=subject)
            courses = courses.filter(subject=subject)
        return self.render_to_response({'subjects': subjects,
                                        'subject': subject,
                                        'courses': courses})
```

上述 CourseListView 视图继承自 TemplateResponseMixin 和 View。在该视图中，将执行下列任务。

（1）通过 ORM 的 annotation()方法，并结合 Count()聚合函数来检索所有科目，以包括每个科目的课程总数。

（2）检索所有的课程，包括每门课程所包含的模块总数。

（3）如果给定科目的 slug URL 参数，检索对应的 subject 对象，并将查询限制在属于给定科目的课程。

（4）使用 TemplateResponseMixin 提供的 render_to_response()方法将对象渲染至模板，并返回 HTTP 响应结果。

下面创建详细视图，以显示一门课程的概览内容。对此，向 views.py 文件添加下列代码。

```
from django.views.generic.detail import DetailView

class CourseDetailView(DetailView):
    model = Course
    template_name = 'courses/course/detail.html'
```

该视图继承自 Django 提供的泛型 DetailView。我们指定了 model 和 template_name 属性。Django 的 DetailView 期望一个主键（pk）或 slug URL 参数，以针对给定模型检索一门课程。该视图渲染 template_name 中指定的模板，包含模板上下文变量 object 中的

Course 对象。

编辑 educa 项目中的 urls.py 文件，并向其中添加 URL 模式。

```
from courses.views import CourseListView

urlpatterns = [
    # ...
    path('', CourseListView.as_view(), name='course_list'),
]
```

我们向项目的 urls.py 主文件中添加了 course_list 模式，因为需要显示 URL http://127.0.0.1:8000/中的课程列表，并且 courses 应用程序的其他 URL 均包含/course/前缀。

编辑 courses 应用程序的 urls.py 文件，并添加下列 URL 模式。

```
path('subject/<slug:subject>/',
     views.CourseListView.as_view(),
     name='course_list_subject'),
path('<slug:slug>/',
     views.CourseDetailView.as_view(),
     name='course_detail'),
```

我们定义了下列 URL 模式。

- course_list_subject：显示所有的科目课程。
- course_detail：显示一门课程的预览内容。

下面构建 CourseListView 和 CourseDetailView 视图的模板。

在 courses 应用程序的 templates/courses/目录中，创建下列结构。

```
course/
    list.html
    detail.html
```

编辑 courses 应用程序的 courses/course/list.html 模板，并编写下列代码。

```
{% extends "base.html" %}

{% block title %}
  {% if subject %}
    {{ subject.title }} courses
  {% else %}
    All courses
  {% endif %}
{% endblock %}
```

```
{% block content %}
  <h1>
    {% if subject %}
      {{ subject.title }} courses
    {% else %}
      All courses
    {% endif %}
  </h1>
  <div class="contents">
    <h3>Subjects</h3>
    <ul id="modules">
      <li {% if not subject %}class="selected"{% endif %}>
        <a href="{% url "course_list" %}">All</a>
      </li>
      {% for s in subjects %}
        <li {% if subject == s %}class="selected"{% endif %}>
          <a href="{% url "course_list_subject" s.slug %}">
            {{ s.title }}
            <br>
            <span>
              {{ s.total_courses }} course{{ s.total_courses|pluralize }}
            </span>
          </a>
        </li>
      {% endfor %}
    </ul>
  </div>
  <div class="module">
    {% for course in courses %}
      {% with subject=course.subject %}
        <h3>
          <a href="{% url "course_detail" course.slug %}">
            {{ course.title }}
          </a>
        </h3>
        <p>
          <a href="{% url "course_list_subject" subject.slug %}">{{ subject
}}</a>.
            {{ course.total_modules }} modules.
            Instructor: {{ course.owner.get_full_name }}
        </p>
      {% endwith %}
```

```
    {% endfor %}
  </div>
{% endblock %}
```

确保模板标签未被划分为多行。

该模板用于列出有效的课程。我们创建了一个 HTML 列表以显示所有的 Subject 对象，并针对每个对象构建了一个指向 course_list_subject URL 的链接。此外，还对每个科目包含了全部课程数量，并使用 pluralize 模板过滤器在数字大于 1 时向单词 course 添加复数后缀，以显示 0 course、1 course、2 courses 等。我们添加了一个 selected HTML 类以在科目被选择时着重显示当前科目。随后遍历每个 Course 对象，并显示模块总数和讲师的名称。

运行开发服务器并在浏览器中打开 http://127.0.0.1:8000/，对应页面如图 14.1 所示。

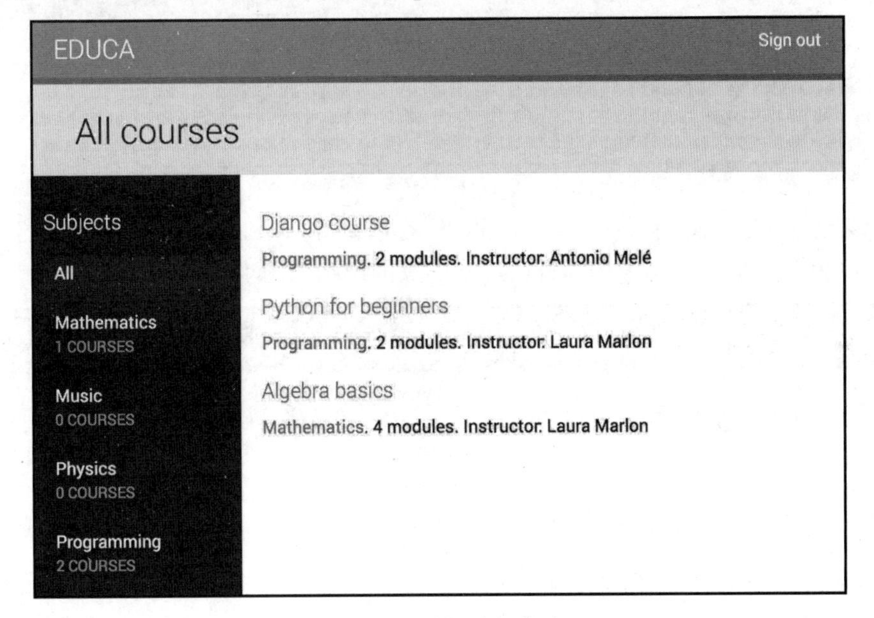

图 14.1　课程列表页面

其中，左侧栏中包含了所有科目，包括每个科目的课程总量。我们可单击任何科目以过滤所显示的课程。

编辑 courses/course/detail.html 模板，并向其中添加下列代码。

```
{% extends "base.html" %}

{% block title %}
```

```
  {{ object.title }}
{% endblock %}

{% block content %}
  {% with subject=object.subject %}
    <h1>
      {{ object.title }}
    </h1>
    <div class="module">
      <h2>Overview</h2>
      <p>
        <a href="{% url "course_list_subject" subject.slug %}">
        {{ subject.title }}</a>.
        {{ object.modules.count }} modules.
        Instructor: {{ object.owner.get_full_name }}
      </p>
      {{ object.overview|linebreaks }}
    </div>
  {% endwith %}
{% endblock %}
```

在该模板中，我们显示了每门课程的内容和详细信息。在浏览器中打开 http://127.0.0.1:8000/，单击一门课程，对应的页面结构如图 14.2 所示。

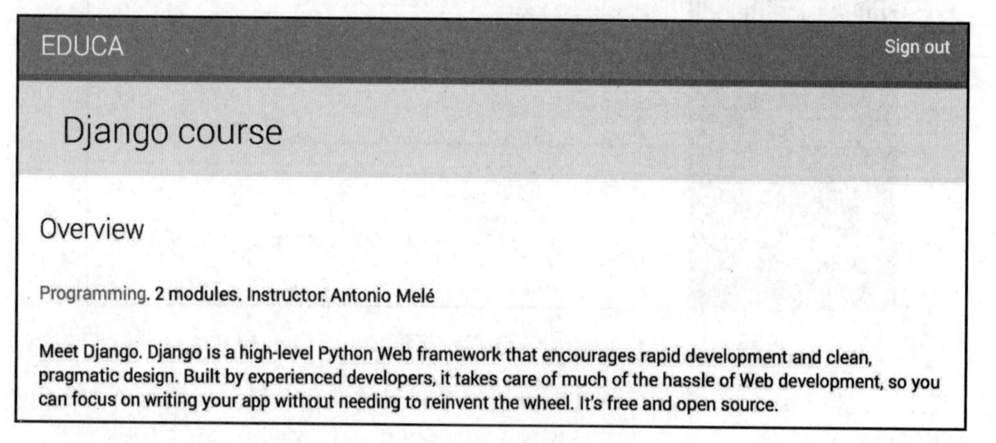

图 14.2　课程预览页面

至此，我们针对课程显示创建了一个公共区域。接下来将允许用户注册为学生并注册相关课程。

14.2　添加学生注册信息

利用下列命令创建新的应用程序。

```
python manage.py startapp students
```

编辑 educa 项目的 settings.py 文件，并向 INSTALLED_APPS 设置项中添加新的应用程序，如下所示。

```
INSTALLED_APPS = [
    # ...
    'students.apps.StudentsConfig',
]
```

14.2.1　创建学生的注册视图

编辑 students 应用程序的 views.py 文件，并编写下列代码。

```
from django.urls import reverse_lazy
from django.views.generic.edit import CreateView
from django.contrib.auth.forms import UserCreationForm
from django.contrib.auth import authenticate, login

class StudentRegistrationView(CreateView):
    template_name = 'students/student/registration.html'
    form_class = UserCreationForm
    success_url = reverse_lazy('student_course_list')

    def form_valid(self, form):
        result = super().form_valid(form)
        cd = form.cleaned_data
        user = authenticate(username=cd['username'],
                            password=cd['password1'])
        login(self.request, user)
        return result
```

该视图允许学生在网站上进行注册。这里，我们使用了提供模型对象创建功能的泛型 CreateView，该视图需要下列属性。

- template_name：渲染视图的模板路径。
- form_class：创建对象的表单，即 ModelForm。我们将 Django 的 UserCreationForm

用作注册表单以创建 User 对象。

- success_url：表单成功提交后用户重定向的 URL。我们将逆置名为 student_course_list 的 URL，该 URL 将在 14.3 节中创建，以列出学生注册的课程。

当发布有效的表单数据后，将执行 form_valid()方法。该方法须返回一个 HTTP 响应结果。在用户成功注册后，我们将覆写该方法以使用户登录。

在 students 应用程序目录中创建一个新文件，将其命名为 urls.py 并向其中添加下列代码。

```
from django.urls import path
from . import views

urlpatterns = [
    path('register/',
         views.StudentRegistrationView.as_view(),
         name='student_registration'),
]
```

编辑 educa 项目的主 urls.py 文件，并包含 students 应用程序的 URL，即将下列模式添加至 URL 配置中。

```
urlpatterns = [
    # ...
    path('students/', include('students.urls')),
]
```

在 students 应用程序目录中创建下列文件结构。

```
templates/
    students/
        student/
            registration.html
```

编辑 students/student/registration.html 模板，并向其中添加下列模板。

```
{% extends "base.html" %}

{% block title %}
  Sign up
{% endblock %}

{% block content %}
  <h1>
    Sign up
```

```
  </h1>
  <div class="module">
    <p>Enter your details to create an account:</p>
    <form method="post">
      {{ form.as_p }}
      {% csrf_token %}
      <p><input type="submit" value="Create my account"></p>
    </form>
  </div>
{% endblock %}
```

运行开发服务器并在浏览器中打开 http://127.0.0.1:8000/students/register/，对应的注册表单如图 14.3 所示。

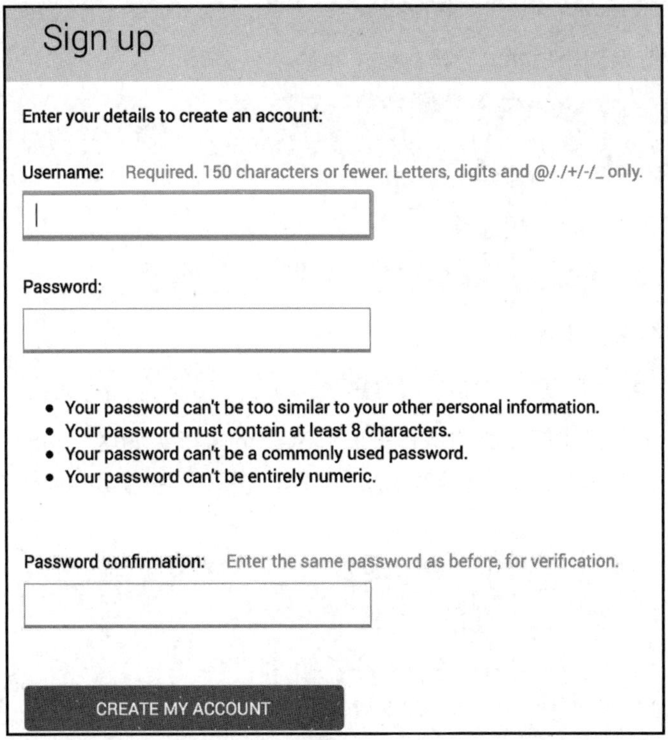

Sign up

Enter your details to create an account:

Username: Required. 150 characters or fewer. Letters, digits and @/./+/-/_ only.

Password:

- Your password can't be too similar to your other personal information.
- Your password must contain at least 8 characters.
- Your password can't be a commonly used password.
- Your password can't be entirely numeric.

Password confirmation: Enter the same password as before, for verification.

CREATE MY ACCOUNT

图 14.3　学生注册表单

注意，StudentRegistrationView 视图的 success_url 属性中指定的 student_course_list URL 尚不存在。如果提交当前表单，Django 将不会找到成功注册后的重定向 URL。如前所述，14.3 节将创建该 URL。

14.2.2 注册课程

在用户创建了账户后，即可注册课程。为了存储注册信息，需要在 Course 和 User 之间创建一个多对多关系。

编辑 courses 应用程序的 models.py 文件，并向 Course 模型添加下列字段。

```
students = models.ManyToManyField(User,
                                  related_name='courses_joined',
                                  blank=True)
```

在 shell 中，执行下列命令并针对更改创建迁移。

```
python manage.py makemigrations
```

对应的输出结果如下所示。

```
Migrations for 'courses':
  courses/migrations/0004_course_students.py
    - Add field students to course
```

随后执行下列命令以应用迁移。

```
python manage.py migrate
```

对应的输出结果如下所示。

```
Applying courses.0004_course_students... OK
```

当前，可将学生和他们注册的课程关联起来。下面将实现这一功能并注册课程。

在 students 应用程序目录中创建一个新文件，将其命名为 forms.py 文件并向其中添加下列代码。

```
from django import forms
from courses.models import Course

class CourseEnrollForm(forms.Form):
    course = forms.ModelChoiceField(
                  queryset=Course.objects.all(),
                  widget=forms.HiddenInput)
```

学生将使用该表单注册课程。其中，course 字段针对于用户注册的课程，因此是一个 ModelChoiceField。此处使用了 HiddenInput 微件，因为我们并不打算向用户显示该字段。我们将在 CourseDetailView 视图中使用该表单以显示一个注册按钮。

编辑 students 应用程序的 views.py 文件，并添加下列代码。

```
from django.views.generic.edit import FormView
from django.contrib.auth.mixins import LoginRequiredMixin
from .forms import CourseEnrollForm

class StudentEnrollCourseView(LoginRequiredMixin,
                              FormView):
    course = None
    form_class = CourseEnrollForm

    def form_valid(self, form):
        self.course = form.cleaned_data['course']
        self.course.students.add(self.request.user)
        return super().form_valid(form)

    def get_success_url(self):
        return reverse_lazy('student_course_detail',
                            args=[self.course.id])
```

StudentEnrollCourseView 视图负责处理学生的课程注册。该视图继承自 LoginRequiredMixin 混入，以便仅登录后的用户可访问该视图。此外，该视图还继承自 Django 的 FormView 视图，因为需要处理表单的提交操作。同时，我们针对 form_class 属性使用了 CourseEnrollForm 表单，另外还定义了一个 course 属性存储给定的 Course 对象。如果表单有效，我们将当前用户添加至注册课程的学生中。

如果表单成功提交，get_success_url()方法返回用户将重定向的 URL。该方法等价于 success_url 属性。随后，我们逆置名为 student_course_detail 的 URL。

编辑 students 应用程序的 urls.py 文件，并向其中添加下列 URL 模式。

```
path('enroll-course/',
     views.StudentEnrollCourseView.as_view(),
     name='student_enroll_course'),
```

接下来向课程预览页面中添加注册按钮表单。编辑 courses 应用程序并编辑 views.py 文件。调整 CourseDetailView，如下所示。

```
from students.forms import CourseEnrollForm

class CourseDetailView(DetailView):
    model = Course
    template_name = 'courses/course/detail.html'
```

```
    def get_context_data(self, **kwargs):
        context = super().get_context_data(**kwargs)
        context['enroll_form'] = CourseEnrollForm(
                                initial={'course':self.object})
        return context
```

我们使用 get_context_data()方法在上下文中包含注册表单以渲染模板。另外，我们利用当前 Course 对象初始化表单隐藏的 course 字段，以便直接提交。

编辑 courses/course/detail.html 模板并找到下列代码行。

```
{{ object.overview|linebreaks }}
```

并利用下列代码替换上述代码。

```
{{ object.overview|linebreaks }}
{% if request.user.is_authenticated %}
  <form action="{% url "student_enroll_course" %}" method="post">
    {{ enroll_form }}
    {% csrf_token %}
    <input type="submit" value="Enroll now">
  </form>
{% else %}
  <a href="{% url "student_registration" %}" class="button">
    Register to enroll
  </a>
{% endif %}
```

该按钮用于注册课程。如果用户经过身份验证，则显示注册按钮，包括指向 student_enroll_course URL 的隐藏表单。如果用户没有经过身份验证，则显示平台注册链接。

确保开发服务器处于运行状态。在浏览器中打开 http://127.0.0.1:8000/并单击某一门课程。如果用户已登录，则会看到课程预览下方的 ENROLL NOW 按钮，如图 14.4 所示。

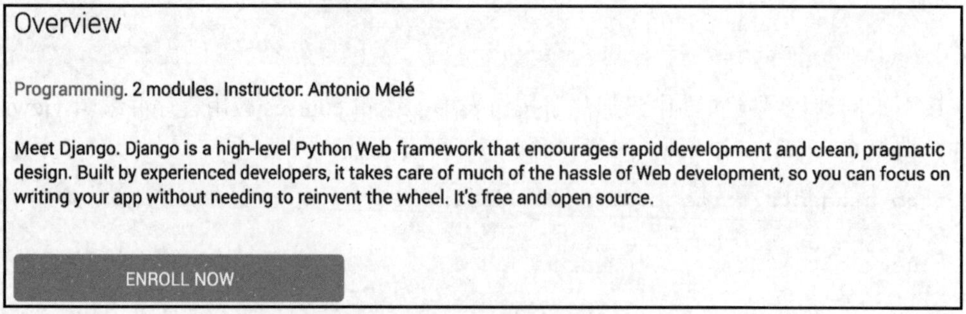

Overview

Programming. 2 modules. Instructor: Antonio Melé

Meet Django. Django is a high-level Python Web framework that encourages rapid development and clean, pragmatic design. Built by experienced developers, it takes care of much of the hassle of Web development, so you can focus on writing your app without needing to reinvent the wheel. It's free and open source.

ENROLL NOW

图 14.4　课程预览页面，包括 ENROLL NOW 按钮

如果用户未登录，则会看到一个 REGISTER TO ENROLL 按钮。

14.3　访问课程内容

我们需要一个视图显示学生注册的课程，以及另一个视图访问课程内容。编辑 students 应用程序的 views.py 文件，并向其中添加下列代码。

```
from django.views.generic.list import ListView
from courses.models import Course

class StudentCourseListView(LoginRequiredMixin, ListView):
    model = Course
    template_name = 'students/course/list.html'

    def get_queryset(self):
        qs = super().get_queryset()
        return qs.filter(students__in=[self.request.user])
```

该视图将查看学生注册的课程，并继承自 LoginRequiredMixin 以确保仅登录的用户可访问该视图。除此之外，该视图还继承自 generic ListView 以显示 Course 对象列表。此处覆写了 get_queryset()方法并仅检索学生注册的课程。对此，可通过学生的 ManyToManyField 过滤 QuerySet 完成该操作。

随后向 ManyToManyField 应用程序的 views.py 文件添加下列代码。

```
from django.views.generic.detail import DetailView

class StudentCourseDetailView(DetailView):
    model = Course
    template_name = 'students/course/detail.html'

    def get_queryset(self):
        qs = super().get_queryset()
        return qs.filter(students__in=[self.request.user])

    def get_context_data(self, **kwargs):
        context = super().get_context_data(**kwargs)
        # get course object
        course = self.get_object()
        if 'module_id' in self.kwargs:
            # get current module
```

```
            context['module'] = course.modules.get(
                id=self.kwargs['module_id'])
        else:
            # get first module
            context['module'] = course.modules.all()[0]
        return context
```

在上述 StudentCourseDetailView 视图中，我们覆写了 get_queryset()方法，并将基 QuerySet 限制在学生注册的课程上。此外还覆写了 get_context_data()方法，并在给定 module_id URL 参数时在上下文中设置课程模块，否则将设置课程的第一个模块。通过这种方式，学生将能够浏览课程中的模块。

编辑 students 应用程序的 urls.py 文件，并向其中添加下列 URL 模式。

```
path('courses/',
     views.StudentCourseListView.as_view(),
     name='student_course_list'),
path('course/<pk>/',
     views.StudentCourseDetailView.as_view(),
     name='student_course_detail'),
path('course/<pk>/<module_id>/',
     views.StudentCourseDetailView.as_view(),
     name='student_course_detail_module'),
```

在 students 应用程序的 templates/students/目录中创建下列文件结构。

```
course/
   detail.html
   list.html
```

编辑 students/course/list.html 模板并向其中添加下列代码。

```
{% extends "base.html" %}

{% block title %}My courses{% endblock %}

{% block content %}
  <h1>My courses</h1>
  <div class="module">
    {% for course in object_list %}
      <div class="course-info">
        <h3>{{ course.title }}</h3>
        <p><a href="{% url "student_course_detail" course.id %}">
        Access contents</a></p>
```

```
    </div>
  {% empty %}
    <p>
      You are not enrolled in any courses yet.
      <a href="{% url "course_list" %}">Browse courses</a>
      to enroll on a course.
    </p>
  {% endfor %}
 </div>
{% endblock %}
```

上述模板显示了学生注册的课程。记住，当新学生在平台上注册成功后，将被重定向至 student_course_list URL。此外，当学生登录平台时也将被重定向至该 URL。

编辑 educa 项目的 settings.py 文件，并向其中添加下列代码。

```
from django.urls import reverse_lazy
LOGIN_REDIRECT_URL = reverse_lazy('student_course_list')
```

如果请求中未出现 next 参数，那么在学生成功登录后，上述设置项供重定向学生的 auth 模块使用。在成功登录后，学生将被重定向至 student_course_list URL 以查看他们注册的课程。

编辑 students/course/detail.html 模板并向其中添加下列代码。

```
{% extends "base.html" %}

{% block title %}
  {{ object.title }}
{% endblock %}

{% block content %}
  <h1>
    {{ module.title }}
  </h1>
  <div class="contents">
    <h3>Modules</h3>
    <ul id="modules">
      {% for m in object.modules.all %}
        <li data-id="{{ m.id }}" {% if m == module %}class="selected"{% endif %}>
          <a href="{% url "student_course_detail_module" object.id m.id %}">
            <span>
              Module <span class="order">{{ m.order|add:1 }}</span>
            </span>
```

```
            <br>
            {{ m.title }}
          </a>
        </li>
      {% empty %}
        <li>No modules yet.</li>
      {% endfor %}
    </ul>
  </div>
  <div class="module">
    {% for content in module.contents.all %}
      {% with item=content.item %}
        <h2>{{ item.title }}</h2>
        {{ item.render }}
      {% endwith %}
    {% endfor %}
  </div>
{% endblock %}
```

确保没有模板标签被划分为多个行。该模板用于已注册的学生访问课程内容。首先，我们构建了一个包含所有课程模块的 HTML 列表，并着重显示当前模块。随后遍历当前模块内容，访问每个内容条目并通过{{ item.render }}予以显示。稍后将向内容模块中添加 render()方法，该方法负责渲染内容。

下面访问 http://127.0.0.1:8000/students/register/，注册新的学生账户并注册课程。

当显示课程内容时，需要渲染所创建的不同内容类型，即文本、图像、视频和文件。

编辑 courses 应用程序的 models.py 文件，并向 ItemBase 模型中添加下列 render()方法。

```
from django.template.loader import render_to_string

class ItemBase(models.Model):
    # ...
    def render(self):
        return render_to_string(
            f'courses/content/{self._meta.model_name}.html',
            {'item': self})
```

该方法使用 render_to_string()函数渲染模板，并以字符串形式返回渲染后的内容。其中，每种类型通过内容模块命名的模板被渲染。针对每个内容模块，我们使用 self._meta.model_name 并以动态方式生成相应的模板名称。另外，render()提供了渲染各种内容的公共接口。

在 courses 应用程序的 templates/courses/目录中创建下列文件结构。

```
content/
    text.html
    file.html
    image.html
    video.html
```

编辑 courses/content/text.html 模板并编写下列代码。

```
{{ item.content|linebreaks }}
```

该模板渲染文本内容。linebreaks 模板过滤器将纯文本中的换行替换为 HTML 换行。

编辑 courses/content/file.html 模板并添加下列内容。

```
<p>
  <a href="{{ item.file.url }}" class="button">Download file</a>
</p>
```

该模板负责渲染文件。这里，我们生成了一个链接下载文件。

编辑 courses/content/image.html 模板并编写下列内容。

```
<p>
    <img src="{{ item.file.url }}" alt="{{ item.title }}">
</p>
```

该模板用于渲染图像。

此外，还需要创建一个模板以渲染 Video 对象。我们针对嵌入的视频内容将使用 django-embed-video。django-embed-video 是一个第三方 Django 应用程序，通过提供其公共 URL，可在模板中嵌入源自 YouTube 或 Vimeo 的视频。

利用下列命令安装 django-embed-video 包。

```
pip install django-embed-video==1.4.4
```

编辑项目的 settings.py 文件，并向 INSTALLED_APPS 设置项添加当前应用程序，如下所示。

```
INSTALLED_APPS = [
    # ...
    'embed_video',
]
```

读者可访问 https://django-embed-video.readthedocs.io/en/latest/查看 django-embed-video 应用程序的文档。

编辑 courses/content/video.html 模板并编写下列代码。

```
{% load embed_video_tags %}
{% video item.url "small" %}
```

该模板用于渲染视频。

运行开发服务器并在浏览器中访问 http://127.0.0.1:8000/course/mine/。利用属于 Instructors 分组中的用户访问网站，并向某一门课程中添加多项内容。为了涵盖视频内容，可直接复制 YouTube URL，如 https://www.youtube.com/watch?v=bgV39DlmZ2U 并将其包含在表单的 url 字段中。

在向课程中添加了内容后，打开 http://127.0.0.1:8000/，依次单击课程和 ENROLL NOW 按钮，即可实现课程注册，并重定向至 student_course_detail URL。图 14.5 显示了示例课程内容页面。

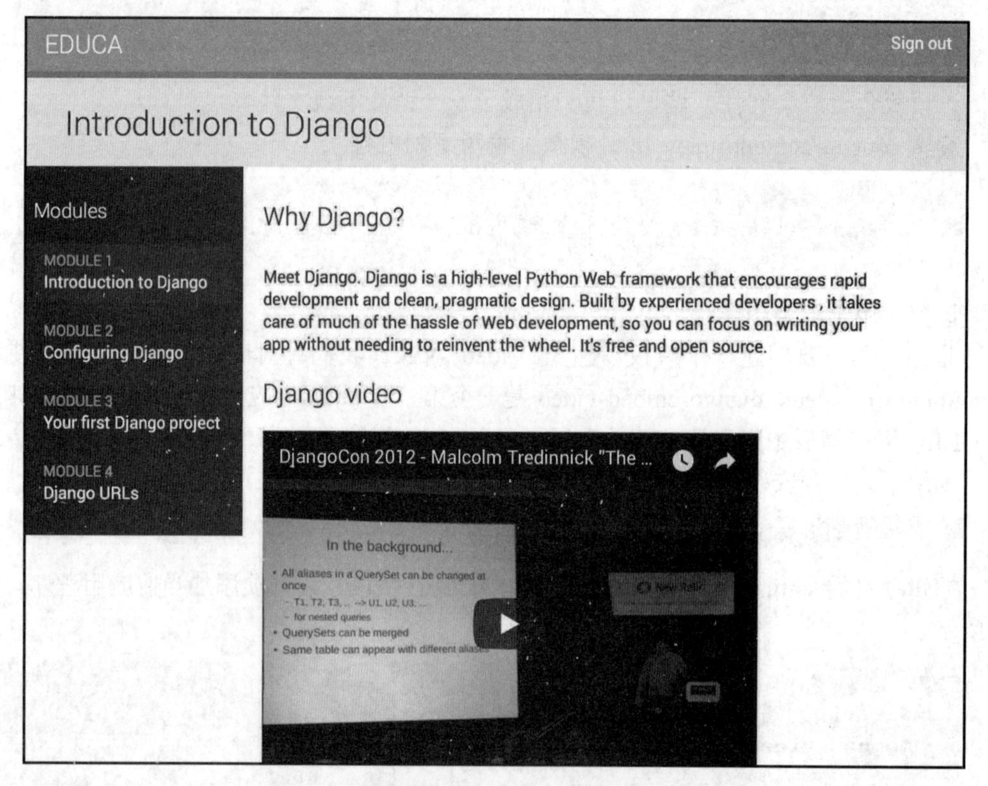

图 14.5　课程内容页面

至此，我们创建了公共接口以渲染包含不同内容类型的课程。

14.4 使用缓存框架

处理 Web 应用程序的 HTTP 请求通常涉及数据库访问、数据操控和模板渲染，且与服务于静态网站相比其处理开销较大。当网站流量不断增加时，某些请求中的开销将十分明显。这也是缓存的用武之地。通过缓存查询、计算结果或 HTTP 请求中的渲染内容，可在返回相同数据的后续请求中避免代价高昂的操作。这意味着更短的响应时间和更少的服务器端处理。

Django 内置了健壮的缓存系统，并可通过不同的粒度级别缓存数据。具体来说，可缓存单一查询、特定视图的输出、部分渲染后的模板内容或整个网站。相关条目将在缓存系统中存储默认的时间段，但也可在缓存数据时指定超时时间。

当应用程序处理 HTTP 请求时，下列内容展示了缓存框架的常见应用方式。

（1）尝试在缓存中查找所需的数据。

（2）若找到，则返回缓存的数据。

（3）若未找到，则执行下列步骤。

- 执行所需的数据库查询或处理以生成数据。
- 将生成后的数据保存至缓存中。
- 返回数据。

关于 Django 缓存系统的详细信息，读者可访问 https://docs.djangoproject.com/en/4.1/topics/cache/。

14.4.1 有效的缓存后端

Django 配备了下列缓存后端。

- backends.memcached.PyMemcacheCache 或 backends.memcached.PyLibMCCache：Memcached 后端。Memcached 是一个快速、高效的基于内存的缓存服务器。所使用的后端依赖于所选择的 Memcached Python 绑定。
- backends.redis.RedisCache：Redis 缓存后端。该后端已被添加至 Django 4.0 中。
- backends.db.DatabaseCache：将数据库用作缓冲区。
- backends.filebased.FileBasedCache：使用文件存储系统。这将把每个缓存值序列化和存储为一个单独的文件。
- backends.locmem.LocMemCache：本地内存缓存后端。这也是默认的缓存后端。

- backends.dummy.DummyCache：仅用于开发的虚拟缓存后端。它实现了缓存接口，但实际上并未缓存任何内容。该缓存是逐进程和线程安全的。

提示：

为了获得最佳性能，可使用诸如 Memcached 这一类基于内存的缓存后端或 Redis 后端。

14.4.2　安装 Memcached

Memcached 是一个高性能、基于内存的缓存服务器。我们将使用 Memcached 和 PyMemcacheCache Memcached 后端。

14.4.3　安装 Memcached Docker 镜像

在 shell 中运行下列命令以获取 Memcached Docker 镜像。

```
docker pull memcached
```

这将把 Memcached Docker 镜像下载至本地机器上。如果不打算使用 Docker，还可访问 https://memcached.org/downloads 下载 Memcached。

利用下列命令运行 Memcached Docker 容器。

```
docker run -it --rm --name memcached -p 11211:11211 memcached -m 64
```

默认状态下，Memcached 运行于端口 11211 上。-p 选项用于将 11211 端口发布到相同的主机接口端口。-m 选项则将容器内存限制至 64MB。Memcached 在内存中运行，并被分配了指定数量的内存。若分配的内存已满，Memcached 则会移除某些较早的数据并存储新数据。如果打算在分离模式（在终端的后台中）下运行该命令，则可使用-d 选项。

关于 Memcached 的更多信息，读者可访问 https://memcached.org。

14.4.4　安装 Memcached Python 绑定

在安装了 Memcached 后，还需要安装一个 Memcached Python 绑定。对此，我们将安装 pymemcache，这是一个快速的、纯 Python 的 Memcached 客户端。在 shell 中运行下列命令。

```
pip install pymemcache==3.5.2
```

关于 pymemcache 库的更多信息，读者可访问 https://github.com/pinterest/pymemcache。

14.4.5　Django 缓存设置项

Django 提供了下列缓存设置项。

- CACHES：包含全部有效缓存的字典。
- CACHE_MIDDLEWARE_ALIAS：用于存储的缓存别名。
- CACHE_MIDDLEWARE_KEY_PREFIX：用于缓存键的前缀。如果在多个站点之间共享相同的缓存，可设置前缀以避免键冲突。
- CACHE_MIDDLEWARE_SECONDS：缓存页面默认的秒数。

项目的缓存系统可通过 CACHES 设置项配置。该设置项可针对多个缓存指定配置内容。包含在 CACHES 字典中的每个缓存可指定下列数据。

- BACKEND：所用的缓存后端。
- KEY_FUNCTION：包含指向可调用对象的虚线（dotted）路径的字符串，接收前缀、版本和键作为参数，并返回最终缓存键。
- KEY_PREFIX：所有缓存键的字符串前缀以避免冲突。
- LOCATION：缓存的位置。取决于缓存后端，这可能是一个字典、主机和端口，或者是内存后端名称。
- OPTIONS：传递至缓存后端的附加参数。
- TIMEOUT：存储缓存键的默认超时时间（以秒计）。默认状态下，TIMEOUT 为 300 秒（即 5 分钟）。如果设置为 None，缓存键将不会过期。
- VERSION：缓存键的默认版本号。这对于缓存版本机制来说十分有用。

14.4.6　将 Memcached 添加至项目中

接下来配置项目的缓存。编辑 educa 项目的 settings.py 文件，并向其中添加下列代码。

```
CACHES = {
  'default': {
    'BACKEND': 'django.core.cache.backends.memcached.PyMemcacheCache',
    'LOCATION': '127.0.0.1:11211',
  }
}
```

此处使用了 PyMemcacheCache 后端。我们可通过 address:port 标记指定其位置。如果存在多个 Memcached 实例，则可使用一个 LOCATION 列表。

至此，我们针对项目设置了 Memcached，接下来开始缓存数据。

14.4.7 缓存级别

Django 提供了下列级别的缓存，并按粒度升序列出。

- ❑ 低级别缓存 API：提供了最大粒度，可缓存特定的查询或计算。
- ❑ 模板缓存：可缓存模板片段。
- ❑ 逐视图缓存：针对各自视图提供了缓存。
- ❑ 逐站点缓存：最高级别的缓存，可缓存整个网站。

提示：

在实现缓存机制之前应考虑相应的缓存策略。首先应关注那些不是按照逐个用户计算的代价高昂的查询或计算。

接下来讨论如何在 Python 代码中使用低级别的缓存 API。

14.4.8 使用低级别的缓存 API

低级别的缓存 API 可在缓存中存储任意粒度的对象，此类 API 位于 django.core.cache 之中，并可通过下列方式导入。

```
from django.core.cache import cache
```

这采用了默认的缓存，且等价于 caches['default']。此外，还可通过其别名访问特定的缓存。

```
from django.core.cache import caches
my_cache = caches['alias']
```

下面考查缓存 API 的工作方式。利用下列命令打开 Django shell。

```
python manage.py shell
```

执行下列代码。

```
>>> from django.core.cache import cache
>>> cache.set('musician', 'Django Reinhardt', 20)
```

我们访问了默认的缓存后端，并采用 set(key, value, timeout)将键'musician'和值'Django Reinhardt'字符串存储了 20 秒。如果未指定超时时间，那么 Django 将使用缓存后端 CACHES 设置项中指定的默认超时时间。接下来执行下列代码。

```
>>> cache.get('musician')
'Django Reinhardt'
```

我们从缓存中检索对应的键。等待 20 秒后执行相同的代码。

```
>>> cache.get('musician')
```

此时未返回任何值。'musician'缓存键已经超时，且 get()方法返回 None，因为对应键已不再存在缓存中。

提示：

避免在缓存键中存储 None，因为我们将无法区分实际值和缓存缺失。

下面利用下列代码缓存 QuerySet。

```
>>> from courses.models import Subject
>>> subjects = Subject.objects.all()
>>> cache.set('my_subjects', subjects)
```

这里，我们在 Subject 模型上执行 QuerySet，并将返回对象存储至'my_subjects'键中。接下来检索缓存的数据。

```
>>> cache.get('my_subjects')
<QuerySet [<Subject: Mathematics>, <Subject: Music>, <Subject: Physics>,
<Subject: Programming>]>
```

我们将把某些查询缓存至视图中。编辑 courses 应用程序的 views.py 文件，并添加下列导入内容。

```
from django.core.cache import cache
```

在 CourseListView 的 get()方法中找到下列代码行。

```
subjects = Subject.objects.annotate(
            total_courses=Count('courses'))
```

并利用下列代码替换上述代码。

```
subjects = cache.get('all_subjects')
if not subjects:
    subjects = Subject.objects.annotate(
                total_courses=Count('courses'))
    cache.set('all_subjects', subjects)
```

在上述代码中，我们尝试利用 cache.get()从缓存中获取 all_students 键。如果给定的键未找到，这将返回 None。如果键未找到（未缓存或已缓存但超时），那么我们将执行查询检索所有的 Subject 对象及其课程数量，并通过 cache.set()缓存结果。

14.4.9　利用 Django Debug Toolbar 检查缓存请求

接下来向项目中添加 Django Debug Toolbar 检查缓存查询。第 7 章曾介绍了 Django Debug Toolbar。

首先利用下列命令安装 Django Debug Toolbar。

```
pip install django-debug-toolbar==3.6.0
```

编辑项目的 settings.py 文件，并向 INSTALLED_APPS 设置项添加 debug_toolbar，如下所示。

```
INSTALLED_APPS = [
    # ...
    'debug_toolbar',
]
```

在同一文件中，向 MIDDLEWARE 设置项中添加下列代码行。

```
MIDDLEWARE = [
    'debug_toolbar.middleware.DebugToolbarMiddleware',
    'django.middleware.security.SecurityMiddleware',
    'django.contrib.sessions.middleware.SessionMiddleware',
    'django.middleware.common.CommonMiddleware',
    'django.middleware.csrf.CsrfViewMiddleware',
    'django.contrib.auth.middleware.AuthenticationMiddleware',
    'django.contrib.messages.middleware.MessageMiddleware',
    'django.middleware.clickjacking.XFrameOptionsMiddleware',
]
```

记住，除了编码响应内容的中间件（如位于首位的 GZipMiddleware）之外，DebugToolbarMiddleware 须放置在其他中间件之前。

在 settings.py 文件结尾处添加下列代码行。

```
INTERNAL_IPS = [
    '127.0.0.1',
]
```

仅当 IP 地址匹配 INTERNAL_IPS 设置中的条目时，Django 调试工具栏才会显示出来。

编辑项目的 urls.py 文件，并向 urlpatterns 中添加下列 URL 模式。

```
path('__debug__/', include('debug_toolbar.urls')),]
```

运行开发服务器为并在浏览器中打开 http://127.0.0.1:8000/。

随后应可在页面右侧看到 Django Debug Toolbar。单击侧栏菜单中的 Cache 将会看到如图 14.6 所示的面板。

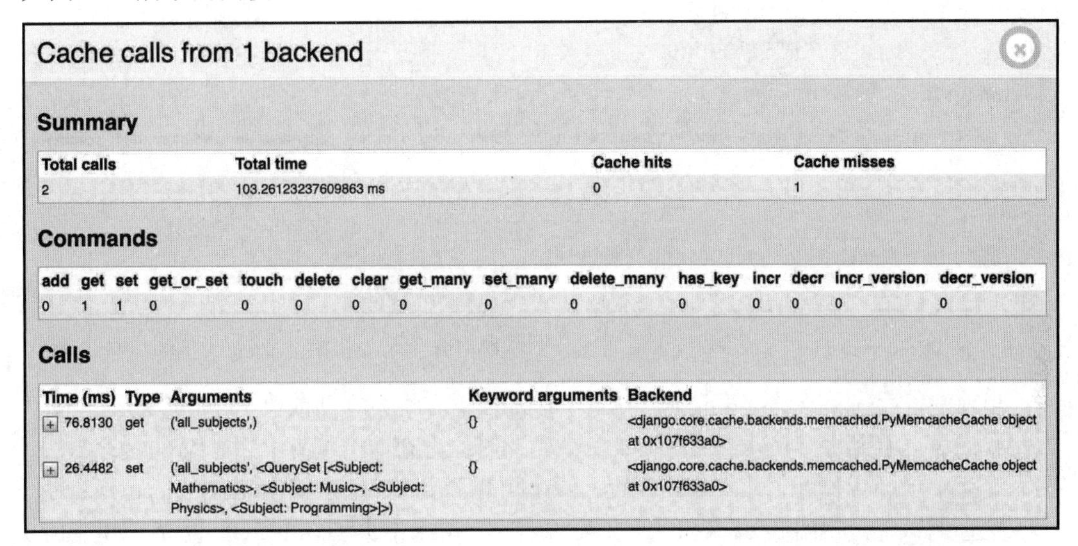

图 14.6　Django Debug Toolbar 的 Cache 面板，包括缓存缺失时 CourseListView 的缓存请求

在 Total calls 下方应可看到数值 2。这表示 CourseListView 首次执行时，存在两个缓存请求。在 Commands 下方，将会看到 get 命令执行一次，set 命令也执行一次。这里，get 命令对应于 all_subjects 缓存键检索调用。这是显示在 Calls 下方的首次调用。当视图首次执行时，出现了缓存缺失，因为数据尚未被缓存。因此，Cache misses 下方为 1。随后，通过 all_subjects 缓存键，set 键用于将科目 QuerySet 的结果存储于缓存中，这是显示于 Calls 下方的第二个调用。

在 Django Debug Toolbar 的 SQL 菜单中，我们将会看到该请求中执行的 SQL 查询总数，如图 14.7 所示。这包括检索随后存储在缓存中的科目的查询。

图 14.7　缓存缺失时 CourseListView 执行的 SQL 查询

在浏览器中重载页面并单击侧栏菜单中的 Cache，如图 14.8 所示。

Cache calls from 1 backend

Summary

Total calls	Total time	Cache hits	Cache misses
1	23.750782012939453 ms	1	0

Commands

add	get	set	get_or_set	touch	delete	clear	get_many	set_many	delete_many	has_key	incr	decr	incr_version	decr_version
0	1	0	0	0	0	0	0	0	0	0	0	0	0	0

Calls

Time (ms)	Type	Arguments	Keyword arguments	Backend
23.7508	get	('all_subjects',)	{}	<django.core.cache.backends.memcached.PyMemcacheCache object at 0x107cbbc10>

图 14.8　Django Debug Toolbar 的 Cache 面板，包括缓存命中时 CourseListView 视图的缓存请求

当前，仅存在单一的缓存请求。在 Total calls 下方将会看到数值 1。在 Commands 下方，我们可以看到缓存请求对应于 get 命令。此时，存在一个缓存命中，而非缓存缺失，因为缓存中已经查找到了数据。在 Calls 下方，可以看到 get 请求检索 all_subjects 缓存键。

检查调试工具栏的 SQL 菜单条目。可以看到，请求中少了 1 个 SQL 查询，如图 14.9 所示，此处我们保存了一个 SQL 查询，因为视图在缓存中找到了数据，且无须在数据库中对其进行检索。

图 14.9　缓存命中时 CourseListView 执行的 SQL 查询

在当前示例中，针对单一请求，从缓存中检索条目所花费的时间比额外的 SQL 查询所节省的时间要多。然而，当多个用户访问站点时，通过从缓存中检索数据而非访问数据库，操作时间将显著降低，进而能够为更多并发用户提供站点服务。

同一 URL 的连续请求将从缓存中检索数据。由于在 CourseListView 视图中通过 cache.set('all_subjects', subjects)缓存数据时并未指定超时时间，因而将采用默认的超时时间（默认状态下为 300 秒，即 5 分钟）。当超时后，URL 的下一个请求将生成缓存缺失，同时将执行 QuerySet，并且数据再次缓存 5 分钟。相应地，我们可在 CACHES 设置项的 TIMEOUT 元素中定义不同的默认超时时间。

14.4.10　基于动态数据的缓存

通常情况下，我们会缓存基于动态数据的内容。此时须构建动态键，它们包含了唯一标识缓存数据所需的全部信息。

编辑 courses 应用程序的 views.py 文件，并调整 CourseListView 视图，如下所示。

```
class CourseListView(TemplateResponseMixin, View):
    model = Course
    template_name = 'courses/course/list.html'

    def get(self, request, subject=None):
        subjects = cache.get('all_subjects')
        if not subjects:
            subjects = Subject.objects.annotate(
                          total_courses=Count('courses'))
            cache.set('all_subjects', subjects)
        all_courses = Course.objects.annotate(
                          total_modules=Count('modules'))
        if subject:
            subject = get_object_or_404(Subject, slug=subject)
            key = f'subject_{subject.id}_courses'
            courses = cache.get(key)
            if not courses:
                courses = all_courses.filter(subject=subject)
                cache.set(key, courses)
        else:
            courses = cache.get('all_courses')
            if not courses:
                courses = all_courses
                cache.set('all_courses', courses)
        return self.render_to_response({'subjects': subjects,
                                        'subject': subject,
                                        'courses': courses})
```

此处，我们缓存了全部课程以及科目过滤后的课程。如果未给定科目，我们则使用 all_courses 缓存键存储全部课程。如果存在一门科目，则将对应键以动态方式与 f'subject_{subject.id}_courses'绑定。

注意，我们不可使用缓存后的 QuerySet 构建其他 QuerySet，因为缓存内容实际上是 QuerySet 的结果。因此无法执行下列操作。

```
courses = cache.get('all_courses')
courses.filter(subject=subject)
```

相反，需创建基 QuerySet Course.objects.annotate(total_modules=Count('modules'))，它在强制执行之前不会被执行，并以此与 all_courses.filter(subject=subject)进一步限制 QuerySet，以防止未在缓存中找到数据。

14.4.11　缓存模板片段

缓存模板片段可视为较高级别的解决方案，且需要通过{% load cache %}在模板中加载缓存模板标签。随后使用{% cache %}模板标签缓存特定的模板片段。通常，模板标签的使用方式如下所示。

```
{% cache 300 fragment_name %}
    ...
{% endcache %}
```

{% cache %}模板标签需要两个参数，即超时时间（以秒计）和片段的名称。如果需要根据动态数据缓存内容，则可将附加参数传递至{% cache %}模板标签，以唯一识别片段。

编辑 students 应用程序的/students/course/detail.html 文件，并在{% extends %}标签之后添加下列代码。

```
{% load cache %}
```

随后查找到下列代码行。

```
{% for content in module.contents.all %}
  {% with item=content.item %}
    <h2>{{ item.title }}</h2>
    {{ item.render }}
  {% endwith %}
{% endfor %}
```

并利用下列代码替换上述代码。

```
{% cache 600 module_contents module %}
  {% for content in module.contents.all %}
    {% with item=content.item %}
      <h2>{{ item.title }}</h2>
      {{ item.render }}
    {% endwith %}
  {% endfor %}
{% endcache %}
```

我们利用名称 module_contents 缓存该模板片段，并将当前 Module 对象传递于其中。因此可唯一识别片段。这对于避免缓存模块的内容，并在请求不同模块时处理错误的内容是十分重要的。

如果 USE_I18N 设置项设置为 True，那么逐站点中间件缓存将遵循当前活动的语言。如果使用了{% cache %}模板标签，则须使用模板中一个特定于翻译的变量以实现相同的结果，如｛% cache 600 name request. LANGUAGE_CODE %｝。

14.4.12　缓存视图

我们可使用 django.views.decorators.cache 中的 cache_page 装饰器缓存各自视图的输出结果。该装饰器需要一个 timeout 参数（以秒计）。

编辑 students 应用程序中的 urls.py 文件并添加下列导入内容。

```
from django.views.decorators.cache import cache_page
```

随后，将 cache_page 装饰器应用于 student_course_detail 和 student_course_detail_module URL 模式上，如下所示。

```
path('course/<pk>/',
     cache_page(60 * 15)(views.StudentCourseDetailView.as_view()),
     name='student_course_detail'),
path('course/<pk>/<module_id>/',
     cache_page(60 * 15)(views.StudentCourseDetailView.as_view()),
     name='student_course_detail_module'),
```

当前，StudentCourseDetailView 返回的完整内容将缓存 15 秒。

注意：

逐视图缓存使用 URL 构建缓存键。指向同一视图的多个 URL 将以独立方式缓存。

14.4.13　使用逐站点缓存

这可视为最高级别的缓存，并可缓存整个站点。为了实现逐站点缓存，可编辑项目的 settings.py 文件，并向 MIDDLEWARE 设置项中添加 UpdateCacheMiddleware 和 FetchFromCacheMiddleware 类，如下所示。

```
MIDDLEWARE = [
    'debug_toolbar.middleware.DebugToolbarMiddleware',
    'django.middleware.security.SecurityMiddleware',
```

```
    'django.contrib.sessions.middleware.SessionMiddleware',
    'django.middleware.cache.UpdateCacheMiddleware',
    'django.middleware.common.CommonMiddleware',
    'django.middleware.cache.FetchFromCacheMiddleware',
    'django.middleware.csrf.CsrfViewMiddleware',
    'django.contrib.auth.middleware.AuthenticationMiddleware',
    'django.contrib.messages.middleware.MessageMiddleware',
    'django.middleware.clickjacking.XFrameOptionsMiddleware',
]
```

记住，中间件在请求阶段以给定的顺序执行，在响应阶段则按照反向顺序执行。这里，UpdateCacheMiddleware 置于 CommonMiddleware 之前，因为它在响应期期间运行，而中间件则以相反的顺序执行。FetchFromCacheMiddleware 则置于 CommonMiddleware 之后，因为它需要访问后者设置的请求数据。

接下来向 settings.py 文件中添加下列设置项。

```
CACHE_MIDDLEWARE_ALIAS = 'default'
CACHE_MIDDLEWARE_SECONDS = 60 * 15 # 15 minutes
CACHE_MIDDLEWARE_KEY_PREFIX = 'educa'
```

在上述设置项中，我们针对缓存中间件使用了默认的缓存，并将全局缓存超时设置为 15 分钟。此外还针对全部缓存键指定了一个前缀，以避免在针对多个项目使用相同的 Memcached 后端时产生冲突。当前，站点针对所有 GET 请求缓存并返回缓存内容。

我们可利用 Django Debug Toolbar 访问不同的页面并检查缓存请求。对于许多站点来说，逐站点缓存是不可行的，因为它会影响到所有的视图，甚至是那些不想缓存的视图，如管理视图，其中，我们希望数据从数据库中返回以反映最新的更改。

在当前项目中，最佳方案是缓存用于向学生显示课程内容的模板或视图，同时保留讲师的内容管理视图且不需要任何缓存。

下面将禁用逐站点缓存。对此，编辑项目的 settings.py 文件，并注释掉 MIDDLEWARE 设置项中的 UpdateCacheMiddleware 和 FetchFromCacheMiddleware 类，如下所示。

```
MIDDLEWARE = [
    'debug_toolbar.middleware.DebugToolbarMiddleware',
    'django.middleware.security.SecurityMiddleware',
    'django.contrib.sessions.middleware.SessionMiddleware',
    # 'django.middleware.cache.UpdateCacheMiddleware',
    'django.middleware.common.CommonMiddleware',
    # 'django.middleware.cache.FetchFromCacheMiddleware',
    'django.middleware.csrf.CsrfViewMiddleware',
    'django.contrib.auth.middleware.AuthenticationMiddleware',
```

```
    'django.contrib.messages.middleware.MessageMiddleware',
    'django.middleware.clickjacking.XFrameOptionsMiddleware',
]
```

至此，我们整体介绍了 Django 提供的不同的数据缓存方法。相应地，我们应始终明智地定义缓存策略，并考查代价高昂的 QuerySet 或计算、不会频繁更改的数据，以及将被多个用户并发访问的数据。

14.4.14　使用 Redis 缓存后端

Django 4.0 引入了 Redis 缓存后端。下面将修改设置项并将 Redis 用作项目的缓存后端，而非 Memcached。回忆一下，我们曾在第 7 章中使用过 Redis。

利用下列命令在当前环境中安装 redis-py。

```
pip install redis==4.3.4
```

随后编辑 educa 项目的 settings.py 文件，并调整 CACHES 设置项，如下所示。

```
CACHES = {
    'default': {
        'BACKEND': 'django.core.cache.backends.redis.RedisCache',
        'LOCATION': 'redis://127.0.0.1:6379',
    }
}
```

当前，项目将使用 RedisCache 后端。对应位置的定义格式为 redis://[host]:[port]。我们使用 127.0.0.1 指向本地主机和 6379 端口，这也是默认的 Redis 端口。

利用下列命令初始化 Redis Docker 容器。

```
docker run -it --rm --name redis -p 6379:6379 redis
```

如果打算在后台（分离模式）运行上述命令，则可使用-d 选项。

运行开发服务器并在浏览器中打开 http://127.0.0.1:8000/。在 Django Debug Toolbar 的 Cache 模板中检查缓存请求。当前，我们使用 Redis 作为项目的缓存后端，而非 Memcached。

14.4.15　利用 Django Redisboard 监视 Redis

我们可使用 Django Redisboard 监视 Redis 服务器。Django Redisboard 向 Django 管理网站中添加了 Redis 统计数据。关于 Django Redisboard 的更多信息，读者可访问 https://

github.com/ionelmc/django-redisboard。

利用下列命令在当前环境中安装 django-redisboard。

```
pip install django-redisboard==8.3.0
```

利用下列命令在当前环境中安装 django-redisboard 所用的 attrs Python 库。

```
pip install attrs
```

编辑项目的 settings.py 文件，并向 INSTALLED_APPS 设置项中添加应用程序，如下所示。

```
INSTALLED_APPS = [
    # ...
    'redisboard',
]
```

在项目目录中运行下列命令并执行 Django Redisboard 迁移。

```
python manage.py migrate redisboard
```

运行开发服务器，在浏览器中打开 http://127.0.0.1:8000/admin/redisboard/redisserver/add/，并向监视程序添加 Redis 服务器。在 Label 下方，输入 redis；在 URL 下方，输入 redis://localhost:6379/0，如图 14.10 所示。

Add Redis Server

Label: redis

URL: redis://localhost:6379/0

IANA-compliant URL. Examples:

```
redis://[[username]:[password]]@localhost:6379/0
rediss://[[username]:[password]]@localhost:6379/0
unix://[[username]:[password]]@/path/to/socket.sock?db=0
```

Password:

You can also specify the password here (the field is masked).

图 14.10　在管理网站中，针对 Django Redisboard 添加 Redis 服务器的表单

我们将监视运行于本地主机上的 Redis 实例，即 6379 端口并使用编号为 0 的 Redis 数据库。单击 SAVE 按钮，相关信息将保存至数据库中，随后即可在 Django 管理网站上

看到 Redis 的配置和指标，如图 14.11 所示。

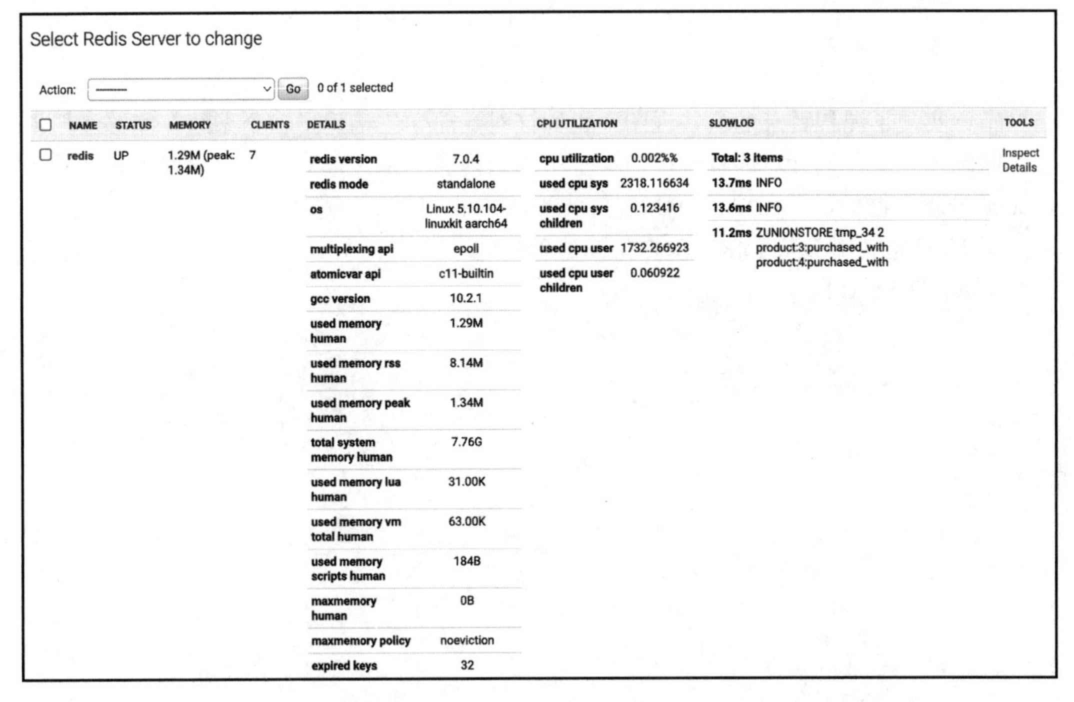

图 14.11　在管理网站上，Django Redisboard 的 Redis 监视状态

至此，我们成功地实现了项目的缓存机制。

14.5　附加资源

下列资源提供了与本章主题相关的附加信息。

- 本章源代码：https://github.com/PacktPublishing/Django-4-by-example/tree/main/Chapter14。
- django-embed-video 文档：https://django-embed-video.readthedocs.io/en/latest/。
- Django 的缓存框架文档：https://docs.djangoproject.com/en/4.1/topics/cache/。
- Memcached 下载：https://memcached.org/downloads。
- Memcached 官方网站：https://memcached.org。
- Pymemcache 源代码：https://github.com/pinterest/pymemcache。
- Django Redisboard 源代码：https://github.com/ionelmc/django-redisboard。

14.6 本章小结

本章实现了课程目录的公共视图。我们针对注册学生构建了一个系统并能够注册课程。除此之外，我们针对课程模块渲染了不同的内容类型。最后，我们学习了如何使用 Django 的缓存框架，并在项目中使用了 Memcached 和 Redis 缓存后端。

第 15 章将利用 Django REST 框架构建项目的 RESTful API，并通过 Python Requests 库使用 RESTful API。

第 15 章　构建 API

第 14 章构建了一个学生注册和课程注册系统。其间，我们创建了视图显示课程内容。除此之外，我们还学习了如何使用 Django 的缓存框架。

本章将创建在线学习平台的 RESTful API。API 允许我们构建一个公共内核并在多平台上加以使用，如网站、移动应用程序、插件等。例如，我们可创建一个 API 以供在线学习平台的移动应用程序使用。如果向第三方提供了一个 API，他们将能够以编程方式使用信息和操作应用程序。API 允许开发人员自动化平台上的动作，并将服务与其他应用程序或在线服务集成。本章将针对在线学习平台构建包含完整特性的 API。

本章主要涉及下列主题。

- 安装 Django REST 框架。
- 创建模型的序列化器。
- 构建 RESTful API。
- 创建嵌套的序列化器。
- 构建自定义 API 视图。
- 处理 API 身份验证。
- 向 API 视图添加权限。
- 创建自定义权限。
- 实现 ViewSets 和路由器。
- 通过 Requests 库使用 API。

下面首先讨论 API 的设置。

读者可访问 https://github.com/PacktPublishing/Django-4-by-example/tree/main/Chapter15 查看本章源代码。

本章使用的全部 Python 包均包含于本章源代码的 requirements.txt 文件中。在后续章节中，我们可遵循相关指令安装每个 Python 包，或者利用 pip install -r requirements.txt 命令一次性安装所有的 Python 包。

15.1　构建 RESTful API

当构建 API 时，存在多种方式可构建其端点和动作，但建议遵循 REST 原则。REST

架构源自表征状态转移。RESTful API 是基于资源的，我们的模型即代表了资源，而 HTTP 方法（如 GET、POST、PUT 或 DELETE）则用于检索、创建、更新或删除对象。另外，HTTP 响应代码也用于该上下文中。返回不同的 HTTP 响应代码可表示 HTTP 请求结果。例如，2XX 响应代码表示成功，而 4XX 响应代码则表示错误，等等。

在 RESTful API 中，交换数据最常见的格式是 JSON 和 XML。我们将在项目中构建一个基于 JSON 序列化的 RESTful API。相应地，API 将提供下列功能。

- 检索科目。
- 检索有效的课程。
- 检索课程内容。
- 注册课程。

通过创建自定义视图，我们将利用 Django 从头构建一个 API。然而，存在多个第三方模块可简化项目 API 的简化过程，其中最常见的是 Django REST 框架。

15.1.1　安装 Django REST 框架

Django REST 框架可方便地构建项目的 RESTful API。关于 REST 框架的全部信息，读者可访问 https://www.django-rest-framework.org/。

打开 shell，利用下列命令安装框架。

```
pip install djangorestframework==3.13.1
```

编辑 educa 项目的 settings.py 文件，并向 INSTALLED_APPS 设置项中添加 rest_framework 以激活应用程序，如下所示。

```
INSTALLED_APPS = [
    # ...
    'rest_framework',
]
```

随后向 settings.py 文件中添加下列代码。

```
REST_FRAMEWORK = {
   'DEFAULT_PERMISSION_CLASSES': [
     'rest_framework.permissions.DjangoModelPermissionsOrAnonReadOnly'
   ]
}
```

我们可针对 REST_FRAMEWORK 设置项提供特定的 API 配置。REST 框架提供了多个设置项可配置默认的行为。具体来说，DEFAULT_PERMISSION_CLASSES 设置项指定了默认的权限读取、创建、更新或删除对象。我们可将 DjangoModelPermissionsOrAnonReadOnly 设置为唯一的默认权限类。该类依赖于 Django 的权限系统，允许用户创建、更新或删除对象，同时为匿名用户提供只读访问。稍后将讨论权限问题。

关于 REST 框架的完整的设置项列表，读者可访问 https://www.django-restframework.org/api-guide/settings/。

15.1.2　定义序列化器

在设置了 REST 框架后，需要指定数据的序列化方式。输出数据须以特定的格式序列化，而输入数据将实现反序列化以供处理。该框架提供了下列类可构建单一对象的序列化器。

- Serializer：提供常规 Python 类实例的序列化。
- ModelSerializer：提供模型实例的序列化。
- HyperlinkedModelSerializer：等同于 ModelSerializer，但利用链接体现对象关系，而非主键。

下面构建第一个序列化器。在 courses 应用程序目录中创建下列文件结构。

```
api/
    __init__.py
    serializers.py
```

我们将在 api 目录中构建全部 API 功能，进而使一切内容具有良好的组织。编辑 serializers.py 文件并添加下列代码。

```
from rest_framework import serializers
from courses.models import Subject

class SubjectSerializer(serializers.ModelSerializer):
    class Meta:
        model = Subject
        fields = ['id', 'title', 'slug']
```

上述内容表示为 Subject 模型的序列化器。序列化器的定义方式与 Django 的 Form 和 ModelForm 类类似。Meta 类允许指定要序列化的模型和包含于序列化的字段。如果未设置 fields 属性，那么所有模型字段都将包含在内。

下面尝试使用序列化器。打开命令行并利用下列命令启动 Django shell。

```
python manage.py shell
```

运行下列代码。

```
>>> from courses.models import Subject
>>> from courses.api.serializers import SubjectSerializer
>>> subject = Subject.objects.latest('id')
>>> serializer = SubjectSerializer(subject)
>>> serializer.data
{'id': 4, 'title': 'Programming', 'slug': 'programming'}
```

在该示例中，我们获得了一个 Subject 对象、创建了一个 SubjectSerializer 实例，并访问序列化数据。可以看到，模型数据被转换为 Python 本地数据类型。

15.1.3　理解解析器和渲染器

序列化数据须以特定格式渲染，随后将其返回至 HTTP 响应结果中。类似地，当获得一个 HTTP 请求时，须在操作之前解析输入数据并对其进行反序列化。REST 框架包含渲染器和解析器以对此进行处理。

下面讨论如何解析输入数据。在 Python shell 中执行下列代码。

```
>>> from io import BytesIO
>>> from rest_framework.parsers import JSONParser
>>> data = b'{"id":4,"title":"Programming","slug":"programming"}'
>>> JSONParser().parse(BytesIO(data))
{'id': 4, 'title': 'Programming', 'slug': 'programming'}
```

给定 JSON 字符串输入后，可使用 REST 框架提供的 JSONParser 类将其转换为 Python 对象。

REST 框架还包含 Renderer 类以格式化 API 响应结果。该框架通过检查请求的 Accept 头来确定响应的内容类型，从而通过内容协商确定使用哪一种渲染器。渲染器可通过 URL 的格式后缀决定（可选）。例如，URL http://127.0.0.1:8000/api/data.json 可能是一个触发 JSONRenderer 以返回 JSON 响应的端点。

返回至 shell 并执行下列代码，以从之前的序列化器示例中渲染 serializer 对象。

```
>>> from rest_framework.renderers import JSONRenderer
>>> JSONRenderer().render(serializer.data)
```

对应的输出结果如下所示。

```
b'{"id":4,"title":"Programming","slug":"programming"}'
```

我们可使用 JSONRenderer 将序列化数据渲染为 JSON。REST 框架使用两种不同的渲染器，即 JSONRenderer 和 BrowsableAPIRenderer。后者提供了一个 Web 接口可方便地浏览 API。我们可利用 REST_FRAMEWORK 设置项的 DEFAULT_RENDERER_CLASSES

选项修改默认的渲染器类。

关于渲染器和解析器的更多信息，读者可访问 https://www.django-rest-framework.org/api-guide/renderers/和 https://www.django-rest-framework.org/api-guide/parsers/。

接下来将学习如何构建 API 视图，以及如何在视图中使用序列化器。

15.1.4　构建列表和详细视图

REST 框架内置了一组通用视图和混入，并以此构建 API 视图。它们提供了相关功能以检索、创建、更新或删除模型对象。读者可访问 https://www.django-rest-framework.org/api-guide/generic-views/以查看 REST 框架提供的全部通用混入和视图。

下面创建列表和详细视图检索 Subject 对象。在 courses/api/目录中创建新的文件，将其命名为 views.py 并向其中添加下列代码。

```
from rest_framework import generics
from courses.models import Subject
from courses.api.serializers import SubjectSerializer

class SubjectListView(generics.ListAPIView):
    queryset = Subject.objects.all()
    serializer_class = SubjectSerializer

class SubjectDetailView(generics.RetrieveAPIView):
    queryset = Subject.objects.all()
    serializer_class = SubjectSerializer
```

在上述代码中，我们使用了 REST 框架的通用 ListAPIView 和 RetrieveAPIView 视图。另外，我们针对详细视图包含了一个 pk URL 参数，以对给定主键检索对象。这两个视图包含下列属性。

- queryset：使用的基 QuerySet 以检索对象。
- serializer_class：序列化对象的类。

下面添加视图的 URL 模式。在 courses/api/目录中创建新文件并将其命名为 urls.py 文件，如下所示。

```
from django.urls import path
from . import views

app_name = 'courses'

urlpatterns = [
    path('subjects/',
```

```
        views.SubjectListView.as_view(),
        name='subject_list'),
    path('subjects/<pk>/',
        views.SubjectDetailView.as_view(),
        name='subject_detail'),
]
```

编辑 educa 项目的 urls.py 文件并包含 API 模式，如下所示。

```
urlpatterns = [
    # ...
    path('api/', include('courses.api.urls', namespace='api')),
]
```

当前，初始 API 端点已处于可用的就绪状态。

15.1.5 使用 API

我们可使用 API URL 的 api 命名空间。利用下列命令确保服务器处于运行状态。

```
python manage.py runserver
```

我们将通过 curl 使用 API。curl 是一个命令行工具，并可在服务器间传输数据。如果读者正在使用 Linux、macOS 或 Windows 10/11，curl 一般会包含在系统中。另外，还可访问 https://curl.se/download.html 下载 curl。

打开 shell，并利用 curl 检索 URL http://127.0.0.1:8000/api/subjects/，如下所示。

```
curl http://127.0.0.1:8000/api/subjects/
```

对应的响应结果如下所示。

```
[
    {
        "id":1,
        "title":"Mathematics",
        "slug":"mathematics"
    },
    {
        "id":2,
        "title":"Music",
        "slug":"music"
    },
    {
        "id":3,
        "title":"Physics",
        "slug":"physics"
```

```
    },
    {
        "id":4,
        "title":"Programming",
        "slug":"programming"
    }
]
```

为了获得更具可读性、缩进良好的 JSON 响应结果，可将 url 与 json_pp 实用工具结合使用，如下所示。

```
curl http://127.0.0.1:8000/api/subjects/ | json_pp
```

HTTP 响应结果包含了 JSON 格式的 Subject 对象列表。

除了 curl，还可使用其他工具发送自定义 HTTP 请求，包括浏览器扩展，如 Postman（https://www.getpostman.com/）。

在浏览器中打开 http://127.0.0.1:8000/api/subjects/，我们将看到 REST 框架的可浏览的 API，如图 15.1 所示。

图 15.1　REST 框架可浏览的 API 中的科目列表页面

上述 HTML 界面由 BrowsableAPIRenderer 渲染器提供，并显示了最终的标题和内容，同时允许我们执行请求操作。除此之外，还可在 URL 中包含 ID 以访问 Subject 对象的 API 详细视图。

在浏览器中打开 http://127.0.0.1:8000/api/subjects/1/，随后将可看到以 JSON 格式渲染的单一 Subject 对象，如图 15.2 所示。

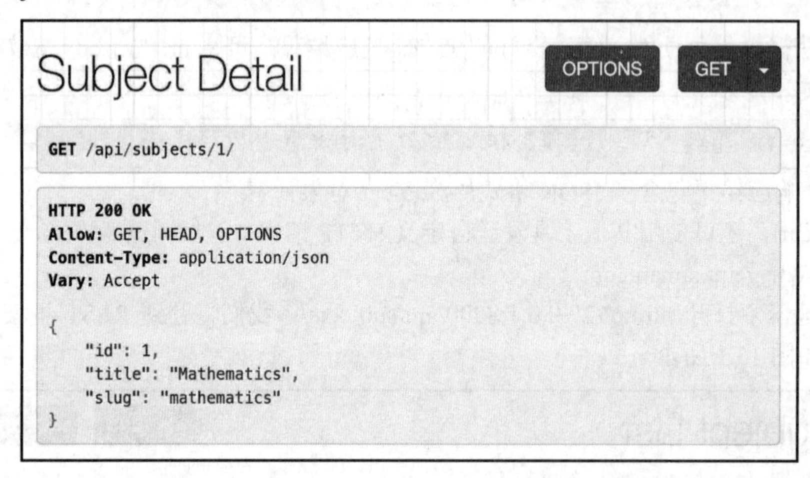

图 15.2　REST 框架可浏览 API 中的科目详细页面

上述内容表示为 SubjectDetailView 的响应结果。接下来将深入讨论模型序列化器。

15.1.6　创建嵌套的序列化器

下面将创建 Course 模型的序列化器。编辑 courses 应用程序的 api/serializers.py 文件，并添加下列代码。

```
from courses.models import Subject, Course

class CourseSerializer(serializers.ModelSerializer):
    class Meta:
        model = Course
        fields = ['id', 'subject', 'title', 'slug',
                  'overview', 'created', 'owner',
                  'modules']
```

下面考查如何序列化 Course 对象。打开 shell 并执行下列命令。

```
python manage.py shell
```

运行下列代码。

```
>>> from rest_framework.renderers import JSONRenderer
>>> from courses.models import Course
>>> from courses.api.serializers import CourseSerializer
>>> course = Course.objects.latest('id')
>>> serializer = CourseSerializer(course)
>>> JSONRenderer().render(serializer.data)
```

我们将得到一个包含在 CourseSerializer 中的字段的 JSON 对象。可以看到，modules 管理器的相关对象被序列化为一个主键列表，如下所示。

```
"modules": [6, 7, 9, 10]
```

我们需要包含与每个模块相关的更多的信息，因此需要序列化 Module 对象并对其进行嵌套。调整 course 应用程序的 api/serializers.py 文件，如下所示。

```
from rest_framework import serializers
from courses.models import Subject, Course, Module

class ModuleSerializer(serializers.ModelSerializer):
    class Meta:
        model = Module
        fields = ['order', 'title', 'description']

class CourseSerializer(serializers.ModelSerializer):
    modules = ModuleSerializer(many=True, read_only=True)

    class Meta:
        model = Course
        fields = ['id', 'subject', 'title', 'slug',
                  'overview', 'created', 'owner',
                  'modules']
```

在新代码中，我们定义了 ModuleSerializer 并提供了 Module 模型的序列化。随后，我们向 CourseSerializer 添加了 modules 属性，以嵌套 ModuleSerializer 序列化器。这里，我们设置了 many=True 以表明序列化多个对象。另外，read_only 参数表明，该字段是只读的，且不应该包含在输入中以创建或更新对象。

打开 shell 并再次创建 CourseSerializer 实例。随后利用 JSONRenderer 渲染序列化器的 data 属性。这一次，列出的模块将利用嵌套的 ModuleSerializer 序列化器被序列化，如下所示。

```
"modules": [
    {
        "order": 0,
        "title": "Introduction to overview",
        "description": "A brief overview about the Web Framework."
    },
    {
        "order": 1,
        "title": "Configuring Django",
        "description": "How to install Django."
    },
    ...
]
```

关于序列化器的更多信息，读者可访问 https://www.django-rest-framework.org/api-guide/serializers/。

当根据模型和序列化器构建 REST API 时，通用 API 视图十分有用。然而，可能还需要利用自定义逻辑实现自己的视图。接下来将讨论如何创建一个自定义 API 视图。

15.1.7　构建自定义 API 视图

REST 框架提供了 APIView 类，并在 Django 的 View 类之上构建 API 功能。APIView 类有别于 View，这主要体现在，使用 REST 框架的自定义 Request 和 Response 对象，并处理 APIException 异常以返回相应的 HTTP 响应。除此之外，APIView 还包含了内建的身份验证和权限系统以管理视图的访问。

我们将创建一个用户视图并注册课程。编辑 courses 应用程序的 api/views.py 文件并添加下列代码。

```
from django.shortcuts import get_object_or_404
from rest_framework.views import APIView
from rest_framework.response import Response
from rest_framework import generics
from courses.models import Subject, Course
from courses.api.serializers import SubjectSerializer

# ...

class CourseEnrollView(APIView):
    def post(self, request, pk, format=None):
        course = get_object_or_404(Course, pk=pk)
```

```
        course.students.add(request.user)
        return Response({'enrolled': True})
```

CourseEnrollView 视图处理用户课程的注册。上述代码的解释如下所示。

（1）创建继承自 APIView 的自定义视图。

（2）针对 POST 动作定义 post()方法。该视图不支持其他 HTTP 方法。

（3）使用一个包含课程 ID 的 pk URL 参数。通过给定的 ok 参数检索课程，如果未检索到课程，则生成 404 异常。

（4）向 Course 对象的 students 多对多关系添加当前用户，并返回成功的响应结果。

编辑 api/urls.py 文件，并添加 CourseEnrollView 视图的下列 URL 模式。

```
path('courses/<pk>/enroll/',
     views.CourseEnrollView.as_view(),
     name='course_enroll'),
```

从理论上讲，当前能够执行 POST 请求并注册课程的当前用户。然而，我们需要识别用户并防止未验证用户访问视图。接下来考查 API 身份验证和授权的工作方式。

15.1.8　处理身份验证

REST 框架提供了身份验证类并识别执行请求的用户。如果身份验证成功，框架将把经过身份验证的 User 对象设置在 request.user 中。如果用户未经过身份验证，则设置 Django 的 AnonymousUser 实例。

REST 框架提供了下列身份验证后端。

- BasicAuthentication：基本的 HTTP 身份验证机制。用户和密码由客户端在使用 Base64 编码的 Authorization HTTP 头中发送。对此，读者可访问 https://en.wikipedia.org/wiki/Basic_access_authentication 以了解更多信息。
- TokenAuthentication：基于令牌的身份验证机制。Token 模型用于存储用户令牌。用户将令牌包含在 Authorization HTTP 头中进行身份验证。
- SessionAuthentication：这将使用 Django 的会话后端用于身份验证。对于执行对 API 的身份验证 AJAX 请求（从网站前端），该后端将十分有用。
- RemoteUserAuthentication：允许我们将身份验证托管至 Web 服务器上，这将设置 REMOTE_USER 环境变量。

通过继承 REST 框架提供的 BaseAuthentication 类，并覆写 authenticate()方法，可构建自定义身份验证后端。

我们可在逐视图的基础上设置身份验证，或者利用 DEFAULT_AUTHENTICATION_

CLASSES 设置项以全局方式对其进行设置。

注意：

身份验证仅识别执行请求的用户，它不会允许或拒绝对视图的访问。我们需要使用权限来限制对视图的访问。

关于身份验证的更多信息，读者可访问 https://www.django-rest-framework.org/api-guide/authentication/。

下面向视图中添加 BasicAuthentication。编辑 courses 应用程序的 api/views.py 文件，并向 CourseEnrollView 添加 authentication_classes 属性，如下所示。

```
# ...
from rest_framework.authentication import BasicAuthentication

class CourseEnrollView(APIView):
    authentication_classes = [BasicAuthentication]
    # ...
```

用户将通过 HTTP 请求的 Authorization 头中设置的证书予以识别。

15.1.9　向视图中添加权限

REST 框架提供了一个权限系统以限制对视图的访问。REST 框架中的一些内建权限包括：

- AllowAny：未受限制的访问，无论用户是否经过身份验证。
- IsAuthenticated：仅允许经过身份验证的用户访问。
- IsAuthenticatedOrReadOnly：完成对身份验证的用户的访问。匿名用户仅允许执行读取方法，如 GET、HEAD 或 OPTIONS。
- DjangoModelPermissions：与 django.contrib.auth 关联的权限。视图需要 queryset 属性。仅分配了模型权限且经过身份验证的用户才被授予权限。
- DjangoObjectPermissions：逐对象基础上的 Django 权限。

如果用户被拒绝，通常会得到下列 HTTP 错误代码之一。

- HTTP 401：未经身份验证。
- HTTP 403：权限不足。

关于权限的更多信息，读者可访问 https://www.django-rest-framework.org/api-guide/permissions/。

编辑 courses 应用程序的 api/views.py 文件，并向 CourseEnrollView 添加 permission_ classes 属性。

```
# ...
from rest_framework.authentication import BasicAuthentication
from rest_framework.permissions import IsAuthenticated

class CourseEnrollView(APIView):
    authentication_classes = [BasicAuthentication]
    permission_classes = [IsAuthenticated]
    # ...
```

这里，我们纳入了 IsAuthenticated 权限，这将防止匿名用户访问视图。当前，我们可对新的 API 方法执行 POST 请求。

确保开发服务器处于运行状态。打开 shell 并运行下列命令。

```
curl -i -X POST http://127.0.0.1:8000/api/courses/1/enroll/
```

对应的响应结果如下所示。

```
HTTP/1.1 401 Unauthorized
...
{"detail": "Authentication credentials were not provided."}
```

正如预期的那样，我们得到了 401 HTTP 代码，因为我们尚未经过身份认证。下面对某一个用户进行基本的身份验证。运行下列命令，并利用现有用户的证书替换 student:password。

```
curl -i -X POST -u student:password http://127.0.0.1:8000/api/courses/1/enroll/
```

对应的响应结果如下所示。

```
HTTP/1.1 200 OK
...
{"enrolled": true}
```

我们可以访问管理网站，并检查用户现在是否注册了该课程。

接下来将通过 ViewSet 构建公共视图。

15.1.10　构建 ViewSet 和路由器

ViewSet 允许我们定义 API 的交互行为，并使 REST 框架利用 Router 对象以动态方式构建 URL。通过使用 ViewSet，可避免多个视图的重复逻辑。ViewSet 针对下列标准操作包含了相应的动作。

- 创建操作：create()。
- 检索操作：list()和 retrieve()。
- 更新操作：update() 和 partial_update()。
- 删除操作：destroy()。

下面针对 Course 模型创建一个 ViewSet。编辑 api/views.py 文件并向其中添加下列代码。

```
# ...
from rest_framework import viewsets
from courses.api.serializers import SubjectSerializer,
       CourseSerializer

class CourseViewSet(viewsets.ReadOnlyModelViewSet):
    queryset = Course.objects.all()
    serializer_class = CourseSerializer
```

我们可以子类化 ReadOnlyModelViewSet，这将为两个列表提供只读操作 list()和 retrieve()，或者删除单个对象。

编辑 api/urls.py 并为 ViewSet 创建一个路由器，如下所示。

```
from django.urls import path, include
from rest_framework import routers
from . import views

router = routers.DefaultRouter()
router.register('courses', views.CourseViewSet)

urlpatterns = [
    # ...
    path('', include(router.urls)),
]
```

我们创建了 DefaultRouter 对象，并利用 course 前缀注册了 ViewSet。该路由器负责为 ViewSet 自动生成 URL。

在浏览器中打开 http://127.0.0.1:8000/api/。可以看到，路由器在其基 URL 中列出了全部 ViewSet，如图 15.3 所示。

我们可访问 http://127.0.0.1:8000/api/courses/并检索课程列表。

关于 ViewSet 的更多信息，读者可访问 https://www.django-rest-framework.org/api-guide/viewsets/。关于路由器的更多信息，读者可访问 https://www.django-rest-framework.org/api-guide/routers/。

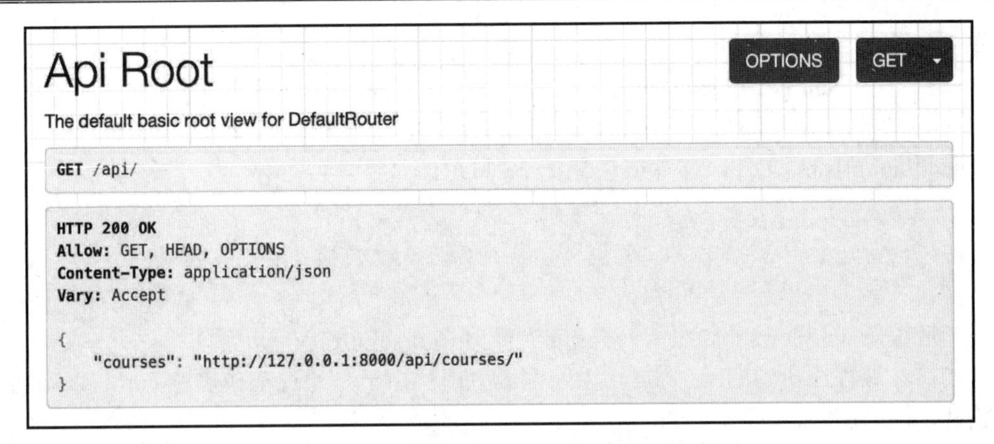

图 15.3　REST 框架可浏览 API 的 API 根页面

15.1.11　向 ViewSet 添加附加动作

我们可以向 ViewSet 添加附加动作。下面将之前的 CourseEnrollView 视图修改为一个自定义 ViewSet 动作。编辑 api/views.py 文件并调整 CourseViewSet 类，如下所示。

```
# ...
from rest_framework.decorators import action

class CourseViewSet(viewsets.ReadOnlyModelViewSet):
    queryset = Course.objects.all()
    serializer_class = CourseSerializer
    @action(detail=True,
            methods=['post'],
            authentication_classes=[BasicAuthentication],
            permission_classes=[IsAuthenticated])

    def enroll(self, request, *args, **kwargs):
        course = self.get_object()
        course.students.add(request.user)
        return Response({'enrolled': True})
```

在上述代码中，我们添加了一个自定义 enroll()方法表示 ViewSet 的附加动作。上述代码的解释如下所示。

（1）我们使用了框架的 action 装饰器，并通过参数 detail=True 指定这是要在单个对象上执行的操作。

（2）该装饰器可为动作添加自定义属性。我们指定，该视图仅支持 post()方法，并设置身份验证和权限类。

（3）使用 self.get_object()检索 Course 对象。

（4）将当前用户添加至 students 多对多关系中，并返回自定义成功响应。

编辑 api/urls.py 文件，移除或注释掉下列 URL。

```
path('courses/<pk>/enroll/',
     views.CourseEnrollView.as_view(),
     name='course_enroll'),
```

随后编辑 api/views.py 文件，移除或注释掉 CourseEnrollView 类。

当前，课程注册的 URL 将自动由路由器生成。由于是通过动作名称 enroll 以动态方式构建，因而 URL 保持不变。

在学生注册了一门课程后，还需要访问课程的内容。接下来将学习如何确保仅注册后的学生可访问课程。

15.1.12　创建自定义权限

这里，我们希望学生能够访问他们注册的课程内容。也就是说，仅注册了课程的学生能够访问其内容。对此，较好的方式是使用自定义权限类。REST 框架提供了 BasePermission 类以定义下列方法。

- has_permission()：视图级别的权限检查。
- has_object_permission()：实例级别的权限检查。

这些方法返回 True 以授权访问，否则返回 False。

在 courses/api/目录中创建新文件，将其命名为 permissions.py 并向其中添加下列代码。

```
from rest_framework.permissions import BasePermission

class IsEnrolled(BasePermission):
    def has_object_permission(self, request, view, obj):
        return obj.students.filter(id=request.user.id).exists()
```

子类化 BasePermission 类并覆写 has_object_permission()。我们将检查执行请求的用户是否出现于 Course 对象的 students 关系中。接下来将使用 IsEnrolled 权限。

15.1.13　序列化课程内容

我们需要序列化课程内容。Content 模型包含了通用的外键，进而可关联不同内容模型的对象。在第 14 章中，我们针对所有的内容模型添加了一个公共 render()，并可使用该方法向 API 提供渲染后的内容。

```
from courses.models import Subject, Course, Module, Content

class ItemRelatedField(serializers.RelatedField):
    def to_representation(self, value):
        return value.render()

class ContentSerializer(serializers.ModelSerializer):
    item = ItemRelatedField(read_only=True)
    class Meta:
        model = Content
        fields = ['order', 'item']
```

在上述代码中，我们通过子类化 REST 框架提供的 RelatedField 序列器字段，并覆写 to_representation()进而定义了一个自定义字段。我们针对 Content 模型定义了 ContentSerializer 序列化器，并针对 item 通用外键使用自定义字段。

针对 Module 模型，我们需要一个替代的序列化器以包含其内容，以及一个扩展的 Course 序列化器。对此，编辑 api/serializers.py 文件并向其中添加下列代码。

```
class ModuleWithContentsSerializer(
    serializers.ModelSerializer):
    contents = ContentSerializer(many=True)
    class Meta:
        model = Module
        fields = ['order', 'title', 'description',
                  'contents']

class CourseWithContentsSerializer(
    serializers.ModelSerializer):
    modules = ModuleWithContentsSerializer(many=True)
    class Meta:
        model = Course
        fields = ['id', 'subject', 'title', 'slug',
                  'overview', 'created', 'owner',
                  'modules']
```

下面创建一个视图，该视图模仿 retrieve()操作的行为，但包含课程内容。编辑 api/views.py 文件，并向 CourseViewSet 类中添加下列方法。

```
from courses.api.permissions import IsEnrolled
from courses.api.serializers import CourseWithContentsSerializer
```

```
class CourseViewSet(viewsets.ReadOnlyModelViewSet):
    # ...
    @action(detail=True,
            methods=['get'],
            serializer_class=CourseWithContentsSerializer,
            authentication_classes=[BasicAuthentication],
            permission_classes=[IsAuthenticated, IsEnrolled])
    def contents(self, request, *args, **kwargs):
        return self.retrieve(request, *args, **kwargs)
```

该方法的描述如下所示。

（1）使用 action 装饰器，并通过 detail=True 参数指定单一对象上执行的动作。

（2）此动作仅允许 GET 方法。

（3）使用新的 CourseWithContentsSerializer 序列器类包含渲染后的课程内容。

（4）使用 IsAuthenticated 和自定义 IsEnrolled 权限。据此，可确保仅注册了课程的用户能够访问其内容。

（5）使用已有的 retrieve()动作返回 Course 对象。

在浏览器中打开 http://127.0.0.1:8000/api/courses/1/contents/。如果利用正确的证书访问视图，将会看到课程的每个模块包含了课程内容的渲染后的 HTML，如下所示。

```
{
    "order": 0,
    "title": "Introduction to Django",
    "description": "Brief introduction to the Django Web Framework.",
    "contents": [
        {
            "order": 0,
            "item": "<p>Meet Django. Django is a high-level
            Python Web framework
            ...</p>"
        },
        {
            "order": 1,
            "item": "\n<iframe width=\"480\" height=\"360\"
            src=\"http://www.youtube.com/embed/bgV39DlmZ2U?
            wmode=opaque\"
            frameborder=\"0\" allowfullscreen></iframe>\n"
        }
    ]
}
```

前述内容构建了一个简单的 API，并允许其他服务以编程方式访问课程应用程序。除此之外，REST 框架还可通过 ModelViewSet 类处理对象的创建和编辑操作。至此，我们介绍了 Django REST 框架的主要内容，关于 REST 特性的进一步信息，读者可查看其扩展文档，对应网址为 https://www.django-rest-framework.org/。

15.1.14　使用 RESTful API

由于实现了 API，我们可在其他应用程序中以编程方式使用 API，并在应用程序前端中通过 JavaScript Fetch API 与 API 进行交互（参见第 6 章）。除此之外，还可在 Python 或其他编程语言构建的应用程序中使用 API。

我们将创建一个简单的 Python 应用程序，该程序使用 RESTful API 检索全部有效课程，并于随后在其中注册一名学生。我们将了解如何使用 HTTP 基本身份验证对 API 进行验证，并执行 GET 和 POST 请求。

我们将通过 Python Requests 库使用 API。之前，我们曾在第 6 章使用 Requests 并按照 URL 检索图像。Requests 抽象了 HTTP 请求处理的复杂性，并提供了简单的界面使用 HTTP 服务。关于 Requests 库的更多信息，读者可访问 https://requests.readthedocs.io/en/master/。

打开 shell 并利用下列命令安装 Requests 库。

```
pip install requests==2.28.1
```

在 educa 项目目录一旁构建新目录并将其命名为 api_examples。在 api_examples 目录中创建新文件，并将其命名为 enroll_all.py。当前，文件结构如下所示。

```
api_examples/
    enroll_all.py
educa/
    ...
```

编辑 enroll_all.py 文件并向其中添加下列代码。

```
import requests

base_url = 'http://127.0.0.1:8000/api/'

# retrieve all courses
r = requests.get(f'{base_url}courses/')
courses = r.json()
```

```
available_courses = ', '.join([course['title'] for course in courses])
print(f'Available courses: {available_courses}')
```

上述代码执行了下列动作。

（1）导入 Requests 库并定义 API 的基 URL。

（2）通过向 URL http://127.0.0.1:8000/api/courses/发送 GET 请求，使用 requests.get()检索 API 中的数据。该 API 端点是公开可访问的，因而不会要求身份验证。

（3）使用响应对象的 json()方法解码 API 返回的 JSON 数据。

（4）输出每门课程的标题属性。

利用下列命令在 educa 项目目录中启动开发服务器。

```
python manage.py runserver
```

在另一个 shell 中，在 api_examples/目录中运行下列命令。

```
python enroll_all.py
```

输出结果包含所有课程标题的列表，如下所示。

```
Available courses: Introduction to Django, Python for beginners,
Algebra basics
```

这可视为第一个 API 的自动调用。

编辑 enroll_all.py 文件，如下所示。

```
import requests

username = ''
password = ''
base_url = 'http://127.0.0.1:8000/api/'

# retrieve all courses
r = requests.get(f'{base_url}courses/')
courses = r.json()
available_courses = ', '.join([course['title'] for course in courses])
print(f'Available courses: {available_courses}')

for course in courses:
    course_id = course['id']
    course_title = course['title']
    r = requests.post(f'{base_url}courses/{course_id}/enroll/',
                      auth=(username, password))
    if r.status_code == 200:
```

```
    # successful request
    print(f'Successfully enrolled in {course_title}')
```

利用现有用户的证书替换 username 和 password 变量值。

新代码将执行下列动作。

（1）定义完成课程注册的学生的用户名和密码。

（2）遍历从 API 检索的有效课程。

（3）将课程 ID 属性存储于 course_id 变量中，并将标题属性存储于 course_title 变量中。

（4）针对每门课程，使用 requests.post()向 URL http://127.0.0.1:8000/api/courses/[id]/enroll/发送 POST 请求。该 URL 对应于 CourseEnrollView API 视图，并可注册一名课程用户。我们通过 course_id 变量并针对每门课程构建了 URL。CourseEnrollView 视图须经过身份验证，因为该视图使用了 IsAuthenticated 权限和 BasicAuthentication 身份验证类。Requests 库支持基本的 HTTP 身份验证。我们可使用 auth 参数传递一个包含用户名和密码的元组，以通过 HTTP 基本身份验证对用户进行验证。

（5）如果响应的状态码为 200 OK，则输出一条消息表示用户已成功地注册了课程。

结合 Requests，我们可采用不同类型的身份验证机制。关于 Requests 身份验证的更多内容，读者可访问 https://requests.readthedocs.io/en/master/user/authentication/。

在 api_examples/目录中运行下列命令。

```
python enroll_all.py
```

对应的输出结果如下所示。

```
Available courses: Introduction to Django, Python for beginners,
Algebra basics
Successfully enrolled in Introduction to Django
Successfully enrolled in Python for beginners
Successfully enrolled in Algebra basics
```

至此，我们利用 API 成功地在所有有效课程上注册了用户。在平台上，我们将会看到每一门课程的一条 Successfully enrolled 消息。可以看到，从其他应用程序中使用 API 十分简单。我们可根据 API 轻松地构建其他功能，并让其他人将 API 集成至他们的应用程序中。

15.2　附 加 资 源

下列资源提供了与本章主题相关的附加信息。

- 本章源代码：https://github.com/PacktPublishing/Django-4-by-example/tree/main/Chapter15。
- REST 框架网站：https://www.django-rest-framework.org/。
- REST 框架设置项：https://www.django-rest-framework.org/api-guide/settings/。
- REST 框架渲染器：https://www.django-rest-framework.org/api-guide/renderers/。
- REST 框架解析器：https://www.django-rest-framework.org/api-guide/parsers/。
- REST 框架通用混入和视图：https://www.django-rest-framework.org/api-guide/generic-views/。
- 下载 curl：https://curl.se/download.html。
- Postman API 平台：https://www.getpostman.com/。
- REST 框架序列器：https://www.django-rest-framework.org/api-guide/serializers/。
- HTTP 基本身份验证：https://en.wikipedia.org/wiki/Basic_access_authentication。
- REST 框架身份验证：https://www.django-rest-framework.org/api-guide/authentication/。
- REST 框架权限：https://www.django-rest-framework.org/api-guide/permissions/。
- REST 框架 ViewSets：https://www.django-rest-framework.org/api-guide/viewsets/。
- REST 框架路由器：https://www.django-rest-framework.org/api-guide/routers/。
- Python Requests 库文档：https://requests.readthedocs.io/en/master/。
- 基于 Requests 库的身份验证：https://requests.readthedocs.io/en/master/user/authentication/。

15.3 本章小结

本章学习了如何使用 REST 框架构建项目的 RESTful API。其间，我们针对模型创建了序列化器和视图，并构建了自定义 API 视图。除此之外，我们还将身份验证添加至 API 中，并通过权限限制对 API 视图的访问。接下来，我们考查了如何创建自定义权限，并实现了 ViewSet 和路由器。最后，我们通过 Requests 库从外部 Python 脚本中使用 API。

第 16 章将学习如何通过 Django Channels 构建聊天服务器，并利用 WebSocket 实现异步通信，以及使用 Redis 设置通道层。

第 16 章　构建聊天服务器

第 15 章创建了项目的 RESTful API。在本章中，我们将利用 Django Channels 构建一个学生聊天服务器。学生将能够针对注册的课程访问不同的聊天室。当创建聊天服务器时，我们将学习如何通过异步服务器网关接口（ASGI）向 Django 项目提供服务，并实现异步通信。

本章主要涉及下列主题。

- 向项目中添加通道。
- 构建 WebSocket 使用者和相应的路由机制。
- 实现 WebSocket 客户端。
- 利用 Redis 启用通道层。
- 使使用者完全异步。

读者可访问 https://github.com/PacktPublishing/Django-4-by-example/tree/main/Chapter16 查看本章源代码。

本章使用的全部 Python 包均包含于本章源代码的 requirements.txt 文件中。在后续章节中，我们可遵循相关指令安装每个 Python 包，或者利用 pip install -r requirements.txt 命令一次性安装所有的 Python 包。

16.1　创建聊天应用程序

我们将实现一个聊天服务器，并针对每门课程向学生提供一个聊天室。注册了课程的学生将能够访问课程聊天室，并实时交流信息。对此，我们将使用 Channels 实现这一功能。Channels 是一个扩展了 Django 的 Django 应用程序，并处理需要长时间连接的协议，如 WebSocket、聊天机器人或 MQTT（常用于互联网项目中的轻量级的发布/订阅消息传输）。

当使用 Channels 时，除了标准的 HTTP 同步视图，还可方便地实现实时或异步功能。下面首先向应用程序中添加一个新项目，新的应用程序将包含聊天服务器逻辑。

关于 Django Channels 的文档，读者可访问 https://channels.readthedocs.io/。

下面开始实现聊天服务器。在项目的 educa 项目目录中运行下列命令，并创建新的应用程序文件结构。

```
django-admin startapp chat
```

编辑 educa 项目的 settings.py 文件，并通过编辑 INSTALLED_APPS 设置项在项目中激活 chat 应用程序，如下所示。

```
INSTALLED_APPS = [
    # ...
    'chat',
]
```

当前，新的应用程序在项目中处于活动状态。

针对每一门课程，我们将向学生提供不同的聊天室。对此，需要为学生创建一个视图以连接给定课程的聊天室。这里，仅注册了课程的学生能够访问该课程的聊天室。

编辑新 chat 应用程序的 views.py 文件，并向其中添加下列代码。

```
from django.shortcuts import render, get_object_or_404
from django.http import HttpResponseForbidden
from django.contrib.auth.decorators import login_required

@login_required
def course_chat_room(request, course_id):
    try:
        # retrieve course with given id joined by the current user
        course = request.user.courses_joined.get(id=course_id)
    except:
        # user is not a student of the course or course does not exist
        return HttpResponseForbidden()
    return render(request, 'chat/room.html', {'course': course})
```

在上述 course_chat_room 视图中，我们使用了@login_required 装饰器防止任何未经身份验证的用户访问该视图。该视图接收所需的 course_id 参数，并根据给定的 id 检索课程。

我们通过 courses_joined 关系访问用户注册过的课程，并从课程子集中根据给定 id 检索课程。如果基于给定 id 的课程不存在，或者用户未注册该课程，则返回 HttpResponseForbidden 响应结果，这将转换为包含状态码 403 的 HTTP 响应结果。

如果基于给定 id 的客户存在，且用户注册了该课程，则渲染 chat/room.html 模板，同时将 course 对象传递至模板上下文中。

针对该视图，需要添加一个 URL 模式。在 chat 应用程序目录中创建一个新文件，将其命名为 urls.py 并向其中添加下列代码。

```
from django.urls import path
from . import views

app_name = 'chat'

urlpatterns = [
    path('room/<int:course_id>/', views.course_chat_room,
         name='course_chat_room'),
]
```

这表示为 chat 应用程序的初始 URL 模式文件。我们定义了 course_chat_room URL 模式，同时包含了带有 int 前缀的 course_id 参数，因为此处仅需要一个整数值。

下面将 chat 应用程序的新 URL 模式包含在项目的主 URL 模式中。对此，编辑 educa 项目的主 urls.py 文件，并向其中添加下列代码。

```
urlpatterns = [
    # ...
    path('chat/', include('chat.urls', namespace='chat')),
]
```

这里，chat 应用程序的 URL 模式被添加至项目的 chat/路径下。

接下来需要针对 course_chat_room 视图创建一个模板。该模板将包含一个聊天过程中交换信息的可视化区域，以及一个包含提交按钮的文本输入框，以发送聊天内容的文本消息。

在 chat 应用程序目录中创建下列文件结构。

```
templates/
    chat/
        room.html
```

编辑 chat/room.html 模板，并向其中添加下列代码。

```
{% extends "base.html" %}

{% block title %}Chat room for "{{ course.title }}"{% endblock %}

{% block content %}
  <div id="chat">
  </div>
  <div id="chat-input">
    <input id="chat-message-input" type="text">
    <input id="chat-message-submit" type="submit" value="Send">
  </div>
```

```
{% endblock %}

{% block include_js %}
{% endblock %}

{% block domready %}
{% endblock %}
```

这表示为课程聊天室模板。在该模板中，我们扩展了项目的 base.html 模板，并填充了其 content 块。在该模板中，我们定义了一个<div> HTML 元素，其中包含聊天 ID，用于显示用户和其他学生发送的聊天消息。此外还定义了第二个<div>元素，其中包含了 text 输入和提交按钮，以使用户可发送消息。另外，我们添加了定义于 base.html 模板中的 include_js 和 domready 块（稍后实现），以构建与 WebSocket 的连接，从而发送或接收消息。

运行开发服务器并在浏览器中打开 http://127.0.0.1:8000/chat/room/1/，利用数据库中已有的课程 id 替换数值 1。随后注册了课程的登录用户将访问该聊天室，对应页面如图 16.1 所示。

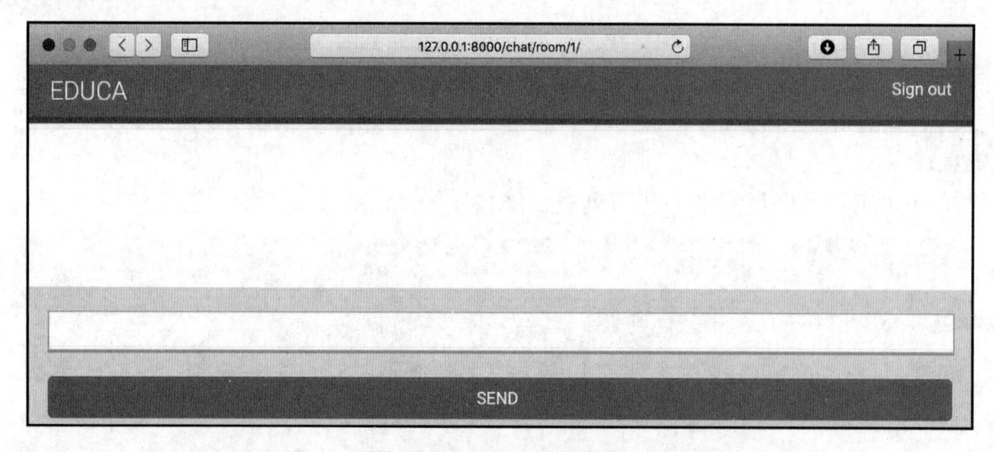

图 16.1　课程聊天室页面

在上述课程聊天室页面中，学生可讨论与课程相关的话题。

16.2　基于 Channels 的实时 Django

我们将构建一个聊天服务器，并向学生提供每门课程的聊天室。注册了课程的学生将能够访问该课程的聊天室并交流信息。这一功能需要服务器和客户端之间的实时通信。其间，客户端应能够连接至聊天室，并能够在任何时刻发送或接收数据。相应地，存在多种方法可实现这一功能，如使用 Ajax 轮询或长轮询，并将消息存储在数据库或 Redis 中。然而，采用标准的同步 Web 应用程序无法实现高效的聊天服务器。对此，我们将采用 ASGI 并通过异步通信实现聊天服务器。

16.2.1　基于 ASGI 的异步应用程序

通常，Django 通过 Web 服务器网关接口（WSGI）进行部署，这是一个标准的 Python 应用程序接口以处理 HTTP 请求。然而，当与异步应用程序协同工作时，需要使用另一个名为 ASGI 的接口，并处理 WebSocket 请求。ASGI 是一个异步 Web 服务器和应用程序的新兴标准。

读者可访问 https://asgi.readthedocs.io/en/latest/introduction.html 查看 ASGI 的概述。

Django 通过 ASGI 支持运行异步 Python 应用程序。自 Django 3.1 起，编写异步视图既得到了支持。Django 4.1 针对基于类的视图引入了异步处理程序。Channels 建立于本地 ASGI 支持的基础上，并提供了额外的功能来处理需要长时间连接的协议，如 WebSocket、IoT 协议和聊天协议。

WebSocket 通过在服务器和客户端之间建立持久、开放、双向的传输控制协议（TCP）连接提供全双工通信。我们将使用 WebSocket 实现聊天服务器。

关于 ASGI 的 Django 部署和更多信息，读者可访问 https://docs.djangoproject.com/en/4.1/howto/deployment/asgi/。

另外，关于编写异步视图的 Django 支持信息，读者可访问 https://docs.djangoproject.com/en/4.1/topics/async/；关于异步基于类的视图的 Django 支持信息，读者可访问 https://docs.djangoproject.com/en/4.1/topics/class-based-views/#async-classbased-views。

16.2.2　基于 Channels 的请求/响应循环

在请求循环中，理解标准异步请求循环和 Channels 实现之间的差别十分重要。图 16.2 显示了同步 Django 设置的请求循环。

当浏览器向 Web 服务器发送 HTTP 请求时，Django 会处理该请求并将 HttpRequest 对象传递至相应的视图。视图处理请求并返回一个 HttpResponse 对象，该对象作为 HTTP 响应发送回浏览器。没有一种机制可以在缺少关联 HTTP 请求的情况下维护打开的连接或向浏览器发送数据。

图 16.3 显示了 Channels 与 WebSocket 结合使用时 Django 项目的请求循环。

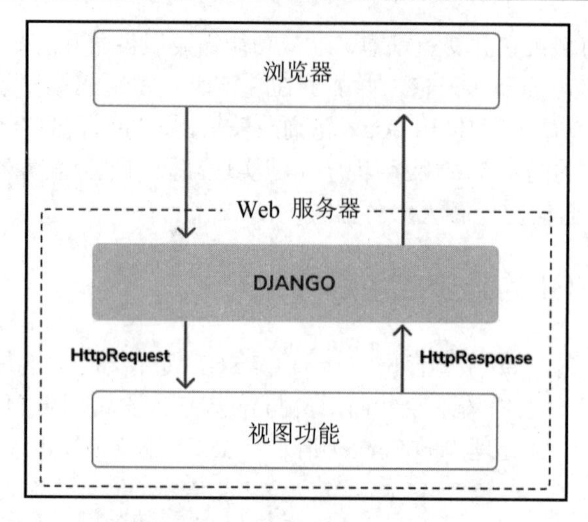

图 16.2　Django 请求/响应循环

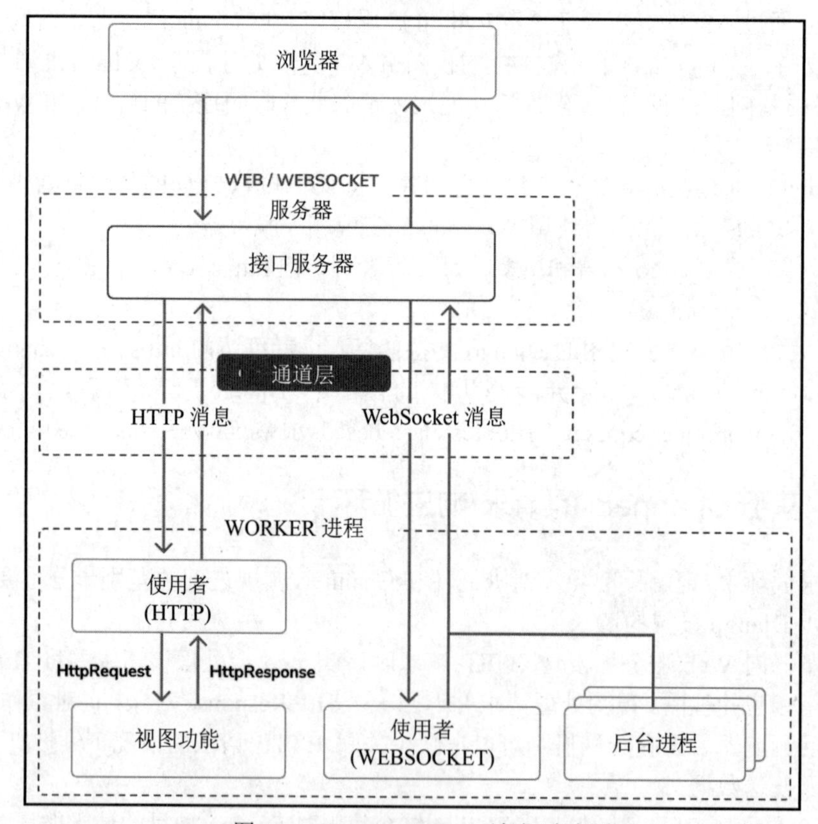

图 16.3　Django Channels 请求/响应循环

Channels 通过在通道间发送的消息替换 Django 的请求/响应循环。HTTP 请求仍然通过 Django 路由至视图，但通过通道实现路由。这也将支持 WebSocket 消息处理。在这种情况下，生产者和使用者可在通道层之间交换信息。Channels 保留了 Django 的同步架构，进而可在同步代码或异步代码之间进行选择。

16.3　安装 Channels

下面将把 Channels 添加至项目中，并对此设置所需的基本 ASGI 应用程序路由以管理 HTTP 请求。

利用下列命令在虚拟环境中安装 channels。

```
pip install channels==3.0.5
```

编辑 educa 项目的 settings.py 文件，并向 INSTALLED_APPS 设置项中添加 channels，如下所示。

```
INSTALLED_APPS = [
    # ...
    'channels',
]
```

当前，channels 应用程序在项目中处于活动状态。

Channels 希望定义一个供所有请求执行的单一根应用程序。对此，可将 ASGI_APPLICATION 设置项添加至项目中，从而定义根应用程序。这与指向项目基 URL 模式的 ROOT_URLCONF 设置项类似。我们可将根应用程序置于项目的任意之处，但建议将其置于项目级别的文件中。我们可将根路由配置直接添加至 asgi.py 文件中，其中定义了 ASGI 应用程序。

编辑 educa 项目目录中的 asgi.py 文件，并添加下列代码。

```
import os

from django.core.asgi import get_asgi_application
from channels.routing import ProtocolTypeRouter

os.environ.setdefault('DJANGO_SETTINGS_MODULE', 'educa.settings')

django_asgi_app = get_asgi_application()
```

```
application = ProtocolTypeRouter({
    'http': django_asgi_app,
})
```

当通过 ASGI 向 Django 项目提供服务时，上述代码定义了将要执行的主 ASGI 应用程序。我们使用 Channels 提供的 ProtocolTypeRouter 类作为路由系统的主入口点。ProtocolTypeRouter 接收一个字典，该字典将 http 或 websocket 等通信类型映射到 ASGI 应用程序。我们可以使用 HTTP 协议的默认应用程序实例化该类。稍后，将为 WebSocket 添加一个协议。

接下来将下列代码行添加至项目的 settings.py 文件中。

```
ASGI_APPLICATION = 'educa.routing.application'
```

Channels 使用 ASGI_APPLICATION 设置项来定位根路由配置。

当 Channels 添加至 INSTALLED_APPS 设置项后，它将掌控 runserver 命令，并替换标准的 Django 开发服务器。除了为同步请求处理 Django 视图的 URL 路由，Channels 开发服务器还管理 WebSocket 使用者的路由。

利用下列命令启动开发服务器。

```
python manage.py runserver
```

对应的输出结果如下所示。

```
Watching for file changes with StatReloader
Performing system checks...

System check identified no issues (0 silenced).
May 30, 2022 - 08:02:57
Django version 4.0.4, using settings 'educa.settings'
Starting ASGI/Channels version 3.0.4 development server at
http://127.0.0.1:8000/
Quit the server with CONTROL-C.
```

经检查后可以看到，输出结果中包含了 Starting ASGI/Channels version 3.0.4 development server 这一行代码，并以此确定正在使用 Channels 开发服务器，从而管理同步和异步请求，而非标准的 Django 开发服务器。HTTP 请求的行为与之前相比保持不变，但通过 Channels 实现路由。

当前，Channels 已经安装在项目中，接下来即可针对课程构建聊天服务器。当实现项目的聊天服务器时，须执行下列步骤。

（1）设置使用者。使用者是一个独立的代码片段，并以传统 HTTP 视图类似的方式处理 WebSocket。这里，我们将构建一个使用者以向通信通道中读取和写入消息。

（2）配置路由。Channels 提供了路由类，并可组合和堆叠使用者。我们将为聊天使用者配置 URL 路由。

（3）实现 WebSocket 客户端。当学生访问聊天室时，我们将在浏览器中连接至 WebSocket，并通过 JavaScript 发送和接收消息。

（4）启用通道层。通道层允许我们在不同的应用程序实例间通信。这也是分布式实时应用程序中的重要部分。对此，我们将利用 Redis 设置一个通道层。

下面开始编写自己的使用者，以处理 WebSocket、消息的接收和发送，以及断开连接等操作。

16.4　编写使用者

使用者相当于异步应用程序的 Django 视图。如前所述，它们处理 WebSocket 的方式与传统视图处理 HTTP 请求的方式非常相似。使用者是可处理消息、通知和其他内容的 ASGI 应用程序。不同于 Django 视图，使用者主要针对长时间运行的通信行为。URL 通过路由类映射至使用者，进而可组合和堆叠使用者。

下面实现一个基本的使用者，它可以接收 WebSocket 连接，并返回从 WebSocket 接收的每条消息。该初始功能可使学生向使用者发送消息，并接收所发送的消息。

在 chat 应用程序目录中创建新文件，将其命名为 consumers.py 并向其中添加下列代码。

```
import json
from channels.generic.websocket import WebsocketConsumer

class ChatConsumer(WebsocketConsumer):
    def connect(self):
        # accept connection
        self.accept()

    def disconnect(self, close_code):
        pass

    # receive message from WebSocket
    def receive(self, text_data):
        text_data_json = json.loads(text_data)
        message = text_data_json['message']
```

```
        # send message to WebSocket
        self.send(text_data=json.dumps({'message': message}))
```

上述代码定义了 ChatConsumer 使用者。该类继承自 Channels WebsocketConsumer，以实现基本的 WebSocket 使用者。在该使用者中，我们实现了下列方法。

- connnect()：当新连接被接收时调用该方法。我们利用 self.accept()接收任意连接。此外还可通过调用 self.close()拒绝连接。
- disconnect()：当套接字关闭时调用该方法。由于客户端关闭连接时无须执行任何动作，因此这里使用了 pass。
- receive()：当接收数据时调用该方法。其中，文本作为 text_data 被接收（对于二进制数据，也可以是 binary_data）。随后将接收到的文本数据作为 JSON 处理。因此，可使用 JSON .loads()将接收到的 JSON 数据加载到 Python 字典中。接下来访问消息键，该键将出现于接收到的 JSON 结构中。当回显消息时，可以使用 self.send()将消息发送回 WebSocket，并通过 json.dumps()再次将其转换为 JSON 格式。

ChatConsumer 使用者的初始版本接收任意 WebSocket 连接，并向 WebSocket 客户端返回它接收到的每条消息。注意，使用者并未将消息广播至其他客户端。稍后将通过通道层实现这一功能。

16.5 路由机制

我们需要定义一个 URL，并将连接路由至之前实现的 ChatConsumer 使用者。对此，Channels 提供了路由类，并根据连接内容组合和堆叠使用者以进行分发。我们可将此视为针对异步应用程序的 Django 的 URL 路由机制。

在 chat 应用程序目录中创建新文件，将其命名为 routing.py 并向其中添加下列代码。

```
from django.urls import re_path
from . import consumers

websocket_urlpatterns = [
    re_path(r'ws/chat/room/(?P<course_id>\d+)/$',
        consumers.ChatConsumer.as_asgi()),
]
```

在上述代码中，我们利用定义于 chat/consumers.py 中的 ChatConsumer 类映射 URL 模式，同时使用 Django 的 re_path 并通过正则表达式定义路径。由于 Channels 的 URL 路由的局限性，此处使用了 re_path 函数，而非公共的 path 函数。URL 包含了一个名为 course_id 的整数参数，该参数在使用者范围内有效，并且可识别用户连接的课程聊天室。我们调用 consumer 类的 as_asgi()方法以获取 ASGI 应用程序，进而实例化每个用户连接的使用者实例。该行为类似于针对基于类的视图的 Django 的 as_view()方法。

注意：

一种较好的做法是将/ws/用作 WebSocket URL 的前缀，以区别于用于标准同步 HTTP 请求的 URL。当 HTTP 服务器根据路径路由请求时，这也简化了生产设置。

编辑全局 asgi.py 文件，如下所示。

```
import os

from django.core.asgi import get_asgi_application
from channels.routing import ProtocolTypeRouter, URLRouter
from channels.auth import AuthMiddlewareStack
import chat.routing

os.environ.setdefault('DJANGO_SETTINGS_MODULE', 'educa.settings')

django_asgi_app = get_asgi_application()

application = ProtocolTypeRouter({
    'http': django_asgi_app,
    'websocket': AuthMiddlewareStack(
        URLRouter(chat.routing.websocket_urlpatterns)
    ),
})
```

在上述代码中，我们针对 websocket 协议添加了新路由，并使用 URLRouter 将 websocket 连接映射至聊天应用程序 routing.py 文件的 websocket_urlpatterns 列表中定义的 URL 模式。此外还使用了 AuthMiddlewareStack。Channels 提供的 AuthMiddlewareStack 类支持标准的 Django 身份验证，其中，用户详细信息存储于会话中。随后，我们将在使用者范围内访问用户实例，以识别发送消息的用户。

16.6　实现 WebSocket 客户端

截至目前，我们创建了 course_chat_room 视图及其对应的模板，以访问课程聊天室。

另外，还针对聊天服务器实现了 WebSocket 使用者，并将其与 URL 路由关联。当前，我们需要构建一个 WebSocket 客户端，并在课程聊天室模板中构建与 WebSocket 的连接，从而能够发送/接收消息。

我们将利用 JavaScript 实现 WebSocket 客户端，并在浏览器中打开和维护连接。通过 JavaScript，我们将与文档对象模型（DOM）进行交互。

编辑 chat 应用程序的 chat/room.html 模板，并调整 include_js 和 domready 块，如下所示。

```
{% block include_js %}
  {{ course.id|json_script:"course-id" }}
{% endblock %}

{% block domready %}
  const courseId = JSON.parse(
    document.getElementById('course-id').textContent
  );
  const url = 'ws://' + window.location.host +
              '/ws/chat/room/' + courseId + '/';
  const chatSocket = new WebSocket(url);
{% endblock %}
```

在 include_js 块中，我们使用 json_script 模板过滤器以安全地将 course.id 值与 JavaScript 结合使用。Django 提供的 json_script 模板过滤器将 Python 对象输出为 JSON 格式，并封装在<script>标记中，这样就可以安全地将其与 JavaScript 一起使用。代码 {{ course.id|json_script:"course-id" }}渲染为<script id="course-id" type="application/json"> 6</script>。随后，对应值在 domready 块中被检索，即利用 JSON.parse()和 id="course-id" 解析元素内容。这可视为在 JavaScript 中使用 Python 对象的安全方法。

关于 json_script 模板过滤器的更多信息，读者可访问 https://docs.djangoproject.com/en/4.1/ref/templates/builtins/#json-script。

在 domready 块中，我们利用 WebSocket 协议定义了 URL，形如 ws://（或者针对安全的 WebSocket 的 wss://，就像 https://）。另外，我们通过浏览器的当前位置构建 URL，该位置是从 window.location.host 获得的。URL 的其余部分是采用聊天室 URL 模式的路径构建的，该模式定义于 chat 应用程序的 routing.py 文件中。

这里，我们编写 URL 而不是使用解析器构建它，因为 Channels 不提供反转 URL 的方法。另外，我们使用当前课程的 ID 为当前课程生成 URL，并将 URL 存储在名为 url 的新常量中。

随后使用新的 WebSocket(url)打开存储 URL 的 WebSocket 连接，并将实例化的 WebSocket 客户端对象分配给新的常量 chatSocket。

当前，我们已经创建了一个 WebSocket 使用者，同时包含了其路由，并实现了一个基本的 WebSocket 客户端。接下来尝试使用聊天室的初始版本。

利用下列命令启动开发服务器。

```
python manage.py runserver
```

在浏览器中打开 URL http://127.0.0.1:8000/chat/room/1/，利用数据库中已有课程的 id 替换数值 1，随后查看控制台输出结果。除了页面及其静态文件的 HTTP GET 请求，还可看到包含了 WebSocket HANDSHAKING 和 WebSocket CONNECT 的两行内容，如下所示。

```
HTTP GET /chat/room/1/ 200 [0.02, 127.0.0.1:57141]
HTTP GET /static/css/base.css 200 [0.01, 127.0.0.1:57141]
WebSocket HANDSHAKING /ws/chat/room/1/ [127.0.0.1:57144]
WebSocket CONNECT /ws/chat/room/1/ [127.0.0.1:57144]
```

Channels 开发服务器利用标准的 TCP 套接字监听输入的套接字连接。这里，握手表示为 HTTP 和 WebSocket 之间的桥接。握手过程将协商连接的细节内容，任何一方都可以在完成连接之前关闭连接。记住，我们正在使用 self.accept()接收 ChatConsumer 类的 connect()方法中的任何连接，该方法在 chat 应用程序的 customers.py 文件中实现。当连接接受后，即可在控制台中看到 WebSocket CONNECT 消息。

如果采用浏览器开发工具跟踪网络连接，则会看到已建立的 WebSocket 连接的信息，如图 16.4 所示。

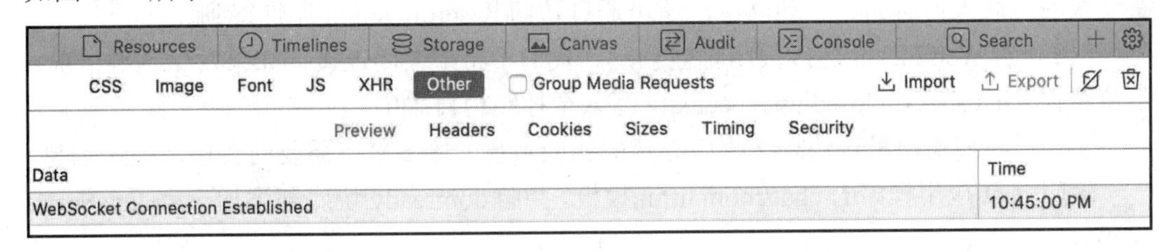

图 16.4　显示了已建立的 WebSocket 连接的浏览器开发工具

在连接至 WebSocket 后，接下来将与其进行交互，并实现相关方法处理普通事件，如接收消息和关闭连接。编辑 chat 应用程序的 chat/room.html 模板，并调整 domready 块，如下所示。

```
{% block domready %}
  const courseId = JSON.parse(
```

```
        document.getElementById('course-id').textContent
    );
    const url = 'ws://' + window.location.host +
                '/ws/chat/room/' + courseId + '/';
    const chatSocket = new WebSocket(url);

    chatSocket.onmessage = function(event) {
        const data = JSON.parse(event.data);
        const chat = document.getElementById('chat');

        chat.innerHTML += '<div class="message">' +
                          data.message + '</div>';
        chat.scrollTop = chat.scrollHeight;
    };

    chatSocket.onclose = function(event) {
        console.error('Chat socket closed unexpectedly');
    };

{% endblock %}
```

在上述代码中，我们定义了两个 WebSocket 客户端事件。

（1）onmessage：当数据通过 WebSocket 被接收时将被触发。随后将解析消息（期望为 JSON 格式），并访问其 message 属性。接下来将包含接收消息的新<div>元素附加至包含 chat ID 的 HTML 元素中。这将向聊天日志添加新的消息，同时保留已添加到日志中的所有以前的消息。我们将聊天日志<div>滚动至底部，以确保新消息可见。对此，可实现滚动至聊天日志的总滚动高度，这可通过访问其 scrollHeight 属性得到。

（2）当 WebSocket 连接关闭时被触发。我们不希望关闭连接，如果发生这种情况，可将错误 Chat socket closed unexpectedly 写入至控制台日志中。

至此，我们实现了新消息接收后显示的相应消息，接下来还需要向套接字发送消息。

编辑 chat 应用程序的 chat/room.html 模板，并向 domready 块底部添加下列 JavaScript 代码。

```
const input = document.getElementById('chat-message-input');
const submitButton = document.getElementById('chat-message-submit');

submitButton.addEventListener('click', function(event) {
    const message = input.value;
    if(message) {
        // send message in JSON format
```

```
        chatSocket.send(JSON.stringify({'message': message}));
        // clear input
        input.innerHTML = '';
        input.focus();
    }
});
```

在上述代码中，我们针对提交按钮的 click 事件定义了监听器，并通过其 ID chat-message-submit 进行选择。当单击按钮后，将执行下列动作。

（1）从 ID 为 chat-message-input 的文本输入元素的值中读取用户输入的消息。

（2）通过 if(message)检查消息是否包含任何内容。

（3）如果用户输入了一条消息，则通过 JSON.stringify()构成形如{'message': 'string entered by the user'}的 JSON 内容。

（4）调用 chatSocket 客户端的 send()方法，通过 WebSocket 发送 JSON 内容。

（5）利用 input.innerHTML = ''将值设置为空字符串，从而清除文本输入内容。

（6）利用 input.focus()返回至文本输入焦点，以便用户可直接编写新消息。

当前，用户可利用文本输入和单击提交按钮发送消息。

为了改进用户体验，可在页面加载后立即将焦点放在文本输入上，以便用户可以直接在其中输入。此外还将捕获键盘按键事件，以识别 Enter 键并触发提交按钮上的单击事件。用户可以单击按钮或按 Enter 键发送消息。

编辑 chat 应用程序的 chat/room.html 模板，并向 domready 块底部添加下列 JavaScript 代码。

```
input.addEventListener('keypress', function(event) {
    if (event.key === 'Enter') {
        // cancel the default action, if needed
        event.preventDefault();
        // trigger click event on button
        submitButton.click();
    }
  });

input.focus();
```

上述代码针对 input 元素的 keypress 事件定义了一个函数。对于用户按下的任意键，我们检查该键是否为 Enter 键。此处可采用 event.preventDefault()阻止该键的默认行为。当按下 Enter 键时，将触发提交按钮上的 click 事件，并向 WebSocket 发送消息。

在事件处理程序的外部，在 domready 块的主 JavaScript 代码中，可以使用 input.focus() 为文本输入提供焦点。据此，当加载 DOM 时，焦点将设置在 input 元素上，以使用户输入消息。

```
{% block domready %}
  const courseId = JSON.parse(
    document.getElementById('course-id').textContent
  );
  const url = 'ws://' + window.location.host +
              '/ws/chat/room/' + courseId + '/';
  const chatSocket = new WebSocket(url);

  chatSocket.onmessage = function(event) {
    const data = JSON.parse(event.data);
    const chat = document.getElementById('chat');

    chat.innerHTML += '<div class="message">' +
                      data.message + '</div>';
    chat.scrollTop = chat.scrollHeight;
  };

  chatSocket.onclose = function(event) {
    console.error('Chat socket closed unexpectedly');
  };

  const input = document.getElementById('chat-message-input');
  const submitButton = document.getElementById('chat-message-submit');

  submitButton.addEventListener('click', function(event) {
    const message = input.value;
    if(message) {
      // send message in JSON format
      chatSocket.send(JSON.stringify({'message': message}));
      // clear input
      input.value = '';
      input.focus();
    }
  });

  input.addEventListener('keypress', function(event) {
    if (event.key === 'Enter') {
```

```
    // cancel the default action, if needed
    event.preventDefault();
    // trigger click event on button
    submitButton.click();
  }
 });

 input.focus();
{% endblock %}
```

在浏览器中打开 URL http://127.0.0.1:8000/chat/room/1/，利用数据库中已有课程的 id 替换数值。完成课程注册的登录用户可在输入框中写入一些文本内容，随后单击 SEND 按钮或按下 Enter 键。

随后可看到聊天日志中所显示的消息，如图 16.5 所示。

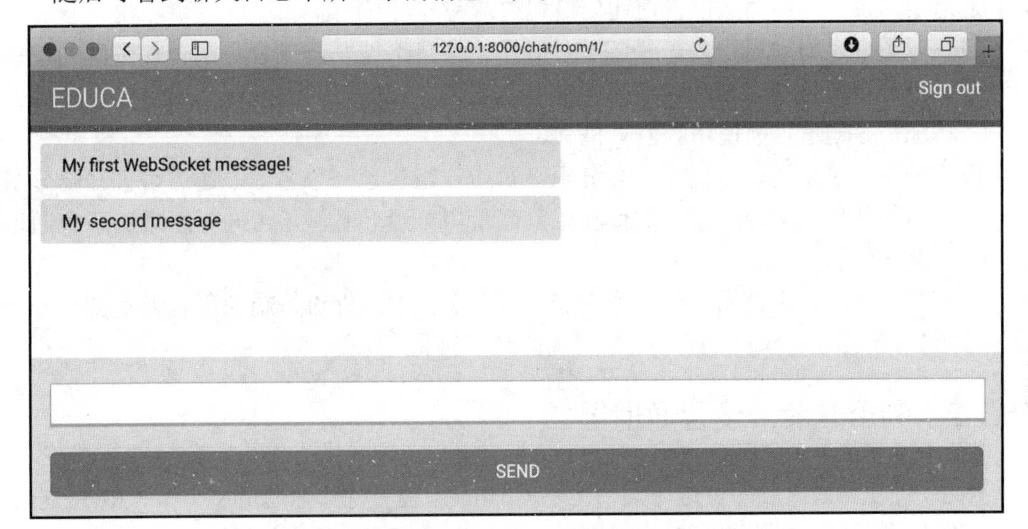

图 16.5　聊天室页面，包含通过 WebSocket 发送的消息

当前，消息通过 WebSocket 发送，ChatConsumer 使用者接收该消息并通过 WebSocket 将其发回。chatSocket 客户端接收到一个消息事件，并触发 onmessage 函数，同时将消息添加至聊天日志中。

至此，我们实现了 WebSocket 使用者和 WebSocket 客户端，并构建了客户端/服务器通信，进而可发送或接收事件。然而，聊天服务器尚无法将消息广播至其他客户端。如果打开第二个浏览器选项卡并输入一条消息，消息将不会出现在第一个选项卡中。为了构建使用者之间的通信，需要启用通道层。

16.7　启用通道层

通道层允许我们在不同的应用程序实例之间通信。通道层是一种传输机制，支持多个使用者实例之间的彼此通信，以及与 Django 其他部分间的通信。

在聊天服务器中，我们计划针对同一个课程聊天室包含多个 ChatConsumer 使用者实例。连接至聊天室的每位学生将在其浏览器中实例化 WebSocket 客户端，这将打开与 WebSocket 使用者实例的连接。对此，需要一个公共通道层以在使用者之间分发消息。

16.7.1　通道和分组

通道层提供了两种抽象以管理通信，即通道和分组。

- 通道：可将通道视为一个邮箱，其中，消息可被发送或者是一个任务队列。每个通道包含一个名称。消息可被知晓通道名称的任何人发送至通道中，随后分配与该通道上的使用者监听机制。
- 分组。多个通道可构成一个分组。每个分组包含一个名称。通道可被知晓分组名的任何人从分组中添加或移除。当使用分组名时，还可向分组中的所有通道发送消息。

我们将与通道分组协同工作以实现聊天服务器。通过针对每个课程聊天室创建一个通道分组，ChatConsumer 实例将能够实现彼此间的通信。

16.7.2　利用 Redis 设置通道层

Redis 可视为通道层的首选方案，虽然 Channels 也支持其他通道层类型。Redis 的工作方式类似于通道层的通信存储。回忆一下，我们曾在第 7 章中使用过 Redis。

如果尚未安装 Redis，可参考第 7 章中的安装指令。

当把 Redis 用作通道层时，须安装 channels-redis 包。利用下列命令在虚拟环境中安装 channels-redis。

```
pip install channels-redis==3.4.1
```

编辑 educa 项目的 settings.py 文件，并向其中添加下列代码。

```
CHANNEL_LAYERS = {
    'default': {
```

```
        'BACKEND': 'channels_redis.core.RedisChannelLayer',
        'CONFIG': {
            'hosts': [('127.0.0.1', 6379)],
        },
    },
}
```

CHANNEL_LAYERS 定义了项目通道层的配置。我们利用 channels-redis 提供的 RedisChannelLayer 后端定义了默认的通道层，并制定了 Redis 运行的主机 127.0.0.1 和端口 6379。

下面尝试使用通道层。利用下列命令初始化 Redis Docker 容器。

```
docker run -it --rm --name redis -p 6379:6379 redis
```

如果打算在后台（分离模式）运行上述命令，可使用-d 选项。

在项目目录中利用下列命令打开 Django shell。

```
python manage.py shell
```

当验证通道层是否可与 Redis 通信时，可编写下列代码向名为 test_channel 的测试通道发送消息，并反向接收该消息。

```
>>> import channels.layers
>>> from asgiref.sync import async_to_sync
>>> channel_layer = channels.layers.get_channel_layer()
>>> async_to_sync(channel_layer.send)('test_channel',{'message':'hello'})
>>> async_to_sync(channel_layer.receive)('test_channel')
```

对应的输出结果如下所示。

```
{'message': 'hello'}
```

在上述代码中，我们通过通道层向测试通道发送了消息，并于随后从通道层接收消息。这表明，通道层可与 Redis 成功地进行通信。

16.7.3　更新使用者并广播消息

下面编辑 ChatConsumer 使用者并使用通道层。我们将针对每个课程聊天室使用通道分组。因此，将采用课程 id 构建分组名称。ChatConsumer 实例将知晓该分组名，并能够实现彼此间的通信。

编辑 chat 应用程序的 consumers.py 文件、导入 async_to_sync()函数，并调整 ChatConsumer 类的 connect()方法，如下所示。

```
import json
from channels.generic.websocket import WebsocketConsumer
from asgiref.sync import async_to_sync

class ChatConsumer(WebsocketConsumer):
    def connect(self):
        self.id = self.scope['url_route']['kwargs']['course_id']
        self.room_group_name = f'chat_{self.id}'
        # join room group
        async_to_sync(self.channel_layer.group_add)(
            self.room_group_name,
            self.channel_name
        )
        # accept connection
        self.accept()
    # ...
```

在上述代码中，我们导入了 async_to_sync()帮助函数，以封装异步通道层方法调用。ChatConsumer 是一个同步 WebsocketConsumer 使用者，但需要调用通道层的异步方法。

在 connect()方法中，将执行下列任务。

（1）从作用域中检索课程 id，以知晓聊天室关联的课程。我们访问 self.scope['url_route']['kwargs ']['course_id']以检索 URL 中的 course_id 参数。每个使用者都有一个作用域，其中包含关于其连接、通过 URL 传递的参数和经过身份验证的用户（如果存在）的信息。

（2）利用分组对应的课程 id 构建分组名。记住，我们针对每个课程聊天室均包含一个通道分组。我们将分组名存储在使用者的 room_group_name 属性中。

（3）通过将当前通道添加至分组中连接分组。我们可从使用者的 channel_name 属性中获取通道名，并使用通道层的 group_add 方法向分组中添加通道。另外，我们采用 async_to_sync()封装器并使用通道层异步方法。

（4）保留 self.accept()调用以接收 WebSocket 连接。

当 ChatConsumer 使用者接收新的 WebSocket 连接时，它将把通道添加至其作用域内课程关联的分组中。当前，使用者可接收发送至分组中的任何消息。

在同一 consumers.py 文件中，调整 ChatConsumer 类的 disconnect()方法，如下所示。

```
class ChatConsumer(WebsocketConsumer):
    # ...
    def disconnect(self, close_code):
        # leave room group
        async_to_sync(self.channel_layer.group_discard)(
```

```
            self.room_group_name,
            self.channel_name
        )
    # ...
```

当连接关闭时，将调用通道层的 group_discard()方法并离开当前分组。我们使用 async_to_sync()封装器并使用通道层的异步方法。

在同一 consumers.py 文件中，调整 ChatConsumer 类的 receive()方法，如下所示。

```
class ChatConsumer(WebsocketConsumer):
    # ...
    # receive message from WebSocket
    def receive(self, text_data):
        text_data_json = json.loads(text_data)
        message = text_data_json['message']
        # send message to room group
        async_to_sync(self.channel_layer.group_send)(
            self.room_group_name,
            {
                'type': 'chat_message',
                'message': message,
            }
        )
```

当从 WebSocket 连接接收消息时，而非向关联通道发送消息，我们将向分组发送消息，这可通过调用通道层的 group_send()方法予以实现。我们采用了 async_to_sync()封装器并使用了通道层的异步方法。另外，我们在发送至分组的事件中传递下列信息。

- type：事件类型。这是一个特殊的键并对应于方法名称。该方法应在接收事件的使用者上被调用。相应地，可在使用者中实现与消息类型命名相同的方法，以便在每次接收到具有该特定类型的消息时执行该方法。
- message：发送的实际消息。

在同一 consumers.py 文件中，在 ChatConsumer 类中添加新的 chat_message()方法，如下所示。

```
class ChatConsumer(WebsocketConsumer):
    # ...
    # receive message from room group
    def chat_message(self, event):
        # send message to WebSocket
        self.send(text_data=json.dumps(event))
```

此处将方法命名为 chat_message()，以匹配从 WebSocket 接收到消息时发送到通道分组的 type 键。当类型为 chat_message 的消息发送至分组中时，分组订阅的所有使用者将接收消息，并执行 chat_message()方法。在 chat_message()方法中，将接收到的事件消息发送到 WebSocket。

完整的 consumers.py 文件如下所示。

```
import json
from channels.generic.websocket import WebsocketConsumer
from asgiref.sync import async_to_sync

class ChatConsumer(WebsocketConsumer):
    def connect(self):
        self.id = self.scope['url_route']['kwargs']['course_id']
        self.room_group_name = f'chat_{self.id}'
        # join room group
        async_to_sync(self.channel_layer.group_add)(
            self.room_group_name,
            self.channel_name
        )
        # accept connection
        self.accept()

    def disconnect(self, close_code):
        # leave room group
        async_to_sync(self.channel_layer.group_discard)(
            self.room_group_name,
            self.channel_name
        )

    # receive message from WebSocket
    def receive(self, text_data):
        text_data_json = json.loads(text_data)
        message = text_data_json['message']
        # send message to room group
        async_to_sync(self.channel_layer.group_send)(
            self.room_group_name,
            {
                'type': 'chat_message',
                'message': message,
            }
        )
```

```
    # receive message from room group
    def chat_message(self, event):
        # send message to WebSocket
        self.send(text_data=json.dumps(event))
```

至此，我们实现了 ChatConsumer 中的通道层，并使使用者可广播消息以及彼此间通信。

利用下列命令运行开发服务器。

```
python manage.py runserver
```

在浏览器中打开 http://127.0.0.1:8000/chat/room/1/，利用数据库中的已有课程 id 替换数值 1。编写一条消息并发送该消息。随后打开第二个浏览器窗口，并访问同一 URL。随后在每个浏览器窗口中发送一条消息，如图 16.6 所示。

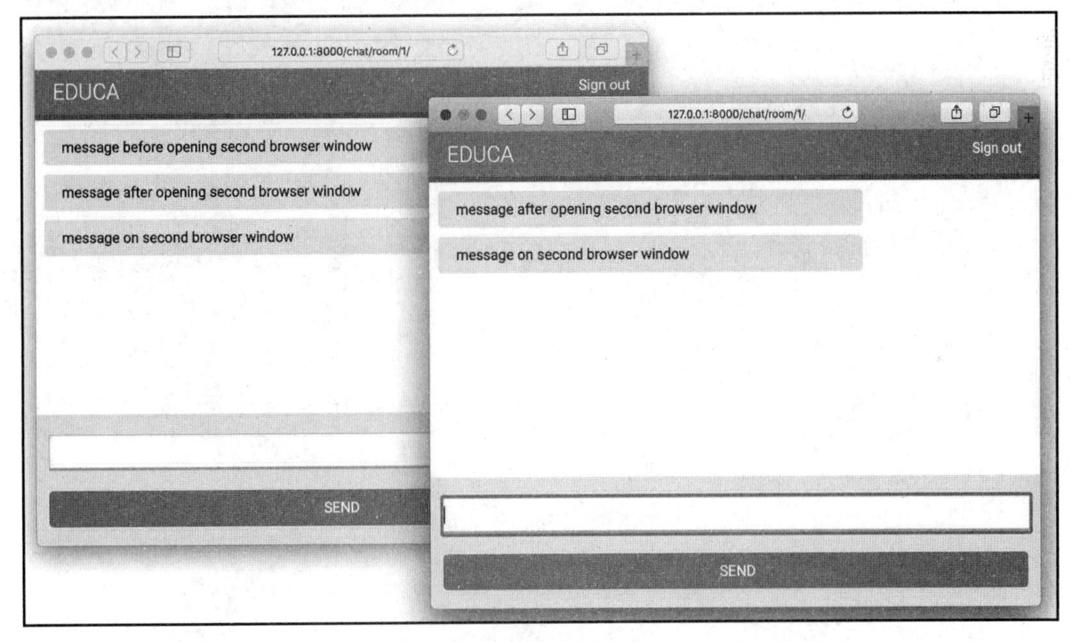

图 16.6　包含从不同浏览器窗口发送消息的聊天室页面

可以看到，第一条消息仅显示于第一个浏览器中。当打开第二个浏览器窗口后，从任意浏览器窗口发送的消息将显示于两个窗口中。当打开新的浏览器窗口并访问聊天室 URL 时，将在浏览器中的 JavaScript WebSocket 客户端和服务器中的 WebSocket 使用者之间建立新的 WebSocket 连接。每个通道被添加到与课程 ID 关联的分组中，并通过 URL 传递给使用者。消息被发送到分组，并由所有使用者接收。

16.7.4　向消息中添加上下文

由于消息可在聊天室所有用户之间交换，因而可能需要显示谁发送了哪一条消息以及消息发送的时间。下面将向消息中添加一些上下文信息。

编辑 chat 应用程序中的 consumers.py 文件，并实现下列变化。

```
import json
from channels.generic.websocket import WebsocketConsumer
from asgiref.sync import async_to_sync
from django.utils import timezone

class ChatConsumer(WebsocketConsumer):
    def connect(self):
        self.user = self.scope['user']
        self.id = self.scope['url_route']['kwargs']['course_id']
        self.room_group_name = f'chat_{self.id}'
        # join room group
        async_to_sync(self.channel_layer.group_add)(
            self.room_group_name,
            self.channel_name
        )
        # accept connection
        self.accept()

    def disconnect(self, close_code):
        # leave room group
        async_to_sync(self.channel_layer.group_discard)(
            self.room_group_name,
            self.channel_name
        )

    # receive message from WebSocket
    def receive(self, text_data):
        text_data_json = json.loads(text_data)
        message = text_data_json['message']
        now = timezone.now()
        # send message to room group
        async_to_sync(self.channel_layer.group_send)(
            self.room_group_name,
            {
                'type': 'chat_message',
                'message': message,
                'user': self.user.username,
```

```
                'datetime': now.isoformat(),
            }
        )

    # receive message from room group
    def chat_message(self, event):
        # send message to WebSocket
        self.send(text_data=json.dumps(event))
```

此处导入了 Django 提供的 timezone 模块。在使用者的 connect()方法中，我们利用 self.scope['user']在作用域中检索当前用户，并将其存储在使用者的新的 user 属性中。当使用者通过 WebSocket 接收消息时，将通过 timezone.now()获取当前时间，并将 ISO 8601 格式的当前用户和日期时间连同事件中的消息一起传递给通道分组。

编辑 chat 应用程序的 chat/room.html 模板，并将下列代码添加至 include_js 块中。

```
{% block include_js %}
  {{ course.id|json_script:"course-id" }}
  {{ request.user.username|json_script:"request-user" }}
{% endblock %}
```

当使用 json_script 模板时，可以安全地输出请求用户的用户名，以便在 JavaScript 中使用它。

在 chat/room.html 模板的 domready 块中，添加下列代码。

```
{% block domready %}
  const courseId = JSON.parse(
    document.getElementById('course-id').textContent
  );
  const requestUser = JSON.parse(
    document.getElementById('request-user').textContent
  );
  # ...
{% endblock %}
```

在新代码中，可利用 ID request-user 安全地解析元素的数据，并将其存储至 requestUser 常量中。

随后在 domready 块中，查找到下列代码行。

```
const data = JSON.parse(e.data);
const chat = document.getElementById('chat');

chat.innerHTML += '<div class="message">' +
                  data.message + '</div>';
chat.scrollTop = chat.scrollHeight;
```

并利用下列代码替换上述代码行。

```
const data = JSON.parse(e.data);
const chat = document.getElementById('chat');

const dateOptions = {hour: 'numeric', minute: 'numeric', hour12: true};
const datetime = new Date(data.datetime).toLocaleString('en',dateOptions);
const isMe = data.user === requestUser;
const source = isMe ? 'me' : 'other';
const name = isMe ? 'Me' : data.user;

chat.innerHTML += '<div class="message ' + source + '">' +
                  '<strong>' + name + '</strong> ' +
                  '<span class="date">' + datetime + '</span><br>' +
                  data.message + '</div>';
chat.scrollTop = chat.scrollHeight;
```

上述代码实现了下列变化内容。

（1）将消息中接收到的 datetime 转换为 JavaScript Date 对象，并通过特定的区域对其进行格式化。

（2）将在消息中接收到的用户名与两个不同的常量进行比较以识别用户。

（3）如果发送消息的用户是当前用户，则常量 source 将获取值 me，否则将获取 other 值。

（4）如果发送消息的用户是当前用户，则常量 name 将获取值 Me，否则将获取发送消息的用户名。我们可以使用它来显示发送消息的用户名。

（5）将 source 值用作主<div>消息元素的一个 class，以区分当前用户发送的消息与其他用户发送的消息。根据 class 属性应用不同的 CSS 样式。这些 CSS 样式在 CSS /base.css 静态文件中声明。

（6）在附加到聊天日志的消息中使用用户名和日期时间。

在浏览器中打开 URL http://127.0.0.1:8000/chat/room/1/，利用数据库中的已有课程的 id 替换数值 1。随后，注册了课程的登录用户编写一条消息并发送该消息。

随后以隐身模式打开第二个浏览器窗口，以防止使用同一会话。接下来利用不同的用户登录，注册同一门课程后并发送消息。

我们将利用两个不同的用户交换消息，并查看用户和时间，从而清楚地区分用户发送的消息和其他人发送的消息。这里，两个用户间的对话如图 16.7 所示。

当前，我们通过 Channels 构建了实时聊天室应用程序。接下来将学习如何通过全异步方式改进聊天室的使用者。

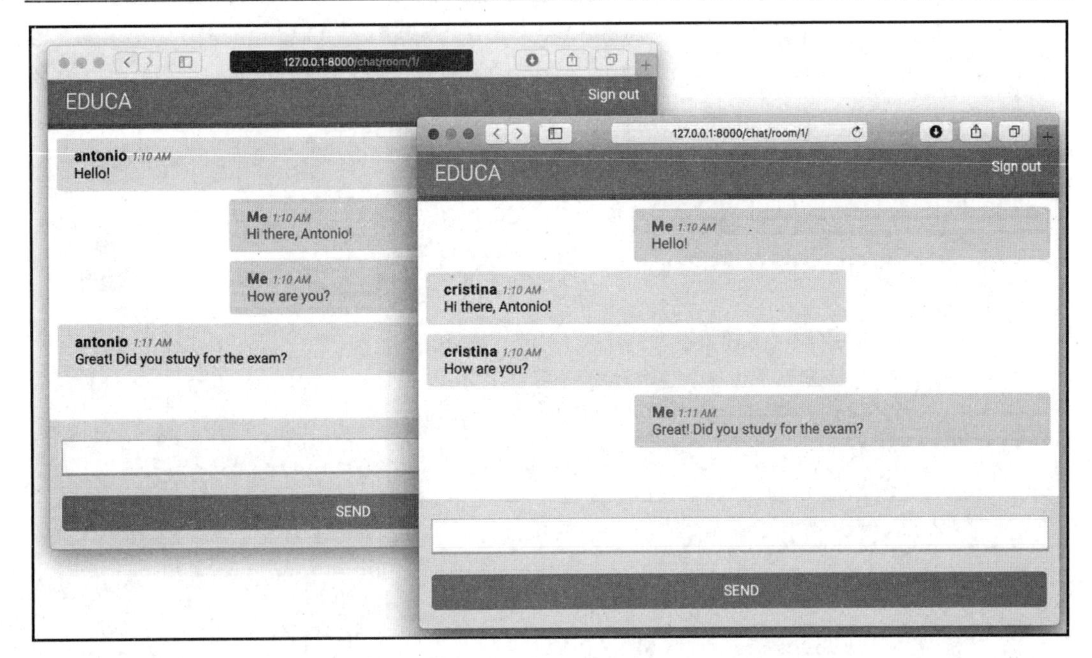

图 16.7　包含两个不同用户会话消息的聊天室页面

16.8　将使用者调整为全异步

我们实现的 ChatConsumer 继承自 WebsocketConsumer 基类且具有同步特性。同步使用者可方便地访问 Django 模型并调用常规的同步 I/O 函数。然而，异步使用者则更胜一筹，因为它们在处理请求时无须额外的线程。鉴于使用了异步通道层函数，因而可重写 ChatConsumer 类以使其呈现为异步状态。

编辑 chat 应用程序的 consumers.py 文件，并实现下列变化内容。

```
import json
from channels.generic.websocket import AsyncWebsocketConsumer
from asgiref.sync import async_to_sync
from django.utils import timezone

class ChatConsumer(AsyncWebsocketConsumer):
    async def connect(self):
        self.user = self.scope['user']
        self.id = self.scope['url_route']['kwargs']['course_id']
        self.room_group_name = 'chat_%s' % self.id
```

```
        # join room group
        await self.channel_layer.group_add(
            self.room_group_name,
            self.channel_name
        )
        # accept connection
        await self.accept()

    async def disconnect(self, close_code):
        # leave room group
        await self.channel_layer.group_discard(
            self.room_group_name,
            self.channel_name
        )

    # receive message from WebSocket
    async def receive(self, text_data):
        text_data_json = json.loads(text_data)
        message = text_data_json['message']
        now = timezone.now()
        # send message to room group
        await self.channel_layer.group_send(
            self.room_group_name,
            {
                'type': 'chat_message',
                'message': message,
                'user': self.user.username,
                'datetime': now.isoformat(),
            }
        )

    # receive message from room group
    async def chat_message(self, event):
        # send message to WebSocket
        await self.send(text_data=json.dumps(event))
```

上述代码实现了下列变化内容。

（1）ChatConsumer 使用者继承自 AsyncWebsocketConsumer 类，并实现了异步调用。

（2）修改了所有的方法定义，即将 def 修改为 async def。

（3）使用 await 调用执行 I/O 操作的异步函数。

（4）当调用通道层上的方法时，不再使用 async_to_sync()帮助方法。

利用两个不同的浏览器窗口打开 http://127.0.0.1:8000/chat/room/1/。可以看到，聊天服务器仍处于正常工作状态，但聊天服务器处于完全异步状态。

16.9　将聊天室应用程序与现有视图集成

目前，聊天室服务器已实现完毕，注册了课程的学生可彼此间通信。下面为学生添加一个链接，以便学生能够加入每门课程的聊天室。

编辑 students 应用程序的 students/course/detail.html 模板，并在<div class="contents">元素底部添加下列<h3> HTML 元素代码。

```
<div class="contents">
  ...
  <h3>
    <a href="{% url "chat:course_chat_room" object.id %}">
      Course chat room
    </a>
  </h3>
</div>
```

打开浏览器，访问学生注册的课程并查看课程内容。当前，侧栏包含了一个 Course chat room 链接，并指向该课程的聊天室视图。单击该链接即可进入聊天室，如图 16.8 所示。

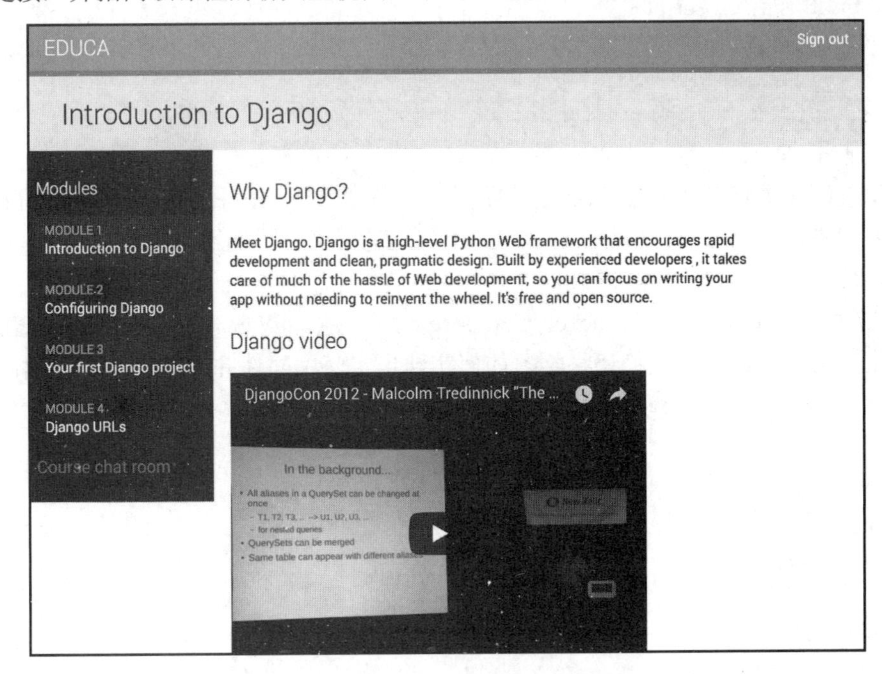

图 16.8　包含课程聊天室链接的课程详细页面

至此，我们成功地利用 Django Channels 构建了第一个异步应用程序。

16.10 附加资源

下列资源提供了与本章主题相关的附加信息。

- 本章源代码：https://github.com/PacktPublishing/Django-4-by-example/tree/main/Chapter16。
- ASGI 简介：https://asgi.readthedocs.io/en/latest/introduction.html。
- Django 对异步视图的支持：https://docs.djangoproject.com/en/4.1/topics/async/。
- Django 对异步基于类的视图的支持：https://docs.djangoproject.com/en/4.1/topics/class-based-views/#async-class-based-views。
- Django Channels 文档：https://channels.readthedocs.io/。
- 基于 ASGI 的 Django 部署：https://docs.djangoproject.com/en/4.1/howto/deployment/asgi/。
- json_script 模板过滤器应用：https://docs.djangoproject.com/en/4.1/ref/templates/builtins/#json-script。

16.11 本章小结

本章学习了如何利用 Channels 创建聊天室服务器。其间，我们实现了 WebSocket 使用者和客户端。除此之外，本章还通过 Redis 和通道层实现了使用者之间的通信，并调整使用者以使其处于完全异步状态。

第 17 章将考查如何利用 Docker Compose、NGINX、uWSGI 和 Daphne 构建 Django 项目的生产环境。此外，我们还将学习如何实现自定义中间件并创建自定义管理命令。

第 17 章　生 产 环 境

第 16 章利用 Django Channels 针对学生构建了实时聊天室服务器，并创建了全功能的在线学习平台。在此基础上，我们需要设置生产环境，以使其可通过互联网进行访问。截至目前，我们仍工作于开发环境下，并使用 Django 开发服务器运行网站。本章将学习如何设置生产环境，并以安全、高效的方式向 Django 项目提供服务。

本章主要涉及下列主题。

- 针对多环境配置 Django 设置项。
- 使用 Docker Compose 运行多项服务。
- 利用 uWSGI 和 Django 设置 Web 服务器。
- 利用 Docker Compose 向 PostgreSQL 和 Redis 提供服务。
- 使用 Django 系统检查框架。
- 利用 Docker 向 NGINX 提供服务。
- 通过 NGINX 向静态数据资源提供服务。
- 通过 TLS/SSL 提供安全的连接。
- 针对 Django Channels 使用 Daphne ASGI。
- 创建自定义 Django 中间件。
- 实现自定义 Django 管理命令。

读者可访问 https://github.com/PacktPublishing/Django-4-by-example/tree/main/Chapter17 查看本章源代码。

本章使用的全部 Python 包均包含于本章源代码的 requirements.txt 文件中。在后续章节中，我们可遵循相关指令安装每个 Python 包，或者利用 pip install -r requirements.txt 命令一次性安装所有的 Python 包。

17.1　创建生产环境

下面将在生产环境中部署 Django 项目。首先针对多个环境配置 Django 设置项，随后将设置生产环境。

17.1.1　针对多个环境管理设置项

在实际项目中，我们需要处理多种环境，至少包含开发的本地环境和应用程序服务的生产环境。此外还包括其他环境，如测试或模拟环境。

一些项目设置对于所有环境而言是共有的，而其他一些设置则特定于每种环境。通常，我们将使用基本文件定义公共设置项，并针对每种环境采用设置文件覆写所需的设置项并定义额外的设置项。

具体来说，我们将管理下列环境。

- local：在机器上运行项目的本地环境。
- prod：在生产服务器上部署项目的环境。

在 settings.py 文件一侧创建 educa 项目的 settings/目录。将 settings.py 文件重命名为 base.py，并将其移至新创建的 settings/目录中。

在 settings/文件夹中创建下列附加文件，如下所示。

```
settings/
    __init__.py
    base.py
    local.py
    prod.py
```

上述文件解释如下。

- base.py：包含公共设置项的基础设置文件（之前的 settings.py 文件）。
- local.py：本地环境的自定义设置项。
- prod.py：生产环境的自定义设置项。

我们已经将设置文件移至低一级的目录，因此需要更新 settings/base.py 文件中的 BASE_DIR 设置项，以指向主项目目录。

当处理多种环境时，须创建一个基础设置项文件，以及一个针对每种环境的设置项文件。环境设置项文件应继承自公共设置并覆写特定环境的设置项。

编辑 settings/base.py 文件，并替换下列代码行。

```
BASE_DIR = Path(__file__).resolve().parent.parent
```

利用下列代码替换上述代码。

```
BASE_DIR = Path(__file__).resolve().parent.parent.parent
```

通过向 BASE_DIR 路径添加.parent，可指向上一层目录。接下来配置本地环境的设置项。

17.1.2　本地环境设置项

这里并不打算针对 DEBUG 和 DATABASES 设置项使用默认配置，而是针对每种环境显式地对其加以定义。这些设置项与特定的环境相关。编辑 educa/settings/local.py 文件，并添加下列代码行。

```
from .base import *

DEBUG = True

DATABASES = {
    'default': {
        'ENGINE': 'django.db.backends.sqlite3',
        'NAME': BASE_DIR / 'db.sqlite3',
    }
}
```

这表示为本地环境的设置项文件。在该文件中，我们导入了定义于 base.py 文件的全部设置项，并针对该环境定义了 DEBUG 和 DATABASES 设置项。DEBUG 和 DATABASES 设置项与开发时所采用的设置项相同。

现在，从 base.py 设置项文件中移除 DEBUG 和 DATABASES 设置项。

Django 管理命令并不会检测到所用的设置项文件，因为项目设置项文件不再是默认的 settings.py 文件。当运行管理命令时，需要添加--settings 选项以指明设置项模块，如下所示。

```
python manage.py runserver --settings=educa.settings.local
```

接下来验证项目和本地环境配置。

17.1.3　运行本地环境

下面利用新的设置项结构运行本地环境。确保 Redis 处于运行状态，或者利用下列命令在 shell 中启动 Redis Docker。

```
docker run -it --rm --name redis -p 6379:6379 redis
```

在项目目录中，在另一个 shell 中运行下列管理命令。

```
python manage.py runserver --settings=educa.settings.local
```

在浏览器中打开 http://127.0.0.1:8000/，并检查网站是否正确地加载。当前，我们通过 local 环境的设置项服务于站点。

如果每次运行管理命令时不打算传递--settings 选项，则可定义 DJANGO_SETTINGS_MODULE 环境变量。Django 以此识别所用的设置项模块。对于 Linux 或 macOS 用户，可通过在 shell 中执行下列命令定义环境变量。

```
export DJANGO_SETTINGS_MODULE=educa.settings.local
```

对于 Windows 用户，则可在 shell 中执行下列命令。

```
set DJANGO_SETTINGS_MODULE=educa.settings.local
```

之后执行的任何管理命令都将使用 DJANGO_SETTINGS_MODULE 环境变量中定义的设置项。

按下 Ctrl + C 组合键可从 shell 中停止 Django 开发服务器；另外，按下 Ctrl + C 组合键还可从 shell 中停止 Redis Docker 容器。

目前，本地环境工作正常。接下来将讨论生产环境的设置项。

17.1.4　生产环境设置项

下面针对生产环境添加初始设置项。编辑 educa/settings/prod.py 文件，如下所示。

```
from .base import *

DEBUG = False

ADMINS = [
    ('Antonio M', 'email@mydomain.com'),
]

ALLOWED_HOSTS = ['*']

DATABASES = {
   'default': {
   }
}
```

上述内容表示为生产环境的设置项。

- DEBUG：对于任意生产环境，有必要将 DEBUG 设置为 False，否则将导致追溯信息和敏感配置数据暴露给所有人。

- ADMINS：当 DEBUG 为 False 且视图产生异常时，全部信息将通过电子邮件发送至 ADMINS 设置项中列出的人员。确保利用自己的信息替换姓名/电子邮件元组。
- ALLOWED_HOSTS：出于安全考虑，Django 仅允许包含在该列表中的主机服务于项目。当前，*号表示支持所有主机。稍后，我们也可限制服务于项目的所用主机。
- DATABASES：保持 default 数据库设置项为空，因为稍后将配置生产数据库。

接下来的内容将完成生产环境的设置项文件。

截至目前，我们组织了处理多种环境的设置项。下面利用 Docker 设置不同的服务，进而构建完整的生产环境。

17.2　使用 Docker Compose

Docker 允许我们构建、部署和运行应用程序容器。Docker 容器通过操作系统库整合了应用程序源代码和运行应用程序所需的依赖项。通过使用应用程序容器，可改进应用程序的可移植性。在前述内容中，我们已经使用了 Redis Docker 镜像在本地环境下服务于 Redis。该 Docker 镜像包含了运行 Redis 所需的一切内容，并允许我们在机器上无缝地运行 Redis。对于生产环境，可使用 Docker Compose 构建和运行不同的 Docker 容器。

Docker Compose 是一个运行多容器应用程序的工具。我们可创建一个配置文件定义不同的服务，并使用一条命令启动配置中的全部服务。关于 Docker Compose 的更多信息，读者可访问 https://docs.docker.com/compose/。

对于生产环境，我们需要创建运行于多个 Docker 容器之间的分布式应用程序。每个 Docker 容器将运行不同的服务。初始状态下，我们将定义下列 3 项服务，稍后将添加额外的服务。

（1）Web 服务：服务于 Django 项目的 Web 服务器。

（2）数据库服务：运行 PostgreSQL 的数据库服务。

（3）缓存服务：运行 Redis 的服务。

接下来开始安装 Docker Compose。

17.2.1　安装 Docker Compose

我们可在 macOS、64 位 Linux 和 Windows 上运行 Docker Compose。安装 Docker

Compose 的最快方式是安装 Docker Desktop。具体安装过程包括 Docker Engine、命令行工具界面以及 Docker Compose 插件。

读者可访问 https://docs.docker.com/compose/install/compose-desktop/并遵循其中的指令安装 Docker Desktop。

打开 Docker Desktop 应用程序并单击 Containers 选项，如图 17.1 所示。

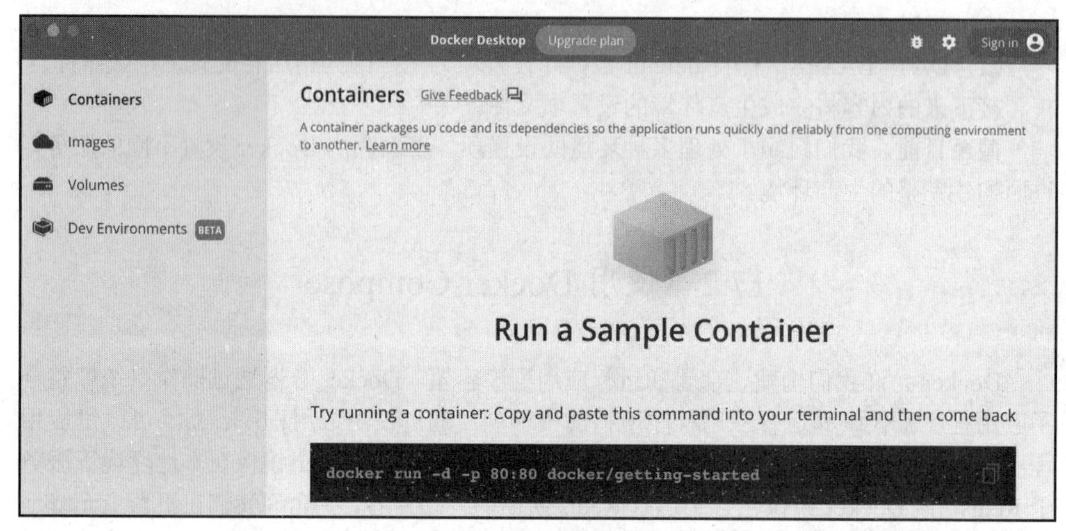

图 17.1　Docker Desktop 界面

在安装了 Docker Compose 后，还需要创建 Django 项目的 Docker image。

17.2.2　创建 Dockerfile

Dockerfile 是一个文本文件，它包含 Docker 命令以组装 Docker 镜像。这里，我们需要准备一个 Dockerfile，其中包含为 Django 项目构建 Docker 镜像的命令。

在 educa 项目目录一侧，构建名为 Dockerfile 的新文件，并向其中添加下列代码。

```
# Pull official base Python Docker image
FROM python:3.10.6

# Set environment variables
ENV PYTHONDONTWRITEBYTECODE=1
ENV PYTHONUNBUFFERED=1

# Set work directory
```

```
WORKDIR /code

# Install dependencies
RUN pip install --upgrade pip
COPY requirements.txt /code/
RUN pip install -r requirements.txt

# Copy the Django project
COPY . /code/
```

上述代码执行下列任务。

（1）使用 Python 3.10.6 父 Docker 镜像。读者可访问 https://hub.docker.com/_/python 查看官方 Python Docker 镜像。

（2）设置下列环境变量。

- PYTHONDONTWRITEBYTECODE：防止 Python 写入 pyc 文件。
- PYTHONUNBUFFERED：确保 Python stdout 和 stderr 无缓冲直接写入至终端。

（3）使用 WORKDIR 命令定义镜像的工作目录。

（4）升级镜像的 pip 包。

（5）requirements.txt 复制至父 Python 镜像的 code 目录中。

（6）利用 pip 在镜像中安装 requirements.txt 中的 Python 包。

（7）Django 项目源代码从本地目录复制至镜像的 code 目录中。

根据该 Dockerfile，我们定义了如何组装为 Django 服务的 Docker 镜像。

读者可访问 https://docs.docker.com/engine/reference/builder/查看 Dockerfile 参考文档。

17.2.3　添加 Python 需求条件

我们可在刚刚创建的 Dockerfile 中使用 requirements.txt 文件安装项目所需的全部 Python 包。

在 educa 项目目录一侧，创建新文件并将其命名为 requirements.txt。我们可能之前已经创建了该文件，并从 https://github.com/PacktPublishing/Django-4-by-example/blob/main/Chapter17/requirements.txt 中复制了 requirements.txt 文件的内容。否则，将下列代码行添加至新创建的 requirements.txt 文件中。

```
asgiref==3.5.2
Django~=4.1
Pillow==9.2.0
sqlparse==0.4.2
```

```
django-braces==1.15.0
django-embed-video==1.4.4
pymemcache==3.5.2
django-debug-toolbar==3.6.0
redis==4.3.4
django-redisboard==8.3.0
djangorestframework==3.13.1
requests==2.28.1
channels==3.0.5
channels-redis==3.4.1
psycopg2==2.9.3
uwsgi==2.0.20
daphne==3.0.2
```

除了前述章节中安装的 Python 包，requirements.txt 文件还涵盖了下列包。

- psycopg2：PostgreSQL 适配器。我们将在生产环境中使用 PostgreSQL。
- uwsgi：WSGI Web 服务器。稍后将配置该 Web 服务器，以在生产环境中向 Django 提供服务。
- daphne：ASGI Web 服务器。稍后将使用该 Web 服务器向 Django Channels 提供服务。

下面开始在 Docker Compose 中设置 Docker 应用程序。我们将创建一个 Docker Compose 文件，其中包含 Web 服务器、数据库和 Redis 服务的定义。

17.2.4　创建 Docker Compose

当定义在不同 Docker 容器中运行的服务时，我们将使用 Docker Compose 文件。Compose 是一个 YAML 格式的文本文件，为 Docker 应用程序定义服务、网络和数据卷。YAML 是一种人类可读的数据序列化语言，读者可访问 https://yaml.org/查看 YAML 文件示例。

在 educa 项目一侧，创建新文件，将其命名为 docker-compose.yml 并向其中添加下列代码。

```
services:

  web:
    build: .
    command: python /code/educa/manage.py runserver 0.0.0.0:8000
    restart: always
    volumes:
```

```
    - .:/code
  ports:
    - "8000:8000"
  environment:
    - DJANGO_SETTINGS_MODULE=educa.settings.prod
```

在上述代码中，我们定义了一项 Web 服务，如下所示。

- build：定义服务容器镜像的构建需求条件。这可以是一个定义上下文路径的字符串，或者是详细的构建定义。我们通过“.”提供了一个相对路径，并指向 Compose 文件所处的同一路径。Docker Compose 将在该位置查找 Dockerfile。关于 build 部分的更多信息，读者可访问 https://docs.docker.com/compose/compose-file/build/。
- command：覆写默认的容器命令。我们使用 runserver 管理命令运行 Django 开发服务器。项目服务位于主机 0.0.0.0（端口 8000），这是默认的 Docker IP。
- restart：定义容器的重启策略。当采用 always 时，容器在停止后即刻重启。这对于生产环境十分有用，进而可最小化宕机时间。关于重启策略的更多信息，读者可访问 https://docs.docker.com/config/containers/start-containers-automatically/。
- volumes：Docker 中的数据并非是持久化的。每个 Docker 容器包含一个虚拟文件系统，该系统包含了镜像文件，并在容器停止时销毁。这里，卷是持久化 Docker 容器生成和使用的数据的首选方法。在这一部分中，我们将本地目录“.”挂载至镜像的/code 目录。关于 Docker 卷的更多信息，读者可访问 https://docs.docker.com/storage/volumes/。
- ports：公开容器的端口。主机端口 8000 将映射至容器端口 8000，并于其上运行 Django 开发服务器。
- environment：定义环境变量。设置 DJANGO_SETTINGS_MODULE 环境变量以使用生产环境下的 Django 设置文件 educa.settings.prod。

注意，在 Docker Compose 文件定义中，我们使用 Django 开发服务器向应用程序提供服务。然而，Django 开发服务器并不适用于生产环境，因而稍后需要利用 WSGI Python Web 服务器予以替换。

关于 Docker Compose 规范的更多信息，读者可访问 https://docs.docker.com/compose/compose-file/。

此处，假设父目录为 Chapter17，对应的文件结构如下所示。

```
Chapter17/
    Dockerfile
    docker-compose.yml
```

```
educa/
    manage.py
    ...
requirements.txt
```

在父目录（docker-compose.yml 所处的目录）中打开 shell 并运行下列命令。

```
docker compose up
```

这将启动定义在 Docker Compose 文件中的 Docker 应用程序，对应生成结果如下所示。

```
chapter17-web-1 | Performing system checks...
chapter17-web-1 |
chapter17-web-1 | System check identified no issues (0 silenced).
chapter17-web-1 | July 19, 2022 - 15:56:28
chapter17-web-1 | Django version 4.1, using settings
'educa.settings.prod'
chapter17-web-1 | Starting ASGI/Channels version 3.0.5 development server
at http://0.0.0.0:8000/
chapter17-web-1 | Quit the server with CONTROL-C.
```

当前，Django 的 Docker 容器处于运行状态。

在浏览器中打开 http://localhost:8000/admin/，随后将会看到 Django 管理网站登录表单，如图 17.2 所示。

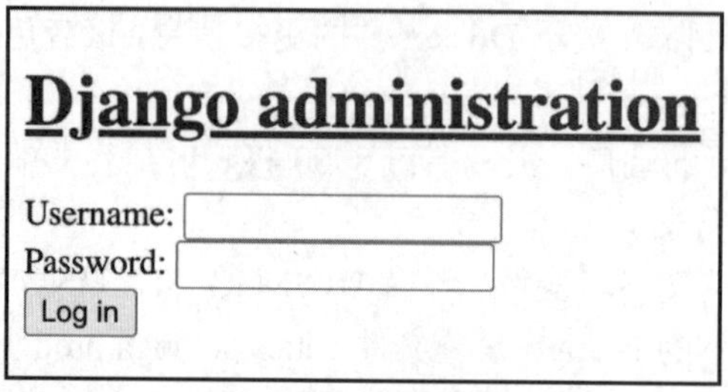

Django administration

Username:
Password:
Log in

图 17.2　Django 管理网站登录表单

这里，CSS 样式未被加载。另外，由于正在使用 DEBUG=False，因此服务于静态文件的 URL 模式未包含在项目的主 urls.py 文件中。记住，Django 开发服务器并不适用于服务静态文件。稍后将配置一个服务器以服务静态文件。

如果访问网站的其他 URL，我们将得到 HTTP 500 错误，因为目前尚未配置生产环境下的数据库。

考查 Docker Desktop 应用程序，容器状态如图 17.3 所示。

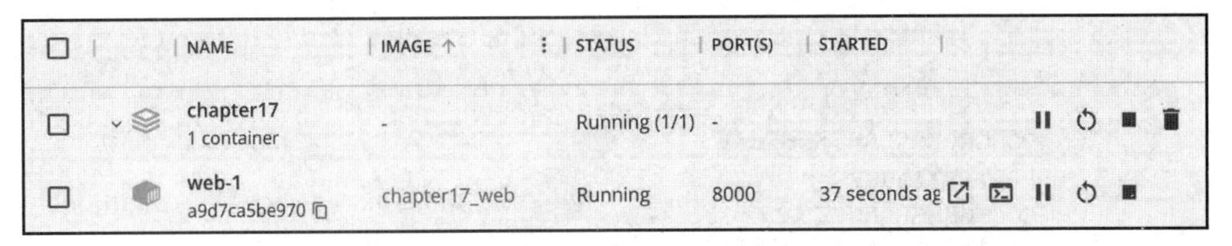

图 17.3　Docker Desktop 中的 chapter17 应用程序和 web-1 容器

可以看到，chapter17 Docker 应用程序处于运行状态，且包含了一个名为 web-1 的容器，该容器运行于端口 8000 上。另外，Docker 应用程序的名称通过 Docker Compose 文件所处的目录名称动态生成。

接下来将向 Docker 应用程序中添加 PostgreSQL 服务和 Redis 服务。

17.2.5　配置 PostgreSQL 服务

本书基本上使用了 SQLite 数据库。SQLite 实现了简单、快速的设置。但对于生产环境，则需要使用功能更加强大的数据库，如 PostgreSQL、MySQL 或 Oracle。第 3 章曾讨论了如何安装 PostgreSQL。对于生产环境，我们将采用 PostgreSQL Docker 镜像。关于 PostgreSQL Docker 镜像的更多内容，读者可访问 https://hub.docker.com/_/postgres。

编辑 docker-compose.yml 文件并添加下列代码。

```
services:

  db:
    image: postgres:14.5
    restart: always
    volumes:
      - ./data/db:/var/lib/postgresql/data
    environment:
      - POSTGRES_DB=postgres
      - POSTGRES_USER=postgres
      - POSTGRES_PASSWORD=postgres

  web:
    build: .
    command: python /code/educa/manage.py runserver 0.0.0.0:8000
    restart: always
    volumes:
      - .:/code
    ports:
```

```
    - "8000:8000"
  environment:
    - DJANGO_SETTINGS_MODULE=educa.settings.prod
    - POSTGRES_DB=postgres
    - POSTGRES_USER=postgres
    - POSTGRES_PASSWORD=postgres
  depends_on:
    - db
```

根据这些变化内容，我们定义了一项名为 db 的服务，如下所示。

- image：服务使用基本 postgres Docker 镜像。
- restart：重启策略设置为 always。
- volumes：将./data/db 目录挂载至镜像目录/var/lib/postgresql/data 以持久化数据库，以便 Docker 停止后可维护存储在数据库中的数据。这将生成本地 data/db/路径。
- environment：利用默认值使用 POSTGRES_DB（数据库名）、POSTGRES_USER 和 POSTGRES_PASSWORD 变量。

当前，web 服务的定义包含 PostgreSQLDjango 的环境变量。我们利用 depends_on 创建服务依赖项，以便 web 服务在当前服务之后启动。这可确保容器的初始化顺序，但无法保证 PostgreSQL 在 Django Web 服务启动之前初始化。对此，需要使用一个脚本来等待数据库主机及其 TCP 端口的可用性。Docker 推荐使用 wait-for-it 工具控制容器的初始化。

访问 https://github.com/vishnubob/wait-for-it/blob/master/wait-for-it.sh 并下载 wait-for-it.sh Bash 脚本，并将该文件保存在与 docker-composeyml 文件同一目录中。随后编辑 docker-compose.yml 文件，并调整 web 服务的定义，如下所示。

```
web:
  build: .
  command: ["./wait-for-it.sh", "db:5432", "--",
            "python", "/code/educa/manage.py", "runserver",
            "0.0.0.0:8000"]
  restart: always
  volumes:
      - .:/code
    environment:
      - DJANGO_SETTINGS_MODULE=educa.settings.prod
      - POSTGRES_DB=postgres
      - POSTGRES_USER=postgres
      - POSTGRES_PASSWORD=postgres
    depends_on:
      - db
```

在该服务定义中，我们使用了 wait-for-it.sh Bash 脚本等待 db 主机就绪，并在端口 5432（默认的 PostgreSQL 端口）上接收连接。随后启动 Django 开发服务器。关于 Compose 的服务启动顺序，读者可访问 https://docs.docker.com/compose/startup-order/以了解更多信息。

下面编辑 Django 设置项。编辑 educa/settings/prod.py 文件并添加下列代码。

```
import os
from .base import *

DEBUG = False

ADMINS = [
    ('Antonio M', 'email@mydomain.com'),
]

ALLOWED_HOSTS = ['*']

DATABASES = {
    'default': {
        'ENGINE': 'django.db.backends.postgresql',
        'NAME': os.environ.get('POSTGRES_DB'),
        'USER': os.environ.get('POSTGRES_USER'),
        'PASSWORD': os.environ.get('POSTGRES_PASSWORD'),
        'HOST': 'db',
        'PORT': 5432,
    }
}
```

在生产设置项文件中，我们使用下列设置项。

- ENGINE：针对 PostgreSQL 使用 Django 数据库后端。
- NAME、USER 和 PASSWORD：使用 os.environ.get()检索环境变量 POSTGRES_DB（数据库名）、POSTGRES_USER 和 POSTGRES_PASSWORD。这些环境变量已在 Docker Compose 文件中设置。
- HOST：我们使用 db 这一定义在 Docker Compose 文件中的数据库服务的容器主机名。默认状态下，容器主机名为容器在 Docker 中的 ID。这也是使用 db 主机名的原因。
- PORT：使用值 5432，即 PostgreSQL 的默认端口。

在 Docker Desktop 应用程序中，通过在 shell 中按下 Ctrl + C 组合键或按下停止按钮终止 Docker 应用程序。随后利用下列命令再次启动 Compose。

```
docker compose up
```

在将 db 服务添加至 Docker Compose 文件后，首次执行将占用较长的时间，因为 PostgreSQL 需要初始化数据库。对应的输出结果包含下列内容。

```
chapter17-db-1 | database system is ready to accept connections
...
chapter17-web-1 | Starting ASGI/Channels version 3.0.5 development server
at http://0.0.0.0:8000/
```

PostgreSQL 数据库和 Django 应用程序均处于就绪状态。当前，生产环境下的数据库为空，因而需要应用数据库迁移。

17.2.6　应用数据库迁移并创建超级用户

在父目录（docker-compose.yml 文件位于其中）中打开不同的 shell，并运行下列命令。

```
docker compose exec web python /code/educa/manage.py migrate
```

命令 docker compose exec 允许我们在容器中执行命令。我们使用该命令在 web Docker 容器中执行 migrate 管理命令。

最后，利用下列命令创建超级用户。

```
docker compose exec web python /code/educa/manage.py createsuperuser
```

至此，迁移已应用于数据库上并且创建了超级用户。我们可通过超级用户证书访问 http://localhost:8000/admin/。此时，CSS 样式仍未加载，因为尚未配置静态文件服务。

目前，我们利用 Docker Compose 定义了 Django 和 PostgreSQL 服务，接下来将在生产环境下向 Redis 添加服务。

17.2.7　配置 Redis 服务

下面向 Docker Compose 文件添加 Redis 服务。对此，将使用到官方 Redis Docker 镜像。关于官方 Redis Docker 镜像，读者可访问 https://hub.docker.com/_/redis。

编辑 docker-compose.yml 文件，并添加下列代码。

```
services:
```

```
db:
  # ...

cache:
  image: redis:7.0.4
  restart: always
  volumes:
    - ./data/cache:/data

web:
  # ...
  depends_on:
    - db
    - cache
```

在上述代码中，我们利用下列内容定义了 cache 服务。

- image：服务使用 redis Docker 基础镜像。
- restart：重启策略设置为 always。
- volumes：将./data/cache 目录加载至镜像目录，其中，任何 Redis 写入操作都将被持久化。这将创建本地 data/cache/路径。

在 web 服务定义中，我们添加了 cache 服务作为依赖项，以便 web 在 cache 服务之后启动。Redis 服务器可实现快速初始化，因而此处无须使用 wait-for-it 工具。

编辑 educa/settings/prod.py 文件，并添加下列代码。

```
REDIS_URL = 'redis://cache:6379'
CACHES['default']['LOCATION'] = REDIS_URL
CHANNEL_LAYERS['default']['CONFIG']['hosts'] = [REDIS_URL]
```

在这些设置项中，通过 Redis 使用的 cache 服务名和端口 6379，我们使用 Docker Compose 自动生成的 cache 主机名。我们调整 Channels 使用的 Django CACHE 设置项和 CHANNEL_LAYERS 设置项，并使用生产环境下的 Redis URL。

在 Docker Desktop 应用程序中，按下 Ctrl+C 组合键或使用停止按钮在 shell 中终止 Docker 服务器。随后利用下列命令再次启动 Compose。

```
docker compose up
```

打开 Docker Desktop 应用程序，可以看到，chapter17 Docker 应用程序为 Docker Compose 文件中定义的每项服务运行了一个容器：db、cache 和 web，如图 17.4 所示。

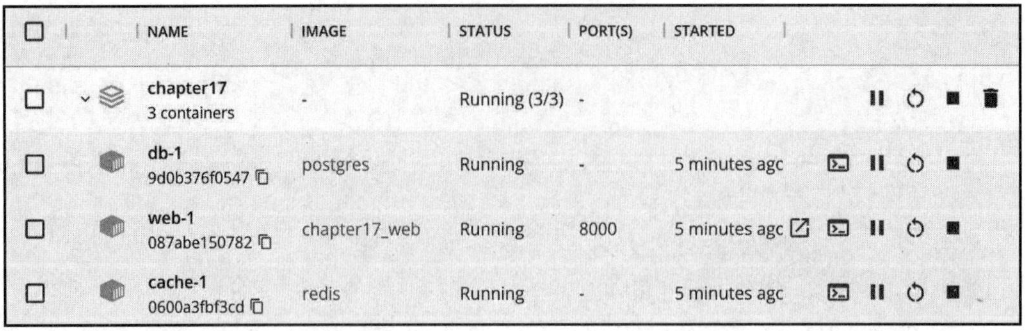

		NAME	IMAGE	STATUS	PORT(S)	STARTED	
		chapter17 3 containers	-	Running (3/3)	-		
		db-1 9d0b376f0547	postgres	Running	-	5 minutes agc	
		web-1 087abe150782	chapter17_web	Running	8000	5 minutes agc	
		cache-1 0600a3fbf3cd	redis	Running	-	5 minutes agc	

图 17.4　在 Docker Desktop 中，包含 db-1、web-1 和 cache-1 容器的 chapter17 应用程序

我们仍然利用 Django 开发服务器服务于 Django，这并不适用于生产环境下的应用。下面利用 WSGI Python Web 服务器替换 Django 开发服务器。

17.3　利用 WSGI 和 NGINX 服务于 Django

Django 的主要部署平台是 WSGI，即 Web 服务网关接口，这是一个 Web 上 Python 应用程序服务的标准。

当利用 startproject 命令生成新的项目时，Django 在项目目录中生成一个 wsgi.py 文件。该文件包含了一个可调用的 WSGI 应用程序，这也是应用程序的访问点。WSGI 既用于使用 Django 开发服务器运行项目，也用于在生产环境中使用选择的服务器部署应用程序。关于 WSGI 的更多内容，读者可访问 https://wsgi.readthedocs.io/en/latest/。

17.3.1　使用 uWSGI

在本书中，我们一直在本地环境中使用 Django 开发服务器运行项目。然而，我们需要一个标准 Web 服务器用于在生产环境中部署应用程序。

uWSGI 是一个快速的 Python 应用程序服务器，并通过 uWSGI 规范与 Python 应用程序通信。uWSGI 将 Web 请求转换为 Django 项目可处理的格式。

下面配置 uWSGI 并向 Django 项目提供服务。之前，我们已经向项目的 requirements.txt 文件添加了 uwsgi==2.0.20，因此，uWSGI 已经安装在 web 服务的 Docker 镜像中。

编辑 docker-compose.yml 文件，并调整 web 服务定义，如下所示。

```
web:
  build: .
```

```
    command: ["./wait-for-it.sh", "db:5432", "--",
              "uwsgi", "--ini", "/code/config/uwsgi/uwsgi.ini"]
    restart: always
    volumes:
      - .:/code
    environment:
      - DJANGO_SETTINGS_MODULE=educa.settings.prod
      - POSTGRES_DB=postgres
      - POSTGRES_USER=postgres
      - POSTGRES_PASSWORD=postgres
    depends_on:
      - db
      - cache
```

确保删除 ports 部分。uWSGI 可以通过套接字访问，因此不需要在容器中公开端口。

镜像的新 command 运行 uwsgi，并向其中传递配置文件/code/config/uwsgi/uwsgi.ini。下面为 uWSGI 创建配置文件。

17.3.2　配置 uWSGI

uWSGI 在.ini 文件中自定义配置内容。在 docker-compose.yml 文件一侧，创建文件路径 config/uwsgi/uwsgi.ini。假设父目录名为 Chapter17，此时文件结构如下所示。

```
Chapter17/
    config/
        uwsgi/
            uwsgi.ini
    Dockerfile
    docker-compose.yml
    educa/
        manage.py
        ...
    requirements.txt
```

编辑 config/uwsgi/uwsgi.ini 文件，并向其中添加下列代码。

```
[uwsgi]
socket=/code/educa/uwsgi_app.sock
chdir = /code/educa/
module=educa.wsgi:application
master=true
chmod-socket=666
```

```
uid=www-data
gid=www-data
vacuum=true
```

在 uwsgi.ini 文件中，我们定义了下列选项。

- socket：绑定服务器的 UNIX/TCP 套接字。
- chdir：项目目录路径，以便 uWSGI 在加载 Python 应用程序之前更改到该目录。
- module：使用的 WSGI 模块。可将其设置为项目的 wsgi 模块中包含的可调用的 application。
- master：启动主进程。
- chmod-socket：应用于套接字文件的文件权限。此处使用 666 以便 NGINX 可读取/写入套接字。
- uid：启动后进程的用户 ID。
- gid：启动后进程的分组 ID。
- vacuum：使用 true 指示 uWSGI 清理它创建的任何临时文件或 UNIX 套接字。

socket 用于与第三方路由器通信，如 NGINX。我们将使用套接字运行 uWSGI，并配置 NGINX 作为 Web 服务器，这将通过套接字与 uWSGI 通信。

关于 uWSGI 选项的完整列表，读者可访问 https://uwsgi-docs.readthedocs.io/en/latest/Options.html。

当前，尚无法从浏览器中访问 uWSGI 实例，因为 uWSGI 通过套接字运行。接下来继续完善生产环境。

17.3.3　使用 NGINX

当服务于某个网站时，需要向动态内容提供服务，此外还应服务于静态文件，如 CSS 样式表、JavaScript 文件和图像。虽然 uWSGI 能够服务于静态文件，但会向 HTTP 请求添加不必要的开销，因而推荐设置一个 Web 服务器，如 NGINX。

NGINX 是一个专注于高并发性、高性能和低内存使用的 Web 服务器。此外，NGINX 还可当作反向代理、接收 HTTP 和 WebSocket 请求，并将其路由至不同的后端。

通常情况下，我们将在 uWSGI 前面使用一个 Web 服务器，例如 NGINX，以有效地服务静态文件，并且我们将把动态请求转发至 uWSGI worker。通过使用 NGINX，还可以应用不同的规则，并从它的反向代理功能中受益。

通过使用官方 NGINX Docker 镜像，我们将向 Docker Compose 文件中添加 NGINX 服务。关于官方 NGINX Docker 镜像的更多内容，读者可访问 https://hub.docker.com/_/nginx。

编辑 docker-compose.yml 文件，并添加下列代码。

```
services:

  db:
    # ...

  cache:
    # ...

  web:
    # ...

  nginx:
    image: nginx:1.23.1
    restart: always
    volumes:
      - ./config/nginx:/etc/nginx/templates
      - .:/code
    ports:
      - "80:80"
```

利用下列内容，我们添加了 nginx 服务的定义。

- image：服务使用的 nginx Docker 基础镜像。
- restart：重启策略设置为 always。
- volumes：将./config/nginx 卷加载至 Docker 镜像的/etc/nginx/templates 目录上。其中，NGINX 查找默认的模板。此外，还须将本地目录"."加载至镜像的/code 目录上，以便 NGINX 可访问静态文件。
- ports：公开端口 80，这将映射为容器端口 80。这也是 HTTP 的默认端口。

下面配置 NGINX Web 服务器。

17.3.4　配置 NGINX

在 config/目录下创建下列文件路径。

```
config/
  uwsgi/
    uwsgi.ini
  nginx/
    default.conf.template
```

编辑 nginx/default.conf.template 并向其中添加下列代码。

```
# upstream for uWSGI
upstream uwsgi_app {
    server unix:/code/educa/uwsgi_app.sock;
}

server {
    listen       80;
    server_name  www.educaproject.com educaproject.com;
    error_log    stderr warn;
    access_log   /dev/stdout main;

    location / {
        include /etc/nginx/uwsgi_params;
        uwsgi_pass uwsgi_app;
    }
}
```

这表示为 NGINX 的基础配置。在该配置中，我们设置了一个名为 uwsgi_app 的上游，它指向 uWSGI 创建的套接字。此外还利用下列配置使用 server 块。

- 通知 NGINX 监听端口 80。
- 将服务器名设置为 www.educaproject.com 和 educaproject.com。NGINX 将为两个域的传入请求提供服务。
- 针对错误指令使用 stderr，并将错误日志写入至标准错误文件中。其中，第二个参数指定了日志级别。另外，还可使用 warn 获取更严重的警告和错误信息。
- 利用/dev/stdout 将 access_log 指向标准输出。
- 指定/路径下的任何请求须路由至 uwsgi_app 套接字。
- 可以包含 NGINX 附带的默认 uWSGI 配置参数，它们位于/etc/nginx/uwsgi_params 下。

当前，NGINX 已经配置完毕。读者可访问 https://nginx.org/en/docs/查看 NGINX 文档。

在 Docker Desktop 应用程序中，按下 Ctrl+C 组合键或使用停止按钮在 shell 中终止 Docker 应用程序。随后利用下列命令再次启动 Compose。

```
docker compose up
```

在浏览器中打开 URL http://localhost/。此处无须向 URL 中添加端口，因为我们通过标准的 HTTP 端口 80 访问主机。此时，课程列表页面（未包含 CSS 样式）如图 17.5 所示。

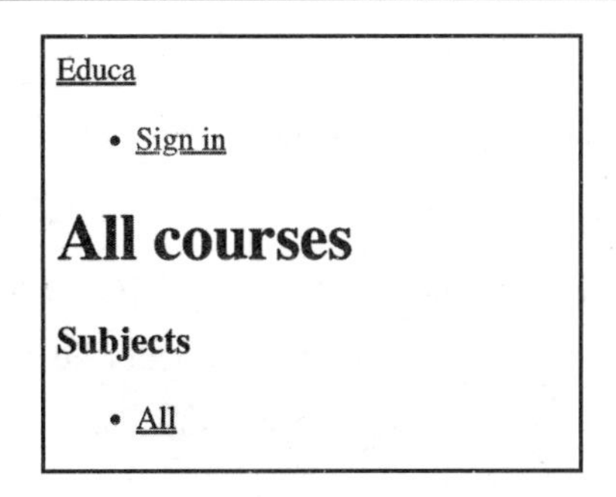

图 17.5　基于 NGINX 和 uWSGI 的课程列表页面

图 17.6 显示了我们所设置的生产环境的请求/响应循环

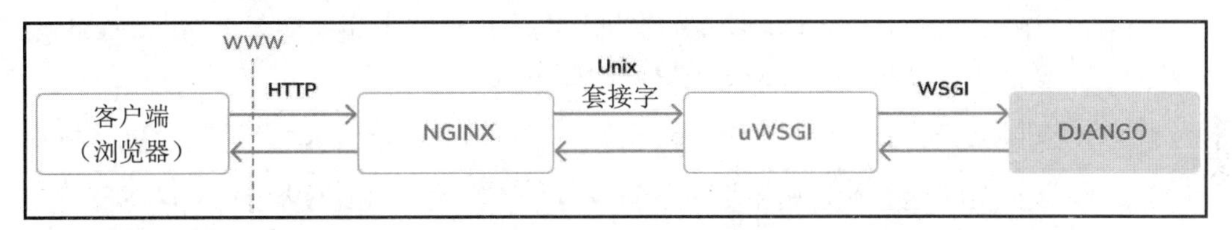

图 17.6　生产环境下的请求/响应循环

当客户端浏览发送 HTTP 请求后，将会出现下列情形。

（1）NGINX 接收 HTTP 请求。

（2）NGINX 通过套接字将请求托管至 uWSGI。

（3）uWSGI 将请求传递至 Django 以供处理。

（4）Django 返回 HTTP 响应结果并回传至 NGINX，NGINX 又将其传递回客户端浏览器。

当检查 Docker Desktop 应用程序时，将会看到 4 个处于运行状态下的容器。

（1）运行 PostgreSQL 的 db 服务。

（2）运行 Redis 的 cache 服务。

（3）运行 uWSGI + Django 的 web 服务器。

（4）运行 NGINX 的 nginx 服务。

接下来继续完善生产环境设置。我们将配置项目并使用 educaproject.com 主机名，而非利用 localhost 访问项目。

17.3.5　使用主机名

针对网站，我们将使用 educaproject.com 主机名。由于正在使用示例域名，因而需要将其重定向至本地主机。

当使用 Linux 或 macOS 时，编辑/etc/hosts 文件并向其中添加下列代码。

```
127.0.0.1 educaproject.com www.educaproject.com
```

如果使用 Windows，编辑 C:\Windows\System32\drivers\etc 并添加相同的代码行。

据此，可将主机名 educaproject.com 和 www.educaproject.com 路由至本地服务器。在生产环境下的服务器中，无须执行该操作，因为我们包含固定的 IP 地址，主机名将指向至域的 DNS 配置中的服务器。

在浏览器中打开 http://educaproject.com/。可以看到，站点未加载任何静态数据资源，而生产环境已接近于就绪状态。

当前，可限定服务于 Django 项目的主机。编辑项目的生产设置文件 educa/settings/prod.py，并修改 ALLOWED_HOSTS 设置项，如下所示。

```
ALLOWED_HOSTS = ['educaproject.com', 'www.educaproject.com']
```

Django 仅服务于运行在这些主机名下的应用程序。关于 ALLOWED_HOSTS 的更多信息，读者可访问 https://docs.djangoproject.com/en/4.1/ref/settings/#allowed-hosts。

接下来配置 NGINX 以服务于静态文件。

17.3.6　服务于静态和媒体数据资源

uWSGI 能够较好地服务于静态文件，但速度和有效性方面不及 NGINX。出于性能考虑，可在生产环境中使用 NGINX 服务于静态文件。我们将设置 NGINX 以向应用程序的静态文件（CSS 样式表、JavaScript 文件和图像）以及讲师上传的媒体文件提供服务。

编辑 settings/base.py 并在 STATIC_URL 设置项下方添加下列代码。

```
STATIC_ROOT = BASE_DIR / 'static'
```

这表示为项目所有静态文件的根目录。接下来将把不同 Django 应用程序中的静态文件收集于公共目录中。

1．收集静态文件

Django 项目中的每个应用程序可能在 static/目录中包含静态文件。Django 提供了一条命令可将所有应用程序中的静态文件收集至单一位置处。这简化了生产环境下的静态文件服务设置。具体来说，collectstatic 命令将项目所有应用程序中的静态文件收集至 STATIC_ROOT 设置项中定义的路径。

在 Docker Desktop 应用程序中，按下 Ctrl+C 组合键或使用停止按钮在 shell 中终止

Docker 应用程序。随后利用下列命令再次启动 Compose。

```
docker compose up
```

在父目录（docker-compose.yml 文件处于其中）中打开另一个 shell，并运行下列命令。

```
docker compose exec web python /code/educa/manage.py collectstatic
```

注意，也可在 educa/项目目录并于 shell 中运行下列命令。

```
python manage.py collectstatic --settings=educa.settings.local
```

由于本地目录已加载至 Docker 镜像，因而上述两条命令具有相同效果。Django 将询问是否覆写根目录中的已有文件。对此，输入 yes 并按下 Enter 键，对应输出结果如下所示。

```
171 static files copied to '/code/educa/static'.
```

在设置项 INSTALLED_APPS 中出现的每个应用程序的 static/目录中的文件均被复制至全局/educa/static/项目目录下。

2．利用 NGINX 服务于静态文件

编辑 config/nginx/default.conf.template 文件，并将下列代码行添加至 server 块中。

```
server {
   # ...

   location / {
      include      /etc/nginx/uwsgi_params;
      uwsgi_pass   uwsgi_app;
   }

   location /static/ {
      alias /code/educa/static/;
   }
   location /media/ {
      alias /code/educa/media/;
   }
}
```

这些指令通知 NGINX 直接服务于/static/和/media/路径下的静态文件。对应路径的解释如下所示。

- /static/：对应于 STATIC_URL 设置项的路径。目标路径对应于 STATIC_ROOT 设置项的值。我们以此提供应用程序的静态文件，这些文件来自挂载到 NGINX

Docker 镜像的目录。

- /media/：对应于 MEDIA_URL 设置项的路径，其目标路径对应于 MEDIA_ROOT 设置项的值。我们以此服务于上传至课程内容的媒体文件，这些内容来自挂载至 NGINX Docker 镜像的目录中。

当前，生产环境的模式如图 17.7 所示。

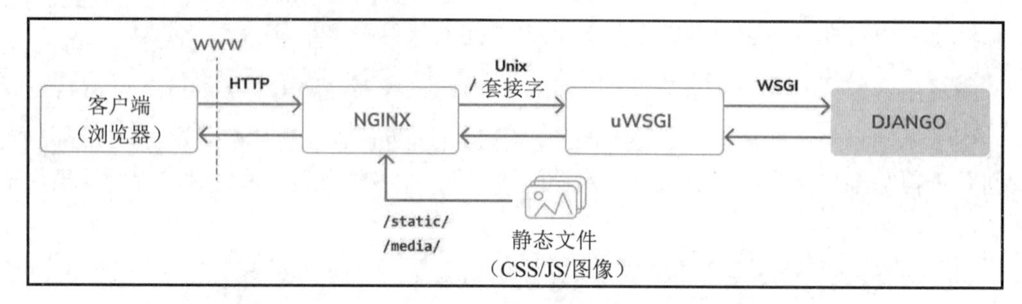

图 17.7　生产环境下的请求/响应循环，包括静态文件

/static/和/media/路径下的文件现在由 NGINX 直接提供服务，而不是转发到 uWSGI。任何其他路径的请求仍然由 NGINX 通过 Unix 套接字传递给 uWSGI。

在 Docker Desktop 应用程序中，通过按下 Ctrl+C 组合键或使用停止按钮在 shell 中终止 Docker 应用程序。随后利用下列命令再次启动 Compose。

```
docker compose up
```

在浏览器中打开 http://educaproject.com/，对应结果如图 17.8 所示。

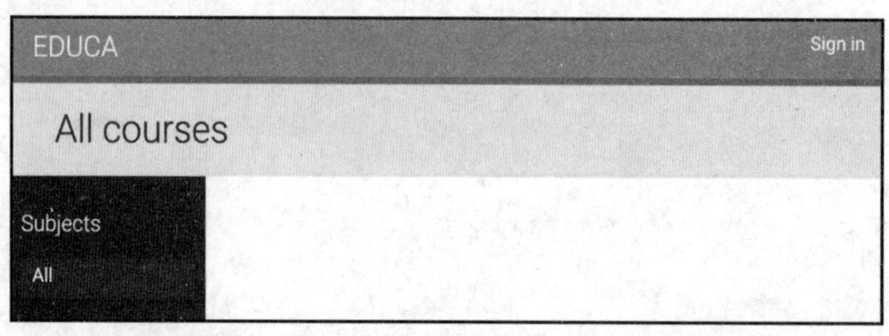

图 17.8　NGINX and uWSGI 服务的课程列表页面

静态文件（如 CSS 样式表和图像）已被正确地加载。静态文件的 HTTP 请求直接由 NGINX 提供服务，而非转发至 uWSGI。

至此，我们成功地配置了 NGINX 以服务于静态文件。接下来将检查 Django 项目，在生产环境下对其进行部署，并在 HTTP 下服务于站点。

17.4　基于 SSL/TLS 的站点的安全

传输层安全（TLS）协议是基于安全连接的网站服务标准。TLS 的前身是安全套接字层（SSL）。尽管 SSL 现在已被弃用，但在多个库和在线文档中，仍可看到对术语 TLS 和 SSL 的引用。这里，强烈建议使用 HTTPS 服务于网站。

本节将检查 Django 项目是否为生产部署，并为通过 HTTPS 提供服务做好项目准备。然后，将在 NGINX 中配置 SSL/TLS 证书，以安全地为站点提供服务。

17.4.1　针对生产环境检查项目

Django 包含了一个系统检查框架，以在任意时刻验证项目。该检查框架查看安装于 Django 项目中的应用程序，并监测公共问题。当运行管理命令时，如 runserver 和 migrate，检查将被隐式地触发。然而，我们也可通过 check 管理命令显式地触发检查过程。

关于 Django 的系统检查框架，读者可访问 https://docs.djangoproject.com/en/4.1/topics/checks/。

接下来将确认检查框架不会对项目引发任何问题。在 educa 项目目录中打开 shell，并运行下列命令检查项目。

```
python manage.py check --settings=educa.settings.prod
```

对应输出结果如下所示。

```
System check identified no issues (0 silenced).
```

系统检查框架并不识别任何问题。如果使用--deploy 选项，系统检查框架将执行与生产环境部署相关的额外检查。

在 educa 项目目录中执行下列命令。

```
python manage.py check --deploy --settings=educa.settings.prod
```

对应的输出结果如下所示。

```
System check identified some issues:

WARNINGS:
(security.W004) You have not set a value for the SECURE_HSTS_SECONDS setting.
...
(security.W008) Your SECURE_SSL_REDIRECT setting is not set to True...
```

```
(security.W009) Your SECRET_KEY has less than 50 characters, less than 5
unique characters, or it's prefixed with 'django-insecure-'...
(security.W012) SESSION_COOKIE_SECURE is not set to True. ...
(security.W016) You have 'django.middleware.csrf.CsrfViewMiddleware' in
your MIDDLEWARE, but you have not set CSRF_COOKIE_SECURE ...

System check identified 5 issues (0 silenced).
```

检查框架识别出 5 个问题（0 个错误，5 个警告）。所有的警告均与安全设置项相关。

下面处理问题 security.W009。编辑 educa/settings/base.py 文件，并调整 SECRET_KEY 设置项，即移除 django-insecure-前缀，并添加额外的随机字符以生成至少包含 50 个字符的字符串。

再次运行 check 命令，以确认问题 security.W009 不再出现。警告的其余内容则与 SSL/TLS 配置相关，接下来将对此加以讨论。

17.4.2 针对 SSL/TLS 配置 Django 项目

Django 针对 SSL/TLS 支持涵盖了特定的设置项。我们将编辑生产环境设置项以通过 HTTPS 向站点提供服务。

编辑 duca/settings/prod.py 设置项文件，并向其中添加下列设置项。

```
# Security
CSRF_COOKIE_SECURE = True
SESSION_COOKIE_SECURE = True
SECURE_SSL_REDIRECT = True
```

这些设置项的解释如下所示。

- CSRF_COOKIE_SECURE：针对跨站点请求伪造（CSRF）保护使用安全的 cookie。当该设置项为 True 时，浏览器将仅通过 HTTPS 传输 cookie。
- SESSION_COOKIE_SECURE：使用安全的会话 cookie。当该设置项为 True 时，浏览器将仅通过 HTTPS 传输 cookie。
- SECURE_SSL_REDIRECT：HTTP 请求是否需要重定向至 HTTPS。

当前，Django 将把 HTTP 请求重定向至 HTTPS，会话和 CSRF cookie 仅通过 HTTPS 发送。

在项目的主目录中运行下列命令。

```
python manage.py check --deploy --settings=educa.settings.prod
```

此处仅出现一个警告，即 security.W004，如下所示。

```
(security.W004) You have not set a value for the SECURE_HSTS_SECONDS setting.
...
```

该警告与 HTTP 严格传输安全（HSTS）策略相关。HSTS 策略防止用户绕过警告并连接至过期、自签名或其他内容的站点的无效 SSL 证书。稍后站点将使用自签名证书，因此当前暂且忽略该警告。当拥有自己的域时，可以向受信任的证书颁发机构（CA）申请为其颁发 SSL/TLS 证书，以便浏览器能够验证其身份。在这种情况下，可赋予 SECURE_HSTS_SECONDS 一个大于 0 的值，即默认值。关于 HSTS 策略的更多信息，读者可访问 https://docs.djangoproject.com/en/4.1/ref/middleware/#http-stricttransport-security。

至此，我们已经成功地修复了检查框架生成的其他问题。关于 Django 部署检查列表的更多信息，读者可访问 https://docs.djangoproject.com/en/4.1/howto/deployment/checklist/。

17.4.3　生成 SSL/TLS 证书

在 educa 项目目录中创建新的目录，将其命名为 ssl。随后利用下列命令在命令行中生成 SSL/TLS 证书。

```
openssl req -x509 -newkey rsa:2048 -sha256 -days 3650 -nodes \
  -keyout ssl/educa.key -out ssl/educa.crt \
  -subj '/CN=*.educaproject.com' \
  -addext 'subjectAltName=DNS:*.educaproject.com'
```

这将生成私钥以及有效期为 10 年的 2048 位 SL/TLS 证书。该证书针对主机名 *.educaproject.com 发布。这是一个通配符证书；通过在域名中使用通配符*，该证书可以用于 educaproject.com 的任何子域，如 www.educaproject.com 或 django.educaproject.com。在生成了证书后，educa/ssl/目录将包含两个文件，即 educa.key（私钥）和 educa.crt（证书）。

使用-addext 选项至少需要 OpenSSL 1.1.1 或 LibreSSL 3.1.0。通过命令 which openssl 可检查 OpenSSL 在主机中的位置；通过命令 openssl version，则可对版本进行检查。

除此之外，还可使用本章源代码中提供的 SSL/TLS 证书。读者可访问 https://github.com/PacktPublishing/Django-4-by-example/blob/main/Chapter17/educa/ssl/查找该证书。注意，在生产环境下，应使用私钥而非该证书。

17.4.4　配置 NGINX 以使用 SSL/TLS

编辑 docker-compose.yml 文件并添加下列代码。

```
services:
  # ...

  nginx:
    #...
    ports:
      - "80:80"
      - "443:443"
```

NGINX 容器主机可通过端口 80（HTTP）和端口 443（HTTPS）访问。主机端口 443 映射至容器端口 443。

编辑 educa 项目的 config/nginx/default.conf.template 文件，并编辑 server 块以包含 SSL/TLS，如下所示。

```
server {
   listen                 80;
   listen                 443 ssl;
   ssl_certificate        /code/educa/ssl/educa.crt;
   ssl_certificate_key /code/educa/ssl/educa.key;
   server_name            www.educaproject.com educaproject.com;
   # ...
}
```

根据上述代码，NGINX 将通过端口 80 监听 HTTP，并通过端口 443 监听 HTTPS。我们利用 ssl_certificate 指示 SSL/TLS 证书的路径，并通过 ssl_certificate_key 指示证书的密钥。

在 Docker Desktop 应用程序中，通过按下 Ctrl+C 组合键或使用停止按钮在 shell 中终止 Docker 应用程序。随后利用下列命令再次启动 Compose。

```
docker compose up
```

在浏览器中打开 https://educaproject.com/，随后将看到如图 17.9 所示的警告消息。

取决于浏览器，上述页面可能有所不同。图 17.9 所示页面警告用户站点未使用受信任的证书或有效的证书。浏览器无法验证站点的身份，其原因在于，我们签署了自己的证书，而不是从受信任的证书颁发机构获取证书。当拥有自己的实际域名时，即可向受信任的证书颁发机构申请，并发布 SSL/TLS 证书，以便浏览器可验证其身份。如果打算针对实际域名获取受信任的证书，可以参考 Linux 基金会创建的 Let's Encrypt 项目。这是一个非营利 CA，简化了获取和更新受信任的 SSL/TLS 证书的过程。对此，读者可访问 https://letsencrypt.org 以了解更多信息。

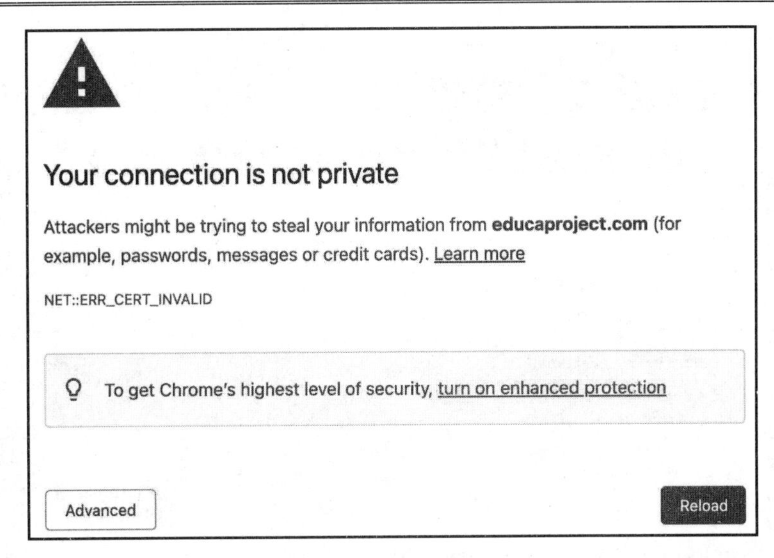

图 17.9　无效证书的警告消息

单击提供附加信息的链接或按钮，并选择访问该网站，同时忽略警告内容。浏览器可能会要求用户为该证书添加一个异常，或者验证用户是否信任该证书。如果正在使用 Chrome 浏览器，则可能不会看到任何选项。对于这种情况，可在 Chrome 的警告页面中输入 thisisunsafe 并直接按下 Enter 键。随后，Chrome 将加载站点。注意，我们使用自己颁发的证书完成此项操作；不要相信任何未知的证书，也不要针对其他域绕过浏览器的 SSL/TLS 证书检查。

当访问网站时，浏览器将在 URL 旁边显示一个锁状图标，如图 17.10 所示。

图 17.10　浏览器地址栏，包含安全连接的锁状图标

其他浏览器可能会显示一条警告消息，表明证书未受信任，如图 17.11 所示。

图 17.11　浏览器地址栏，包含警告消息

如果单击锁状图标或警告图标，将显示 SSL/TLS 证书的详细信息，如图 17.12 所示。

在证书的详细信息中，可以看到这是一个自签名的证书，还可看到其过期日期。浏览器可能将该证书标记为不安全，但该证书的使用仅用于测试目的。当前，我们可通过

HTTPS 安全地服务于站点。

图 17.12　TLS/SSL 证书的详细信息

17.4.5　将 HTTP 流量重定向至 HTTPS

通过 SECURE_SSL_REDIRECT 设置项，我们将 HTTP 请求重定向至 HTTPS。使用 http://的任何请求都被重定向到使用 https://的相同 URL。但是，使用 NGINX 可以以更有效的方式处理这个问题。

编辑 config/nginx/default.conf.template 文件，并添加下列代码。

```
# upstream for uWSGI
upstream uwsgi_app {
    server unix:/code/educa/uwsgi_app.sock;
}

server {
    listen       80;
    server_name www.educaproject.com educaproject.com;
    return 301  https://$host$request_uri;
}

server {
    listen              443 ssl;
    ssl_certificate /code/educa/ssl/educa.crt;
```

```
    ssl_certificate_key /code/educa/ssl/educa.key;
    server_name         www.educaproject.com educaproject.com;
    # ...
}
```

在上述代码中，我们从最初的 server 块中移除了 listen 80;指令，以使平台仅通过 HTTPS（端口 403）可用。在原 server 块上方，我们添加了额外的 server 块，且仅监听端口 80，并将所有的 HTTP 请求重定向至 HTTPS。对此，我们返回一个 HTTP 响应代码 301（永久重定向），它使用$host 和$request_uri 变量重定向到请求 URL 的 https://版本。

在父目录（docker-compose.yml 文件位于其中）中打开 shell，并运行下列命令重载 NGINX。

```
docker compose exec nginx nginx -s reload
```

这将在 nginx 容器中运行 nginx -s reload 命令。当前，我们通过 NGINX 将所有的 HTTP 流量重定向至 HTTPS。

当前环境通过 TLS/SSL 得到了保护。为了进一步完善生产环境，我们还需要针对 Django Channels 设置一个异步 Web 服务器。

17.5　针对 Django Channels 使用 Daphne

在第 16 章中，我们使用 Django Channels 并通过 WebSocket 构建聊天室服务器。uWSGI 适用于运行 Django 或其他 WSGI 应用程序，但它不支持使用异步服务器网关接口（ASGI）或 WebSocket 的异步通信。为了在生产环境中运行 Channels，我们需要一个能够管理 WebSocket 的 ASGI Web 服务器。

Daphne 是 ASGI 为服务于 Channels 而开发的 HTTP、HTTP2 和 WebSocket 服务器。我们可以将 Daphne 与 uWSGI 一起运行，从而有效地为 ASGI 和 WSGI 应用程序服务。关于 Daphne 的更多信息，读者可访问 https://github.com/django/daphne。

我们已经向项目的 requirements.txt 文件中添加了 daphne==3.0.2。下面在 Docker Compose 文件中创建一项新服务，并运行 Daphne Web 服务器。

编辑 docker-compose.yml 文件，并添加下列代码行。

```
daphne:
  build: .
  working_dir: /code/educa/
  command: ["../wait-for-it.sh", "db:5432", "--",
            "daphne", "-u", "/code/educa/daphne.sock",
```

```
            "educa.asgi:application"]
    restart: always
    volumes:
      - .:/code
    environment:
      - DJANGO_SETTINGS_MODULE=educa.settings.prod
      - POSTGRES_DB=postgres
      - POSTGRES_USER=postgres
      - POSTGRES_PASSWORD=postgres
    depends_on:
      - db
      - cache
```

daphne 服务定义与 web 服务十分类似。daphne 服务的镜像也是利用之前为 web 服务创建的 Dockerfile 而构建的。二者的主要差别如下所示。

- working_dir 将镜像的工作目录修改为/code/educa/。
- command 使用 Unix 套接字与 daphne 一起运行 educa/asgi.py 文件中定义的 educa.asgi:application 应用程序。除此之外，它还使用 wait-for-it Bash 脚本等待 PostgreSQL 数据库就绪，并于随后初始化 Web 服务器。

由于在生产环境下运行 Django，Django 将在接收 HTTP 请求时检查 ALLOWED_HOSTS。我们将针对 WebSocket 连接实现相同的验证过程。

编辑项目的 educa/asgi.py 文件，并添加下列代码行。

```
import os

from django.core.asgi import get_asgi_application
from channels.routing import ProtocolTypeRouter, URLRouter
from channels.security.websocket import AllowedHostsOriginValidator
from channels.auth import AuthMiddlewareStack
import chat.routing

os.environ.setdefault('DJANGO_SETTINGS_MODULE', 'educa.settings')

django_asgi_app = get_asgi_application()

application = ProtocolTypeRouter({
    'http': django_asgi_app,
    'websocket': AllowedHostsOriginValidator(
        AuthMiddlewareStack(
            URLRouter(chat.routing.websocket_urlpatterns)
        )
```

```
    ),
})
```

对于生产环境，Channels 配置当前处于就绪状态。

17.5.1　针对 WebSocket 使用安全的连接

我们已经配置了 NGINX 并使用 SSL/TLS 安全连接。现在需要修改 ws（WebSocket）连接，并使用 wss（WebSocket Secure）协议，就像现在通过 HTTPS 服务 HTTP 连接一样。

编辑 chat 应用程序的 chat/room.html 模板，并在 domready 块中查找下列代码行。

```
const url = 'ws://' + window.location.host +
```

利用下列代码替换上述代码。

```
const url = 'wss://' + window.location.host +
```

通过使用 wss://（而非 ws://），我们将显式地连接至安全的 WebSocket 上。

17.5.2　在 NGINX 配置中包含 Daphne

在生产环境设置中，我们将在 Unix 套接字上运行 Daphne，并在其之前使用 NGINX。NGINX 将根据请求路径把请求传递至 Daphne。我们将通过 Unix 套接字接口将 Daphne 公开于 NGINX，就像 uWSGI 设置一样。

编辑 config/nginx/default.conf.template 文件，如下所示。

```
# upstream for uWSGI
upstream uwsgi_app {
    server unix:/code/educa/uwsgi_app.sock;
}

# upstream for Daphne
upstream daphne {
    server unix:/code/educa/daphne.sock;
}

server {
    listen       80;
    server_name www.educaproject.com educaproject.com;
    return 301   https://$host$request_uri;
}
```

```
server {
   listen               443 ssl;
   ssl_certificate      /code/educa/ssl/educa.crt;
   ssl_certificate_key /code/educa/ssl/educa.key;
   server_name www.educaproject.com educaproject.com;
   error_log   stderr warn;
   access_log  /dev/stdout main;

   location / {
      include      /etc/nginx/uwsgi_params;
      uwsgi_pass   uwsgi_app;
   }

   location /ws/ {
      proxy_http_version  1.1;
      proxy_set_header    Upgrade $http_upgrade;
      proxy_set_header    Connection "upgrade";
      proxy_redirect      off;
      proxy_pass          http://daphne;
   }

   location /static/ {
      alias /code/educa/static/;
   }
   location /media/ {
      alias /code/educa/media/;
   }

}
```

在该配置中，我们设置了名为 daphne 的新上游，并指向 Daphne 创建的 Unix 套接字。在 server 块中，我们配置了/ws/位置并将请求转发至 Daphne。另外，我们还使用了 proxy_pass 指令将请求传递至 Daphne，并包含了一些额外的代理指令。

根据该配置，NGINX 将/ws/前缀开始的 URL 请求传递至 Daphne，其余的 URL 则传递至 uWSGI，除了/static/或/media/路径下的文件，这些文件将直接由 NGINX 提供服务。

当前，包含 Daphne 的生产环境设置如图 17.13 所示。

NGINX 作为反向代理服务器运行在 uWSGI 和 Daphne 前面。NGINX 面向 Web，根据路径前缀将请求传递给应用服务器（uWSGI 或 Daphne）。除此之外，NGINX 还向静态文件提供服务，并将不安全的请求重定向至安全的请求。这种设置可以减少停机时间，消耗更少的服务器资源，并提供更好的性能和安全性。

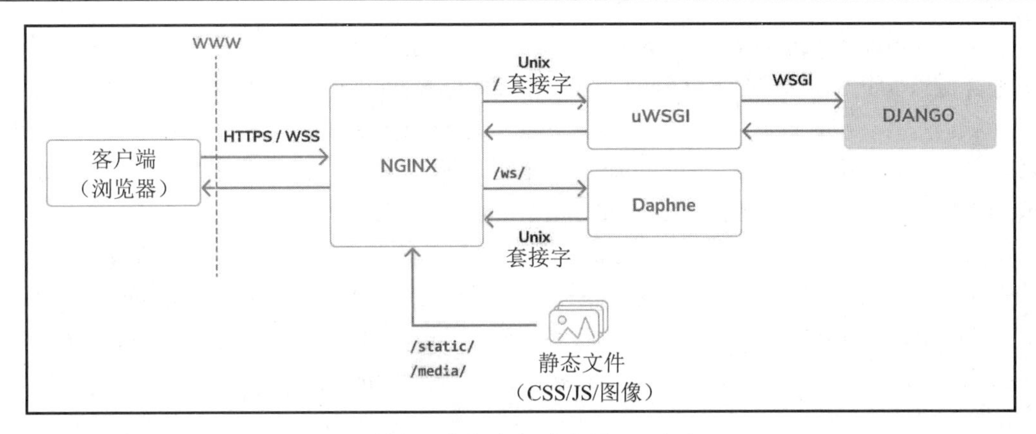

图 17.13　生产环境的请求/响应循环，包含 Daphne

在 Docker Desktop 应用程序中，按下 Ctrl+C 组合键或使用停止按钮在 shell 中终止 Docker 应用程序。随后利用下列命令再次启动 Compose。

```
docker compose up
```

使用浏览器创建示例课程。在注册了课程的用户登录后，在浏览器中打开 https://educaproject.com/chat/room/1/。随后可以看到消息被发送和接收，如图 17.14 所示。

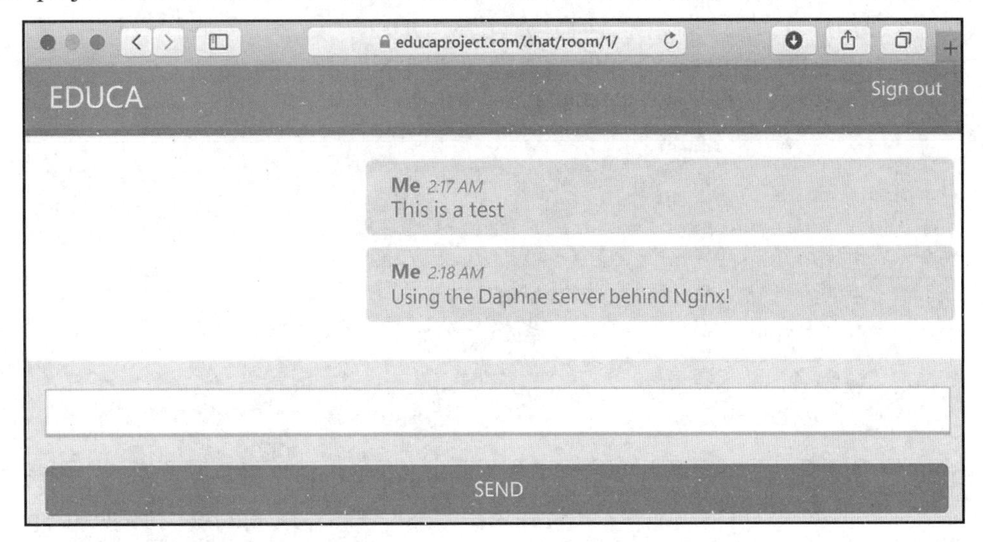

图 17.14　NGINX 和 Daphne 提供服务的课程聊天室消息

目前，Daphne 可正常地工作。NGINX 将 WebSocket 请求传于其中。所有的连接均通过 SSL/TLS 予以保护。

至此，我们利用 NGIMX、uWSGI 和 Daphne 构建了自定义生产环境栈。此外，还可对性能进一步优化，并通过 NGIMX、uWSGI 和 Daphne 中的配置项提升安全性。

我们使用了 Docker Compose 在多个容器中定义和运行服务。注意，我们可针对开发环境和生产环境使用 Docker Compose。关于生产环境下的 Docker Compose，读者可访问 https://docs.docker.com/compose/production/以了解更多信息。

针对更加高级的生产环境，还需要在不同数量的机器间以动态方式分布容器。对此，我们需要一个诸如 Docker Swarm 模式或 Kubernetes 的编排器，而不是 Docker Compose。关于 Docker Swarm 模式的更多信息，读者可访问 https://docs.docker.com/engine/swarm/；关于 Kubernetes，读者可访问 https://kubernetes.io/docs/home/。

17.6 创建自定义中间件

如前所述，MIDDLEWARE 包含了项目的中间件，可将其视为底层的插件系统，并允许我们在请求/响应过程中执行钩子程序。每个中间件负责针对所有 HTTP 请求或响应执行某些特定操作。

注意，应避免在中间件中添加开销较大的处理过程，因为它们会在每个请求中执行。

当接收到 HTTP 请求时，中间件将按照在 MIDDLEWARE 设置中出现的顺序执行。当 Django 生成 HTTP 响应后，该响应将以相反的顺序通过所有中间件。

中间件可编写为一个函数，如下所示。

```
def my_middleware(get_response):
    def middleware(request):
        # Code executed for each request before
        # the view (and later middleware) are called.
        response = get_response(request)
        # Code executed for each request/response after
        # the view is called.
        return response
    return middleware
```

中间件工厂是一个可调用对象，它接收 get_response 可调用对象并返回一个中间件。另外，中间件也是一个可调用对象，它接收请求并返回响应，就像视图一样。get_response 可调用对象可能是链中的下一个中间件，也可能是最后一个列出的中间件的实际视图。

如果任何中间件返回一个响应而没有调用其 get_response 可调用对象，它会使过程短路，且没有进一步的中间件被执行（也不是视图），响应通过与请求传递的相同层返回。

MIDDLEWARE 设置项中的中间件顺序十分重要，因为中间件可能依赖于其他中间件请求中的数据集，而这些数据集之前已被执行过。

当向 MIDDLEWARE 设置项中添加新的中间件时，应确保将其放置在正确的位置。在请求阶段，中间件将以设置项中出现的顺序执行；而在响应阶段，则以相反的顺序执行。

关于中间件的更多信息，读者可访问 https://docs.djangoproject.com/en/4.1/topics/http/middleware/。

17.6.1　创建子域中间件

我们将创建一个自定义中间件，以使课程可通过自定义子域被访问。每门课程的详细 URL（形如 https://educaproject.com/course/django/）还将通过使用课程 slug 的子域被访问，如 https://django.educaproject.com/。用户将能够使用子域作为快捷方式访问课程详细信息。任何对子域的请求都将重定向至每门对应课程的详细 URL。

中间件可置于项目中的任何位置处，但推荐在应用程序目录中创建一个 middleware.py 文件。

在 courses 应用程序中创建一个新文件，将其命名为 middleware.py 并向其中添加下列代码。

```
from django.urls import reverse
from django.shortcuts import get_object_or_404, redirect
from .models import Course

def subdomain_course_middleware(get_response):
    """
    Subdomains for courses
    """
    def middleware(request):
        host_parts = request.get_host().split('.')
        if len(host_parts) > 2 and host_parts[0] != 'www':
            # get course for the given subdomain
            course = get_object_or_404(Course, slug=host_parts[0])
            course_url = reverse('course_detail',
                                 args=[course.slug])
            # redirect current request to the course_detail view
            url = '{}://{}{}'.format(request.scheme,
                                     '.'.join(host_parts[1:]),
                                     course_url)
            return redirect(url)
```

```
        response = get_response(request)
        return response
    return middleware
```

当接收 HTTP 请求时，将执行下列任务。

（1）获取请求中使用的主机名，并将其划分为多个部分。例如，如果用户访问 mycourse.educaproject.com，则生成列表['mycourse','educaproject', 'com']。

（2）通过检查划分是否生成了两个以上的元素以检查主机名是否包含子域。如果主机名包含子域，且不是 www，则尝试使用子域中提供的 slug 获取课程。

（3）如果课程未找到，则生成 HTTP 404 异常；否则将浏览器重定向至课程的详细 URL。

编辑项目的 settings/base.py 文件，并在 MIDDLEWARE 列表底部添加'courses.middleware.SubdomainCourseMiddleware'，如下所示。

```
MIDDLEWARE = [
    # ...
    'courses.middleware.subdomain_course_middleware',
]
```

当前，中间件将在每个请求中被执行。

记住，可向 Django 项目提供服务的主机名在 ALLOWED_HOSTS 设置项中指定。下面修改该设置项，以使 educaproject.com 的任意子域可向应用程序提供服务。

编辑 educa/settings/prod.py 文件，并调整 ALLOWED_HOSTS 设置项，如下所示。

```
ALLOWED_HOSTS = ['.educaproject.com']
```

这里，以“.”开始的值用作子域的通配符；'.educaproject.com'将匹配 educaproject.com 和该域的任何子域。例如，course.educaproject.com 和 django.educaproject.com。

17.6.2　利用 NGINX 服务于多个子域

我们需要 NGINX 为站点提供任何可能的子域。编辑 config/nginx/default.conf.template 文件，并找到下列代码行（两处）。

```
server_name www.educaproject.com educaproject.com;
```

利用下列代码替换上述代码行。

```
server_name *.educaproject.com educaproject.com;
```

通过使用“*”，该规则适用于 educaproject.com 的所有子域。当采用本地方式测试中间件时，需要向/etc/hosts 添加打算测试的子域。为了使用 slug django 的 Course 对象测试中间件，须向/etc/hosts 文件添加下列代码行。

```
127.0.0.1 django.educaproject.com
```

在 Docker Desktop 应用程序中，通过按下 Ctrl+C 组合键或使用停止按钮终止 Docker 应用程序。随后利用下列命令再次启动 Compose。

```
docker compose up
```

在浏览器中打开 https://django.educaproject.com/。中间件将通过子域查找课程，并将浏览器重定向至 https://educaproject.com/course/django/。

17.7　实现自定义管理命令

Django 允许应用程序针对 manage.py 实用工具注册自定义管理命令。例如，我们曾在第 11 章使用了管理命令 makemessages 和 compilemessages 创建并编译翻译文件。

管理命令由包含 Command 类的 Python 模块构成，该类继承自 django.core.management.base.BaseCommand 或其子类之一。我们可创建简单的命令，或作为输入让其接收位置和可选参数。

针对 INSTALLED_APPS 设置项中的每个活动应用程序，Django 在 management/commands/目录中查找管理命令。每个找到的模块注册为以其命名的管理命令。

关于自定义管理命令的更多信息，读者可访问 https://docs.djangoproject.com/en/4.1/howto/custom-management-commands/。

我们将创建一个自定义管理命令以提醒学生至少注册一门课程。该命令将向注册时间超过指定期限且尚未注册任何课程的用户发送电子邮件提醒。

在 students 应用程序目录中创建下列文件结构。

```
management/
    __init__.py
    commands/
        __init__.py
        enroll_reminder.py
```

编辑 enroll_reminder.py 文件，并向其中添加下列代码。

```
import datetime
from django.conf import settings
from django.core.management.base import BaseCommand
from django.core.mail import send_mass_mail
from django.contrib.auth.models import User
from django.db.models import Count
from django.utils import timezone

class Command(BaseCommand):
    help = 'Sends an e-mail reminder to users registered more \
          than N days that are not enrolled into any courses yet'

    def add_arguments(self, parser):
        parser.add_argument('--days', dest='days', type=int)

    def handle(self, *args, **options):
        emails = []
        subject = 'Enroll in a course'
        date_joined = timezone.now().today() - \
                      datetime.timedelta(days=options['days'] or 0)
        users = User.objects.annotate(course_count=Count('courses_joined'))\
                         .filter(course_count=0,
                                 date_joined__date__lte=date_joined)
        for user in users:
            message = """Dear {},
            We noticed that you didn't enroll in any courses yet.
            What are you waiting for?""".format(user.first_name)
            emails.append((subject,
                           message,
                           settings.DEFAULT_FROM_EMAIL,
                           [user.email]))
        send_mass_mail(emails)
        self.stdout.write('Sent {} reminders'.format(len(emails)))
```

enroll_reminder 命令的解释如下所示。

- Command 命令继承自 BaseCommand。
- 我们包含了一个 help 属性，如果运行 python manage.py help enroll_reminder，该属性将提供一个命令的简单描述。
- 我们使用 add_arguments()方法添加--days 命名参数。该参数用于指定用户须注册的最少天数（在没有注册任何课程的情况下），以便收到提醒。

- handle()命令包含了实际的命令。从命令行中解析 days 属性。如果未设置此值，则使用 0 值，以便向所有未注册课程的用户发送提醒，无论他们是何时注册的。我们可以使用 Django 提供的 timezone 实用程序，通过 timezone.now().date()来检索当前的时区日期（可以使用 TIME_ZONE 设置项为项目设置时区）。我们检索注册时间超过指定天数且尚未注册任何课程的用户。对此，可以通过每个用户注册的课程总数注解 QuerySet 来实现这一点。相应地，我们为每个用户生成提醒电子邮件，并将其添加到电子邮件列表中。最后，可以使用 send_mass_mail()函数发送电子邮件，该函数经过优化，可以打开一个 SMTP 连接来发送所有电子邮件，而不是为每个发送的电子邮件打开一个连接。

至此，我们创建了第一条管理命令。打开 shell 并运行下列命令。

```
docker compose exec web python /code/educa/manage.py \
 enroll_reminder --days=20 --settings=educa.settings.prod
```

如果尚未运行本地 SMTP 服务器，则可参考第 2 章。其中，我们为第一个 Django 项目配置了 SMTP 设置。或者，也可以在 settings.py 文件中添加以下设置，使 Django 在开发过程中将电子邮件设置为标准输出。

```
EMAIL_BACKEND = 'django.core.mail.backends.console.EmailBackend'
```

此外，Django 还包含了一个实用工具可利用 Python 调用管理命令。我们可在代码中运行下列管理命令。

```
from django.core import management
management.call_command('enroll_reminder', days=20)
```

当前，我们为应用程序创建了自定义管理命令。

17.8　附加资源

下列资源提供了与本章主题相关的附加信息。

- 本章源代码：https://github.com/PacktPublishing/Django-4-by-example/tree/main/Chapter17。
- Docker Compose 概述：https://docs.docker.com/compose/。
- 安装 Docker Desktop：https://docs.docker.com/compose/install/compose-desktop/。
- 官方 Python Docker 镜像：https://hub.docker.com/_/python。
- Dockerfile 参考：https://docs.docker.com/engine/reference/builder/。

- ❑ 本章的 requirements.txt 文件：https://github.com/PacktPublishing/Django-4-by-example/blob/main/Chapter17/requirements.txt。
- ❑ YAML 文件示例：https://yaml.org/。
- ❑ Dockerfile build 部分：https://docs.docker.com/compose/compose-file/build/。
- ❑ Docker 重启策略：https://docs.docker.com/config/containers/start- containersautomatically/。
- ❑ Docker 卷：https://docs.docker.com/storage/volumes/。
- ❑ Docker Compose 规范：https://docs.docker.com/compose/compose-file/。
- ❑ 官方 PostgreSQL Docker 镜像：https://hub.docker.com/_/postgres。
- ❑ Docker 的 wait-for-it.sh Bash 脚本：https://github.com/vishnubob/wait-for-it/blob/master/wait-for-it.sh。
- ❑ Compose 中的服务启动顺序：–https://docs.docker.com/compose/startup-order/。
- ❑ 官方 Redis Docker 镜像：https://hub.docker.com/_/redis。
- ❑ WSGI 文档：https://wsgi.readthedocs.io/en/latest/。
- ❑ uWSGI 选项列表：https://uwsgi-docs.readthedocs.io/en/latest/Options.html。
- ❑ 官方 NGINX Docker 镜像：https://hub.docker.com/_/nginx。
- ❑ NGINX 文档：https://nginx.org/en/docs/。
- ❑ ALLOWED_HOSTS 设置项：https://docs.djangoproject.com/en/4.1/ref/settings/#allowedhosts。
- ❑ Django 的系统检查框架：https://docs.djangoproject.com/en/4.1/topics/checks/。
- ❑ 基于 Django 的 HTTP Strict Transport Security 策略：https://docs.djangoproject.com/en/4.1/ref/middleware/#http-strict-transport-security。
- ❑ Django 部署检查列表：https://docs.djangoproject.com/en/4.1/howto/deployment/checklist/。
- ❑ 自生成的 SSL/TLS 证书目录：https://github.com/PacktPublishing/Django-4-by-example/blob/main/Chapter17/educa/ssl/。
- ❑ Let’s Encrypt Certificate Authority：https://letsencrypt.org/。
- ❑ Daphne 源代码：https://github.com/django/daphne。
- ❑ 在生产环境下使用 Docker Compose：https://docs.docker.com/compose/production/。
- ❑ Docker Swarm 模式：https://docs.docker.com/engine/swarm/。
- ❑ Kubernetes：https://kubernetes.io/docs/home/。
- ❑ Django 中间件：https://docs.djangoproject.com/en/4.1/topics/http/middleware/。
- ❑ 创建自定义管理命令：https://docs.djangoproject.com/en/4.1/howto/custom-management-commands/。

17.9　本章小结

本章利用 Docker Compose 创建了生产环境，并配置了 NGINX、uWSGI 和 Daphne，以在生产环境下服务于应用程序。另外，我们通过 SSL/TLS 解决了环境的安全问题，随后还实现了自定义中间件，并学习了如何创建自定义管理命令。

在本书中，我们学习了使用 Django 构建成功 Web 应用程序所需的技能，并引领读者开发实际项目，以及将 Django 与其他技术集成。现在，读者可以着手创建自己的项目，无论它是一个简单的原型还是一个大规模的 Web 应用程序。

最后，祝读者在 Django 开发之旅中好运！